国家科学技术学术著作出版基金资助出版

中国科学院中国动物志编辑委员会主编

中国动物志

昆虫纲 第六十九卷

缨翅目 （下卷）

冯纪年 郭付振 曹少杰 著

科技部科技基础性工作专项重点项目
中国科学院知识创新工程重大项目
国家自然科学基金重大项目
(科技部 中国科学院 国家自然科学基金委员会 资助)

科学出版社

北京

内 容 简 介

缨翅目是昆虫纲中的一个小目,包括596属7400余种。多生活在植物花中,取食花粉粒;也有相当一部分种类生活在植物叶面,取食植物汁液,且生活在植物叶面表皮下的种类会形成虫瘿,为植物害虫;少数种类生活在枯枝落叶中,取食真菌孢子;还有一些种类捕食其他蓟马、螨类,为人类的益虫。缨翅目昆虫广泛分布于世界各地。

本志是对中国缨翅目昆虫进行系统分类研究的总结,分上下两卷出版,包括总论和各论两大部分。总论部分对缨翅目的研究历史和中国缨翅目的研究概况进行了回顾,比较了不同学者的分类系统,重点介绍了缨翅目的分类特征和术语,并对内部解剖结构、生物学和经济意义进行了描述,力求介绍缨翅目研究的最新进展。各论部分记述中国缨翅目昆虫2亚目4总科5科10亚科21族131属422种,包括科、亚科、族、属、种检索表,附420幅形态特征图。上卷包括总论和各论中的锯尾亚目,下卷包括各论中的管尾亚目。

本志可供昆虫学教学和研究、生物多样性保护、植物保护、森林保护与生物防治等领域的专业师生及相关工作人员参考。

图书在版编目(CIP)数据

中国动物志. 昆虫纲. 第六十九卷,缨翅目:全2卷/冯纪年等著. —北京:科学出版社,2021.4

ISBN 978-7-03-068272-7

Ⅰ. ①中… Ⅱ. ①冯… Ⅲ. ①动物志-中国 ②昆虫纲-动物志-中国 ③缨翅目-动物志-中国 Ⅳ. ①Q958.52

中国版本图书馆 CIP 数据核字 (2021) 第 040467 号

责任编辑:韩学哲 赵小林 /责任校对:严 娜
责任印制:吴兆东 /封面设计:刘新新

科 学 出 版 社 出版
北京东黄城根北街 16 号
邮政编码:100717
http://www.sciencep.com

北京虎彩文化传播有限公司 印刷
科学出版社发行 各地新华书店经销

*

2021 年 4 月第 一 版　　开本:787×1092　1/16
2021 年 4 月第一次印刷　　印张:65
字数:1540 000

定价:890.00 元〔全 2 卷〕

(如有印装质量问题,我社负责调换)

Supported by the National Fund for Academic Publication in Science and Technology

Editorial Committee of Fauna Sinica, Chinese Academy of Sciences

FAUNA SINICA

INSECTA Vol. 69

Thysanoptera (II)

By

Feng Jinian, Guo Fuzhen and Cao Shaojie

A Key Project of the Ministry of Science and Technology of China
A Major Project of the Knowledge Innovation Program
of the Chinese Academy of Sciences
A Major Project of the National Natural Science Foundation of China
(Supported by the Ministry of Science and Technology of China,
the Chinese Academy of Sciences, and the National Natural Science Foundation of China)

Science Press
Beijing, China

编 写 分 工

主持单位：西北农林科技大学

主　　编：冯纪年(西北农林科技大学)

编　　者：冯纪年(西北农林科技大学)

　　　　　郭付振(西北农林科技大学)

　　　　　曹少杰(菏泽学院)

中国科学院中国动物志编辑委员会

前　言

缨翅目 Thysanoptera 于 1836 年由 Haliday 所建立，异名泡足目 Physapoda，中文名俗称蓟马，英文名 thrips，thrips 一词源自希腊文，意为钻木虫。"Thysanoptera"一词亦源自希腊文，意为翅有缘缨。缨翅目中许多种类栖息在植物（如大蓟、小蓟）花中，蓟马的中文名即由此而来。蓟马个体小、行动敏捷、善飞、善跳，多生活在植物花中，取食花粉粒；也有相当一部分种类生活在植物叶面，取食植物汁液，且生活在植物叶面表皮下的种类会形成虫瘿，为植物害虫；少数种类生活在枯枝落叶中，取食真菌孢子；还有一些种类捕食其他蓟马、螨类，为人类的益虫。

缨翅目全世界已知约 596 属 7400 余种。成虫体细长而扁，或圆筒形；一般长 0.4-8mm，个别体长可达 18mm（澳大利亚产）；色黄褐、苍白或黑；触角 5-9 节，鞭状或念珠状；复眼多为圆形；雌雄或其一方往往有长翅型、短翅型、无翅型等个体，少数种类兼有所有这些类型，这种变化在秋季较普遍发生；有翅种类单眼 2 或 3 个，无翅种类有或无单眼；口器锉吸式，口针多不对称。有翅时翅狭长，边缘有缨毛。足小，各足相似，或前足略膨大，跗节 1-2 节，顶端常有可伸缩的泡囊，有爪 1-2 个，有或无距。雌虫产卵器锯状或无。

蓟马许多种类广泛分布于世界各地，食性复杂，大多为植食性，通过锉吸式口器锉破植物表皮组织而吮吸汁液，使嫩梢干缩、籽粒干瘪，影响产量和品质。例如，稻直鬃蓟马 *Stenchaetothrips biformis* (Bagnall, 1913) 是印度、东南亚和中国稻区的重要害虫，在中国 20 世纪 70 年代以后逐渐由一般害虫上升为水稻的主要害虫，它为害水稻秧苗，使叶片纵卷、失绿、枯焦或成僵苗而导致整株枯死，当虫量激增时还可侵害稻穗，使穗数和实粒数减少；芒缺翅蓟马 *Aptinothrips stylifer* Trybom, 1894 是西藏青稞害虫，严重时青稞成片枯死或使小穗不实，可造成减产 10%；苏丹黄呆蓟马 *Anaphothrips sudanensis* Trybom, 1911 在江南禾谷类作物上常见，是印度小麦的主要害虫之一；玉米黄呆蓟马 *Anaphothrips obscurus* (Müller, 1776) 也是 20 世纪 70 年代后报道的北京地区为害玉米的害虫，玉米被害严重时叶片尖端枯萎；西花蓟马 *Frankliniella occidentalis* (Pergande, 1895) 是一种极具危害性的世界性害虫，2003 年入侵我国，已在北京、云南、浙江、山东、贵州、江苏、新疆等地成功定殖并建立种群，且对当地蔬菜和花卉的生产造成了巨大经济损失，根据适生性分析结果，该虫在我国的潜在分布区多达 28 个省（直辖市、自治区），威胁巨大。西花蓟马的寄主包括园林花卉、蔬菜和农作物等 60 科 500 多种植物，该虫除直接为害寄主植物外，同时还传播多种病毒病，严重影响作物的产量和品质。有些种类为害作物后，还因其分泌物诱发病害，造成植物二次受害，并传播病毒病，如烟蓟马 *Thrips tabaci* Lindeman, 1889 传播的番茄斑萎病遍及世界，严重为害番茄、烟草、莴苣、菠萝、马铃薯和观赏植物；唐菖蒲是世界四大切花之一，花朵受唐菖蒲简蓟马 *Thrips simplex* (Morison, 1930) 为害后，不能正常开花，呈现银灰色斑点，严重者萎蔫、卷皱、干枯以致脱落，降低观赏和经济价值，还可减少种球产量，1989 年因唐菖蒲花内有蓟马而不能出口到日本，使切花出口贸易遭受一定损失；腹小头蓟马 *Microcephalothrips abdominalis* (Crawford, 1910) 在我国南方和印度是菊花的常见害虫；饰棍蓟马 *Dendrothrips ornatus* (Jablonowski, 1894) 是欧洲篱笆树的重要害虫。管蓟马科昆虫大多数种类是农作物、林木、果树和园林观赏植物上的重要害虫。有些种类可形成虫瘿，大大降低园林观赏植物的价值，如榕管蓟马 *Gynaikothrips uzeli* Zimmermann, 1900 在榕树上营造虫瘿，降低榕树的观赏价值；有些种类为捕食性，可捕食红蜘蛛、粉虱、木虱、介壳虫及其他蓟马，成为人类的益虫，如带翅虱管蓟马 *Aleurodothrips fasciapennis* (Franklin, 1908) 捕食介壳虫、粉虱、木虱的卵和若虫，国外曾利用它来控制椰蚧。另外，蓟马中有些种类专食一些恶性杂草，可用于生物防治，是重要的农林益虫，具有重要的经济意义。但也有部分种类生活在枯枝落叶中，取食真菌孢子，虽然不对人类造成危害，却丰富了蓟马的种类。

　　西北农林科技大学从 20 世纪 50 年代初开始进行蓟马的分类研究，60 多年来，历经 3 代学者艰辛地调查、采集和系统研究，完成了基于我校昆虫博物馆、全国相关单位馆藏标本的鉴定、描述和系统分类研究。周尧教授是我国杰出的老一辈昆虫学家，从 20 世纪 50 年代就开始采集和积累蓟马标本，1986 年笔者师从周尧教授开展蓟马的分类研究，完成了"中国北方蓟马亚科的分类研究"学位论文，随后笔者指导硕士研究生张建民、沙忠利和张桂玲，博士研究生郭付振、曹少杰、胡庆玲、张诗萌和张文婷等从事中国蓟马科与管蓟马科的分类研究，发表有关蓟马分类研究论文 80 余篇，丰富和完善了中国缨翅目昆虫区系，弥补了我国在该类群研究中的不足。

　　本志分上下两卷出版，包括总论和各论两部分，总论部分包括缨翅目的研究简史、分类系统、形态特征、内部解剖、生物学及经济意义，力求介绍缨翅目研究的最新进展；各论共记述我国缨翅目昆虫 2 亚目 4 总科 5 科 10 亚科 21 族 131 属 422 种，其中上卷包括 1 亚目 3 总科 4 科 8 亚科 7 族 71 属 236 种，下卷包括 1 亚目 1 总科 1 科 2 亚科 14 族 60 属 186 种。文中附有科、亚科、属、种检索表和 420 幅形态特征图。

　　本志为科技部科技基础性工作专项重点项目（No. 2006FY120100）资助的卷册，有关缨翅目的研究获得国家自然科学基金面上项目（No. 39770116、No. 30570205、No. 3127344）和博士点基金（No. 20090204110003）的资助。

　　在本志的编写过程中，澳大利亚的 Mr. Mound，中国科学院动物研究所的韩运发研究员、乔格侠研究员，华南农业大学的张维球教授、童晓立教授，内蒙古包头园林研究所的段半锁研究员，浙江大学的陈学新教授、博士马吉德（Mirab-balou Majid）等提供了大力帮助，作者在此一并表示衷心的感谢。

　　作者在编写过程中还得到西北农林科技大学昆虫博物馆的张雅林教授、花保祯教授、王应伦教授、魏琮教授、戴武教授、秦道正研究员、黄敏研究员、杨兆富副教授、袁向群副研究员的支持和帮助，感谢袁锋教授在编写过程中给予的帮助，同时感谢研究生魏久锋、李晓维、张晓晨、赵晶晶等帮助查阅资料，赵凯旋、咸晓艳、白瑞凯、张金龙、蔚秀、张文婷、刘获、牛敏敏、张娜、杨慧圆等帮助编辑和校对，吴兴元副研究员帮助绘图和覆墨。

　　本志所涉及的内容范围较广，由于著者水平有限，掌握的文献资料不够全面，不足之处在所难免，恳请读者批评指正。

冯纪年

2020 年初春于陕西杨陵

标本保藏单位缩写

BLRI   Baotou City Research Institute of Forestry, Baotou, Inner Mongolia, China（中国内蒙古包头，包头市园林科技研究所）

BMNH   The Natural History Museum (formerly British Museum of Natural History), London, UK

CAS   California Academy of Sciences, San Francisco, USA

FSCA   Florida State Collection of Arthropods, Gainesville, Florida, USA

IZCAS   Institute of Zoology, Chinese Academy of Sciences, Beijing, China（中国北京，中国科学院动物研究所）

MNHO   Museum of Natural History, Osaka, Japan

NIAS   National Institute of Agricultural Science, Tokyo, Japan

NM   Naturhistorisches Museum, Vienna, Austria

NWAFU   Northwest A&F University, Yangling, Shaanxi, China（中国陕西杨凌，西北农林科技大学）

QM   Queensland Museum, Brisbane, Australia

QUARAN   Plant Quarantine division, Ministry of Economical affairs, Taiwan, China

SCAU   South China Agricultural University, Guangzhou, Guangdong, China（中国广东广州，华南农业大学）

SMF   Senckenberg Museum, Frankfurt am Main, Germany

TNA   Indian Agricultural Research Institute, Delhi, India

TNAU   Tamil Nadu Agricultural University, Coimbatore, India

TU   Tsukuba University, Ibaraki, Japan

TUA   Tokyo University of Agriculture, Tokyo, Japan

UCR   Universidad de Costa Rica, San Jose, California, USA

UH   University of Hokkaido, Sapporo, Japan

USNM   National Museum of Natural History, Smithsonian Institution,

           Washington DC, USA (previously United States National

           Museum)

目　录

各 论

管尾亚目 Tubulifera Haliday, 1836

Tubulifera Haliday, 1836, *Ent. Mag.*, 3: 441.

Phloeothripoidea: Karny, 1907, *Berl. Ent. Zeitschr.*, 52: 50.

Tubulifera: Moulton, 1928b, *Trans. Nat. Hist. Soc. Formosa*, 18(98): 299; Mound *et al.*, 1976, *Handb. Ident. British Ins.*, 1(11): 6; Han, 1997a, *Econ. Ins. Faun. China. Fasc.*, 55: 326.

雌虫无特殊产卵器，雌、雄腹部末端均呈管状。末节臀刚毛自端部 1 环生出。翅发达者前翅无缘脉，有时仅有 1 条不达顶端的中央纵条。

本亚目包括 1 总科。

管蓟马总科 Phlaeothripoidea Uzel, 1895

Phloeothripidae Uzel, 1895, *Monog. Ord. Thysanop.*: 27, 42, 223.

Phlaeothripoidea Karny, 1907, *Berl. Ent. Zeitschr.*, 52: 50; Steinweden & Moulton, 1930, *Proc. Nat. Hist. Soc. Fukien Christ. Univ.*, 3: 27; Wu, 1935, *Catal. Ins. Sinensium*, 1: 347.

Phlaeothripoidea: Ananthakrishnan, 1969b, *CSIR Zool. Monog.*, 1: 16; Han, 1997a, *Econ. Ins. Faun. China. Fasc.*, 55: 326.

雌虫无特殊产卵器，雌、雄腹部末端均呈管状。翅发达者前翅无缘脉，有时仅有 1 条不达顶端的中央纵条；无纤微毛，仅有少数基部鬃。腹节Ⅷ腹片发达，明显与节Ⅶ分离。卵多长圆筒形，表面常有花纹。若虫有 5 个龄期，第 3-5 龄不食少动，称"蛹"期。

本总科包括 1 科。

管蓟马科 Phlaeothripidae Uzel, 1895

Phlaeothripsides Blanchard, 1845, *Didot paris*, 2: 272.

Phlaeothripidae Uzel, 1895, *Monog. Ord. Thysanop.*: 27, 42, 223; Moulton 1928b, *Trans. Nat. Hist. Soc. Formosa*, 18(98): 299.

Tubuliferidae Beach, 1896, *Proc. Iowa Acad. Sci.*, 3: 214.

Ecacanthothripidae: Bagnall, 1915b, *Ann. Mag. Nat. Hist.*, (8)15: 596.

Phlaeothripidae: Han, 1997a, *Econ. Ins. Faun. China. Fasc.*, 55: 327.

末节臀刚毛自端部 1 环生出。无纤微毛，仅有少数基部鬃。腹节Ⅷ腹片发达，明显与节Ⅶ分离。卵多长圆筒形，表面常有花纹。若虫有 5 个龄期，第 3-5 龄不食少动，称"蛹"期。

本科世界已知 3400 余种，隶属于 480 属。本科种类约一半取食绿色植物；在温带地区一般在菊科和禾本科植物花内取食，在热带地区常在植物叶上营虫瘿生活；一些亲缘关系甚远的种类捕食其他小型节肢动物。另外，有一半的种类在树皮下、枯枝落叶或叶屑中取食真菌孢子、菌丝体或菌的消化产物。

亚科检索表

口针较粗，通常超过 5μm，宽如同下唇须 ·························· **灵管蓟马亚科 Idolothripinae**

口针较细，通常小于 4μm，细于下唇须 ·························· **管蓟马亚科 Phlaeothripinae**

（一）灵管蓟马亚科 Idolothripinae Bagnall, 1908

Idolothripinae Bagnall, 1908a, *Ann. Mag. Nat. Hist.*, (8)1: 356; Mound, 1974b, *Bull. Br. Mus. (Nat. Hist.) (Ent.)*, 31(5): 113; Mound & Palmer, 1983, *Bull. Br. Mus. (Nat. Hist.) (Ent.)*, 46(1): 1, 8, 9, 11, 14; Han, 1997a, *Econ. Ins. Faun. China. Fasc.*, 55: 327.

Megathripidae Karny, 1913c, *Verh. Zool. Bot. Ges. Wien*, 63(1-2): 6.

Haplothripinae: Watson, 1923, *Tech. Bull. Agr. Exp. Sta., Univ. Florid.*, 168: 15, 17.

Trichothripinae: Watson, 1923, *Tech. Bull. Agr. Exp. Sta., Univ. Florid.*, 168: 15, 18.

Megethripinae Priesner, 1925a, *Konowia*, 4: 151.

Compsothripinae Priesner, 1933b, *Konowia*, 12: 82.

本亚科主要特征为口针较粗，通常超过 5μm，宽如同下唇须。本亚科的种类大多取食菌类孢子，生活在枯树枝上、叶屑中、草和薹草属植物丛的基部。

族和亚族检索表

1. 后胸腹侧缝缺；腹部背片通常有 2 对或 2 对以上握翅鬃；管两侧有长毛（**灵管蓟马族 Idolothripini**）
   ·· 2

   后胸腹侧缝存在或缺；腹部背片握翅鬃通常有 1 对；管两侧无长毛（**臀管蓟马族 Pygothripini**）·
   ·· 4

2. 管无显著侧毛，后胸前侧缝完全························· **轻管蓟马亚族 Elaphrothripina**

   管有显著侧毛，后胸前侧缝短 ·· 3

3. 前翅间插缨众多；前下胸片存在；腹部背片各有 2 对握翅鬃；雄虫腹部两侧常有 1 对或多对角状
   延伸物··· **灵管蓟马亚族 Idolothripina**

前翅经常无间插缨；前下胸片经常不存在；腹部背片经常具 1 对握翅鬃；雄虫常无角状延伸物……
…………………………………………………………………**毫管蓟马亚族 Hystricothripina**

4. 后胸腹侧缝缺；触角节Ⅳ有 4 个感觉锥，且长；前足胫节内缘端部常有 1 个齿；头部颊两侧常有 1
   对分离的小眼状结构………………………………………………**巨管蓟马亚族 Macrothripina**
   后胸腹侧缝通常存在，当不存在时，触角节Ⅳ通常有 3 个感觉锥，或感觉锥较短…………………5

5. 下颚须端感觉器粗………………………………………………**奇管蓟马亚族 Allothripina**
   下颚须端感觉器细………………………………………………………………………………………6

6. 口针在头部有宽的分离，触角节Ⅳ有 3 个粗感觉锥………………**肚管蓟马亚族 Gastrothripina**
   上述两特征不并存，若触角节Ⅳ有 3 个细感觉锥，则口针在头部相互接近…………………………7

7. 口针在头部有宽的分离，"V" 字形；触角节Ⅳ有 4 个粗感觉锥（很少有 2 个）………………
   …………………………………………………………………**两叉管蓟马亚族 Diceratothripina**
   口针在头部很少宽于头部宽的 1/3；触角节Ⅳ有 3 个或 2 个粗感觉锥………………………………
   …………………………………………………………………**多饰管蓟马亚族 Compsothripina**

Ⅰ. 灵管蓟马族 Idolothripini Bagnall, 1908

Idolothripini Bagnall, 1908a, *Ann. Mag. Nat. Hist.*, (8)1: 356; Priesner, 1927, *Thysanop. Europas*: 478;
　　Mound & Palmer, 1983, *Bull. Br. Mus. (Nat. Hist.) (Ent.)*, 46(1): 9, 10, 11, 62; Han, 1997a, *Econ. Ins.
　　Faun. China. Fasc.*, 55: 328.

Megathripidae Karny, 1913c, *Verh. Zool. Bot. Ges. Wien*, 63(1-2): 6.

Compsothripini Priesner, 1927, *Thysanop. Europas*: 478.

本族的主要特征是后胸腹侧缝缺。腹部背片通常具有 2 对或更多对的握翅鬃
（*Anactinothrips* Bagnall 和 *Elaphrothrips antennalis* Bagnall 除外），管有长侧毛。

本族包括 3 亚族（轻管蓟马亚族 Elaphrothripina、灵管蓟马亚族 Idolothripina 和毫管
蓟马亚族 Hystricothripina）。世界性分布。

（Ⅰ）轻管蓟马亚族 Elaphrothripina Mound & Palmer, 1983

Elaphrothripina Mound & Palmer, 1983, *Bull. Br. Mus. (Nat. Hist.) (Ent.)*, 46(1): 9, 11, 62; Han, 1997a,
　　Econ. Ins. Faun. China. Fasc., 55: 328.

本亚族的主要特征是后胸前侧缝完全。管无显著侧刚毛。*Elaphrothrips* Buffa 的种类
占了本亚族的大多数，广布于东洋界和古北界。

属检索表

1. 复眼在腹面显著尾向延伸………………………………………………**眼管蓟马属 *Ophthalmothrips***
   复眼在腹面不显著尾向延伸………………………………………………………………………………2

2. 腹部背板具 3 对或更多对的握翅鬃；雄虫前足股节内侧中通常端部有 1 个或多个结节…………

1. 硕管蓟马属 *Dinothrips* Bagnall, 1908

Dinothrips Bagnall, 1908b, *Trans. Nat. Hist. Soc. Northumb.*, 3: 187, 190; Palmer & Mound, 1978, *Bull. Br. Mus. (Nat. Hist.) (Ent.)*, 37(5): 166; Mound & Palmer, 1983, *Bull. Br. Mus. (Nat. Hist.) (Ent.)*, 46(1): 64; Han, 1997a, *Econ. Ins. Faun. China. Fasc.*, 55: 329.

Ischyrothrips Schmutz: Ramakrishna & Margabandhu, 1940, *Catal. Indian Ins.*, 25: 51. **Type species:** *Dinothrips sumatrensis* Bagnall, 1908.

属征： 头较长，长约为宽的 2 倍，颊上刺着生在瘤上。复眼大，突出，背腹面相等发育。1 对前单眼鬃、1 对眼后鬃和 1 对背中鬃发达。触角 8 节，节Ⅲ有 2 个感觉锥，节Ⅳ有 4 个感觉锥。口锥端部圆，口针缩入头内至眼后鬃处。前下胸片缺，前基腹片、刺腹片和中胸前小腹片发达。雄虫中胸背片两前角气门延伸成叉状延伸物。前翅间插缨众多，雄虫中较少。前足股节增大，雄虫强烈增大，有大结节和刺，前足胫节内缘有弱的结节，有的雄虫有强结节和端部齿状突起。两性前足跗节有齿；而有的雄虫有弱齿或强齿。腹节Ⅰ背片的盾板呈 3 叶，发达。节Ⅱ-Ⅶ背片有 2 对握翅鬃，节Ⅶ的较退化。肛鬃长，但短于管。管边缘直，向端部窄，长约为宽的 4 倍，管长约如头；雄虫节Ⅸ腹片有 1 对大刺。

分布： 东洋界。

本属世界已知仅 6 种，本志记述 3 种。

种检索表

1. 触角节Ⅳ有 2 个感觉锥 ……………………………………………… 海南硕管蓟马 *D. hainanensis*

触角节Ⅳ有 3 个感觉锥 …………………………………………………………………………… 2

2. 触角节Ⅲ基部 3/4 黄色；雄虫中胸背侧气门延伸物较小；前胸前缘鬃与前角鬃均很长 …………

……………………………………………………………………… 胡桃硕管蓟马 *D. juglandis*

触角节Ⅲ基部很少黄色；雄虫中胸背侧气门延伸物较大；前胸前缘鬃甚短于前角鬃 ………………

………………………………………………………………………… 叉突硕管蓟马 *D. spinosus*

(1) 海南硕管蓟马 *Dinothrips hainanensis* Zhang, 1982 （图 1）

Dinothrips hainanensis Zhang, 1982, *Entomotaxonomia*, 4(1-2): 62.

雄虫：体长 6.8mm，体黑褐色，仅触角节Ⅲ及各足跗节色略淡。

头部　头部长方形，长 730μm，头顶略向复眼前方凸出，凸出的长度为其宽度的 1/3，头鬃短，仅为单眼后鬃长度的一半，单眼后鬃长 140，两颊着生褐色粗鬃多根，其长度为 56-70。触角 8 节，节Ⅷ基部收窄，节Ⅲ、Ⅳ端部各具感觉锥 1 对，节Ⅰ-Ⅷ长（宽）分别为：112（70）、84（56）、480（28-56）、250（42）、224（28）、154（28）、84（55）、70（28）。

胸部　前胸长 420，前胸前角鬃长 87，长于前缘鬃，侧缘鬃 1 根与后缘鬃等长，后缘鬃长 97，后侧鬃长 137。中胸前缘角着生有 1 侧突，黑色，呈等叉状，长 119，叉突基部宽阔。前翅宽阔，膜质透明，基部至中部有 1 条纵向的褐带纹，翅中部至翅端略呈暗灰，翅基鬃 4 根，内Ⅰ短小，间插缨 48 根。前足股节膨大，周生粗鬃，前足跗节具 1 大齿，中、后足股节亦周生刺鬃，各足跗节均 2 节。

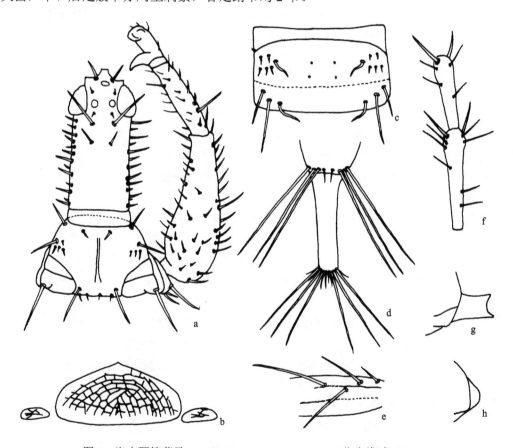

图 1　海南硕管蓟马 *Dinothrips hainanensis* Zhang（仿张维球，1982）

a. 雄虫头、前足及前胸背板，背面观（male head, fore leg and pronotum, dorsal view）；b. 腹节Ⅰ盾板（abdominal pelta Ⅰ）；c. 腹节Ⅴ背板（abdominal Ⅴ tergite）；d. 雌虫节Ⅸ-Ⅹ（female abdominal tergites Ⅸ-Ⅹ）；e. 翅基鬃（basal wing bristles）；f. 触角节Ⅲ-Ⅳ（antennal segments Ⅲ-Ⅳ）；g. 雄虫中胸前角延伸物（male mesothoracic spiracular process）；h. 雌虫中胸突（female mesothoracic spiracular process）

腹部　腹部盾板三角形，两侧分离成小片，腹节Ⅱ-Ⅶ各具握翅鬃 2 对，两侧有数根鬃毛，腹节Ⅸ缘鬃 3 对，略长于管，其长度为 756，管长度为 650，肛鬃 6 根，长度为 448，略短于管。

雌虫：体长 7.6mm，体色及形态与雄虫相似，唯颊鬃较短，中胸前缘角侧突不明显，前足股节着生的鬃亦较雄虫短。

寄主：不明。

模式标本保存地：中国（SCAU，Guangdong）。

观察标本：2♀♀，海南（尖峰岭），800m，1980.Ⅳ.3，张维球采。

分布：广东、海南（尖峰岭）。

(2) 胡桃硕管蓟马 *Dinothrips juglandis* Moulton, 1933（图 2）

Dinothrips juglandis Moulton, 1933, *Indian Forest Rec.*, 19: 6; Palmer & Mound, 1978, *Bull. Br. Mus. (Nat. Hist.) (Ent.)*, 37(5): 167; Han, 1997a, *Econ. Ins. Faun. China. Fasc.*, 55: 329.

雄虫：体长 6.6mm，体黑棕色。触角节Ⅲ基部 3/4 黄色，节Ⅳ基部 1/2、节Ⅴ基部 1/3、节Ⅵ基部 1/4 暗黄色至淡棕色，其余部分棕色；前翅淡，微黄色；各足棕色，中、后足股节和胫节基部略淡，体鬃淡黄色。

头部　头长 780μm，宽：复眼处 450，复眼后缘 425，后缘 500，头长为后缘宽的 1.56 倍，两颊在复眼后略窄，背面光滑无纹。复眼长 173。前单眼仅有前中对鬃，长 25；无单眼间鬃；复眼后鬃端部扁钝，长 250，距复眼 50；其他背鬃数根，长 88-125；颊鬃较粗，28 根，端部略钝，长 92-212。触角 8 节，节Ⅰ-Ⅷ长（宽）分别为：125（92）、100（65）、375（72）、255（68）、205（57）、150（46）、100（35）、90（25），总长 1400，节Ⅲ长为宽的 5.2 倍。各节感觉锥数目（内+外+腹）：节Ⅲ 1+1+1，长 50；节Ⅳ 1+1+1，内外长分别是 37 和 40；节Ⅴ 1+1+0^{+2}，长分别是 40、49 和 16；节Ⅵ 1+1，长分别是 43 和 17；节Ⅶ腹面 1 个，长 50。口锥端部宽圆。口针缩至头中部，呈 "V" 形，中部间距 160。

胸部　背片光滑，仅边缘有弱纹。前胸长 305，前部宽 307，后部宽 500。各鬃端部尖；长：前缘鬃 150，前角鬃 150，侧鬃 110，后侧鬃 142，后角鬃 132，后缘鬃 45，后侧缝完全。前下胸片退化。前胸基腹片发达。中胸背片有气门部分向前延伸成裂片，长 250。后胸盾片网纹多，但很弱，前中鬃长 125。前翅长 2240，宽：近基部 200，中部 250，近端部 170；间插缨 62 根；翅基鬃长：内Ⅰ 195，内Ⅱ 200，内Ⅲ 300。中胸前小腹片发达，船形，有中峰。前足股节增大，内、外缘有许多粗、细刚毛，后外缘有许多粗刺。前足胫节中部有 1 根较长刚毛；前足跗节内缘有粗齿；中足股节内缘近后部有 1 粗结节；后足胫节外缘有 1 长刚毛。

腹部　节Ⅰ背片盾板密布网纹，近似三角形，有侧叶。节Ⅱ-Ⅵ背片各有 2 对握翅鬃，其两侧有 10-12 对短粗鬃；后缘有 1 根长鬃，端尖。节Ⅸ背片背中鬃长 700，侧中鬃长 765，侧鬃长 720。管长 700，为头长的 0.9 倍，宽：基部 225，中部 170，端部 100。长肛鬃长 700-712。节Ⅸ腹片后部有 2 根角状粗刺。

雌虫：体较小，体色和一般结构相似于雄虫；前足股节不甚膨大；前足跗节内缘齿小，中胸背片两侧无向前延伸的裂片；中足股节内缘无结节；腹节Ⅸ有黑纵棒，腹片无角状粗刺。

寄主：未明。

模式标本保存地：英国（BMNH，London）。

观察标本：8♀♀2♂♂，广东南昆山，1987.Ⅳ.1，童晓立采。

分布：广东、西藏（墨脱）；印度，缅甸。

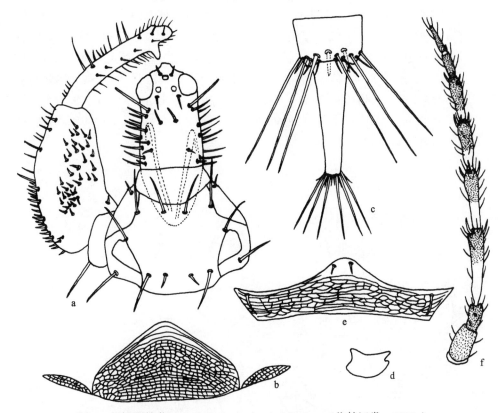

图 2　胡桃硕管蓟马 *Dinothrips juglandis* Moulton（仿韩运发，1997a）

a. 雄虫头、前足及前胸背板，背面观（male head, fore leg and pronotum, dorsal view）；b. 腹节Ⅰ盾板（abdominal pelta Ⅰ）；c. 雄虫节Ⅸ和Ⅹ（male abdominal tergites Ⅸ and Ⅹ）；d. 雄虫中胸前角延伸物（male mesothoracic spiracular process）；e. 中胸前小腹片（mesopresternum）；f. 触角（antenna）

(3) 叉突硕管蓟马 *Dinothrips spinosus* (Schmutz, 1913)（图 3）

Ischyrothrips spinosus Schmutz, 1913, *Sitzungsb. Akad, Wiss. Wien*, 122(7): 1074,1078, pl. Ⅵ, fig. 27.

Dinothrips crassiceps Bagnall, 1921a, *Ann. Mag. Nat. Hist.*, (9)8: 399.

Dinothrips jacobsoni Karny, 1921a, *Treubia*, 1: 283.

Dinothrips kemnero Karny, 1923, *Treubia*, 3: 294.

Dinothrips anodon Karny, 1923, *Treubia*, 3: 295.

Dinothrips celebensis Bagnall, 1934, *Ann. Mag. Nat. Hist.*, (10)14: 485.

Dinothrips anodon Karny: Priesner, 1959, *Idea*, 12: 54, 59 (as synonym of *Dinothrips sumatensis*).

Dinothrips spinosus (Schmutz): Palmer & Mound, 1978, *Bull. Br. Mus. (Nat. Hist.) (Ent.)*, 37(5): 169; Mound & Palmer, 1983, *Bull. Br. Mus. (Nat. Hist.) (Ent.)*, 46(1): 64; Han, 1997a, *Econ. Ins. Faun. China. Fasc.*, 55: 331.

雌虫：体长约 6mm。体黑棕色包括各足各节，但触角节（除两端外）均呈棕黄色；翅无色或略微带黄，前翅翅基鬃以外散布有烟色，有 1 棕色纵条伸达中部；体鬃较暗。

头部　头长 693μm，宽：复眼处 390，头长约为复眼处宽的 1.8 倍。背片光滑，颊两侧各有 6-8 根粗刺，长 43-92。复眼长 145。单眼间鬃发达，长 155-170；单眼后鬃长 53；复眼后鬃发达，端部尖而不锐，长 267，甚长于复眼，距复眼 62；其后另 1 对鬃亦较发达，长 153。触角 8 节，节 I-VIII 长（宽）分别为：97（85）、89（53）、359（61）、267（65）、238（53）、189（36）、119（34）、97（19），总长 1455；节 III 长约为宽的 5.9 倍。感觉锥长 48-60，节 III-VII 数目分别为：1+1、1+1+1、1+1、$1+0^{+1}$、1。口锥端部宽圆，口针缩入头内近复眼后鬃，呈"V"形。

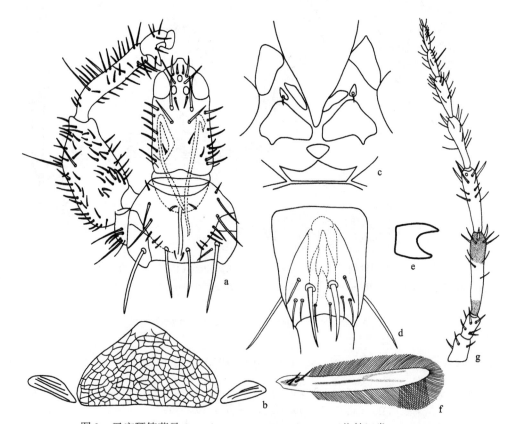

图 3　叉突硕管蓟马 *Dinothrips spinosus* (Schmutz)（仿韩运发，1997a）

a. 雌虫头、前足及前胸背板，背面观（female head, fore leg and pronotum, dorsal view）；b. 雌虫腹节 I 盾板（female abdominal pelta I）；c. 雌虫前、中胸腹板（female pro and midsternum）；d. 雄虫节 IX 腹面（male sternite IX）；e. 雄虫中胸前角延伸物（male mesothoracic spiracular process）；f. 雌虫前翅（female fore wing）；g. 雌虫触角（female antenna）

胸部　前胸长 323，前部宽 514，后部宽 777。鬃长：前缘鬃 48，前角鬃 140（端部略钝），侧鬃 189，后侧鬃 293，后角鬃 274，后缘鬃 48。前胸背片无纹，腹面前下胸片存在。前基腹片互相分离。中胸背片密集横网纹；前侧鬃粗长，长 150，中后鬃 2 对，分别长 36 和 87；后缘鬃细小，长 36。后胸盾片密集网纹，前缘鬃 3 对，较细，长 60、67 和 72；前中鬃粗大，长 133。前翅长 3415，间插缨 63 根；翅基鬃内 I 端部尖而不锐，长 140-150；内 II 尖锐，长 170，内 III 端半部细而尖锐，长 330。中胸前小腹片有中峰。各足鬃较多，中、后足胫节端部有粗刺，胫节后外缘有长鬃 1 根，长 308；各足胫节内缘略粗糙，跗节内缘具齿。

腹部　节 I 背片的盾板近似三角形，网纹密布，两侧叶与板完全分离。节 II-IX 背、腹片具横向纹和线纹，但节 VIII-IX 的弱，节 X 无纹，刚毛小而少。节 II-V 的 2 对握翅鬃发达，节 IX 背片后缘长鬃端部尖锐，背中鬃长 925，侧中鬃长 1028，长于管。管长 745，宽：基部 195，端部 87。节 X 长肛鬃长 385 和 514，短于管。

雄虫：体色和一般形态与雌虫相似，但比雌虫大，长约 7mm，中胸前角延伸成叉状板；头部和足多齿，前足股节粗大，各足多刺，前足股节粗大，胫节内缘有载鬃小瘤，端部有钝齿 1 个，跗节齿大；中足股节内侧有 1 个瘤状齿；腹节 IX 腹面有 2 根粗刺。

寄主：死树皮下、杂草。

模式标本保存地：奥地利（NM，Vienna）。

观察标本：1♂，海南尖峰岭，1982.IV.10，死树皮下，张维球采；1♂，云南勐仑，1987.VII.12，杂草，冯纪年采。

分布：海南、云南（西双版纳）；印度，缅甸，斯里兰卡，印度尼西亚。

2. 轻管蓟马属 *Elaphrothrips* Buffa, 1909

Elaphrothrips Buffa, 1909, *Redia*, 5: 162; Palmer & Mound, 1978, *Bull. Br. Mus.* (*Nat. Hist.*) (*Ent.*), 37(5): 171; Mound & Palmer, 1983, *Bull. Br. Mus.* (*Nat. Hist.*) (*Ent.*), 46(1): 64; Han, 1997a, *Econ. Ins. Faun. China. Fasc.*, 55: 333.

Elaphrothrips subgenus *Elaphrothrips* Bagnall, 1932, *Ann. Mag. Nat. Hist.*, (10)10: 517.

Palinothrips Hood, 1952, *Proc. Biol. Soc. Washington*, 65: 168. Synonymised by Mound & Palmer, 1983, *Bull. Br. Mus.* (*Nat. Hist.*) (*Ent.*), 46(1): 64.

Elaphrothrips subgenus *Paraclinothrips* Priesner, 1952, *Bull. Inst. Bull. l'Inst. Fond. D'Afr. Noire*, 14: 846.

Elaphrothrips subgenus *Cradothrips* Ananthakrishnan, 1973, *Pacific Ins.*, 15(2): 272, 273.

Type species: *Idolothrips coniferarum* Pergande, 1896.

属征：头通常延长，头长约为头宽的 2 倍；眼前显著延伸。复眼大，背腹面相等发育。颊具强刺，在不同类型雄虫中强弱不一。单眼鬃、眼后鬃和中背鬃发达。触角 8 节，节 VII 基部收缩；中间节长，节 III 长为宽的 4-7 倍，有 2 个感觉锥，节 IV 有 4 个感觉锥。口锥短，端宽圆。口针在头内呈 "V" 形。前胸有 5 对长鬃。前下胸片明显。前足跗节在雌虫中一般无齿或很弱，雄虫有强或弱齿。雄虫股节增大，端部有粗的镰形鬃是多种雄虫的显著特征，但有缺少者。长翅型的前翅宽，端部略宽；间插缨毛众多，25-60 根。腹节 I 背片盾板有六角形网纹，较宽，三角形或有分离的侧叶。节 II-Ⅶ背片有 2 对握翅鬃和几对小反曲鬃。管短于头，不具显著侧刚毛。

分布：东洋界。

本属世界已知 141 种，本志记述 2 种。

种检索表

触角节Ⅲ长不超过宽的 5.3 倍…………………………………………………… 齿轻管蓟马 *E. denticollis*

触角节Ⅲ长超过宽的 5.6 倍…………………………………………………… 格林轻管蓟马 *E. greeni*

(4) 齿轻管蓟马 *Elaphrothrips denticollis* (Bagnall, 1909)（图 4）

Dicaiothrips denticollis Bagnall, 1909b, *Trans. Nat. Hist. Soc. Northumberland*, 3: 527.

Elaphrothrips mucronatus Priesner, 1935a, *Konowia*, 14(2): 167. Synonymised by Palmer & Mound, 1978, *Bull. Br. Mus.* (*Nat. Hist.*) (*Ent.*), 37(5): 179.

Elaphrothrips sumbanus Priesner, 1935a, *Konowia*, 14: 159. Synonymised by Palmer & Mound, 1978, *Bull. Br. Mus.* (*Nat. Hist.*) (*Ent.*), 37(5): 179.

Elaphrothrips productus Priesner, 1935a, *Konowia*, 14: 170. Synonymised by Palmer & Mound, *Bull. Br. Mus.* (*Nat. Hist.*) (*Ent.*), 1978, 37(5): 179.

Elaphrothrips denticollis (Bagnall): Palmer & Mound, 1978, *Bull. Br. Mus.* (*Nat. Hist.*) (*Ent.*), 37(5): 179; Mound & Palmer, 1983, *Bull. Br. Mus.* (*Nat. Hist.*) (*Ent.*), 46(1): 66; Han, 1997a, *Econ. Ins. Faun. China. Fasc.*, 55: 333.

雌虫：体细长，长约 6mm。体暗棕色至黑棕色；但触角节 II 基部 4/5、前足和中足胫节端部黄棕色，后足胫节端半部和各足跗节暗黄色；翅微黄色，前翅基部和翅的端部前、后缘较暗，基半部有浅黄色纵带；体鬃较淡。

头部 头细长，头长 668μm，中后部略宽；后缘有少数横纹。复眼突出，复眼处 282，后部 246。眼前延伸部分长 104，宽 138，宽为长的 1.3 倍。复眼长 170。前单眼距后单眼 126，后单眼间距为 43。单眼前外侧有微小鬃；单眼间鬃位于前单眼后外侧，端部不锐，长 218，另 1 对很小，在前后单眼之间；单眼后鬃长 48。复眼后鬃 1 对，距复眼 72，端部不锐，长 209，另 1 对鬃端部不锐，位于头背近中部，长 170。头背及两颊每侧有鬃和刺约 10 根，长 24-72。触角 8 节，节 I-Ⅷ长（宽）分别为：65（58）、53（46）、252（48）、226（48）、196（46）、145（31）、102（24）、92（17），总长 1131，节Ⅲ长为宽的 5.3 倍。大感觉锥端部细，长 60-72，小的长 12，节Ⅲ-Ⅶ数目分别为：1+1、1+2+1、1+1、1+0^{+1}、1。口锥长，端圆。口针粗，缩入头内至后缘，呈"V"形。

胸部 前胸背片光滑，除边缘长鬃外，仅有 5-6 对小鬃。各边缘鬃长：前缘鬃 48，前角鬃 72，侧鬃 97，后侧鬃 201，后角鬃 243，后缘鬃 29；除前缘鬃和后缘鬃外，其他鬃粗而端部钝。腹面前下胸片两侧各有 1 个小骨片，前基腹片大。中胸盾片有横向网纹；

前外侧鬃粗，端部钝，长 106；中后鬃和后缘鬃细，中后鬃长 55，后缘鬃 2 对，长 85 和 24。后胸盾片布满网纹；前缘鬃 2 对，长 55 和 28；前中鬃长 75。前翅长 2313，间插缨 45 根。翅基鬃内 I -III 分别长：158、140、279。中胸前小腹片中峰存在。各足股、胫节多粗鬃和几根长鬃。前足跗节无齿。

腹部　腹节 I 背片的盾板网纹纵或横，无细孔，两侧渐尖。节 II -IX 背、腹片除前缘外，密布横网纹和线纹。节 II -VI 背片有较大握翅鬃 2 对，前握翅鬃附近有 2-5 对较细握翅鬃或直鬃。节 I -VIII 后缘两侧有长鬃，端部略钝，节 V 的长 245-315。节 V 背片长 411，宽 539。节 IX 后缘长鬃长：背中鬃 719，中侧鬃 822，侧鬃 565；节 X（管）长 616，宽：基部 138，端部 72。节 X 长肛鬃长：内中鬃 529，侧鬃 411。

雄虫：与雌虫主要区别是体较细长；前足股节外端缘有 1 镰形弯粗鬃，长约 218；前足胫节内缘粗糙，有载鬃突起 4-5 个；后背缘长鬃很长，长约 218。前足跗节有强齿，节 IX 腹片中部伸出 1 对粗刺，后缘伸出 1 根黑粗刺。

寄主：槟榔叶内、杂草、灌木。

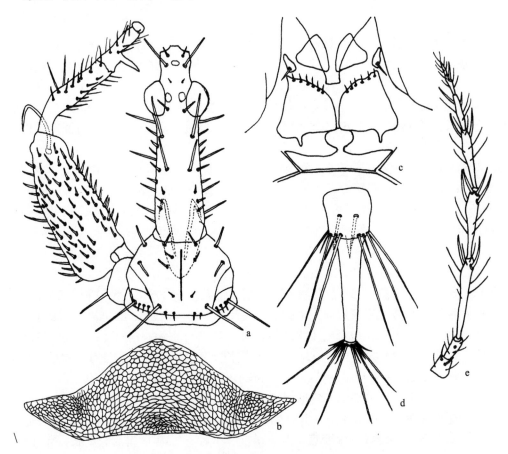

图 4　齿轻管蓟马 *Elaphrothrips denticollis* (Bagnall)

a. 雄虫头、前足及前胸背板，背面观（male head, fore leg and pronotum, dorsal view）；b. 腹节 I 盾板（abdominal pelta I）；c. 前、中胸腹板（pro- and midsternum）；d. 雄虫节 IX 和 X（管）[female abdominal IX and X tergites（tube）]；e. 触角（antenna）

模式标本保存地：英国（BMNH，London）。

观察标本：5♀♀7♂♂，海南尖峰岭，2002.Ⅶ.31，灌木，王培明采；12♀♀8♂♂，福建邵武，2003.Ⅶ.15，杂草，郭付振采；2♀♀3♂♂，海南尖峰岭，2002.Ⅶ.25，灌木，王培明采；2♀♀5♂♂，福建武夷山，2003.Ⅷ.12，杂草，郭付振采；6♀♀3♂♂，1987.Ⅹ.23，云南勐养，杂草，冯纪年采。

分布：福建、台湾、广东、海南、广西、云南；日本，印度，缅甸，马来西亚，印度尼西亚。

(5) 格林轻管蓟马 *Elaphrothrips greeni* (Bagnall, 1914)（图 5）

Dicaiothrips greeni Bagnall, 1914b, *Ann. Mag. Nat. Hist.*, (8)13: 289.

Elaphrothrips micidus Ananthakrishnan, 1973, *Pacific Ins.*, 15(2): 273, 275.

Elaphrothrips greeni (Bagnall): Palmer & Mound, 1978, *Bull. Br. Mus.* (*Nat. Hist.*) (*Ent.*), 37(5): 180; Mound & Palmer, 1983, *Bull. Br. Mus.* (*Nat. Hist.*) (*Ent.*), 46(1): 67; Han, 1997a, *Econ. Ins. Faun. China. Fasc.*, 55: 335.

雄虫：体长约 5.3mm。体暗棕色至黑棕色；触角、足（除黄色部分外）棕色；但触角节Ⅲ基部 2/3、节Ⅳ基部 1/3、节Ⅴ基部 1/3、节Ⅵ基部 1/10 黄色；前足胫节端部及跗节和中、后足胫节两端及跗节暗黄色；前翅无色，边缘微黄，基半部有 1 暗黄纵带。

头部 头细长，长 820μm，宽：复眼处 305，复眼后 245，后缘 300。头前缘向前延伸部分较长，长 140，宽 156，宽约为长的 1.1 倍，略短于复眼长度。头背面有模糊横线纹。复眼大且突出，长 153。单眼呈长三角形排列，前单眼距后单眼 113，后单眼间距 50。前单眼前侧鬃 1 对，长 183，复眼后鬃 2 对，对Ⅰ长 235，距眼 160，对Ⅱ长 135，距眼 275；后部另有几根短鬃，颊鬃每侧约 7 根，长 45-118。触角 8 节，细长，节Ⅰ-Ⅷ长（宽）分别为：91（55）、98（50）、269（48）、269（46）、225（48）、140（35）、88（30）、83（20），总长 1263；节Ⅲ长为宽的 5.6 倍。口锥短，端部宽圆；口针缩入头内较少，呈"Ⅴ"形。

胸部 前胸长 345，前缘宽 165，后部宽 575，背片仅边缘有弱纹。前下胸片发达，近梯形。各鬃长：前缘鬃 15，前角鬃 95，侧鬃 88，后侧鬃 175，后角鬃 68，后缘鬃 28。前基腹片发达。刺腹片后部延伸。中胸前小腹片有中峰。前翅长 2274，中部宽 195；间插缨 45 根；3 根翅基鬃，中部的 1 根靠后，内Ⅰ-Ⅲ长分别为：145、63、116。前足股节较膨大，众多外缘鬃长短不一，外端部有 1 根长而弯的深色鬃，长 234；前足胫节有 2 根长鬃，均长 233；中、后足胫节、股节外缘有长鬃，前足跗节内缘有齿。

腹部 腹节Ⅰ盾片中部以多角形网纹居多，两侧叶为横纹或横网纹。腹节Ⅱ-Ⅴ背片各有大握翅鬃 2 对，小的 3-4 对，其外侧有鬃 6-20 对，后侧的 1 根长约 188，节Ⅶ仅前部有 2 对握翅鬃，后缘握翅鬃变直，两侧鬃仅 3-5 对，节Ⅷ-Ⅸ仅后缘鬃长，其他鬃小。节Ⅸ背片长鬃长：背中鬃 500，中侧鬃 565，侧鬃 450。管长 750，宽：基部 150，中部 100，端部 75。

雌虫：体色和一般结构很相似于雄虫，仅体略大。

寄主：杂草、灌木。

模式标本保存地：英国（BMNH，London）。

观察标本：13♀♀5♂♂，福建武夷山，2003.Ⅷ.12，杂草，郭付振采；7♀♀6♂♂，海南尖峰岭，2002.Ⅶ.31，灌木，王培明采。

分布：福建、海南、云南、西藏；印度，斯里兰卡，印度尼西亚。

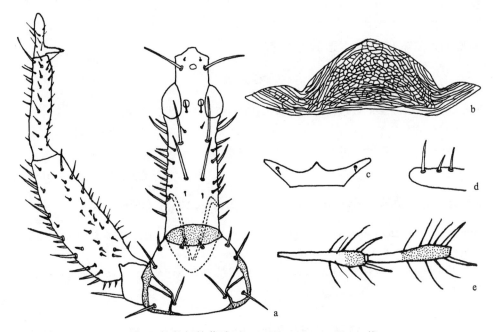

图 5　格林轻管蓟马 *Elaphrothrips greeni* (Bagnall)

a. 头、前足及前胸背板，背面观（head, fore leg and pronotum, dorsal view）；b. 腹节Ⅰ盾板（abdominal pelta Ⅰ）；c. 中胸
前小腹片（meso praesternum）；d. 翅基鬃（basal wing bristles）；e. 触角节Ⅲ-Ⅳ（antennal segments Ⅲ-Ⅳ）

3. 梅森管蓟马属 *Mecynothrips* Bagnall, 1908

Mecynothrips Bagnall, 1908a, *Ann. Mag. Nat. Hist.*, (8)1: 356.

Kleothrips Schmutz, 1913, *Sber. Kais. Akad. Wiss.*, 122(1): 1057. Synonymised by Bagnall, 1908a: 356.

Phoxothrips Karny, 1913d, *Suppl. Ent.*, 2: 132. Synonymised by Bagnall, 1908a: 356.

Dracothrips Bagnall, 1914b, *Ann. Mag. Nat. Hist.*, 8(13): 290. Synonymised by Bagnall, 1908a: 356.

Acrothrips Karny, 1920, *Cas. Cs. Spol. Ent.*, 17: 43. Synonymised by Bagnall, 1908a: 356.

Synkleothrips Priesner, 1935a, *Konowia*, 14(2): 330. Synonymised by Bagnall, 1908a: 356.

Akleothrips Priesner, 1935a, *Konowia*, 14(2): 332. Synonymised by Bagnall, 1908a: 356.

Type species: *Mecynothrips wallacei* Bagnall, 1908.

属征：体大。头延长，长是宽的 2-3 倍，复眼向前延伸，长是宽的 2-3 倍。复眼有时在背面略长。头上有 2 对延长的单眼鬃，1 对靠近前单眼，1 对后单眼鬃，1 对复眼后鬃和 1 对头背鬃。颊上至少有 3 对鬃。触角 8 节，有 2 个感觉锥，节Ⅳ有 4 个感觉锥。

前胸长是头长的 1/3。一些雄虫前缘角着生有大的弯曲的角。后侧缝有时在大雄虫中不发达。在雄虫中前足胫节有时有 1 个鬃着生在瘤端部。前足跗节在雄虫中有齿，雌虫缺。翅在中央略宽，有众多间插缨。盾板宽，有两侧叶。腹部背板节 II 至少有 2 对握翅鬃，节III-V 每节至少有 3 对握翅鬃。雄虫节IX背板有 1 对膨大的鬃，中背鬃长是管长的 0.4-1.25 倍。管边缘直到端部逐渐变窄，长是宽的 4-5 倍，是头长的 1.10-3.75 倍，管上有一些小鬃。

分布：古北界，东洋界，非洲界，澳洲界。

本属世界已知 14 种，本志记述 2 种。

种检索表

前翅间插缨超过 70 根；3 根翅基鬃端部尖；复眼前延伸部分中部两侧隆起…………………………………………………………………………………………………**台湾梅森管蓟马 *M. taiwanus***

前翅有间插缨 50 多根；翅基鬃内 I 和内 II 端部钝或有结节；复眼前延伸两侧较直………………………………………………………………………………………………**普利亚梅森管蓟马 *M. pugilator***

(6) 普利亚梅森管蓟马 *Mecynothrips pugilator* (Karny, 1913)（图 6）

Phoxothrips pugilator Karny, 1913d, *Suppl. Ent.*, 2: 132; Haga & Okajima, 1974, *Kontyû*, 42: 376.

Elaphrothrips takahashii Priesner, 1935b, *Philip. J. Sci.*, 57: 372.

Mecynothrips pugilator (Karny): Mound & Palmer, 1983, *Bull. Br. Mus.* (*Nat. Hist.*) (*Ent.*), 46(1): 69.

雌虫：体长 6.4-8.5mm，棕黑色，触角节 I - II 和节 VI-VIII黑棕色，节 VI 基部黄色，节 VII-VIII比节 I - II略淡；节III到节 V 梗节黄色，头黑色；前足胫节棕黑色，通常比股节淡；中足和后足股节基部较淡；中足和后足胫节基部与端部较淡，所有足的跗节棕黄色，翅中央有 1 条淡棕色带；体鬃淡黄色，但肛鬃淡棕色。

头部 头长是宽的 3 倍（包括复眼前延伸部分），头最宽处接近颊的基部，复眼前延伸两侧较直；颊两侧近平行，颊在复眼后收缩，然后逐渐向基部膨大，每颊有 3 对或 4 对粗鬃及有一些短鬃；单眼间鬃发达，单眼后鬃和 2 对复眼后鬃短于单眼间鬃，端部均钝，触角长是头长的 1.41-1.45 倍；触角节III和节IV长分别是宽的 6.0-6.2 倍和 4.6-5.1 倍。

胸部 前胸背板长是头宽的 0.33-0.37 倍，后缘有雕刻纹；前缘鬃微小，其他鬃发达，端部钝或有结节。前足股节有结节，但总比头窄。前翅有间插缨 50 多根；翅基鬃内 I 和内 II 端部钝或有结节，内 II 短于内 I，且内III最长，端部突然尖。中胸有多边形雕刻纹，前缘中间网纹弱。

腹部 盾板有多边形雕刻纹，两侧的纹弱，基部无基孔。节IX背板的 B1 鬃和 B2 鬃比管短，管长是头长的 0.83-0.87 倍，长是宽的 4.5-5.0 倍。肛鬃几乎是管长的一半。

雄虫：体长 5.7-11.5mm。与雌虫颜色相近。头长是宽的 3.1-3.9 倍。靠近颊基部最宽；复眼前延伸长是宽的 1.1-1.4 倍，端部略宽；颊相对直，在小雄虫中颊的每侧有 3 对膨大的小鬃，在大雄虫中有 3-4 对；单眼后鬃和 2 对复眼后鬃常常短于雌虫。中胸无前角延伸物；前胸侧鬃发达，其他鬃短于雌虫，前侧缝完全。在大雄虫中前足膨大；前足股节结节接近顶点内缘有小齿，中间有小丘；前足跗节的齿尖长。在小雄虫中，这些前足结构较弱。在大雄虫中，腹部细长，节Ⅱ-Ⅷ的长大于宽；腹节Ⅸ B1 鬃和 B2 鬃长分别是管长的 0.35-0.52 倍及 0.36-0.56 倍。管长是头长的 0.63-0.65 倍。

寄主： 枯死的常青阔叶树叶和亚热带枯死的向阳的山棕，菌食性。

模式标本保存地： 德国（SMF，Frankfurt）。

观察标本： 1♂（SYSU），海南尖峰岭三分区，1983.Ⅹ.13，采集人不详。

分布： 台湾、海南；日本。

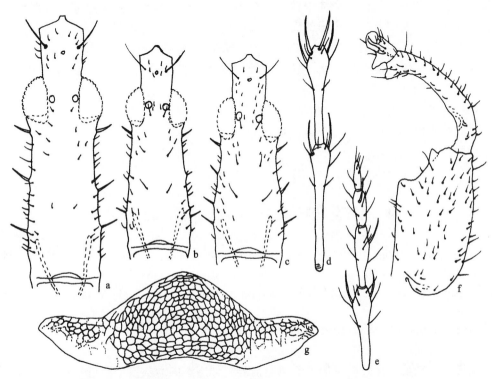

图 6 普利亚梅森管蓟马 *Mecynothrips pugilator* (Karny)（仿 Okajima，1974）

a. 大雄虫头部（head of large male）；b. 小雄虫头部（head of small male）；c. 雌虫头部（head of female）；d. 触角节Ⅲ-Ⅳ（antennal segments Ⅲ-Ⅳ）；e. 触角节Ⅴ-Ⅷ （antennal segments Ⅴ-Ⅷ）；f. 大雄虫前足（fore leg of large male）；g. 腹节Ⅰ盾板（abdominal pelta Ⅰ）

(7) 台湾梅森管蓟马 *Mecynothrips taiwanus* Okajima, 1979

Mecynothrips taiwanus Okajima, 1979b, *Trans. Shikoku Ent. Soc.*, 14: 129.

雄虫（长翅型）： 体长 13-17mm。体暗棕色，触角节Ⅲ-Ⅴ基部淡黄色，前足胫节黄棕色，中足和后足胫节在基部棕色，在端部黄色；两颊刺淡黄色，单眼鬃，腹节Ⅸ的鬃和管鬃黄棕色。

头部 头较延长，从复眼的前缘至基部长 850-920μm，长为宽的 2.5 倍，复眼处最宽；头部具横纹或凹槽；两颊在复眼后明显收缩，并具有 4-6 对尖鬃；复眼前延伸长为 245-285，在触角基部长为宽的 1.5 倍，在中部有些隆起，触角基部达最宽，单眼鬃位于前单眼两侧；后单眼后鬃、复眼后鬃、头背鬃小，且端部尖。复眼发达，在两侧强烈突出，且在头背部更长，为头长的 0.22-0.25 倍。后单眼发达，前单眼较小，位于单眼前延伸部分的中部。触角节总长 1800，节Ⅲ长为宽的 8.7 倍，为节Ⅳ的 1.4 倍。触角节Ⅲ-Ⅷ长（宽）分别为：520（60）、360（62）、300（53）、200（40）、100（30）、100（20）。

胸部　前胸宽为长的 1.25 倍，前缘角向前缘突出成叶状；前缘鬃和中侧鬃退化，前角鬃、后侧鬃和后角鬃在大个体中较短，在小个体中相对较长。后侧缝完全。前足股节膨大，宽于头，在端部具 1 突出的齿，中部内缘具 1 膨大物；前足胫节发达的鬃在端部结节或突出物上；前翅间插缨超过 70 根；3 根翅基鬃端部尖，内Ⅰ最短，内Ⅱ最长。

腹部　节Ⅸ中对鬃较短于管，很尖；管长 860，是基部宽的 5.5 倍；肛鬃为管长的 3/4。

雌虫： 未明。

寄主： 常青树的死叶上。

模式标本保存地： 日本（TUA，Tokyo）。

观察标本： 未见。

分布： 台湾；日本。

4. 眼管蓟马属 *Ophthalmothrips* Hood, 1919

Ophthalmothrips Hood, 1919, *Insect. Inscit. Menstr.*, 7: 67; Mound & Palmer, 1983, *Bull. Br. Mus. (Nat. Hist.) (Ent.)*, 46(1): 70; Han, 1997a, *Econ. Ins. Faun. China. Fasc.*, 55: 337.

Fulgorothrips Faure, 1933, *Bull. Brooklyn Ent. Soc.*, 28: 62. Synonymised by Mound & Palmer, 1983: 70.

Type species: *Ophthalmothrips pomeroyi* Hood, 1919.

属征： 头较长，复眼前延伸。前单眼前的延伸逐渐向端部变窄或近平行，单眼小，后单眼不与复眼接触。复眼在腹面尾向延伸。颊近乎平行，有少数短刚毛。单眼间鬃和复眼后鬃发达。口锥短，宽圆。口针在头内呈"V"形，间距宽。下颚须短，下唇须很小。触角 8 节，节Ⅲ-Ⅴ较长，无显著梗。节Ⅲ感觉锥 2 个，节Ⅳ 4 个。前胸长约小于头长的一半。前胸前下胸片存在，卵形或长三角形。内胸中线显著。背侧缝完全。前胸鬃发达或退化。中后胸盾片有网纹。足细长，雄虫前足股节稍增大，无突起；前足胫节基部略呈角，内端有或无载刚毛结节。两性前足跗节有齿或无齿。长翅或短翅，长翅有间插缨。腹节Ⅰ背片的盾板发达，三角形，完全网状，无刚毛。腹节Ⅱ-Ⅵ背片有 2 对握翅鬃。管长，向端部窄，无刚毛。节Ⅸ背片长鬃发达，长如肛鬃。本属复眼在腹面尾向延伸，是其显著特征。本属主要生活在草本植物和杂草间，取食真菌孢子。

分布： 古北界，东洋界，非洲界，澳洲界。

本属世界已知 10 种，本志记述 4 种。

种检索表

(8) 长眼管蓟马 *Ophthalmothrips longiceps* (Haga, 1975)（图 7）

Pyrgothrips longiceps Haga, 1975, *Kontyû*, 43: 264, 270.

Ophthalmothrips longiceps (Haga): Mound & Palmer, 1983, *Bull. Br. Mus.* (*Nat. Hist.*) (*Ent.*), 46(1): 71; Han, 1997a, *Econ. Ins. Faun. China. Fasc.*, 55: 337.

雌虫：体长约 3.5mm。体黑棕色；但触角节Ⅰ端部、节Ⅲ、节Ⅳ基部 2/3、节Ⅴ基部 1/3、节Ⅵ基部 1/4、复眼、前足胫节端部及各足跗节黄色；翅无色，翅基鬃处略黄。长体鬃淡。

头部　头长 510.3μm，后缘宽 235，长为后缘宽的 2.2 倍。复眼前延伸部长 48，宽 116。眼后交错横纹细。复眼背面长 143，腹面向后延伸，长 177，为背面长的 1.24 倍。两颊略拱。前单眼小于后单眼，距后单眼 87，后单眼间距 63。单眼间鬃端部长 116；复眼后鬃端部扁钝，长 77，距复眼 29；单眼后鬃长 31，其他背鬃少而小。触角 8 节，各节线纹微弱，节Ⅰ-Ⅷ长（宽）分别为：60（48）、60（34）、182（34）、126（34）、101（31）、72（26）、53（24）、53（19），节Ⅲ最长，长为宽的 5.4 倍，长为节Ⅴ的 1.8 倍。节Ⅲ-Ⅶ感觉锥数目分别为：1+1、1+2+1、1+1^{+1}、1+1、1。口锥端部宽圆，长 184，宽：基部 174，中部 135，端部 97。下颚须基节长 14，端节长 38。口针较粗，缩入头内中部，无下颚桥连接，中部间距 63。

胸部　前胸长 209，前部宽 252，后部宽 340，背片线纹很少。侧鬃、后鬃、后角鬃端部略钝，各鬃长：前缘鬃 19，前角鬃 36，侧鬃 60，后侧鬃 77 和 85，后角鬃 72，后缘鬃 24。腹面前下胸片窄，长条形；基腹片近似三角形。中胸盾片前部横纹细，后部较光滑，前外侧鬃长 34，中后鬃长 14，后缘鬃长 17。后胸盾片前中部光滑，其两侧和后部为纵线和网纹；前缘鬃 3 对，其中 2 对微小，长者长 31；前中鬃长 26，距前缘 87.5。前翅长 692，宽：近基部 114，中部 106，近端部 77；间插缨 14 根；翅基鬃内Ⅰ和内Ⅱ端部略钝，距前缘远于内Ⅲ，内Ⅰ-Ⅲ长分别为：46、60、97。中胸前小腹片两侧叶向前外延伸，有中峰，各足线纹轻弱，刚毛少，各节无钩齿。

腹部　腹节Ⅰ背片的盾板近三角形，中部网纹横向，两侧网纹纵向。节Ⅱ-Ⅷ背片线纹轻；节Ⅱ-Ⅵ每节各有大握翅鬃 2 对，握翅鬃 1-2 对，侧部其他小鬃 2-4 对，2 对端部略钝的长后侧鬃，节Ⅴ长后侧鬃内Ⅰ长 121，内Ⅱ长 140。节Ⅸ背片后缘长鬃端部尖，长：背中鬃 325，中侧鬃 437，侧鬃 296，中侧鬃长于管，另两根则短于管。管短于头，长 376，为头长的 0.72 倍，宽：基部 114，端部 48，肛鬃长：内中鬃 345，短于管，中侧鬃 403，长于管。

雄虫：体色和一般结构很相似于雌虫，但体略小。

寄主：半腐朽杂草、茅草。

模式标本保存地：日本（MNHO，Osaka）。

观察标本：1♀1♂，福建邵武，2003.Ⅶ.15，杂草，郭付振采；10♀♀5♂♂，福建寿宁，2003.Ⅶ.31，茅草，郭付振采；2♀♀，福建寿宁，2003.Ⅶ.29，茅草，郭付振采。

分布：福建、台湾；日本。

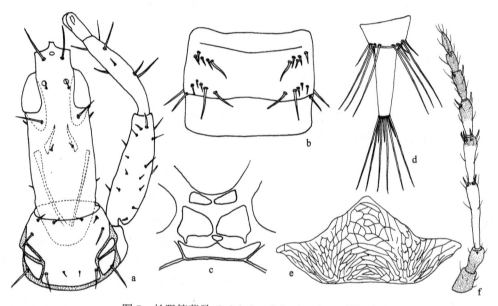

图 7 长眼管蓟马 *Ophthalmothrips longiceps* (Haga)

a. 头、前足及前胸背板，背面观（head, fore leg and pronotum, dorsal view）；b. 腹节Ⅴ背片（abdominal tergite Ⅴ）；c. 前、中胸腹板（pro- and midsternum）；d. 雄虫节Ⅸ和节Ⅹ背片（male abdominal tergites Ⅸ and Ⅹ）；e. 腹节Ⅰ盾板（abdominal pelta Ⅰ）；f. 触角（antenna）

(9) 芒眼管蓟马 *Ophthalmothrips miscanthicola* (Haga, 1975)（图 8）

Pyrgothrips miscanthicola Haga, 1975, *Kontyû*, 43: 265, 273.

Ophthalmothrips miscanthicola (Haga): Mound & Palmer, 1983, *Bull. Br. Mus.* (*Nat. Hist.*) (*Ent.*), 46(1): 71; Zhang, 1984b, *Jour. South China Agri. Univ.*, 5(3): 20, 21; Han, 1997a, *Econ. Ins. Faun. China. Fasc.*, 55: 339.

雌虫：体长约 3.5mm。体黑棕色，包括各足各节，但触角节Ⅲ（除端部略暗外）、节Ⅳ基半部、节Ⅴ基部黄棕色；翅无色；体鬃较黄，但握翅鬃和肛鬃较暗。

头部 头长 607μm，宽：复眼处 243，后部 291，长为后部宽的 2.09 倍。眼后横线纹较轻。复眼前延伸部分长 38（触角基部）和 76（触角间），宽 147，宽为长的 3.87 倍或 1.93 倍。复眼背面长 136，腹面向后延伸，长 170，为背面长的 1.3 倍。单眼小，前单眼在隆起物上，3 单眼呈长三角形排列，不与复眼接触。单眼间鬃长 145，另 1 对短的仅长 24；单眼后鬃较短，长 53；复眼后鬃长 126，距复眼 36；头背近中部 1 对较长鬃，长 68；其他头背鬃和颊刺较粗短，长 24。触角 8 节，节 II-VI 端半部有微弱线纹；节 I -VIII长（宽）分别为：68（55）、72（38）、170（38）、150（41）、138（31）、109（26）、170（24）、72（14），总长 949；节III长为宽的 4.5 倍。感觉锥较细，较长的长 29-41，短的长 12，节III-VII数目分别为：1+1、1+1+1、$1^{+1}+1^{+1}+0^{+2}$、1+1、腹端 1 个。口锥短，端部宽圆，长 160，宽：基部 243，端部 121。下颚须基节长 14，端节长 36。口针缩至头内接近幕骨。

胸部　前胸背片光滑无纹，内纵黑条短，后侧缝完全；各鬃长：前缘鬃和前角鬃均 32，侧鬃 76，后侧鬃 112，后角鬃 93，后缘鬃 38。前下胸片近似长方形板；其外侧有 1 小板。前基腹片大，具线纹。中胸前小腹片有中峰。无翅。中胸盾片中后部缺横纹；前外侧鬃较长，长 72；中后鬃长 21，后缘鬃长 31。后胸盾片前中部有网纹；前缘鬃长 17，前中鬃长 38，距前缘 60。各足线纹极弱，股节、胫节无钩齿；前足跗节齿基部宽，短而向前。

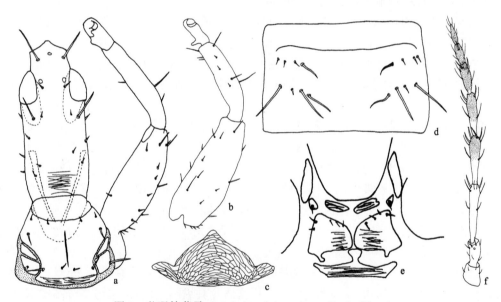

图 8　芒眼管蓟马 *Ophthalmothrips miscanthicola* (Haga)

a. 雌虫头、前足及前胸背板，背面观（female head , fore leg and pronotum, dorsal view）；b. 雄虫前足（male fore leg）；c. 腹节 I 盾板（abdominal pelta I）；d. 腹节 V 背板（abdominal tergite V）；e. 前、中胸腹板（pro- and midsternum）；f. 触角（antenna）

腹部　腹节 I 背片的板似三角形，中部网纹向后弯，两侧叶及内部线纹向前伸。节 II-IX 背片线纹和网纹弱，无握翅鬃，后侧缘长鬃长约 165。节IX后缘长鬃长：背中鬃 425，中侧鬃 459，侧鬃 352；长如管或略短于管。管无线纹，长 442，为头长的 0.73 倍，宽：基部 160，端部 92。肛鬃略短于管，长 311-325。头部、胸部长鬃、腹节 II-VIII 后侧长鬃端部均较钝。

雄虫： 体色和一般结构相似于雌虫，但前足股节略粗于雌虫，前足跗节内缘齿大，长三角形，向内。

寄主： 芒、杂草、茅草、灌木。

模式标本保存地： 日本（Japan）。

观察标本： 3♀♀，江西铅山，2002.Ⅷ.13，杂草，郭付振采；1♂，江西庐山，1963.Ⅵ.21，杂草，周尧采；4♂♂，福建古田镇，2003.Ⅷ.2，杂草，郭付振采；2♀♀4♂♂，福建邵武，2003.Ⅶ.15，杂草，郭付振采；20♀♀15♂♂，福建寿宁，2003.Ⅶ.31，茅草，郭付振采；2♀♀1♂，海南尖峰岭，2002.Ⅷ.27，灌木，王培明采。

分布： 江西、福建、广东、海南、四川；日本。

(10) 暗角眼管蓟马 *Ophthalmothrips tenebronus* Han & Cui, 1991（图9）

Ophthalmothrips tenebronus Han & Cui, 1991b, *Entomotaxonomia*, 13(1): 3, 6; Han & Cui, 1992,
    Insects of the Hengduan Mountains: 431; Han, 1997a, *Econ. Ins. Faun. China. Fasc*., 55: 340.

雌虫： 体长2.9mm。全体暗棕色；触角全暗棕色，足除前足胫节端部及跗节黄色外，其余各节暗棕色；腹节Ⅰ淡黄色，管最暗。

头部　头长500μm，宽265。眼向前延伸部分长100，宽155，背面呈脊状隆起。头背后部有些网纹。复眼背面长112，腹面向后延伸，长187。前单眼几乎不可见，1对后单眼很小，在复眼间前部。单眼间鬃尖端略扁，长57，间距80。复眼后鬃尖端略扁，长37，距眼50。两颊刚毛小，长15。触角8节，中间节较长，节Ⅰ-Ⅷ长（宽）分别为：62（50）、75（40）、147（37）、103（41）、100（37）、82（35）、57（31）、70（20），总长696；节Ⅲ长为宽的4.0倍。各节感觉锥小，数目和长度：节Ⅲ 2个，内、外端的长12；节Ⅳ 3个，内、外端的长17-18，腹面的长7；节Ⅴ 2个，内、外端的长13-15；节Ⅵ 2个，内端的长13，外端的长6；节Ⅶ 2个，背面的长16，腹面的长17。口锥短而宽圆，长150，宽：基部212，中部187，端部87。下颚须较短，长：节Ⅰ（基节）20，节Ⅱ 38。口针缩入头内近中部，呈"V"形，中部间距117。

胸部　前胸长175，宽340，显著短于头。背片光滑，仅有边缘鬃，除后缘鬃外，各鬃尖或略扁。各鬃长：前缘鬃17，前角鬃20，侧鬃15，后侧鬃41，后角鬃25，后缘鬃12。腹面前下胸片近长三角形，与前基腹片一缝之隔。中胸盾片有线纹和网纹。前外侧鬃2对，长10，中后鬃长7，后缘鬃长8。后胸盾片具纵网纹，前缘鬃尖端略扁，长17，距前缘56；前中鬃尖端略扁，长25，距前缘92。无细孔。无翅。中胸前小腹片中峰甚向前延伸。前足跗节齿长37，基宽15，端宽5。

腹部　腹节Ⅰ的盾板横宽，几乎占据背片整个宽度，两端细，线纹少。节Ⅰ背片前部有些网纹，其余各节仅前部有些线纹。节Ⅱ-Ⅴ背片仅有1对较长鬃；节Ⅵ-Ⅷ有2对较长鬃，均不反曲，端部扁。节Ⅸ背片鬃长如管，长：背中鬃185，侧中鬃212，侧鬃205，均尖。节Ⅹ（管）长为头长的2/5，长200。宽：基部135，中端部65。节Ⅹ鬃长：内中鬃165，侧鬃180，均尖。

雄虫： 体色、大小和一般形态与雌虫相似，但前足股节较增大。节Ⅹ背片鬃近似于雌虫，长：背中鬃 185，中侧鬃 212，侧鬃 205。

寄主：未明。

模式标本保存地：中国（IZCAS，Beijing）。

观察标本：1♀1♂，四川盐源县金河，1984.Ⅶ.2，王书永采。

分布：四川（盐源县）。

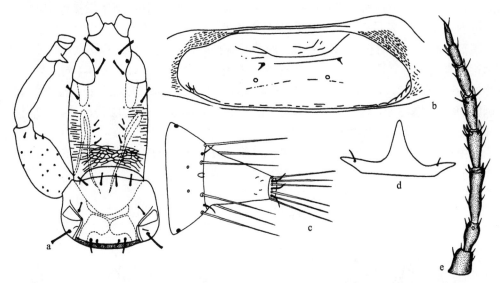

图 9　暗角眼管蓟马 *Ophthalmothrips tenebronus* Han & Cui（仿韩运发和崔云琦，1991b）

a. 头、前足及前胸背板，背面观（head, fore leg and pronotum, dorsal view）；b. 腹节Ⅰ盾板（abdominal pelta Ⅰ）；c. 雌虫节Ⅸ和Ⅹ（管）[female abdominal tergites Ⅸ and Ⅹ（tube）]；d. 中胸前小腹片（mesopresternum）；e. 触角（antenna）

(11)　云南眼管蓟马 *Ophthalmothrips yunnanensis* Cao, Guo & Feng, 2010（图 10）

Ophthalmothrips yunnanensis Cao, Guo & Feng, 2010, *Trans. Am. Ent. Soc.*, 136(3+4): 263.

雄虫：体长约 2.77mm。体黑色。触角节Ⅰ、节Ⅱ、节Ⅲ-Ⅴ端部、节Ⅵ-Ⅷ棕黑色，节Ⅲ-Ⅳ基部黄色。前足胫节和跗节黄色。头胸腹及其余足棕黑色。主要体鬃棕色。

头部　头长 730μm，复眼前延伸长 75；宽：复眼前 130，复眼处 230，复眼后缘 210，后缘 250。复眼后有横线纹。单眼呈三角形排列，前单眼距后单眼 100，两后单眼间距 90，单眼间鬃发达，长 90，端部钝，单眼后鬃 40。复眼大，长 110，复眼后鬃端部钝，长 130，距复眼 35，复眼在腹面延伸，长 155。颊略拱，每侧有 5-6 根小鬃。头背近中部有 1 对较长的鬃，长 45。其他头背鬃短小，长约 15。触角 8 节，节Ⅷ细长，各节无明显的梗节，刚毛长，节Ⅰ-Ⅷ长（宽）分别为：50（40）、70（30）、160（20）、150（20）、120（25）、100（25）、65（20）、75（15），总长 790；节Ⅲ长为宽的 8 倍。各节感觉锥细长，节Ⅲ-Ⅶ数目分别为：1+1、2+2、1+1^{+1}、1+1、1。口锥短，端部宽圆，长 160，宽：基部 230，端部 65。口针缩入头内约 1/3，呈 "V" 字形，中间间距宽，相距 140，下颚须基节长 10，端节长 45；下唇须端节长 10。下颚桥缺。

胸部 前胸长 240，前部宽 270，后部宽 380。背片除基部有模糊的线纹外，其余光滑。后侧缝完全。除后缘鬃较小外，其他鬃发达，长：前缘鬃 40，前角鬃 45，侧鬃 60，后侧鬃 100，后角鬃 60，端部钝，后缘鬃 20。其他鬃均细小，长约 15。前下胸片长条形，前基腹片发达，内有网纹。中胸前小腹片舟形，两侧叶端部略向前延伸，内有线纹。中胸盾片有横网纹。前外侧鬃长 50，端部钝。中后鬃和后缘鬃细小，分别长 15 和 20。后胸盾片有网纹，两侧有纵网纹。前缘角有 3 对微小鬃，长约 10，前中鬃端部尖，长 30，距前缘 60。无翅，各足有线纹，前足跗节内缘齿大，呈长三角形，内向。

腹部 腹节 I 的盾板中部馒头形，两侧叶延伸较短，板内有纵网纹。基部无微孔。腹部背片有网纹。节 II-VII 有 2 对小握翅鬃，不反曲，前握翅鬃外侧有 3-4 对小鬃。节 V 背片长 160，宽 790，后缘侧鬃长 150，后侧鬃长 150。节 IX 背片后缘鬃长：背中鬃 400，中侧鬃 390，侧鬃 300，端部均尖。节 X（管）长 310，为头长的 0.42 倍，宽：基部 140，端部 50。节 IX 肛鬃长 270-280，短于管。

雌虫：体色和一般结构相似于雄虫，但前足股节略粗于雄虫，前足跗节齿基部宽，短而向前。

寄主：茅草。

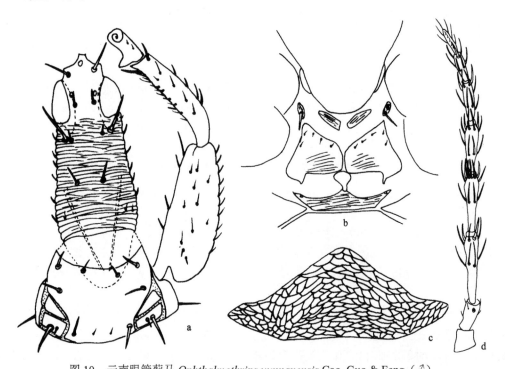

图 10 云南眼管蓟马 *Ophthalmothrips yunnanensis* Cao, Guo & Feng（♂）

a. 头、前足和前胸背板，背面观（head, fore leg and pronotum, dorsal view）；b. 前、中胸腹板（pro- and midsternum）；c. 腹
节 I 盾板（abdominal pelta I）；d. 触角（antenna）

模式标本保存地：中国（NWAFU, Shaanxi）。

观察标本：1♀3♂♂（NWSUAF），云南下关，2005.VII.23，郭付振采。

分布：海南、云南。

（Ⅱ）　灵管蓟马亚族 Idolothripina Bagnall, 1908

Idolothripidae Bagnall, 1908a, *Ann. Mag. Nat. Hist.*, (8)1: 356.

Idolothripini: Moulton, 1928a, *Ann. Zool. Jpn.*, 11: 336.

Idolothripina Priesner, 1960, *Anz. Österr. Akad. Wiss.*, 1960(13): 287; Mound & Palmer, 1983, *Bull. Br. Mus.* (*Nat. Hist.*) (*Ent.*), 46(1): 9; Han, 1997a, *Econ. Ins. Faun. China. Fasc.*, 55: 342.

前翅间插缨发达。前下胸片存在。腹部背片通常有 2 对握翅鬃。雄虫腹部两侧常有 1 对角状物或多对长的突起。

本亚族各大洲均有分布，以热带地区较多。

属检索表

1. 口针缩入头内并在头中部靠近⋯⋯⋯⋯⋯⋯⋯⋯⋯⋯⋯⋯⋯⋯**巨管蓟马属 *Megalothrips***
   口针不缩入头内，或者缩入头内但不在中部相互靠近⋯⋯⋯⋯⋯⋯⋯⋯⋯⋯⋯⋯2
2. 口针缩入头内较深；胫节暗淡或黑色，无两色；翅发达，色淡⋯⋯⋯⋯**大管蓟马属 *Megathrips***
   口针不缩入头内；胫节经常两色；翅发达时，具暗条纹⋯⋯⋯⋯⋯⋯⋯⋯⋯⋯⋯⋯3
3. 盾片侧叶与中部连接较窄；颊两边有 1 对粗壮的刚毛⋯⋯⋯⋯⋯⋯**棒管蓟马属 *Bactrothrips***
   盾片侧叶与中间连接较宽；颊至少有 2 对短粗刚毛⋯⋯⋯⋯⋯⋯**长角管蓟马属 *Meiothrips***

5. 棒管蓟马属 *Bactrothrips* Karny, 1912

Bactrothrips Karny, 1912a, *Ent. Rundschau*, 29(20): 131; Bagnall, 1921a, *Ann. Mag. Nat. Hist.*, (9)8: 396. Synonymy; Priesner, 1949b, *Bull. Soc. Roy. Ent. Egypte*, 33: 66, 121; Mound & Palmer, 1983, *Bull. Br. Mus.* (*Nat. Hist.*) (*Ent.*), 46(1): 72; Han, 1997a, *Econ. Ins. Faun. China. Fasc.*, 55: 342.

Bactrothrips Karny, 1919, *Z. Wiss. Ins.-Biol.*, 14: 108, 115, 116, as *Bactridothrips* on p. 108. Synonymised by Mound & Palmer, 1983: 72.

Caudothrips Karny, 1921b, *Treubia*, 1(4): 230, 260. Synonymised by Mound & Palmer, 1983: 72.

Type species: *Bactrothrips longiventris* Karny, 1912.

属征：体大，头较长；在复眼前明显延伸，但不是很长，其上生有粗鬃；眼后部分长，背部有发达的横条纹。颊长，颊两边有 1 对粗壮的刚毛。复眼大，突出，很少在腹面向前延长。前单眼与后单眼的距离大于后单眼间距。单眼间鬃、单眼后鬃和 1 对复眼后鬃发达，端部钝或近乎尖。触角 8 节，较细长，特别是节Ⅲ，节Ⅲ-Ⅴ端部膨大如球棒；感觉锥较细，节Ⅲ有 2 个感觉锥，节Ⅳ有 4 个感觉锥。口锥端部宽圆。口针长，缩入头内约一半处，间距宽。前胸短于头，背片鬃长。前翅较长而宽，边缘平行；间插缨毛众多。前足有刺和强鬃；雌雄跗节无齿。雄虫腹节Ⅵ（少数包括节Ⅴ）两侧有延伸物，牛角状或分叉，角状物向内弯曲，有的则在节Ⅶ和节Ⅷ有小结节（长突起）。有的雄虫节Ⅷ

的气门在背腹面增大而延长。管较长，长为宽的 3-5 倍，边缘平行，细长毛较多。

　　分布：古北界，东洋界。

　　本属世界已知 51 种，本志记述 3 种。

种检索表

1. 胫节黑棕色，后足胫节黑棕色，最端部和基部黄色 ⋯⋯⋯⋯⋯⋯⋯⋯⋯ **弯管棒管蓟马 *B. flectoventris***

　　胫节黄色至黑棕色，至少后足胫节 1/3 黄色 ⋯⋯⋯⋯⋯⋯⋯⋯⋯⋯⋯⋯⋯⋯⋯⋯⋯⋯⋯⋯⋯ 2

2. 头长超过复眼处宽的 2 倍；雄虫腹节Ⅵ角状物向内弯曲 ⋯⋯⋯⋯⋯⋯ **短管棒管蓟马 *B. brevitubus***

　　头长是复眼处宽的 2.22-2.30 倍；雄虫腹节Ⅵ角状物向外弯曲 ⋯⋯⋯⋯⋯⋯ **誉棒管蓟马 *B. honoris***

(12) 短管棒管蓟马 *Bactrothrips brevitubus* Takahashi, 1935（图 11）

Bactrothrips (*Bactridothrips*) *brevitubus* Takahashi, 1935, *Loochoos. Mushi*, 8: 61-63.

Bactrothrips brevitubus Takahashi: Kurosawa, 1968, *Ins. Mat. Suppl.*, 4: 59, 65; Mound & Palmer, 1983, *Bull. Br. Mus.* (*Nat. Hist.*) (*Ent.*), 46(1): 3; Han, 1997a, *Econ. Ins. Faun. China. Fasc.*, 55: 343.

　　雌虫：体长约 5.7mm。全体黑棕色，但触角节Ⅲ-Ⅴ（端部膨大部分除外）及节Ⅵ基半部黄色，节Ⅰ-Ⅱ、Ⅲ-Ⅴ端部膨大部分，节Ⅵ端半部及节Ⅶ-Ⅶ棕色；翅无色但前、后翅基半部有中央黄色纵条；前、中足胫节端部及后足胫节端部 1/3、各足跗节黄色；各体鬃黄色。

　　头部　头长 669μm，眼后较窄，宽：复眼处 318，复眼后 298，后部 339，头长为后部宽的 2.1 倍。复眼前延伸部分短，长 24，宽 145。头背眼后横纹弱，两颊无瘤。复眼长 160。前单眼距后单眼 82，后单眼间距 48。单眼间鬃端部略钝，长 97，单眼后鬃长 121；复眼后鬃端部略钝，长 99，距眼 34；头背中部鬃 1 对，端部略钝，长 194；距复眼 145，其他头背鬃及颊鬃较少而短，长 28-48。触角 8 节，节Ⅲ-Ⅵ细长，端部肿胀，呈球棒状，节Ⅰ-Ⅷ长（宽）分别为：97（85）、97（70）、422（48）、330（56）、291（45）、218（38）、89（20）、68（15），总长 1612。节Ⅲ长为宽的 8.8 倍。节Ⅲ-Ⅶ简单感觉锥数目分别为：1+1、2+2、1+1、1+1、1。口锥短，端部宽圆，长 223，宽：基部 315，中部 267，端部 121。下颚须Ⅰ长 24，Ⅱ长 72。口针缩入头内至幕骨陷处，大致呈"Ⅴ"形，中部间距 145。无下颚桥。

　　胸部　前胸长 267，前部宽 390，后部宽 514，甚短于头。后侧缝不完全，达后角鬃处。各鬃较长而粗，端部略钝，长：前缘鬃 72，前角鬃 60，侧鬃 106，后侧鬃 136，后角鬃 145，后缘鬃 41。腹面前下胸片围绕口锥。基腹片大，有横线纹。中胸盾片线纹轻；前外侧鬃粗大，端部略钝，长 114，中后鬃 2 对，其Ⅰ对长 48，其Ⅱ对长 72；后缘鬃长 51。后胸盾片线纹轻，前缘有横纹数条，两侧为纵纹；前缘鬃长 72；前中鬃粗大，端部略尖，长 209，距前缘 72，前翅长 2570，宽：基部 194，中部 177，近端部 121；间插缨 48 根，翅基鬃内Ⅰ和内Ⅱ之间较靠近而短，端部较尖，长：内Ⅰ 133，内Ⅱ 121，内Ⅲ 201。中胸前小腹片具横纹，船形，有中峰。前足股节不膨大，有些粗刺，长 97-170；前足胫节侧缘有 1 根刺，长 97，前足跗节无齿；后足股、胫节亦有些长粗刺。

　　腹部　腹节Ⅰ背片的盾板中部近似馒头形，其中网纹纵向；两侧叶与中部连接处甚窄，其网纹横向。腹部各节除前、后部外具弱网纹和线纹，但节Ⅸ、Ⅹ（管）线纹少；节Ⅱ-Ⅶ除有 2 对细握翅鬃外，尚各有 2 对大握翅鬃。节Ⅴ背片大握翅鬃长约 170，后缘侧鬃长 291。管（节Ⅹ）长 1310，为头长的 2.0 倍，宽：基部 199，中部和端部均为 148。节Ⅹ肛鬃长约 315。

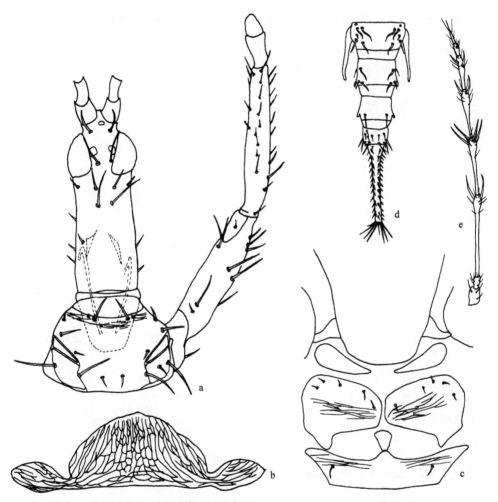

图 11　短管棒管蓟马 *Bactrothrips brevitubus* Takahashi
a. 头、前足和前胸背板，背面观（head, fore leg and pronotum, dorsal view）；b. 腹节Ⅰ盾板（abdominal pelta Ⅰ）；c. 前、中胸腹板（pro- and midsternum）；d. 雄虫节Ⅵ-Ⅹ（male abdominal tergites Ⅵ-Ⅹ）；e. 触角（antenna）

　　雄虫：与雌虫显著不同点在于腹节Ⅵ两侧有角状延伸物，节Ⅶ和节Ⅷ两侧有较大突起；节Ⅸ背片中侧鬃短于中鬃和侧鬃。腹节Ⅵ两侧角状物长 760，基宽 82，端宽 30；节Ⅶ两侧突起长 102；节Ⅷ两侧突起长 82。节Ⅸ背片长鬃长：背中鬃 243，中侧鬃 72，侧鬃 136。节Ⅹ（管）长 1362，基宽 194，端宽 116。肛鬃长 3150。

　　寄主：枯枝落叶、桢楠树皮、杂草、华山松、核桃。

模式标本保存地：日本（NIAS，Tokyo）。

观察标本：1♂，西藏樟木，2200m，1975.Ⅶ.1，桢楠树皮，采集人不详；1♀，河南伏牛山，1420m，1996.Ⅶ.18，杂草，段半锁采；1♂，河南伏牛山龙峪湾，1150m，1996. Ⅶ.11，华山松，杨忠歧采；2♀♀，河南白云山，1996.Ⅶ.19，核桃，杨忠歧采。

分布：河南、安徽、福建、广东、海南、云南（西双版纳）、西藏；日本。

(13) 弯管棒管蓟马 *Bactrothrips flectoventris* Haga & Okajima, 1989

Bactrothrips flectoventris Haga & Okajima, 1989, *Bull. Sug. Mont. Res. Centre, Univ. Tsuk.*, 125: 8; Okajima, 2006, *Ins. Japan. Vol. 2. Suborder Tubulifera (Thysan.)*: 61.

雌虫（长翅型）：体长 4.1-6.0mm。体色与雄虫相似。头长，为复眼处宽的 1.77-1.95 倍。复眼在背面长为头长的 0.28-0.30 倍，在腹面长为头长的 0.42-0.44 倍。触角为头长的 2.18-2.58 倍；节Ⅲ为头长的 0.49-0.51 倍。前胸为头长的 0.40-0.42 倍。前翅具 26-36 根间插缨。管为头长的 1.45-1.58 倍，长为基部宽的 5.60-6.36 倍。

头部 头长 530μm，为宽的 1.7-1.9 倍，在复眼处最宽；复眼后鬃对Ⅰ之间的距离大于对Ⅱ之间的距离，单眼间鬃最长。复眼发达，并在腹面向后缘延长，触角节Ⅲ-Ⅵ分别长：265（212-312）、228（190-265）、212（178-244）、138（122-157）。

胸部 前胸前缘鬃发达，等长或略短于前角鬃；后侧鬃的附属鬃或多或少地长于后侧鬃地一半。盾片中叶近三角形而不是半圆形。

腹部 腹部小瘤在节Ⅳ较直，节Ⅶ无显著结节，节Ⅷ有 1 对小的结节，在小雄虫中不存在。管长 7796。

雄虫（长翅型）：体长 3.8-5.4mm。体黑色至黑棕色；胫节黑棕色，后足最基部和端部黄色；触角节Ⅲ至节Ⅵ梗节黄色的；腹部结节黑色。

寄主：常绿阔叶林枯叶。

模式标本保存地：日本（TUA，Tokyo）。

观察标本：未见。

分布：台湾；日本。

(14) 誉棒管蓟马 *Bactrothrips honoris* (Bagnall, 1921)

Megathrips honoris Bagnall, 1921a, *Ann. Mag. Nat. Hist.*, (9)8: 359; Mound, 1968, *Bull. Brit. Mus. (Nat. Hist.) Ent.*, 11: 136; Kurosawa, 1968, *Ins. Mat. Suppl.*, 4: 59.

Bactrothrips honoris (Bagnall): Mound & Palmer, 1983, *Bull. Br. Mus. (Nat. Hist.) (Ent.)*, 46(1): 73; Haga & Okajima, 1989, *Bull. Sug. Mont. Res. Centre, Univ. Tsuk.*, 10: 12; Okajima, 2006, *Ins. Japan. Vol. 2. Suborder Tubulifera (Thysan.)*: 63.

雌虫（长翅型）：体长 5.1-7.0mm。与雄虫体色相同。头长为复眼处宽的 2.22-2.30 倍。复眼为头长的 0.27-0.29 倍；复眼后鬃对Ⅱ短于单眼间鬃。触角为头长的 2.08-2.20 倍；节Ⅲ和节Ⅳ分别为头长的 0.47-0.51 倍和 0.41-0.44 倍。前翅有 36-53 根间插缨。管为头长的 1.38-1.45 倍，为基部宽的 5.97-6.03 倍。

头部　头长 616-705μm，复眼处最宽，为 275-311；单眼间鬃和复眼后鬃对 II 发达，后对与前对等长或略短于它，单眼后鬃最短。复眼为头长的 0.27-0.29 倍。节III和节IV分别为头长的 0.47-0.54 倍和 0.40-0.43 倍；节III的感觉锥细长，几乎为本节长度的一半。触角节III-VI分别长：297-370、254-299、248-281、160-201。

胸部　前胸长 244-307，为头长的 0.39-0.44 倍；后角鬃短于后侧鬃，后侧附属鬃发达，为后侧鬃的一半长。后足胫节为头长的 1.15-1.30 倍。前翅间插缨 40-55 根，翅基鬃长：内 I 100-121，内 II 108-148，内III 175-206。

腹部　腹部结节在节VI细长，在端部微收缩；节VII无明显的结节；节VIII具 1 对结节。管为头长的 1.19-1.27 倍，为基部宽的 5.05-5.36 倍。

生殖板长为宽的 2.5-3.0 倍，基部最宽，向端部逐渐变窄。

雄虫（长翅型）：体长 4.9-6.9mm。体黑棕色；前足和中足胫节基部及端部黄色，后足胫节基部和端部 1/4 黄色；触角节III-VI梗节黄色；雄虫腹节VI两侧有延伸物，牛角状或分叉，角状物向外弯曲，腹节VI的小瘤逐渐向端部变淡。

寄主：常绿阔叶林枯叶。

模式标本保存地：英国（BMNH，London）。

观察标本：未见。

分布：台湾；日本。

6. 巨管蓟马属 *Megalothrips* Uzel, 1895

Megalothrips Uzel, 1895, *Monog. Ord. Thysanop.*: 224; Mound & Palmer, 1983, *Bull. Br. Mus. (Nat. Hist.) (Ent.)*, 46(1): 77.

Type species: *Megalothrips bonannii* Uzel, 1895.

属征：头延长，头远长于宽，背面高拱，有横网纹，复眼前缘略微延伸。复眼适当大。单眼间鬃、后鬃和复眼后鬃发达。触角 8 节，节VI和节VII腹面端部延伸，节VIII针状，触角节III和节IV分别有 2 个和 4 个感觉锥。口锥短，宽圆。口针长，缩入头内复眼处，在头部中间靠近。前胸主要鬃发达，前角鬃靠近侧鬃，后侧缝不完全。前下胸片存在。中胸宽。前足跗节无齿或有弱的小齿。前翅宽，有间插缨。腹节 I 盾板中间大，两侧叶与中央分离或有细的连接。腹节 II-VI（或节VIII）有 2 对握翅鬃。雄虫腹节VI两侧有 1 对角状物延伸。管长，管两侧通常近乎直，有细长毛。

分布：古北界，东洋界，新北界。

本属世界已知 8 种，本志记述 1 种。

(15) 圆巨管蓟马 *Megalothrips roundus* Guo, Cao & Feng, 2010（图 12）

Megalothrips roundus Guo, Cao & Feng, 2010, *Acta Zootaxonomica Sinica*, 35(4): 733.

雌虫：体长6.6mm。全体黑色；仅触角节Ⅲ基部2/3黄棕色。翅无色，但前后翅基半部中央有烟灰色纵条纹。各主要体鬃黑棕色。

头部　头延长，为1110μm，头在复眼前略延伸，长10，头长为宽的3.26倍。宽：复眼处340，复眼前170，复眼后350，后缘400；头在复眼后拱起形成高脊，颊近乎平行。头背鬃有几对鬃，长约50。复眼后到基部有横纹。复眼适当大，相对头长的比例，复眼略小，长150，复眼在腹面略有收缩，长120。两后单眼靠近复眼边缘，单眼间鬃长，长200，端部钝；单眼后鬃长40，端部钝。复眼后鬃2对，前对长50，距复眼50，后对很长，长360，距复眼100。触角8节，节Ⅰ-Ⅷ长（宽）分别为：90（65）、100（50）、255（25）、195（40）、170（45）、140（50）、80（35）、65（20），总长1095。节Ⅲ最长，长为宽的10.2倍。节Ⅲ-Ⅶ简单感觉锥的数目分别为：1+1、2+2、1+1^{+1}、1+1、1。口锥较短，端部宽圆，长260，宽：基部280，端部105。口针长，缩进头到复眼内后缘，在中部靠近，但不接触。下颚须基节（节Ⅰ）长50，端节长90；下唇须基节长15，端节长40。

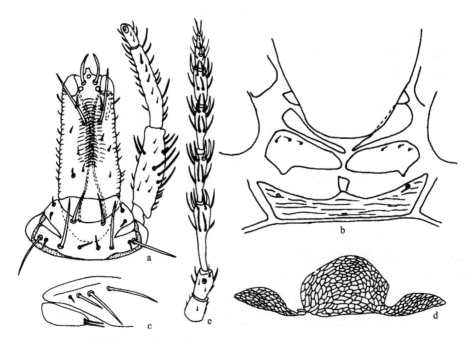

图12　圆巨管蓟马 *Megalothrips roundus* Guo, Cao & Feng

a. 头、前足和前胸背板，背面观（head, fore leg and pronotum, dorsal view）；b. 前、中胸腹板（pro- and midsternum）；c. 翅基鬃（basal wing bristles）；d. 腹节Ⅰ盾板（abdominal pelta Ⅰ）；e. 触角（antenna）

胸部　前胸长240，为头长的0.22倍，前端宽410，后端宽650。背片前部有模糊的横线纹。后侧缝不完全，达后角鬃处。除前角鬃较小外，其余鬃发达，长分别是：前缘鬃170，前角鬃30，侧鬃50，后侧鬃300，后角鬃290，端部均钝，后缘鬃60。其他鬃小。腹面前下胸片存在。中胸前小腹片舟形，刺腹片小，棒状。中胸盾片有横网纹。前外侧鬃长110，中后鬃和后缘鬃细小，分别长50和55。后胸盾片前部有横网纹，两侧有纵网纹，中央网纹。前缘角有 3 对微小鬃，长 55-60。前中鬃端部钝，长 260，距前缘 70。前翅近乎平行，端部较窄，长 2550，宽：近基部 140，中部 240，近端部 110；有间插缨 42-45 根；翅基鬃 4 根，内 I 微小，内 I-IV 长分别为：15、100、200、250，端部钝。各足线纹少，前足跗节无齿。

腹部　腹节 I 的盾板中部馒头形，两侧叶延伸较长，与中部连接处变窄，板内有网纹，两侧叶也有横网纹。基部无微孔。腹部背片前部网纹，后部横线纹；节 II-VII 有 2 对握翅鬃，前对小于后对，前握翅鬃外侧有 4-5 对小鬃。节 V 背片长 330，宽 1060，后缘侧鬃 420，后侧鬃 370。节 IX 背片后缘鬃长：背中鬃 400，中侧鬃 300，侧鬃 340，端部钝。节 X（管）长 1110，几乎等于头长，宽：基部 190，端部 95。节 IX 肛鬃长 260-270，短于管。

雄虫：未采获。

寄主：灌木丛。

模式标本保存地：中国（NWAFU，Shaanxi）。

观察标本：1♀，湖北巴东杨家槽，2006.VII.14，周辉凤采。

分布：湖北。

7. 大管蓟马属 *Megathrips* Targioni-tozztti, 1881

Megathrips Targioni-tozztti, 1881, *Ann. Agr.*, 34: 124; Mound & Palmer, 1983, *Bull. Br. Mus.* (*Nat. Hist.*)
(*Ent.*), 46(1): 78; Okajima, 2006, *Ins. Japan. Vol. 2. Suborder Tubulifera* (*Thysan.*): 116.

Siphonothtrips Buffa, 1908, *Redia*, 4: 389.

Type species: *Megathrips piccioli* Targioni-tozztti, 1881.

属征：体较大，头长是宽的 2 倍，甚宽于前胸，口针缩入头内较深，下唇须钝，触角长，节 III 棒状，跗节简单，雌虫管长是节 IX 的 4 倍；雄虫节 VI 有角状物，节 VIII 各有 1 根指状突。本属生活于死树皮下、树枝上，很少生活于草根中，以低等的藻类和菌为食。

分布：古北界，新北界，澳洲界。

本属世界已知 7 种，本志记述 2 种。

种检索表

腹节 I 盾板分成三部分，两侧叶与中央部分完全断开·····················**黑角大管蓟马** *M. antennatus*
腹节 I 盾板与侧叶连接甚窄，但不断开····························**网状大管蓟马** *M. lativentris*

(16) 网状大管蓟马 *Megathrips lativentris* Heeger, 1852（图 13）

Megathrips lativentris Heeger, 1852, *Sitz. Ak. Wiss. Wien.*, 9: 479; Guo, Feng & Duan, 2005,
Entomotaxonomia, 27(3): 174.

Megathrips piccioli Targioni-tozztti, 1881, *Ann. Agr.*, 34: 125.

雌虫：体长 2.5-2.9mm。体黑色或黑棕色到棕色。触角黑色，节Ⅲ黄色，节Ⅳ除端部黑色外其余都是黄色，节Ⅴ基部 1/2 处黄色。足黄色，前足黑色。主要鬃颜色淡。

头部 头长是宽的 1.6-1.7 倍。复眼后鬃短，端部膨大成球状，黄色；节Ⅲ-Ⅳ小，两颊有端部膨大如球状的小齿。触角长是头长的 1.6 倍，节Ⅱ稍长于节Ⅰ，节Ⅲ长是节Ⅱ的 2 倍，是节Ⅳ的 1.4 倍，长于节Ⅱ和节Ⅰ之和，节Ⅷ长于或等于节Ⅶ。节Ⅲ有 2 个细感觉锥，节Ⅳ有 4 个。前胸有横线纹，前缘鬃和前角鬃短，侧鬃和后侧鬃端部膨大成球状，长 85-102μm。翅发达，有 25 根间插缨。腹节Ⅰ盾板与侧叶连接甚窄，但不断开。节Ⅸ后缘长侧鬃Ⅱ端部膨大成球状，长 130-140。侧鬃长 160-180，端部膨大。管是头长的 1/5 或更长些。肛鬃是管长的 1/2。

图 13 网状大管蓟马 *Megathrips lativentris* Heeger

a. 头、前足和前胸背板，背面观（head, fore leg and pronotum, dorsal view）；b. 雌虫腹节Ⅸ和Ⅹ（管）（female abdominal tergites Ⅸ and Ⅹ）；c. 触角（antenna）；d. 雄虫腹节Ⅵ-Ⅹ（male abdominal tergites Ⅵ and Ⅹ）；e. 雄性外生殖器（male genitalia）；f. 腹节Ⅴ背板（abdominal tergite Ⅴ）；g. 中、后胸腹板（meso- and metasternum）；h. 腹节Ⅰ盾板（abdominal pelta Ⅰ）；i. 前、中胸腹板（pro- and midsternum）

雄虫：体较小，较窄。翅普通。腹节Ⅵ两侧有角状物，长达节Ⅶ，节Ⅷ两侧各有 1 个指状突。

寄主：阔叶植物的落叶、杂草。

模式标本保存地：南斯拉夫（Yugoslavia）。

观察标本：2♂♂2♀♀，河南嵩县白云山，1480-1620m，1996.Ⅶ.16，杂草，段半锁采；1♀，河南嵩县白云山，1420m，1996.Ⅶ.17，杂草，段半锁采。

分布：河南；西伯利亚，罗马尼亚，瑞典，意大利，澳大利亚，美国（佐治亚、加利福尼亚）。

(17) 黑角大管蓟马 *Megathrips antennatus* Guo, Feng & Duan, 2005（图 14）

Megathrips antennatus Guo, Feng & Duan, 2005, *Entomotaxonomia*, 27(3): 175.

雌虫：体长 3.90mm。体棕黑两色。触角节Ⅱ、Ⅶ、Ⅷ和节Ⅳ、Ⅴ端部棕色，节Ⅰ黑色。各足股节棕色，各足胫节、跗节黄色，腹节Ⅰ-Ⅳ逐渐由棕色变成黑色，其余黑棕色。各主要体鬃黄色。

头部　头在复眼前略延伸，长 10μm，宽 160，头长 450，复眼处宽 280，复眼后缘 290。头长是复眼处宽的 0.62 倍。复眼小，长 90，宽 60。单眼小，三角形排列。单眼间鬃粗长，长 80，端部钝，单眼后鬃短，长 30，端部钝。复眼后鬃短，端部钝，长 70。颊上有数对小鬃，端部均钝，两颊略拱。复眼后有横线纹。触角 8 节，节Ⅰ-Ⅷ长（宽）分别为：60（55）、80（40）、200（20）、150（30）、120（30）、100（40）、55（15）、55（15），总长 820。节Ⅲ基部细长，端部膨大如球，长是宽的 10 倍，节Ⅶ、Ⅷ基部收缩，有明显的梗；感觉锥细长，长约 37，节Ⅲ-Ⅶ感觉锥的数目分别为：1+1、2+2、1+1、1、1。口锥略圆，长 400，基部宽 200，端部宽 50。口针缩入头内，两口针间距 120。前足股节端基部内缘有 1 个三角形凹陷，且股节上的鬃端部膨大成球状，前足跗节无齿。

胸部　前胸长 180，宽：前部 350，后部 370，其上有网纹。除后缘鬃外，其他各鬃发达，端部膨大如球。前角鬃与侧鬃相互靠近，距 20。各鬃长：前缘鬃 62，前角鬃 62，侧鬃 75，后侧鬃 123，后角鬃 87，后缘鬃 40。前下胸片存在，近三角形，前基腹片大，相互靠近。中胸前小腹片舟形，其上有线纹。中胸盾片后部有横线纹和网纹。前外侧鬃端部膨大，长 62。中后鬃和后缘鬃近乎排列在一条直线上，长分别为：37、22。后胸除中央线纹模糊外，其他有多角形网纹，前角鬃 2 对，微小，长：25、22，前中鬃长 75，端部钝。无翅。

腹部　节Ⅰ盾板分成 3 叶，两侧叶与中央部分完全断开，中央馒头形，板内有多角形网纹。节Ⅱ-Ⅶ无握翅鬃。节Ⅱ-Ⅸ有多角形网纹。节Ⅴ背片长 250，宽 750，后缘长侧鬃长 155，端部膨大，侧鬃长 130，端部钝。节Ⅸ后缘长侧鬃Ⅱ 端部膨大成球状，长 130-140。节Ⅸ后缘侧鬃长 160-180，端部膨大。节Ⅹ（管）长 510，宽：基部 120，端部 55。管上有毛，肛鬃短，长 160-162。

雄虫：未发现。

寄主：禾本科杂草、玉米。

模式标本保存地：中国（BLRI，Inner Mongolia）。

观察标本：1♀，河南伏牛山龙峪湾，1045m，1996.Ⅶ.10，段半锁采；1♀（BIRL），河南伏牛山龙峪湾，1220m，1996.Ⅶ.11，玉米，段半锁采；1♀（BIRL），河南伏牛山龙峪湾，870m，1996.Ⅶ.12，禾本科杂草，段半锁采；5♀♀（NWSUAF），河南鸡公山，1997.Ⅶ.12，杂草，冯纪年采。

分布：河南。

图 14　黑角大管蓟马 Megathrips antennatus Guo, Feng & Duan

a. 头、前足和前胸背板，背面观（head, fore leg and pronotum, dorsal view）；b. 中、后胸背板（meso- and metanotum）；c. 腹节 I 盾板（abdominal pelta I）；d. 中、后胸腹板（mesos- and metasternum）；e. 触角（antenna）

8. 长角管蓟马属 *Meiothrips* Priesner, 1929

Meiothrips Priesner, 1929b, *Treubia*, 11: 187-210; Mound & Palmer, 1983, *Bull. Br. Mus. (Nat. Hist.) (Ent.)*, 46(1): 78.

Idolothrips (*Meiothrips*) Priesner, 1929b, *Treubia*, 11: 197.

Meiothrips (*Aculeathrips*) Kudô, 1975, *Kontyû*, 43(2): 138-146.

Type species: *Idolothrips* (*Meiothrips*) *annulatus* Priesner, 1929.

属征：长角管蓟马属是灵管蓟马族中的个体较大、体延长的属。头长，头顶在复眼前延伸；前单眼位于触角基部，单眼间鬃和后鬃发达；1 对后鬃互相靠近。颊至少有 2

对短粗刚毛。触角 8 节，特别长，节Ⅲ如胫节长，节Ⅲ有 2 个感觉锥，节Ⅳ有 4 个。前胸后侧缝不完全，前胸后侧片不发达；前足跗节无齿，股节细但端部有不规则的膨大，有 4 对端部膨大的刚毛。中胸背片侧鬃、后胸侧片中鬃和后胸后侧片鬃粗大且长。前翅无或有间插缨，翅基鬃相对较小，Ⅱ最短，Ⅲ最长。腹节Ⅰ盾板中部尖，两侧叶宽。节Ⅲ-Ⅵ有中间凹的前脊骨；背片有 2 对 "S" 形握翅鬃及几对附属鬃，节Ⅸ的鬃短，管有几对刚毛，雄虫有或无角状突或齿状突。

分布：东洋界。

本属世界已知 5 种，本志记述 1 种。

(18) 长角管蓟马 *Meiothrips menoni* Ananthakrishnan, 1964（图 15）

Meiothrips menoni Ananthakrishnan, 1964a, *Opusc. Ent. Suppl.*, 25: 1-120; Palmer & Mound, 1978, *Bull. Br. Mus.* (*Nat. Hist.*) (*Ent.*), 37(5): 205; Mound & Palmer, 1983, *Bull. Br. Mus.* (*Nat. Hist.*) (*Ent.*), 46(1): 80.

雌虫：体长 5.66-5.73mm。体棕色到黑棕色。前足股节棕色，中、后足股节黄色（除了端部 1/3 或 1/4 和基部棕色）；所有跗节黄色，在端部下有 1 块棕色区，翅透明，但从基部到中部中央有 1 条棕色带。体鬃端部膨大，头和足上的颜色较黑，端部棒状或钝。身体皮下有红色色素。

头部　头长 682-698μm；复眼处宽 233-248，复眼后宽 260-264，基部宽 295-300。头部延伸，长 78-80。头背面有横条纹。复眼长 170-175，宽 93-108。后单眼相距 16-20，前单眼距后单眼 90-96。复眼后鬃长 90-96，单眼后鬃和颊鬃长 60-70。触角 8 节，节Ⅲ-Ⅷ长（宽）分别为：630-636（36-39）、388-403（29-40）、310-318（31-34）、242-248（31-34）、120-124（24-26）、93-101（16-18）。节Ⅲ、Ⅳ的感觉锥长 80-85，节Ⅲ有 3 个，节Ⅳ有 4 个，节Ⅵ有 2 个。口针宽圆，长 233-248，基部宽 295-298，端部宽 150-155。口针不互相接近。

胸部　前胸长 233-248，前胸前缘宽 295-310，后缘宽 403-419。前角鬃长 30-53；前缘鬃长 118-122；侧鬃长，后缘鬃退化；后侧鬃长 138-142。前足股节宽 108-112，前足跗节无齿。翅胸长 698-706，宽 698-713。后胸后侧缝不完全。前翅 2148-2250，间插缨 18-22 根，翅基鬃 3 根呈一排，长分别为：78-81、47-50、186-190，端部均棒状。

腹部　节Ⅷ长 357-372，节Ⅸ长 248-264，节Ⅰ-Ⅲ端部均钝，长 233-241，管长 1053-1084，管上多毛，基部宽 140-144，端部宽 75-78。肛鬃长 233-248。

雄虫：体长 4.0-4.5mm。体色如雌虫。

头部　头长 620-624；复眼处宽 217-227，复眼后宽 217-227，基部宽 217-233。复眼长 140-144，宽 78-80。单眼、复眼后鬃和颊鬃如雌虫。复眼后鬃长 85-88，触角 8 节，节Ⅲ-Ⅷ长（宽）分别为：605-620（39-41）、357-372（39-41）、295-310（31-34）、217-233（24-27）、124-128（20-22）、93-98（16-18）。节Ⅲ、Ⅳ的感觉锥如雌虫。口针宽圆，长 202-210，基部宽 214-230，端部宽 124-127。口针不互相接近。

图15　长角管蓟马 *Meiothrips menoni* Ananthakrishnan
触角节Ⅵ-Ⅷ（antennal segments Ⅵ-Ⅷ）

胸部　前胸长 186-202，前缘宽 233-248，后缘宽 310-372。前角鬃长 42-50；前缘鬃长 108-115；侧鬃长，后缘鬃退化；后侧鬃长 113-120。前足股节宽 93-97，前足跗节无齿。翅胸长 512-543。后胸后侧片缝不完全。前翅长 1783-1860，间插缨 14-17 根，翅基鬃 3 根呈一排，长分别为：62-78，47-50，155-160，端部均棒状。

腹部　节Ⅷ长 217-220，节Ⅸ长 171-202，节 Ⅰ-Ⅲ端部均钝，长分别为：186-190、124-128、140-144。管长 961-967，管上多毛，基部宽 93-97，中部宽 72-82，端部宽 62-66。肛鬃长 186-190。

寄主：枯枝落叶、枫树皮下。

模式标本保存地：印度（TNAU, Coimbatore）。

观察标本：3♀♀，云南勐仑，1987. Ⅳ.11，枯枝落叶，童晓立采；1♂，海南尖峰岭，400m，枫树皮下，1980. Ⅳ.5，张维球采。

分布：海南、云南（勐仑）；印度（含锡金），泰国，马来西亚。

（Ⅲ）毫管蓟马亚族 Hystricothripina Karny, 1913

Hystricothripina Karny, 1913c, *Verh. Zool. Bot. Ges. Wien*, 63(1-2): 7; Mound & Palmer, 1983, *Bull. Br. Mus.* (*Nat. Hist.*) (*Ent.*), 46(1): 13.

前下胸片缺或存在，存在时退化。腹部背片通常有 1 对握翅鬃。前翅间插缨缺或存在，但间插缨数目很少。雄虫腹部两侧无角状物或多对长的突起，但雌雄腹部后几节的后侧鬃通常着生在延伸叉突上。

本亚族部分种类分布在非洲，以及墨西哥、美国（佛罗里达），而大部分种类分布在新热带界。

9. 长管蓟马属 *Holurothrips* Bagnall, 1914

Holurothrips Bagnall, 1914c, *Ann. Mag. Nat. Hist.*, (8)14: 376. **Type species:** *Holurothrips ornatus* Bagnall, by monotypy; Zhang, 1984a, *Jour. South China Agri. Coll.*, 5(2): 20.

Type species: *Holurothrips ornatus* Bagnall, 1914, by monotypy.

属征：触角极细，节Ⅷ披针形，节Ⅰ-Ⅱ有2对端部膨大的刚毛；头部有2对膨大的颊鬃。前胸背片的前角鬃和侧鬃相互靠近，后角鬃着生在背片的延伸叉中，腹节Ⅸ背片的鬃短。管长，是节Ⅸ长的3倍多，管上有端部短且端部膨大的刚毛。

分布：东洋界。

本属世界已知4种，本志记述1种。

(19) 摩长管蓟马 *Holurothrips morikawai* Kurosawa, 1968（图 16）

Holurothrips morikawai Kurosawa, 1968, *Ins. Mat. Suppl.*, 4: 55; Zhang, 1984a, *Jour. South China Agri. Coll.*, 5(2): 20; Okajima, 2006, *Ins. Japan. Vol. 2. Suborder Tubulifera (Thysan.)*: 107.

雌虫（有翅型）：体长5.6-5.7mm。体棕色到棕黑色，触角节Ⅰ和管棕黑色。胸部棕黄色到棕色，前胸淡于翅胸节；腹部棕色，触角节Ⅱ-Ⅷ棕黄色，节Ⅴ-Ⅵ梗部黑色；足膨大，淡黄色，中足和后足股节带有棕色；翅有淡棕色带；主要体鬃黄色到淡棕黄色。

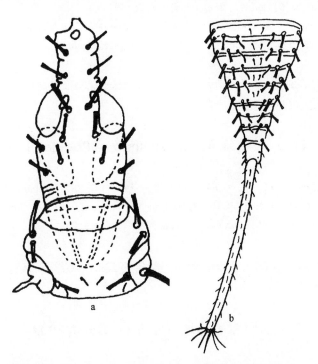

图 16　摩长管蓟马 *Holurothrips morikawai* Kurosawa（仿张维球，1984a）
a. 头与前胸背板（head and pronotum）；b. 腹部各节背面（abdominal tergites, dorsal view）

　　头部　头长是宽的 2.3 倍，一般有雕刻纹，复眼后有显著的延伸物，长是宽的 1.8 倍；主要鬃粗，端部钝或者有结节，2 对复眼后鬃短于单眼后鬃；颊在复眼后略收缩，中间略膨大且圆。触角节Ⅲ非常长，是头长的 0.75-0.78 倍，约是宽的 14.0 倍；节Ⅵ不对称；节Ⅷ延长，长近乎是节Ⅶ的长，在基部收缩；节Ⅳ有 2 个感觉锥。

　　胸部　前胸一般有刻纹，并有弱的网纹，前缘鬃和后角鬃退化，前角鬃最长。前翅有间插缨 19-26 根；翅基鬃内Ⅰ和内Ⅱ退化，内Ⅲ粗短。中鬃短。

　　腹部　盾板基部有孔。腹节Ⅱ-Ⅴ宽；腹节Ⅱ有 1 对短的握翅鬃，节Ⅲ-Ⅶ有 2 对反曲的握翅鬃，前对短且直，后对长且反曲。节Ⅸ后缘鬃粗短，内Ⅰ短于内Ⅱ。管极长，长约是头长的 2.4 倍，约是基部宽的 15 倍，有毛，但是这些毛在腹部的节Ⅰ-Ⅳ缺。肛鬃长是管长的 0.7 倍。

　　雄虫（小型）：体长 4.4-5.0mm。与雌虫非常相似。体非常小，窄于雌虫。管长是头长的 2.27-2.30 倍。

　　寄主：通常在亚热带和温带的常青阔叶林的死树叶上。

　　模式标本保存地：日本（NIAS，Tokyo）。

　　观察标本：未见。

　　分布：海南；日本。

Ⅱ. 臀管蓟马族 Pygothripini Priesner, 1961

Pygothripidae Hood, 1915a, *Proc. Biol. Soc. Wash.*, 28: 49.

Pygothripini Priesner, 1961, *Anz. Österr. Akad. Wiss.*, (1960)13: 289; Mound & Palmer, 1983, *Bull. Br. Mus.* (*Nat. Hist.*) (*Ent.*), 46(1): 9, 10, 11, 20; Han, 1997a, *Econ. Ins. Faun. China. Fasc.*, 55: 346.

　　后胸腹侧缝存在或缺。腹部背片常具有 1 对握翅鬃（有发达腹侧缝的 2 个种除外）。管无长侧毛（有发达的腹侧缝 2 个种除外）。

（Ⅳ）奇管蓟马亚族 Allothripina Priesner, 1961

Allothripina Priesner, 1961, *Anz. Österr. Akad. Wiss.*, (1960)13: 287; Mound & Palmer, 1983, *Bull. Br. Mus.* (*Nat. Hist.*) (*Ent.*), 46(1): 9, 10, 12, 30; Han, 1997a, *Econ. Ins. Faun. China. Fasc.*, 55: 347.

Pygidiothripini Priesner, 1961, *Anz. Österr. Akad. Wiss.*, (1960)13: 289.

　　后胸腹侧缝通常存在，当缺少时触角感觉锥短或节Ⅳ有 3 个感觉锥，或触角感觉锥短；下颚须端感觉器粗。

10. 奇管蓟马属 *Allothrips* Hood, 1908

Allothrips Hood, 1908a, *Bull. Ill. St. Lab. of Nat. Hist.*, 8(2): 372; Mound & Palmer, 1983, *Bull. Br. Mus.* (*Nat. Hist.*) (*Ent.*), 46(1): 31; Han, 1997a, *Econ. Ins. Faun. China. Fasc.*, 55: 347.

Bryothrips Priesner, 1925b, *Zeitschr. Oesterr. Ento.-Ver.*, 10: 6. Synonymised by Stannard, 1957, *Illinols. Biolog. Monogr.*, 25: 92.

Type species: *Allothrips megacephalus* Hood, 1908.

属征：头长如宽或长大于宽。复眼前适当延伸。在无翅型和短翅型中复眼变小。无翅型缺单眼。单眼鬃、眼后鬃和中背鬃适当发达且端部膨大。颊鬃端部尖或膨大。触角7节，节Ⅶ和节Ⅷ完全愈合；各节小，节Ⅴ和Ⅵ腹面略延伸。口锥端部宽圆、口针缩入头内呈"Ⅴ"形，间距大。前胸各主要鬃发达，大小相似且端部膨大。前下胸片存在。中胸前小腹片退化。后侧缝完全或近乎完全。前翅宽，无间插缨毛。雌虫前足无齿，雄虫则有。雄虫前足股节增大。中、后足跗节2节。腹节Ⅰ盾板很宽。握翅鬃尖，仅存在于雄虫中。管短。触角7节，复眼小，头鬃端部膨大，管短是其显著特征。

分布：东洋界。

本属世界已知24种，本志记述2种。

种检索表

前下胸片存在，但退化成膜质；前基腹片发达，且在中部相互接触……**台湾奇管蓟马** *A. taiwanus*

前下胸片存在且发达，不退化成膜质；前基腹片发达，但不相互接触……**二色奇管蓟马** *A. bicolor*

(20) 二色奇管蓟马 *Allothrips bicolor* Ananthakrishnan, 1964（图17）

Allothrips bicolor Ananthakrishnan, 1964a, *Opusc. Ent. Suppl.*, 25: 83; Mound, 1972a, *J. Aust. Ent. Soc.*, 11: 27, 34; Mound & Palmer, 1983, *Bull. Br. Mus. (Nat. Hist.) (Ent.)*, 46(1): 31; Han, 1997a, *Econ. Ins. Faun. China. Fasc.*, 55: 347.

雌虫：体长约1.3mm。体黄和棕（黑）二色，触角节Ⅰ-Ⅲ、头向后至腹节Ⅰ、管（端部除外）和各足各节呈黄色，但触角节Ⅲ和管较暗；触角节Ⅳ-Ⅶ和腹节Ⅱ-Ⅶ深棕（黑）色，节Ⅸ和管末端淡棕色；体鬃与所在部位颜色相近。

头部　头长194μm，宽：复眼处145，后缘170，长为后缘宽的1.1倍。背片线纹稀疏，两颊后部较宽，边缘有微锯齿。复眼小，长38。单眼缺。复眼后鬃长43，距眼7，复眼内缘鬃长34，复眼外侧鬃长29，背片后部1/3处中对鬃长36；端部均扁钝。其他头鬃均细小而尖，长约7。触角仅7节，几乎无线纹，短粗，节Ⅶ最长，节Ⅳ-Ⅵ近乎圆珠形，节Ⅱ-Ⅵ基部梗显著；节Ⅰ-Ⅶ长（宽）分别为：29（39）、48（34）、51（34）、39（34）、39（31）、34（26）、55（24），总长295，节Ⅲ长为宽的1.5倍。感觉锥较长，节Ⅲ-Ⅵ的长约26，超过该节长的一半；节Ⅲ-Ⅵ各有1+1个，节Ⅶ背端1个。口锥端部宽圆，伸至前足基节，长106，宽：基部165，中部121，端部72。下颚须基节长9，端节长48。下唇须基节长4，端节长24。口针缩至头内复眼后缘，中部间距较宽，34。

胸部　前胸长102，前部宽184，后部宽218。背片线纹少，后侧缝完全。除后缘鬃外，各边缘长鬃端部均扁钝，长：前缘鬃21，前角鬃43，侧鬃39，后侧鬃39，后角鬃41，后缘鬃4；其他鬃少，细小而尖。腹面前下胸片存在；前基腹片内端窄，不相接触。

刺腹片不存在。中胸前小腹片较退化，似两侧叶且呈弯条状。无翅。中胸盾片线纹稀疏；前外侧鬃不发育；前中鬃和后缘鬃距后缘很近，分别长 38 和 36，端部均扁钝。后胸盾片仅前部和两侧有几条线纹，前缘鬃很小；前中鬃端部扁钝，长 34，距前缘 63。各足线纹弱，刚毛短，前足跗节无齿。

　　腹部　腹节 I 背片的盾板很宽，占据背片宽度 9/10，板内线纹细疏。腹部甚宽于头和胸部，节 V 背片长 87，宽 330。各节无反曲的握翅鬃；节 I-V 后缘长侧鬃端部均扁钝；节 VI-VIII 的内 I 和内 II 端部扁钝，但内 III（侧缘）端部尖；节 V 的长：内 I 53，内 II 58，内 III 39。节 IX 背片后缘背中鬃和中侧鬃端部扁钝，分别长 72 和 80，短于管；侧鬃端部尖，长 109，长如管。管短而粗，长 109，为头长的 0.56 倍，宽：基部 72，端部 34。

　　雄虫：未明。

　　寄主：枯枝落叶。

　　模式标本保存地：印度（TNAU, Coimbatore）。

　　观察标本：未见。

　　分布：海南；印度。

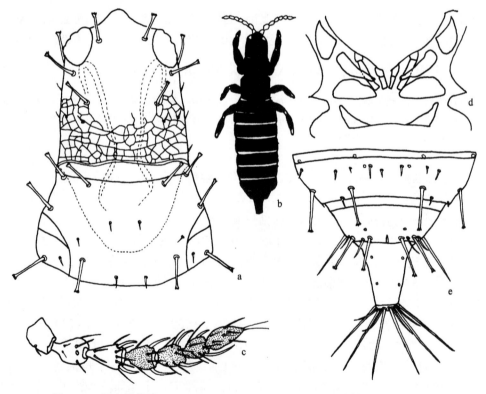

图 17　二色奇管蓟马 *Allothrips bicolor* Ananthakrishnan（仿韩运发，1997a）

a. 头、前足和前胸背板，背面观（head, fore leg and pronotum, dorsal view）；b. 成虫（adult）；c. 触角（antenna）；d. 前、中胸腹板（pro- and midsternum）；e. 雌虫腹节 VIII-X（female abdominal tergites VIII-X）

(21) 台湾奇管蓟马 *Allothrips taiwanus* **Okajima, 1987**

Allothrips taiwanus Okajima, 1987a, *Kontyû*, 55(1): 146-152.

雌虫（无翅型）：体长 1.98mm，体两色，黄色和棕色；头、具翅胸节、腹节IX、管和足黄色；前胸黄棕色；腹节I黄色，后侧缘具浅棕色；腹节II-VIII棕色，略深于前胸；触角节I-III黄色；主要鬃透明。

头部　头长大于宽，头背具多边形网纹；两颊微圆，略在基部收缩，颊鬃短，在端部钝或略膨大；有4对膨大的鬃，背部中鬃位于内对复眼后鬃之后，外对复眼后鬃较弱。外对复眼后鬃 20-22μm，内对复眼后鬃 35，复眼具8个小眼。单眼不存在。触角节具横纹；节II和节III各具微膨大的鬃；节III长于节VII。口针达复眼处。触角节I-VII长（宽）分别为：56（45）、61（37）、67（35）、45（36）、45（33）、42（31）、64（29）。

胸部　前胸具网纹，主要鬃端部膨大，后缘鬃相当长，但细长且尖。后侧缝完全。前角鬃 25，前缘鬃 34，中侧鬃 35，后角鬃 30-33，后侧鬃 35-37。前刺腹片椭圆形。前基腹片发达，且在中部接触。前下胸片存在，但退化成膜质。中胸具3对膨大的侧鬃，内对短于端部膨大的后中鬃。后胸具多边形网纹，具1对端部膨大的鬃和1列尖鬃。所有足细且直，具一系列强鬃。前足跗节齿不存在。盾片宽，后缘及两侧具明显网纹，中间前半部光滑，但具有微网纹，中部前缘呈圆拱形，具1对微孔。

腹部　腹节具多边形网纹，每节具1横排的8-18根短鬃，但在节IX只具有3对短鬃。内I和内II鬃端部膨大，内I鬃短于内II鬃，短于管长的一半。管具网纹，为头长的0.76倍。肛鬃短于管。

雄虫：未明。

寄主：落叶。

模式标本保存地：日本（TUA，Tokyo）。

观察标本：未知。

分布：台湾。

（V）　多饰管蓟马亚族 Compsothripina Karny, 1921

Compsothripina Karny, 1921a, *Treubia*, 1: 192; Mound & Palmer, 1983, *Bull. Br. Mus. (Nat. Hist.) (Ent.)*, 46(1): 34.

本亚族通常无翅。触角节VIII明显与VII分离，节IV有3个或2个感觉锥，节III有2个或1个。复眼两侧通常退化，但常在腹面延伸。前下胸片存在，中胸前小腹片完全。后胸腹片后侧缝发达或缺。管短，两边直。

11. 多饰管蓟马属 *Compsothrips* Reuter, 1901

Compsothrips Reuter, 1901, *Öffersigt af Finska Vetenskaps-Societetens Förhandlingar*, 43: 214; Mound & Palmer, 1983, *Bull. Br. Mus.* (*Nat. Hist.*) (*Ent.*), 46(1): 34; Guo & Feng, 2006, *Acta Zootaxonomica Sinica*, 31(4): 843.

Type species: *Phloeothrips albosignata* Reuter, 1901.

属征： 多饰管蓟马属是无翅、类似蚂蚁形状的一类蓟马，触角 8 节，通常节Ⅳ、Ⅴ和Ⅵ腹面端部有突出延伸物。无单眼。前下胸片存在。在绝大部分种类中翅胸很弱，窄于前胸，并且翅瓣缺；复眼腹面延伸大于背面，腹节Ⅰ盾板帽状。

分布： 古北界。

本属世界已知 27 种，本志记述 1 种。

(22) 网纹多饰管蓟马 *Compsothrips reticulates* Guo & Feng, 2006（图 18）

Compsothrips reticulates Guo & Feng, 2006, *Acta Zootaxonomica Sinica*, 31(4): 843.

雄虫： 体长 2.75mm。触角节Ⅰ、Ⅱ黑色，节Ⅲ-Ⅴ棕黄色；节Ⅵ基部棕黄色，端部棕色，节Ⅶ-Ⅷ黑色。所有足的跗节棕黄色，所有足的股节和胫节棕黑色。腹节Ⅰ白蜡色，节Ⅱ-Ⅵ棕黑色，其余黑色。主要体鬃棕黄色。

头部　头长 450μm，头在复眼前略延伸，头长是宽的 1.88 倍；宽：复眼前 120，复眼处 240，复眼后缘 230，基部 170，复眼处最宽；颊逐渐向基部收缩，中间略拱，但在基部突然收缩，颊上有一些微小的背鬃。复眼大，在复眼腹面内缘有明显的尖角状延伸，长大约是复眼背面长的 1/3。复眼后鬃短，黄色，端部钝，长 25，约是复眼背面长的 1/4，位于复眼后，距复眼 75；单眼间鬃和后鬃长于复眼后鬃，端部钝，长分别为：22.5 和 30，单眼缺。触角 8 节。中间数节适当长，节Ⅴ-Ⅵ腹面内缘端部有延伸，节Ⅰ-Ⅷ长（宽）分别为：52.5（25）、125（25）、270（60）、97.5（27.5）、87.5（25）、75（27.5）、55（25）、47.5（15），总长 810；节Ⅲ长为宽的 4.5 倍。节Ⅲ-Ⅶ简单感觉锥的数目分别为：1、2、2、2、1。口锥较短，端部宽圆，长 128，宽：基部 147.2，端部 64.0。口针细长，缩进头内接近复眼后缘，在中部靠近，中部间距 7.7。下颚须基节（节Ⅰ）长 10.2，节Ⅱ长 25.6。眼后布满轻微横纹、复眼背面长 90，复眼前略延伸，腹面单眼缺。头背鬃稀疏而短小；单眼间鬃 1 对，单眼后鬃 1 对，长 12.8；复眼后鬃 1 对，端部尖，长 19.2，距眼 12.8。

胸部　前胸短于头，椭圆形。前胸长 210，前部宽 200，后部宽 290。背片前后部及两侧有网纹。后侧缝完全。内纵黑条占前胸长的 1/2。除后缘鬃都较小外，其他各鬃发达，端部均钝，长分别为：前缘鬃 10，前角鬃 15，侧鬃 12.5，后侧鬃 20，后角鬃长 40，后缘鬃 7.5。其他鬃均细小。前下胸片为长四边形；前基腹片发达。中胸前小腹片梭形，两侧叶两端尖，略向前延伸，刺基腹片短棒状。中胸盾片不发达，内有横网纹。前外侧鬃长 12.5，中后鬃细小，长 7.5，后缘鬃退化。后胸盾片突起，布满多角形网格纹，并以中央为核心形成不封闭的半圆形网纹。前缘角有 3 对微小鬃，长约 8，前中鬃端部钝，长 25，距前缘 85。无翅，中、后胸窄于前胸。各足线纹少，前足股节略膨大，基部弯曲，前足胫节基部也弯曲，前足跗节有一个三角形强齿。

腹部　腹节 I 金属块状，板内有多角形网纹，基部无微孔。腹部背片有横网纹。节 II-VII 有 1 对退化的握翅鬃。节 V 背片长 125，宽 500，后缘长侧鬃长 65，短鬃长 40。节 VIII 后部中央有 1 椭圆形腺域，节 IX 背片后缘鬃长：背中鬃 100，中侧鬃 90，侧鬃 100，端部均钝。节 X（管）长 195，为头长的 0.43 倍，宽：基部 100，端部 45。节 IX 肛鬃长 62.5-75，短于管。

雌虫：未明。

寄主：杂草。

模式标本保存地：中国（NWAFU，Shaanxi）。

观察标本：1♂（正模，NWSUAF），河北涿鹿县小五台山国家级自然保护区（39°40′-40°10′N，114°50′-115°15′E），2005.VIII.21，杂草，郭付振采；副模：1♂，同正模。

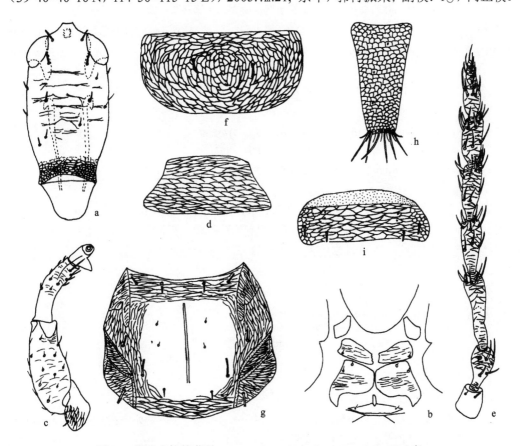

图 18　网纹多饰管蓟马 *Compsothrips reticulates* Guo & Feng（♂）

a. 头背面观（head, dorsal view）；b. 前、中胸腹板（pro- and midsternum）；c. 前足背面观（fore leg, dorsal view）；d. 腹节 I 盾板（abdominal pelta I）；e. 触角（antenna）；f. 后胸背板（metanotum）；g. 前胸背板背面观（pronotum, dorsal view）；h. 管(tube)；i. 中胸背板（mesonotum）

分布：河北。

（VI）　两叉管蓟马亚族 Diceratothripina Karny, 1925

Machrothripinae Karny, 1924, *Ark. Zool.*, (2)17A: 32, 50.

Diceratothripinae Karny, 1925b, *Not. Ent.*, 5: 82, 83.

Diceratothripina Priesner, 1961, *Anz. Österr. Akad. Wiss.*, (1960)13: 286; Mound & Palmer, 1983, *Bull. Br. Mus. (Nat. Hist.) (Ent.)*, 46(1): 40; Han, 1997a, *Econ. Ins. Faun. China. Fasc.*, 55: 349.

本亚族腹片后侧缝存在。触角节IV有 4 个，偶有 2 个感觉锥。下颚须端部感觉器不异常粗。口针在头内间距大，呈"V"形。

属检索表

触角 7 节或节VII和节VIII有宽的连接；管相当宽，膨大，两侧凸圆；前翅常无间插缨……………………………………………………………………………………………………**宽管蓟马属 Acallurothrips**

触角 8 节；管不很宽；前翅经常具间插缨………………………………**岛管蓟马属 Nesothrips**

12. 宽管蓟马属 *Acallurothrips* Bagnall, 1921

Acallurothrips Bagnall, 1921b, *Ann. Mag. Nat. Hist.*, (9)7: 269.

Diopsothrips Hood, 1934, *J. New York Ent. Soc.*, 41(4): 422.

Type species: *Acallurothrips macrurus* Bagnall, 1921.

属征：头宽，口针分开较宽；触角 7 节，节III常具 2 个感觉锥，节IV具 4 个感觉锥，节VII和节VIII有较宽的连接；前下胸片存在；后侧缝完全；后胸腹侧缝存在；前翅常无间插缨，翅基鬃内III长；盾片具宽的网纹，后缘不完全；握翅鬃较弱；明显宽于端部，肛鬃短。

分布：古北界。

本属世界已知 22 种，本志记述 5 种。

种检索表

1. 管非常巨大，管长小于最宽处的 1.1 倍………………………………………………………2
   管较长，超过最宽处的 1.4 倍………………………………………………………………4
2. 雌虫腹节IX的内II鬃退化成小鬃，超短于内I鬃………………**木麻宽管蓟马 A. casuarinae**
   雌虫腹节IX的内II鬃发达，长于内I鬃………………………………………………………3
3. 头宽大于头长，宽为长的 1.66 倍；触角为头长的 2 倍………………**短鬃宽管蓟马 A. tubullatus**
   头宽大于头长，宽为长的 1.26-1.34 倍；触角为头长的 2.43-2.60 倍………**哈嘎宽管蓟马 A. hagai**
4. 体较小，体长 1.6mm；前翅只有 1 个小的翅基鬃存在………………**汉娜塔宽管蓟马 A. hanatanii**

体稍大，体长 2.06mm；前翅存在 2 个翅基鬃，内Ⅰ鬃小，内Ⅱ鬃发达 ························· ··· 弄阿卡宽管蓟马 *A. nonakai*

(23) 木麻宽管蓟马 *Acallurothrips casuarinae* Okajima, 1993（图 19）

Acallurothrips casuarinae Okajima, 1993, *Jpn. J. Ent.*, 61(1): 87.

雌虫（长翅型）：体长 1.87mm。体一致暗棕色；腹部向端部逐渐变暗，管暗棕色；股节端半部黄色，前足胫节棕色，淡于中足和后足股节；触角节Ⅰ和节Ⅱ黄色，部分呈淡棕色，节Ⅲ基半部黄色，其余节棕色至暗棕色；翅淡棕色，主要体鬃黄色。

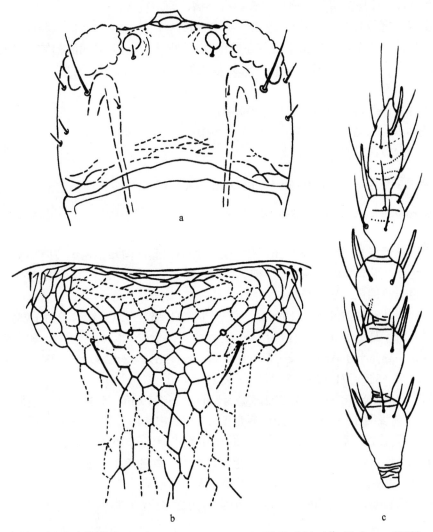

图 19　木麻宽管蓟马 *Acallurothrips casuarinae* Okajima（♀）（仿 Okajima，1993）

a. 头（head）；b. 后胸背板（metanotum）；c. 触角节Ⅲ-Ⅶ（antennal segments Ⅲ-Ⅶ）

　　头部　头从复眼前缘处长 138μm，两颊处宽 202；宽大于长，宽为长的 1.46 倍，表面光滑，后缘具微弱网纹。复眼长 53，复眼后鬃长 60；复眼后鬃尖，略长于复眼。触角为头长的 2.7 倍；感觉锥相当直。触角节 I -VII+VIII 长（宽）分别为：50（39）、48（35）、61（35）、53（37）、52（35）、47（32）、72（27）。

　　胸部　前胸中部长 158，宽 306。宽为长的 2 倍，略长于头；前胸各鬃长：前角鬃 30，前缘鬃 15，中侧鬃 40，后角鬃 60，后侧鬃 70。后侧缝完全或不完全，后胸背片有网纹，前半部具多边形网纹，后半部具纵网纹；在中鬃附近有 1 对感觉孔，1 对中鬃短且弱。3 对翅基鬃存在，内 I 和内 II 鬃退化成小鬃，内III鬃最长。

　　腹部　节IX背片内 II 鬃退化，短于内 I 鬃。管大，但短，长 139，几乎与头等长，最宽处为 134，长与宽相等或略长；表面有小瘤，两边较直。

　　雄虫（无翅型）：体色相似于雌虫。头宽为长的 1.34-1.56 倍。前胸和前足在大雄虫中发达；后侧缝完全。大雄虫中后胸在前侧缘具微网纹，具明显弱的褶皱；经常多于 1 对感觉孔。管为头长的 1.03-1.08 倍，长为最宽处的 1.13-1.16 倍。

　　寄主：木麻黄枯叶。

　　模式标本保存地：日本（TUA，Tokyo）。

　　观察标本：未见。

　　分布：台湾；日本。

(24) 哈嘎宽管蓟马 *Acallurothrips hagai* Okajima, 1993（图 20）

Acallurothrips hagai Okajima, 1993, *Jpn. J. Ent.*, 61(1): 90.

　　雌虫（长翅型）：体长 1.87mm。体一致暗棕色；腹部向端部逐渐变暗，管黑色；股节最端部色淡，跗节黄色；触角节 I 棕黄色，色淡于头，节 II 黄棕色，节III基半部黄色，其余节棕色至暗棕色；翅淡棕色，主要体鬃棕色。

　　头部　头从复眼前缘处长 153μm，两颊处宽 194，宽大于长，宽为长的 1.26-1.34 倍，背部表面光滑。复眼长 62，复眼后鬃长 75；复眼后鬃尖，略长于复眼。触角为头长的 2.43-2.60 倍。触角节 I -VII+VIII 长（宽）分别为：47（36）、48（35）、58（37）、47（38）、46（37）、148（31）、71（27）。

　　胸部　前胸中部长 117，宽 292，宽为长的 2.26-2.49 倍，略短于头；前胸各鬃长：前角鬃 25，前缘鬃 15，中侧鬃 30，后角鬃 45，后侧鬃 105。后胸背片至后缘有多边形网纹；1 对中鬃较短，短于 30；1 对感觉孔位于中鬃附近。1 个小的翅基鬃存在，长 27-45。

　　腹部　节IX背片内 II 鬃发达，长且粗大，为内 I 鬃的 0.35-0.50 倍；管大，长 158，最宽处 170；两侧圆，略宽于长，略长于头，表面有小瘤。

　　雄虫（无翅型）：体色相似于雌虫。前胸后侧缝完全，后胸具多边形网纹；管或多或少长于宽。

　　寄主：落叶层。

　　模式标本保存地：日本（TUA，Tokyo）。

　　观察标本：未见。

分布：台湾；日本。

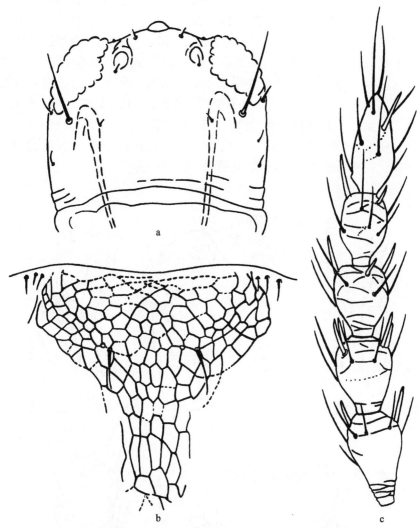

图 20　哈嘎宽管蓟马 *Acallurothrips hagai* Okajima（♀）（仿 Okajima，1993）
a. 头（head）；b. 后胸背板（metanotum）；c. 触角节 III-VII（antennal segments III-VII）

(25) 汉娜塔宽管蓟马 *Acallurothrips hanatanii* Okajima, 1993（图 21）

Acallurothrips hanatanii Okajima, 1993, *Jpn. J. Ent.*, 61(1): 92.

雌虫（长翅型）：体长 1.6mm。体一致暗棕色；腹部向端部逐渐变暗，但管黄色，明显淡于腹节IX；股节端部色淡；触角节 I 黄色，节 II 棕黄色，节 III 棕色、基部黄色，节 IV-VIII 棕色至暗棕色，向端部逐渐变暗；翅淡棕色，主要体鬃黄色。

头部　头从复眼前缘处长 123μm，两颊处宽 170，宽大于长，宽为长的 1.38 倍，背部后缘具弱的刻纹。复眼长 55，复眼后鬃长 53-65；复眼后鬃尖，与复眼等长或略长于复眼。触角为头长的 2.64 倍。触角节Ⅰ-Ⅶ+Ⅷ长（宽）分别为：42（35）、41（32）、50（32）、42（40）、42（36）、142（32）、66（29）。

胸部 前胸中部长 112，宽 235，宽为长的 2.1 倍，短于头；前缘鬃退化成小鬃；前胸各鬃长：前角鬃 17，中侧鬃 25，后角鬃 50，后侧鬃 70。后侧缝不完全，后胸背片光滑，但在后缘具很少的弱线纹；1 对中鬃长 40；感觉孔不存在。1 个小的翅基鬃存在。

腹部 节Ⅸ背片内Ⅱ鬃发达，较内Ⅰ鬃粗大；管长 153，最宽处 97；管长为头长的 1.24 倍，长为最宽处的 1.58 倍；两侧直，表面有小瘤。

雄虫（无翅型）：体色相似于雌虫。头宽为长的 1.30-1.32 倍；前胸长于头，后胸背片通常光滑；管为头长的 1.13 倍，长为最宽处的 1.55 倍。

寄主：枯树枝叶。

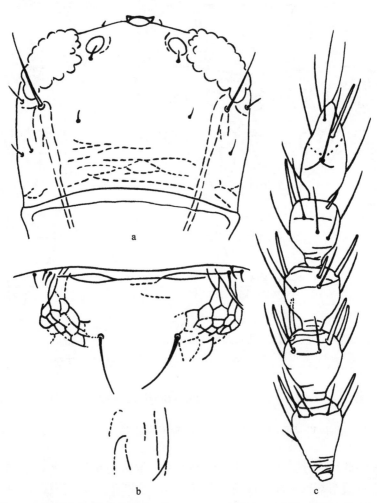

图 21 汉娜塔宽管蓟马 *Acallurothrips hanatanii* Okajima（♀）（仿 Okajima，1993）

a. 头（head）；b. 后胸背板（metanotum）；c. 触角节Ⅲ-Ⅶ（antennal segments Ⅲ-Ⅶ）

模式标本保存地：日本（TUA，Tokyo）。

观察标本：未见。

分布：台湾；日本。

(26) 弄阿卡宽管蓟马 *Acallurothrips nonakai* Okajima, 1993（图 22）

Acallurothrips nonakai Okajima, 1993, *Jpn. J. Ent.*, 61(1): 96.

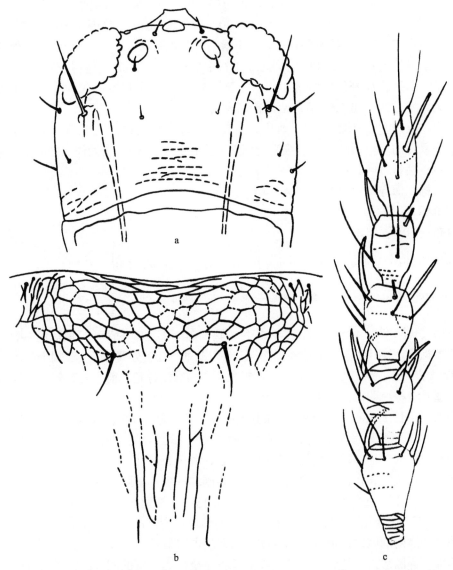

图 22　弄阿卡宽管蓟马 *Acallurothrips nonakai* Okajima（♀）（仿 Okajima，1993）
a. 头（head）；b. 后胸背板（metanotum）；c. 触角节Ⅲ-Ⅶ（antennal segments Ⅲ-Ⅶ）

雌虫（长翅型）：体长 2.06mm。体一致暗棕色；腹部向端部逐渐变暗，但管淡于腹节Ⅸ；股节端部 1/3 色淡；触角节Ⅰ黄色，节Ⅱ黄棕色，节Ⅲ基部 1/3 黄色，其余棕色至暗棕色；翅棕色，主要体鬃黄色至棕黄色。

头部　头从复眼前缘处长 148μm，两颊处宽 199，宽大于长，宽为长的 1.30-1.35 倍，背部表面光滑，仅后中部有弱网纹。复眼长 61，复眼后鬃长 70-74；复眼后鬃尖，长于复眼。触角为头长的 2.7 倍；感觉锥细长，经常弯曲。触角节Ⅰ-Ⅶ+Ⅷ长（宽）分别为：52（40）、48（37）、66（37）、53（40）、53（35）、148（32）、77（29）。

胸部　前胸中部长 153，宽 306，宽为长的 2.0 倍，与头等长或略长于头；前胸各鬃长：前角鬃 20-23，前缘鬃 15-23，中侧鬃 30，后角鬃 58-64，后侧鬃 80。后侧缝完全，接近完全或不完全；2 个翅基鬃存在，内Ⅰ鬃小，内Ⅱ鬃发达。后胸在前缘 1/3 处具多边形网纹，弱网纹具长的线纹和十字线纹。1 对中鬃短，小于 40；感觉孔不存在。

腹部　节Ⅸ背片内Ⅱ鬃小，较内Ⅰ短；管长 204，最宽处 122；管长为头长的 1.32-1.38 倍，长为最宽处的 1.58-1.67 倍；两侧直，表面有小瘤。

雄虫（无翅型）：体色相似于雌虫。头宽为长的 1.30-1.32 倍。前胸后侧缝不完全；后胸前缘具弱的多边形网纹，后缘光滑。管为头长的 1.19 倍，长为最宽处的 1.55 倍。

寄主：枯树枝叶。

模式标本保存地：日本（TUA，Tokyo）。

观察标本：未见。

分布：台湾；日本。

(27) 短鬃宽管蓟马 *Acallurothrips tubullatus* Wang & Tong, 2008（图 23）

Acallurothrips tubullatus Wang & Tong, 2008, *Oriental Ins.*, 42: 247.

雌虫（长翅型）：体长 1.5mm。体棕色；腹部向端部逐渐变暗，管黑棕色；触角节Ⅰ和节Ⅱ黄棕色，节Ⅲ到最后节色逐渐变深，节Ⅲ在基部 1/3 处黄棕色，在端半部淡棕色，节Ⅶ-Ⅷ与头同色；所有足的股节在中部棕色，在侧缘淡棕色，前足胫节较中足和后足胫节淡；翅具淡棕色阴影，主要鬃深棕色。

头部　头长 113μm，宽 188，明显宽大于长，背面光滑，具微弱网纹，在前缘较直，在腹面具有 1 对长鬃；两颊几乎平行并具有 2 对小鬃。复眼为头长的 1/3，复眼后鬃长 69，为复眼长的 2 倍；单眼发达，复眼后鬃小。触角 8 节，为头长的 2 倍。

胸部　与头等长，前缘具微弱网纹；主要鬃端部尖，前胸前缘鬃小且短于前角鬃，后侧鬃最长；各鬃长：前角鬃长 25，前缘鬃长 15，中侧鬃长 38，后角鬃长 50，后侧鬃长 88；前足股节膨大，前足跗节齿存在；中胸具 4 对小鬃；后胸几乎光滑，具有微弱多边形网纹和纵向的网纹；前翅无间插缨，翅基鬃内Ⅲ最长。

腹部　椭圆形，盾片较宽，特别在后缘不完全，具有宽的网纹；节Ⅸ背片内Ⅰ鬃长于管，内Ⅱ鬃略长于内Ⅰ鬃，具有 2 对次生后缘鬃，外对Ⅱ强壮，内对Ⅰ较弱；管长 146，基部宽 143，端部宽 24；管长几乎与管基部宽等长，或略长，并具有很多对鬃，靠近基部呈脊，端部收缩；肛鬃很短。

雄虫：未明。

寄主：枯叶。

模式标本保存地：中国（SCAU, Guangdong）。

观察标本：2♀♀，广东广州龙洞（23°14′07″N，113°24′05″E），2005.XII.05，枯叶，王军采。

分布：广东。

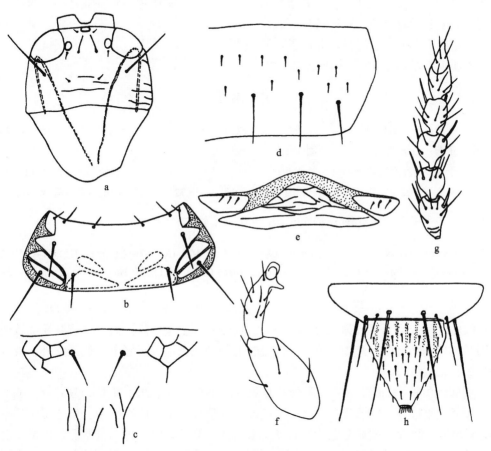

图 23　短鬃宽管蓟马 *Acallurothrips tubullatus* Wang & Tong（♀）（仿 Wang & Tong，2008）

a. 头（head）；b. 前胸（prothorax）；c. 后胸背板（metanotum）；d. 腹节Ⅷ右半边（the right half of abdominal sternite Ⅷ）；e. 盾片（pelta）；f. 前足（fore leg）；g. 触角（antenna）；h. 腹节Ⅸ背板和管（abdominal tergite Ⅸ and tube）

13. 岛管蓟马属 *Nesothrips* Kirkaldy, 1907

Oedemothrips Bagnall, 1910a, *Fauna Hawaiiensis*, 3(6): 680.

Cryptothrips Uzel: Hood, 1918, *Mem. Queensland Mus.*, 6: 142.

Nesothrips Kirkaldy, 1907, *Proc. Hawaii. Ent. Soc.*, 1: 103; Mound, 1974b, *Bull. Br. Mus.* (*Nat. Hist.*) (*Ent.*), 31(5): 114, 116, 158; Mound & Palmer, 1983, *Bull. Br. Mus.* (*Nat. Hist.*) (*Ent.*), 46(1): 47; Han, 1997a, *Econ. Ins. Faun. China. Fasc.*, 55: 349.

Type species: *Nesothrips oahuensis* Kirkaldy, 1907.

属征: 体小到中等大小。头常宽于长,常呈卵圆形,但有时长于宽,通常在眼前略延伸。复眼腹面常延长。口锥端部宽圆。口针在头内呈"V"形,间距宽。触角 8 节,节Ⅲ有 2 个感觉锥,节Ⅳ有 4 个。节Ⅶ短而宽,有不显著梗,与节Ⅶ间的缝明显。前胸背片宽,在大雄虫中增大,后侧缝完全。前下胸片及中胸前小腹片一般发达。前足跗齿存在于雄虫中,而雌虫缺。有翅者通常有间插缨毛。后胸盾片中对鬃通常小。腹节Ⅰ背片盾板大多数种有侧叶。管比较短,边缘直。

分布: 古北界,东洋界,非洲界,澳洲界。

本属世界已知 28 种,本志记述 3 种。

种检索表

1. 腹节Ⅰ背片盾板近似横长方形,无两侧叶,盾板内光滑·················· **盾板岛管蓟马 *N. peltatus***
   腹节Ⅰ背片盾板中部半圆形,两侧叶显著···2
2. 头长于宽;复眼后鬃端部略钝,长 146··················· **边腹岛管蓟马 *N. lativentris***
   头长与宽等长或宽大于长,或略宽;复眼后鬃端部尖,长 72 ········· **短颈岛管蓟马 *N. brevicollis***

(28) 短颈岛管蓟马 *Nesothrips brevicollis* (Bagnall, 1914)(图 24)

Nesothrips brevicollis (Bagnall): Mound, 1974b, *Bull. Br. Mus.* (*Nat. Hist.*) (*Ent.*), 31(5): 114, 150, 162; Mound & Palmer, 1983, *Bull. Br. Mus.* (*Nat. Hist.*) (*Ent.*), 46(1): 47; Han, 1997a, *Econ. Ins. Faun. China. Fasc.*, 55: 349.

雌虫: 体较短而粗,体长 1.6-1.7mm。体暗棕色至黑棕色,但触角节Ⅱ端部较淡,节Ⅲ和节Ⅳ基部黄色,翅较暗黄,基部 2/3 有棕色纵条,前足胫节(边缘除外)及各足跗节较黄,体鬃暗。

头部 头长167μm,宽:复眼处和复眼后均199,后缘170;头长为复眼处宽的0.84倍。头背线纹模糊,后部较窄,宽大于长或长几乎等于宽。复眼长63。前单眼距后单眼34,后单眼间距60。复眼后鬃尖,长72,距眼9。单眼后鬃长29;复眼后鬃内侧 1 对鬃细,长21;其他头鬃很小,长12。触角8节,较短粗,节Ⅲ-Ⅶ基部的梗显著,节Ⅶ基部宽;节Ⅰ-Ⅷ长(宽)分别为:36(38)、48(34)、65(29)、60(31)、53(31)、48(29)、34(24)、26(12),总长370;感觉锥较细,长约24;节Ⅲ-Ⅶ数目分别为:1+1、1+2+1、1+1、1+1、1。口锥端部较宽圆,长121,宽:基部158,中部121,端部72。下颚须基节长14,端节长38。口针缩入头内,中部间距72。无下颚桥。

胸部 前胸甚短于头,很宽,长133,前部宽204,后部宽267。背片光滑,后侧缝完全,内纵黑条占背片长约 2/3。除边缘鬃外,仅 2 根极小鬃,各边缘鬃长:前缘鬃24,前角鬃29,侧鬃34,后侧鬃68,后角鬃43,后缘鬃14。腹面前下胸片长条形。前基腹片近乎长三角形。中胸前小腹片中峰显著,两侧叶略向前外伸。中胸盾片前部和后缘有稀疏横纹;各鬃均微小,长 7-9。后胸盾片中部有网纹,两侧有纵纹,均轻微模糊;前缘鬃微小，互相靠近于前缘角；前中鬃较长，细而尖，长34，距前缘41。前翅中部略窄，长719，宽：近基部85，中部55，近端部51；间插缨10根；翅基鬃间距近似，内Ⅰ距前缘较内Ⅱ和内Ⅲ微近，均尖；长：内Ⅰ38，内Ⅱ53，内Ⅲ87。各足线纹少，鬃少而短；跗节无齿。

腹部　腹节Ⅰ的盾板中部馒头形，网纹横向，两侧叶向外渐细。节Ⅱ-Ⅸ背片前脊线清晰；线纹和网纹很轻微或模糊；管光滑，鬃微小。节Ⅱ的握翅鬃不反曲，节Ⅲ-Ⅶ各节仅后部1对握翅鬃，其他小鬃少。节Ⅴ背片长97，宽413，后缘长侧鬃长：97和60。节Ⅸ背片后缘长鬃长：背中鬃85，中侧鬃106，侧鬃121，显著短于管。节Ⅹ（管）长184，为头长的1.1倍，宽：基部85，端部43。节Ⅹ长肛鬃长：内中鬃104，中侧鬃92，甚短于管。

寄主： 枯枝落叶、杂草、灌木。

模式标本保存地： 英国（BMNH，London）。

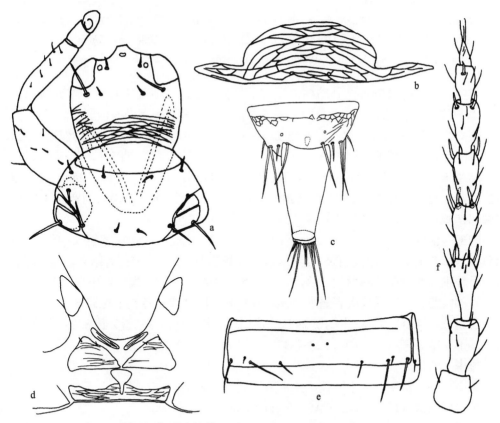

图24　短颈岛管蓟马 *Nesothrips brevicollis* (Bagnall)

a. 头、前足及前胸背板，背面观（head, fore leg and pronotum, dorsal view）；b. 腹节Ⅰ盾板（abdominal pelta Ⅰ）；c. 雌虫节Ⅸ-Ⅹ背片（male abdominal tergites Ⅸ-Ⅹ）；d. 前、中胸腹板（pro- and midsternum）；e. 腹节Ⅴ背板（abdominal tergite Ⅴ）；f. 触角（antenna）

观察标本： 1♀1♂，河南伏牛山龙峪湾，1250m，1996.Ⅶ.11，杂草，段半锁采；3♀♀1♂，湖北神农架下谷坪，2006.Ⅷ.1，杂草，周辉凤采；3♀♀，湖南韶山，2002.Ⅷ.2，杂草，郭付振采；6♀♀2♂♂，浙江清凉峰，2005.Ⅷ.9，杂草，袁水霞采；1♀，陕西宝鸡高坪寺，2006.Ⅷ.29，杂草，杨晓娜采；1♀，天津蓟县八仙山，2006.Ⅷ.18，杂草，伍金元采；2♀♀，海南尖峰岭，2002.Ⅷ.26，灌木，王培明采；3♀♀，福建古田镇，2003.Ⅷ.2，杂草，郭付振采；1♀，福建武夷山，2006.Ⅶ.21，杂草，杨晓娜采；1♀2♂♂，山西阳城蟒河，2006.Ⅶ.23，杂草，伍金元采。

分布：天津、山西、河南、陕西、浙江、湖北、湖南、福建、台湾、海南；日本，印度，菲律宾，印度尼西亚，斐济（大洋洲），留尼汪（印度洋），毛里求斯（印度洋），夏威夷。

(29) 边腹岛管蓟马 *Nesothrips lativentris* (Karny, 1913)（图 25）

Rhaebothrips lativentris Karny, 1913d, *Suppl. Ent.*, 2: 129; Mound, 1974b, *Bull. Br. Mus.* (*Nat. Hist.*) (*Ent.*), 31(5) : 114, 174.

Nesothrips lativentris: Mound & Palmer, 1983, *Bull. Br. Mus.* (*Nat. Hist.*) (*Ent.*), 46(1): 48; Mound, 1974b, *Bull. Br. Mus.* (*Nat. Hist.*) (*Ent.*), 31(5): 163; Okajima, 2006, *Ins. Japan. Vol. 2. Suborder Tubulifera* (*Thysan.*): 134; Han, 1997a, *Econ. Ins. Faun. China. Fasc.*, 55: 353.

雌虫：体长约 2.7mm。体暗棕色，触角节Ⅰ、Ⅱ、Ⅵ-Ⅷ暗灰棕色，节Ⅱ端部较淡，节Ⅲ-Ⅳ和节Ⅴ基部棕黄色；各足股节基部，前足胫节和各足跗节较淡。

头部 头长 357μm，宽：复眼处 214，复眼后 226，后缘 199。颊近似直。复眼长 88。单眼适当大。单眼间鬃长 60，在后单眼之间；复眼后鬃端部略钝，长 146，长于复眼。触角 8 节，中间节较长，节Ⅰ-Ⅷ长（宽）分别为：37（51）、61（34）、117（34）、112（39）、92（34）、75（29）、58（24）、41（15），总长 593，节Ⅲ长为宽的 3.4 倍。口锥端部宽圆，伸达前胸腹片 3/4。口针缩入眼后，中部间距 117。

胸部 前胸长 163，前部宽 236，后部宽 340。背片长鬃端部尖；各鬃长：前缘鬃 41，前角鬃 60，侧鬃 78，后侧鬃 126。无翅、短翅或长翅型。长翅者前翅有纵条，间插缨 16-17 根。足较细，前足股节略增大，前足跗节无齿。中胸前小腹片发达，中峰显著。

腹部 腹节Ⅰ背片盾板有弱纵网纹。有翅者，腹部背片各有 1 对握翅鬃。节Ⅸ背片后缘长鬃长：背中鬃 146，中侧鬃 292，侧鬃 163，均尖。节Ⅹ（管）长 328，略短于头；宽：基部 97，端部 49。肛鬃长 233-243。

雄虫：未明。

寄主：棉、决明属、干树枝、死木头、灌木、杂草。

模式标本保存地：美国（CAS，San Francisco）。

观察标本：2♀♀，海南黎母山，2002.Ⅶ.30，灌木，王培明采；1♀，广西猫儿山，2000.Ⅸ.5，杂草，沙忠利采；1♀，广西猫儿山，2000.Ⅸ.3，杂草，沙忠利采。

分布：台湾、海南、广西；日本，菲律宾，马来西亚，印度尼西亚，美国，牙买加，开曼群岛，波多黎各，古巴，多米尼加，巴拿马，所罗门群岛，新几内亚（巴布），昆士兰，塞舌尔，毛里求斯。

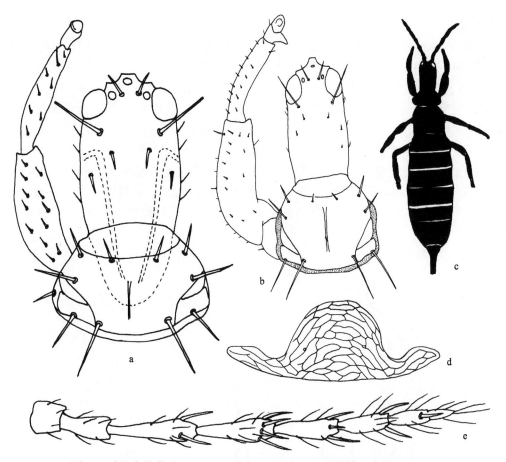

图 25 边腹岛管蓟马 Nesothrips lativentris (Karny)（仿韩运发，1997a）

a. 雌虫头、前足及前胸背板，背面观（female head, fore leg and pronotum, dorsal view）；b. 雄虫头、前足及前胸背板，背面观（male head, fore leg and pronotum, dorsal view）；c. 雌虫全体（female adult）；d. 腹节Ⅰ盾板（abdominal pelta Ⅰ）；e. 触角（antenna）

(30) 盾板岛管蓟马 *Nesothrips peltatus* Han & Cui, 1991（图 26）

Nesothrips peltatus Han & Cui, 1991b, *Entomotaxonomia*, 13(1): 4, 6; Han, 1997a, *Econ. Ins. Faun. China. Fasc.*, 55: 351.

雌虫：体长 1.6mm。体暗棕色，头前部及触角节Ⅲ略淡；各足胫节端部及跗节黄色。

头部　头部近卵圆形，长 205μm，宽：复眼处 155，复眼后 197，后缘 175。头背面较光滑，仅两侧及后部有模糊线纹。触角 8 节；节Ⅰ-Ⅷ长（宽）分别为：25（35）、45（26）、57（26）、50（25）、48（25）、53（21）、42（20）、31（12），总长 351。感觉锥较短，节Ⅲ-Ⅶ数目分别为：2、4、2、2、1。复眼较小，长 101。单眼较小，前单眼距后单眼 25，后单眼间距 40。颊鬃小，长 7。前单眼前鬃长 6；单眼间鬃长 15，单眼后鬃长 13；复眼后鬃长 40，距眼 12。各鬃端部均尖。口锥端部较宽圆，长 112，宽：基部 137，中部 100，端部 37；口针缩入头内，基部间距 90，呈 "V" 形。下颚须节Ⅰ（基节）长 6，节Ⅱ长22。

胸部 前胸长115，后部宽250，光滑，除边缘鬃外，无其他刚毛。各鬃端较尖，长：前缘鬃28，前角鬃32，侧鬃35，后侧鬃50，后角鬃46，后缘鬃12。后侧缝完全。腹面前下胸片狭窄，前基腹片大。无翅。中胸背片横线纹细而模糊，各鬃小而尖；前外侧鬃长13，中后鬃长6，后缘鬃长12。后胸盾片光滑无纹，前中鬃长25，距前缘25。前足股节略增大，跗节无齿。中胸前小腹片中侧部不收缩。

腹部 腹节Ⅰ背片的盾板近乎横长方形，光滑，仅1-12条横线。各节背片较光滑，几乎无线纹，亦无握翅鬃。节Ⅹ（管）长137，短于头，宽：基部55，端部25。各节背片侧缘有小鬃1-2根，长鬃1根。节Ⅴ背片的侧部短鬃长12，长鬃长75。节Ⅸ背片后缘长鬃长：背中鬃115，侧中鬃110，侧鬃95，节Ⅹ（管）长肛鬃长100，均尖，略短于管长。

雄虫：未明。

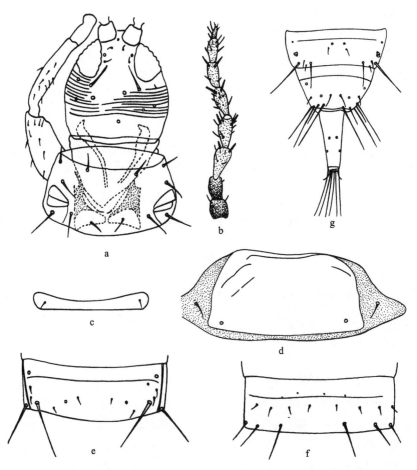

图26 盾板岛管蓟马 *Nesothrips peltatus* Han & Cui（仿韩运发，1997a）

a. 头和前胸（head and prothorax）；b. 触角（antenna）；c. 中胸前小腹片（mesopresternum）；d. 腹节Ⅰ盾片（abdominal pelta Ⅰ）；e. 腹节Ⅴ背片（abdominal tergite Ⅴ）；f. 腹节Ⅴ腹片（abdominal sternite Ⅴ）；g. 雌虫腹节Ⅷ-Ⅹ背片（female abdominal tergites Ⅷ-Ⅹ）

寄主：云杉。

模式标本保存地：中国（IZCAS，Beijing）。

观察标本：1♀（正模，IZCAS），四川乡城县，3800m，1982.Ⅶ.2，云杉，崔云琦采（玻片号：8301-3345）。

分布：四川。

（Ⅶ）　肚管蓟马亚族 Gastrothripina Priesner, 1961

Gastrothripina Priesner, 1961, *Anz. Österr. Akad. Wiss.*, (1960)13: 286; Mound & Palmer, 1983, *Bull. Br. Mus. (Nat. Hist.) (Ent.)*, 46(1): 38.

触角节Ⅲ有 3 个感觉锥，感觉锥相对短而粗。后胸腹侧缝存在。复眼通常圆，不在腹面延伸。腹节Ⅰ盾板虽然变窄，仍然近似圆三角形，有两侧叶。多生活于热带和温带的杂草及枯叶里。

14. 肚管蓟马属 *Gastrothrips* Hood, 1912

Gastrothrips Hood, 1912a, *Proc. Ent. Soc. Washington*, 14: 156; Mound, 1974b, *Bull. Br. Mus. (Nat. Hist.) (Ent.)*, 31(5): 163; Mound & Palmer, 1983, *Bull. Br. Mus. (Nat. Hist.) (Ent.)*, 46(1): 38; Okajima, 2006, *Ins. Japan. Vol. 2. Suborder Tubulifera (Thysan.)*: 98.

Type species: *Gastrothrips ruficauda* Hood, 1912.

属征：体中等大小，通常黑色。头通常矩形，长大于宽，在复眼前不延伸；复眼大，通常背面长度与腹面相等。两颊很少有膨大的齿。复眼后鬃延长，单眼鬃通常短，发达。触角 8 节，节Ⅷ通常细长，节Ⅲ有 1 个或 2 个感觉锥，节Ⅳ有 3 个感觉锥。口锥短而圆，口针伸达头部的一半，在头内呈“V”形。前胸背板布满横纹，有时横纹在大多数雄虫中延伸；前缘鬃常常小，后侧缝通常不完全。雄虫前足跗节有齿，雌虫有或无。翅有或无，若翅存在，有间插缨。雄虫中胸前缘角通常有延伸，后胸中对鬃发达。腹节Ⅰ盾板发达，三角形，有小的侧叶，基部通常有 1 对钟形感觉孔。在有翅型中，节Ⅱ-Ⅶ有 1 对发达的反曲的握翅鬃。管从基部两侧直到端部逐渐收缩，或端部突然收缩，管从不有很强的收缩，也不在端部收缩。肛鬃短于管。

分布：古北界，东洋界，新北界，新热带界。

本属世界已知 38 种，本志记述 3 种。

种检索表

1. 复眼后鬃端部球形···**胫齿肚管蓟马 *G. fuscatus***
   复眼后鬃端部钝···2
2. 前翅无间插缨···**宽盾肚管蓟马 *G. eurypelta***

前翅有 7 根间插缨 ··· **蒙古肚管蓟马 *G. mongolicus***

(31) 宽盾肚管蓟马 *Gastrothrips eurypelta* Cao, Guo & Feng, 2009（图 27）

Gastrothrips eurypelta Cao, Guo & Feng, 2009, *Acta Zootaxonomica Sinica*, 34(4): 894.

雌虫：体长约 2.45mm。体两色，但触角节III黄色，前足胫节棕黄色，翅基部灰色，各主要体鬃棕黄色。

头部 头长 360μm，宽：复眼前 110，复眼处 170，复眼后缘 180，后缘 170。两颊略拱，基部略收缩。每侧有 2-3 根小鬃。复眼后有横线纹，单眼区及颊中央光滑。单眼呈扁三角形排列，位于复眼中线以前，前单眼距离后单眼 50，两后单眼距 90。单眼后鬃长 40，端部钝。复眼大，长 60。复眼后鬃端部钝，长 90，距复眼 25，其他头背鬃短小，长约 10。触角 8 节，节VIII细长，节III-VII有明显的梗节，刚毛长，节 I -VIII长（宽）分别为：45（40）、50（25）、90（20）、70（30）、65（25）、60（25）、40（20）、35（15），总长 455；节III长为宽的 4.5 倍，各节感觉锥细长，节III-VII数目分别为：1+0+1、1+1+1、1+1^{+1}、1^{+1}、1。口锥短，端部宽圆，长 140，宽：基部 150，端部 70。口针缩入头内，约为头长的 3/10，呈 "V" 形，中部间距宽，相距 100。下颚须基节长 10，端节长 30。下唇须基节长 20，端节长 10。下颚桥缺。

胸部 前胸长 150，前部宽 200，后部宽 260。背片除基部有横线纹外，其余光滑。内棕黑条约占前胸背片长的一半。后侧缝完全。除后缘鬃都较小外，其他各鬃发达，长分别为：前缘鬃 20，前角鬃 25，侧鬃 40，后侧鬃 60，后角鬃最长，为 75，端部均钝。其他鬃均细小，长约 10。前下胸片细长条形；前基腹片内缘相互靠近。中胸前小腹片中峰变得细小，两侧叶中部变细条形，两端略向前延伸。中胸盾片有横线纹，后部缺。前外侧鬃长 20，中后鬃和后缘鬃细小，分别长 25 和 20。后胸盾片前部有模糊的横线纹，两侧有模糊的纵线纹，中央光滑。前缘角有 3 对微小鬃，长约 15，前中鬃端部钝，长 30，距前缘 30。翅芽长 150，无间插缨；内 I 与内 II 之间的距离小于内 II 与内III之间的距离，内 I 和内III发达，端部钝，内 II 退化，长分别为：40、15、55。各足线纹少，前足跗节无齿。

腹部 腹节 I 的盾板三角形，两侧叶与中央连接宽，板内有纵条纹。基部有 1 对微孔，相距 100。腹部背片线纹模糊；节 II -VII有 1 对反曲的握翅鬃，前缘角有 2-3 对小鬃。节 V 背片长 150，宽 400。节IX背片后缘鬃长：背中鬃 120，中侧鬃 150，侧鬃 160，端部均尖。节 X （管）长 190，为头长的 0.53 倍，宽：基部 70，端部 40。节IX肛鬃长 120-130，短于管。

雄虫：体长 1.70mm。体色和一般结构相似于雌虫，但雄虫前足跗节有三角形的齿。腹节IX背片后缘鬃长：背中鬃 120，中侧鬃 120，侧鬃 130，端部均尖。节 X （管）长 155，宽：基部 65，端部 35。节IX肛鬃长 90-100，短于管。

无翅型：体色和一般结构相似于有翅型。

寄主：葡萄、杂草。

模式标本保存地：中国（NWAFU, Shaanxi）。

观察标本：2♀♀，河北小五台山杨家坪，1000m，2005.Ⅷ.20，杂草，郭付振采；1♂，陕西绥德，1990.Ⅷ.10，葡萄，宋彦林采。

分布：河北、陕西。

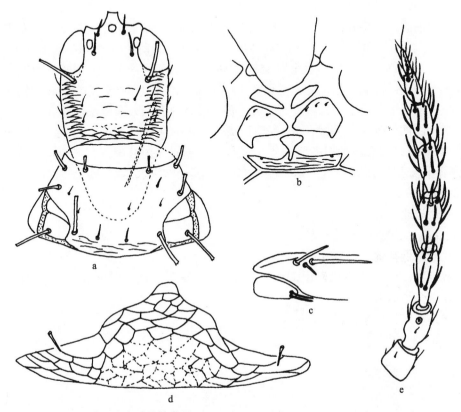

图 27　宽盾肚管蓟马 *Gastrothrips eurypelta* Cao, Guo & Feng

a. 头和前胸背板，背面观（head and pronotum, dorsal view）；b. 前、中胸腹板（pro- and midsternum）；c. 翅基鬃（basal wing bristles）；d. 腹节Ⅰ盾板（abdominal pelta Ⅰ）；e. 触角（antenna）

(32) 胫齿肚管蓟马 *Gastrothrips fuscatus* Okajima, 1979（图 28）

Gastrothrips fuscatus Okajima, 1979c, *Kontyû*, 47: 513; Mound & Palmer, 1983, *Bull. Br. Mus.* (*Nat. Hist.*) (*Ent.*), 46(1): 39.

雌虫（长翅型）：体长 1.8-2.0mm。体棕色，腹节Ⅰ-Ⅴ较头和胸部略淡，节Ⅶ-Ⅸ黑色，管黑棕色；触角节Ⅱ棕黄色，端部较淡，节Ⅲ黄色，其余棕色，与头同色；所有股节棕色，最端部颜色较淡，为棕黄色；所有足的胫节棕黄色至黄棕色；翅无色透明；所有的主要鬃为棕黄色。

头部　头与宽约等长，长170，宽175，在复眼后最宽，在基部略窄；头背后部分具有微弱网纹；两颊具有 3-5 根小鬃；腹部不突出；复眼后鬃长68-72，端部呈球状，位于复眼后；单眼后鬃较小。复眼为头长的 1/3，长 62，不在腹面延长。单眼适当大，两个后单眼大于前单眼。触角短，为头长的 2 倍；节Ⅶ和节Ⅷ结合较紧密，呈 1 节；感觉锥短且粗壮，节Ⅲ腹面具 1 个感觉锥，节Ⅳ-Ⅴ具 3 个，节Ⅵ具 2 个，节Ⅶ背面有 1 个。口锥短且宽圆，到达前胸中部，呈"V"形。触角节Ⅲ-Ⅷ长（宽）分别为：57（31）、50（33）、51（30）、50（30）、32（23）、21（18）。

胸部 前胸长为头长的 0.8-0.9 倍，宽为长的 1.8 倍；前胸具 1 条中线；所有主要鬃端部呈球状，前角鬃和后角鬃几乎相等，后侧鬃最长；前胸前缘鬃 38-40，前角鬃 42-43，中侧鬃 55-57，后侧鬃 75-82，后角鬃 45；后侧缝完全；前下胸片弱。具翅胸节宽与长相等或略宽于前胸；后胸中鬃发达。前翅在中部不收缩，各具两个翅基鬃，无间插缨。前足股节在内侧端部各具 1 个齿；前足跗节无齿。盾片三角形，具有小的侧叶。

腹部 腹部显著宽于具翅胸节，在节Ⅳ最宽；节Ⅱ-Ⅵ各具 1 对长的"S"形握翅鬃，节Ⅶ具 1 对简单的弯曲的握翅鬃；节Ⅱ-Ⅵ的内Ⅰ鬃长于内Ⅱ鬃，在节Ⅶ几乎相等，节Ⅷ-Ⅸ内Ⅱ鬃长于内Ⅰ鬃；节Ⅸ的内Ⅱ鬃端部较尖，其余节端部球状。肛鬃短，长 120-125，为管长的 0.7 倍。

雄虫：未明。

寄主：死的橡树落叶、杂草。

模式标本保存地：日本（TUA，Tokyo）。

观察标本：1♀，广东鼎湖山，1985.Ⅳ.1，廖崇惠采；1♀，广东鼎湖山，1985.Ⅵ.1，落叶层内，张维球采。

分布：台湾、广东；日本。

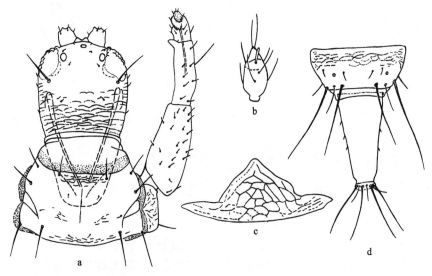

图 28 胫齿肚管蓟马 *Gastrothrips fuscatus* Okajima（仿 Okajima，1979）

a. 雌虫头和前胸（head and prothorax of female）；b. 触角节Ⅶ和Ⅷ（antennal segments Ⅶ and Ⅷ）；c. 盾片（pelta）；d. 雌虫腹节Ⅸ-Ⅺ（abdominal segments Ⅸ-Ⅺ of female）

(33) 蒙古肚管蓟马 *Gastrothrips mongolicus* (Pelikan, 1965)（图 29）

Nesothrips mongolicus Pelikan, 1965, *Ann. Hist. Nat. Mus. Nat. Hung.*, 57: 231.

Gastrothrips mongolicus (Pelikan): Mound & Palmer, 1983, *Bull. Br. Mus.* (*Nat. Hist.*) (*Ent.*), 46(1): 40.

雌虫：体长约 2.16mm。体、足和触角棕黑色到黑色；前足胫节和前足跗节黄色，边缘黄白色；触角黄色，端部略有阴影；体鬃黄白色，管的长鬃灰棕色。

头部　头长 263μm，宽：复眼前 90，复眼处 170，复眼后缘 170，后缘 150。两颊略拱，基部略收缩。每侧有 2-3 根小鬃。复眼后有横线纹，单眼区及颊中央光滑。单眼小。复眼大，长 76，复眼在腹面略有延伸，长 82-84。复眼后鬃端部钝，长 100，距复眼近，相距 10。其他头背鬃短小，长约 15。触角 8 节，节Ⅷ细长，各节无明显的梗节，刚毛短，节Ⅰ-Ⅷ长（宽）分别为：35（50）、63-66（42-44）、87-92（33-35）、79-82（33）、79（33）、71（32）、46（25）、49（14）。各节感觉锥细长，节Ⅲ-Ⅶ数目分别为：1+1、1+1+1、1+1 +1、1+1（小的）、1。口锥短，端部宽圆，长 120，宽：基部 120，端部 40。口针缩入头内，约为头长的 1/3，呈"V"形，中部间距宽，相距 120。下颚桥缺。

胸部　前胸长 165。背片除基部有横线纹外，其余光滑。后侧缝完全。除后缘鬃退化外，其他各鬃发达，长分别为：前缘鬃 35-38，前角鬃 38-41，侧鬃 63，后侧鬃 90，后角鬃最长，为 93，端部均钝。其他鬃均细小，长约 12.5。前下胸片细长条形；前基腹片内缘相互靠近。中胸前小腹片中峰显著，两侧叶中部较细，两端略向前延伸。中胸盾片有横线纹，后部缺。前外侧鬃长 25，中后鬃和后缘鬃细小，长 12.5 和 15。后胸盾片前部有横网纹，两侧有纵网纹，中央网纹模糊。前缘角有 3 对微小鬃，长约 12.5。前翅近乎平行，长 800，宽：近基部 65，近端部 40；间插缨 7 根；翅基鬃 3 根，内Ⅰ与内Ⅱ之间的距离小于内Ⅱ与内Ⅲ之间的距离，内Ⅰ和内Ⅲ发达，端部钝，内Ⅱ退化，端部尖，长分别为：内Ⅰ 60，内Ⅱ 15，内Ⅲ 100。各足线纹少，前足跗节无齿。

腹部　腹节Ⅰ的盾板三角形，两侧叶与中央连接不太宽，板内有纵条纹。基部有 1 对微孔，相距 30。腹部背片横线纹模糊；节Ⅱ-Ⅶ有 1 对反曲的握翅鬃，前握翅鬃外侧有 1-2 对小鬃。节Ⅸ背片后缘鬃长：背中鬃 142，中侧鬃 160-166，侧鬃 160-166，端部均尖。节Ⅹ（管）基部略收缩，长 212，宽：基部 200，端部 110。节Ⅸ肛鬃长 140-150，短于管。

雄虫：体长 1.70mm。体色和一般结构相似与雌虫，但雄虫前足跗节有三角形的齿。

寄主：杂草。

模式标本保存地：蒙古（Mongolia）。

观察标本：1♀，福建梅花山，2006.Ⅷ.9，杨晓娜采；16♀♀，福建邵武，2003.Ⅶ.15，杂草，郭付振采；1♀，四川峨眉山雷洞坪，2400m，2006.Ⅷ.7，杂草，李玉凤采；1♂，江西铅山，2002.Ⅷ.13，杂草，郭付振采；1♀，浙江清凉峰，2005.Ⅷ.12，杂草，袁水霞采。

分布：内蒙古、浙江、江西、福建、四川。

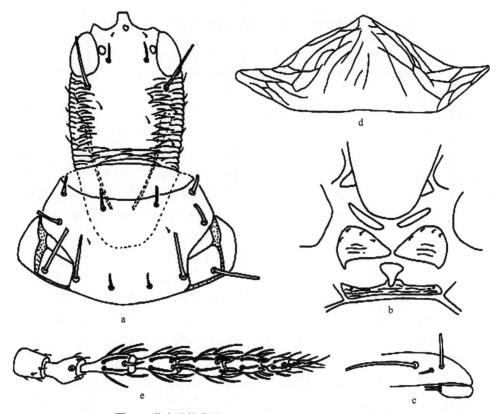

图 29 蒙古肚管蓟马 *Gastrothrips mongolicus* (Pelikan)

a. 头和前胸背板，背面观（head and pronotum, dorsal view）；b. 前、中胸腹板（pro- and midsternum）；c. 翅基鬃（basal wing bristles）；d. 腹节 I 盾板（abdominal pelta I）；e. 触角（antenna）

（Ⅷ） 巨管蓟马亚族 Macrothripina Karny, 1921

Macrothripinae Karny, 1921b, *Treubia*, 1(4): 229, 245, 256, 257.

Macrothripina Mound & Palmer, 1983, *Bull. Br. Mus.* (*Nat. Hist.*) (*Ent.*), 46(1): 9, 12, 13, 50; Han, 1997a, *Econ. Ins. Faun. China. Fasc.*, 55: 354.

后胸腹侧缝缺。触角节Ⅳ有 4 个感觉锥，有时异常长。前足胫节常有 1 个结节在近端部。头的两颊有时有孤立的小眼状构造。

本亚族主要分布于东洋界的东南亚，澳洲界，非洲和美洲有少数。欧洲几乎无分布。

属检索表

前单眼鬃发达；雌虫（雄虫偶有）前足股节有 1 列粗暗结节‥‥‥‥‥‥ **战管蓟马属** *Machatothrips*

前单眼鬃不发达；雌虫前足股节无结节‥‥‥‥‥‥‥‥‥‥‥‥‥‥ **隐管蓟马属** *Ethirothrips*

15. 隐管蓟马属 *Ethirothrips* Karny, 1925

Liothrips (*Ethirothrips*) Karny, 1925a, *Bull. Ent. Res.*, 16: 133.

Cotothrips Priesner, 1939b, *Proc. R. Ent. Soc. London*, B8: 75. Synonymised by Mound & Palmer, 1983, *Bull. Br. Mus.* (*Nat. Hist.*) (*Ent.*), 46(1): 55.

Paracryptothrips Moulton, 1944, *Occ. Pap. Bernice P.Bishop Mus.*, *Hawaii*, 17: 267-311. Synonymised by Mound & Palmer, 1983, *Bull. Br. Mus.* (*Nat. Hist.*) (*Ent.*), 46(1): 55.

Percipiothrips Ananthakrishnan, 1964a, *Opusc. Ent. Suppl.*, 25: 72. Synonymised by Mound & Palmer, 1983, *Bull. Br. Mus.* (*Nat. Hist.*) (*Ent.*), 46(1): 55.

Eurynotothrips Moulton, 1968, *Proc. Cal. Acad. Sci.*, (4)36: 119. Synonymised by Mound & Palmer, 1983, *Bull. Br. Mus.* (*Nat. Hist.*) (*Ent.*), 46(1): 55.

Uredothrips Ananthakrishnan, 1969a, *Indian Forester*, 95: 184. Synonymised by Mound & Palmer, 1983, *Bull. Br. Mus.* (*Nat. Hist.*) (*Ent.*), 46(1): 55.

Decothrips Ananthakrishnan, 1969a, *Indian Forester*, 95: 182. Synonymised by Mound & Palmer, 1983, *Bull. Br. Mus.* (*Nat. Hist.*) (*Ent.*), 46(1): 55.

Type species: *Liothrips* (*Ethirothrips*) *thomasseti* Bagnall, 1925.

　　属征：头相当长，边缘几乎平行，常在眼前有弱的延伸。颊有少数刚毛。前单眼鬃不发达，单眼间鬃有时长。复眼后鬃着生在复眼后内缘。头顶中部通常有 1 对适当粗的鬃。触角 8 节，中间节长，节Ⅲ有 2 个感觉锥，节Ⅳ有 4 个或 5 个。口锥宽圆，口针在头内呈"V"形或近乎平行，前胸短于头，通常有发达棕色纵线，背片有 5 对长鬃；后侧缝完全。前下胸片缺。后胸盾片和腹节Ⅰ盾板具网纹；盾板宽，两侧叶弯曲。前翅具众多间插缨；雄虫前足跗节有齿，雌虫有或无；前足跗节具大齿，前足股节粗，前足胫节内缘有结节。腹部背片各具单对握翅鬃，管多变化，通常边缘近乎直，或凸出，或膨大更多；肛鬃弱。

　　分布：东洋界，澳洲界。

　　本属世界已知 37 种，本志记述 3 种。

种检索表

1. 前翅间插缨多，有 37 根 ·································· 窄体隐管蓟马 *E. stenomelas*
   前翅间插缨在 30 根以下 ·· 2
2. 前翅间插缨 27 根 ································· 长鬃隐管蓟马 *E. longisetis*
   前翅间插缨 14-16 根 ····························· 短翅隐管蓟马 *E. virgulae*

(34) 长鬃隐管蓟马 *Ethirothrips longisetis* (**Ananthakrishnan & Jagadish, 1970**)（图 30）

Diceratothrips (*Diceratothrips*) *longisetis* Ananthakrishnan & Jagadish, 1970, *Oriental Ins.*, 4(3): 265.

Ethirothrips longisetis (Ananthakrishnan & Jagadish, 1970): Mound & Palmer, 1983, *Bull. Br. Mus.* (*Nat. Hist.*) (*Ent.*), 46(1): 57; Zhang, 1984a, *Jour. South China Agri. Coll.*, 5(2): 19, 22.

雌虫：体长 4.43mm。体、足和触角棕黑色，但触角节Ⅲ最端部和前足齿黄色；翅烟灰色，中间有纵条带；鬃无色，端部尖。

头部　头长 434μm，宽：复眼处 279，复眼后 264，基部 248。复眼长 78，宽 62。复眼后鬃长 228，单眼后鬃长 23，单眼前鬃 20-22。触角节Ⅲ-Ⅷ长（宽）分别为：163（48）、153（45）、108（45）、96（35）、63（28）、48（18）。节Ⅲ-Ⅳ的感觉锥长 25。口锥长 171，基部宽 233，端部宽 93。

胸部·前胸长 233，前缘宽 279，后缘宽 465。前角鬃长 38，前缘鬃长 50，侧鬃长 178，后角鬃长 218，后侧鬃长 250。前足股节宽 202，前足跗节齿长 31。翅胸长 618，中胸和后胸一样宽。前翅长 1783，有 27 根间插缨。翅基鬃长分别为：155、233、239。

腹部　节Ⅷ宽 543，节Ⅸ宽 326，节Ⅸ背板上的鬃 B1-B3 长分别为：481、512、419。管长 512，基部宽 155，中部宽 124，端部宽 62。肛鬃长 31。

雄虫：体长 3.6mm。体色与雌虫相似。

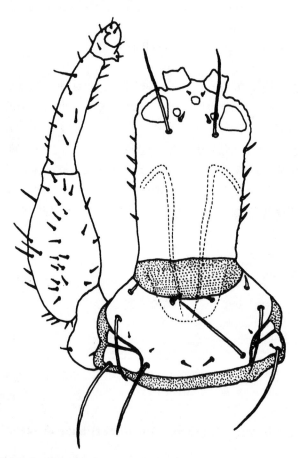

图30　长鬃隐管蓟马 *Ethirothrips longisetis* (Ananthakrishnan & Jagadish)（仿 Ananthakrishnan & Jagadish, 1970）

头、前足和前胸背板，背面观（head, fore leg and pronotum, dorsal view）

头部　头长 372，宽：复眼处 264，复眼后 233，基部 2417。复眼长 62，宽 47。复眼后鬃长 213。触角节 III-VIII 长（宽）分别为：130（43）、113（43）、103（40）、85（35）、55（28）、43（18）。节 III-IV 的感觉锥长 25。口锥长 171，基部宽 217，端部宽 93。

胸部　前胸长 233，前缘宽 248，后缘宽 465。前角鬃长 35，前缘鬃和侧鬃均长 200，后角鬃长 250，后侧鬃长 300。前足股节宽 171，前足跗节齿长 39。翅胸长 539，中胸和后胸宽 635。前翅长 1488，有 25 根间插缨。翅基鬃长分别为：150、225、225。

腹部　节 VIII 宽 450，节 IX 宽 233，节 IX 背板上的鬃 B1-B3 长分别为：465、338、465。管长 419，基部宽 124，中部宽 108，端部宽 62。肛鬃长 295。

雄虫： 未明。

寄主： 干树枝、咖啡树枯叶。

模式标本保存地： 印度（India）。

观察标本： 9♀♀，海南万宁，1980.XI.9，咖啡树枯叶，谢少远采。

分布： 海南；印度。

(35) 窄体隐管蓟马 *Ethirothrips stenomelas* (Walker, 1859)（图 31）

Phlaeothrips stenomelas Walker, 1859, *Ann. Mag. Nat. Hist.*, (3)4: 224.

Diceratothrips brevicornis Bagnall, 1910a, *Fauna Hawaiiensis*, 3(6): 669-701. Synonymised by Mound & Palmer, 1983: 57.

Liothrips thomasseti Bagnall, 1921b, *Ann. Mag. Nat. Hist.*, (9)7: 257-293. Synonymised by Mound & Palmer, 1983: 57.

Mesothrips setidens Moulton, 1928c, *Proc. Hawaii. Ent. Soc.*, 7: 129. Synonymised by Mound & Palmer, 1983: 57.

Ethirothrips madagascariensis Bagnall, 1936, *Rev. Fr. Ent.*, 3: 219-230. Synonymised by Mound & Palmer, 1983: 57.

雌虫： 体长 3.8mm。体黑棕色至黑色，但触角节 III 基部淡棕色；翅淡烟色，自近基部有棕色纵带，约占翅长 2/5；前足胫节及各足跗节略淡，暗棕色；体鬃暗棕色。

头部　头长 498μm。头背线纹模糊，复眼较小，两颊近乎直，有少数刚毛。宽：复眼处 267，后缘 243，头长为复眼处宽的 1.87 倍。复眼长 99。单眼呈扁三角形排列，前单眼距后单眼 29，后单眼间距 43。单眼间鬃 2 对，长 24 和 56，单眼后鬃 1 对，长 53，均尖；复眼后鬃长 150，距眼 43，端部尖。触角较粗，节 I-VIII 长（宽）分别为：60（53）、72（43）、128（48）、138（48）、121（38）、97（34）、75（29）、51（19），总长 742；节 III 长为宽的 2.67 倍。感觉锥一般长 36-48，短者长 24；节 III-VII 数目分别为：1+1、2+2、2+1、1+1+1、1。口锥端部宽圆，长 194，宽：基部 218，中部 170，端部 109。口针缩至头内中部或复眼后鬃处，并行延伸，中部间距 121。

胸部　前胸长 235，前部宽 340，后部宽 510。背片仅前部有模糊线纹。内黑纵条占据背片长的 3/4。后侧缝完全。小鬃甚少。各鬃均尖，长：前缘鬃 77，前角鬃 72，侧鬃 92，后侧鬃和后角鬃均 170，后缘鬃 12。腹面前下胸片近似长三角形。前基腹片大。中胸前小腹片中峰显著。中胸盾片近后部的横纹模糊；前外侧鬃端部尖，较粗而长，长 72；中后鬃和后缘鬃短小。后胸盾片除两侧外布满网纹；前缘鬃 3 对，很细，长 24-36；前中鬃端部尖，长 51，距前缘 87。前翅长 826，宽：近基部 136，中部 121，近端部 97；间插缨 37 根；3 根翅基鬃距前缘较远，间距近似，内 I -III分别长：63、16、243。各足较光滑；前足跗节有较大齿。

　　腹部　腹部背片线纹和网纹模糊，1 对握翅鬃发达。节 I 背片的盾板中部近似三角形，但侧叶较大；中部网纹蜂窝形，后部和侧叶具横网纹。节 V 背片长 226，宽 514；后缘侧鬃长：内 I 145，内 II 340。节IX背片后缘鬃长：背中鬃 462，中侧鬃 514，侧鬃 411，短于管。管长 524，长为头的 1.05 倍，宽：基部 150，端部 60。肛鬃长 328-334。

　　雄虫：未明。

　　寄主：死树皮内。

　　模式标本保存地：英国（BMNH, London）。

　　观察标本：1♀，海南万宁，1980.IV.1，张维球采；1♀，海南那大，1979.X.4，卓少明采。

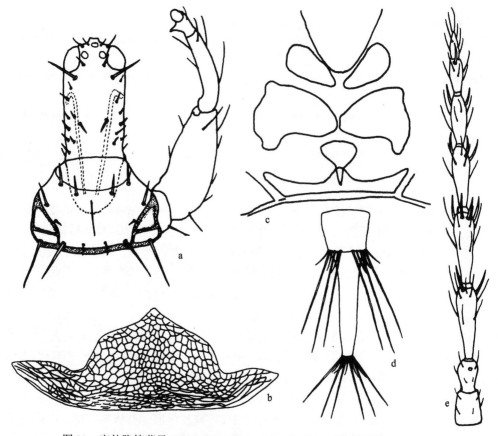

图 31　窄体隐管蓟马 *Ethirothrips stenomelas* (Walker)（仿韩运发，1997a）

a. 头、前足和前胸背板，背面观（head, fore leg and pronotum, dorsal view）；b. 腹节 I 盾板（abdominal pelta I）；c. 前、中胸腹板（pro- and midsternum）；d. 雌虫节IX腹面（female abdominal IX）；e. 触角（antenna）

分布：广东、海南；斯里兰卡，夏威夷，塞舌尔群岛（印度洋），斐济（大洋洲），马克萨斯群岛（大洋洲），马达加斯加（非洲），新不列颠（大西洋）。

(36) 短翅隐管蓟马 *Ethirothrips virgulae* (Chen, 1980)（图 32）

Scotothrips virgulae Chen, 1980, *Proc. Nat. Sci. Council (Taiwan)*, 4(2): 180.

Ethirothrips virgulae (Chen): Mound & Palmer, 1983, *Bull. Br. Mus. (Nat. Hist.) (Ent.)*, 46(1): 57; Okajima, 2006, *Ins. Japan. Vol. 2. Suborder Tubulifera (Thysan.)*: 94.

雌虫（有翅型）：体长 2.79-3.21mm。体棕黑色到棕色，有红色色素沉淀。特别是触角节Ⅱ顶端，前足胫节、盾板和腹节Ⅱ-Ⅳ略为棕黄色，前足跗节黄棕色。有时触角节Ⅲ棕黄色。管最黑。前翅黄色。

头部　头长 302-339μm，宽 288-319，颊直，有网纹。复眼后鬃位于复眼内缘，端部尖，长 112-152，复眼后有 1 对粗鬃。单眼后鬃微小。口锥宽圆，达到后胸中部。口针伸达头部，"V"字形，中间相互分离。节Ⅲ有 1+1 个和节Ⅳ有 2+2 个感觉锥。触角 8 节，节Ⅰ-Ⅷ长（宽）分别为：49-59（42-47）、62-67（38-40）、102-119（35-37）、86-96（36-40）、77-89（35-37）、62-71（31-32）、51-53（23-27）、38-40（16-17）。

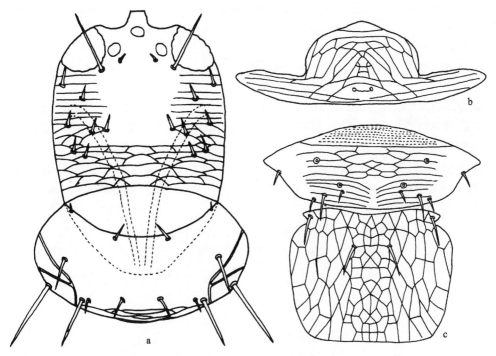

图 32　短翅隐管蓟马 *Ethirothrips virgulae* (Chen)（仿 Chen，1980）

a. 雌虫头部和前胸背板（female head and pronotum）；b. 腹节Ⅰ盾板（abdominal pelta Ⅰ）；c. 中、后胸背板（meso- and metanotum）

胸部　前胸长 140-165，宽 371-422。后缘有些线纹。所有的鬃端部尖，前缘鬃和前角鬃微小，侧鬃长 50-70，后角鬃长 85-132，侧鬃长 120-151。后侧缝完全。中胸条纹无基部孔，所有的鬃微小。前下胸片存在。中胸前小腹片舟状。前足股节膨大，是前足胫节宽的 2 倍多；前足跗节有显著的小齿。前翅近平行，长 1125-1148，有 3 个翅基鬃，端部尖，间插缨 14-16 根。

腹部 盾板宽，有侧叶。腹节 II-VII 背板有 1 对反曲的握翅鬃；节 III-IX 后角有 2 对长鬃，端部尖。管有网纹，长 285-331。肛鬃是管长的 0.6 倍。

雄虫：体长 2.55-2.65mm。与雌虫在体色和结构上相似，除了前足股节非常膨大，是前足胫节的 3 倍宽。单眼后鬃较长，长 15-16。

寄主：枯树叶、常绿阔叶林灌木。

模式标本保存地：中国（QUARAN，Taiwan）。

观察标本：未见。

分布：台湾；日本。

16. 战管蓟马属 *Machatothrips* Bagnall, 1908

Machatothrips Bagnall, 1908b, *Trans. Nat. Hist. Soc. Northumb.*, 3(1): 187, 189; Palmer & Mound, 1978, *Bull. Br. Mus. (Nat. Hist.) (Ent.)*, 37(5): 186; Mound & Palmer, 1983, *Bull. Br. Mus. (Nat. Hist.) (Ent.)*, 46(1): 58; Han, 1997a, *Econ. Ins. Faun. China. Fasc.*, 55: 357; Okajima, 2006, *Ins. Japan. Vol. 2. Suborder Tubulifera (Thysan.)*: 110.

Type species: *Machatothrips biuncinata* Bagnall, 1908.

属征：头长方形，长约 1.5 倍于宽，复眼前略有延伸，在眼后和基部稍收缩。颊有强刺。复眼和单眼适当大，复眼背面和腹面均等发育。单眼间鬃和眼后鬃发达。触角 8 节，节 III 和节 IV 有适当长的感觉锥。节 III 长为宽的 2.5-5.0 倍，有 2 个感觉锥，节 IV 有 4 个。口锥端部宽圆。口针缩至头内眼后，呈"V"形。前胸短于头，宽为长的 2 倍，长鬃 5 对。前下胸片显著。中胸前小腹片性二态型，中胸腹片前缘雄虫窄于雌虫。前翅宽，边缘平行，端半部略宽。后缘间插缨毛众多。前足股节增大，内缘有成排的强结节或齿，雄虫偶有。大型雌虫前足胫节内缘中部通常有 1 组小结节。前足跗节齿在雄虫中发达，雌虫中适中发达。腹节 I 背片盾板宽而完整，横三角形。节 II-VII 背片仅 1 对握翅鬃。节 IX 背片长鬃约长如管。管长如头，3-3.5 倍长于宽。肛鬃短于管。雄虫节 IX 腹片有 1 对长而粗的鬃。

分布：东洋界，非洲界。

本属世界已知 14 种，本志记述 2 种。

种检索表

触角节 III 长 222-250μm，前胸前缘鬃长 50-55μm ·················· 菠萝蜜战管蓟马 *M. artocarpi*

触角节 III 长 273μm，前胸前缘鬃长 81μm ·················· 青葙战管蓟马 *M. celosia*

(37) 菠萝蜜战管蓟马 *Machatothrips artocarpi* Moulton, 1928（图 33）

Machatothrips artocarpi Moulton, 1928b, *Trans. Nat. Hist. Soc. Formosa*, 18(98): 322; Palmer & Mound, 1978, *Bull. Br. Mus. (Nat. Hist.) (Ent.)*, 37(5): 189; Mound & Palmer, 1983, *Bull. Br. Mus. (Nat. Hist.) (Ent.)*, 46(1): 58; Han, 1997a, *Econ. Ins. Faun. China. Fasc.*, 55: 358; Okajima, 2006, *Ins. Japan. Vol. 2. Suborder Tubulifera (Thysan.)*: 112.

雌虫：体长约 3.5mm。体棕黑色至黑色，包括触角和足，唯各足跗节较淡；翅灰棕色，但基部较淡，1 条暗棕色中纵带伸达翅中部，端处宽；后翅较淡，周缘较暗，中部 1 条暗棕纵带伸达翅中部后逐渐消失于均匀的灰暗色区；体鬃黄色至淡棕色。

头部　头长 478-516μm，复眼处宽 293-330。复眼突出，眼后和后缘收缩，颊后部略宽。复眼长 116-150。前单眼距后单眼 32，后单眼间距 41。单眼间鬃长 101-116；复眼后鬃长 184，距眼 27；其后中部有 1 对较长鬃，长 58；颊鬃长 36-58；上述各鬃端部略钝。触角 8 节，各节刚毛较长，节Ⅰ和节Ⅱ刚毛端部略钝，其后各节的端部尖；各节基部无显著梗，节Ⅲ-Ⅴ端部较膨大；节Ⅰ-Ⅷ长（宽）分别为：55-66（63-75）、74-75（47-54）、222-250（56-60）、184-216（61-63）、169-183（53-60）、110-113（45-46）、73-75（31-33）、66-68（18），总长 953-1046，节Ⅲ长为宽的 3.70-4.46 倍。感觉锥基部较宽，端部显著细；节Ⅲ-Ⅶ数目分别为：1+1，2+2+2，1+1+1，1+1+1，腹端 1。口锥长 275，基部宽 220.5，端部宽 76.9。口针缩入头内 1/2 处，呈"V"形，中部间距 160。

胸部　前胸长 205-330，前部宽 308，后部宽 426。背片光滑，内黑纵条粗，后侧缝完全。各长鬃端部尖而不锐，鬃长：前缘鬃 50-55，前角鬃 50-82，侧鬃 103-133，后侧鬃 180-233，后角鬃 137-156，后缘鬃 62。腹面前基腹片大。中胸前小腹片中部变成横带状。翅胸长 520，宽 580；各鬃端部尖。中胸盾片前部和后部有横交错线纹，前外侧鬃长 74，其他鬃长 27。后胸盾片具网纹，前缘鬃和前中鬃长约 40。前翅长 1856，宽：近基部 182，中部 170，近端部 121；间插缨 50-55 根；翅基鬃远离翅前缘，位于前后缘中央；内Ⅰ与内Ⅱ间距小于内Ⅱ与内Ⅲ间距；内Ⅰ端部略钝，长 66-94；内Ⅱ与内Ⅲ端部尖，分别长 200-216 和 250-276。前足股节内缘有 1 列 5 个长大于宽的齿；跗节内缘有个宽钝齿。

腹部　腹节Ⅰ背片的盾板很宽，占据整个背片宽度的 4/5，横扁三角形，板内前中部为多角形网纹，后部和两侧为横线纹。背片除前脊线之前光滑外，布满横网纹和线纹。腹片仅节Ⅱ前部有横线纹外，其余光滑。背片仅 1 对反曲握翅鬃；约 20 根细小刚毛横列在整个背片；节Ⅳ的后缘长侧鬃内Ⅰ端部略钝，长 206，内Ⅱ端部尖，长 187。节Ⅳ背片最宽，长 218，宽 721-850。管长 550，基部宽 150。节Ⅸ鬃长 515，肛鬃长 233。各体鬃尖。

雄虫：体长 3.7mm。前胸甚大于雌虫前胸。前足股节甚大于雌虫前足股节；亦有 1 列粗齿在内缘。前足跗节具强宽钝齿 1 个。

寄主：波罗蜜属（桂木属）、橡胶树、灌木。

模式标本保存地：美国（CAS，San Francisco）。

观察标本：16♀♀9♂♂，广东高州，1979.Ⅳ.7，死橡胶树皮下，杨裕隆采；6♀♀，海南尖峰岭，1980.Ⅳ.3，灌木，张维球采。

分布：台湾、广东、海南。

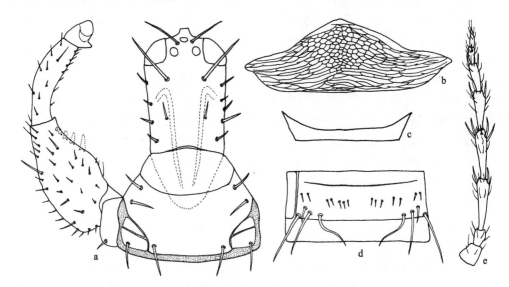

图 33 菠萝蜜战管蓟马 *Machatothrips artocarpi* Moulton

a. 头、前足及前胸背板，背面观（head, fore leg and pronotum, dorsal view）；b. 腹节Ⅰ盾板（abdominal pelta Ⅰ）；c. 中胸前小腹片（mesopresternum）；d. 腹节Ⅴ背板（abdominal tergite Ⅴ）；e. 触角（antenna）

(38) 青葙战管蓟马 *Machatothrips celosia* Moulton, 1928

Machatothrips celosia Moulton, 1928b, *Trans. Nat. Hist. Soc. Formosa*, 18(98): 325; Palmer & Mound, 1978, *Bull. Br. Mus.* (*Nat. Hist.*) (*Ent.*), 37(5): 192; Mound & Palmer, 1983, *Bull. Br. Mus.* (*Nat. Hist.*) (*Ent.*), 46(1): 59; Han, 1997a, *Econ. Ins. Faun. China. Fasc.*, 55: 359.

雌虫：体长约 4.5mm。体黑色，包括触角和足各节，仅跗节略淡。头和复眼略淡。翅灰棕色，基部较淡，1 条暗棕纵线伸至中部。后翅淡于前翅，但前缘脉和伸达中部的中纵线较暗。长头鬃和体鬃淡黄色至淡棕黄色。

头部 头长 550μm，宽 340。单眼间鬃和复眼后鬃发达，分别长约 116 和 200，1 对背鬃在复眼后鬃后，长 84。复眼长 150。触角 8 节，节Ⅰ-Ⅷ长（宽）分别为：93（66）、96（66）、273（57）、228（63）、180（54）、135（48）、90（36）、83；总长 1178。

胸部 前胸长 316，宽（包括基节）750。背片前缘鬃长 81，前角鬃长 60，侧鬃长 133，后侧鬃和后角鬃约等长，长 216。中背线甚粗。前翅有间插缨约 60 根，翅基鬃长：内Ⅰ 90，内Ⅲ 285。前足股节增大，具 6 个短刺，最大的 1 个在中部以前，端部的 1 个最小。前足跗节有 1 个短双尖的宽基齿在内缘。腹部宽卵形，节Ⅳ以后渐细，节Ⅸ长鬃长 516。管长 667，长于头，基部宽 183。节Ⅹ背端肛鬃长 283。

雄虫：未明。

寄主：青葙。

模式标本保存地：美国（CAS，San Francisco）。

观察标本：未见。

分布：台湾。

（二）管蓟马亚科 Phlaeothripinae Uzel, 1895

Phloeothripidae Uzel, 1895, *Monog. Ord. Thysanop.*: 27, 42, 223.

Phlaeothripinae: Moulton, 1928b, *Trans. Nat. Hist. Soc. Formosa*, 18(98): 299.

Phlaeothripinae: Priesner, 1961, *Anz. Österr. Akad. Wiss.*, (1960)13: 289; Mound & Houston, 1987, *Occas. Pap. Syst. Entomol.*, 4: 12.

该亚科主要特征为口针细，直径 1-3μm，细于下唇须。本亚科包含 2000 种以上；世界性分布。

族检索表

1.　口针较粗，直径 3-6μm ·· **网管蓟马族 Apelaunothripini**

　　口针较细，直径 1-3μm ··· 2

2.　后足基节间距大于中足基节间距；触角 4-7 节，极少 8 节；肛鬃甚长于管，为管长的数倍 ········

　　·· **尾管蓟马族 Urothripini**

　　后足基节间距小于中足基节间距；肛鬃不长于管的数倍 ··· 3

3.　触角 7 节（形态学上的节Ⅶ和节Ⅷ愈合）；口锥通常在末端形成 1 个或多个环 ······················

　　··· **柁尔赛斯管蓟马族 Docessissophothripini**

　　触角 7 节（形态学上的节Ⅶ和节Ⅷ愈合）或 8 节；口锥在末端不形成环 ····························· 4

4.　颊通常具载刺小瘤，但有时小瘤不载刺，或颊有载瘤的小刺列，但有时退化，常仅有 1 刺在颊上

　　··· 5

　　颊通常无载刺小瘤或载瘤的小刺列 ··· 6

5.　头在复眼后常不同程度收缩，呈缺口 ································· **毛管蓟马族 Leeuweniini**

　　头在复眼后无收缩，不呈缺口 ····································· **管蓟马族 Phlaeothripini**

6.　触角节Ⅲ在端部加宽，与节Ⅳ连接，形态学上甚至与节Ⅳ融合成 1 个大的球状节；前胸经常具 1 横向的凹槽·· **疏缨管蓟马族 Hyidiothripini**

　　触角节Ⅲ与节Ⅳ连接正常 ··· 7

7.　前胸背片退化成盾片，被具点的膜质部包围··············· **距管蓟马族 Plectrothripini**

　　前胸背片正常 ·· 8

8.　头和身体其他部分无网纹、花纹或皱纹 ··· 9

　　头和身体其他部分，包括足，常有网纹、花纹或皱纹 ······································· 10

9.　下颚桥通常存在，一般有翅，前翅中部收缩··············· **简管蓟马族 Haplothripini**

　　下颚桥通常不存在，前翅等宽，不在中部收缩··············· **器管蓟马族 Hoplothripini**

10. 前翅有时在中部有轻微的皱褶或扭卷，并有网纹形成的圆斑············· **点翅管蓟马族 Stictothripini**

前翅在中部无轻微的皱褶或扭卷，无网纹形成的圆斑·· 11

11. 两颊在复眼后有深的凹陷；各主要鬃发达，端部膨大或者呈匙状；前翅通常无间插缨··············

·· **雕纹管蓟马族 Glyptothripini**

两颊在复眼后无凹陷；各主要体鬃较短，且尖；前翅边缘平行，前翅有间插缨·······················

·· **墨脱管蓟马族 Medogothripini**

III. 网管蓟马族 Apelaunothripini Mound & Palmer, 1983

Apelaunothripina Priesner, 1961, *Anz. Österr. Akad. Wiss.*, (1960)13: 288.

Apelaunothripini Mound & Palmer, 1983, *Bull. Br. Mus.* (*Nat. Hist.*) (*Ent.*), 46(1): 89; Okajima, 1984, *Jour. Nat. Hist.*, 18: 717.

口针较粗（3-6μm），稍细于灵管蓟马亚科的口针。触角 8 节，较细长。前翅中部略微缩窄。后胸后侧缝退化。腹节 I 盾板帽形、钟形或三角形。雄虫腹节IX中侧鬃（鬃II）短而粗。

17. 网管蓟马属 *Apelaunothrips* Karny, 1925

Apelaunothrips Karny, 1925c, *Bull. Deli. Proefst. Medan.*, 23: 50; Mound, 1974a, *Aust. J. Zool. Suppl. Ser.*, 27: 17; Okajima, 2006, *Ins. Japan. Vol. 2. Suborder Tubulifera* (*Thysan.*): 167.

Type species: *Ophidothrips medioflavus* Karny, 1925.

属征：中等大小，棕、黄两色或一致棕色。头长为宽的 1-1.5 倍。头顶前部呈亚锥形向前伸。颊圆，常亚平行，在眼后或基部收缩。眼后鬃通常端部膨大或头状。触角 8 节，较长。感觉锥细，刚毛状。口锥端部圆。口针较粗，直径 3-6μm，缩入头内，在头内中部互相靠近。下颚桥消失。前胸背片宽；鬃通常发达，端部膨大；前角鬃较靠近侧鬃。后侧缝完全。前下胸片缺。中胸前小腹片发达。前足胫节和跗节通常无齿。前翅中部略微收缩，有间插缨。腹节 I 盾板钟形或三角形。腹部较细，至少在长翅型的腹节 II-VII背片每节有 2 对握翅鬃，节 II 背片后部握翅鬃通常弯曲成钩状，至少长翅型如此。管短于头。雄虫节IX背片中侧鬃短，雄虫腹片无腺域。

分布：东洋界。

本属世界已知约 35 种，本志记述 8 种。

种检索表

1. 触角节IV具 4 个或 5 个感觉锥···2

触角节IV具 2 个或 3 个感觉锥···5

2. 体两色，黄色或褐色···3

(39) 两色网管蓟马 *Apelaunothrips bicolor* Okajima, 1979（图 34）

Apelaunothrips bicolor Okajima, 1979a, *Syst. Ent.*, 4: 41, 44-46.

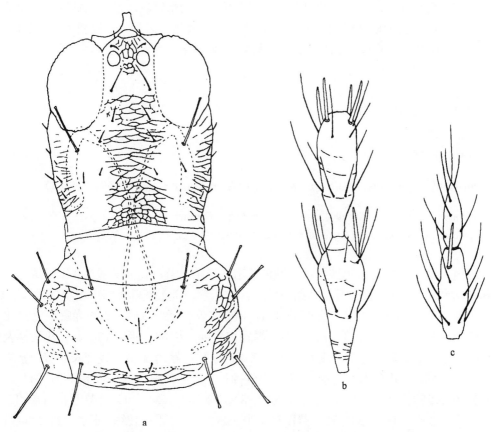

图 34　两色网管蓟马 *Apelaunothrips bicolor* Okajima（仿 Okajima，1979a）

a. 头和前胸背板（head and pronotum）；b. 触角节Ⅲ-Ⅳ（antennal segments Ⅲ-Ⅳ）；

c. 触角节Ⅶ-Ⅷ（antennal segments Ⅶ-Ⅷ）

雌虫（长翅型）：体长 2.2mm。体两色，黄色和褐色，头、中胸两侧缘和管褐色，其余体色、足及管的最基部黄色，触角节Ⅰ和节Ⅱ褐色，节Ⅲ黄色，节Ⅳ-Ⅶ两色，基部黄色，其余黄棕色，节Ⅷ黄棕色。翅略带棕色，主要鬃黄色至黄棕色。

头部 头长248μm，长是宽的1.2倍，复眼处宽200，复眼后最宽达210，颊基部最窄处为170。头背中部、两侧及单眼间有横纹或网状纹。颊圆，向基部渐窄，并有小鬃。单眼间鬃小，单眼后鬃发达，约30，复眼后鬃短于复眼，相距130，端部膨大。复眼长112，宽70，复眼大，但不足头长的一半，不在腹面延伸；单眼直径20，后对单眼相距18，距前单眼19。触角节Ⅲ几乎与节Ⅳ等长，节Ⅷ在基部收缩，节Ⅲ有3个感觉锥（1+2），节Ⅳ有4个感觉锥。

胸部 前胸相对较小，长125，宽245，为头长的一半，宽是长的2倍。有1短的中线，两侧和后部具网纹。前缘鬃和后缘鬃较发达，后侧鬃和后角鬃较长，长度相等，所有主要鬃端部膨大。前角鬃50，前缘鬃48-55，侧鬃42-50，后角鬃52-54。具翅胸节长290，中胸处宽300。前翅具8根间插缨，长870，翅基鬃排列成一条直线，且端部膨大，前足股节不膨大，长160，宽70。前足跗节齿存在，后胸中鬃较尖，长80。

腹部 盾片钟形，长90，宽150，具有微弱的六角形网纹，没有感觉钟孔。腹节Ⅱ长125，宽367；腹节Ⅸ B2鬃长于B1鬃和管，B1鬃端部微膨大，B2鬃较尖。管长155，为头长的0.6倍，长于基部宽的2倍；管基部宽80，端部宽40，肛鬃短于管。

雄虫：未明。

寄主：枯树叶。

模式标本保存地：日本（TUA，Tokyo）。

观察标本：未见。

分布：海南；泰国。

(40) 同色网管蓟马 *Apelaunothrips consimilis* (Ananthakrishnan, 1969)（图35）

Stigmothrips consimilis Ananthakrishnan, 1969a, *Indian Forester*, 95: 173.

Apelaunothrips consimilis (Ananthakrishnan): Okajima, 1979a, *Syst. Ent.*, 4: 39-64.

雌虫：体长2.2mm。体棕色，但触角节Ⅲ基半部、节Ⅳ和节Ⅴ基部1/3淡黄色；节Ⅵ基部1/4黄色；各足胫节端部及跗节黄色；翅无色，但最基部微暗；主要体鬃黄色。

头部 头长260μm，宽：复眼处191，眼后196，后缘153；头长为眼后宽的1.33倍。背面有横线纹。复眼长108；复眼后鬃端部扁钝，长64，距眼17。其他头背鬃及颊鬃均微小。3个单眼在复眼中线以前，呈三角形排列。触角8节，较细长，节Ⅲ基半部细，端部细缩，节Ⅳ和节Ⅴ两端较细。节Ⅰ-Ⅷ长（宽）分别为：26（28）、41（31）、79（31）、93（27）、91（23）、70（23）、55（18）、38（13），总长493；节Ⅲ长为宽的2.55倍。节Ⅲ有3个（1+2）感觉锥，节Ⅳ有4个（2+2）感觉锥；较细，长约32。口锥端部宽圆。口针缩入头内复眼处，中部间距较窄。

胸部 前胸长166，前部宽204，后部宽268。各边缘长鬃端部扁钝，长：前缘鬃41，前角鬃31，侧鬃35，后侧鬃70，后角鬃64。前角鬃距侧鬃37。前足跗节无齿。中胸前小腹片横带状，两端较高。后胸盾片前缘鬃甚长于中对鬃。前翅长 867，宽：近基部 90，中部 60，近端部 50。翅基鬃内 I 和内 II 端部扁钝，内 III 端部尖，长：内 I 45、内 II 60、内 III 102。间插缨 11 根。腹节 I 盾板近似三角形，中部有网纹。

腹部　腹节 IX 背片后缘长鬃长：背中鬃 I 134 （端部略微膨大），中侧鬃 II 121，端部略微膨大，侧鬃 121。节 X（管）长 145，宽：基部 67，端部 38。肛鬃长 128。管长为头长的 0.6 倍。

雄虫：体色和形态结构与雌虫相似，但体较细小，各足胫节均黄色。节 IX 中侧鬃不短于背中鬃。

寄主：树木的枯枝落叶、杂草。

模式标本保存地：印度（TNA, Delhi）。

观察标本：2♀♀，广东南昆山，1987.IX.10，王义采；2♀♀3♂♂，云南西双版纳，1987.IV.10，童晓立和张维球采；5♀♀2♂♂，湖南，1988.V，杂草，冯纪年采。

分布：湖南、台湾、广东、云南；日本，印度，马来西亚，印度尼西亚。

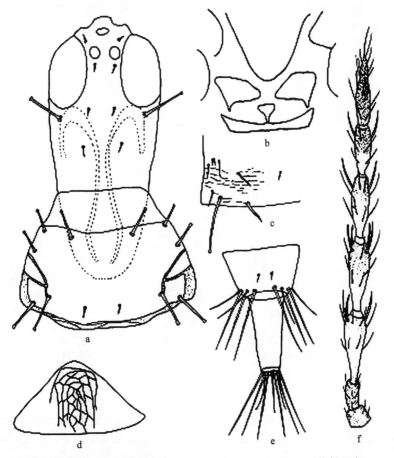

图 35　同色网管蓟马 *Apelaunothrips consimilis* (Ananthakrishnan)（仿韩运发，1997a）

a. 头和前胸背板（head and pronotum）；b. 前胸腹板及中胸前小腹片（prosternum and mesopresternum）；c. 腹节 II（abdominal tergite II）；d. 腹节 I 盾板（abdominal pelta I）；e. 腹节 IX-X（abdominal tergites IX-X）；f. 触角（antenna）

(41) 海南网管蓟马 *Apelaunothrips hainanensis* Zhang & Tong, 1990（图 36）

Apelaunothrips hainanensis Zhang & Tong, 1990a, *Acta Zootaxonomica Sinica*, 15(1): 101.

雌虫（短翅型）：体长 1.8mm。体两色，黄色和褐色。头部、前胸背板、中胸背板前缘及侧缘褐色；后胸黄色；腹节 II-IV 褐色，节 V-VI 黄褐色，节 VII-IX 及管深褐色；各足均黄色；触角节 I、II 褐色，节 III-IV 黄色，节 V 端部褐色，基部 1/3 处黄褐色，节 VI-VIII 褐色；头部、胸部及腹部零星分布不规则的红色色斑。

头部 头长 250μm，宽 196，头长约为头宽的 1.3 倍；单眼之间、头基部中间具多边形的网状纹，头两侧具微弱的横纹，头表面及颊着生稀疏微毛；单眼间鬃长 24，单眼后鬃长 20；复眼后鬃比复眼长，端部宽扁，长 75，彼此相距 119。触角 8 节，节 VIII 基部收窄；节 I-VIII 的长（宽）分别为：30（41）、49（34）、61（29）、61（29）、69（25）、54（20）、50（19）、41（13），节 III 有 2 个感觉锥（1+1），节 IV 有 3 个感觉锥（1+2）。

胸部 前胸长约为头长的 0.5 倍，前胸背板后缘具微弱的横纹。各主要的鬃均发达，端部均宽扁，各鬃长：前缘鬃 53，前角鬃 58，中侧鬃 61-63，后侧鬃 62-63，后角鬃 55-56。前胸背板后侧缝完整。前足跗节无齿。后胸背板具 1 对鬃，端部尖锐，长 36-38，彼此相距 61。

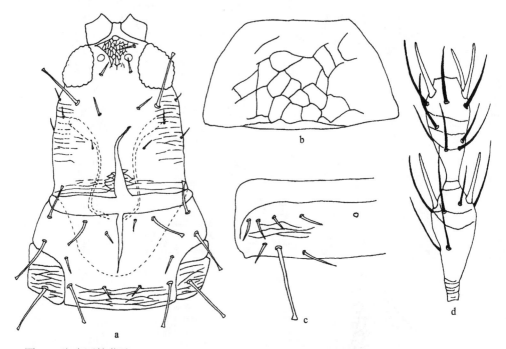

图 36 海南网管蓟马 *Apelaunothrips hainanensis* Zhang & Tong（仿 Zhang & Tong，1990a）

a. 头和前胸背板（head and pronotum）；b. 盾片（pelta）；c. 腹节 IV 背板（abdominal tergite IV）；d. 触角节 III-IV（antennal segments III-IV）

腹部 腹盾板近似梯形，无感觉钟孔。腹部比具翅胸节略宽。节 II-VII 背板前侧方各具 3-4 根鬃，其腹板各具 1 排副鬃，12-16 根。节 II-VII 背板各有 2 对略弯曲的握翅鬃，节Ⅸ Ⅰ鬃比Ⅱ鬃略长，Ⅰ鬃长 139-141，Ⅱ鬃长 131-134。管约为头长的 0.5 倍，长 127，宽 69；管肛鬃比管长，其长度为 141-151。

雄虫（短翅型）：体长 1.2mm。体色及形态特征与雌虫相似，仅体型比雌虫略小。

寄主：橡胶林落叶层。

观察标本：1♀，海南岛那大橡树林，1986.Ⅹ.28，枯枝落叶，张坚采；1♀，华南农大树木园，2004Ⅻ.15，枯枝落叶，王军采。

模式标本保存地：中国（SCAU, Guangdong）。

分布：广东、海南（那大、尖峰岭）、云南（景洪）。

(42) 小眼网管蓟马 *Apelaunothrips lieni* Okajima, 1979（图 37）

Apelaunothrips lieni Okajima, 1979a, *Syst. Ent.*, 4: 39-64.

雌虫（短翅型）：体长 2.0mm，体两色，黄色和棕色，头、胸、腹节 I-Ⅷ和所有足均黄色，中胸较后胸颜色深，呈棕黄色；腹节Ⅸ和管褐色，节Ⅸ前缘黄棕色，触角节黄棕色，较头部颜色深；节Ⅲ基部颜色较浅，各显著体鬃黄色，肛鬃棕色。

头部 头长 220μm，是宽的 1.2 倍，头中部最宽，为 190，复眼处宽 167，基部最窄处宽 165。头背面两侧、基部和单眼间具横刻纹；颊圆，在复眼后和基部收缩，颊具小鬃（15-20），顶端呈锥形，单眼间鬃和单眼后鬃发达（30），较尖；复眼后鬃长达 70-75，复眼后鬃端部膨大，复眼后鬃比复眼长，相距 130，内对复眼后鬃为外对长的一半，长 30-35，较尖。复眼小，略突出，占头长的 1/4。单眼存在或退化，直径小于 10。触角细长，节Ⅴ最长，节Ⅷ基部收缩，节Ⅲ和节Ⅳ具 2 个感觉锥；触角节 I-Ⅷ长（宽）分别为：50（48）、56（33）、70（31）、62（26）、75（23）、58（23）、50（20）、40（13）。

胸部 前胸长 155，是头长的 0.7 倍，宽为 260，是头长的 1.18 倍，有 1 中线，在后部和两侧具微弱横纹。所有主要鬃在端部膨大，长度几乎相等：前角鬃 55-58，前缘鬃 50-55，侧鬃 58-65，后角鬃 60，后侧鬃 55-60。中胸长 200，宽 245，具 12-14 根锐鬃（25-35）；前翅长 80-85，翅基鬃 B1 长 42，B2 长 50-52，B3 长 50-55。前足胫节和前足跗节无齿。

腹部 盾板较宽，呈等腰梯形，中部和后部具微弱刻纹；在后侧缘有 1 对感觉钟孔，相距 60-80。腹部较翅胸宽；腹节Ⅱ长 110，宽 405；节Ⅴ长 120，宽 410；节Ⅷ长 100，宽 275；节Ⅸ长 87，宽 185。腹节Ⅶ B1 鬃长 90-100，B2 鬃长 125-128；腹节Ⅸ B1 鬃长 130，B2 鬃长 135-138。腹节Ⅸ B2 长于 B1 鬃，端部微膨大。管长 140，基部宽 78，管短于头，为基部宽的 1.8 倍；端部 35。肛鬃短于管，长 115-120。

雄虫（短翅型）：颜色和一般结构与雌虫相似，但体型较小，中胸较大，腹部细长。体长 1.7mm，头长 55，中部宽 40。前胸长 130，宽 218；前足股节长 150，宽 75。前翅长 55-58。腹节Ⅱ长 80，宽 295；节Ⅴ长 85，宽 275；节Ⅷ长 78，宽 170；节Ⅸ长 85，宽 112。管长 110，基部宽 65，端部宽 31。鬃长：复眼后鬃 55-63，复眼后鬃内对 25-26，前胸前角鬃 50，前缘鬃 48-55，侧鬃 42-50，后角鬃 52-54，后侧鬃 50；前翅长 55-58，翅基鬃内 Ⅰ退化，内Ⅱ长 35，内Ⅲ长 37-38。腹节Ⅶ B1 鬃长 65-68，B2 鬃长 80-85；腹节Ⅸ B1 鬃长 110-112。肛鬃长 95-100。触角节Ⅰ-Ⅷ长（宽）分别为：44（42）、48（30）、60（29）、52（25）、65（25）、50（21）、45（21）、32（12）。

寄主：落叶层。

模式标本保存地：日本（TUA，Tokyo）。

观察标本：未见。

分布：台湾、云南（勐腊）。

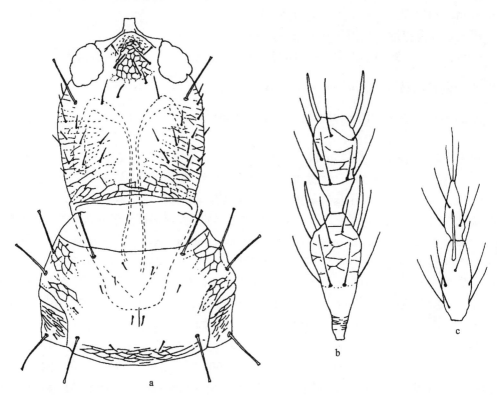

图 37　小眼网管蓟马 *Apelaunothrips lieni* Okajima（仿 Okajima，1979a）

a. 头和前胸背板（head and pronotum）；b. 触角节Ⅲ-Ⅳ（antennal segments Ⅲ-Ⅳ）；

c. 触角节Ⅶ-Ⅷ（antennal segments Ⅶ-Ⅷ）

(43) 长齿网管蓟马 *Apelaunothrips longidens* Zhang & Tong, 1990（图 38）

Apelaunothrips longidens Zhang & Tong, 1990a, *Acta Zootaxonomica Sinica*, 15(1): 101.

雌虫（短翅型）：体长 2.1mm。体两色，黄色和褐色。头部黄色，两侧略带褐色；胸部和腹节Ⅱ-Ⅷ黄色，节Ⅸ前半部黄色，后半部褐色，中央黄褐色，管褐色；各足均黄色。头胸腹分布不规则的红色色斑。

头部　头长 274μm，宽 240，颊部着生 3-4 根短鬃；头基部略收窄。单眼之间及头后缘中间具多边形网状纹，头两侧具微弱的横纹。单眼发达，直径约 19；单眼间鬃长 17-19，单眼后鬃长 32-34，端部尖锐；复眼长 108，宽 74，复眼后鬃比复眼短，端部宽扁，长

88，彼此相距 159。触角 8 节，节Ⅷ基部收窄，节Ⅰ-Ⅷ长（宽）分别为：34（39）、49（32）、81（29）、78（29）、83（25）、71（25）、56（20）、42（15）。节Ⅲ具 3 个感觉锥（1+2），节Ⅳ具 5 个感觉锥，其中 2 个在端部内侧，2 个在端部外侧，1 个在中部外侧。

胸部　前胸背板长 147，约为头长的 0.5 倍；后缘具微弱的横纹。前胸背板中央有 1 条短纵线。各主要鬃均发达，端部均宽扁，其长度分别为：前缘鬃 54-56，前角鬃 59，中侧鬃 64-66，后侧鬃 74-76，后角鬃 64-66。前足跗节具三角形齿状突起。翅基鬃内Ⅰ、Ⅱ和Ⅲ端部宽扁，其长度分别为：48-51、58-63、70-73。后胸背板具 1 对细鬃，端部尖锐，长 46-48，彼此相距 85。

腹部　腹节Ⅰ盾板钟形，具微弱的多边形刻纹，后缘具 1 对感觉钟孔，彼此相距 87。腹节Ⅱ-Ⅶ背板的握翅鬃 2 对，"S"形弯曲或退化成细短的鬃。节Ⅸ鬃Ⅰ、Ⅱ端部钝，鬃Ⅰ短于鬃Ⅱ，鬃Ⅰ长 146-148，鬃Ⅱ长 155-158。管短于头部，长 157，宽 85；肛鬃长 147-152。

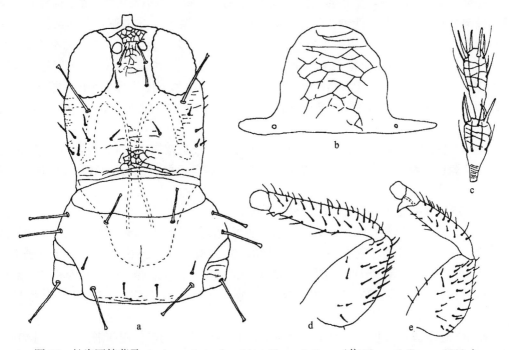

图 38　长齿网管蓟马 *Apelaunothrips longidens* Zhang & Tong（仿 Zhang & Tong，1990a）
a. 雌虫头和前胸背板（female head and pronotum）；b. 腹节Ⅰ盾片（abdominal pelta Ⅰ）；c. 雌虫触角节Ⅲ-Ⅳ（female antennal segments Ⅲ-Ⅳ）；d. 雌虫前足（female fore leg）；e. 雄虫前足（male fore leg）

雌虫（长翅型）：前翅中部略收窄，翅基部灰色，距翅端 3/4 处呈灰褐色，其余为灰白色；具间插缨 8-9 根。其他形态特征与短翅型相同。

雄虫（短翅型）：体长 1.9mm。形态特征、体色与雌虫相同，唯前足跗节齿状突比雌虫粗大。

寄主：落叶层。

观察标本：未见。

模式标本保存地：中国（SCAU，Guangdong）。

分布：广东。

(44) 褐斑网管蓟马 *Apelaunothrips luridus* Okajima, 1979

Apelaunothrips luridus Okajima, 1979a, *Syst. Ent.*, 4: 39; Zhang & Tong, 1990a, *Acta Zootaxonomica Sinica*, 15(1): 101.

雌虫（短翅型）：体长 2.0mm。两色，淡黄色和棕色；胸、腹节Ⅰ-Ⅶ及各足黄色；头较前胸颜色深，两侧缘和前缘颜色较深，触角节Ⅰ、Ⅱ棕色，节Ⅲ棕黄色，节Ⅳ-Ⅷ黄褐色；腹节Ⅲ-Ⅵ前缘各具 1 小的褐色斑，节Ⅷ-Ⅸ和管棕色，节Ⅷ前缘黄棕色，管的基半部深棕色；各显著鬃黄色，肛鬃棕黄色。

头部　头长 210μm，是宽的 1.2 倍，在复眼处宽 157，中部宽 170；颊中部最宽，颊基部最窄处宽 150；背部两侧、基部和单眼间具刻纹；颊圆，在复眼后和基部收缩，两侧具一系列小鬃（20），单眼后鬃发达，长 30-35，端部尖；复眼后鬃 60-63，端部膨大，长于或等于复眼，相距 100。复眼突出，占头长的 1/3，长 70，宽 45。单眼退化，直径小于 10。触角节细长，节Ⅲ和节Ⅴ长度基本相等，节Ⅲ和节Ⅳ各具 3 个感觉锥（1+2）；触角节Ⅰ-Ⅷ 长（宽）分别为：50（42）、52（30）、68（30）、63（26）、70（24）、60（22）、53（18）、41（11）。

胸部　前胸长 250，为头长的 1.19 倍，宽 235，长是宽的 1.06 倍，具 1 中线，两侧和后缘具微弱刻纹；所有胸部主要鬃端部膨大，长：前角鬃 55-60，前缘鬃 48-50，侧鬃 50-52，后角鬃 53-55。中胸具 2 对锐鬃，外对长于内对；前翅长 130-142。前足股节长 170，宽 75；前足股节不膨大，前足跗节无齿。

腹部　盾片呈等腰三角形，具微弱的多边形刻纹；具有 1 对感觉钟孔，相距 80，接近后缘。腹节Ⅱ长 100，宽 342；节Ⅴ长 100，宽 345；节Ⅷ长 90，宽 240；节Ⅸ长 80，宽 158。腹节Ⅸ B1 鬃和节Ⅶ与节Ⅸ的 B2 鬃端部微膨大或尖；腹节Ⅸ B1 鬃和 B2 鬃长度相等。管长 125，基部宽 73，端部宽 35；短于头，长为基部宽的 1.7 倍；肛鬃与管等长。

雄虫（短翅型）：颜色和一般结构相似于雌虫，但体型较小，且腹部细长。体长 1400。头长 180，中部宽 147；复眼长 62，宽 40。前胸长 112，190；前足股节长 140，宽 65。前翅长 90-95。腹节Ⅱ长 75，宽 227；节Ⅴ长 80，宽 222；节Ⅷ长 75，宽 156；节Ⅸ长 70，宽 105。管长 100，基部宽 62，端部宽 29。各鬃长：复眼后鬃 45-50，前角鬃 35-38，前缘鬃 30-35，后角鬃 45-48，后侧鬃 40。翅基鬃长：B1 鬃 30-35，B2 鬃 40，B3 鬃 35-37。腹节Ⅶ B1 鬃长 60-68，B2 鬃长 80；腹节Ⅸ B1 鬃长 100；肛鬃 108-110。触角节Ⅰ-Ⅷ 长（宽）分别为：33（35）、45（27）、55（26）、53（23）、62（21）、50（20）、43（18）、35（10）。

寄主：落叶层。

模式标本保存地：英国（BMNH，London）。

观察标本：未见。

分布：广东、海南、云南。

(45) 中黄网管蓟马 *Apelaunothrips medioflavus* (Karny, 1925)

Ophidothrips medioflavus Karny, 1925c, *Bull. Deli Proefst. Medan*, 23: 50.

Apelaunothrips medioflavus (Karny): Karny, 1925b, *Notul. Ent.*, 5: 82; Okajima, 1979a, *Syst. Ent.*, 4: 39;

　　Okajima, 2006, *Ins. Japan. Vol. 2. Suborder Tubulifera* (Thysan.): 174.

雌虫（长翅型）：体长 2.3mm。体两色，黄色和棕色；前胸、腹节Ⅰ-Ⅵ和足黄色；头和腹节Ⅶ-Ⅹ棕色至暗棕色；触角节Ⅰ、Ⅱ褐色，与头同色，节Ⅲ-Ⅵ黄色，节Ⅶ、Ⅷ棕黄色；翅呈淡棕色；各显著体鬃黄色，肛鬃黄棕色。

　　头部　头长 255μm，长为宽的 1.5 倍，中部最宽；头背部有微弱刻纹，在单眼间、两侧及后缘较显著；颊平行或稍圆，颊中部宽 175；在复眼后和基部略收缩，带有一系列小鬃；单眼后鬃发达，长 30，端部较尖；复眼后鬃长 85-88，端部膨大，几乎和复眼等长，相距 105；复眼后鬃内对退化。复眼长 90，宽 50，为头长的 1/3。单眼直径为 20；后对与复眼接近，相距 22，与前单眼相距 25。触角细长，节Ⅲ与节Ⅳ等长，节Ⅷ在基部明显收缩；节Ⅲ具 2 个感觉锥（1+1），节Ⅳ具 3 个感觉锥（1+2）；触角节Ⅰ-Ⅷ长（宽）分别为：45（43）、60（31）、80（30）、80（28）、87（25）、68（24）、55（21）、45（13）。

　　胸部　前胸长 138，宽 255，为头长的 0.54 倍，宽为头长的 1.0 倍，具 1 微弱中线，两侧及后缘具微弱刻纹；各鬃长：前角鬃 60，前缘鬃 60-63，侧鬃 65，后角鬃 75-78；主要鬃端部膨大。前翅长 840，具 8-9 根间插缨；翅基鬃端部膨大，长：内Ⅰ鬃 60-65，内Ⅱ鬃 70-75，内Ⅲ鬃 75。

　　腹部　盾片三角形，具微弱多边形雕刻纹，在后缘具有 2 个感觉钟孔，相距 50。腹节细长；腹节Ⅸ B1 鬃和 B2 鬃端部微膨大或微尖，其他主要鬃端部膨大；节Ⅸ B2 鬃长于 B1 鬃；B2 鬃长 170。管短于头，长为基部宽的 1.7 倍；肛鬃 158-165，长于管。

　　雄虫（长翅型）：颜色和一般结构相似于雌虫，但体型较小，且腹部细长。体长 1.8mm。头长 230，中部宽 150；复眼长 85，宽 50。前胸长 125；宽 218；前翅长 700。腹节Ⅱ长 90，宽 258；节Ⅴ长 93，宽 230；节Ⅷ长 90，宽 170；节Ⅸ长 83，宽 110。管长 135，基部宽 60，端部宽 31。单眼后鬃长 30；复眼后鬃长 70-75。前胸各鬃长：前角鬃 45-50，前缘鬃 48，侧鬃 48-50，后角鬃 55-58，后侧鬃 58-60。翅基鬃：B1 鬃 42-45，B2 鬃 52-55，B3 鬃 57。腹节Ⅶ B1 鬃长 80-82，B2 鬃长 93-98；腹节Ⅸ B1 鬃长 150；肛鬃 130-140。触角节Ⅰ-Ⅷ长（宽）分别为：45（38）、55（28）、75（25）、75（24）、82（22）、63（20）、53（19）、40（13）。

　　寄主：长寿楠木。

　　模式标本保存地：德国（SMF, Frankfurt）。

　　观察标本：未见。

　　分布：福建、台湾、广东、四川；菲律宾，印度尼西亚。

(46) 暗翅网管蓟马 *Apelaunothrips nigripennis* Okajima, 1979

Apelaunothrips nigripennis Okajima, 1979a, *Syst. Ent.*, 4: 45; Zhang & Tong, 1990a, *Acta Zootaxonomica Sinica*, 15(1): 103; Okajima, 2006, *Ins. Japan. Vol. 2. Suborder Tubulifera* (*Thysan.*): 178.

雌虫（长翅型）：体长 2.1mm，通体黑棕色；触角节Ⅰ、Ⅱ和Ⅶ、Ⅷ棕色，较头部颜色暗，节Ⅲ-Ⅵ两色，基部颜色较淡，其余棕色；前足股节暗棕色，端部颜色稍浅。前足胫节在基部棕色，中部和后部暗棕色，端部颜色较淡；所有足的跗节黄色；翅浅灰棕色；所有主要鬃黄棕色。

头部　头长 218，等于宽，在复眼处最宽达 203，复眼后宽 214，头在两侧和后缘有微弱刻纹，两颊在基部略窄，近基部为 192，颊有小鬃；单眼后鬃小；复眼后鬃 65-67，端部膨大，相距 145。复眼中等大小，长 88，宽 65，长为头长的 0.4 倍，不在腹面延伸。单眼直径 20；后对相距 25，与前单眼相距 22-23。触角节Ⅲ、Ⅳ和节Ⅴ长度几乎相等，节Ⅷ基部明显收缩；节Ⅲ具 3 个感觉锥（1+2），节Ⅳ具 4 个感觉锥（2+2）。触角节Ⅰ-Ⅷ长（宽）分别为：38（42）、52（32）、77（32）、77（30）、76（25）、64（24）、55（20）、35（12）。

胸部　前胸长 310，为头长的 1.4 倍，宽为头长的 2.3 倍，具微弱中线，后缘具微弱线纹；前缘鬃短于前角鬃，有时退化且端部较尖，所有主要鬃端部膨大，长：前角鬃 38-45，侧鬃 45-50，后角鬃 55-60。前翅长 900，具 8-10 根间插缨；翅基鬃长：B1 鬃 45，B2 鬃 50-53，B3 鬃 75；B1 鬃和 B2 鬃端部膨大，B3 鬃最长且端部较尖。后胸中鬃较尖，相距 75。

腹部　盾片呈等腰三角形或接近菱形；盾片三角形，具有 1 对感觉钟孔，相距 100-110。腹节Ⅱ长 105，宽 410；节Ⅷ长 97，宽 270；节Ⅸ长 80，宽 175。腹节Ⅸ B1 鬃和 B2 鬃相对较短，端部微膨大。腹节Ⅶ B1 鬃长 115-120，B2 鬃长 125；节Ⅸ B1 鬃长 88-90，B2 鬃长 110-115。管长 150，基部宽 75，端部宽 38，管为头长的 0.7 倍；肛鬃长 125，短于管。

雄虫（长翅型）：颜色和一般结构相似于雌虫，但体型较雌虫小。体长 1.55mm，头长 180，复眼后宽 170；复眼长 80，宽 50。前胸长 93，宽 205；前足股节长 126，宽 60。前翅长 680。腹节Ⅱ长 72，宽 250；节Ⅳ长 70，宽 252；节Ⅵ长 80，宽 233；节Ⅷ长 74，宽 172；节Ⅸ长 68，宽 105。管长 116，基部宽 55，端部宽 29。复眼后鬃 46-50。前胸鬃长：前缘鬃 13-18，前角鬃 27-30，后侧鬃 62-64，侧鬃 35-38，后角鬃 55-60；翅基鬃：B1 鬃 38，B2 鬃 44-45，B3 鬃 65-68。腹节Ⅶ B1 鬃长 80-82，B2 鬃长 90-95；腹节Ⅸ B1 鬃长 75-80；肛鬃 100。触角节Ⅰ-Ⅷ长（宽）分别为：30（35）、45（25）、63（28）、65（27）、65（22）、53（22）、44（18）、31（10）。

寄主：落叶层。

模式标本保存地：日本（TUA，Tokyo）。

观察标本：未见。

分布：台湾。

Ⅳ. 柜尔赛斯管蓟马族 Docessissophothripini Karny, 1921

Docessissophothripina Karny, 1921a, *Treubia*, 1: 257.

Docessissophothripini Mound & Palmer, 1983, *Bull. Br. Mus. (Nat. Hist.) (Ent.)*, 46(1): 90.

本族触角 7 节（形态学上的节Ⅶ、Ⅷ或多或少愈合，形成完全或不完全的缝），节Ⅲ有 3 个感觉锥（*Oidanothrips* 有 4 个），节Ⅳ有 4 个感觉锥。口针适当宽，缩至复眼处，通常在头中部平行，通常在口锥端部形成 1 或多个环。下颚粗，后侧缝完全。前小腹片存在。后胸后侧缝完全。翅存在，前翅有间插缨（除了 *Asemothrips*）。腹节Ⅰ盾板延长，近乎三角形，节Ⅱ-Ⅶ有 2 对反曲的握翅鬃或略退化。管通常两边平行，有隆起或雕刻纹。雄虫腹节Ⅸ鬃内Ⅱ短，膨大；通常在节Ⅲ-Ⅴ有 1 对刻纹。

属检索表

头背中部经常呈脊状隆起，颊两侧具刺；触角节Ⅲ具 4 个感觉锥······· **脊背管蓟马属** *Oidanothrips*

头背部微微隆起；触角节Ⅲ具 3 个感觉锥·································· **全管蓟马属** *Holothrips*

18. 全管蓟马属 *Holothrips* Karny, 1911

Holothrips Karny, 1911, *Zool. Anz.*, 38: 502. **Type species:** *Holothrips ingens* Karny, by monotypy.

Trichothrips (Abiastothrips) Priesner, 1925a, *Konowia*, 4: 153. **Type species:** *Trichothrips schaubergeri* Priesner. Synonymised by Okajima, 1987b: 7.

Cratothrips Priesner, 1927, *Thysanop. Europas*, 3: 494. **Type species:** *Cratothrips angulatus* Priesner, by monotypy. Synonymised with *Abiastothrips* Priesner by zur Strassen, 1974: 119.

Lathrobiothrips Hood, 1933, *J. New York Eent. Soc.*, 41: 421. **Type species:** *Lathrobiothrips ramuli* Hood, by monotypy. Synonymised by Mound & Palmer, 1983: 93.

Cordylothrips Hood, 1937, *Rev Ent., Rio de Janeiro*, 7: 517. **Type species:** *Cordylothrips peruvianus* Hood, by monotypy. Synonymised by Mound & Palmer, 1983: 93.

Adelothrips Hood, 1938 *Rev Ent., Rio de Janeiro*, 8: 380. **Type species:** *Adelothrips xanthopus* Hood, by monotypy. Synonymised by Mound & Palmer, 1983: 93.

Ischnothrips Moulton, 1944, *Occ. Pap. Bernice P. Bishop Mus., Hawaii*, 17: 305. **Type species:** *Ischnothirps zimmermanni* Moulton, by monotypy. Synonymised by Mound & Palmer, 1983: 93.

Agnostothrips Moulton, 1947, *Pan-Pacif. Ent.*, 23: 172. **Type species:** *Agnostothrips semiflavus* Moulton, by monotypy. Synonymised by Mound & Palmer, 1983: 93.

Pseudosymphyothrips Kurosawa, 1954, *Oyô-Kontyû*, 10: 134. **Type species:** *Pseudosymphyothrips yuasai* Kurosawa, by monotypy. Synonymised by Okajima, 1987b: 7.

Type species: *Holothrips ingens* Karny, 1911.

属征：体中到大型，翅非常发达。头长于宽，背部经常头背面微微隆起，背部表面部分或全网纹；1 对复眼后鬃发达，端部膨大或尖。触角 7 节，节Ⅲ具 3 个感觉锥，节Ⅳ具 4 个感觉锥；口针很长。前胸背侧片完全。前下胸片不存在，前基腹片、前刺腹片和中胸前小腹片发达。前足跗节齿在两性中存在。后胸腹侧缝存在。后胸中鬃弱。前翅不在中部收缩，具间插缨。盾片菱形或三角形；雄虫腹节Ⅳ和节Ⅶ具横向网纹区域。管常短于头。

分布：古北界，东洋界，新北界，非洲界，澳洲界。

本属世界已知 127 种，本志记述 6 种。

种检索表

1. 前翅间插缨多于 30 根 ··· **台湾全管蓟马 H. formosanus**
   前翅间插缨少于 30 根 ·· 2
2. 腹节Ⅰ盾板内基部有 1 对微孔 ··· **孔全管蓟马 H. porifer**
   腹节Ⅰ盾板内基部无微孔 ·· 3
3. 触角节Ⅶ愈合缝不完全 ·· 4
   触角节Ⅶ愈合缝完全 ··· 5
4. 口锥长且尖；复眼后鬃长为头长的 0.35 倍，端部钝或略尖 ·········· **锥全管蓟马 H. attenuatus**
   口锥短且圆；复眼后鬃长为头长的一半或更长，端部尖 ·············· **琉球全管蓟马 H. ryukyuensis**
5. 两颊具强皱纹；胸部所有主要鬃为斜切状尖鬃；翅基鬃内Ⅰ和内Ⅱ端部微钝，内Ⅲ端部微尖 ······
   ··· **湖南全管蓟马 H. hunanensis**
   两颊无强皱纹，前缘鬃和后角鬃端部尖，前角鬃、侧鬃和后侧鬃端部略膨大；翅基鬃内Ⅰ端部有
   弱的膨大，内Ⅱ、内Ⅲ几乎尖 ··· **冲绳全管蓟马 H. okinawanus**

(47) 锥全管蓟马 *Holothrips attenuatus* Okajima, 1987（图 39）

Holothrips attenuatus Okajima, 1987b, *Bull. Br. Mus.* (*Nat. Hist.*) (*Ent.*), 54: 17-18; Tong & Zhang, 1989, *Jour. South China Agri. Univ.*, 10(3): 58.

雌虫：体长 4050μm。体一致黑棕色；管基部和端部灰白色；触角节Ⅲ基部淡黄色；翅中央有灰棕色的带；主要体鬃淡黄色。

头部 头长 357，复眼处宽 337，长为宽的 1.04-1.06 倍。头背面有弱网纹，头在复眼前没有强的延伸；颊略圆，复眼长 110-112，宽 86-90，复眼长约为头长的 0.3 倍。复眼后鬃端部钝或近乎尖，长 125，为头长的 0.35 倍。触角 7 节，节Ⅶ和节Ⅷ愈合形成不完全的缝；节Ⅳ略长于或等于节Ⅲ；节Ⅰ-Ⅶ长（宽）分别为：82（66）、82（46）、130（59）、140（61）、117（50）、82（43）、112（36），总长 745，触角长为头长的 2.1 倍。口锥长且尖。

胸部 前胸背板长 230，宽 444，宽为长的 1.93 倍，背板前缘有弱的网纹。前缘鬃细，端部几乎尖，长 25；前角鬃 80，侧鬃 85，后角鬃 85-92，后侧鬃 120-130，端部均钝。前翅长 1643，有间插缨 17-20 根，翅基鬃内Ⅰ钝，长 82-87，内Ⅱ、Ⅲ近乎尖，内

Ⅱ长 112-132，内Ⅲ长 127-153。前足跗节有强大的齿，向前伸。

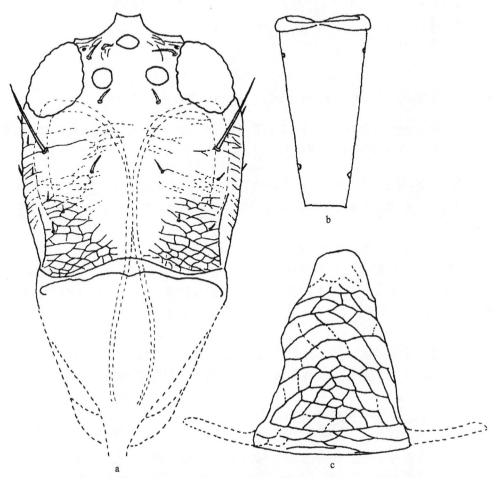

图 39　锥全管蓟马 *Holothrips attenuatus* Okajima（仿 Okajima，1987b）
a. 头（head）；b. 腹节Ⅹ（abdominal tergite Ⅹ）；c. 腹节Ⅰ盾片（abdominal pelta Ⅰ）

　　腹部　腹节Ⅰ盾板钟形，但较细，板内有明显的纹；基部微孔缺。节Ⅱ-Ⅸ鬃Ⅰ和鬃Ⅱ端部尖，但节Ⅱ、Ⅷ的鬃Ⅰ及节Ⅲ、Ⅷ的鬃Ⅱ端部钝。节Ⅸ鬃Ⅰ和鬃Ⅱ的长分别为：209-214、177-180。节Ⅸ（管）较直，长 280，宽：基部 127，端部 60，长为头长的 0.78 倍，为基部宽的 2.2 倍；管光滑，但有弱的网纹，肛鬃长等于或略短于管，长 270-280。

　　雄虫：体长 3030。体色同雌虫。头长 296，复眼处宽 275，长是宽的 1.07-1.08 倍。复眼长 86-87，宽 71-73。复眼后鬃端部几乎尖，长 100-110。前胸背板长 232，宽 388，宽是长的 1.67-1.92 倍；中央有 1 粗的内纵黑条。各鬃长：前角鬃 70，前缘鬃 50，侧鬃 70-75，后角鬃 62-92，后侧鬃 80。前翅长 1420，有间插缨 15-18 根，翅基鬃内Ⅰ长 62，内Ⅱ长 120-124，内Ⅲ长 128-138。前足跗节有强大的三角形齿。腹节Ⅰ盾板高 1443，宽 123。腹部网纹域有或无。节Ⅸ（管）长 219，宽：基部 112，端部 53；节Ⅸ鬃Ⅰ和鬃Ⅱ

长分别为：202-204、72-82。肛鬃长 240。

　　寄主：枯叶。

　　模式标本保存地：英国（BMNH，London）。

　　观察标本：未见。

　　分布：台湾。

(48) 台湾全管蓟马 *Holothrips formosanus* Okajima, 1987（图 40）

　　Holothrips formosanus Okajima, 1987b, *Bull. Br. Mus.* (*Nat. Hist.*) (*Ent.*), 54: 27; Tong & Zhang, 1989, *Jour. South China Agri. Univ.*, 10(3): 59.

　　雌虫：体长 5500μm。体暗棕色；腹节 I - X（管）由黑色逐渐加重；管基部灰色；触角节 III 黄色，基部端半部棕灰色；触角节 IV - V 基部黄色；股节暗棕色；翅淡棕色；主要体鬃淡黄色。

　　头部 头长 422，复眼处宽 362，长为宽的 1.2 倍。头背部有刻纹，且无强的隆起；颊略圆。两后侧有雕刻纹。复眼长 118-120，宽 97-102。复眼后鬃端部尖，长 230-240，比复眼长，为头长的 0.55-0.57 倍。触角 7 节，节 VII 和节 VIII 愈合，形成几乎完全的缝；节 IV 略长于节 III；节 I -VII 长（宽）分别为：100（81）、112（56）、150（76）、155（70）、138（57）、113（51）、137（42），总长 905，触角长为头长的 2.14 倍。口锥长且尖。

　　胸部 前胸背板长 326，宽 576，后缘有弱的刻纹。前缘鬃小，端部尖，前角鬃和中侧鬃钝，后角鬃和后侧鬃长且尖。各鬃长：前缘鬃 35-50，前角鬃 160-170，侧鬃 165-170，后角鬃 157-220，后侧鬃 250。前翅长 2550，间插缨 35-36 根，翅基鬃端部尖，内 I -III 长分别为：117-127、183-195、300-315。

　　腹部 腹节 I 盾板钟形，具有明显网纹；基部微孔缺。背片各节 B1 鬃和 B2 鬃端部尖。节 IX 鬃 I 和鬃 II 长分别为：360-365、400-410。节 IX（管）较直，逐渐向端部收缩，长 378，宽：基部 147，端部 65，长为头长的 0.9 倍，为基部宽的 2.57 倍。管光滑，但有弱的网纹，肛鬃几乎等于管长，长 380-400。

　　雄虫：体长 4700。体色同雌虫。头长 408，复眼处宽 326（296），长是宽的 1.25-1.38 倍。复眼长 115-117（100-102），宽 91-93（82-86）。复眼后鬃端部略尖，长 220-230（200-220）。前足跗节有强大的三角形齿。前胸背板长 388（260），宽 566（469），宽是长的 1.46-1.80 倍；前角鬃 125-135（110-120），前缘鬃 45-50（30-35），侧鬃 200-230，后角鬃 250（200），后侧鬃 255-260（220-240）。前翅长 2522（2010），翅基鬃内 I -III 长分别为：110（95-97）、173-200（150-155）、280-300（220-250）。腹节 I 盾板高 219（184），宽 204（184）。腹节 IV-VII 有网纹域，但不发达，小雄虫缺。节 IX（管）长 326（275），宽：基部 130（117），端部 63（55）；节 IX 鬃 I 和鬃 II 长分别为：122-123（100-105）、72-82。肛鬃长 360-385（310-330）。

　　寄主：枯枝落叶。

　　模式标本产地：台湾。

　　模式标本保存地：英国（BMNH，London）。

观察标本： 3♀♀1♂，福建武夷山，1980.Ⅵ.24，枯枝条内，黄邦侃采；2♀♀，福建武夷山，2003.Ⅷ.8，枯枝落叶，郭付振采。

分布： 福建（武夷山）、台湾。

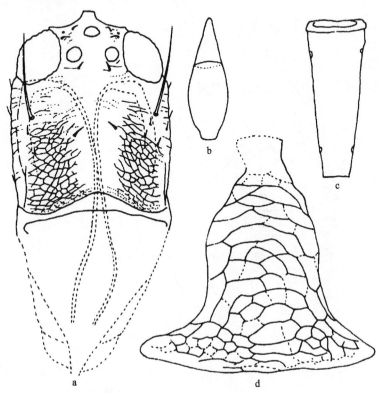

图 40　台湾全管蓟马 *Holothrips formosanus* Okajima（仿 Okajima，1987b）

a. 头（head）；b. 触角节Ⅶ-Ⅷ（antennal segments Ⅶ-Ⅷ）；c. 腹节Ⅹ（abdominal tergite Ⅹ）；d. 腹节Ⅰ盾片（abdominal pelta Ⅰ）

(49) 湖南全管蓟马 *Holothrips hunanensis* Han & Li, 1999（图 41）

Holothrips hunanensis Han & Li, 1999, *Jour. Taiwan Mus.*, 52(1): 1.

雌虫（长翅型）： 体长 2.9mm。体黑棕色，包括触角和足，但所有前足跗节较淡，浅黄色；前翅不透明，具有淡棕色条带；主要鬃棕黄色。

头部　头长 382μm，宽 362；头表面较高，侧面具刻纹；两颊较直，具强皱纹，并具有小载瘤；复眼长 102，宽 87。复眼后鬃端部微尖，长 132。触角长为头长的 1.94 倍；节Ⅰ-Ⅶ长（宽）分别为：64（64）、82（49）、128（54）、134（54）、116（47）、102（45）、115（37）；总长 741，节Ⅶ长为宽的 2.4 倍，触角节Ⅶ和节Ⅷ之间愈合缝完全。触角节Ⅲ具 3 个感觉锥，节Ⅳ具 4 个感觉锥。口锥短且圆。

胸部　前胸长 168，在后缘具微弱刻纹，具 1 中线；所有主要鬃为斜切状尖鬃。各

　　鬃长：前缘鬃 69，前角鬃 69，侧鬃 113，后侧鬃 128，后角鬃 128。前基腹片内侧呈不规则圆形。中胸前小腹片发达。中胸和后胸腹片具有少的刻纹。前翅长 1096，具 20 根间插缨；翅基鬃 I 和鬃 II 端部微钝，鬃 III 端部微尖，I 长 90，II 和 III 均长 134。

　　腹部　盾片三角形，小孔存在，具刻纹。腹节 II-VII 每节具有 2 对握翅鬃；管两边较直，基部宽 122，端部宽 56。肛鬃较尖，大约长 218。

　　雄虫：未明。

　　寄主：朽木、金粟兰属。

　　模式标本保存地：中国（IZCAS，Beijing）。

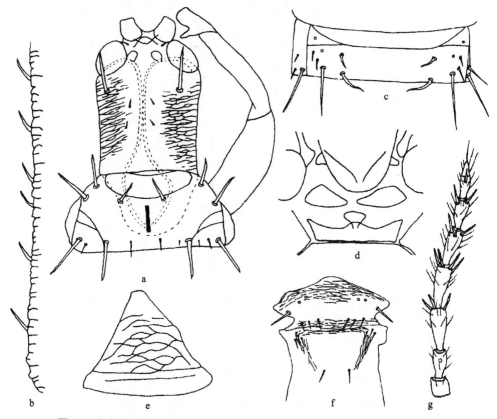

图 41　湖南全管蓟马 *Holothrips hunanensis* Han & Li（仿 Han & Li，1999）

a. 头、前足和前胸背板，背面观（head, fore leg and pronotum, dorsal view）；b. 颊（gena）；c. 腹节 V 背板（abdominal tergite V）；d. 前胸腹板及中胸前小腹片（prosternum and mesoprosternum）；e. 腹节 I 盾片（abdominal pelta I）；f. 中、后胸背板（meso and metanotum）；g. 触角（antenna）

　　观察标本：1♀（正模，IZCAS），湖南新宁，500m，1997.IV.20，金粟兰属，罗毅波采。

　　分布：湖南。

(50) 冲绳全管蓟马 *Holothrips okinawanus* Okajima, 1987（图 42）

Holothrips okinawanus Okajima, 1987b, *Bull. Br. Mus.* (*Nat. Hist.*) (*Ent.*), 54: 38-39; Tong & Zhang, 1989, *Jour. South China Agri. Univ.*, 10(3): 58-66.

雌虫： 体长 3600μm。体一致黑棕色；触角节Ⅲ比节Ⅳ色略淡；跗节比胫节色淡，但带有黑棕色阴影；翅中央有灰棕色的带；主要体鬃淡棕色。

头部　头长 382，复眼处宽 321，长为宽的 1.19 倍。头在复眼前略有延伸，头背面无长条纹；颊几乎直，逐渐向基部收缩；复眼长 92-94，宽 97，宽长于长，复眼长为头长的 0.24-0.25 倍。复眼后鬃端部近乎尖，长 135-148，为头长的 0.35-0.39 倍。触角 7 节，节Ⅶ和节Ⅷ愈合形成完全的缝；节Ⅰ-Ⅶ长（宽）分别为：82（66）、89（66）、133（54）、128（57）、122（52）、101（49）、107（41），总长 762，触角长为头长的 2.0 倍，节Ⅶ长为宽的 2.5 倍。口锥短，不尖。

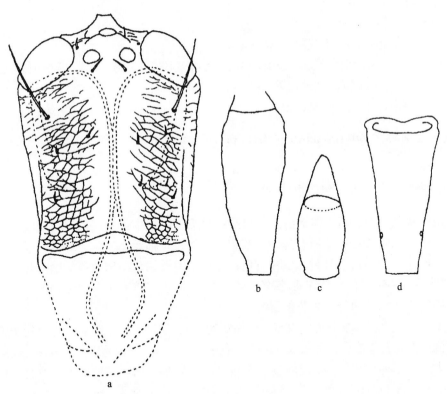

图 42　冲绳全管蓟马 *Holothrips okinawanus* Okajima（仿 Okajima，1987b）
a. 头（head）；b. 触角节Ⅲ（antennal segment Ⅲ）；c. 触角节Ⅶ-Ⅷ（antennal segments Ⅶ-Ⅷ）；
d. 腹节Ⅹ（abdominal tergite Ⅹ）

胸部　前胸背板长 163，宽 403，宽为长的 2.47 倍，中央有 1 条弱的纵黑条。背板前缘有网纹。基腹片内缘不规则。前缘鬃细，端部几乎尖，长 56-61；前角鬃 90，侧鬃 90-95，后侧鬃 120-132，端部均有弱的膨大，后角鬃长且端部尖，长 147-150。前翅长

1420，有间插缨 20 根，翅基鬃内 I 端部有弱的膨大，长 82-87，内 II、内 III 几乎尖，内 II 长 153-154，内 III 长 178。前足跗节的齿短，向前伸。

腹部 腹节 I 盾板三角形，板内有弱的纹；基部微孔缺。节 VIII 的鬃 I 和鬃 II 端部钝，节 III 的鬃 II 端部钝或近乎尖。节 IX 鬃 I 和鬃 II 长分别为：224-225、225-230。节 IX（管）较直，逐渐向基部收缩，长 246，宽：基部 128，端部 56，长为头长的 0.64 倍，为基部宽的 1.92 倍；管光滑，肛鬃长略短于管，长 220-224。

雄虫：体长 3300。体色同雌虫。头长 382，复眼处宽 288，长是宽的 1.32-1.38 倍。复眼长 96-98，宽 77-78，长大于宽。前胸背板长 194，宽 398，宽是长的 2.05 倍；复眼后鬃长 140-160。前角鬃 70-80，前缘鬃 50-52，侧鬃 90-92，后角鬃 138，后侧鬃 100-115。前翅长 1480，翅基鬃内 I 长 97，内 II 长 163，内 III 长 179。前足股节略膨大，前足跗节有强大的齿，向内。腹节 I 盾板高 163，宽 204。腹节 V-VII 有网纹域。腹节 III 鬃钝，有时略膨大。节 IX（管）长 224，宽：基部 128，端部 54；节 IX 鬃 I 和鬃 II 长分别为：214-235、45-50。肛鬃长 220-230。

寄主：枯枝落叶、杂草。

模式标本保存地：日本（SO，Tokyo）。

观察标本：3♀♀，河南嵩县白云山，1480-1620m，1987.VII.16，杂草，段半锁采；2♀♀，福建武夷山，1980.VI.24，黄邦侃采。

分布：河南、福建、台湾；日本。

(51) 孔全管蓟马 *Holothrips porifer* Okajima, 1987（图 43）

Holothrips porifer Okajima, 1987b, *Bull. Br. Mus. (Nat. Hist.) (Ent.)*, 54: 42-43; Tong & Zhang, 1989, *Jour. South China Agri. Univ.*, 10(3): 58-66.

雌虫：体长 3230μm。体棕色；头和前胸很黑，腹部中部灰白色，两侧淡棕色；所有股节棕色，端部灰白色，所有足的胫节和跗节黄色，前足跗节常带棕色。触角节 I 淡黄棕色，明显白于头，节 II 黄色到棕黄色，比节 I 略微白，节 III 黄色，端部带有棕色，节 IV-VII 棕色，略带灰色，节 IV-VI 基部黄色。腹节 I-X（管）黑色逐渐加重；管基部灰色；翅中央有灰棕色的带；主要体鬃淡黄色。

头部 头长 322，复眼处宽 276，长为宽的 1.17 倍。头在复眼前没有强的延伸，复眼后两侧有网纹；颊略圆。复眼长 95-97，为头长的 0.295-0.301 倍，宽 72-76。复眼后鬃端部膨大，几乎为头长的 1/3 或略短，长 96-102。触角 7 节，节 VII 和节 VIII 愈合，形成不完全的缝；节 IV 与节 III 长度几乎相等；节 I-VII 长（宽）分别为：66（56）、76（40）、92（46）、93（46）、77（38）、71（36）、92（31），总长 567，触角长为头长的 1.76 倍。口锥长且尖。

胸部 前胸背板长 178，宽 342，宽为长的 1.85-1.92 倍，主要体鬃端部膨大，前缘鬃微小，各鬃长：前缘鬃 50-53，前角鬃 62-65，侧鬃 85-90，后角鬃 92-94，后侧鬃 94-96。前翅长 1134，间插缨 12-14 根，翅基鬃端部膨大，内 I-III 分别长：50、76、112-117。前足跗节齿向两侧伸。

腹部　腹节Ⅰ盾板钟形，基部有 1 对微孔。腹节Ⅱ-Ⅷ的鬃Ⅰ及节Ⅲ-Ⅴ和节Ⅷ的鬃Ⅱ端部膨大，节Ⅸ鬃Ⅰ和节Ⅵ、Ⅶ、Ⅸ鬃Ⅱ端部突然尖，节Ⅸ鬃Ⅰ和鬃Ⅱ分别长：260-270、265-270。节Ⅸ（管）在基部的 1/4 及近端部有弱的收缩，长 255，宽：基部 105，端部 49，长为头长的 0.79 倍，为基部宽的 2.43 倍。管有弱的刻纹，肛鬃长几乎等于管长，长 255-260。

雄虫：体长 2980。体色同雌虫，但前足股节稍微白。头长 306，复眼处宽 250，长是宽的 1.19-1.22 倍。复眼长 97，宽 70。复眼后鬃端部几乎尖，长 107-110。触角 7 节，节Ⅰ-Ⅶ长（宽）分别为：70（56）、78（36）、97（45）、97（46）、82（36）、71（36）、89（31），总长 584。前胸背板发达，中央有 1 条大的内纵黑条，前胸背板长 234，宽 362，宽是长的 1.55-1.60 倍；前角鬃 82-87，前缘鬃 46-56，侧鬃 112-117，后角鬃 100-102，后侧鬃 110。前翅长 1280，翅基鬃内Ⅰ长 71，内Ⅱ长 87-92，内Ⅲ长 128-138。前足股节有点膨大，前足跗节有强大的齿，近三角形。腹节Ⅰ盾板高 128，宽 127。腹节Ⅴ-Ⅶ有网纹域。节Ⅸ（管）长 230，宽：基部 104，端部 49；节Ⅸ鬃Ⅰ和鬃Ⅱ分别长：255-258、82-88。肛鬃略长于管，长 255。

寄主：枯枝落叶。

模式标本保存地：英国（BMNH，London）。

观察标本：未见。

分布：台湾；日本。

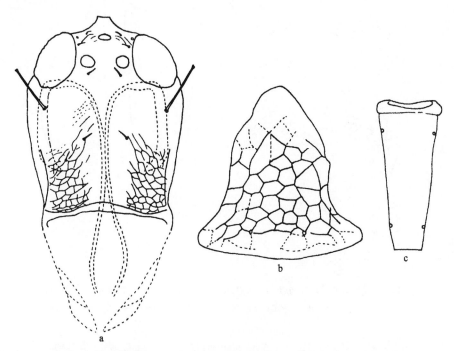

图 43　孔全管蓟马 *Holothrips porifer* Okajima（仿 Okajima，1987b）

a. 头（head）；b. 腹节Ⅰ盾片（abdominal pelta Ⅰ）；c. 腹节Ⅹ（abdominal tergite Ⅹ）

(52) 琉球全管蓟马 *Holothrips ryukyuensis* Okajima, 1987（图 44）

Holothrips ryukyuensis Okajima, 1987b, *Bull. Br. Mus.* (*Nat. Hist.*) (*Ent.*), 54: 44; Tong & Zhang, 1989, *Jour. South China Agri. Univ.*, 10(3): 58.

雌虫（短翅型）：头长 3.4mm。颜色棕色；触角节Ⅲ基部 1/3 处、前足胫节和管基部色淡；前翅有浅灰色阴影；主要鬃黄棕色。

头部　头长 387，宽 311，长为宽的 1.24 倍；背部表面除中部外无强烈突起及明显的刻纹；两颊几乎直，向基部逐渐缩窄，具有皱褶；复眼长 107，宽 87，复眼长为头长的 0.28-0.3 倍。复眼后鬃长 184-189；复眼后鬃长不到头长的一半，端部较尖。前角鬃长 123-133，侧鬃 128-133。触角节Ⅰ-Ⅷ长（宽）分别为：92（71）、87（51）、122（61）、130（61）、120（56）、112（51）、115（43）。触角长为头长的 1.87-1.95 倍；触角节Ⅶ和节Ⅷ之间连接紧密。口锥短，不尖。

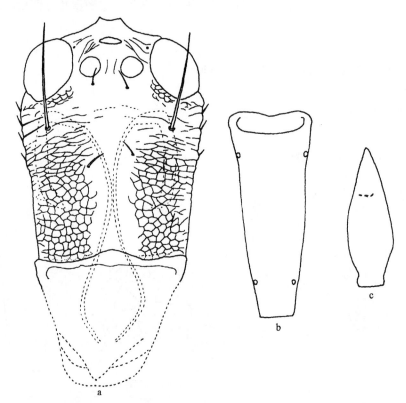

图 44　琉球全管蓟马 *Holothrips ryukyuensis* Okajima（仿 Okajima，1987b）

a. 头（head）；b. 腹节Ⅹ（abdominal tergite Ⅹ）；c. 触角节Ⅶ-Ⅷ（antennal segments Ⅶ-Ⅷ）

胸部　前胸发达，宽为头长的 1.6 倍，两侧有刻纹，具有明显的中线；主要鬃端部较尖，前缘鬃较小。各鬃长：前角鬃 168-184，前缘鬃 10-15，侧鬃 128-133，后角鬃 128-133，前翅长 1570。前翅具 20-23 根间插缨；翅基鬃端部较尖，翅基鬃内Ⅲ是内Ⅱ的 2 倍。翅基鬃长：内Ⅰ长 66-71，内Ⅱ长 87-102，内Ⅲ长 205-209。

腹部　腹节主要鬃端部较尖（B1 鬃和 B2 鬃）。腹节Ⅸ B1 鬃长 255-281，B2 鬃长 66-77；管长 270，基部宽 117，端部宽 51。管长为头的 0.70 倍，为基部宽的 2.31 倍，在端部 1/3 收缩，表面光滑。肛鬃 224-230。肛鬃和管等长或稍短于管。

雄虫（短翅型）：颜色和结构相似于雌虫。头长为宽的 1.18 倍；前胸宽为头长的 1.4 倍；前足股节增大；管为头长的 0.77 倍。

寄主：枯枝落叶。

模式标本保存地：日本（SO，Tokyo）。

观察标本：未见。

分布：福建、台湾；日本。

19. 脊背管蓟马属 *Oidanothrips* Moulton, 1944

Oidanothrips Moulton, 1944, *Occ. Pap. Bernice P. Bishop Mus.*, *Hawaii*, 17: 308; Mound & Palmer, 1983, *Bull. Br. Mus.* (*Nat. Hist.*) (*Ent.*), 46(1): 95; Okajima, 1999, *Ent. Sci.*, 2: 265.

Type species: *Oidanothrips magnus* Moulton, 1944.

属征：中到大型的种类；头部颚区脊状隆起，两颊较直，近乎平行或逐渐向基部收缩，颊两侧有数对小刺。复眼小，两侧略凸起，复眼后鬃 2 对，1 对粗长，靠近中部的 1 对鬃的长短因种类不同有变化，距复眼远。触角 7 节，节Ⅲ粗长，节Ⅶ与节Ⅷ愈合，有完全或不完全愈合的缝；节Ⅲ有 4（2+2）个感觉锥，节Ⅳ有 4 个感觉锥（2+2）；口锥短，宽圆，口针长，缩至复眼后缘，在颊中部互相靠近，通常在口锥端部形成 1 或多个环。下颚桥缺。后侧缝完全。前下胸片缺，前基腹片和刺腹片发达，中胸前小腹片舟形。雌雄前足跗节有齿。股节膨大。腹节Ⅰ盾板钟形，高大且宽，中后部有多角形网纹。节Ⅸ（管）前部略收缩。雄虫腹部背片有 1 条纵条纹形成的横带，节Ⅷ缺；节Ⅸ鬃Ⅱ短。翅发达，中间不收缩，间插缨众多。管短于头长。

分布：古北界，东洋界。

本属世界已知 12 种，本志记述 4 种。

种检索表

1. 翅基鬃 4 根，前足胫节较短··短胫脊背管蓟马 *O. notabilis*
   翅基鬃 3 根···2
2. 前足胫节棕色，较股节淡；颊几乎平行，在基部稍收缩；单眼区隆起，但不向前突出；头的中背部区域复眼和复眼后鬃之间具有强烈横纹····················长额脊背管蓟马 *O. frontalis*
   前足胫节黑棕色，与股节同色；头部形态结构与上述不同·····································3
3. 复眼后鬃与复眼之间有强条纹，两颊在复眼后隆起；口针达复眼后鬃处····················
   ···塔肯沙脊背管蓟马 *O. takasago*

复眼后鬃与复眼之间光滑，至少无明显的雕刻纹；口针没有到达单眼后鬃处……………………
……………………………………………………………………………**台湾脊背管蓟马 *O. taiwanus***

(53) 长额脊背管蓟马 *Oidanothrips frontalis* (Bagnall, 1914)（图 45）

Docessissophothrips frontalis Bagnall, 1914a, *Ann. Mag. Nat. Hist.*, (8)13: 26-27.

Machatothrips femoralis Ishida, 1932, *Ins. Matsumurana*, 7: 6-7.

Oidanothrips frontalis (Bagnall): Mound & Palmer, 1983, *Bull. Br. Mus. (Nat. Hist.) (Ent.)*, 46(1): 96;
　　Okajima, 1999, *Ent. Sci.*, 2: 268; Tong & Zhang 1989, *Jour. South China Agri. Univ.*, 10(3): 61.

雌虫（长翅型）： 体长 6.0-6.5mm。体黑棕色；所有足的股节黑棕色；前足胫节棕色，向端部渐淡，中足和后足胫节黑棕色，最端部黄棕色。所有足的跗节浅棕黄色到黄棕色；触角节Ⅰ黑棕色，节Ⅱ黑棕色，端部 1/2 黄色，节Ⅲ至端部 1/2 黑棕色，近基部呈黄色。其余节大致棕色至黑棕色，基部呈浅黄色；翅具有灰棕色阴影；主要体鬃黄色。

头部　头长 800，为宽的 2 倍或再稍长一些。复眼处最宽，为 386；两颊处宽 380，基部宽 310；单眼区明显突出但不向前延伸，前单眼与后单眼间具有弓形脊。复眼后鬃长，为 365-370，端部尖，稍短于头长的一半，头的中背部区域、复眼和复眼后鬃之间具有强烈横纹；头顶鬃（复眼后鬃内对）与复眼等长或稍短于复眼；复眼长 145-150，宽 94-96。单眼后鬃相当长，稍短于头顶鬃；两颊较直，稍细或平行，有缺口，在基部稍收缩，每侧具有 10 根或更多短鬃。复眼短于头长的 0.2 倍，稍向腹面延长。复眼后缘与复眼分离，但相互非常靠近。触角为头长的 1.5-1.6 倍；节Ⅶ稍微长于节Ⅵ，在节Ⅶ和节Ⅷ之间具有完整的缝；节Ⅲ端部 1/4-1/3 稍收缩，基部 1/3 处稍膨大。触角节Ⅰ-Ⅶ+Ⅷ长（宽）分别为：140（93）、145（65）、238（87）、205（82）、175（63）、135（54）、160（43）。

胸部　前胸中部长 327，宽 630；在前缘强烈内凹，几乎光滑，中部具有 1 长的强中线；5 对主要鬃端部尖或略钝。前角鬃长 160，前缘鬃 70-80，侧鬃 200-210，后角鬃 270-280，后侧鬃 240-260，前缘鬃退化，短，端部细长和尖锐。中胸有多边形网纹，在中部较弱。前翅长 2650，具有 50-60 根间插缨；翅基鬃内Ⅰ鬃长 140-150，内Ⅱ鬃长 200-220，内Ⅲ鬃长 255-265，端部较尖。

腹部　盾片长 259，宽 195，具有网纹，没有感觉钟孔。腹节Ⅱ两侧缘具有一系列 5-8 根小鬃；节Ⅸ B1 鬃和 B2 鬃比管短；B1 鬃长 500-520；B2 鬃长 500；端部较尖。管长 570，基部宽 140，端部宽 76；为头长的 0.65-0.72 倍，长为宽的 3.2-4.1 倍，端部微收缩。肛鬃短于管，长 380。

雄虫（长翅型）： 体长 4.2-5.3mm。体色和结构相似于雌虫。腹节Ⅲ-Ⅶ每节各具有 1 对网状区域。前胸和前足在雄虫中较强壮。

寄主： 死树枝。

模式标本保存地： 英国（BMNH，London）。

观察标本： 未见。

分布： 云南；日本。

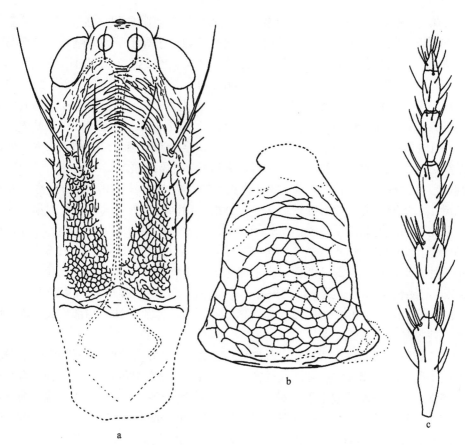

图 45　长额脊背管蓟马 *Oidanothrips frontalis* (Bagnall)（仿 Okajima，2006）
a. 头（head）；b. 腹节Ⅰ（abdominal tergite Ⅰ）；c. 触角节Ⅲ-Ⅷ（antennal segments Ⅲ-Ⅷ）

(54) 塔肯沙脊背管蓟马 *Oidanothrips takasago* Okajima, 1999（图 46）

Oidanothrips takasago Okajima, 1999, *Ent. Sci.*, 2: 277-278.

雌虫：体长 6.0-7.2mm。体黑棕色，所有足的胫节黑棕色，但前足股节淡棕色，所有足的跗节淡棕黄色。触角节Ⅰ、Ⅱ黑棕色，节Ⅱ端部略淡，节Ⅲ黄色，但端部 1/3 黑棕色，节Ⅳ-Ⅵ黑棕色基部淡黄色；节Ⅶ黑棕色，稍微淡于节Ⅰ。翅灰，略带有棕色，主要体鬃浅黄色。

头部　头长 922μm，宽：复眼前缘 853，复眼处 440，复眼后缘 470，基部 355，头长为复眼处宽的 2.10 倍。两颊较直，略圆锯齿状逐渐向基部收缩，两颊在复眼后隆起，颊两侧约有 10 对载瘤小刺。复眼小，约为头长的 0.19 倍，复眼在腹面延伸或不延伸，背面长 174，腹面长 140。单眼区隆起，从单眼前缘到单眼后缘有脊背状的凸起，触角悬于其上，在复眼后鬃与头顶之间光滑，至少没有明显的雕刻纹。单眼位于复眼中线以前，三角形排列，由于单眼区向前凸起，前单眼在背面不能看见，单眼直径长 35-50，单眼后鬃长 110-140，相距 74。复眼后鬃 2 对，端部尖，较粗大的长 350，距眼较远，较短的长 110-120。复眼后布满多角形网纹和横纹，复眼后鬃与复眼之间有强条纹。触角基部光滑，无雕刻纹。触角 7 节，长是头长的 1.5 倍，节Ⅶ近乎等于节Ⅵ或略长，节Ⅶ与节Ⅷ形态上愈合，有完全愈合的缝，节Ⅲ中部通常有 6-7（通常有 7-8）根刚毛；节Ⅵ有 12 根。节Ⅰ-Ⅶ长（宽）分别为：160（111）、166（70）、297（91）、240（88）、210（72）、156（60）、160（46），总长 1389。节Ⅲ-Ⅶ+Ⅷ长/宽分别为：3.26、2.73、2.92、2.60、3.84。各节感觉锥较粗，刚毛较细长，各节感觉锥数目：节Ⅲ 2+2；节Ⅳ 2+2；节Ⅴ内外端各 1 个；节Ⅵ内外端各 1 个；节Ⅶ腹面 1 个，大。口锥端部宽圆，口针缩入头内很深，达复眼后鬃边缘，在头中部相互靠近，在基部无口针环。无下颚桥。

　　胸部　前胸短于头，很宽，长 388，为头长的 0.42 倍，宽 720，宽为长的 1.86 倍。背片光滑。后侧缝完全。除前缘鬃退化，短且细，端部很尖外，其他各 4 对鬃发达，端部钝，后角鬃和后侧鬃近乎等长，略长于侧鬃；各鬃长：前角鬃 100，前缘鬃 50，侧鬃 170，后侧鬃 220-265，后角鬃 265-270。其他背鬃少而细小，长 55-60。前下胸片缺。中胸前小腹片舟形，中峰显著，两侧叶向前略延伸。中胸盾片有弱的横线纹和网纹，前中鬃 70-75。前翅长 3180，一致宽，中央有 1 条暗棕色带，间插缨众多，69-72 根；翅基鬃 3 根，内Ⅰ长 140，内Ⅱ长 200-220，端部窄钝，内Ⅲ长 270-310，端部均尖。前足股节略膨大，前足胫节端部无结节。

　　腹部　腹节Ⅰ的盾板近似钟形，长 292，宽 225。节Ⅱ背片两侧边缘有 5-7 根短鬃。前部及两侧网纹较模糊，中后部网纹较密，网格较小，基部微孔缺。节Ⅱ-Ⅶ各有 2 对握翅鬃，都细小，前对握翅鬃小于后对。节Ⅸ背片后缘鬃长：背中鬃 540，端部突然钝，中侧鬃 500-505、节Ⅸ背片背中鬃略短于管长，略长于中侧鬃。节Ⅹ（管）长 604，管长是头长的 0.66 倍，为基部宽的 3.6 倍，宽：基部 168，端部 81，管逐渐向基部收缩。肛鬃长 440。

　　雄虫：体长 5.2-5.6mm。一般特征与雌虫相似，触角节Ⅶ明显长于节Ⅵ。前翅间插缨 53-61 根。腹部背片前部两侧缺纵条纹形成的横带。腹节Ⅸ背中鬃粗短，Ⅰ、Ⅱ长分别为 400-405、144-145。肛鬃长 330。管长是头长的 0.46 倍。

　　头长 718，宽：复眼前缘 660，复眼处 336，复眼后缘 330，基部 277。复眼背面长 136，复眼腹面 127。复眼后鬃长鬃长 260-275，短鬃长 85-100。单眼后鬃长 83-95；前胸长 239，宽 521。前翅长 2450。腹节Ⅰ盾板高 225，宽 190。管长 426，基部宽 140，端部宽 68。触角各节Ⅰ-Ⅶ+Ⅷ长（宽）分别为：127（85）、134（57）、244（73）、185（72）、165（59）、128（52）、135（43），总长 1118。前胸背片鬃长：前角鬃 70，前缘鬃 40，侧鬃 120-130，后侧鬃 190-210，后角鬃 190-215。其他背鬃少而细小，长 57-60。中胸前中鬃长 50-55。翅基鬃长：Ⅰ 115-120、Ⅱ 158-160、Ⅲ 170-240。

　　寄主：死树枝。

　　模式标本保存地：日本（TUA，Tokyo）。

　　观察标本：未见。

　　分布：台湾。

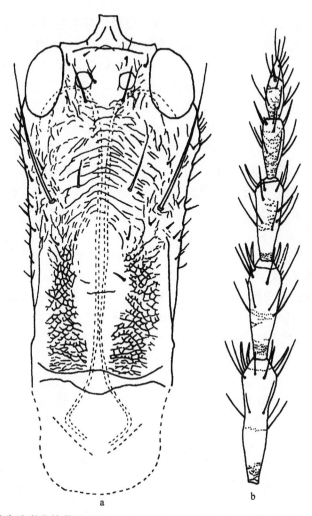

图46　塔肯沙脊背管蓟马 *Oidanothrips takasago* Okajima（仿 Okajima，2006）

a. 头（head）；b. 触角节Ⅲ-Ⅷ（antennal segments Ⅲ-Ⅷ）

(55) 台湾脊背管蓟马 *Oidanothrips taiwanus* Okajima, 1999（图47）

Oidanothrips taiwanus Okajima, 1999, *Ent. Sci.*, 2: 265-279.

雌虫：体长 4.6-6.2mm。体黑棕色，所有足的股节和胫节黑棕色，前足胫节几乎与前足股节同色，所有足的跗节淡棕黄色。触角黑棕色，基部节Ⅲ淡黄色，节Ⅳ-Ⅵ基部颜色淡。翅灰棕色，主要体鬃浅黄色，但肛鬃黑色。

头部　头长725μm，宽：复眼处350，复眼后缘356，基部288，头长为复眼处宽的1.24倍，复眼后缘或颊宽为最宽处。两颊较直，略圆锯齿状，逐渐向基部收缩，颊两侧约有5对载瘤小刺。复眼小，约为头长的0.21倍，复眼在腹面不延伸，背面长145，腹面长150。单眼区隆起，从单眼前缘到单眼后缘有脊背状的凸起，触角悬于其上，在复眼后鬃和头顶之间光滑，至少没有明显的雕刻纹。单眼位于复眼中线以前，三角形排列，前单眼在背面能看见，单眼直径长 33-40，单眼后鬃长 110-140，相距 58。复眼后鬃 2 对，端部尖，较粗大的长 350，距眼较远，较短的长 110-120。颊鬃小，长约 5。复眼后布满多角形网纹和横纹。触角基部光滑，无雕刻纹。触角 7 节，长为头长的 1.49 倍，节Ⅶ略长于节Ⅵ，形态上的节Ⅶ与节Ⅷ愈合，有完全愈合的缝，节Ⅲ中部通常有 6 根刚毛；节Ⅵ有 14-15 根。节Ⅰ-Ⅶ长（宽）分别为：145（90）、138（65）、223（80）、195（81）、157（66）、130（55）、137（46），总长 1125。节Ⅲ-Ⅶ+Ⅷ长/宽分别为：2.79、2.41、2.38、2.36、2.98。各节感觉锥较粗，刚毛较细长，节Ⅲ-Ⅶ感觉锥数目分别为：2+2、2+2、1+1、1+1、1。口锥端部宽圆，口针缩入头内很深，但不达单眼后鬃处，在头中部相互靠近，在基部无口针环。下颚须基节长 17，端节长 50；下唇须基节长 12，端节长 37。无下颚桥。

　　胸部　前胸短于头，很宽，长 322，为头长的 0.44 倍，宽 590，宽为长的 1.83 倍。背片光滑，后侧缝完全。除了后缘鬃退化，端部尖；前角鬃短，端部尖，长 80；其他各鬃发达，细且端部钝，后角鬃最长；各鬃长：前缘鬃 50-60，侧鬃 100-125，后侧鬃 200-230，后角鬃 230-235。其他背鬃少而细小，长 55-60。腹面前下胸片缺。前基腹片半圆形，相互靠近。中胸前小腹片舟形，中峰显著，两侧叶向前略延伸。中胸盾片有横线纹和网纹，前外侧鬃粗长，端部钝，长 112；后胸盾片两侧有纵网纹，中部较光滑，靠近前缘角有 3 对细鬃。前中鬃 3 对，粗长，端部钝，长 87，距前缘 150。前翅长 2500，一致宽，中央有 1 条暗棕色带，间插缨众多，52-55 根；翅基鬃 3 根，内Ⅰ长 110-120，内Ⅱ长 165-172，端部窄钝，内Ⅲ长 220-270，端部均尖。前足股节略膨大，前足胫节无端部的结节。

　　腹部　腹节Ⅰ盾板近似钟形，长 233，宽 203。节Ⅱ背片两侧边缘有 6-7 根短鬃。前部及两侧网纹较模糊，中后部网纹较密，网格较小，基部微孔缺。节Ⅱ-Ⅶ各有 2 对握翅鬃，均细小，前对握翅鬃小于后对。节Ⅸ背片后缘鬃长：背中鬃 450，端部突然钝，中侧鬃 430。节Ⅸ背片背中鬃略短于管长，略长于中侧鬃。节Ⅹ（管）长 470，管长是头长的 0.65 倍，为基部宽的 3.36 倍，宽：基部 140，端部 75，管逐渐向基部收缩。

　　雄虫：体长 4.62mm。一般特征与雌虫相似，触角节Ⅶ明显长于节Ⅵ。前胸背片前角鬃和侧鬃较长。前翅间插缨 46-47 根。腹节Ⅳ-Ⅶ背片前部两侧有弱的纵条纹形成的横带，中间不连接，腹节Ⅸ背中鬃粗短，Ⅰ、Ⅱ分别长 370-380、125-130。肛鬃长 320。管长是头长的 0.67 倍。

　　头长 580μm，宽：复眼前缘 540，复眼处 292，复眼后缘 290，基部 241。复眼背面长 140，腹面长 120。复眼后鬃长鬃 285-300，短鬃 90-117。单眼后鬃长 100-115；前胸长 240，宽 500。前翅长 2150。腹节Ⅰ盾板高 195，宽 175。管长 386，基部宽 130，端部宽 65。触角节Ⅰ-Ⅶ+Ⅷ长（宽）分别为：120（80）、110（55）、179（67）、158（68）、130（54）、108（46）、129（41），总长 934。前胸背片鬃长：前角鬃 95-125，前缘鬃 35-40，侧鬃 150-165，后侧鬃 170-200，后角鬃 210-220。其他背鬃少而细小，长 55-60。中胸前中鬃长 50-55。翅基鬃长：内Ⅰ长 110-115；内Ⅱ 145-160；内Ⅲ 200-205。

　　寄主：死树枝。

模式标本产地：台湾。

模式标本保存地：日本（TUA，Tokyo）。

观察标本：未见。

分布：台湾。

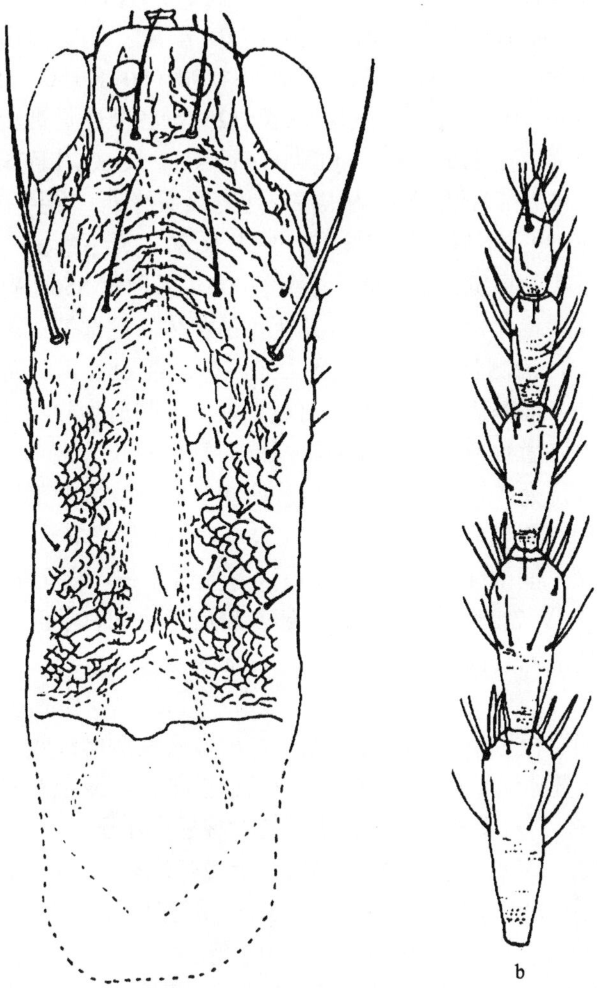

图 47　台湾脊背管蓟马 *Oidanothrips taiwanus* Okajima（仿 Okajima，2006）

a. 头（head）；b. 触角节III-VIII（antennal segments III-VIII）

(56) 短胫脊背管蓟马 *Oidanothrips notabilis* Feng, Guo & Duan, 2006（图 48）

Oidanothrips notabilis Feng, Guo & Duan, 2006, *Acta Zootaxonomica Sinica*, 31(1): 165.

雌虫：体长约 6.90mm。体棕黄两色，头、前胸、中胸、后胸前部及各足股节棕色；触角节III基半部 2/3、节IV基半部黄色，节 I、II、III端部 1/3，节IV端部及节 V、VII（节

Ⅶ和节Ⅷ愈合）棕色；腹节Ⅰ到管黄色，主要鬃浅黄色。

　　头部　头长 750μm，宽：复眼处 410，复眼后缘 430，头长为复眼处宽的 1.83 倍。两颊较直，在复眼后略拱，颊两侧有数对栽瘤小刺。复眼小，长 150。单眼区隆起，单眼位于复眼中线以前，三角形排列。复眼后鬃 2 对，端部尖，较粗大的长 310，距复眼较远，达 220，较短的长 100，距复眼 150。单眼前鬃、间鬃、后鬃长分别为：45、40、50。颊鬃小，长约 5。眼后布满多角形网纹和横纹。触角 7 节，节Ⅲ粗长，节Ⅶ与节Ⅷ愈合，有完全愈合的缝。节Ⅰ-Ⅶ长（宽）分别为：100（80）、150（55）、290（60）、240（65）、200（45）、150（40）、160（35），总长 1290。各节感觉锥较粗，刚毛较细长，节Ⅲ-Ⅶ感觉锥数目分别为：2+2、2+2、1+1^{+1}、1+1^{+1}、1，长 60。口锥端部宽圆，长 600，基部宽 300，端部宽 150。口针缩入头内很深，达复眼后缘处，在头中部相互靠近。下颚须基节长 17，端节长 50；下唇须基节长 12，端节长 37。无下颚桥。

　　胸部　前胸短于头，很宽，长 450，前部宽 500，后部宽 850。背片光滑。后侧缝完全。除前缘鬃和后缘鬃退化，端部尖外，其他各鬃发达，端部钝；前角鬃粗短，长 75，前缘鬃 50，侧鬃 212，后侧鬃 175，后角鬃 250，后缘鬃 65。其他背鬃少而细小，长约 55。腹面前下胸片缺。前基腹片半圆形，相互靠近。中胸前小腹片舟形，中峰显著，两侧叶向前略延伸。中胸盾片有横线纹和网纹，前外侧鬃粗长，端部钝，长 112；前中鬃和中后缘鬃小，长分别为 70 和 40。后胸盾片两侧有纵网纹，中部较光滑，靠近前缘角有 3 对细鬃。前中鬃 3 对，粗长，端部钝，长 87，距前缘 150。前翅长 3000，一致宽，中央有 1 条暗棕色带，间插缨众多，68-70 根；翅基鬃 4 根，内Ⅰ很小，长 45，内Ⅱ长 140，内Ⅲ长 110，内Ⅳ长 250，端部均钝，翅基瓣后角边缘有小疣，前角边缘有 1 排端部分叉、镰刀状的翅缰钩。前足股节略膨大，端部内缘有 1 膜质凹陷，胫节短，跗节内缘有 1 三角形强齿。

　　腹部　腹节Ⅰ的盾板近似钟形，端部略平，前部及两侧网纹较模糊，中后部网纹较密，网格较小，基部微孔缺。腹节Ⅱ-Ⅸ两侧及节Ⅸ前部横线纹上有稀疏的三角形微齿毛或颗粒。节Ⅱ-Ⅶ各有 2 对握翅鬃，均细小，前对握翅鬃小于后对。节Ⅱ外侧有小鬃 10 对，节Ⅲ-Ⅶ有 4 对。节Ⅴ背片长 360，宽 970，后缘长侧鬃长 500，短鬃长 180。节Ⅸ背片后缘鬃长：背中鬃 500，中侧鬃 470，侧鬃 500，端部均钝。节Ⅹ（管）长 520，宽：基部 160，端部 80。节Ⅸ肛鬃长 400-420，均短于管。

　　雄虫：一般特征与雌虫相似，但体黄色，触角除节Ⅲ基部 2/3 淡黄色外，其余黄色，腹节Ⅱ-Ⅶ背片前部两侧有纵条纹形成的横带，中间不连接，腹节Ⅸ背中鬃粗短，内鬃Ⅰ、Ⅱ、Ⅲ长分别为 400、100、390。

　　寄主：核桃（果）、杂草。

　　模式标本保存地：中国（BLRI, Inner Mongolia）。

　　观察标本：4♀♀，河南省嵩县白云山，1500m，1996.Ⅶ.19，杨忠歧采；1♂，河南省嵩县白云山，1480-1620m，1996.Ⅶ.16，杂草，杨忠歧采。

　　分布：河南。

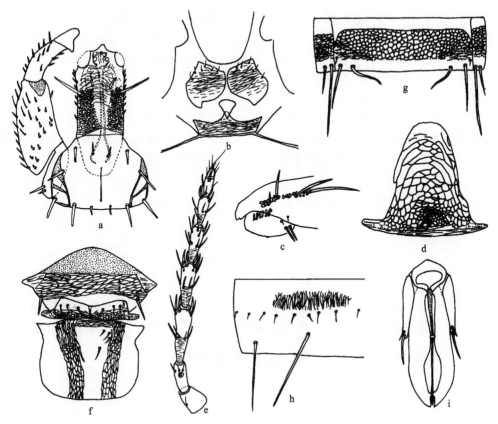

图 48　短胫脊背管蓟马 *Oidanothrips notabilis* Feng, Guo & Duan

a. 头、前足和前胸背板，背面观（head, fore leg and pronotum, dorsal view）；b. 前、中胸腹板（pro- and midsternum）；c. 翅基鬃（basal wing bristles）；d. 腹节Ⅰ盾板（abdominal pelta Ⅰ）；e. 触角（antenna）；f. 中、后胸背板（meso- and metanotum）；g. 腹节Ⅴ背板（abdominal tergite Ⅴ）；h. 雄虫节Ⅴ背板的网纹域（male sternal reticulated areas of abdominal tergite Ⅴ）；i. 雄性外生殖器（male genitalia）

V. 雕纹管蓟马族 Glyptothripini Uzel, 1895

Glyptothripini: Mound, 1977, *Sys. Ent.*, 2: 225.

　　两颊在复眼后有深的凹陷，下颚桥缺。各主要鬃发达，端部膨大或者呈匙状，一般前胸前缘鬃超短于前角鬃（*Terthrothrips palmatus* 除外）；腹部经常有 2 对握翅鬃；前翅存在，有或无间插缨。

属检索表

全身包括触角和足布满花纹；主要体鬃发达，呈匙状；后胸腹侧缝缺 ····· **匙管蓟马属 *Mystrothrips***

体无强烈网状纹；体鬃端部膨大，但不呈匙状；前足胫节端部内缘具 1 列结节；后胸腹侧缝存在 ·· **胫管蓟马属 *Terthrothrips***

20. 匙管蓟马属 *Mystrothrips* Priesner, 1949

Mystrothrips Priesner, 1949a, *Bull. Soc. Roy. Ent. Egypte*, 33: 159-174; Mound, 1977, *Sys. Ent.*, 2: 236.
Type species: *Sagenothrips dammermani* Priesner, 1933.

属征：全身包括触角和足布满网状花纹；头长几乎和宽相等或长于宽，并在复眼前显著延伸；两颊与复眼后缘之间有深的凹陷，复眼后鬃粗短；头长于前胸；主要体鬃发达，且呈匙状；触角 8 节，触角节Ⅷ在基部收缩，与节Ⅶ分开明显；触角末端鬃较节Ⅷ触角长；后胸腹侧缝不存在；盾片宽，具网纹，并深达腹节Ⅱ的前缘凹陷处；腹部背板Ⅱ-Ⅶ有 2 对 "S" 形的握翅鬃；腹板具有 6 对排成 1 排的鬃。

分布：古北界，东洋界。

本属世界已知 7 种，本志记述 2 种。

种检索表

触角节Ⅲ-Ⅳ各具 3 个感觉锥；前下胸片较弱，几乎不可见 ⋯⋯⋯ **长角匙管蓟马 *M. longantennus***
触角节Ⅲ具 2 个感觉锥，节Ⅳ有 4 个；前下胸片很弱但可见 ⋯⋯⋯⋯⋯ **黄匙管蓟马 *M. flavidus***

(57) 黄匙管蓟马 *Mystrothrips flavidus* Okajima, 2006（图 49）

Mystrothrips flavidus Okajima, 2006, *Ins. Japan. Vol. 2. Suborder Tubulifera* (Thysan.): 485.

雌虫（短翅型）：体长 1.94mm。体黄色，腹节Ⅱ-Ⅸ和管呈暗褐色；触角节Ⅰ-Ⅱ黄色，节Ⅲ-Ⅳ淡黄棕色；翅灰棕色，但是中部较淡。

头部　头长 173μm，宽 155，长为宽的 1.1 倍（包括复眼前的部分），在复眼前略延伸；颊几乎平行或在中部略宽，不在复眼后收缩，头背布满多边形网纹；复眼很小，长43，约为头长的 1/4；复眼后鬃长 73，为头长的 0.42 倍，在端部明显膨大；单眼缺失。触角为头长的 2.13 倍，触角节Ⅲ有 2 个感觉锥，节Ⅳ有 3 个感觉锥，触角末端鬃和复眼后鬃等长，口针不到达复眼后缘处，呈 "V" 形。触角节Ⅰ-Ⅷ长（宽）分别为：35（38）、43（38）、53（35）、48（35）、55（30）、53（25）、43（23）、38（13）。

胸部　前胸中部长 125，为头长的 0.72 倍，且布满网纹，有 5 对发达的鬃，且在端部极度膨大；前胸各鬃长：前角鬃 63，前缘鬃 55，中侧鬃 60，后角鬃长 60，后侧鬃 65；后侧缝完全；前下胸片很弱但可见；前足跗节齿不存在；后胸具多边形网纹；前翅保留有 3 对翅基鬃，且顶端膨大，B3 鬃微长于其他鬃。

腹部　盾片呈帽状，具明显网纹。腹节Ⅱ-Ⅶ背板具 2 对小且直的握翅鬃；背板节ⅨB1 鬃和 B2 鬃在端部膨大，都长于管，且 B2 鬃比 B1 鬃略长；管长 123，基部宽 100，端部宽 48。管为头长的 0.71 倍，基部宽约为端部宽的 2 倍；肛鬃略长于管。

雌虫（长翅型）：体色和结构与短翅雌虫相似，但复眼发达，超过整个头长的 1/3；单眼存在；翅发达；腹节Ⅱ-Ⅶ背板各有 2 对 "S" 状的握翅鬃。

雄虫（短翅型）：体色和结构与短翅雌性相似，但是前足跗节齿存在；腹节Ⅸ背板的

B2 鬃端部尖，短而强壮。

  寄主：枯枝落叶。

  模式标本保存地：日本（TUA，Tokyo）。

  观察标本：未见。

  分布：广东；日本。

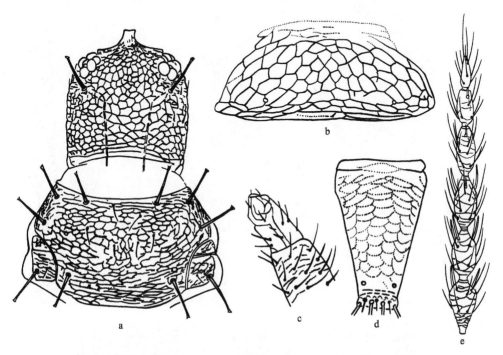

图 49　黄匙管蓟马 *Mystrothrips flavidus* Okajima（仿 Okajima，2006）

a. 头和前胸（head and prothorax）；b. 盾片，短翅型（pelta, mic.）；c. 前足跗节，短翅型（female fore tarsus, mic.）；d. 管，
短翅型（tube, mic.）；e. 触角节Ⅲ-Ⅷ，短翅型（antennal segments Ⅲ-Ⅷ, mic.）

(58) 长角匙管蓟马 *Mystrothrips longantennus* Wang, Tong & Zhang, 2008（图 50）

Mystrothrips longantennus Wang, Tong & Zhang, 2008, *Ent. News*, 119(4): 366-370.

  雌虫（长翅型）：体长 1.96mm；体黄色；头部边缘、后胸、腹节Ⅱ和管的端部暗棕色。触角节Ⅰ和节Ⅱ棕色，节Ⅲ黄色，节Ⅳ-Ⅷ黄棕色。翅灰棕色，但基部和中部较淡。

  头部　头长为200μm，宽170，长为宽的1.2倍（包括复眼前部分），且在复眼前延伸；两颊平行，在复眼后强烈收缩，头背部布满网纹；复眼长为58，约为头长的0.3倍；复眼后鬃为复眼长的2/3，在端部强烈膨大，扇形；单眼发达，单眼后鬃长38，端部尖且略长于单眼后鬃；触角为头长的2.17倍，节Ⅲ-Ⅳ各具3个感觉锥，节Ⅲ最长，其末端鬃与节Ⅲ等长。口针不到达复眼后鬃，呈"U"形。触角节Ⅰ-Ⅷ长（宽）分别：35（38）、48（35）、75（35）、68（35）、68（28）、60（25）、40（23）、40（13）。

  胸部　前胸中部长115，为头长的0.58倍，具全网纹；5对主要鬃发达，在端部极度膨大，扇形；前角鬃长 38，前缘鬃长 40，中侧鬃长 45，后角鬃长 43，后侧鬃 43；后侧缝完全；前下胸片较弱，几乎不可见；前足跗节齿存在；后胸具多变型网纹；前翅长为体长的 1/3，3 对翅基鬃端部膨大，内Ⅲ鬃明显长于其他鬃。

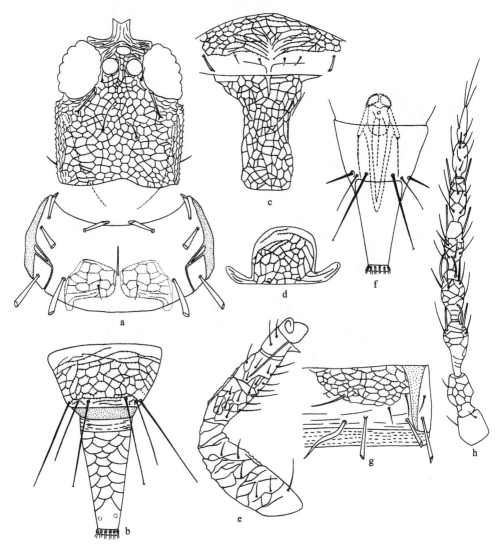

图 50　长角匙管蓟马 *Mystrothrips longantennus* Wang, Tong & Zhang（♀）
（仿 Wang *et al.*, 2008）

a. 头和前胸（head and prothorax）；b. 腹节Ⅸ背板和管（abdominal tergite Ⅸ and tube）；c. 中、后胸背板（meso- and metanotum）；d. 盾片（pelta）；e. 前足（fore leg）；f. 腹节Ⅸ背板、管和雄性外生殖器（abdominal tergite Ⅸ, tube and male genitalia）；g. 腹节Ⅴ背板右半边（abdominal tergite Ⅴ, right half）；h. 触角（antenna）

腹部　盾片帽形，具网纹；节Ⅱ-Ⅶ各具 2 对握翅鬃，B1 鬃和 B2 鬃扇形，后者明显较短；节Ⅸ B1 和 B2 鬃端部钝，B1 明显短于管长，B2 鬃与管等长；管长 130，为头长的 0.65 倍。

　　雄虫（短翅型）：体色与结构与雌虫的短翅型相似，但腹节Ⅸ背板 B2 鬃端部尖，更短且强壮。

　　寄主：枯枝落叶。

　　模式标本保存地：中国（SCAU，Guangdong）。

　　观察标本：未见。

　　分布：广东、云南；日本。

21. 胫管蓟马属 *Terthrothrips* Karny, 1925

Terthrothrips Karny, 1925c, *Notul. Ent.*, 5: 77-84; Mound, 1977, *Sys. Ent.*, 2: 239.

Type species: *Phloeothrips sanguinolentus* Bergroth, 1896.

　　属征：体小型，翅发达，退化或不存在。头常长于宽，在复眼前略延伸；1 对复眼后鬃发达，单眼鬃短，体鬃端部膨大，但不呈匙状；两颊通常圆，在眼后明显收缩。复眼凸起。触角 8 节；节Ⅷ在基部收缩；节Ⅲ和节Ⅳ各具 3 个感觉锥；节Ⅱ感觉孔位于端部。口锥短且圆；口针短且呈 "V" 形；下颚桥不存在。前角鬃经常退化；后侧缝完全或接近完全。前足胫节内缘常具 1 列小的结节；前足跗节齿在两性中存在。前下胸片在新热带界存在，在日本的种中退化或不存在；前基腹片、前刺腹片和中胸前小腹片常发达。后胸腹侧缝不存在。前翅如果发达，则两边平行，无间插缨。盾片形状多样。腹节Ⅱ-Ⅶ各具 2 对握翅鬃，至少在长翅型中如此。管短于头，且逐渐变细。

　　分布：古北界，东洋界。

　　本属世界已知 25 种，本志记述 4 种。

种检索表

1. 前胸前缘鬃发达，端部膨大 ·· **掌状胫管蓟马 *T. palmatus***
　 前胸前缘鬃退化 ···2
2. 前胸前角鬃很发达 ··· **小胫管蓟马 *T. parvus***
　 前胸前角鬃退化 ···3
3. 盾片宽，呈等腰梯形，无明显的侧叶；触角节Ⅷ小，短于节Ⅵ ··········· **无翅胫管蓟马 *T. apterus***
　 盾片三角形，具明显的侧叶；触角节Ⅷ发达，长于节Ⅵ ········· **安氏胫管蓟马 *T. ananthakrishnani***

(59) 安氏胫管蓟马 *Terthrothrips ananthakrishnani* Kudô, 1978（图 51）

Terthrothrips ananthakrishnani Kudô, 1978b, *Kontyû*, 46: 8-13; Cao, Xian & Feng, 2012, *Acta Zootaxonomica Sinica*, 37(1): 236.

　　雌虫（长翅型）：体长 2.74mm。体棕色，触角节和所有足的股节与体同色；翅黄色，主要体鬃黄棕色。

图 51 安氏胫管蓟马 *Terthrothrips ananthakrishnani* Kudô

a. 头和前胸（head and prothorax）；b. 中、后胸背板（meso- and metanotum）；c. 触角节Ⅵ-Ⅷ（antennal segments Ⅵ-Ⅷ）；
d. 触角节Ⅰ-Ⅴ（antennal segments Ⅰ-Ⅴ）；e. 前胸腹板（prosternum）；f. 前足（fore leg）；g. 盾片（pelta）

头部　头长为 288μm，长为宽的 1.3 倍，头背部有横纹；两颊具小锯齿，微圆，在复眼后收缩。复眼长 96，为头长的 0.33 倍；复眼后鬃长 132，端部膨大；单眼发达，后单眼直径为 31，单眼后鬃小，端部尖。触角特别长，为头长的 2.5 倍；节Ⅲ-Ⅳ各具 3 个感觉锥；节Ⅷ为节Ⅶ的 1.3 倍。口锥短，口针分开，缩入头部的 1/2 处。触角节Ⅰ-Ⅷ长

（宽）分别为：53（58）、62（34）、108（34）、120（31）、110（29）、89（29）、72（29）、94（29）。

胸部　前胸中部长168，有横网纹；前角鬃、前缘鬃和后缘鬃退化成小鬃；中侧鬃、后角鬃和后侧鬃发达，端部膨大。中侧鬃长144，后角鬃长156；前下胸片不存在，前基腹片大。前足胫节内缘具4-5个小结节；前足跗节齿存在且发达。中胸具横网纹。后胸在前缘和中部具多边形网纹，后缘光滑。前翅无间插缨，翅基鬃发达，端部膨大。

腹部　盾片三角形，具两侧叶，中部具多边形网纹；腹节II-VII背片具2对握翅鬃；节IX的B1鬃端部膨大；B1鬃短于管长；管长228，为头长的0.8倍，基部宽100，端部宽53。肛鬃短于管。

雄虫（长翅型）：体长1.9mm，体色与结构相似于雌虫。头长为宽的1.3倍，触角为头长的2.7倍，管为头长的0.7倍。

寄主：阔叶林枯叶。

模式标本保存地：日本（Japan）。

观察标本：1♀1♂，福建三港桐木村一里坪，730m，2010.VII.17，曹少杰采。

分布：福建。

(60) 无翅胫管蓟马 *Terthrothrips apterus* Kudô, 1978（图52）

Terthrothrips apterus Kudô, 1978b, *Kontyû*, 46: 8-13.

雌虫（长翅型）：体长2.1-2.6mm，体色暗棕色；跗节棕色，较胫节淡；触角节IV-VI梗略淡，腹节IX和管基部略淡；翅略带棕色；所有体鬃淡黄色。

头部　头长285μm，为宽的1.57倍，在复眼处最宽，背面全网纹；复眼后鬃长100，且较粗大，端部膨大；颊圆，有小瘤，在复眼后明显收缩，在基部微收缩。复眼长80，为头长的0.28倍，强烈隆起。单眼发达，直径为20-25，单眼后鬃略大于前单眼。触角相当长，为头长的2.36倍；节II-V表面具微弱的网纹；节VIII短于节VI；节III和节IV各具3个感觉锥；节III-V细长，为宽的3.5-4.0倍。触角节I-VIII长（宽）分别为：60（47）、70（38）、114（33）、118（33）、112（28）、89（27）、52（24）、58（18）。口针短，缩入头内1/4处。

胸部　前胸中部长156，为头长的0.55倍，宽260，为长的1.67倍，有弱网纹，在中部无中线；前角鬃和前缘鬃退化，中侧鬃、后角鬃和后侧鬃长且粗大，端部膨大。前足胫节在内缘具5个小结节。前下胸片退化，呈膜状。后胸具多边形网纹，1对中鬃退化。3对翅基鬃端部膨大，内I相当短。

腹部　盾片边缘清晰，梯形，全网纹，无感觉钟孔。腹节II具1对握翅鬃；节IX B1鬃和B2鬃短于管，端部钝或膨大，B2鬃略长于B1。管长240，为头长的0.84倍；基部宽94，端部宽49；长为基部宽的2.55倍。肛鬃短，为管长的一半。

雌虫（无翅型）：体长2.2-2.6mm。体色与结构相似于长翅型雌虫。头在两颊处最宽。复眼小，为头长的0.21-0.22倍；单眼退化。盾片更宽。腹部背片无握翅鬃。

雄虫（无翅型）：体长1.09-2.2mm。体色与结构相似于雌虫。前胸为头长的0.64倍。

前足胫节在内缘只有 3 个结节。腹节Ⅸ的 B2 鬃退化。管为头长的 0.72 倍。

　　寄主：枯枝落叶林。

　　模式标本保存地：中国（SCAU，Guangdong）。

　　观察标本：未见。

　　分布：湖南、广东、贵州；日本。

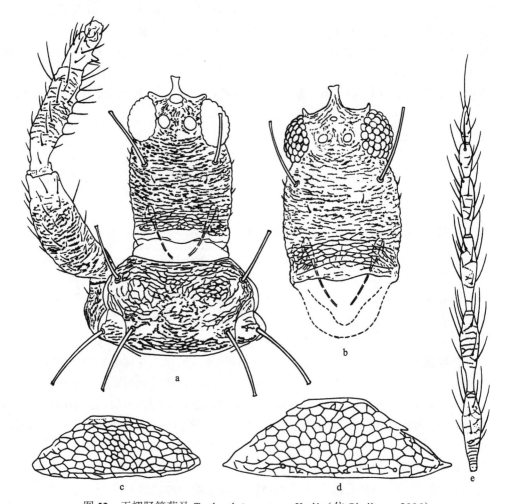

图 52　无翅胫管蓟马 *Terthrothrips apterus* Kudô（仿 Okajima，2006）

a. 雌虫头、前胸和前足，长翅型（female head, prothorax and fore leg, mac.）；b. 雌虫头，无翅型（female head, apt.）；c. 雌虫盾片，无翅型（female pelta, apt.）；d. 雌虫盾片，长翅型（female pelta, mac.）；e. 雌虫触角节Ⅲ-Ⅷ，无翅型（female antennal segments Ⅲ-Ⅷ, apt.）

(61) 小胫管蓟马 *Terthrothrips parvus* Okajima, 2006（图 53）

Terthrothrips parvus Okajima, 2006, *Ins. Japan. Vol. 2. Suborder Tubulifera (Thysan.)*: 611.

雌虫（半长翅型）：体长 1.5-1.7mm。体棕色；所有足的股节棕色；前足胫节棕色，中足和后足胫节的鬃端部较淡；前足跗节黄棕色，中足和后足胫节棕黄色；触角节棕色，略暗于头。节Ⅲ最端部黄色；翅略带灰棕色；主要体鬃黄色。

　　头部　头长 186μm，为宽的 1.3 倍。两颊处最宽，背部两侧节后缘有弱网纹。在复眼间有弱网纹；复眼后鬃长 70，超长于复眼，端部膨大；颊圆，呈锯齿状，在复眼后收缩；复眼长 62，为头长的 1/3。单眼直径为 12-15。触角为头长的 2.4 倍；节Ⅷ与节Ⅶ等长或略长，但超短于节Ⅵ；节Ⅲ和节Ⅳ各具 2 个和 3 个感觉锥。触角节Ⅰ-Ⅷ长（宽）分别为：46（36）、55（30）、76（28）、68（27）、72（25）、54（22）、38（19）、38（11）。

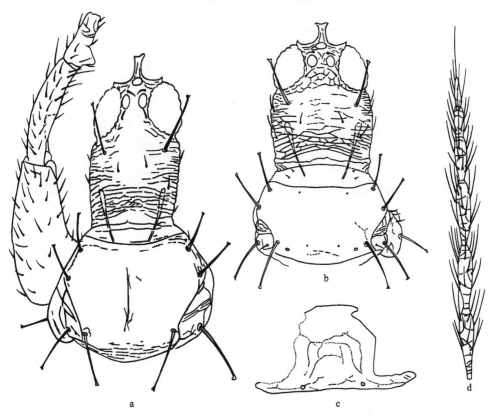

图 53　小胫管蓟马 *Terthrothrips parvus* Okajima（仿 Okajima，2006）

a. 雄虫头、前胸和前足，短翅型（male head, prothorax and fore leg, mic.）；b. 雌虫头、前胸，长翅型（female head, prothorax, mac.）；c. 雌虫盾片，长翅型（female pelta, mac.）；d. 雌虫触角节Ⅲ-Ⅷ，长翅型（female antennal segments Ⅲ-Ⅷ, mac.）

　　胸部　前胸长 102，为头长的 0.55 倍，宽为 186，宽为长的 1.82 倍，背片光滑；4 对主要鬃发达，端部膨大，各鬃长：前角鬃 45，中侧鬃 50，后角鬃 60，后侧鬃 70。前足胫节在内缘无结节。前下胸片退化，呈膜状，前刺腹片发达；中胸前小腹片弱。后胸中部具多边形网纹。3 根翅基鬃端部膨大。

　　腹部　盾片呈不规则帽形，具细长的两侧叶，网纹不明显，有 1 对感觉钟孔。腹节Ⅷ具有 1 对强的后缘中鬃。节Ⅸ背片 B1 鬃和 B2 鬃短于管，端部膨大。B1 鬃较 B2 鬃粗大。管长 117，为头长的 0.63 倍，基部宽 65，端部宽 34。肛鬃短于管。

雄虫（半长翅型和短翅型）：体长 1.4-1.6mm。体色与结构相似于雌虫。前胸较粗壮，具 1 条中线。前足股节略膨大；前足跗节齿粗大。管为头长的 0.59-0.63 倍。

　　寄主：枯枝落叶。

　　模式标本保存地：日本（TUA，Tokyo）。

　　观察标本：未见。

　　分布：广东、海南；日本。

(62) 掌状胫管蓟马 *Terthrothrips palmatus* Wang & Tong, 2011（图 54）

Terthrothrips palmatus Wang & Tong, 2011, *Zootaxa*, 2745: 63.

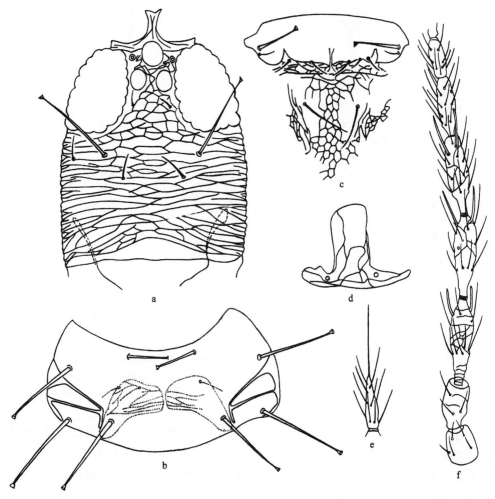

图 54　掌状胫管蓟马 *Terthrothrips palmatus* Wang & Tong（仿 Wang & Tong，2011）

a. 头（head）；b. 前胸（prothorax）；c. 中、后胸背板（meso- and metanotum）；d. 盾片（pelta）；e. 触角节Ⅷ（antennal segment Ⅷ）；f. 触角节Ⅰ-Ⅶ（antennal segments Ⅰ-Ⅶ）

雌虫（长翅型或短翅型）：体长 1.73mm。体棕色；触角除节III-V淡棕色外，其余棕色；主要体鬃棕色。

头部　头长为200μm，宽170，长大于宽，长为宽的1.2倍，且在复眼前延伸；两颊处最宽，头背部具微弱网纹；复眼长75，复眼后鬃发达，长81，短于复眼长，且端部膨大；两颊圆，在复眼后显著收缩，在基部略收缩；单眼发达且前单眼大于后单眼；触角长且细，为头长的2.17倍，节VIII长于节VI，节III具2个感觉锥，节IV具3个感觉锥；口针短，通常较宽，在头部呈"V"形。触角节 I -VIII长（宽）分别为：38（35）、43（30）、86（25）、84（28）、49（20）、44（18）、44（18）、46（11）。

胸部　前胸中部为头长的0.5倍，表面具有水平网纹，无中线；前缘鬃发达且端部膨大，前角鬃不可见，但中鬃、后角鬃和后侧鬃发达且端部膨大；前胸前缘鬃长41，中侧鬃长80，后角鬃长79，后侧鬃长78；前足跗节具齿；前下胸片小或退化成膜状，端部较尖；前翅发达，3对翅基鬃存在，端部膨大；后胸腹侧缝存在。

腹部　盾片帽状，具不规则网纹，侧叶粗短，1对感觉钟孔存在；节 II -VII各具2对"S"形握翅鬃。节III-VII各具4-10根盘鬃。节IX的B1鬃和B2鬃短于管，B1鬃长于B2鬃，B1鬃发达且端部微膨大，B2鬃长且端部较尖。管长为宽的2.5倍；肛鬃短且为管长的一半。

雄虫（短翅型）：体色与结构相似于长翅型，但体较小，前足跗节齿更发达，腹部背片盘状鬃较少，各有2-4对。

寄主：枯枝落叶。

模式标本保存地：中国（SCAU，Guangdong）。

观察标本：未见。

分布：海南、云南。

VI. 简管蓟马族 Haplothripini Priesner, 1928

Haplothripinae Karny, 1921a, *Treubia*, 1: 220, 245, 246.
Haplothripini Priesner, 1928, *Thysan. Eur.*: 477.

触角8节；下颚桥通常存在；口针通常缩入头内较深；一般有翅，前翅中部收缩，间插缨有或无。

属检索表

1. 无翅，腹部无"S"形握翅鬃 ···························· **缺翅管蓟马属 *Apterygothrips***
   有翅，腹部有"S"形握翅鬃 ···2
2. 口针短，仅到头基部；下颚桥缺 ·························· **竹管蓟马属 *Bamboosiella***
   口针较长，至少至头中部；下颚桥存在 ···3
3. 前下胸片非常发达，长等于宽或大于宽 ···4

前下胸片不发达 ·· 5

4. 前足胫节端部常有齿，股节有时有突起 ····················· **肢管蓟马属 Podothrips**

前足胫节和股节无齿 ··· **前肢管蓟马属 Praepodothrips**

5. 口锥较长，到达前胸中后部 ······························· **修管蓟马属 Dolichothrips**

口锥较短，不到达前胸 ··· 6

6. 头在复眼后最宽，基部收缩；口针相互靠近；常于丝兰属植物上采获 ···········

·· **巴氏管蓟马属 Bagnalliella**

两颊较平直，不在基部收缩；口针相距较宽 ································· 7

7. 前胸背板后侧缝不完全或完全 ··························· **德管蓟马属 Adraneothrips**

前胸背板后侧缝完全 ··· 8

8. 前足股节较膨大，基部内缘有 1 个显著丘或齿，向中部有扇形物或大突起 ·········

·· **棘腿管蓟马属 Androthrips**

前足股节一般不膨大，基部内缘无指状突起 ································· 9

9. 中、后足股节膨大；肛鬃为管长的 2 倍或 2 倍以上 ··········· **长鬃管蓟马属 Karnyothrips**

中、后足股节不膨大；肛鬃短于或略长于管 ······························· 10

10. 触角节III倒圆锥形，两侧对称 ··························· **木管蓟马属 Xylaplothrips**

触角节III非倒圆锥形，两侧不对称 ······················· **简管蓟马属 Haplothrips**

22. 德管蓟马属 *Adraneothrips* Hood, 1925

Adraneothrips Hood, 1925a, *Psyche*, 32: 54. **Type species:** *Haplothrips tibialis* Hood 1914, by original designation.

Stigmothrips Ananthakrishnan, 1964b, *Ent. Tidskr.*, 85: 231. **Type species:** *Stigmothrips limpidus* Ananthakrishnan, 1964, by original designation. Syn. n.

Baphikothrips Mound, 1970, *Bull. Bri. Mus.* (*Nat. His.*) *Ent.*, 24: 90. **Type species:** *Baphikothrips antennatus* Mound 1970, by original designation. Synonymised with *Stigmothrips* by Okajima, 1976.

Type species: *Haplothrips tibialis* Hood, 1925.

属征：颊略在大复眼后收缩；复眼后鬃从复眼后内缘长出；口针到头部 1/3 处相互远离，伸达复眼后鬃处。触角 8 节，节III有 2-3 个感觉锥，节IV有 3-4 个感觉锥。前胸 5 对鬃端部呈头状；后侧缝完全或不完全。前下胸片缺，中胸前小腹片有横网纹。后胸后侧缝缺。前足跗节齿通常不发达。前翅在中部略收缩。间插缨存在或缺。腹节 I 盾板钟形，通常长于宽。腹节 II-VII有 2 对握翅鬃，后对通常比前对发达。节IX背中鬃 I 和背侧鬃 II 之间有附属鬃，几乎和背中鬃 I 等长。管直，略短于头。雄虫节VIII有或无腺域。

分布：东洋界，新北界，非洲界，澳洲界。

本属世界已知 77 种，本志记述 4 种。

种检索表

(63) 中华德管蓟马 *Adraneothrips chinensis* **(Zhang & Tong, 1990)**（图 55）

Stigmothrips chinensis Zhang & Tong, 1990b, *Zool. Res.*, 11(3): 193-198.

Adraneothrips chinensis (Zhang & Tong, 1990): Dang, Mound & Qiao, 2013, *Zootaxa*, 3716(1): 10.

雌虫：体长 1.54mm。体褐色，在皮层下有红色色斑。触角节III黄色，节IV、V基部 1/3 黄色，节VI基半部黄色，其余褐色。各足股节黄褐色，胫节及跗节黄色。

头部　头背面中央具微弱的网状纹，两侧具横纹。头长 200μm，宽：复眼前缘 64，复眼后缘 160，基部 170，头长约为基部宽的 1.2 倍。复眼后两颊逐渐向基部加宽。单眼 3 个，前单眼着生在延伸物上，单眼后鬃 2 对。复眼背面长 80，腹面无延伸。复眼后鬃彼此相距 74，着生在复眼后缘的内侧，短于复眼的长度，鬃长 40，端部膨大。口锥长 90，端部钝圆，宽 44；口针缩入头内较深，到达复眼后缘；下颚桥明显。触角 8 节，节 III-VI感觉锥细长，数目分别为：1+2、2+2、1+1、1+1；节VIII基部收缩；节 I-VIII长（宽）分别为：24（32）、34（24）、60（28）、62（22）、60（20）、44（18）、44（18）、30（8）。

胸部　前胸背板前缘和后缘具微弱的横纹。前胸长 120，短于头部，前缘宽 172，后缘宽 272。前胸背板后缘鬃细小，其余各主要鬃均发达，端部膨大，各鬃长：前缘鬃 34，前角鬃 34，中侧鬃 40，后角鬃 45，后侧鬃 50，后缘鬃细小，为 14。前胸背板后侧缝不完全。前足跗节无齿。前翅除中部具一小段灰色条带外，其余透明无色；间插缨 4-5 根；翅基鬃呈一直线，端部均膨大，分别长 40、44、64。后翅基部也有一条灰色条带，较长。中胸前腹片中间连接，未断开，但中央无圆形突起。中胸背板前边缘有些膜质，中下部无纹。后胸背板纵纹仅至背板中部。

腹部　节 I 盾板端部宽钝，具大的明显网纹，两边有耳形延伸。腹节 II-VII背板各具 2 对 "S" 形握翅鬃，除节 II 前 1 对不弯曲外，其余均弯曲，节 II-VII附属鬃均 4 对。节 V 长（宽）为 84（196）。节VIII腹板无腹腺域。节IX背中鬃 I、背侧鬃 II 及侧鬃III均细长，端部尖，分别长：71、53、55。管短于头部，长 100，基部宽 49，端部宽 28；基部 2/3 有弱的横网纹。肛鬃 3 对，分别长 98、103、101。

雄虫：形态与雌虫相似。体长 1.3mm，节VIII腹板具半圆形腹腺域；前翅具 3-4 根间插缨。伪阳茎端刺向端部逐渐加宽，在近端部最宽，顶端钝，端部指状，射精管较短。

寄主：鹤顶兰枯叶。

习性：生活于枯枝落叶中，取食真菌。

模式标本保存地: 中国（SCAU，Guangdong）。

观察标本: 1♀1♂，云南景洪，1987.Ⅳ.1，枯枝落叶中，张维球采；2♀♀1♂，广东鼎湖山，1985.Ⅹ.24，枯枝落叶中，廖崇惠采；3♀♀1♂，云南西双版纳勐仑，1987.Ⅳ.8，枯枝落叶中，张维球采；6♀♀2♂♂，云南景洪，1987.Ⅳ.8，枯枝落叶中，童晓立采；1♀，云南西双版纳勐仑,1987.Ⅳ.8 童晓立采;2♀♀1♂,云南勐腊西双版纳中科院植物研究所，1987.Ⅳ.11，鹤顶兰枯叶，童晓立采。

分布: 广东、云南。

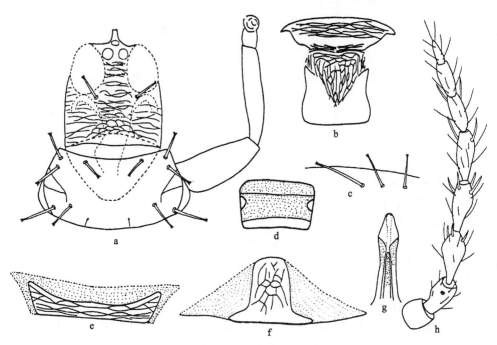

图 55 中华德管蓟马 *Adraneothrips chinensis* (Zhang & Tong)

a. 雌虫头、前足和前胸背板, 背面观（female head, fore leg and pronotum, dorsal view）；b. 中、后胸背板（meso- and metanotum）；c. 翅基鬃（basal wing bristles）；d. 雄虫节Ⅷ腹板（male abdominal sternite Ⅷ）；e. 中胸前小腹片（mesopresternum）；f. 腹节Ⅰ盾片（abdominal pelta Ⅰ）；g. 伪阳茎端刺（pseudovirgae）；h. 触角（antenna）

(64) 韩氏德管蓟马 *Adraneothrips hani* Dang, Mound & Qiao, 2013（图 56）

Adraneothrips hani Dang, Mound & Qiao, 2013, *Zootaxa*, 3716(1): 12.

雌虫（有翅型）: 体长 2.04mm。体极具两色，黄色和棕色。头棕色，两复眼之间灰白色。前胸和腹节Ⅱ和节Ⅴ-Ⅵ黄色。前胸和腹节Ⅰ、Ⅲ-Ⅳ、Ⅶ-Ⅸ和管棕色。足主要黄色，中足和后足基节窝棕色，中足股节和后足股节端部有棕色。触角节Ⅰ-Ⅱ、Ⅶ-Ⅷ棕色，节Ⅲ一致黄色，节Ⅳ-Ⅵ棕色带有黄色。前翅中部明显有棕色带。体主要鬃透明。

头部 头长 225μm，颊处宽 205，头长是颊宽的 1.1 倍，头背面略有线纹。复眼长45，复眼是头长的 0.2 倍，复眼后鬃头状，长是复眼的一半。触角节Ⅲ有 2 个感觉锥，节Ⅳ有4个感觉锥。触角8节，节Ⅰ-Ⅷ长（宽）分别为：35（40）、50（30）、65（25）、75（25）、70（20）、55（20）、50（20）、30（10）。

胸部　前胸长120，宽270。前胸背板中间没有雕刻纹，后缘有横网纹，有5对透明的鬃。各鬃长：前缘鬃40，前角鬃40，中侧鬃40，后侧鬃50，后角鬃50。后侧缝近乎完全。前基腹片三角形，中间尖。中胸前小腹片宽舟形。后胸背板中部有微弱网纹，背中鬃端部尖，长35。前翅长735，翅基鬃透明，Ⅰ-Ⅲ长分别为：40、45、75，有4根或5根间插缨。

腹部　腹节Ⅰ盾板长75，盾板有1对钟形感器，是此属的典型特征。腹节Ⅴ背片长95，宽215。腹节Ⅸ背片长70，宽120，背中鬃和中侧鬃端部稍钝，中侧鬃和背中鬃几乎等长，背中鬃、中侧鬃和侧鬃长分别为：75、70、100。管长130，管为头长的0.6倍。肛鬃略短于管，长105。

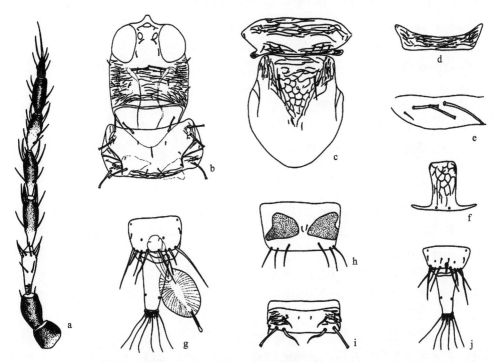

图56　韩氏德管蓟马 *Adraneothrips hani* Dang, Mound & Qiao

a. 触角，雌虫（antenna, female）；b. 雌虫头和前胸背板，背面观（female head and pronotum, dorsal view）；c. 雌虫中、后胸背板（female meso- and metanotum）；d. 雌虫中胸前小腹片（female mesopresternum）；e. 雌虫翅基鬃（female basal wing bristles）；f. 雌虫腹节Ⅰ盾片（female abdominal pelta Ⅰ）；g. 雄虫节Ⅸ-Ⅹ腹板（male abdominal sternites Ⅸ-Ⅹ）；h. 雄虫腹节Ⅷ孔板（male abdominal sternite Ⅷ pore plate）；i. 雌虫腹节Ⅴ背板（female abdominal tergite Ⅴ）；j. 雌虫腹节Ⅸ-Ⅹ背板，背面观（female abdominal tergites Ⅸ-Ⅹ, dorsal view）

雄虫（有翅型）：体长1.635mm。体色和一般结构与雌虫非常相似，但腹节Ⅷ前外侧黄色带有棕色，且具腺域，节Ⅸ中侧鬃短。

头长200，颊处宽180。复眼后鬃长40。触角节Ⅰ-Ⅷ长（最宽处）分别为：35（33）、

45（30）、60（25）、65（25）、65（20）、55（20）、45（15）、32（10）。前胸背板长 100，宽 230。前胸各鬃长：前缘鬃 30，前角鬃 35，中侧鬃 40，后侧鬃 45，后角鬃 40。中胸背中鬃长 20。前翅长 630，翅基鬃 I-III 长分别为：35、30、50。盾板长 60，腹节 V 背片长 80，宽 160，节 IX 背片长 80，宽 100，节 IX 背中鬃、中侧鬃和侧鬃长分别为：70、30、100。管长 105，肛鬃长 90。

习性：生活于枯枝落叶中，取食真菌。

模式标本保存地：中国（IZCAS，Beijing）。

观察标本：正模（♀），台湾屏东县南仁山（22.10°N，120.08°E），2003.III.11，枯叶内，张 N.T.采；1♀2♂♂，同正模。

分布：台湾。

(65) 异色德管蓟马 *Adraneothrips russatus* (Haga, 1973)（图 57）

Baphikothrips russatus Haga, 1973, *Kontyû*, 41: 74-79.

Stigmothrips russatus (Haga): Okajima, 1976b, *Kontyû*, 44: 119-129.

Adraneothrips russatus (Haga): Dang, Mound & Qiao, 2013, *Zootaxa*, 3716(1): 17.

雌虫：体长 1.86mm。体两色，皮层下有红色色斑。前胸及腹节 II-IV、V 后部 3/4 及节 VI 黄色，腹节 VII-IX 灰白色，至少节 VIII 黄色。触角节 I、II、VII、VIII 褐色，节 III 为黄色，节 IV、V 基部 1/4 黄色，节 VI 基半部为黄色；中、后足股节为淡褐色，其余部分及前足均为黄色。

头部 头部中央部分具明显的网纹状，两侧具横纹。头长 210μm，宽：复眼前缘 70，复眼后缘 168，基部 166。两颊中部拱起，基部略收缩。单眼 3 个，单眼区有网纹，前单眼着生在延伸物上；单眼后鬃 2 对。复眼背面长 102，腹面不延伸；复眼后鬃长 58，着生在靠近内缘，短于复眼长度，间距 76。口锥长 100，端部平钝，宽 40；口针缩入头内较深，到达复眼后缘；下颚桥存在，但不明显。触角 8 节，节 III-VI 的感觉锥数目为：1+1、2+1、1+1、1；节 I-VIII 长（宽）分别为：34（33）、44（26）、66（24）、70（21）、71（21）、55（16）、46（11）、30（10）。

胸部 前胸长 136，短于头长，前缘平直，前缘宽 180，后缘宽 256。前胸背板后缘鬃退化，其余各主要鬃均发达，且端部膨大，各鬃长：前缘鬃 46，前角鬃 46，中侧鬃 50，后角鬃 58，后侧鬃 56。后侧缝不完全。前足股节正常，未膨大，前足跗节无齿。中胸前腹片中间连接，两边三角形，中间均匀，中央无圆形突起。中胸背板有长的横纹。后胸背板网纹较大，仅至中部。前翅基部 2/3 有 1 条纵的灰色条带，后翅上也有 1 条纵的灰色条带，条带极长，接近翅端边缘。前翅无间插缨。翅基鬃 I、II、III 呈一直线，端部膨大，分别长：46、46、56。

腹部 腹节 I 盾板端部宽钝，两边有耳形延伸，上有不规则纹。腹节 II 握翅鬃较平直，上对较大，下对纤细，较弱；节 III-VII 各有 2 对"S"形握翅鬃，下对粗大。节 II-VII 附属鬃各 3 对。节 V 长（宽）为 86（204）。腹节 III-VII 有横网纹，节 III-IX 横纹较弱，管基部 2/3 有弱的横纹。节 IX 背侧鬃 II 较短，端部尖，背中鬃 I 和侧鬃 III 端部钝，鬃 I-III

分别长：85、66、85。管长 126，短于头部和前胸，基部宽 55，端部宽 25。肛鬃 3 对，短于管，分别长：81、83、86。

雄虫：形态与雌虫相似。体长 1.49mm；腹节Ⅷ无腹腺域。伪阳茎端刺端部膨大，指状，顶端钝圆，射精管短。

习性：生活于枯枝落叶中，取食真菌。

模式标本保存地：日本（TUA，Tokyo）。

观察标本：8♀♀，广东始兴，车八岭，1998.Ⅷ.5，枯叶内，张维球采；4♀♀2♂♂，云南景洪，1987.Ⅳ.1，枯枝落叶内，张维球采；7♀♀1♂，云南景洪，1987.Ⅳ.1，枯枝落叶内，童晓立采；6♀♀2♂♂，云南植物所，1987.Ⅳ.12，枯枝落叶内，童晓立采；1♀，海南岛尖峰岭，1986.Ⅹ.31，枯枝落叶内，童晓立采；4♀♀1♂，湖南大庸张家界，1987.Ⅷ.3，枯叶，童晓立采；3♀♀，贵州焚净山，1987.Ⅷ.10，枯枝落叶，童晓立采。

分布：湖南、广东、海南、四川、贵州、云南；日本。

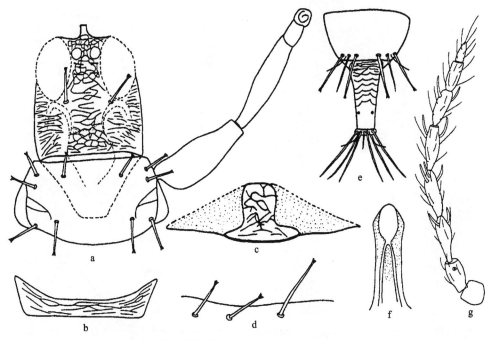

图 57　异色德管蓟马 *Adraneothrips russatus* (Haga)

a. 雌虫头、前足和前胸背板，背面观（female head, fore leg and pronotum, dorsal view）；b. 雌虫中胸前小腹片（female meso-presternum）；c. 腹节Ⅰ盾片（abdominal pelta Ⅰ）；d. 翅基鬃（basal wing bristles）；e. 腹节Ⅸ-Ⅹ背板（abdominal tergites Ⅸ-Ⅹ）；f. 伪阳茎端刺（pseudovirgae）；g. 触角（antenna）

(66) 云南德管蓟马 *Adraneothrips yunnanensis* Dang, Mound & Qiao, 2013（图 58）

Adraneothrips yunnanensis Dang, Mound & Qiao, 2013, *Zootaxa*, 3716(1): 19.

雌虫（有翅型）：体长 1.725mm。体两色，黄色和棕色。触角节Ⅰ-Ⅱ、Ⅶ-Ⅷ棕色，节Ⅲ黄色，节Ⅳ-Ⅴ棕色，基部 1/3 黄色，节Ⅵ棕色，基部一半为黄色；头棕色，前胸主要为黄色；具翅胸节棕色，侧缘较暗；足主要为黄色，但中足和后足基节为棕色，中足股节基半部为深棕色；前翅较暗；盾片棕色，两侧叶黄色；腹节Ⅱ和Ⅳ黄色，节Ⅴ黄色但前侧面棕色，其余腹节棕色；主要体鬃棕色。

　　头部　头长 210μm，头长是宽的 1.1 倍，颊处宽 265。头背中部呈网状；复眼略短于头长的一半；复眼后鬃端部头状，长 50，略长于复眼长的一半。触角 8 节，节Ⅰ-Ⅷ长（宽）分别为：30（32）、45（25）、65（25）、70（20）、70（22）、55（20）、50（20）、30（10）。节Ⅲ有 2 个感觉锥，节Ⅳ有 3 个感觉锥。

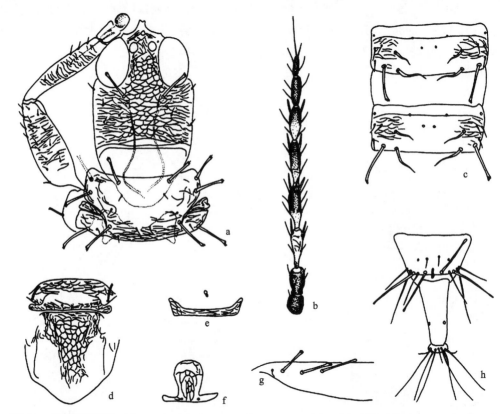

　　图 58　云南德管蓟马 *Adraneothrips yunnanensis* Dang, Mound & Qiao（♀）（仿 Dang *et al.*, 2013）
a. 头和前胸背板，背面观（head and pronotum, dorsal view）；b. 触角（antenna）；c. 腹节Ⅳ-Ⅴ背板，背面观（dorsal view of abdominal tergites Ⅳ-Ⅴ）；d. 中、后胸背板（meso- and metanotum）；e. 中胸前小腹片（mesopresternum）；f. 腹节Ⅰ盾板（abdominal pelta Ⅰ）；g. 翅基鬃（basal wing bristles）；h. 腹节Ⅸ-Ⅹ背板（abdominal tergites Ⅸ-Ⅹ）

　　胸部　前胸背板长 105，宽 220，前胸背板除近后缘外无雕刻纹。主要体鬃头状。背侧缝几乎完全。前胸基腹片三角形，中部尖；中胸前小腹片船形。后胸背板前半部网状，背中鬃端部尖，长 35。前翅长 650，前翅无间插缨，翅基鬃内Ⅰ-Ⅲ各鬃长分别为：45、50、65。

　　腹部　腹节Ⅰ盾板长 56；盾板有 1 对钟形感器，是此属的典型特征。节Ⅸ背中鬃和

中侧鬃端部钝，背中鬃、中侧鬃和侧鬃长分别为：75、80、100。管长 130，约为头长的
0.6 倍，肛鬃略短于管，长 100。

　　雄虫：未采获。

　　寄主：枯枝落叶。

　　模式标本保存地：中国（IZCAS，Beijing）。

　　观察标本：♀（正模），中国云南景洪，1997.Ⅳ.12，枯枝落叶内，韩云发采；1♀，
同正模；2♀♀（BMNH，ANIC），印度尼西亚爪哇茂物植物园，1975.Ⅹ.26，枯枝落叶内，
采集人不详。

　　分布：云南。

23. 棘腿管蓟马属 *Androthrips* Karny, 1911

Androthrips Karny, 1911, *Zool. Anz.*, 38: 501-504.

Type species: *Androthrips melastomae* (Zimmermann, 1900).

　　属征：口锥端部宽圆；触角 8 节，节Ⅲ基部形成小柄；前足股节膨大，基部有 1 个
显著丘或齿，向中部有扇形物或大突起；前足胫节端部内缘有强或弱的介壳状隆起，但
有时几乎缺，如 *A. flavipes*；前足跗节雌雄均有 1 大齿；前翅中部略收缩；腹节Ⅰ盾板三
角状，端部钝。

　　分布：东洋界。

　　本属世界已知 12 种，本志记述 2 种。

种检索表

触角节Ⅲ感觉锥 1+2，前下胸片发达 ······················· 贵阳棘腿管蓟马 *A. guiyangensis*
触角节Ⅲ感觉锥 1+1，前下胸片不发达 ····················· 拉马棘腿管蓟马 *A. ramachandrai*

(67) 贵阳棘腿管蓟马 *Androthrips guiyangensis* Sha, Feng & Duan, 2003（图 59）

Androthrips guiyangensis Sha, Feng & Duan, 2003, *Entomotaxonomia*, 25(1): 14.

　　雌虫：体长 2.32mm。体黑褐色，触角节Ⅲ-Ⅵ黄色；前足股节端部 1/5 及所有足的
胫节和跗节黄色。

　　头部　头长 252μm，宽：复眼前缘 92，复眼后缘 200，基部 200，头部长大于宽。
前单眼着生在头顶上，两个后单眼较圆，直径 26，后单眼间距 28。复眼腹面无向后延伸，
背面长 88；复眼后鬃长 100，端部钝且膨大，距复眼后缘 24，距颊边缘 28。下颚桥存在；
口针纤细，缩入头内较深，接触复眼后缘；中间间距较宽；口锥较短，长 96，端部宽钝，
宽 52。两颊光滑，平直，仅复眼后有 1 短鬃。触角 8 节，节Ⅲ-Ⅵ的感觉锥数目分别为：
1+2、2+2、1+1、1+0；节Ⅴ、Ⅵ端部中间各有 1 个小的感觉锥；节Ⅰ-Ⅷ长（宽）分别
为：28（40）、56（28）、68（45）、76（45）、60（32）、56（24）、48（20）、40（12）。

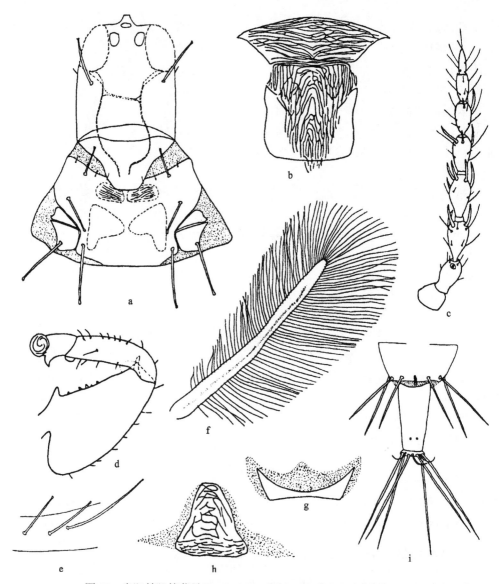

图 59 贵阳棘腿管蓟马 *Androthrips guiyangensis* Sha, Feng & Duan

a. 头和前胸背板，背面观（head and pronotum, dorsal view）；b. 中、后胸背板（meso- and metanotum）；c. 触角（antenna）；
d. 前足（fore leg）；e. 翅基鬃（basal wing bristles）；f. 后翅（hind wing）；g. 中胸前小腹片（mesopresternum）；h. 腹节 I
盾板（abdominal pelta I）； i. 腹节IX-X背片（abdominal tergites IX-X）

胸部 前胸长 172，短于头部，前缘宽 260，后缘宽 408。前胸背板前角鬃和后缘鬃
均消失，其余各主要鬃均发达，端部钝且膨大，各鬃长：前缘鬃 64，中侧鬃 72，后角鬃
108，后侧鬃 116。后侧缝完全，前下胸片非常发达，宽明显大于长，上有横纹。基腹片
很大，三角形。前足股节特别膨大，基部内缘有 1 大的指状突起，指长 16，内缘也有一
些小的突起，外缘有鬃。前足胫节端部内缘介壳状隆起明显，长 8。前足跗节齿较大。
中胸前小盾片中间连接，中间处最窄，中央无圆形突起。前胸背板布满横网纹。后胸背

板中央有纵的网纹，且超出后缘。中后胸侧板有网纹。所有足的股节和胫节上有宽的网纹。前翅中央略收缩，间插缨 9 根。翅基鬃Ⅰ、Ⅱ较短且端部钝且膨大，鬃Ⅲ较长，端部钝且膨大。鬃Ⅰ、Ⅱ、Ⅲ分别长 70 、80 、140。后翅中央有 1 条纵暗带，但未达翅端边缘。

腹部　腹节Ⅰ盾板端钝圆，上有弯曲纹。节Ⅱ-Ⅶ背面有 2 对"S"形握翅鬃，节Ⅱ腹背板上"S"形握翅鬃的附属鬃有 6 对。节Ⅱ-Ⅸ前端 3/4 均有横网纹。节Ⅴ背板长（宽）为 144（372），节Ⅸ B1 鬃端部钝，B2 鬃和 B3 鬃端部尖，B2 鬃与 B1 鬃等长，B1、B2、B3 鬃分别长 140、140 和 148，管长 156，基部宽 76，端部宽 40，肛鬃分别长 220、234、240。

雄虫：未明。

寄主：桂花。

模式标本保存地：中国（NWAFU，Shaanxi）。

观察标本：5♀♀，贵州贵阳，1995.Ⅹ.8，银桂，谢祥林采。

分布：贵州。

(68) 拉马棘腿管蓟马 *Androthrips ramachandrai* Karny, 1926（图 60）

Androthrips ramachandrai Karny, 1926, *Mem. Dep. Agr. India, Ent. Ser.*, 9: 187-239.

雌虫：体长约 2.5mm。体褐色到黑色。前足胫节及所有足的跗节淡黄色，其他各节为棕色；触角节Ⅲ-Ⅴ基部 1/2 为淡黄色，节Ⅰ-Ⅶ为棕黄色，节Ⅷ为棕色。腹部各背片有横网纹。

头部　头长 275μm，宽：复眼前缘 40，复眼后缘 205，基部 190。两颊拱起，基部收缩明显。复眼背面长 100，腹面无延伸，眼后鬃端部膨大，长 75，距复眼后缘 25。单眼区隆起，单眼鬃微小且尖。口锥较短，长 100，口锥中部略凹，端部钝圆；口针缩入头内较深，但未到达复眼后缘，口针中部宽，为 135；下颚桥存在。触角 8 节，触角节Ⅲ-Ⅵ的感觉锥数目分别为：1+1、2+2、1+1、1；节Ⅰ-Ⅷ长（宽）分别为：20（38）、50（34）、75（40）、75（40）、65（30）、55（25）、50（20）、30（10）。

胸部　前胸背板长 210，短于头长，前缘宽 230，后缘宽 410。前胸背板前缘鬃短小，后缘鬃退化，其余各鬃较发达且端部膨大，各鬃长：前角鬃 75，后角鬃 90，中侧鬃 100，后侧鬃 110。前下胸片存在，三角形，基腹片较大。后侧缝完全。前足股节膨大，基部有 1 个指形突起，指长 25，胫节端部内缘有微介壳状突起，跗节有齿。中胸前小腹片中间连接，中央无圆形突起。中胸背板前部强横网纹，后部弱横网纹。后胸背板纵网纹明显。翅无色，中部收缩，基部鬃端部膨大，鬃Ⅰ-Ⅲ分别长 75、84、127，前翅间插缨 9-10 根。

腹部　节Ⅰ盾板梯形，两侧网纹纵向，基部网纹横向。节Ⅱ-Ⅷ各有 2 对"S"形握翅鬃。节Ⅴ长（宽）为 140（400）。节Ⅸ中侧鬃Ⅱ粗短，背中鬃Ⅰ和侧鬃Ⅲ较长，鬃Ⅰ-Ⅲ端部尖，分别长 150、45、135。管短于头部，长 180。肛鬃 3 对，分别长 150、140、155。

雄虫：形态特征与雌虫相同。体长 2.12mm；触角节Ⅲ及节Ⅳ-Ⅵ基半部黄色。伪阳茎端刺略膨大，顶端平直，射精管较长，到达伪阳茎端刺顶端。

寄主：杉、榕树、桂花、细叶桉。

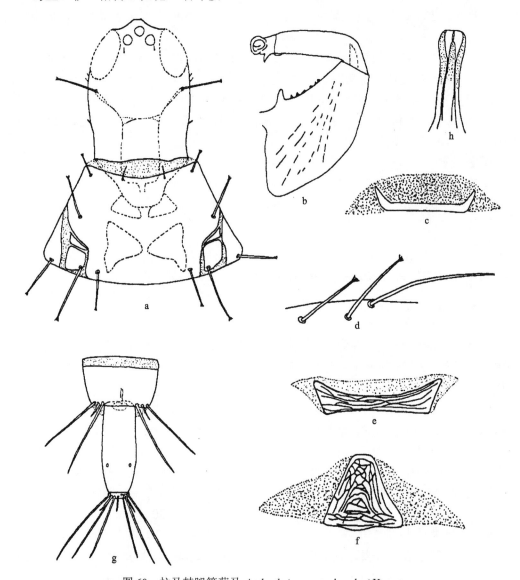

图 60　拉马棘腿管蓟马 *Androthrips ramachandrai* Karny

a. 头和前胸背板，背面观（head and pronotum, dorsal view）；b. 前足（fore leg）；c. 雌虫中胸前小腹片（female mesopresternum）；
d. 翅基鬃（basal wing bristles）；e. 中胸前小腹片（mesopresternum）；f. 腹节 I 盾片（abdominal pelta I）；g. 腹节 IX-X 背
片（abdominal tergites IX-X）；h. 伪阳茎端刺（pseudovirgae）

模式标本保存地：印度（India）。

观察标本：2♀♀，贵阳，1995.X.8，银桂，谢祥林采；1♀，博罗罗浮山，1976.XII.7，榕树，张维球采；3♀♀2♂♂，广东阳江县海陵，1977.V.29，榕树，张维球采；6♀♀，广东高要，1974.IV.5，榕树，黄靖珠采；1♀，广东罗浮山，1976.XII.9，细叶桉，张维球采。

分布：福建、台湾、广东、海南、广西、贵州、云南、西藏；印度。

24. 缺翅管蓟马属 *Apterygothrips* Priesner, 1933

Apterygothrips Priesner, 1933a, *Bull. Soc. Roy. Ent. Egypte*, 17: 1-7; Priesner, 1961, *Anz. Österr. Akad. Wiss.*, (1960)13: 290.

Type species: *Apterygothrips haloxyli* Priesner, 1933.

属征： 个体由小到中等大小不等，棕黄色。单眼大多数情况下缺。头较细长，长大于宽，颊平滑。触角 8 节，节Ⅲ有 1-2 个感觉锥，节Ⅳ有 2-3 个感觉锥。口锥端部圆，口针缩入头内较深，下颚桥一般存在。前胸短于头，前缘鬃及中侧鬃有时退化，且一般短于后侧鬃和后角鬃。前下胸片存在。一般无翅，长翅型腹节Ⅱ-Ⅶ有 2 对 "S" 形握翅鬃，它们在短翅型中退化。雌雄前足跗节有微齿。雄虫腹片没有腹腺域。

分布： 古北界，东洋界。

本属世界已知 40 种，本志记述 3 种。

种检索表

1. 复眼鬃端部膨大；触角节Ⅲ感觉锥 1+1 ·······················**食菌缺翅管蓟马 *A. fungosus***
   复眼鬃尖；触角节Ⅲ感觉锥 0+1 ··· 2
2. 腹节Ⅰ盾板横长方形；前胸后侧鬃端部钝·······················**梭梭无翅管蓟马 *A. haloxyli***
   腹节Ⅰ盾板近梯形；前胸后侧鬃端部尖·····················**棕角无翅管蓟马 *A. brunneicornis***

(69) 棕角无翅管蓟马 *Apterygothrips brunneicornis* Han & Cui, 1991（图 61）

Apterygothrips brunneicornis Han & Cui, 1991a, *Acta Ent. Sin.*, 34(3): 337.

雌虫： 体小而细长，长约 1.7mm。全体暗黑棕色，仅触角节Ⅲ最基部及各足胫节端部及跗节较淡，黄棕色。体鬃端部尖。

头部　头长 178μm，宽：复眼处 127，后缘 135，长为复眼处宽的 1.4 倍。头背较光滑。复眼较小，背面长 46，腹面长 41，单眼缺。单眼鬃很短，前外侧鬃长 7。复眼后鬃长 41，距眼 12.8。其他头鬃稀少而小。触角 8 节，中间数节适当长，节Ⅶ最长；节Ⅰ-Ⅷ长（宽）分别为：30（33）、44（29）、38（25）、38（29）、44（25）、43（23）、46（19）、29（12），总长 312，为头长的 1.8 倍。节Ⅲ长为宽的 1.5 倍，节Ⅳ长为宽的 1.3 倍。节Ⅲ-Ⅶ感觉锥数目分别为：1、2+1、1+1+1、1+1+1、1。口锥端部较圆，长 98，宽：背部 115，中部 89，端部 51。下颚须基节（节Ⅰ）很短，长 3，节Ⅱ长 29。下颚桥存在。口针细，缩入头内至复眼后鬃稍后，中部间距 51，为头宽的 1/3 长。

胸部　前胸长 140，短于头，为头长的 0.8 倍，前部宽 140，后部宽 216（包括足基节，为 267），后部宽为长的 1.5 倍。背片光滑，后侧缝完全。各鬃长：前缘鬃 20-26，前角鬃 10-20，侧鬃 23，后侧鬃 38，端部尖后角鬃 35（为前胸长的 0.25 倍），后缘鬃 10。

腹面前下胸片近似三角形，基腹片近似三角形。翅胸长 243，宽 243。缺翅。中胸盾片仅前部有 3-4 条横线纹，鬃很小。后胸盾片仅两前角有几条斜线纹，前缘鬃长 7，前中鬃长 24。中胸前小腹片中缝两侧断续，两侧叶亦很小或中部细带状。前足股节、胫节无钩齿，股节不显著增大，跗节齿小。

腹部 背片线纹很少，握翅鬃缺。节 I 的盾片近梯形，网纹横向，后部光滑。腹节 V 背片后侧鬃内 I 长 56，内 II 长 50。节 IX 后缘长鬃长：背中鬃 115，侧中鬃 112，侧鬃 115，约为头长的 0.65 倍。节 X（管）长 128，约为头长的 0.72 倍，宽：基部 60，端部 30。肛鬃（节 X 鬃）长：背中鬃 128，侧中鬃 134，约长于管。

雄虫：未明。

寄主：杉。

模式标本保存地：中国（IZCAS，Beijing）。

观察标本：未见。

分布：四川、西藏。

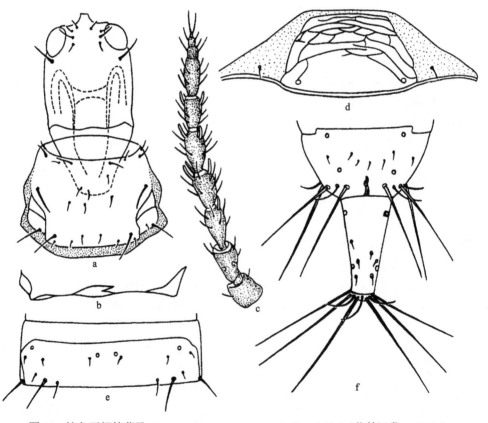

图 61 棕角无翅管蓟马 *Apterygothrips brunneicornis* Han & Cui（仿韩运发，1997a）

a. 头和前胸背板，背面观（head and pronotum, dorsal view）；b. 中胸前小腹片（mesopresternum）；c. 触角（antenna）；d. 腹节 I 盾板（abdominal pelta I）；e. 腹节 V 背片（abdominal tergite V）；f. 雌虫腹节 IX-X 背片（female abdominal tergites IX-X）

(70)　食菌缺翅管蓟马 *Apterygothrips fungosus* (Ananthakrishnan & Jagadish, 1969)（图62）

Xylaplothrips fungosus Ananthakrishnan & Jagadish, 1969, *Zool. Anz.*, 182(1-2): 122.

Apterygothrips fungosus (Ananthakrishnan & Jagadish): Pitkin, 1976, *Bull. Br. Mus. (Nat. Hist.) (Ent.)*, 34: 226.

雄虫：体长1mm。体棕黄色。触角节III淡黄色，节IV-VI为棕色，足胫节端部和跗节黄色。

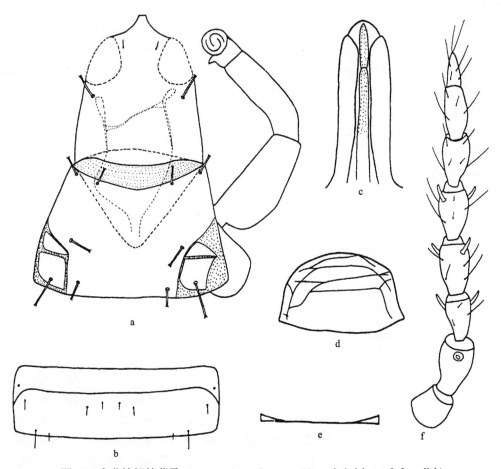

图62　食菌缺翅管蓟马 *Apterygothrips fungosus* (Ananthakrishnan & Jagadish)

a. 雄虫头、前足和前胸背板，背面观（male head, fore leg and pronotum, dorsal view）；b. 腹节V背板（abdominal tergite V）；c. 伪阳茎端刺（pseudovirgae）；d. 腹节I盾片（abdominal pelta I）；e. 中胸前小腹片（mesopresternum）；f. 触角（antenna）

头部　头长135μm，宽：复眼前缘65，复眼后缘110，基部133。两颊向基部逐渐加宽，基部最宽。两颊无鬃。单眼缺，单眼鬃很短。复眼腹面无延伸，背面长50；复眼后鬃较粗大，端部膨大，长为25。口锥三角形，端较钝，长105，口针纤细，缩入头内较深，但未到达复眼后缘，口针中部间距70；下颚桥存在。触角8节，触角节III感觉锥细小，节Ⅵ无感觉锥，节Ⅲ-Ⅴ感觉锥数目分别为：1+1、1+1、1+1；触角全长 268，节Ⅰ-Ⅷ长（宽）分别为：23（15）、40（25）、35（18）、40（25）、40（20）、35（20）、35（20）、20（17）。

　　胸部　前胸长 119，短于头，是头长的 0.88 倍，前缘宽 280，后缘宽 220，后缘宽为长的 1.8 倍。前胸背板后缘鬃退化，其余主要鬃端部膨大，前角鬃和后角鬃等长，均为 20，前缘鬃长 18，中侧鬃 25，后侧鬃 40。后侧缝完全。前足跗节有齿。前下胸片存在。中胸前小腹片中间间断，两边形成三角形的片。中胸盾片仅前部有横线纹，后胸盾片无网纹。中胸基节窝宽于后胸基节窝。翅缺。

　　腹部　节Ⅰ盾板呈半圆形，上有淡横纹。节Ⅱ-Ⅶ无"S"形握翅鬃。节Ⅴ长（宽）为 85（250）。节Ⅸ侧中鬃Ⅱ较短，背中鬃、侧中鬃及侧鬃分别长 60、20、90。管短于头长，85，约为头长的 0.6 倍，基部宽 55，端部宽 26。肛鬃 3 对，分别长 85、93、100。伪阳茎端刺端部不膨大，顶端圆形，射精管长。

　　雌虫：体长 2000。颜色形态与雄虫相似。

　　寄主：死树皮下、太平花、禾本科杂草。

　　模式标本产地：印度（马德拉斯）。

　　观察标本：1♂，太原晋祠，1996.Ⅴ.31，太平花，段半锁采；2♀♀，贵阳南郊公园，1976.Ⅵ，禾本科杂草，段半锁采；1♀，广东鼎湖山，1985.Ⅴ.4，童晓立采。

　　分布：山西、广东、海南、贵州；印度。

(71) 梭梭无翅管蓟马 *Apterygothrips haloxyli* Priesner, 1933（图 63）

Apterygothrips haloxyli Priesner, 1933a, *Bull. Soc. Roy. Ent. Egypte*, 17: 1-7; zur Strassen, 1966, *Sencknberg. Biol.*, 47: 164; Han, 1997a, *Econ. Ins. Faun. China. Fasc.*, 55: 444.

　　雄虫：体长 1.3mm。全体灰棕色，但触角节Ⅲ灰黄色，前足胫节向端半部、中后足胫节端部 1/4-1/3 及各足跗节灰黄色，各主要鬃淡灰色。

　　头部　头长 145μm，复眼后宽 115，后缘宽 130。头背光滑，几乎无任何线纹。复眼长 45。单眼缺。复眼后鬃细，端部尖，长 36，距眼 9。其他头背鬃及颊鬃很少且微小。触角 8 节，节Ⅲ小，节Ⅷ基部较宽；节Ⅰ-Ⅷ长（宽）分别为：23（26）、28（24）、26（18）、33（23）、31（21）、33（21）、38（18）、22（13），总长 234。各节刚毛小；感觉锥较短，节Ⅲ-Ⅶ数目分别为：1、1+1、1+1、1+1、1。口锥端部窄圆，长 81，端部宽 28。下颚桥存在。口针细，缩入头内至中部，两针中部间距较宽，约为头宽的 1/3。下颚须基节长 6，端节长 26。

　　胸部　前胸长 102，中部宽 179，长短于头。背片光滑无任何线纹，背片鬃少，约 12 根。后侧缝完全。各鬃长：前缘鬃 13，前角鬃 19，中侧鬃 17，后侧鬃 39，后角鬃 26。除后侧鬃端部扁钝外，其余各鬃均尖。腹面前下胸片前窄后宽；基腹片近似横三角形，内端窄。翅胸长 154，宽 192。中、后胸盾片光滑无线纹，鬃很小，长 8-15。无翅。中胸前小腹片中部有宽的间断，两侧叶内端细。前足跗节齿小。

　　腹部　各节背片光滑无纹，节Ⅰ背片的盾板横长方形，但两角较圆，仅有 2 条模糊的横线在前缘。节 II-VIII两侧后缘有 2 对较长鬃，端部尖；节 V 后侧鬃长：内 I 39，内 II 23。无握翅鬃，其他背鬃均微小。节 V 背片长 70，宽 204。节 IX 背片后缘长鬃长：背中鬃 68，侧中鬃 24，侧鬃 90。节 X（管）长 88，为头长的 0.6 倍，基部宽 50，端部宽 28。肛鬃长：内中鬃 86，侧中鬃 102，侧鬃 91。

雄虫：未明。

寄主：桃、梭梭属（埃及）、杂草。

模式标本保存地：德国（SMF，Frankfurt）。

观察标本：1♀，宁夏银川，1987.VI.14，杂草，杨彩霞采；2♀♀，湖北神农架，2001. VIII，杂草，张桂玲采。

分布：宁夏、湖北；埃及。

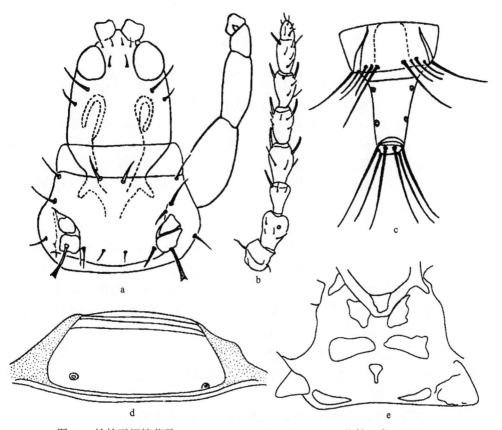

图 63　梭梭无翅管蓟马 *Apterygothrips haloxyli* Priesner（仿韩运发，1997a）

a. 头、前足和前胸背板，背面观（head, fore leg and pronotum, dorsal view）；b. 触角（antenna）；c. 腹节IX-X背片（abdominal tergites IX-X）；d. 腹节 I 盾片（abdominal pelta I）；e. 前胸腹面骨片及中胸前小腹片（prosternum and mesopresternum）

25. 巴氏管蓟马属 *Bagnalliella* Karny, 1920

Bagnalliella Karny, 1920, *Čas. Cesk. Spol. Ent.*, 17: 41.

Type species: *Cephalothrips yuccae* Hinds, 1902.

属征：头中等大小；复眼非常大，复眼后最宽，然后向基部收缩；单眼存在；口锥端部宽圆；口针缩入头内很深，且相互靠近，下颚桥存在，且短。前下胸片存在，比较小；前胸背板经常短小；后侧缝完全；前翅中部收缩，间插缨存在；雌雄前足跗节均有齿。节Ⅰ盾板三角形；雄虫无腹腺域，节Ⅸ后侧鬃减少。经常在丝兰属植物上活动，在草本植物上取食。

分布：古北界，东洋界，新北界。

本属世界已知 9 种，本志记述 1 种。

(72) 丝兰巴氏管蓟马 *Bagnalliella yuccae* (Hinds, 1902)（图 64）

Cephalothrips yuccae Hinds, 1902, *Proc. United States Nat. Mus.*, 26: 194-195.
Bagnalliella yuccae (Hinds): Kurosawa, 1968, *Ins. Mat. Suppl.*, 4: 1-94.

雌虫：体长 1.96mm。体褐色，中皮层下有红色或紫红色的色斑。前足胫节端部及所有足的跗节黄色；触角节Ⅰ、Ⅱ黑褐色，节Ⅲ-Ⅷ黄棕色。

头部　头长 252μm，宽：复眼前缘 102，复眼后缘 220，基部 210。单眼 3 个，前单眼着生正常。复眼背面长 82，腹面无延伸；复眼后鬃端部钝，长 70。两颊在复眼后渐加宽，到中部最宽，后向基部收缩，两颊有些短鬃。口锥长 102，端部宽圆，长 92；口针缩入头内很深，到达复眼后缘，口针中间间距较小；下颚桥存在。触角 8 节，节Ⅲ-Ⅵ感觉锥数目分别为：1+1、2+2、1+1、1+1。节Ⅶ背部中央有 1 个感觉锥；节Ⅰ-Ⅷ长（宽）分别为：40（38）、50（31）、60（33）、61（36）、54（30）、51（25）、49（20）、31（11）。

胸部　前胸长 180，短于头，前胸前缘宽 270，后缘宽 356。前胸背板前缘鬃和后缘鬃退化，其余主要鬃端部钝，但不膨大，各鬃长：前角鬃 45，中侧鬃 40，后侧鬃 63，后角鬃 47。前足跗节端部内缘有 1 小齿。中胸前腹片中间断开，两边三角形。中胸背板前 1/4-2/4 有横纹，2/4-3/4 无横纹。前翅中部微收缩，间插缨 5-7 根，翅基鬃Ⅰ、Ⅱ端部膨大，鬃Ⅲ端部尖，分别长：29、47、47。

腹部　节Ⅰ盾板三角形，两边无耳形延伸。节Ⅱ-Ⅶ各有 2 对"S"形握翅鬃和 3 对附属鬃。节Ⅴ长（宽）为 120（392）。节Ⅸ背侧鬃Ⅱ较短，背中鬃Ⅰ背侧长 130，基部宽 80，端部宽 32。肛鬃 3 对，分别长：152、155、160。

雄虫：形态特征与雌虫相同。体长 1.25mm；腹节Ⅸ的鬃Ⅱ粗短。伪阳茎端刺端部不膨大，顶端尖，指状。

寄主：丝兰属植物。

模式标本保存地：美国（USNM, Washington）。

观察标本：10♀♀1♂，浙江西天目山，1986.Ⅷ.21，凤尾兰，童晓立采；1♀1♂，江苏农学院内，1975，丝兰，陈若虎采。

分布：江苏、浙江、台湾；朝鲜，日本，欧洲，美国。

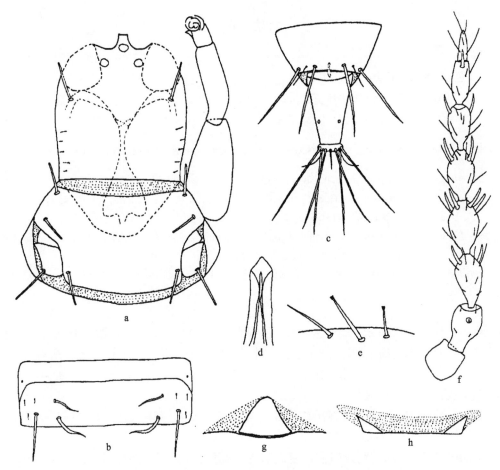

图 64　丝兰巴氏管蓟马 *Bagnalliella yuccae* (Hinds)

a. 雌虫头、前足和前胸背板，背面观（female head, fore leg and pronotum, dorsal view）；b. 腹节Ⅴ背板（abdominal tergite Ⅴ）；
c. 腹节Ⅸ-Ⅹ（abdominal tergites Ⅸ-Ⅹ）；d. 伪阳茎端刺（pseudovirgae）；e. 翅基鬃（basal wing bristles）；f. 触角（antenna）；
g. 腹节Ⅰ盾片（abdominal pelta Ⅰ）；h. 中胸前小腹片（mesopresternum）

26. 竹管蓟马属 *Bamboosiella* Ananthakrishnan, 1957

Antillothrips Stannard, 1957, *Ill. Biol. Monog. Urban*, 25: 20.

Bamboosiella Ananthakrishnan, 1957, *Ent. News*, 68: 65.

Type species: *Bamboosiella bicoloripes* Ananthakrishnan, 1957.

属征： 小到中等大小，棕色。口针比较短，且不缩入头内很深，仅在头基部；下颚桥消失；复眼后鬃端部尖或扁；触角节Ⅲ具 0+1 个或 1+1 个感觉锥；前胸背板前缘一般比较平直；前胸背板前缘鬃和中侧鬃发达或退化；前下胸片弱或缺；翅一般比较发达。前翅中部收缩，间插缨有或无；腹节Ⅲ-Ⅶ各有 2 对发达的 "S" 形握翅鬃。

分布： 古北界，东洋界。

本属世界已知 28 种，本志记述 3 种。

种检索表

1. 体单色 ⋯⋯⋯⋯⋯⋯⋯⋯⋯⋯⋯⋯⋯⋯⋯⋯⋯⋯⋯⋯⋯⋯⋯⋯⋯⋯⋯ **黑角竹管蓟马 *B. varia***
   体两色，至少腹节 II 黄色 ⋯⋯⋯⋯⋯⋯⋯⋯⋯⋯⋯⋯⋯⋯⋯⋯⋯⋯⋯⋯⋯⋯⋯⋯⋯⋯⋯⋯ 2
2. 前胸背板前缘鬃短小且端部尖，长 28μm ⋯⋯⋯⋯⋯⋯⋯⋯⋯⋯⋯ **丽竹管蓟马 *B. exastis***
   前胸背板前缘鬃发达，端部膨大，长 45μm ⋯⋯⋯⋯⋯⋯⋯⋯⋯ **娜竹管蓟马 *B. nayari***

(73) 丽竹管蓟马 *Bamboosiella exastis* (Ananthakrishnan & Kudô, 1974)（图 65）

Xenothrips luteus exastis Ananthakrishnan & Kudô, 1974, *Kontyû Tokyo*, 42(2): 120.

Bamboosiella brevibristla Sha, Guo, Feng & Duan, 2003b, *Entomotaxonomia*, 25(4): 244. Synonymised by Dang & Qiao, 2016, 4184 (3): 545.

Bamboosiella exastis (Ananthakrishnan & Kudô): Okajima, 1995a, *Jpn. J. Ent.*, 63(2): 303; Sha, Guo, Feng & Duan, 2003b, *Entomotaxonomia*, 25(4): 245.

Antillothrips exastis (Ananthakrishnan & Kudô): Pitkin, 1976, *Bull. Br. Mus.* (*Nat. Hist.*) (*Ent.*), 34(4): 234.

雌虫：体长 1.63mm。体两色。头、胸及腹节Ⅶ、Ⅹ为灰棕色，腹节 II 黄色，节Ⅲ-Ⅳ黄色，但有阴影；前足胫节及所有足的跗节黄色，中、后足胫节黄棕色，所有股节灰棕色。触角节 I、II、Ⅶ、Ⅷ灰棕色，节 II 端部中间部分白棕色，节Ⅲ、Ⅳ黄色，节Ⅴ-Ⅵ基部黄色，端半部灰棕色。

头部　头长 200μm，宽：复眼前缘 84，复眼后缘 168，基部 176。前单眼着生正常，后单眼间距 36。复眼背面长 72，腹面无延伸；复眼后鬃较短，长 44，端尖，距复眼后缘 16，距两颊边缘 28。两颊略拱，复眼后有 1 短鬃。口锥非常短，长 68，端部钝，宽 16，口针短，仅到基部；下颚桥缺。触角 8 节，节Ⅲ-Ⅵ感觉锥数目分别为：1+1、1+2^{+1}、1+1、1+1；节 I-Ⅷ长（宽）分别为：30（36）、46（30）、52（30）、50（30）、50（26）、48（22）、42（20）、30（12）。

胸部　前胸前缘平直，前胸长 124，短于头长，前缘宽 164，后缘宽 248。前胸背板后缘鬃退化，前缘鬃短小且端部尖，长 28，其余各主要鬃均发达且端部膨大，各鬃长：前角鬃 28，中侧鬃 32，后侧鬃 44，后角鬃 34。前下胸片退化。基腹片三角形。后侧缝完全。中胸前腹片中间连接，中央有圆形突起。中胸背板有横网纹，前部 1/5 膜质。后胸背板中间部分纵网纹较大，没有超过后边缘。前翅有 2-3 个间插缨，翅基鬃 I、II 短且端部膨大，鬃Ⅲ较长且端部尖，鬃 I-Ⅲ排成三角形，鬃 II 到 I、Ⅲ几乎等距，鬃 I-Ⅲ分别长：28、36、52。

腹部　节 I 盾板端部平截状，酒杯状。节 II-Ⅶ各有 2 对 "S" 形握翅鬃。节Ⅴ长（宽）为 96（224）。节Ⅸ背中鬃 I、背侧鬃 II 及侧鬃Ⅲ端部均尖，背侧鬃 II 短于背中鬃 I 和侧鬃Ⅲ，鬃 I-Ⅲ分别长：104、48、132。管长 108，短于头长，基部宽 62，端部宽 28。肛鬃 3 对，分别长 120、137、150。

雄虫：未明。

寄主：禾本科杂草。

模式标本保存地：泰国（Thailand）。

观察标本：1♀，云南勐养，1987.X，杂草，冯纪年采；1♀，山东泰山，1988.Ⅶ.29，禾本科杂草，冯纪年采。

分布：山东、台湾、云南；日本，泰国（曼谷）。

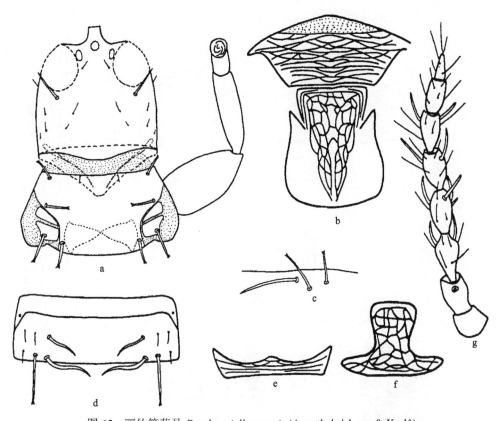

图 65　丽竹管蓟马 *Bamboosiella exastis* (Ananthakrishnan & Kudô)

a. 雌虫头、前足和前胸背板，背面观（female head, fore leg and pronotum, dorsal view）；b. 中、后胸背板（meso- and metanotum）；

c. 翅基鬃（basal wing bristles）；d. 腹节Ⅴ背板（abdominal tergite Ⅴ）；e. 中胸前小腹片（mesopresternum）；f. 腹节Ⅰ背
板（abdominal tergite Ⅰ）；g. 触角（antenna）

(74) 娜竹管蓟马 *Bamboosiella nayari* (Ananthakrishnan, 1958)（图 66）

Xenothrips luteus exastis Ananthakrishnan & Kudô, 1974, *Kontyû Tokyo*, 42(2): 120.

Bamboosiella brevibristla Sha, Guo, Feng & Duan, 2003b, *Entomotaxonomia*, 25(4): 244. Synonymised
by Dang & Qiao, 2016: 545.

Antillothrips exastis (Ananthakrishnan & Kudô): Pitkin, 1976, *Bull. Br. Mus. (Nat. Hist.) (Ent.)*, 34(4):
234.

Bamboosiella exastis (Ananthakrishnan & Kudô): Okajima, 1995a, *Jpn. J. Ent.*, 63(2): 303; Sha, Guo,
Feng & Duan, 2003b, *Entomotaxonomia*, 25(4): 245.

雌虫：体长 1.06mm。体两色。触角节Ⅲ为黄褐色，其余各节均为褐色；头、胸及管褐色；腹节Ⅰ盾板及节Ⅱ黄色，节Ⅲ-Ⅸ黄褐色；前足股节和胫节基部褐色，端部黄棕色，跗节黄色。

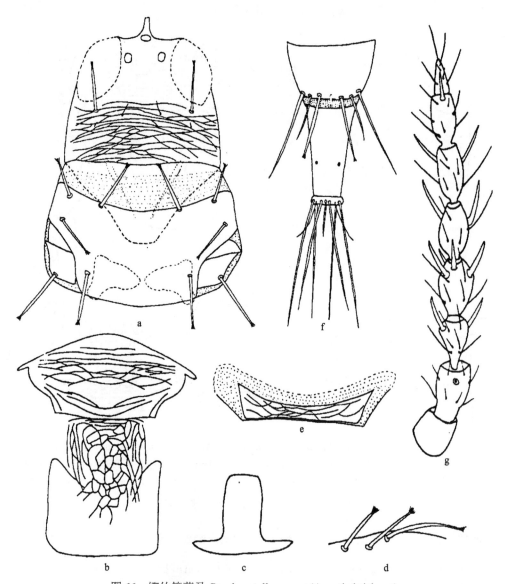

图 66　娜竹管蓟马 *Bamboosiella nayari* (Ananthakrishnan)

a. 雌虫头、前足和前胸背板，背面观（female head, fore leg and pronotum, dorsal view）；b. 中、后胸背板（meso- and metanotum）；
c. 腹节Ⅰ盾片（abdominal pelta Ⅰ）；d. 翅基鬃（basal wing bristles）；e. 中胸前小腹片（mesopresternum）；f. 腹节Ⅸ-Ⅹ（abdominal tergites Ⅸ-Ⅹ）；g. 触角（antenna）

头部　头长 132μm，宽：复眼前缘 70，复眼后缘 138，基部 142。两颊向基部逐渐加宽。单眼 3 个，前单眼着生正常，单眼区有红晕。复眼背面长 58，腹面无延伸；眼后鬃较长，48，端部很膨大。复眼以下有横网纹。口锥长 80，端部宽钝，宽 40；口针很短，仅到基部；下颚桥缺。触角 8 节，节Ⅲ-Ⅵ的感觉锥数目分别为：1+1、1+2^{+1}、1+1、1+1，节Ⅶ端部中部有 1 感觉锥。触角节Ⅰ-Ⅷ长（宽）分别为：27（26）、34（22）、32（22）、37（25）、35（21）、37（18）、33（16）、23（10）。

　　胸部　前胸长 80，前缘宽 160，后缘宽 286，前胸短于头部。前缘较平直。前下胸片消失。前胸背板后缘鬃退化，其余主要鬃均发达，且端部膨大，前缘鬃 45，前角鬃 35，中侧鬃 43，后角鬃 50，后侧鬃 55。前足跗节无齿。中胸前腹片中间连接，中央无圆形突起。中胸背板有横网纹，网孔较大。后胸背板有纵网纹，网孔较大，前翅中部收缩，具 4-5 根间插缨，翅基部Ⅰ-Ⅲ端部膨大，分别长：35、40、55。

　　腹部　节Ⅰ盾板端部平截状，基部两侧有耳形延伸。节Ⅱ-Ⅶ有 2 对"S"形握翅鬃和 3 对附属鬃。节Ⅴ长（宽）为 65（261）。节Ⅸ背中鬃Ⅰ端部膨大，背侧鬃Ⅱ和侧鬃Ⅲ端部尖，背侧鬃Ⅱ较短，内Ⅰ-Ⅲ分别长：75、38、80。管短于头长，长 94，基部宽 50，端部宽 24。肛鬃 3 对，长于管，分别长 102、121、115。

　　雄虫：未明。

　　寄主：竹子。

　　模式标本保存地：印度（India）。

　　观察标本：4♀♀，广西龙州县弄岗保护区，1985.Ⅶ.28，竹心叶，张维球采。

　　分布：福建、海南、广西；印度。

(75) 黑角竹管蓟马 *Bamboosiella varia* (Ananthakrishnan & Jagadish, 1969)

Xylaplothrips varius Ananthakrishnan & Jagadish, 1969, *Zool. Anz.*, 182: 121-133.

Antillothrips varius (Ananthakrishnan & Jagadish): Pitkin, 1976, *Bull. Br. Mus.* (*Nat. Hist.*) (*Ent.*), 34: 235; Ananthakrishnan, 1969a, *Indian Forester*, 95(3): 173.

Bamboosiella varia (Ananthakrishnan & Jagadish): Okajima, 1995b, *Jpn. Jour. Ent.*, 63(3): 478.

　　雌虫（长翅型）：体长 1.6mm。体黑棕色。所有足的股节黑棕色，最端部较淡，所有足的胫节基部棕黄色，端部黄色，所有足的跗节黄色；触角节Ⅲ黄色，其余节黑棕色，但节Ⅳ最基部较淡；翅几乎透明，前翅中部有棕色阴影，主要鬃几乎无色。

　　头部　头长 164μm，稍长于宽，长几乎与宽等长，复眼处宽 137，复眼处最宽；头背部后缘具刻纹；复眼后鬃长 60-62，稍短于复眼，端部膨大；两颊几乎圆。复眼长 66，是头长的 0.4 倍。单眼较大。触角为头长的 2.0-2.2 倍，触角节Ⅲ小于节Ⅳ；节Ⅲ和节Ⅳ分别有 2 个（1+1）和 3 个感觉锥（1+2^{+1}）。口锥短且圆。

　　胸部　前胸中部长 98，为头长的 0.6 倍，宽 182，两侧和后缘具微弱刻纹；所有主要鬃端部膨大，前角鬃 42-45，前缘鬃 48-50，侧鬃 50-53，后角鬃 60-62，后侧鬃 65-66；前缘鬃较长，通常长于前角鬃。前足跗节齿存在。前胸，但较弱；刺腹片较发达。后胸具多边形网状刻纹。前翅长 690；前翅具有 4-6 根间插缨；3 根翅基鬃端部膨大。翅基鬃内Ⅰ鬃长 47，内Ⅱ鬃长 55，内Ⅲ鬃长 83。

　　腹部　盾片呈帽形，两侧叶具缺刻，具微弱网纹，具有 1 对感觉钟孔。腹节Ⅸ B1

鬃和 B2 鬃短于管，B2 鬃长于 B1 鬃，B1 鬃端部膨大，B2 鬃端部较尖。节Ⅸ B1 鬃长 92-98，B2 鬃长 115-116；管长 128，基部宽 56，长为头长的 0.78 倍，长为基部宽的 2.24-2.29 倍。肛鬃 143，长于管。

雄虫（长翅型）：体长 1.3mm。体色和结构相似于雌虫，但更小和细长。前足跗节齿存在。管为头长的 0.66 倍。

头长 155。复眼处宽 124。两颊处 124。复眼长 66，宽 38-40。前胸中部长 87，宽 155。前翅长 560。管长 102，基部宽 49，端部宽 26。触角节Ⅰ-Ⅷ长（宽）分别为：28（30）、40（23）、37.5（23.5）、42（25）、140（22）、40（20）、35（18）、25（11）。鬃长：复眼后鬃 50-52；前角鬃 30，前缘鬃 37-38，侧鬃 35-37，后角鬃 48-49，后侧鬃 50；翅基鬃内Ⅰ-Ⅲ分别长：33-35、35-38、53-56。节Ⅸ B1 鬃长 68-70，B2 鬃长 29-30；肛鬃长 130-135。

寄主：椰子壳内、枯枝落叶、枯树皮下。

模式标本保存地：印度（TNAU，Coimbatore）。

观察标本：5♀♀，海南那大，1979.Ⅴ.8，谢少远采。

分布：海南；日本，印度，泰国，菲律宾，印度尼西亚。

27. 修管蓟马属 *Dolichothrips* Karny, 1912

Dolichothrips Karny, 1912e, *Zool. Anz.*, 40: 297-301; Han, 1997a, *Econ. Ins. Faun. China. Fasc.*, 55: 46.
Membrothrips Bhatti, 1978, *Entomon*, 3: 221-228. **Type species:** *Neoheegeria indica* Hood, 1919, by monotypy. Synonymised by Mound & Minaei, 2007, *J. Nat. Hist.*, 41: 2919-2978.
Type species: *Dolichothrip longicollis* Karny, 1912.

属征：身体狭长；头长是宽的 1.5-2 倍；前单眼着生在突出物上；口锥非常长，超过前胸背板中部，两侧凹陷；前足跗节经常有齿，前足股节有时膨大；中胸小腹片总是中间断开；腹部"S"形握翅鬃多于 2 对或附属鬃多于 6 对。

分布：古北界，东洋界。

本属世界已知 20 种，本志记述 3 种。

种检索表

1. 腹部无"S"形弯曲的附属握翅鬃 ·················罗伊氏修管蓟马 *D. reuteri*
   腹部至少有 1 对以上的"S"形附属握翅鬃 ······················2
2. 腹节Ⅱ-Ⅶ背片具有 1 对微"S"形弯曲的握翅鬃 ···········血桐修管蓟马 *D. macarangai*
   腹节Ⅱ-Ⅶ背片各有附属握翅鬃 3 对，有时 4 对 ···········柳修管蓟马 *D. zyziphi*

(76) 罗伊氏修管蓟马 *Dolichothrips reuteri* (Karny, 1920)（图 67）

Liothrips reuteri Karny, 1920, *Čas. Cesk. Spol. Ent.*, 17: 40.
Liothrips karnyi Bagnall, 1924, *Ann. Mag. Nat. Hist.*, (9)14: 631. Unnecessary replacement name.

Dolichothrips reuteri (Karny): Mound & Okajima, 2015, *Zootaxa*, 3956(1): 79-96.

雌虫（长翅型）：体长 1.8-2.0mm。体黑棕色；前足胫节黄色，基部和边缘为棕色，中足和后足胫节黑棕色，端部浅黄色，所有足的跗节黄色；触角节Ⅰ、Ⅱ、Ⅷ棕色至黑棕色，几乎与头同色，节Ⅲ-Ⅵ呈纯黄色，节Ⅵ基部浅黄色，端部浅棕色；翅几乎透明，但基部浅棕色，主要鬃几乎透明或浅黄色，但前胸和肛鬃色较深。

头部　头长 205μm，为宽的 1.5-1.55 倍，背部表面有微弱横纹，但单眼区几乎光滑；复眼后鬃 58-62；复眼后鬃较复眼短，端部较尖；颊微圆或直。复眼处宽 133，两颊处 134，在头基部宽 117。复眼长 69，为头长的 1/3，复眼宽 40-44。触角为头长的 2.7 倍。口锥到达前基腹片。触角节Ⅰ-Ⅷ长（宽）分别为：41（32）、43（28）、150（27）、153（29）、45（27）、45（25）、43（21）、33（11）。

胸部　前胸中部长 145，宽 188；较光滑，两侧具有微弱刻纹；所有主要鬃发达；前胸前角鬃 20，前缘鬃 23-25，侧鬃 25-27，后角鬃 48-54，后侧鬃 40-42。后侧鬃端部较钝或微弱膨大。前足跗节具 1 小齿。前翅具 5-6 根间插缨；前翅长 725。翅基鬃内Ⅰ鬃和内Ⅱ鬃端部微弱膨大，内Ⅲ鬃长且弯曲，端部钝或微尖。翅基鬃内Ⅰ鬃长 33-34，内Ⅱ鬃长 36-38，内Ⅲ鬃长 68-70。

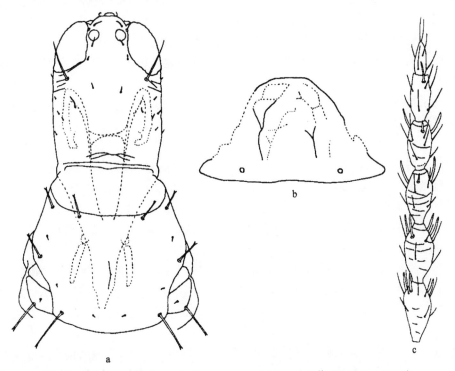

图 67　罗伊氏修管蓟马 *Dolichothrips reuteri* (Karny)（仿 Okajima，2006）

a. 头和前胸背板（head and prothorax）；b. 腹节Ⅰ（abdominal segment Ⅰ）；c. 触角节Ⅲ-Ⅷ（antennal segments Ⅲ-Ⅷ）

腹部　盾片梯形，中部具微弱刻纹，并有 1 对感觉孔。腹节没有"S"形握翅鬃；节

Ⅸ B1 鬃和 B2 鬃端部较尖，与管等长或稍长于管。管长 135，为头长的 0.66 倍，长为基部宽的 2 倍；基部宽 68，端部宽 37。肛鬃长 178-180，长于管。

雄虫（长翅型）：体长 1.5-1.7mm。体色和体型也与雌虫相似。足，特别是前足长且强壮，前足股节增大，前足跗节齿较钝，基部较宽。前翅具 4-5 根间插缨，腹节Ⅸ B2 鬃短。

寄主：大戟属、血桐属、茅草。

模式标本保存地：美国（CAS，San Francisco）。

观察标本：未见。

分布：台湾、广东、海南；日本，密克罗尼西亚。

(77) 血桐修管蓟马 *Dolichothrips macarangai* (Moulton, 1928)（图 68）

Neoheegeria macarangai Moulton,1928a, *Ann. Zool. Jpn.*, 11: 287-337; Zhang, 1984b, *Jour. South China Agri. Univ.*, 5(3): 18, 19.

Dolichothrips macarangai (Moulton): Priesner, 1935b, *Philip. J. Sci.*, 57: 363; Han, 1997a, *Econ. Ins. Faun. China. Fasc.*, 55: 470.

雌虫（长翅型）：体长 2.5mm。体黑棕色；所有足的股节黑棕色，与体同色，所有足的胫节端部黄色，基部淡棕色，所有足的跗节黄色；触角节Ⅰ、Ⅱ黑棕色，节Ⅱ端部较淡，其余棕黄色，但触角节Ⅷ渐呈淡棕色；翅透明，主要鬃呈褐色。

头部 头长 286μm，超过宽的 1.8 倍，复眼处最宽，达 157，两颊处宽 155，头背表面具横刻纹，单眼区具微弱网纹；复眼后鬃长 65-66，短于复眼，端部钝或近乎尖；两颊直，几乎平行。复眼长 93，为头长的 1/3，复眼宽 50-55。触角为头长的 2.16 倍。口锥到达基腹片处。触角节Ⅰ-Ⅷ长（宽）分别为：47（37）、51（31）、165（28）、163（33）、60（28）、56（27）、53（22）、23（12）。

胸部 前胸中部长 163，宽 216；具横刻纹；所有的鬃发达，端部钝或微膨大，后角鬃长于后侧鬃；前角鬃 34-38，前缘鬃 37-39，侧鬃 30-32，后角鬃 83-85，后侧鬃 68-75；前足跗节具有 1 直而向前的小齿。前翅长 950。前翅具 8-10 根间插缨；翅基鬃内Ⅰ和内Ⅱ长度相等，端部较钝或微膨大，内Ⅲ鬃长于内Ⅱ鬃，端部钝。翅基鬃内Ⅰ长 55-62，内Ⅱ长 60-63，内Ⅲ 长 95-100。

腹部 盾片三角形，前缘较圆，并具有多边形网纹，有 1 对感觉钟孔。腹节Ⅱ-Ⅶ每节具有 1 对微"S"形握翅鬃；节Ⅸ内Ⅰ鬃和内Ⅱ鬃长度基本相等，长于管，端部较尖。管长 172，为头长的 0.6 倍，基部宽 80，端部宽 41，长为基部宽的 2.15 倍。肛鬃几乎与管等长。

雄虫（长翅型）：颜色和形态与雌虫相似。前足较强壮，前足股节增大，前足跗节齿基部宽，三角形，边缘较直。前翅具有 7-9 根间插缨；翅基鬃内Ⅲ鬃不很长，腹节Ⅸ的内Ⅱ鬃退化为短鬃。

寄主：血桐属、杜香果科、腰果。

模式标本保存地：美国（CAS，San Francisco）。

观察标本：未见。

分布：台湾、广东、海南。

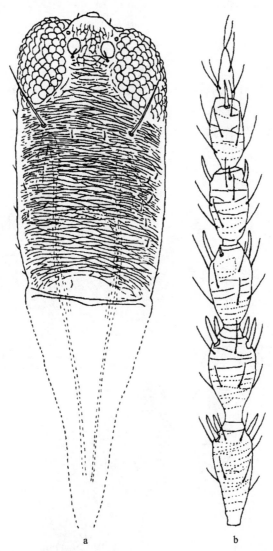

a b

图 68　血桐修管蓟马 *Dolichothrips macarangai* (Moulton)（仿 Okajima，2006）

a. 头（head）；b. 触角节Ⅲ-Ⅷ（antennal segments Ⅲ-Ⅷ）

(78) 柳修管蓟马 *Dolichothrips zyziphi* (Bagnall, 1923)（图 69）

Neoheegeria zyziphi Bagnall, 1923, *Ann. Mag. Nat. Hist.*, (9)12: 629.

Dolichothrips zyziphi (Bagnall): Mound, 1968, *Bull. Brit. Mus. (Nat. Hist.) Ent.*, 11: 88, 89; Han, 1997a, *Econ. Ins. Faun. China. Fasc.*, 55: 467.

雌虫：体长 2.4mm。体暗棕色至黑棕色，但触角节Ⅲ基部 3/4、节Ⅳ和Ⅴ基部 1/2、节Ⅵ基部 1/3 黄色或暗黄色；各足胫节和跗节淡棕色；翅微暗；体鬃较暗。

　　头部　头长 279μm，宽：复眼处 233，复眼后 255，长为复眼处宽的 1.2 倍。颊略微拱，眼后横线纹较细，单眼区隆起。复眼长 97。复眼后鬃长于复眼，端部尖，长 121，距眼 24。单眼间鬃长 19，单眼后鬃长 14，其他头背鬃和颊鬃均短小，长 7-19。触角 8节，节Ⅱ-Ⅵ线纹细弱，节Ⅶ基部较宽；节Ⅰ-Ⅷ长（宽）分别为：41（46）、55（43）、82（36）、87（41）、70（36）、63（36）、48（29）、29（14），总长 475；节Ⅲ长为宽的 2.3 倍。感觉锥较大，但节Ⅵ的较细，长 24-26；节Ⅲ-Ⅶ数目分别为：2+1、1+1+1+1、1+1、1+1、1。口锥近乎三角形，中部两侧略拱，端部窄；长 194，宽：基部 243，中部 145，端部 48。下颚须基节长 9，端节长 68。口针较细，缩至头内中部或复眼后鬃处；两口针中部间距较宽，为 60。

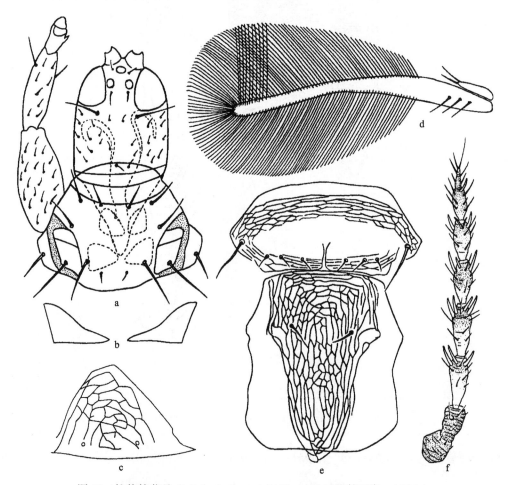

图 69　柳修管蓟马 *Dolichothrips zyziphi* (Bagnall)（仿韩运发，1997a）

a. 头、前足和前胸（head, fore leg and prothorax）；b. 中胸前小腹片（mesopresternum）；c. 腹节Ⅰ盾片（abdominal pelta Ⅰ）；

d. 前翅（fore wing）；e. 中、后胸背板（meso- and metanotum）；f. 触角（antenna）

　　胸部　前胸长 226，前部宽 267，后部宽 340；背片光滑；后侧缝完全。除后缘鬃外，各边缘长鬃端部尖而不锐或略微钝，长：前缘鬃 53，前角鬃 72，侧鬃 82，后侧鬃 126，后角鬃 102，后缘鬃 19；其他背片鬃少而小。腹面前下胸片近似三角形，前基腹片三角形。中胸前小腹片中部间断，两侧叶三角形，中胸盾片前、后部有横线纹，中部光滑，前侧鬃较粗大，端部略微钝，长 72；中后鬃和后缘鬃共 3 对，约位于同一水平线上，长 17-26。后胸盾片除后部两侧光滑外，具纵网纹和纵线纹；前缘鬃 3 对，短小而尖，位于前缘角；前中鬃细而尖，长 43，距前缘 72。前翅长 1387，宽：近基部 140，中部 72，近端部 77；间插缨 11 根或 14 根；翅基鬃内 I 和内 II 端部略钝或尖而不锐，分别长 87 和 97；内 III 端部尖锐，长 145；3 根鬃各自间距和距翅前缘的远近相似。前足跗节内缘齿细小而尖，尖端伸向端泡。

腹部　节 I 背片的板略似三角形，网纹和线纹轻微而模糊。节 II-VII 背腹片前缘线清晰；节 II-IX 背片横线纹较密而细，有时模糊，管和各腹片无线纹。节 II-VII 背片各有握翅鬃 3 对，有时 4 对，其中 2 对大的，1 对或 2 对小的；握翅鬃两侧有小鬃 7-8 对，向后减少。节 II-VII 后缘侧鬃端部略微钝。节 V 背片长 194，宽 369。节 IX 背片后缘长鬃均尖，长：背中鬃和中侧鬃均为 267，侧鬃 238，长于管。管长 218，为头长的 0.78 倍；宽：基部 109，端部 68，较粗，基部宽为长的 0.5 倍。肛鬃均尖，长 255，长于管。

雄虫：体色和一般结构相似于雌虫，但体较小，腹节 IX 中侧鬃甚短于背中鬃和侧鬃。节 IX 背片后缘鬃长：背中鬃 218，中侧鬃 24，侧鬃 218。管长 199，宽：基部 97，端部 68。肛鬃长 194。

寄主：柳树叶、杂草。

模式标本保存地：英国　（BMNH，London）。

观察标本：1♀，河南龙峪湾，1996.VII.2，段半锁采；2♀♀，2002.VII.8，福建武夷山，杂草，郭付振采；4♀♀，福建兰汤，2002.VII.28，杂草，郭付振采。

分布：河南、福建、云南；印度。

28. 简管蓟马属 *Haplothrips* Amyot & Serville, 1843

Haplothrips Amyot & Serville, 1843, *Hist. Nat. Ins. Hémipt.*: 640.

Type species: *Phloeothrips albipennis* Burmeister, 1836.

属征：中等大小，通常单色，很少两色。复眼中等大小，腹面一般不延伸。单眼存在。触角 8 节，节 III 不对称，有 0-3 个简单感觉锥，节 IV 有 4 个（2+2 或 2+2^{+1}）感觉锥。节 VIII 基部无梗。口针通常长，缩入头壳很深，中间间距较宽；下颚桥存在。口锥短，端部宽圆或窄圆。前下胸片存在。后侧缝完全。通常长翅型，前翅中部收缩，间插缨有或无。腹节 II-VII 通常各有 2 对"S"形握翅鬃。雄虫股节略增大，无腹腺域。

分布：古北界，东洋界，新北界，非洲界，新热带界。

本属世界已知 220 多种，本志记述 15 种。

种检索表

1. 前翅无间插缨（*Trybomiella* 亚属）·····················**葱简管蓟马 *H. (T.) allii***
   前翅有间插缨（*Haplothrips* 亚属）·· 2
2. 体黄色···**黄简管蓟马 *H. (H.) pirus***
   体暗棕色或黑色·· 3
3. 复眼后鬃略微小，小于 20μm ··· 4
   复眼后鬃较长，至少长于 30μm ·· 5
4. 中胸前小腹片中部呈窄带状，两侧叶较大 ·············**含羞简管蓟马 *H. (H.) leucanthemi***
   中胸前小腹片中间断开，两边呈 2 个三角形·············**短鬃简管蓟马 *H. (H.) breviseta***
5. 前胸前缘鬃退化或甚短于其他长鬃 ·· 6
   前胸前缘鬃发达，不甚短于其他长鬃，在 20μm 以上 ······························· 9
6. 翅基鬃内 I-III 端部均尖 ···**稻简管蓟马 *H. (H.) aculeatus***
   翅基鬃内 I-III 端部不均尖 ·· 7
7. 翅基鬃内 I-III 端部扁钝；腹面前下胸片中部间断，侧叶呈横长三角形·············
   ···**暗翅简管蓟马 *H. (H.) fuscipennis***
   翅基鬃内 I、II 端部钝，略膨大，内 III 端部尖；腹面前下胸片中部连接 ············· 8
8. 伪阳茎端刺端部圆柱状，端刺端部膨大，顶端平截状············**豆简管蓟马 *H. (H.) kurdjumovi***
   伪阳茎端刺端部柱状，端刺端部不膨大，顶端向内凹入············**巴哥里简管蓟马 *H. (H.) bagrolis***
9. 复眼后鬃端部尖；翅基鬃内 I、II 和 III 端部均尖 ······························· 10
   复眼后鬃端部钝或膨大；翅基鬃内 I、II 和 III 端部不均尖 ······················ 11
10. 伪阳茎端刺特殊，端部向外形成 2 个大的、尖的突起，钉形·····**尖毛简管蓟马 *H. (H.) reuteri***
    伪阳茎端端刺端部膨大，呈指状··**麦简管蓟马 *H. (H.) tritici***
11. 复眼后鬃端部钝或扁钝·· 12
    复眼后鬃端部膨大··· 14
12. 前胸主要鬃端部膨大；翅基鬃内 I、II 端部膨大，内 III 端部尖·······**华简管蓟马 *H. (H.) chinensis***
    前胸主要鬃端部钝或扁钝；翅基鬃与上述不同·································· 13
13. 前翅间插缨 8-9 根；翅基鬃内 I、II 端部钝，内 III 端部膨大······**桔简管蓟马 *H. (H.) subtilissimus***
    前翅间插缨 11 根或 13 根；翅基鬃内 I、II 端部扁钝，内 III 端部尖
    ···**狭翅简管蓟马 *H. (H.) tenuipennis***
14. 触角节 III 有 1+0 个感觉锥·································**草皮简管蓟马 *H. (H.) ganglbaueri***
    触角节 III 有 1+1 个感觉锥·····································**菊简管蓟马 *H. (H.) gowdeyi***

(79) 稻简管蓟马 *Haplothrips (Haplothrips) aculeatus* (Fabricius, 1803)（图 70）

Thrips aculeatus Fabricius, 1803, *Brusvigae*: 312.

Phloeothrips aculeate Haliday, 1836, *Ent. Mag.*, 3: 441.

Phloeothrips oryzae Matsumura, 1899, *Ann. Zool. Jpn.*, 3: 1.

Phloeothrips japonicus Matsumura, 1899, *Ann. Zool. Jpn.*, 3: 4.

Haplothrips aculeate Karny, 1912d, *Zool. Annal.*, 4: 327.

Haplothrips aculeate (Fabricius): Mound *et al.*, 1976, *Handb. Ident. British Ins.*, 1(11): 66; Han, 1997a, *Econ. Ins. Faun. China. Fasc.*, 55: 448.

雄虫：体长 1.76mm。体棕色。触角节Ⅰ、Ⅱ、Ⅵ-Ⅷ棕色较暗，节Ⅲ、Ⅴ黄色；前足胫节中间部分为黄色，各足跗节为淡黄色。

头部　头长 190μm，宽：复眼前缘 75，复眼后缘 160，基部 160。两颊中部微拱，较深，未接触复眼后缘，口针中间间距较宽；下颚桥存在。触角 8 节，触角节Ⅲ-Ⅵ感觉锥数目分别为：1、2+2、1+1、1+1；节Ⅰ-Ⅷ长（宽）分别为：25（25）、45（25）、45（22）、50（30）、45（25）、40（24）、40（20）、25（13）。

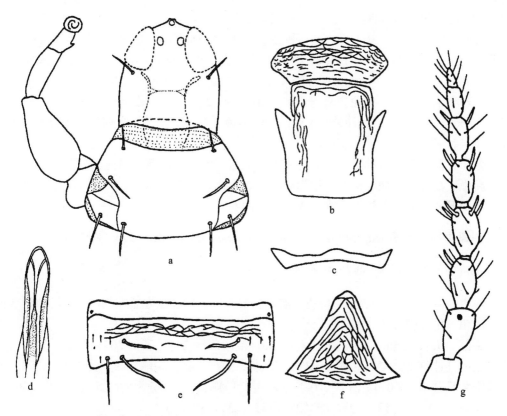

图 70　稻简管蓟马 *Haplothrips* (*Haplothrips*) *aculeatus* (Fabricius)

a. 雄虫头、前足和前胸背板，背面观（male head, fore leg and pronotum, dorsal view）; b. 中、后胸背板（meso- and metanotum）; c. 雄虫中胸前小腹片（male mesopresternum）; d. 伪阳茎端刺（pseudovirgae）; e. 腹节Ⅴ背板（abdominal tergite Ⅴ）; f. 腹节Ⅰ盾片（abdominal peltaⅠ）; g. 触角（antenna）

胸部　前胸长 130，短于头部，前缘宽 200，后缘宽 265。前下胸片存在，近似三角形。基腹片较大。后侧缝完全。前胸背板前缘鬃和后缘鬃退化，其余各鬃发达，前角鬃 30，中侧鬃 40，后角鬃 50，后侧鬃 55。前足股节略膨大，跗节基部内缘有齿。中胸小腹片中间连接，中央有圆形突起。中胸背板横网纹明显。后胸背板中部纵网纹较少。翅基鬃内Ⅰ-Ⅲ端部尖，分别长：25、35、50。前翅无色，中部收缩，间插缨6-7根。

腹部　腹节Ⅰ盾板三角形，两边无耳形延伸，端部钝，上有弯曲的网纹。腹节Ⅱ-Ⅶ各有2对"S"形握翅鬃，4对附属鬃。腹节Ⅶ-Ⅷ有淡网纹。节Ⅴ的长（宽）为65（240）。节Ⅸ背中鬃Ⅱ短粗，背中鬃Ⅰ、背侧鬃Ⅱ和侧鬃Ⅲ端部均尖，分别长：100、40、110。管长110，短于头部和前胸，基部宽55，端部宽33。肛鬃3对，长于管，分别长：120、126、140。伪阳茎端刺均匀细长，端部不膨大，顶端钝圆。

雌虫：形态特征与雄虫相似。体长2.23mm；前足胫节全为棕色；前足跗节的齿较雄虫小。

寄主：沙枣、沙鞭、唐菖蒲、金老梅、白草、水稻、小麦、玉米、高粱及多种禾本科杂草、莎草科植物。

模式标本保存地：澳大利亚（Australia）。

观察标本：1♂，内蒙古包头园林科技研究所，1988.Ⅸ.29，唐菖蒲，段半锁采；1♂，内蒙古包头园林科技研究所，1988.Ⅸ.14，金老梅，段半锁采；1♀，内蒙古包头郊区苗圃，1988.Ⅹ.18，白草，段半锁采；1♀，内蒙古鄂托克，1350m，1992.Ⅸ.12，白草，李明照、段半锁采；1♀，内蒙古乌前，1040m，1992.Ⅶ，沙枣，段半锁采；1♀，内蒙古磴口县，1000m，1992.Ⅸ.9，沙竹，李明照、段半锁采；1♀，内蒙古乌前旗，1040m，1992.Ⅶ，段半锁采。

分布：黑龙江、吉林、辽宁、内蒙古、北京、河北、山西、河南、陕西、宁夏、甘肃、新疆、江苏、安徽、湖北、湖南、福建、台湾、广东、海南、广西、四川、贵州、云南、西藏；苏联，朝鲜，日本，东南亚，西欧。

(80) 巴哥里简管蓟马 *Haplothrips (Haplothrips) bagrolis* Bhatti, 1973（图71）

Haplothrips bagrolis Bhatti, 1973, *Oriental Ins.*, 7(4): 535.

雌虫：体长2.19mm。体暗棕色。前足胫节黄色，两边缘为黑棕色，所有足的跗节黄色；触角节Ⅲ-Ⅵ为黄色。

头部　头长225μm，宽：复眼前缘80，复眼后缘205，基部205。两颊平直。前单眼着生在延伸物上。复眼腹面无延伸，背面长80；复眼后鬃端部膨大，长60。节Ⅲ-Ⅵ感觉锥数目分别为：0+1、2+2^{+1}、1+1、1+1；节Ⅰ-Ⅷ长（宽）分别为：25（30）、50（30）、50（28）、60（35）、50（30）、45（25）、45（23）、30（15）。

胸部　前胸长150，短于头长，前缘宽235，后缘宽330。前下胸片长三角形。后侧缝完全。前胸背板前缘鬃和后缘鬃短小，其余各主要鬃端部均膨大，前角鬃35，中侧鬃50，后角鬃60，后侧鬃60。前足股节略膨大，跗节有微齿。中胸前小腹片中间连接，中央有圆形突起。中胸背板前半部有横网纹，后半部无网纹。后胸背板中间有纵网纹，网纹下部超出背板基线。前翅中部收缩，间插缨9-10根。翅基鬃内Ⅰ、Ⅱ端部膨大，内Ⅲ很长，端部尖，内Ⅰ-Ⅲ分别长：35、45、90。

腹部　节Ⅰ盾板钟状，两边有耳形延伸，上有不规则纹。节Ⅱ背板上有一些可见网纹。节Ⅱ-Ⅶ各有2对粗大的"S"形握翅鬃。节Ⅴ长（宽）为125（340）。节Ⅸ背侧鬃

Ⅱ长于背中鬃Ⅰ，背中鬃Ⅰ、背侧鬃Ⅱ和侧鬃Ⅲ端部尖，内Ⅰ-Ⅲ分别长：110、120、130。管长140，短于头部和前胸，基部宽90，端部宽40，肛鬃3对，长于管，分别长：160、166、170。

雄虫：体色和形态与雌虫相似。体长1.70mm；前翅间插缨9根；前足跗节齿相对较大。伪阳茎端刺逐渐向端部变窄，柱状，顶端向内有些凹入，射精管长，伸达伪阳茎端刺端部。

寄主：小麦、白丁香、连翘。

模式标本保存地：印度（India）。

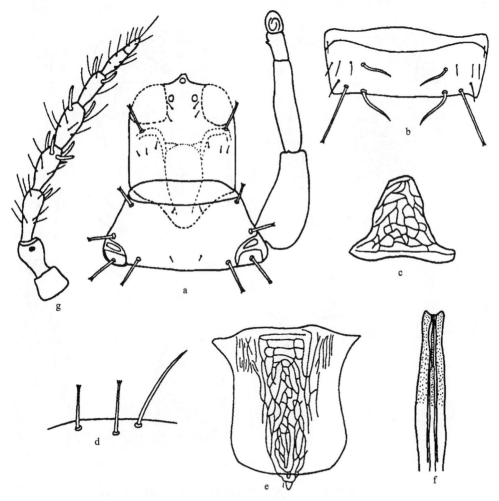

图71　巴哥里简管蓟马 *Haplothrips* (*Haplothrips*) *bagrolis* Bhatti

a. 雄虫头、前足和前胸背板，背面观（male head, fore leg and pronotum, dorsal view）；b. 腹节Ⅴ背板（abdominal tergite Ⅴ）；c. 腹节Ⅰ盾片（abdominal pelta Ⅰ）；d. 翅基鬃（basal wing bristles）；e. 后胸背板（metanotum）；f. 伪阳茎端刺（pseudovirgae）；g. 触角（antenna）

观察标本：1♂1♀，江苏南京中山公园，1995. Ⅳ.12，连翘，李明照、段半锁采；1♂1♀，江苏南京中山公园，1995.Ⅳ.12，白丁香，段半锁采；2♀♀，浙江天目山，1050m，1999.Ⅷ.19，段半锁采。

分布：江苏、浙江；印度。

(81) 短鬃简管蓟马 *Haplothrips (Haplothrips) breviseta* Duan, Li & Yang, 1998（图 72）

Haplothrips breviseta Duan, Li & Yang, 1998, *Acta Zootaxonomica Sinica*, 23(1): 48.

雄虫：体长 2.36mm。体黑褐色，体表皮下有红色色素。前足胫节端部 1/2 的中部及前足跗节黄色；前翅基部淡褐色。

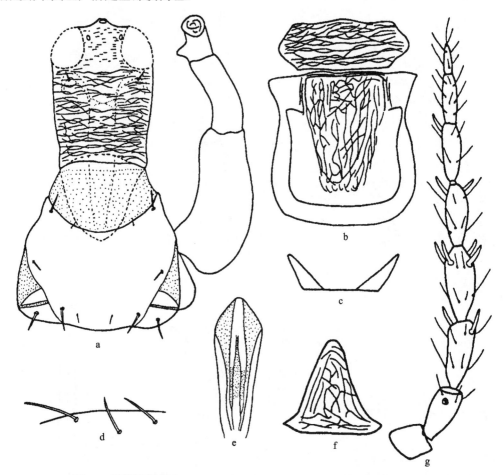

图 72 短鬃简管蓟马 *Haplothrips (Haplothrips) breviseta* Duan, Li & Yang

a. 雄虫头、前足和前胸背板，背面观（male head, fore leg and pronotum, dorsal view）；b. 中、后胸背板（meso- and metanotum）；
c. 雄虫中胸前小腹片（male mesopresternum）；d. 翅基鬃（basal wing bristles）；e. 伪阳茎端刺（pseudovirgae）；f. 腹节Ⅰ
盾片（abdominal pelta Ⅰ）；g. 触角（antenna）

头部 头长 259μm，宽：复眼前缘 90，复眼后缘 200，基部 215。两颊在基部收缩。单眼 3 个，前单眼着生在延伸物上。复眼腹面无延伸，背面长 83；复眼后鬃非常弱，长

14。口锥端部宽圆，长 115；口针缩入头内较深，接近复眼后缘；口针中间间距小，宽 21；下颚桥存在。头背部有密的横网纹。触角 8 节，节Ⅲ-Ⅵ的感觉锥数目分别为：1+1、2+2、1+1、1+0；节Ⅰ-Ⅷ长（宽）分别为：33（34）、52（29）、69（25）、66（50）、61（25）、56（21）、51（19）、36（13）。

胸部　前胸长 161，短于头长，前缘宽 210，后缘宽 339。前胸背板主要鬃端部尖，前缘鬃和后缘鬃短小，长 9，前角鬃 18，中侧鬃 18，后角鬃 20，后侧鬃 20，后角鬃 31。后侧缝完全。前下胸片存在。中胸前小腹片中间断开，两边形成 2 个三角形。前胸背板有横网纹。后胸背板有纵网纹，网纹未超出下缘。前翅中部收缩，间插缨 6-9 根。翅基鬃Ⅰ-Ⅲ端部尖，分别长：25、25、40。前足股节略膨大，跗节基部三角齿较大。

腹部　节Ⅰ盾板三角形，两边有耳形延伸，上有不规则纹，节Ⅲ-Ⅶ腹板各有 2 对"S"形握翅鬃和 3 对附属鬃。节Ⅴ长（宽）为 115（315）。节Ⅸ背中鬃Ⅰ、背侧鬃Ⅱ和侧鬃Ⅲ纤细，端部尖，分别长：101、43、120。管长 166，略长于前胸，基部宽 64，端部宽 36。肛鬃 3 对，短于管，分别长 118、117、134。伪阳茎端刺由基部逐渐向端部扩大，至端部膨大成 1 个椭圆形，射精管较短。

雌虫：形态特征与雄虫相似。体长 2.56mm。

寄主：匍根骆驼蓬、火绒草、锦鸡儿。

模式标本保存地：中国（BLRI，Inner Mongolia）。

观察标本：3♀♀4♂♂，内蒙古（二连浩特），1993.Ⅷ.19，匍根骆驼蓬，李杰采；3♀♀2♂♂，内蒙古（二连浩特），锦鸡儿，段半锁采；2♀♀，内蒙古（二连浩特），1993.Ⅷ.19，火绒草，李杰采。

分布：内蒙古。

(82) 华简管蓟马 *Haplothrips (Haplothrips) chinensis* Priesner, 1933（图73）

Haplothrips chinensis Priesner, 1933c, *Rec. Indian Mus.*, 35: 359; Han, 1997a, *Econ. Ins. Faun. China. Fasc.*, 55: 450.

Haplothrips grandior Priesner, 1933c, *Rec. Indian Mus.*, 35: 361.

雌虫：体长 2.14mm。体暗棕色。头部及管基部颜色较深；触角节Ⅲ-Ⅵ黄色；前足胫节及全部足的跗节黄色；管端半部 1/3 黄棕色。

头部　头长 220μm，宽：复眼前缘 60，复眼后缘 220，基部 218。两颊平直。前单眼着生在延伸物上，复眼腹面无延伸，背面长 70；复眼后鬃钝，长 55，距复眼后缘 20，距边缘 25。口锥长 105，端部钝；口针缩入头内不深，仅到中部，中间间距宽，75；下颚桥存在。触角节Ⅲ-Ⅵ感觉锥数目分别为：0+1、2+2、1+1、1+1；节Ⅰ-Ⅷ长（宽）分别为：30（31）、50（31）、50（28）、53（35）、50（30）、45（23）、40（27）、27（13）。

胸部　前胸长 145，短于头长，前缘宽 150，后缘宽 350。前胸背板后缘鬃退化，其余各主要鬃发达且端部膨大，前缘鬃 28，前角鬃 30，中侧鬃 35，后角鬃 55，后侧鬃 70。后侧缝完全。前下胸片存在，基腹片相对较大。前足胫节略膨大，前足跗节有微齿。中胸前小腹片连接，中央有圆形突起。中胸背板前部 1/4 为膜质，前部 3/4 有弱横网纹。后胸背板纵网纹很弱。前翅中部收缩，间插缨6-10根；翅基鬃内Ⅰ、Ⅱ端部膨大，内Ⅲ端部尖，内Ⅱ距内Ⅲ距离较近，内Ⅰ-Ⅲ几乎排成1条直线，分别长50、50、55。

腹部　节Ⅰ盾板端部钝圆，两边有耳形延伸，上面有淡网纹。节Ⅱ-Ⅶ各有2对"S"形握翅鬃和3对附属鬃。节Ⅴ长（宽）为110（315）。节Ⅸ背中鬃Ⅰ、背侧鬃Ⅱ和侧鬃Ⅲ均长，端部尖，分别长：110、100、115。管长140，短于头部和前胸，基部宽70，端部宽40。肛鬃3对，短于管，分别长：110、105、85。

雄虫：体色和形态均相似于雌虫。腹节Ⅸ的鬃Ⅱ较短。伪阳茎端刺近端部突然膨大，指状，顶端钝，射精管较长。

寄主：桃、李、柑橘类等果树，豆类、桂花、十字花科植物，以及多种野生植物的花内、结缕草、竹、山桃、花桃、龙眼花。

模式标本保存地：德国（SMF，Frankfurt）。

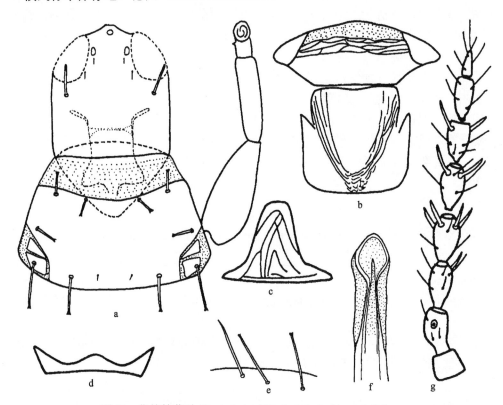

图 73　华简管蓟马 *Haplothrips (Haplothrips) chinensis* Priesner

a. 雌虫头、前足和前胸背板，背面观（female head, fore leg and pronotum, dorsal view）；b. 中、后胸背板（meso- and metanotum）；c. 腹节Ⅰ盾片（abdominal pelta Ⅰ）；d. 雌虫中胸前小腹片（female mesopresternum）；e. 翅基鬃（basal wing bristles）；f. 伪阳茎端刺（pseudovirgae）；g. 触角（antenna）

观察标本：1♂，浙江天目山三亩坪，1999.Ⅷ.20，结缕草，段半锁采；1♀，广西南宁植物园，1996.Ⅵ.22，竹，段半锁采；1♀，内蒙古伊里兴安蛇库，1996.Ⅵ.20，李明照采；1♂，徐州云龙公园，1995.Ⅳ.19，花桃，段半锁、李明照采；1♀，广州石碑，1974.

X.24，桂花，张维球采；1♂，广州石版，1976.V.10，龙眼花，张维球采。

分布：内蒙古、吉林、北京、河北、山西、河南、宁夏、新疆、江苏、安徽、浙江、湖北、湖南、福建、台湾、广东、海南、广西、贵州、云南、西藏；朝鲜，日本。

(83) 暗翅简管蓟马 *Haplothrips (Haplothrips) fuscipennis* Moulton, 1928（图74）

Haplothrips (Karnyothrips) fuscipennis Moulton, 1928a, *Ann. Zool. Jpn.*, 11: 320.

雌虫：体长 1.7mm。体黑棕色至黑色，但触角节III-V基半部、节VI基部 1/3、各足胫节两端和各足跗节黄色，触角节III端部暗黄色，节IV-VI端部淡棕色，节VII、VIII暗棕色；前翅暗灰，而翅基鬃处一小段较淡；体鬃较暗。

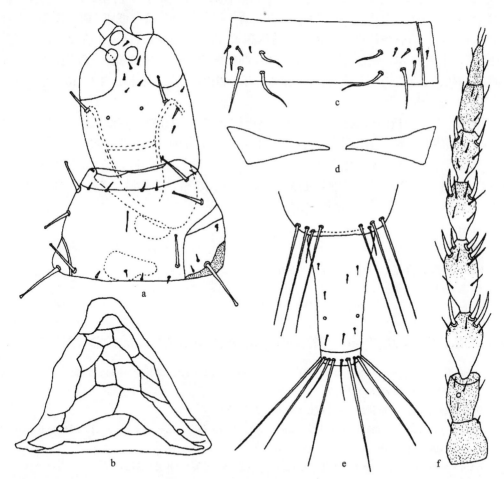

图74　暗翅简管蓟马 *Haplothrips (Haplothrips) fuscipennis* Moulton（仿韩运发，1997a）

a. 雌虫头和前胸背板，背面观（female head and pronotum, dorsal view）；b. 腹节 I 盾片（abdominal pelta I）；c. 腹节 V 背片（abdominal tergite V）；d. 中胸前小腹片（mesopresternum）；e. 雌虫腹节IX-X（female abdominal tergites IX-X）；f. 触角（antenna）

头部 头长 184μm，宽：复眼处和复眼后均为 136，后鬃 128，长为复眼处宽的 1.35 倍。单眼区隆起，眼后横线纹隐约，两颊略微拱。复眼长 76。单眼在复眼中部以前。复眼后鬃端部扁钝，长 35，距眼 10。其他背鬃细小而尖，长 4-10。触角 8 节，纹轻，节 IV-VIII 长（宽）分别为：61（31）、48（25）、43（21）、41（19）、31（10），总长 355。节 III 长为宽的 1.86 倍。感觉锥长 21-31，节 III-VI 数目分别为：1+2、2+2、1+1、1+1。口锥较小，端圆，长 76，基部宽 95，端部宽 46。口针较细，缩入头内复眼后鬃处，中部有下颚桥连接，间距 60。

胸部 前胸长 112，前部宽 170，后部宽 208。背片光滑，内纵黑条细，占前胸长度的 1/3；后侧缝完全。前缘鬃及其他背片鬃细小而尖，长鬃端部扁钝，鬃长：前缘鬃 6，前角鬃 39，侧鬃 36，后侧鬃 63，后角鬃 42，后缘鬃 8。腹面前下胸片中部间断，侧叶呈横长三角形。翅胸无长鬃，端部均尖。中胸盾片仅前部有几条细线纹；前外侧鬃长 24，其他鬃长 3-7。后胸盾片纵线纹稀疏；前缘鬃长 17，前中鬃长 21，距前缘 53。前翅长 708，宽：近基部 74，中部 42，近端部 59；间插缨 6 根；翅基鬃端部均扁钝，内 I 和内 III 距前缘较内 II 近，内 I 与内 II 间距稍大于内 II 和内 III 的间距；长：内 I 36，内 II 42，内 III 65。前足跗节无齿。

腹部 节 I 背板的盾板三角形，前端略圆，板内前中部纵、横线纹构成网纹，后部有 2-3 条横线纹。背片两侧线纹稀少。节 II-VII 握翅鬃外侧有短鬃 3-5 对；后侧长鬃内 I 端部略钝但不扁，长 85，内 II 端部尖，长 48。节 IX 背鬃端部尖，长：背中鬃 95，中侧鬃 84，侧鬃 77，略短于管。管长 116，为头长的 0.63 倍。宽：基部 55，端部 31。肛鬃长 98 和 111，短于或近似于管长。

雄虫：未明。

寄主：风藤葛。

模式标本保存地：美国（CAS，San Francisco）。

观察标本：未见。

分布：台湾。

(84) 草皮简管蓟马 *Haplothrips (Haplothrips) ganglbaueri* Schmutz, 1913（图 75）

Haplothrips ganglbaueri Schmutz, 1913, *Sber. Kais. Akad. Wiss.*, 122(1): 1034; Pitkin, 1976, *Bull. Br. Mus. (Nat. Hist.) (Ent.)*, 34: 249.

Haplothrips vernoniae Priesner, 1921, *Treubia*, 2: 1-20.

Zygothrips andhra Ramakrishna, 1928, *Men. Dep. Agric. India. (Ent. Ser.)*, 10: 217-316. Synonymised by Pitkin, 1976: 249.

Haplothrips priesnerianus Bagnall, 1933a, *Ann. Mag. Nat. Hist.*, (10)11: 313-334.

Haplothrips tolerabilis Priesner, 1936, *Bull. Soc. Roy. Ent. Egypte*, 20: 83-104.

雄虫：体长 1.64mm。体棕色。中、后足跗节棕色较浅，前足胫节中间部分和跗节黄色；触角节 III-VI 为黄色，节 III 色较亮。

头部 头长 190μm，宽：复眼前缘 75，复眼后缘 165，基部 148。两颊光滑，较平直，仅在基部略有收缩。复眼腹面无延伸，背面长 75；复眼后鬃端部膨大，短于复眼，长 45。前单眼着生正常。口锥短，长 85，端部宽圆，口针中部间距 80；口针缩入头内较深，但未达到复眼后缘；下颚桥存在。触角 8 节，节Ⅲ-Ⅶ基部形成小柄，节Ⅲ-Ⅵ的感觉锥数目分别为：1+0、2+2、1+1、1+1；节Ⅰ-Ⅷ长（宽）分别为：28（30）、45（25）、50（25）、55（25）、50（25）、48（23）、43（20）、27（10）。

胸部　前胸长 130，短于头部，前缘宽 195，后缘宽 265。前下胸片近似三角形。后侧缝完全。前胸背板后缘鬃退化，其余各主要鬃均发达且端部膨大，前缘鬃 20，前角鬃 25，后角鬃 45，后侧鬃 45，中侧鬃 30。前足股节略膨大，跗节基部内缘有 1 小齿。前翅中部收缩，间插缨 7 根，翅基鬃内Ⅰ、Ⅱ端部膨大，内Ⅲ端部尖，内Ⅱ距内Ⅲ较近，内Ⅰ-Ⅲ几乎成一条线，分别长：40、40、45。中胸前下腹片中间断开，两边形成 2 个三角形片。中胸背板有横的网纹。后胸背板中部有纵网纹。

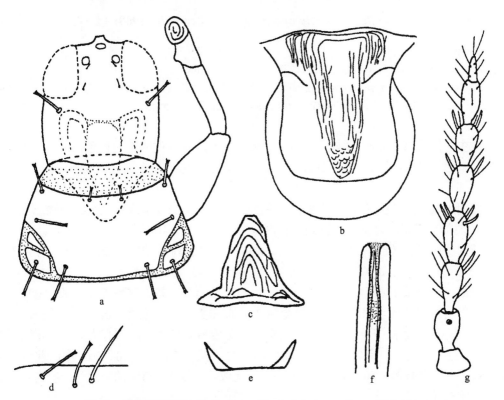

图 75　草皮简管蓟马 *Haplothrips* (*Haplothrips*) *ganglbaueri* Schmutz

a. 雄虫头、前足和前胸背板，背面观（female head, fore leg and pronotum, dorsal view）；b. 中、后胸背板（meso- and metanotum）；c. 腹节Ⅰ盾片（abdominal pelta Ⅰ）；d. 翅基鬃（basal wing bristles）；e. 雌虫中胸前小腹片（female mesopresternum）；f. 伪阳茎端刺（pseudovirgae）；g. 触角（antenna）

腹部　节Ⅰ盾板端部平截状，两边有耳形延伸，上有弯曲的纵纹。节Ⅱ-Ⅶ各有 2 对"S"形握翅鬃和 3 对附属鬃。节Ⅴ长（宽）为 90（220）。节Ⅸ背侧鬃 B2 短于背中 B1 和侧鬃 B3，端部均尖，分别长：95、35、140。管长 140，略长于前胸，基部宽 55，端部宽 30。肛鬃 3 对，长于管，分别长：150、148、150。伪阳茎端刺端部柱状，端部不膨大，射精管较长，到达伪阳茎端刺顶端。

　　雌虫：体色和形态特征相似于雄虫。体长为 1.686mm；前翅间插缨 5-7 根。

　　寄主：茅草、玉米等禾本科植物的心叶内、咖啡花、杂草、红山茶花。

　　模式标本保存地：斯里兰卡（Sri Lanka）。

　　观察标本：1♂，海南那大，1979.Ⅷ.10，咖啡花，卓少明采；1♀，海南陵水，1979.Ⅵ.11，玉米，卓少明采；1♀，云南景谷，1979.Ⅲ.20，秧田，胡国文采；20♀♀10♂♂，浙江天目山三亩坪，820m，1999.Ⅷ.20，段半锁采；1♀，云南思茅，1979.Ⅲ.20，红山茶花，胡国文采。

　　分布：山东、河南、江苏、上海、浙江、湖北、江西、湖南、福建、台湾、广东、海南、广西、四川、贵州、云南；日本，印度，斯里兰卡，印度尼西亚。

(85) 菊简管蓟马 *Haplothrips (Haplothrips) gowdeyi* (Franklin, 1908)（图 76）

Anthothrips gowdeyi Franklin, 1908, *Proc. U. S. Nat. Mus.*, 33: 724.

Haplothrips gowdeyi (Franklin): Watson, 1921, *Fla. Ent.*, 4: 38.

Haplothrips (Haplothrips) gowdeyi (Franklin): Pitkin, 1976: 250; Zhang, 1984a, *Jour. South China Agri. Coll.*, 5(2): 16, 20; Han, 1997a, *Econ. Ins. Faun. China. Fasc.*, 55: 453.

　　雄虫：体长 1.99mm。体棕色。前足胫节端部及所有足的跗节白棕色，中、后足胫节暗棕色。触角节Ⅲ-Ⅴ为黄色，节Ⅵ基部 1/2 为黄色。腹节Ⅱ-Ⅸ棕色逐渐加深。

　　头部　头长 180μm，宽：复眼前缘 70，复眼后缘 150，基部 120。两颊向后收缩。复眼腹面无延伸，背面长 70；复眼后缘端部膨大，长 33。前单眼着生在延伸物上。口锥长 90，端部平截状，宽 30；口针缩入头内较深，仅到中上部；口针中部间距宽，为 70。触角节Ⅲ-Ⅵ的感觉锥数目分别为：1+1、2+2^{+1}、1+1、1+1；节Ⅰ-Ⅷ长（宽）分别为：25（30）、43（25）、50（25）、50（30）、45（25）、43（20）、40（18）、25（10）。

　　胸部　前胸长 100，短于头部，前缘宽 160，后缘宽 245。前胸背板后缘鬃退化，其余主要鬃均发达，且端部都膨大，前缘鬃 25，前角鬃 20，中侧鬃 20，后角鬃 35，后侧鬃 35。前下胸片近似三角形。后侧缝完全。前足股节略膨大，跗节有小齿。前翅间插缨 6-7 根；翅基鬃内Ⅰ、Ⅱ端部膨大，内Ⅲ端部尖，分别长：30、30、50。中胸前腹片中间连接，中央有圆形突起。中胸背板前部 1/3 无纹，后部 2/3 有粗的横网纹。后胸背板中部有纵的粗纹。

　　腹部　腹节Ⅰ盾板端部钝圆，基部两侧有耳形延伸，上有曲线纹。节Ⅱ-Ⅶ各有 2 对"S"形握翅鬃和 3 对附属鬃。节Ⅴ长（宽）为 70（170）。节Ⅸ背侧鬃Ⅱ短粗，背中鬃 B1、背侧鬃 B2 和侧鬃 B3 分别长：90、33、110。管长 100，基部宽 50，端部宽 30。肛鬃 3 对，长于管长度，分别为：130、134、140。伪阳茎端刺向端部逐渐膨大，至近端部最大，顶端平钝，射精管较长。

　　雌虫：与雄虫相似，体长 1.74mm。

　　寄主：红花地被菊、百合花、菊花、茄瓜、菊科、莎草科等植物的花内、茅草心叶。

模式标本产地：拉丁美洲的巴巴多斯岛。

观察标本：1♂，乌鲁木齐植物园，1996.Ⅹ.1，红花地被菊，李明照、段半锁采；1♂，浙江天目山三亩坪，1999.Ⅷ.10，百合花，段半锁采；1♂，江西庐山，1977.Ⅺ.10，菊花，张维球采；4♀♀，江西庐山，1977.Ⅺ.10，菊花，张维球采；20♀♀，浙江天目山仙人顶，1506m，1999.Ⅷ.17，段半锁采；5♀♀1♂，广州石牌，1974.Ⅻ.19，菊花，林仕成采；1♀，海南尖峰岭，1980.Ⅳ.3，茅草心叶，张维球采；2♀♀，海南文昌县，1980.Ⅳ.6，茄瓜，谢少远采。

分布：新疆、浙江、江西、湖南、福建、台湾、广东、海南、广西、四川、贵州、云南；日本，印度，拉丁美洲。

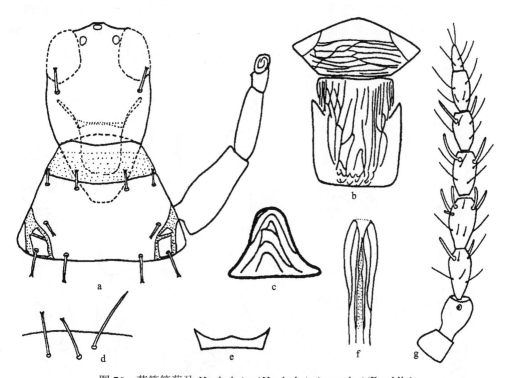

图76　菊简管蓟马 *Haplothrips* (*Haplothrips*) *gowdeyi* (Franklin)

a. 雄虫头、前足和前胸背板，背面观（male head, fore leg and pronotum, dorsal view）；b. 中、后胸背板（meso- and metanotum）；c. 腹节Ⅰ盾片（abdominal pelta Ⅰ）；d. 翅基鬃（basal wing bristles）；e. 雄虫中胸前小腹片（male mesopresternum）；f. 伪阳茎端刺（pseudovirgae）；g. 触角（antenna）

(86) 豆简管蓟马 *Haplothrips* (*Haplothrips*) *kurdjumovi* Karny, 1913（图77）

Haplothrips kurdjumovi Karny, 1913a, *Trudy Polt. Selsk-Khozy.*, 18: 3-10.

Haplothrips faurei Hood, 1914, *Pro. Biol. Soc. Washington*, 27: 151-172.

Haplothrips floricola Priesner, 1921, *Treubia*, 2: 1-20.

雌虫：体长 2mm。体暗棕色。触角节Ⅲ-Ⅵ黄色；前足胫节端部及前足跗节黄色；

头部、足、腹节Ⅱ-Ⅷ有淡横纹，管基部有淡横纹。

　　头部　头长 220μm，宽：复眼前缘 80，复眼后缘 180，基部 192。前单眼着生在延伸物上。复眼腹面向内略有延伸，复眼背面长 80；复眼后鬃端部膨大，长 56，距复眼 16。口锥较短，长 112，端部钝；口针缩入头内较深，到达眼后鬃位置；口针中间间距宽 80；下颚桥存在。两颊微拱，双颊两侧有刺毛。触角 8 节，节Ⅲ-Ⅵ的感觉锥数目分别为：1+0、2+2、1+1、1+1；节Ⅰ-Ⅷ长（宽）分别为：30（34）、40（30）、52（28）、54（34）、50（28）、40（24）、38（22）、26（12）。

　　胸部　前胸长 180，前缘宽 224，下部宽 316。前胸背板前缘鬃和后缘鬃短小且尖，其余各主要鬃均发达且端部膨大，前角鬃 44，中侧鬃 40，后角鬃 56，后侧鬃 64。前下胸片三角形，上有纵纹。后侧缝完全。前足股节不膨大，跗节有微小的齿。前翅有 7 个间插缨。中胸前小盾片中间连接，中央有圆形突起。中胸背板前半部有横网纹。后胸背板中部有纵网纹，网纹超过中胸背板底部。翅基鬃内Ⅰ、Ⅱ端部膨大，内Ⅲ端部尖，内Ⅰ-Ⅲ分别长：40、44、44。

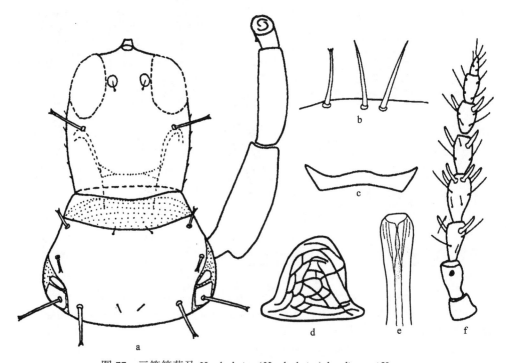

图 77　豆简管蓟马 *Haplothrips* (*Haplothrips*) *kurdjumovi* Karny

a. 雌虫头、前足和前胸背板，背面观（female head, fore leg and pronotum, dorsal view）；b. 翅基鬃（basal wing bristles）；c. 雌虫中胸前小腹片（female mesopresternum）；d. 腹节Ⅰ盾片（abdominal pelta Ⅰ）；e. 伪阳茎端刺（pseudovirgae）；f. 触角（antenna）

　　腹部　节Ⅰ盾板端部钝圆，两边有耳形延伸。腹节Ⅱ-Ⅶ各有 2 对“S”握翅鬃，3 对握翅鬃。节Ⅴ长（宽）为 120（328）。节Ⅸ背中鬃 B1、背侧鬃 B2 和侧鬃 B3 端部尖，分别长：108、108、120。管长 140，管短于头部和前胸，基部宽 68，端部宽 36；肛鬃 3 对，分别长：140、141、144。

雄虫：与雌虫非常相似。体长 1.3mm。伪阳茎端刺圆柱状，端部膨大，顶端平截状，射精管长，到达伪阳茎端刺顶端。

寄主：茄子花、豆类。

模式标本保存地：美国（USNM，Washington）。

观察标本：2♀♀1♂，内蒙古，1992.IX.12，豆类，李明照、段半锁采；2♀♀，辽宁铁岭，1978.IX.24，茄子花，何振昌采。

分布：黑龙江、辽宁、吉林、内蒙古、宁夏、甘肃、新疆；苏联（西伯利亚），西欧。

(87) 含羞简管蓟马 *Haplothrips* (*Haplothrips*) *leucanthemi* (Schrank, 1781)（图 78）

Thrips leucanthemi Schrank, 1781, *Enum. Ins. Austr. Indigen.*: 298.

Phloeothrips statices Heeger, 1852, *Sitz. Ak. Wiss. Wien.*, 9: 473-490.

Phloeothrips nigra Osborn, 1883, *Can. Ent.*, 15(8): 151-156.

Phloeothrips armatus Lindeman, 1887, *Bull. Soc. Imp. Mosc.*, 4: 335.

Haplothrips trifolii Priesner, 1919, *Sber. Akad. Wiss.*, 128: 115-144.

Haplothrips scythicus Knechtel, 1961, *Comun. Acad. R. P. Rom.*, 11: 1325-1328. Synonymised by Minaei & Mound, 2008, *J. Nat. Hist.*, 42: 2617-2658.

雌虫：体长 1.6mm。体暗棕色，包括触角和足，但触角节III、前足胫节端部和跗节较淡，黄棕色。前翅无色透明，但基部翅鬃处淡棕色。长体鬃暗黄色。

头部　头长 194μm，宽：复眼处 170，复眼后 185，长为复眼后宽的 1.05 倍。背片后缘鬃中部有 2 横列网纹，其他横线纹弱。复眼长 61。颊略拱。单眼在复眼中线以前，两后单眼紧靠复眼内缘。复眼后缘与其他头鬃一样微小，仅长 3，小于单眼直径。触角 8 节，节VIII基部不收缩。节 I-VIII长（宽）分别为：29（34）、41（29）、54（29）、51（34）、51（29）、46（24）、41（19）、24（10），总长 337。节III长为宽的 1.86 倍。感觉锥较短粗，长约 15，各节数目：节III 2 个、节IV 4 个。口锥短而端部宽圆，长 109，宽：基部 153，端部 70。下颚桥较宽。口针缩入头内，接近复眼后缘，中部间距宽，约 70。

胸部　前胸长 122，前部宽 219，后部宽 280。背片仅后部有些弱横纹。后侧缝不完全。鬃端部尖；各鬃长：前缘鬃 5，前角鬃 15，侧鬃 10，后侧鬃 34，后角鬃 37。其他背片鬃约 10 根，微小。前下胸片存在。中胸前小腹片中部窄带状，两侧叶甚大。后鬃盾片较平滑，仅前部和中部有弱网纹。前翅中部仅略微收缩；长 822，宽：近基部 97，中部 61，近端部 68；间插缨 5-8 根。翅基鬃均尖，内 I 和内 II 在近乎一条线上，内 II 向后；长：内 I 29、内 II 34、内 III 49。前足跗节内齿小。

腹部　节 I 背片的盾板似孤独山峰，内有 4 条纵纹和网纹。仅节 II-V 背片两侧有弱纹。节 II-VII背片的握翅鬃后对甚大于前对。节IX背片后缘长鬃甚短，端部均尖；长：背中鬃 61，中侧鬃 61，侧鬃 80。管（节 X）长 158，长约如头的 0.81 倍；宽：基部 58，端部 37。

雄虫：相似于雌虫，但较瘦小，腹节IX背片中侧鬃短于背中鬃和侧鬃。

二龄若虫：红色。

寄主：榕、菊类。

模式标本保存地：美国（FSCA，Gainesville）（Australia）。

观察标本：未见。

分布：台湾、广东、海南、广西；苏联，蒙古，欧洲，北美洲。

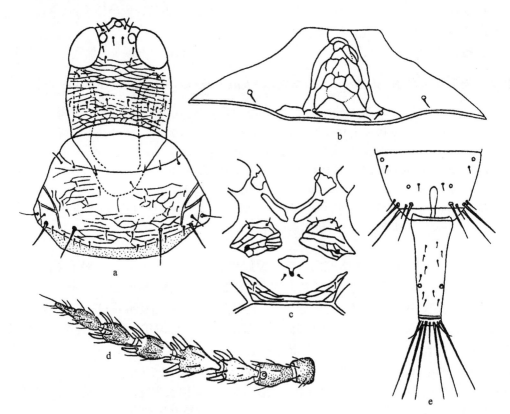

图 78　含羞简管蓟马 *Haplothrips* (*Haplothrips*) *leucanthemi* (Schrank)（仿韩运发，1997a）

a. 头和前胸背板，背面观（head and pronotum, dorsal view）；b. 腹节 I 盾片（abdominal pelta I）；c. 前胸腹面骨片及中胸前小腹片（prosternum and mesopresternum）；d. 触角（antenna）；e. 雌虫腹节 IX-X（female abdominal tergites IX-X）

(88) 黄简管蓟马 *Haplothrips* (*Haplothrips*) *pirus* Bhatti, 1967（图 79）

Haplothrips pirus Bhatti, 1967, Published by the author, Delhi: 23.

雄虫：体长 1.22mm。体黄色。各足均为黄色，管棕色，触角节 I、II、VII、VIII 为棕色，节 III 为淡黄色，节 IV、V 端部 4/5 为棕色，节 VI 端部 1/2 为淡棕色。

头部　头长 180μm，宽：复眼前缘 78，复眼后缘 155，基部 150。两颊在复眼突起，向后基部收缩。复眼腹面有延伸，复眼背面长 65，腹面长 80；复眼后鬃端部膨大，长 30。口锥长 75，端部钝圆；口针缩入头内较深，但未接触复眼后缘；下颚桥存在。前单眼着生正常，3 个单眼互相靠近。触角 8 节，节 IV 具明显的柄，节 III-VI 的感觉锥数目分别为：1+1、2+2、1+1、1+1。触角节 I-VIII 的长（宽）分别为：25（30）、40（25）、60

（25）、60（20）、55（20）、50（18）、40（15）、25（10）。

　　胸部　前胸长 88，短于头长，前部宽 165，后部宽 238。前胸背板后缘鬃退化，其余各主要鬃均发达且端部膨大，前缘鬃 30，前角鬃 30，中侧鬃 35，后角鬃 35，后侧鬃 45。后侧缝完全。前足股节不膨大，跗节无齿。中胸前小腹片中间断开，两边形成 2 个三角形的片。中胸背板上面有横网纹，后胸背板上有纵网纹。前翅间插缨 4 根，翅基鬃内 I、II 端部膨大，内 III 端部尖，内 II 距内 III 较近，内 I、II、III 分别长：30、30、53。

　　腹部　节 I 盾板半圆形，且上面无纹。节 II-VII 各有 2 对 "S" 形握翅鬃和 3 对附属鬃。节 V 长（宽）为 65（135）。节 IX 背中鬃 I、背侧鬃 II 及侧鬃 III 端部均尖，分别长：60、50、75。管长 90，略长于前胸，基部宽 45，端部宽 25。肛鬃 3 对，分别长：75、73、75。伪阳茎端刺端部指状，近端部略膨大，射精管较短。

　　雌虫：体色和其他特征均相似于雄虫。体长为 2.21mm。

　　寄主：常发现在柑橘、桃树的卷叶内，野麦草，食性不详。

　　模式标本保存地：印度（India）。

　　观察标本：1♂，广州，1976.VIII.1，柑橘，吴伟南采；1♀，成都植物园，1996.VI.7，野麦草，段半锁采。

　　分布：广东、海南、四川；印度。

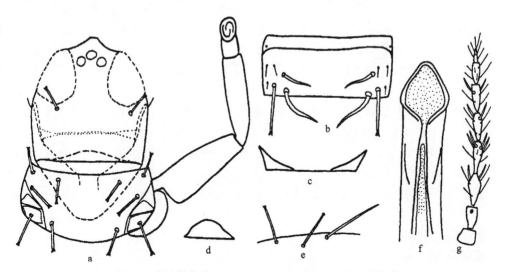

图 79　黄简管蓟马 *Haplothrips* (*Haplothrips*) *pirus* Bhatti

a. 雄虫头、前足和前胸背板，背面观（male head, fore leg and pronotum, dorsal view）；b. 腹节 V 背板（abdominal tergite V）；

c. 雌虫中胸前小腹片（female mesopresternum）；d. 腹节 I 盾片（abdominal pelta I）；e. 翅基鬃（basal wing bristles）；f. 伪阳茎端刺（pseudovirgae）；g. 触角（antenna）

(89) 桔简管蓟马 *Haplothrips* (*Haplothrips*) *subtilissimus* (Haliday, 1852)

Phloeothrips subtilissimus Haliday, 1852, *Homopt. Ins. Brit. Mus.*: 1100.

Haplothrips (*Haplothrips*) *subtilissimus* Haliday: Zhang & Tong, 1993a, *Zool.* (*Jour. Pure and Appl. Zool.*), 4: 428.

Haplothrips atricornis Priesner, 1925a, *Konowia*, 4: 152.

Haplothrips inoptata Priesner, 1925a, *Konowia*, 4: 141-159.

雄虫： 体长约 1.6mm。体暗棕色，包括触角和足，但触角节Ⅲ淡棕色，前足胫节端半部和跗节黄棕色，中、后足跗节淡棕色；前翅无色透明，但最基部淡棕色；体鬃淡棕色。

头部　头长 199μm，宽：复眼处 146，复眼后 158，后缘 163，长为后缘宽的 1.2 倍，背面有弱横纹。复眼长 70。单眼在复眼中线以前，后单眼靠近复眼。复眼后鬃端部钝而不膨大，长 46，距眼 12。其他头鬃微小。触角 8 节，节Ⅷ基部不收缩；节Ⅰ-Ⅷ长（宽）分别为：34（34）、44（24）、49（22）、56（27）、51（24）、44（24）、41（19）、29（12），总长 348；节Ⅲ长为宽的 2.23 倍。感觉锥较小，各节数目：节Ⅲ 1 个、节Ⅳ 4 个。口锥短，端部窄圆，长 112，宽：基部 146，端部 49。口针缩入头内 1/2，不及复眼后鬃处，中部间距宽，为 72。下颚桥在头后缘处。

胸部　前胸长 112，前部宽 182，后部宽 243。背片光滑，仅后缘有很少弱线纹。长鬃端部钝，但不膨大，各鬃长：前缘鬃 24，前角鬃 34，侧鬃 39，后侧鬃 54，后角鬃 46。其他背片鬃约 8 根，微小而尖。前下胸片紧围口锥。中胸前小腹片横带状，中部和两侧略高。后胸盾片较光滑，仅两前侧角有些纵纹。前翅中部收缩显著；长 720，宽：近基部 83，中部 46，近端部 53；间插缨 8-9 根。翅基鬃内Ⅰ、Ⅱ端部钝，略微膨大，内Ⅰ和内Ⅲ在前，内Ⅱ略靠后；长：内Ⅰ 41、内Ⅱ 49、内Ⅲ 73。

腹部　腹节Ⅰ背片盾板，近似三角形，内有较多线纹。各背片较光滑，仅节Ⅱ-Ⅵ有少数微弱线纹在背片两侧。节Ⅱ-Ⅶ后侧鬃甚长于节Ⅷ的，节Ⅴ的长 85，端部均钝而不膨大。节Ⅸ背鬃长鬃端部尖，长：背中鬃 90，中侧鬃 34，侧鬃 97。管（节Ⅹ）长 122，为头长的 0.61 倍，宽：基部 56，中部 44，端部 34。肛鬃均尖，长 117。

雌虫： 相似于雄虫，但较大。节Ⅸ中侧鬃（B2）长度近似于背中鬃（B1）和侧鬃（B3）。

二龄若虫： 具红白相间的带。

寄主： 野芝麻、丝瓜、月季、扁桃、毛茛、柑橘、芸薹属、野豌豆属、窃衣属、蓟属。

模式标本保存地： 俄罗斯（Russia）。

观察标本： 未见。

分布： 浙江、福建、广东；苏联，日本，中亚，欧洲，北美洲。

(90) 狭翅简管蓟马 *Haplothrips (Haplothrips) tenuipennis* Bagnall, 1918（图 80）

Haplothrips tenuipennis Bagnall, 1918, *Ann. Mag. Nat. Hist.*, (9)1: 210.

Haplothrips ceylonicus var. *mangiferae* Priesner, 1933c, *Rec. Indian Mus.*, 35: 359. Synonymised by Mound, 1968.

Haplothrips (Haplothrips) tenuipennis Bagnall: Pitkin, 1976, *Bull. Br. Mus. (Nat. Hist.) (Ent.)*, 34(4): 254.

雌虫：体长约 1.8mm。体暗棕色至黑色，但触角节Ⅲ-Ⅵ暗黄色，节Ⅶ-Ⅷ和前足胫节基部 2/3 淡棕色，前、中、后各足胫节端部和各足跗节暗黄色；翅无色，体鬃较暗。

头部　头长 226μm，宽：复眼处 194，后缘 211，长为复眼处宽的 1.16 倍。头背横线纹轻微。复眼长 77。复眼后鬃端部扁钝；长 58，短于复眼，距眼 14。其他背鬃均细小而尖。触角 8 节，节Ⅱ-Ⅶ基部梗显著或较细；节Ⅰ-Ⅷ长（宽）分别为：24（41）、41（26）、48（26）、58（31）、48（26）、43（24）、41（21）、24（9），总长 327，节Ⅲ长为宽的 1.85 倍。感觉锥小，长 14-19，数目：节Ⅲ 1+1 个、节Ⅳ 4 个、节Ⅴ和节Ⅵ各 1+1 个、节Ⅶ腹端 1 个。口锥端部较窄，长 121，宽：基部 194，端部 38。下颚须基节长 9，端节长 41。口针较细，缩入头内至复眼后，中部间距较大，76。下颚桥存在。

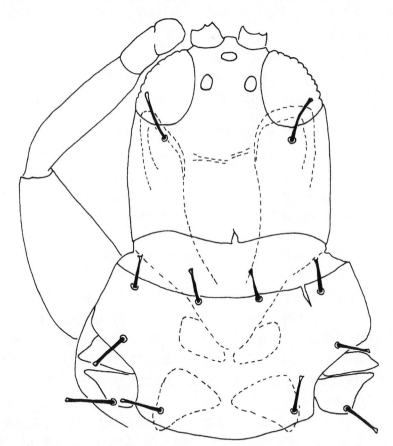

图 80　狭翅简管蓟马 *Haplothrips (Haplothrips) tenuipennis* Bagnall（仿 Pitkin, 1976）
头和前胸背板（head and pronotum）

胸部　前胸长 153，前部宽 247，后部宽 291。背片光滑，后侧缝完全。除后缘鬃和其他小背片鬃端部尖以外，边缘长鬃端部均扁钝，鬃长：前缘鬃和前角鬃均 29，侧鬃 43，后侧鬃 60，后角鬃 53，后缘鬃 7。腹面前下胸片包围口锥。前基腹片近似三角形。中胸前小腹片中峰不高。中胸盾片后中部缺横线纹；前外侧鬃端部扁钝，长 31，其他鬃均很小。后胸盾片后部两侧光滑，纵交错线纹细，有的仅隐约可见；鬃均小，前中鬃长 24。

前翅长 976，宽：近基部 116，中部 60，近端部 68；间插缨 11 根或 13 根；翅基鬃间距近似，内 I、II 端部扁钝，长 48 和 55，内 III 端部尖，长 75。前足跗节无齿。

腹部 节 I 背片的盾板近梯形，但前端平，板内仅几条山峰式纵线纹。背片线纹轻微；节 II-VII 各有 2 对握翅鬃，外侧有短鬃 3-4 对；后缘背侧长鬃端部略钝，节 V 的内 I 长 97，内 II 长 72。节 V 背片长 126，宽 291；节 IX 背片后缘鬃均端部尖，长鬃长：背中鬃 82，中侧鬃 92，侧鬃 116。管长 145，为头长的 0.64 倍，宽：基部 70，端部 43。肛鬃均尖，长：内中鬃 160，中侧鬃 175。

雄虫：体色和一般形态相似于雌虫，但体较小，体长约 1.5mm。前足股节稍膨大，跗节有小齿；腹节 IX 背片后缘中侧鬃短于背鬃和侧鬃。腹节 IX 鬃长：背中鬃 80，中侧鬃 29，侧鬃 102。管长 111，为头长的 0.59 倍，宽：基部 65，端部 38。肛鬃长 131-133。

寄主：树木、杂草。

模式标本保存地：英国（BMNH，London）。

观察标本：4♀♀3♂♂，浙江泰顺乌岩岭，2005.VIII.3，杂草，袁水霞采。

分布：浙江、云南、西藏；印度，印度尼西亚。

(91) 尖毛简管蓟马 *Haplothrips* (*Haplothrips*) *reuteri* (Karny, 1907)（图 81）

Anthemothrips reuteri Karny, 1907, *Berl. Ent. Zeitschr.*, 52: 51.
Haplothrips tenuisetosus Bagnall, 1933a, *Ann. Mag. Nat. Hist.*, (10)11: 313-334.
Haplothrips satanas Bagnall, 1933a, *Ann. Mag. Nat. Hist.*, (10)11: 313-334.
Haplothrip (*Haplothrip*) *rellteri* (Karny): Priesner, 1921, *Treubia*, 2: 14.

雌虫：体长 2.39mm。体棕色至黑棕色。触角暗棕色，触角节 III 较亮；前足胫节端部及前足跗节为黄棕色，前足其余部分及中、后足全为暗棕色。

头部 有横网纹。头长 240μm，宽：复眼前缘 90，复眼后缘 225，基部 224。两颊平直。口锥长 100，端部宽圆；口针缩入头内较深，但未接触复眼后缘；口针中部间距为 80；下颚桥存在。前单眼着生在延伸物上。复眼腹面无延伸，背面长 95；复眼后鬃端部尖，长 65。触角 8 节，节 III-VII 基部形成短柄，节 III-VI 感觉锥数目分别为：1+1、2+2、1+1、1+1；节 I-VIII 长（宽）分别为：40（40）、55（31）、55（30）、60（37）、55（30）、50（25）、45（20）、38（13）。

胸部 前胸长 145，短于头部，前缘宽 290，后缘宽 345。前胸背板后缘鬃较弱小，其余各鬃均发达且端部尖，前缘鬃 25，前角鬃 30，后角鬃 50，后侧鬃 65，中侧鬃 40。前下胸片存在，三角形。后侧缝完全。前足股节略膨大，跗节基部有 1 小齿。中胸前小腹片中间断开，两边形成 2 个三角形。中胸背板有横网纹。后胸背板有纵网纹。前翅端部缘缨羽状；翅基鬃排成 1 个三角形，且端部尖，内 I、II、III 分别长：55、60、65。翅基部及翅瓣为黄棕色，前翅间插缨 4-8 根。

腹部 节 I 盾板三角形，基部两侧无耳形延伸，上有弯曲网纹。节 II-VI 上有淡网纹；节 II-VII 各有 2 对"S"形握翅鬃和 3 对附属鬃；节 V 长（宽）为 120（375）；节 IX 背中鬃 B1、背侧鬃 B2 及侧鬃 B3 端部尖，分别长：135、145、130。管长 170，长于前胸，基部宽 65，端部宽 40。肛鬃 3 对，分别长：150、148、150。

雄虫：形态特征与雌虫相似。体长 2mm；前足跗节齿明显；腹节Ⅸ的节鬃粗短。伪阳茎端刺特殊，端部向外形成 2 个大的、尖的突起，钉形，近端部收缩；射精管很长，到达顶端。

寄主：杂草及各种花内、黄刺条、白头翁、蒲公英、大籽蒿、苜蓿属、白刺。

模式标本保存地：德国（SMF，Frankfurt）。

观察标本：1♀，乌中，1310m，1992.Ⅶ，杂草，段半锁采；1♀，贺兰山，2000m，1992.Ⅵ.9，黄刺，段半锁采；1♀，额济纳，1070 m，1992.Ⅵ.9，白头翁，段半锁采；1♀，贺兰山，1995m，1992.Ⅴ.30，蒲公英，段半锁采；1♀，阿右，1590m，1992.Ⅵ. 9，杂草，段半锁采；1♂，内蒙古额济纳，1070m，1992.Ⅶ，白刺，段半锁采；1♀，东苏旗，1050m，1993.Ⅷ.17，籽蒿，李明照采；2♀♀，浙江天目山三亩坪，850m，1999.Ⅷ.20，段半锁采；2♂♂，内蒙古巴音，1070m，1992.Ⅵ，苜蓿，段半锁采。

分布：内蒙古、宁夏、浙江；俄罗斯，蒙古，巴基斯坦，印度，伊朗，欧洲，苏丹，埃及。

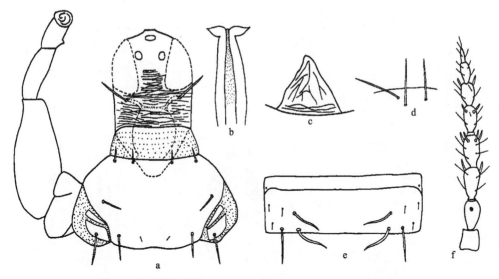

图 81　尖毛简管蓟马 *Haplothrips* (*Haplothrips*) *reuteri* (Karny)

a. 雌虫头、前足和前胸背板，背面观（female head, fore leg and pronotum, dorsal view）；b. 伪阳茎端刺（pseudovirgae）；c. 腹节Ⅰ盾片（abdominal pelta Ⅰ）；d. 翅基鬃（basal wing bristles）；e. 腹节Ⅴ背板（abdominal tergite Ⅴ）；f. 触角（antenna）

(92) 麦简管蓟马 *Haplothrips* (*Haplothrips*) *tritici* (Kurdjumov, 1912)（图 82）

Anthothrips tritici Kurdjumov, 1912, *Poltav. Trd. Selisk-choz. Opytn. Sta.*, 6: 43.

Haplothrips paluster Priesner, 1922, *Konowia*, 1: 177.

Haplothrips cerealis Priesner, 1939a, *Bull. Soc. Roy. Ent. Egypte*, 23: 355. Synonymised by Minaei & Mound, 2014, *Zootaxa*, 3802: 598.

雄虫：体长 2.158mm。体黑棕色。前足胫节端半部和跗节黄棕色；触角节III-VI为黄棕色。

头部　头长 260μm，宽：复眼前缘 80，复眼后缘 200，基部 205。两颊有小刺毛。前单眼着生在延伸物上。复眼腹面无延伸，背面长 85；复眼后鬃端部尖，长 50。口锥长 100，端部钝；口针缩入头内较深，口针中部互相靠近，间距很小；下颚桥存在。触角节 III-VI 的感觉锥数目分别为：1+1、2+2、1+1、1+1；触角节Ⅷ长超过节Ⅶ之半；节 I -Ⅷ 长（宽）分别为：28（33）、53（30）、50（33）、55（35）、48（31）、45（25）、45（23）、37（13）。

胸部　前胸长 165，短于头部，前缘宽 250，后缘宽 375。前下胸近似长方形。后侧缝完全。前胸背板后缘鬃弱小，其余主要鬃均发达且端部尖，前缘鬃 30，前角鬃 40，中侧鬃 45，后角鬃 60，后侧鬃 65。前足股节略膨大，跗节有 1 较大的齿。中胸前腹片中间断开，两边形成 2 个三角形片。中胸背板上有横网纹，前面 1/4 为膜质。后胸背板上有纵网纹，但网纹较淡。前翅间插缨 8-10 根，翅基鬃内 I -III端部尖，几乎成一直线，内 I -III分别长：40、45、55。前翅瓣及基部淡褐色。

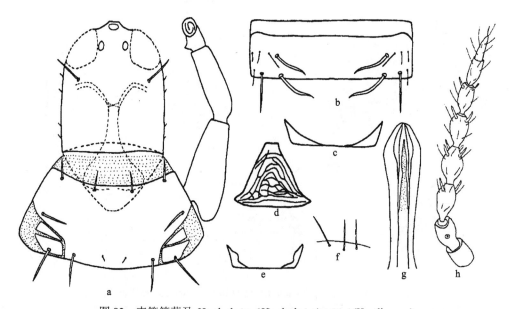

图 82　麦简管蓟马 *Haplothrips* (*Haplothrips*) *tritici* (Kurdjumov)

a. 雄虫头、前足和前胸背板，背面观（male head, fore leg and pronotum, dorsal view）；b. 腹节 V 背板（abdominal tergite V）；c. 雌虫中胸前小腹片（female mesopresternum）；d. 腹节 I 盾片（abdominal pelta I）；e. 雄虫中胸前小腹片（male mesopresternum）；f. 翅基鬃（basal wing bristles）；g. 伪阳茎端刺（pseudovirgae）；h. 触角（antenna）

腹部　节 I 盾板梯形，端部平截状，上有曲线纹。腹节 II -Ⅶ各有 2 对 "S" 握翅鬃，4 对附属鬃。节 V 长（宽）为 110（320）。节Ⅸ背侧鬃 B2 短粗，背中鬃 B1、背侧鬃 B2 及侧鬃 B3 分别长：130、50、140。管长 125，短于头部和前胸，基部宽 65，端部宽 35。肛鬃 3 对，分别长：145、150、146。伪阳茎端刺端部略膨大，指状，阳茎较长，顶端钝圆。

　　雌虫：形态特征与雄虫相似，但体色较暗。体长2802μm；前足跗节齿较小；腹节Ⅰ盾板边缘曲线平滑，无弯曲；腹节Ⅸ、Ⅱ与节Ⅰ等长。

　　寄主：麦类、玉米、茄子花、冰草、苦兰菊。

　　模式标本保存地：俄罗斯（Russia）。

　　观察标本：1♀，辽宁铁山岭，茄子花，1978.Ⅸ.24，段半锁采；1♂，内蒙古额济纳，冰草，1992.Ⅵ，段半锁，李明照采；1♀，额济纳，苦兰，1992.Ⅵ，段半锁、毛本庆采；46♀♀，新疆玛纳斯，小麦，1978.Ⅹ.16，张学祖采。

　　分布：广泛分布于黄河以北；苏联（西伯利亚），朝鲜，欧洲。

(93) 葱简管蓟马 *Haplothrips (Trybomiella) allii* Priesner, 1935（图83）

Haplothrips (Trybomiella) allii Priesner, 1935b, *Philip. J. Sci.*, 57: 367.

　　雄虫：体长1.29mm。体灰棕色，中皮层有大量的赤红色色素；胸部为黄棕色；触角节Ⅶ灰棕色稍淡，节Ⅲ-Ⅵ黄色；足胫节端部和跗节为黄色。

　　头部　头长200μm，宽：复眼前缘65，复眼后缘150，基部153。两颊平直且光滑。复眼腹面无延伸，复眼背面长65；复眼后鬃端部膨大，长35，短于复眼。前单眼着生正常。口锥长105，端部较尖；口针缩入头内不深，仅到中上部，中间间距宽45；下颚桥存在。触角8节，节Ⅲ-Ⅶ基部柄明显，触角节Ⅲ-Ⅵ感觉锥数目分别为：1、2+2、1+1、1+1；节Ⅰ-Ⅷ长（宽）分别为：30（32）、45（25）、50（27）、60（32）、55（25）、50（21）、45（20）、30（13）。

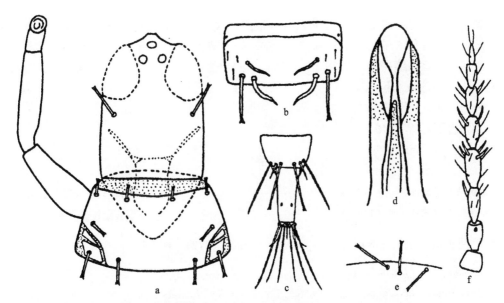

图83　葱简管蓟马 *Haplothrips (Trybomiella) allii* Priesner

a. 雄虫头、前足和前胸背板，背面观（male head, fore leg and pronotum, dorsal view）；b. 腹节Ⅴ背板（abdominal tergite Ⅴ）；c. 腹节Ⅸ-Ⅹ（abdominal tergites Ⅸ-Ⅹ）；d. 伪阳茎端刺（pseudovirgae）；e. 翅基鬃（basal wing bristles）；f. 触角（antenna）

胸部 前胸长 110，短于头部，前缘宽 125，后缘宽 180。前胸背板后缘鬃退化，其余各主要鬃较短，端部明显膨大，前缘鬃 17，前角鬃 17，中侧鬃 23，后侧鬃 30，后角鬃 26。后侧缝完全。前足股节不膨大，跗节无齿。前翅无间插缨，翅基部内 I-III端部膨大，内 I距内 II较远，内 I-III分别长：25、27、30。

腹部 节 II-VII各有 2 对"S"形握翅鬃和 3 对附属鬃。V节长（宽）为 60（145）。节IX背中鬃 B1 端部膨大，背侧鬃 B2 和侧鬃 B3 端部尖，B1、B2、B3 鬃分别长：85、30、100。管长 110，基部宽 50，端部宽 25。肛鬃 3 对，略长于管，分别长：110、118、125。伪阳茎端刺顶端较钝圆，指状，端部不膨大，射精管很短。外生殖器与 *H. ganglbaueri* 相似，区别在于后者的射精管较长，伪阳茎端刺端部膨大。

雌虫：体色与雄虫相似。体长 1.3mm。

寄主：葱类、茅草。

模式标本保存地：德国（SMF，Frankfurt）。

观察标本：1♂1♀，云南元江，1979.III.10，茅草，胡国文采。

分布：台湾、广东、海南、云南。

29. 长鬃管蓟马属 *Karnyothrips* Watson, 1923

Karnyothrips Watson, 1923, *Tech. Bull. Agr. Exp. Sta.*, *Univ. Florid.*, 168: 23.

Karnynia Watson, 1922, *Fla. Ent.*, 6: 6.

Type species: *Karnynia weigeli* Watson, 1922.

属征：体棕色或两色。口针缩入头内很深，快接近复眼后缘；下颚桥存在。复眼后鬃端部膨大。触角 8 节，节III感觉锥 0+1 或 1+1；节IV感觉锥为 $1+2^{+1}$ 或更少。前胸前缘鬃经常退化。后侧缝完全。前足跗节端部有 1 向前的齿，中、后足股节膨大。肛鬃较长，约为管长的 2 倍或 2 倍以上。

分布：古北界，东洋界，新北界。

本属世界已知约 46 种，本志记述 2 种。

种检索表

触角节IV感觉锥 4 个（$1+2^{+1}$）···································黄径长鬃管蓟马 *K. flavipes*

触角节IV感觉锥 3 个（$1+1^{+1}$）·····························白千层长鬃管蓟马 *K. melaleucus*

(94) 黄径长鬃管蓟马 *Karnyothrips flavipes* (Jones, 1912)（图 84）

Anthothrips flavipes Jones, 1912, *USDA Bur. Ent.*, *Tech. Ser.*, 23: 1-24.

Cryptothrips salicis Jones, 1912, *Tech. Ser.*, *USDA Bur. Ent.*, 23: 1-24.

Haplothrips funki Watson, 1920, *Fla. Ento.*, 4: 18-23. Synonymised by Mound & Marullo, 1996, *Mem. Ent. Int.*, 6: 1-488.

Haplothrips cubensis Watson, 1924, *Bull. Agric. Exp. Stat. Univ. Flor.*, 168: 59. Synonymised by Mound &

Marullo, 1996: 317.

Hindsiana catchingsi Watson, 1924, *Bull. Agric. Exp. Stat. Univ. Flor.*, 168: 80. Synonymised by Mound & Marullo, 1996: 317.

Karnyothrips flavipes (Jones): Hood, 1927b, *Pan-Palif. Ent.*, 3: 175; Karosawa, 1968, *Ins. Matsumurana Suppl.*, 4: 48; Pitkin, 1976, *Bull. Brit. Mus. (Nat. Hist.) Ent.*, 34 : 262, 263.

雌虫：体长 2.13mm。体黑褐色。触角节Ⅲ基部淡黄色，端部褐色，节Ⅳ-Ⅷ褐色；前足胫节端部及所有足的跗节黄色；管基部褐色较淡。

头部　头背面横纹明显。头长 202μm，宽：复眼前缘 80，复眼后缘 160，基部 176。两颊向基部逐渐加宽。单眼 3 个，前单眼着生正常。复眼背面长 62，腹面无延伸；复眼后鬃端部膨大，较长，为 60。口锥较短，长 70，端部钝圆，口针缩入头内很深，接触复眼后缘。下颚桥存在，但模糊。触角 8 节，节Ⅲ-Ⅵ感觉锥数目分别为：1+1、1+2^{+1}、1+1、1+0，节Ⅷ基部与节Ⅶ连接宽，未收缩；触角节Ⅰ-Ⅷ长（宽）分别为：40（35）、46（30）、55（28）、51（30）、50（25）、44（21）、50（19）、31（11）。

胸部　前胸长 130，短于头部，前缘宽 157，后缘宽 252。前胸背板前缘鬃和后缘鬃退化或消失，其余各主要鬃均发达且端部膨大，前角鬃 50，中侧鬃 60，后角鬃 64，后侧鬃 64。前胸前下腹片发达，上有粗横纹。后侧缝完全。中胸前腹片弱小，中间连接部分很薄，中央无突起。中胸背板前部 1/5 为膜质，前部 2/5-3/5 处横纹明显，较大。后胸背板纵网纹较少。前翅中部略收缩，间插缨 3-4 根，翅基鬃内Ⅰ-Ⅲ排成三角形，端部均膨大，分别长：40、40、50。前足股节特别膨大，跗节端部内侧具 1 齿，较大。中、后足股节膨大。

腹部　节Ⅰ盾板梯形，端部平截状，两边无耳形延伸，具不规则纹。腹部及管无纹。腹节Ⅱ-Ⅶ各有 2 对"S"形握翅鬃，附属鬃 4 对。节Ⅴ长（宽）为 120（320）。节Ⅸ背中鬃Ⅰ端部膨大，背侧鬃Ⅱ纤细且较短，背侧鬃Ⅱ和侧鬃Ⅲ端部尖，Ⅲ较长，Ⅰ-Ⅲ分别长：112、42、220。管长 120，短于头部和前胸，基部宽 62，端部宽 30。肛鬃 3 对，特别长，分别为：292、295、296。

雄虫：未明。

寄主：柑橘，取食蜡蝉、木虱、茶角蜡蚧的卵、若虫及红蜘蛛。

模式标本保存地：美国（USNM, Washington）。

观察标本：19♀♀，四川永川县，1981.Ⅳ.9，茶角蜡蚧卵粒，胡友琼采；3♀♀，湖南崖陵，1984.Ⅷ.18，柑橘树，邹建拘采。

分布：湖南、广东、海南、广西、四川；日本，印度，美国（夏威夷）。

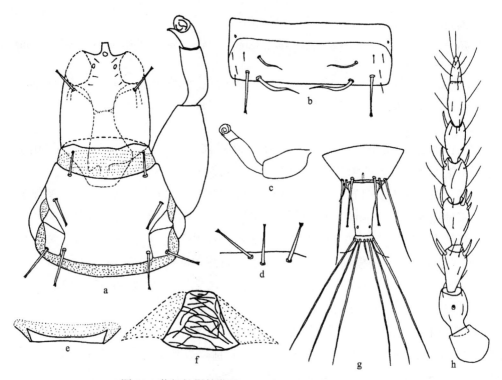

图 84 黄径长鬃管蓟马 *Karnyothrips flavipes* (Jones)

a. 雌虫头、前足和前胸背板，背面观（female head, fore leg and pronotum, dorsal view）；b. 腹节Ⅴ背板（abdominal tergite Ⅴ）；c. 后足（hind leg）；d. 翅基鬃（basal wing bristles）；e. 雌虫中胸前小腹片（female mesopresternum）；f. 腹节Ⅰ盾片（abdominal pelta Ⅰ）；g. 腹节Ⅸ-Ⅹ（abdominal tergites Ⅸ-Ⅹ）；h. 触角（antenna）

(95) 白千层长鬃管蓟马 *Karnyothrips melaleucus* (Bagnall, 1911)（图85）

Hindsiana melaleuca Bagnall, 1911, *Ent. Mon. Mag.*, 47: 61.

Karnyothrips melaleuca: Hood, 1927b, *Pan-Pacif. Ent.*, 3: 176.

雌虫：体长1.68mm。体两色。头部、腹节Ⅰ盾板、节Ⅸ下部2/3及节Ⅹ褐色，节Ⅱ-Ⅶ黄色，前缘有淡褐色横带纹；触角节Ⅰ淡褐色，节Ⅱ-Ⅴ黄色，节Ⅵ-Ⅷ褐色；前足股节基半部淡褐色，前足其余部分及中、后足全部为黄色。

头部 头部横纹不明显。头长200μm，宽：复眼前缘72，复眼后缘140，基部150。两颊在复眼后向基部渐收缩。单眼3个，前单眼着生正常；复眼背面长62，腹面无延伸；眼后鬃端部膨大，较长，52。口锥长80，端部钝圆；口针缩入头内较深，但未接触复眼后缘，口针中间间距较小；下颚桥存在，但不明显。触角8节，节Ⅲ-Ⅵ感觉锥数目分别为：1+1、1+1⁺¹、1+1、1+0；节Ⅷ基部连接广泛；触角节Ⅰ-Ⅷ长（宽）分别为：36（33）、48（27）、48（26）、51（28）、45（24）、40（21）、49（20）、25（41）。

胸部 前胸长152，短于头部，前缘宽150，后缘宽260。前胸前缘鬃和后缘鬃退化，其余各主要鬃均发达，且端部膨大，前角鬃35，中侧鬃42，后角鬃37，后侧鬃51。基腹片发达，上有横纹。后侧缝完全。中胸前腹片较弱小，中间连接，中央无突起。中胸背板前半部有横纹，下半部无纹。后胸背板纵纹较少。前翅间插缨1-2根，翅基鬃内Ⅰ-Ⅲ排成三角形，且端部均膨大，分别长：28、30、35。前足股节特别膨大，跗节有1小齿。中、后足股节膨大。

腹部　节Ⅰ盾板梯形，端部平截状，基部两侧无耳形延伸。节Ⅱ-Ⅶ各有2对"S"形握翅鬃，4对附属鬃，节Ⅶ后缘"S"形握翅鬃较平直，不弯曲且纤细。节Ⅴ长（宽）为120（250）。节Ⅸ背中鬃Ⅰ、背侧鬃Ⅱ及侧鬃Ⅲ端部尖，Ⅱ纤细，较短，Ⅰ和Ⅲ较长，长于管，分别为：166、44、220。管长108，短于头部和前胸，基部宽56，端部宽32。肛鬃3对，非常长，长于管，分别为：196、197、200。

雄虫：未明。

寄主：干草、茅草心叶，取食柑橘介壳虫、红蜘蛛、无花果蜡蚧。

模式标本保存地：英国（BMNH, London）。

观察标本：2♀♀，广东南昆山，1987.Ⅸ.10，干草，王义采；2♀♀，广州白沙，1980.Ⅹ，无花果蜡蚧，丘余曾采；2♀♀，浙江天目山，1986.Ⅷ.19，童晓立采；1♀，广西龙州县弄岗，1985.Ⅶ.30，茅草心叶，张维球采。

分布：台湾、浙江、广东、海南、广西、贵州、云南；日本，印度，越南，印度尼西亚，丹麦。

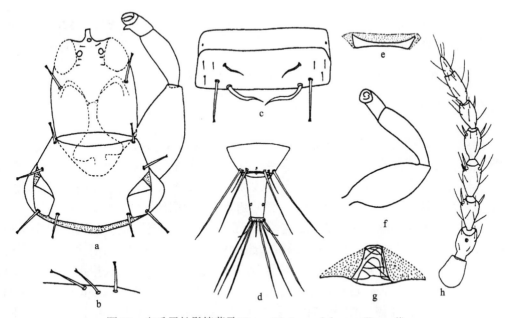

图85　白千层长鬃管蓟马 *Karnyothrips melaleucus* (Bagnall)

a. 雌虫头、前足和前胸背板，背面观（female head, fore leg and pronotum, dorsal view）；b. 翅基鬃（basal wing bristles）；c. 腹节Ⅴ背板（abdominal tergite Ⅴ）；d. 腹节Ⅸ-Ⅹ（abdominal tergites Ⅸ-Ⅹ）；e. 雌虫中胸前小腹片（female mesopresternum）；f. 后足（hind leg）；g. 腹节Ⅰ盾片（abdominal pelta Ⅰ）；h. 触角（antenna）

30. 肢管蓟马属 *Podothrips* Hood, 1913

Podothrips Hood, 1913, *Insecutor Insciti. Menstr.*, 1: 67.
Type species: *Podothrips semiflavus* Hood, 1913.

属征：头向前延伸，头总长于宽。口锥短，短于其基部宽。复眼大。头向基部收缩，复眼后最宽。触角 8 节，节 II 常有 1 个背向感觉锥，节 III 常有基部圈，通常有 1+2 个感觉锥；节 IV 有 $2+2^{+1}$ 个。口针纤细，缩入头很深，下颚桥存在。前胸背板前缘鬃和中侧鬃通常短小。后侧缝完全，前足胫节端部常有齿，且前足股节膨大，有些种类有突起（爪哇肢管蓟马 *P. javanus* 和卢卡斯肢管蓟马 *P. lucasseni*），所有种前足跗节基部有齿。雄虫节 VIII 无腹腺域。前下胸片非常大且明显，长大于宽。前翅明显收缩。除 *P. longiceps* 有短翅型外，其余的种都为长翅型（拟蜓肢管蓟马 *P. odonaspicola* 是唯一无翅的种）。

分布：古北界，东洋界，新北界，澳洲界。

本属世界已知 30 种，本志记述 3 种。

种检索表

1. 体棕色；触角节 III 具 1 个感觉锥 ··· 卢卡斯肢管蓟马 *P. lucasseni*
   体两色，棕色和黄色；触角节 III 具 2 个感觉锥 ··· 2
2. 前胸弱，中部有 1 "+" 状凹槽 ··· 肯特肢管蓟马 *P. kentingensis*
   前胸背片光滑，中部仅有 1 中线 ··· 拟蜓肢管蓟马 *P. odonaspicola*

(96) 肯特肢管蓟马 *Podothrips kentingensis* Okajima, 1986（图 86）

Podothrips Kentingensis Okajima, 1986, *Kontyû, Tokyo*, 54(4): 713.

雌虫（长翅型）：体长 2.50mm。体两色，黄色和棕色；头浅灰褐色，基部浅黄色；前胸黄色，后胸两色稍黑；腹节 I-VII 黄色，节 VIII 黄色，在后半部为浅棕色，节 IX 和管浅棕色，与头同色或稍黑；足黄色；触角节 I 浅棕色，节 II-V 黄色，但节 II 最基部浅棕色，节 VI 黄色，具浅棕色阴影，节 VII-VIII 淡棕色；翅具浅棕色阴影；主要鬃无色。

头部 头长 190μm，为宽的 1.2 倍，中部最宽，没有明显的刻纹；两颊拱圆；两颊处宽 177。复眼后鬃长 28-34。复眼后鬃端部膨大，短且位于颊附近。复眼长 58，约为头长的 1/3，复眼宽 34-36，相距 85，颜面小，背部较宽大，腹面大且相距较近。单眼较小，前缘的 1 个较靠前，后对分布于两侧，直径为 10，相距 74，与前单眼相距 39-41。触角长为头长的 1.84 倍；节 III 和节 IV 各具 2 个感觉锥（1+1），节 V 和节 VI 各具 1 个钝鬃，外形像铅笔。口锥短，但几乎尖，口针缩入头内，与复眼后鬃处于同一水平；下颚桥弱，窄于头宽的 1/3，为 42。触角节 I-VIII 长（宽）分别为：34（37）、45（29）、42（28）、45（31.5）、45（28）、45（26）、46（23）、47（14.5）。

胸部 前胸较弱，中部长 203，宽 211；没有明显的刻纹，在中部有 1 个 "+" 状的凹槽，宽略大于长；前缘鬃和侧鬃退化，前角鬃、后角鬃和后侧鬃端部膨大；前角鬃 21-24，后角鬃 27-30，后侧鬃 50-53。后侧缝完全。前下胸片发达，长大于宽，与前基腹片接近，有时连接一起。前刺腹片大，但外形边缘较弱且不规则。中胸前小腹片不完全，分成 2 个三角形片。前足胫节端部具有明显的结节；前足跗节具有镰刀状齿。前翅无间插缨；3 个翅基鬃较钝，内 I 鬃端部钝，内 II 鬃和内 III 鬃端部较尖。

腹部　盾片弱，接近半圆形，前缘部分呈膜状，具有微弱网纹，基部边缘具有 1 对微孔。腹节 II 具有微弱的长中线；握翅鬃在节 II-VII 中存在，节 VII 后对鬃较钝直；节 IX B1 鬃和节 V-VI、IX B2 鬃长且尖，其他节 B1 鬃和 B2 鬃端部膨大。节 IX B1 鬃长 66-76.5，短于管长的一半；节 IX B2 鬃长 145-164。管长 190，管基部宽 84.5，端部宽 34.5；在基部 1/4 处明显较宽，增大，端部收缩，几乎与头同长，在腹面具有微弱的网纹。肛鬃长 210，长于管。

雄虫（长翅型）：体色与结构与雌虫相似。腹节 VIII 黄色，节 IX 前缘较浅，节 VIII 具有 1 对腺域；节 IX 后部强烈延长。

寄主：杂草。

模式标本保存地：日本（TUA，Tokyo）。

观察标本：未见。

分布：台湾。

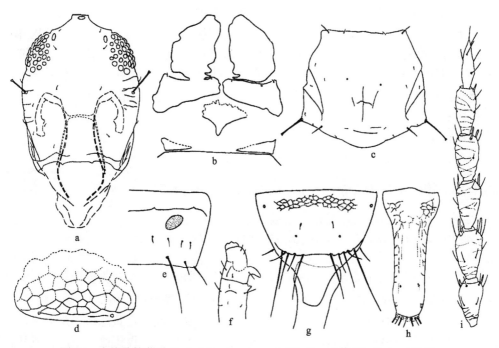

图 86　肯特肢管蓟马 *Podothrips kentingensis* Okajima（仿 Okajima，1986）

a. 雌虫头（female head）；b. 雌虫前胸腹板及中胸前小腹片（female prosternum and mesopresternum）；c. 雌虫前胸背板（female pronotum）；d. 雌虫腹节 I 盾片（female abdominal pelta I）；e. 雄虫腹节 V 腹板（male abdominal tergite V）；f. 雌虫前足胫节及跗节（female fore tibia and tarsus）；g. 雄虫腹节 IX 及管基部（male abdominal tergite IX and base of tube）；h. 雌虫管（female tube）；i. 触角节 III-VIII（antennal segments III-VIII）

(97) 卢卡斯肢管蓟马 *Podothrips lucasseni* (Krüger, 1890)

Phlaeothrips lucasseni Krüger, 1890, *Ber. Versuchsst. flier Zuck.*, 1: 105.

Kentronothrips hawaiiensis Moulton, 1928c, *Proc. Hawaii. Ent. Soc.*, 7: 126.

Podothrips lucasseni (Krüger): Ritchie, 1974, *Jour. Ent.* (B), 43: 273.

雌虫（长翅型）：体长 1.7mm。体棕色。所有足的股节棕色，与体同色；所有足的胫节和跗节黄色；触角节Ⅰ、Ⅱ棕色，节Ⅱ端部浅黄色，节Ⅲ-Ⅵ大部分黄色，节Ⅴ和节Ⅵ端部深棕色，节Ⅶ和节Ⅷ淡棕色，节Ⅶ基部浅黄色；翅透明；主要的体鬃微黄色或无色透明。

头部 头长 205μm，为两颊处宽的 1.5 倍，复眼处宽 133，两颊处最宽，为 137，近基部 103。头背部表面光滑，在近基部有横纹。复眼长 63。复眼后鬃较短，长 30，端部近尖或微膨大；颊微膨大。复眼长为头长的 0.3 倍，触角节Ⅲ和节Ⅳ分别具 1（0+1）个和 2（1+1）个感觉锥，口针相互远离，呈"Ⅴ"形，未到达复眼后鬃；下颚桥宽且长。

胸部 前胸中部长 135，宽 145，宽略大于长。后缘具模糊的刻纹；侧鬃退化，短且尖，但明显长于前缘鬃，其他 3 对主要鬃端部膨大（前角鬃有些尖）。中胸和后胸光滑。前胸前角鬃长 20。前足胫节近顶点处有 1 结节。前翅长 610，前翅无间插缨；翅基鬃内Ⅰ退化，内Ⅱ鬃端部膨大，内Ⅲ鬃短且尖。翅基鬃内Ⅱ鬃长 20-22，内Ⅲ鬃长 15-18。

腹部 盾片三角形，无明显的侧叶。前缘具刻纹，具有 1 对感觉孔。腹节Ⅸ B1 鬃和 B2 鬃端部较尖，B1 鬃长 100，稍短于管，B2 鬃长 120-125，长于管。管尖端细，长 113，为头长的 0.55 倍，基部宽 52，端部宽 26，长为基部宽的 2.2 倍。肛鬃长于管。

雄虫（长翅型）：颜色和结构与雌虫相似。前足股节较强壮。管长为头长的 0.53 倍。

寄主：杂草。

观察标本：未见。

分布：台湾；日本，印度，爪哇，美国（夏威夷），澳大利亚。

(98) 拟蜓肢管蓟马 *Podothrips odonaspicola* (Kurosawa, 1937)（图 87）

Haplothrips (*Hidnsiana*) *odonaspicola* Kurosawa, 1937c, *Kontyû*, 11: 267.

Podothrips odonaspicola (Kurosawa): Ritchie, 1974, *Jour. Ent.* (B), 43: 277.

雌虫（长翅型）：体长 2.2-2.9mm。体两色，黄色和棕色。头和胸部棕色，后胸颜色稍浅；腹节Ⅷ-Ⅸ和管棕色，节Ⅶ两侧棕色，其余黄色至棕黄色，但节Ⅱ-Ⅴ前缘具 1 棕色的斑，在前脊沟后；前足股节褐色，端部 1/3 黄棕色，其余足黄色；触角节Ⅰ、Ⅶ和Ⅷ棕色，几乎与头同色，节Ⅱ淡棕色，端部黄棕色，节Ⅲ和节Ⅳ黄色，节Ⅳ和节Ⅴ基半部黄色，端半部淡棕色；前翅中部呈淡棕色；主要体鬃透明。

头部 头较平，长 250μm，为两颊处宽的 1.3 倍，两颊处最宽，为 188；复眼后鬃短，长 25，短于复眼长的一半，端部尖；两颊微圆，复眼后无小齿。复眼长 70-72，短于头长的 0.3 倍，宽 40-41。触角长为头长的 1.68 倍；触角节Ⅲ和节Ⅳ每节都具有 2 个（1+1）

感觉锥。口针到达复眼后鬃，在中部相互靠近；下颚桥较窄，是头宽的 0.20-0.25 倍。触角节Ⅰ-Ⅷ长（宽）分别为：43（38）、55（32）、60（28）、60（30）、58（27）、50（22）、57（20）、37（12）。

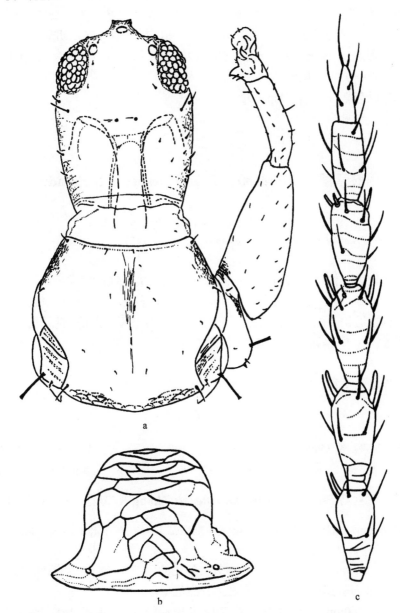

图 87　拟蜓肢管蓟马 *Podothrips odonaspicola* (Kurosawa)（仿 Okajima，2006）

a. 雌虫头、前足和前胸背板，背面观（female head, fore leg and pronotum, dorsal view）；b. 雌虫腹节Ⅰ盾片（female abdominal pelta Ⅰ）；c. 触角节Ⅲ-Ⅷ（antennal segments Ⅲ-Ⅷ）

　　胸部　前胸光滑，具有 1 长中线；中部长 210，宽 237；所有主要鬃短，后侧鬃最长，端部膨大，其他鬃端部微膨大或尖，前角鬃 13-16，侧鬃 12-15，后角鬃 15-17，后侧缝

45-46。前足胫节端部没有明显的结节，后胸光滑。前翅具 4-5 根间插缨；3 个翅基鬃短，B1 鬃长 15-17，B2 鬃长 14-15，B3 鬃长 16-18，端部较尖。

腹部 盾片长 80，宽 120，呈帽形。前缘具刻纹，具有 1 对感觉钟孔。腹节Ⅸ B1 鬃和 B2 鬃端部较尖，B1 鬃短于管，B2 鬃长于管。管长 149，为头长的 0.6 倍，基部宽 67，端部宽 33。管在基部微膨大，端部略收缩。肛鬃长 270-275，明显长于管。

雄虫（长翅型）：体长 1.9-2.1mm。体色和结构相似于雌虫。头长为宽的 1.2-1.3 倍。

习性：捕食螨类、其他蓟马。

模式标本保存地：日本（Japan）。

观察标本：未见。

分布：台湾、广东；日本。

31. 前肢管蓟马属 *Praepodothrips* Priesner & Seshandri, 1952

Praepodothrips Priesner & Seshandri, 1952, *Indian Jour. Agri. Sci.*, 22: 407.

Type species: *Praepodothrips indicus* Priesner & Seshandri, 1952.

属征：头较大，体单色或两色；复眼后鬃顶端部尖或钝；口锥很短，端部宽圆；下颚桥存在；前下胸片强，长明显大于宽；触角节Ⅳ至多具 $1+2^{+1}$ 个感觉锥；前胸背板前缘鬃一般较弱或退化，中侧鬃经常短小或退化，前足股节无齿或瘤，前足胫节端部无齿；前翅中部收缩。腹节Ⅱ-Ⅶ各有 2 对 "S" 形握翅鬃。

分布：东洋界。

本属世界已知 7 种，本志记述 2 种。

种检索表

复眼后鬃端部尖，长 35μm ······························· 黄角前肢管蓟马 *P. flavicornis*

复眼后鬃端部略膨大，长 56μm ······················· 云南前肢管蓟马 *P. yunnanensis*

(99) 云南前肢管蓟马 *Praepodothrips yunnanensis* Zhang & Tong, 1993（图 88）

Praepodothrips yunnanensis Zhang & Tong, 1993b, *Jour. South China Agri. Univ.*, 14(3): 10.

雌虫：体长 2.00mm。体褐色。前足股节及各足的跗节黄色；触角节Ⅱ端部褐色略淡，节Ⅲ-Ⅵ黄色，节Ⅶ基部褐色较淡。单眼区有红色晕。

头部 头长 240μm，宽：复眼前缘 20，复眼后缘 210，基部 168。两颊中部拱起，向基部收缩。复眼背面长 86，腹面无延伸；复眼后鬃端部略膨大，长 56，距复眼后缘 22，距颊缘 20。单眼 3 个，前单眼着生正常。口锥钝圆，长 105，端部宽 55；口针伸到头的中部，未到达复眼后缘，口针中部间距较宽；下颚桥存在。触角 8 节，节Ⅲ-Ⅶ基部略收缩，形成柄状，节Ⅲ-Ⅵ感觉锥数目分别为：1+1、1+1、1+1、$1+1^{+1}$，触角节Ⅰ-Ⅷ长（宽）分别为：28（32）、48（32）、64（36）、64（36）、56（32）、48（32）、48（32）、

36（16）。

胸部　前胸长218，短于头部，前缘宽208，后缘宽262。前胸背板前缘鬃较小，端部尖，后缘鬃退化，前角鬃、后角鬃与中侧鬃较短，分别长：24、30、34，后侧鬃较长，为50。前下胸片发达，三角形，宽大于长。后侧缝完全。前足股节膨大，跗节端部有1中等大小的齿。中胸前腹片中间连接，中央有圆形突起。中胸背板前半部有弱横纹。后胸背板纵网纹较大。前翅中部收缩，间插缨5-6根。翅基鬃Ⅰ-Ⅲ几乎排成一直线，端部均膨大，内Ⅱ最长，内Ⅰ-Ⅲ分别长：26、36、30。

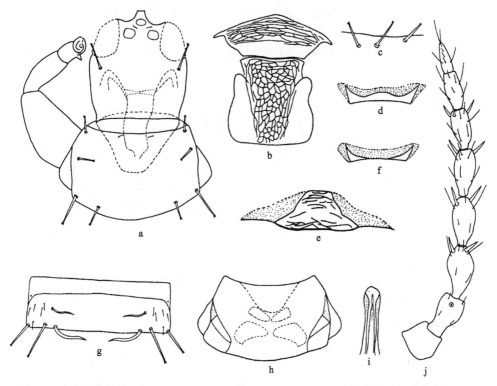

图88　云南前肢管蓟马 *Praepodothrips yunnanensis* Zhang & Tong（仿张维球和童晓立，1993）

a. 雌虫头、前足和前胸背板，背面观（female head, fore leg and pronotum, dorsal view）；b. 中、后胸背板（meso- and metanotum）；c. 翅基鬃（basal wing bristles）；d. 雌虫中胸前小腹片（female mesopresternum）；e. 腹节Ⅰ盾片（abdominal pelta Ⅰ）；f. 雄虫中胸前小腹片（male mesopresternum）；g. 腹节Ⅴ背板（abdominal tergite Ⅴ）；h. 前胸腹板（prosternum）；i. 伪阳茎端刺（pseudovirgae）；j. 触角（antenna）

腹部　节Ⅰ盾板端部平截状，基部两侧有耳形延伸，具不规则网纹。腹节Ⅱ-Ⅶ背板各有2对"S"形握翅鬃，后缘两侧有鬃2根，鬃端部膨大，节Ⅱ附属鬃6-7对，节Ⅲ-Ⅶ附属鬃5对。节Ⅴ长（宽）为116（350）。节Ⅸ前部1/3有横网纹，背侧鬃Ⅱ略长，背中鬃Ⅰ、背侧鬃Ⅱ及侧鬃Ⅲ端部尖，分别长：105、110、106。管基部有弱横纹，长121，明显短于头部和前胸，基部宽74，端部宽32。肛鬃3对，分别长：145、160、200。

雄虫：形态特征及体色与雌虫相似。体型较小，体长1.8mm；腹节Ⅸ背侧鬃Ⅱ短粗，且端部尖；中胸前腹片中间断开；伪阳茎端刺近端部略膨大，指形。

　　寄主：芒草。

　　模式标本保存地：中国（SCAU，Guangdong）。

　　观察标本：未见。

　　分布：云南。

(100) 黄角前肢管蓟马 *Praepodothrips flavicornis* (Zhang, 1984)（图89）

Antillothrips flavicornis Zhang, 1984c, *Entomotaxonomia*, 6(1): 18.

Praepodothrips flavicornis (Zhang): Okajima, 1995b, *Jpn. Jour. Ent.*, 63(3): 481.

　　雌虫：体长 1.68mm。体褐色。触角节Ⅱ端部中央及节Ⅲ-Ⅶ黄色，前足胫节及所有足的跗节黄色。

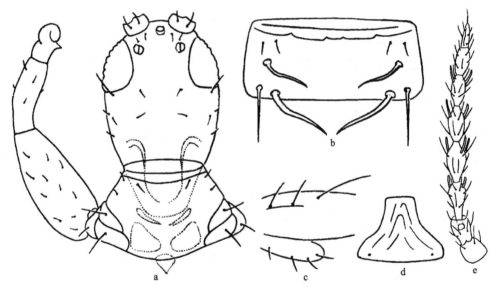

图 89　黄角前肢管蓟马 *Praepodothrips flavicornis* (Zhang)（仿张维球，1984）

a. 雌虫头、前足和前胸背板，背面观（female head, fore leg and pronotum, dorsal view）；b. 腹节Ⅴ背板（abdominal tergite Ⅴ）；

c. 翅基鬃（basal wing bristles）；d. 盾片（pelta）；e. 触角（antenna）

　　头部　头长 290μm，宽：复眼前缘 113，复眼后缘 288，基部 160。两颊向基部收缩。单眼 3 个，前单眼着生正常。复眼背面长 68，腹面无延伸；复眼后鬃端部尖锐，长 35。口锥钝圆，口针短，其基部仅达头的下部。下颚桥存在，非常弱，但未消失。触角 8 节，节Ⅲ-Ⅵ感觉锥数目分别为：1+1、1+1^{+1}、1+1、1+1；节Ⅰ-Ⅷ长（宽）分别为：15（20）、24（15）、35（20）、32（22）、28（20）、22（17）、30（10）、20（6）。

　　胸部　前胸长 210，短于头部，前缘宽 242，后缘宽 398。前胸背板前缘鬃、后缘鬃及前角鬃极短小，中侧鬃、后角鬃及侧角鬃端部尖锐，与眼后鬃等长，均为 35。前下胸片发达，宽为长的 2.7 倍。前足跗节具 1 粗大的齿。中胸小腹片中间连接，中央有圆形突起。前翅无色透明，中部收缩，间插缨 4-6 根，翅基鬃内Ⅲ较长，为 35，端部膨大，内Ⅰ、内Ⅱ端部尖，等长，为 24。

　　腹部　腹节Ⅰ盾板顶端平，宽钝，两边有耳形延伸。节Ⅱ-Ⅶ各有"S"形握翅鬃 2 对，3 对附属鬃。管长 162，明显短于头部和前胸。肛鬃 3 对，略长于管，分别长：164、166、167。

　　雄虫：形态特征与雌虫相同。体长 1.44mm。伪阳茎端刺端部钝圆，指状。

　　寄主：茅草。

　　模式标本保存地：中国（SCAU，Guangdong）。

　　观察标本：未见。

　　分布：海南。

32. 木管蓟马属 *Xylaplothrips* Priesner, 1928

Xylaplothrips Priesner, 1928, *Thysan. Eur.*: 572.

Xylaplothrips Priesner: Priesner, 1964, *Best. Buch. Bod. Eur.*, 2: 171; Han, 1997a, *Econ. Ins. Faun. China. Fasc.*, 55: 465.

Type species: *Cryptothrips fuleginosus* Schille, 1912; designated.

　　属征：口针长，口针缩入头内较深；下颚桥存在。复眼后鬃端部膨大。触角 8 节，节Ⅲ两侧对称，倒圆锥形，感觉锥通常 1+2 或有时更少；触角节Ⅳ感觉锥通常 $2+2^{+1}$，有时更少。前胸背板前缘鬃通常非常发达，有时退化或消失，中侧鬃发达且端部膨大。通常有翅，前翅发达且有间插缨。腹节Ⅲ-Ⅶ各有 2 对发达的"S"形握翅鬃。

　　分布：古北界，东洋界。

　　本属世界已知 26 种，本志记述 3 种。

种检索表

1. 前胸背板前缘鬃发达，端部膨大 ··**绣纹木管蓟马 *X. pictipes***
　前胸背板前缘鬃退化 ··· 2
2. 中胸前腹片中间断开，两边三角形 ··**寄居木管蓟马 *X. inquilinus***
　中胸前小腹片船形 ···**帕默木管蓟马 *X. palmerae***

(101) 寄居木管蓟马 *Xylaplothrips inquilinus* (Priesner, 1921)（图 90）

Haplothrips inquilinus Priesner, 1921, *Treubia*, 2: 4.

Xylaplothrips inquilinus Ananthakrishnan, 1966, *Bull. Ent.*, *India*, 7: 12.

Xylaplothrips longus Ananthakrishnan & Jagadish, 1969, *Zool. Anz.*, 182: 121. Synonymised by Pitkin, 1976, *Bull. Brit. Mus.* (*Nat. Hist.*) *Ent.*, 34: 272.

Xylaplothrips orientalis Ananthakrishnan & Jagadish, 1969, *Zool. Anz.*, 182: 121. Synonymised by Pitkin, 1976: 272.

雄虫：体长1.65mm。体棕色。前足胫节和中足胫节及所有足的跗节黄色；触角节III-VI黄色。

头部 头长220μm，宽：复眼前缘84，复眼后缘186，基部194。两颊在复眼后向基部逐渐加宽。前单眼着生正常。复眼腹面无延伸，背面长90；复眼后鬃端部钝，长50。口锥较短，长70，端部钝圆；口针缩入头内中上部；下颚桥存在。触角8节，节III倒圆锥形，节III-VI感觉锥数目分别为：1+2、2+2^{+1}、1+1、1+1，感觉锥细长；节I-VIII长（宽）分别为：35（37）、40（32）、58（32）、60（30）、58（27）、45（20）、40（21）、35（11）。

胸部 前胸长128，短于头部，前缘宽186，后缘宽300。前胸背板前缘鬃和后缘鬃退化，其余各主要鬃均发达，端部钝且膨大，前角鬃41，后角鬃40，中侧鬃41，后侧鬃56。前下胸片"方形"。后侧缝完全。中胸前腹片中间断开，两边三角形。中胸背板前部1/4膜质，基部3/4横纹明显。后胸背板纵纹超过底线。前足股节膨大，跗节端部有1小齿。前翅间插缨6根，翅基鬃端部钝且膨大，内I-III分别长：36、42、70。

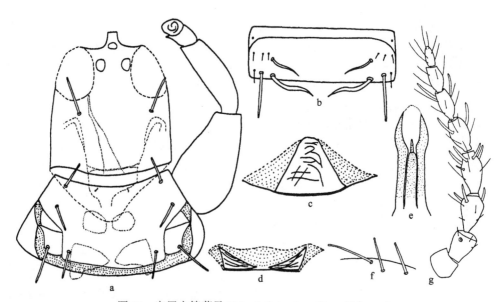

图90 寄居木管蓟马 *Xylaplothrips inquilinus* (Priesner)

a. 雄虫头、前足和前胸背板，背面观（male head, fore leg and pronotum, dorsal view）；b. 腹节V背板（abdominal tergite Ⅴ）；
c. 腹节I盾片（abdominal pelta I）；d. 雄虫中胸前小腹片（male mesopresternum）；e. 伪阳茎端刺（pseudovirgae）；f. 翅
基鬃（basal wing bristles）；g. 触角（antenna）

腹部 节I盾板三角形，两边无耳形延伸，端部圆钝。节II-VII各有2对"S"形握翅鬃，4对附属鬃。节V长（宽）为90（23）。节IX背侧鬃II短，背中鬃I、背侧鬃II和侧鬃III端部尖，分别长：110、35、130。管长120，短于头部和前胸，基部68，端部42。肛鬃3对，微长于管，分别长：121、126、130。伪阳茎端刺较短，端部膨大，指形。

雌虫：未明。

寄主：生活在落叶或虫瘿内。

模式标本保存地：德国（SMF，Frankfurt）。

观察标本：1♂，云南景洪植物所，1986.IV.7，张维球采。

分布：台湾、广东、海南；日本，印度，爪哇。

(102) 帕默木管蓟马 *Xylaplothrips palmerae* Chen, 1980（图91）

Xylaplothrips palmerae Chen, 1980, *Proc. Nat. Sci. Council (Taiwan)*, 4(2): 169.

雌虫（长翅型）： 体长 1.92-2.24mm。体棕色。触角节III基半部黄色，端半部黄棕色；所有足的胫节基部 3/4 棕黄色，端部 1/4 黄色；所有足的跗节黄色。管更黑。

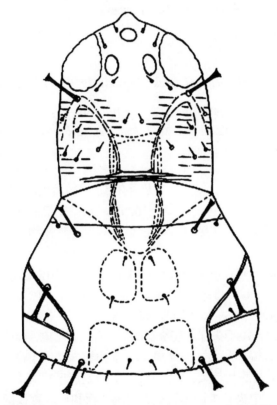

图91　帕默木管蓟马 *Xylaplothrips palmerae* Chen（仿陈连胜，1980）

头和前胸（head and prothorax）

头部　头长 192-217μm，宽 165-187。在后部边缘和两侧具少的横纹。1 对复眼后鬃端部膨大，长 51-53。两颊具 3-4 对小鬃。口锥圆且短。口针缩入头内很深，中部相距 35-37。下颚桥存在。触角 8 节，节III具有 1+1 个感觉锥，节IV具 $2+2^{+1}$ 个感觉锥。触角节 I -VIII长（宽）分别为：23-25（27-28）、37-38（25-26）、36-39（27-28）、52-53（27-28）、49-51（22-24）、43-46（17-21）、43-49（15-18）、30-33（10-12）。

胸部　前胸长 141-169，宽 240-276，表面光滑。所有主要鬃端部膨大；1 对前角鬃长 45-47；1 对侧鬃长 46-48；1 对后角鬃长 44-46；1 对后侧鬃 52-54。后侧缝完全。中胸前半部具横条纹。后胸除中部较光滑外具纵线纹。前下胸片大，中胸前小腹片船形。

前足跗节具有 1 明显向前的齿。前翅中部较窄，长 662-722，具 3 根翅基鬃，端部膨大；间插缨 1-5 根。

腹部 腹片菱形，具网纹。节Ⅱ-Ⅶ各具 2 对握翅鬃；节Ⅱ-Ⅶ在后缘具有 1 对长且膨大的鬃。节Ⅸ具 2 对主要鬃，内对端部膨大，长 87-97，外对较尖锐，长 39。管长 107-117。肛鬃为管长的 2 倍。

雄虫：未明。

寄主：枯枝落叶中。

模式标本产地：台湾。

模式标本保存地：中国（QUARAN，Taiwan）。

观察标本：未见。

分布：台湾。

(103) 绣纹木管蓟马 *Xylaplothrips pictipes* (Bagnall, 1919)（图 92）

Haplothrips pictipes Bagnall, 1919, *Ann. Mag. Nat. Hist.*, (9)4: 253-277.

Xylaplothrips pictipes (Bagnall): Mound, 1968, *Bull. Brit. Mus. (Nat. Hist.) Ent.*, 11: 139; Han, 1997a, *Econ. Ins. Faun. China. Fasc.*, 55: 465.

雌虫：体长 1.54mm。体棕色。前足胫节及所有足的跗节黄色；触角全为棕色，节Ⅲ色淡。

头部 头部复眼以下有横网纹。头长 160μm，宽：复眼前缘 70，复眼后缘 144，基部 152。两颊在复眼后拱起。单眼 3 个，前单眼着生在延伸物上。复眼腹面无延伸，背面长 64；复眼后鬃端部膨大，长 42，短于复眼长。口锥长 70，端部钝，长 27；口针缩入头内中上部，中间距离宽；下颚桥存在。触角 8 节，节Ⅲ倒圆锥形，节Ⅲ-Ⅵ感觉锥数目分别为：1+2、2+2、1+1、1+1；节Ⅰ-Ⅷ长（宽）分别为：30（28）、39（24）、40（25）、41（25）、40（20）、40（18）、36（16）、28（10）。

胸部 前胸长 108，短于头部，前缘宽 180，后缘宽 230。前胸背板后缘鬃退化，其余各主要鬃均发达，且端部膨大，前缘鬃 32，前角鬃 35，中侧鬃 42，后角鬃 43，后侧鬃 55。前下胸片存在，基腹片较大。后侧缝完全。前足股节略膨大，跗节基部有 1 小齿。中胸前腹片中间连接，中央有 1 圆形突起。中胸背板和后胸背板网纹明显。前翅间插缨 4-5 根；翅基鬃端部膨大，内Ⅰ-Ⅲ分别长：38、45、55。

腹部 腹节Ⅰ盾板端部圆形，具明显的不规则纹。节Ⅱ-Ⅶ各有 2 对"S"形握翅鬃和 3 对附属鬃。节Ⅴ长（宽）为 80（228）。节Ⅸ背中鬃Ⅱ短，背中鬃Ⅰ、背侧鬃Ⅱ和侧鬃Ⅲ端部均尖，分别长：78、42、92。管长 120，短于头部，略长于前胸，基部宽 50，端部宽 26。肛鬃 3 对，略短于管，分别长：114、116、116。

雄虫：未明。

生活习性：生活于枯叶或杂草内，取食真菌。

模式标本保存地：印度尼西亚-苏门答腊（Indonesia-Sumatra）。

观察标本：1♀，云南景洪植物所，1987.Ⅳ.7，张维球采；6♀♀，云南西双版纳勐仑，1987.Ⅳ.9，鹤顶兰枯叶，童晓立采。

分布：广东、云南；印度。

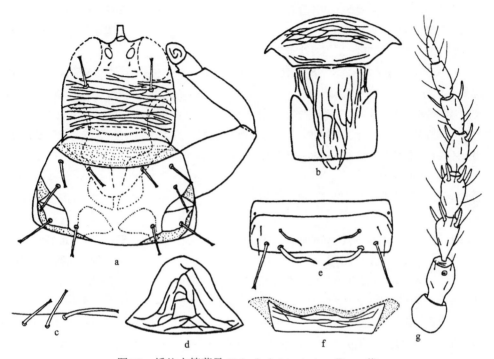

图 92　绣纹木管蓟马 *Xylaplothrips pictipes* (Bagnall)

a. 雌虫头、前足和前胸背板，背面观（female head, fore leg and pronotum, dorsal view）；b. 中、后胸背板（meso- and metanotum）；
c. 翅基鬃（basal wing bristles）；d. 腹节Ⅰ盾片（abdominal pelta Ⅰ）；e. 腹节Ⅴ背板（abdominal tergite Ⅴ）；f. 雄虫中胸前
小腹片（male mesoprestemum）；g. 触角（antenna）

Ⅶ. 器管蓟马族 Hoplothripini Priesner, 1928

Hoplothripini Priesner, 1928, *Thysan. Eur.*: 476; Priesner, 1961, *Anz. Österr. Akad. Wiss.*, (1960)13: 292; Han, 1997a, *Econ. Ins. Faun. China. Fasc.*, 55: 397.

　　体表无网状构造。眼大或小。头侧缘无瘤，有时有个别刺。体鬃尖或端部膨大。口针在头内多半间距较大。前翅等宽，不在中部收缩。生活在植物叶、草坪和树皮下、叶屑内及多孔菌中。

属检索表

1. 前翅平行，不在中部收缩；触角节Ⅲ具 1 个感觉锥（0+1） ·································2

　无上述综合特征或翅不发达 ··7

2. 头长与宽等长或宽大于长；口针短，且呈 "V" 形，不深入头内；盾片具 2 片明显的长侧叶······

　··瘤眼管蓟马属 *Sophiothrips*

　头长长于宽；口针缩入头内；复眼后鬃长度和位置各异；盾片三角形或梯形，无明显的侧叶·····3

3. 管较短，管长于头；前足跗节齿常存在 ⋯⋯⋯⋯⋯⋯⋯⋯⋯⋯⋯⋯⋯⋯⋯⋯⋯⋯⋯⋯⋯⋯ 4
　　管短于头，如果长，前足跗节齿不存在 ⋯⋯⋯⋯⋯⋯⋯⋯⋯⋯⋯⋯⋯⋯⋯⋯⋯⋯⋯⋯⋯ 6
4. 中胸腹侧缝存在；口针短且分开较宽 ⋯⋯⋯⋯⋯⋯⋯⋯⋯ 尤管蓟马属 *Eugynothrips*
　　中胸腹侧缝不存在；口针长，且在中部靠近 ⋯⋯⋯⋯⋯⋯⋯⋯⋯⋯⋯⋯⋯⋯⋯⋯⋯⋯ 5
5. 腹节 II-V 具 4 对或更多对"S"形握翅鬃或直的握翅鬃 ⋯⋯⋯⋯⋯⋯ 瘦管蓟马属 *Gigantothrips*
　　腹节 II-VI 各具 2 对"S"形握翅鬃 ⋯⋯⋯⋯⋯⋯⋯⋯⋯⋯⋯ 母管蓟马属 *Gynaikothrips*
6. 前胸背侧缝不完全；头向基部强烈收缩，节 VIII 较细，4-5 倍长于宽 ⋯⋯⋯ 率管蓟马属 *Litotetothrips*
　　前胸背侧缝完全；头部无上述特征，节 VIII 与节 VII 连接较宽，不细 ⋯⋯⋯⋯⋯⋯ 滑管蓟马属 *Liothrips*
7. 口针不在头中部靠近，形态各异，如果靠近，则有窄的下颚桥 ⋯⋯⋯⋯⋯⋯⋯⋯⋯⋯⋯⋯ 8
　　口针长且在头中部靠近 ⋯⋯⋯⋯⋯⋯⋯⋯⋯⋯⋯⋯⋯⋯⋯⋯⋯⋯⋯⋯⋯⋯⋯⋯⋯⋯⋯ 10
8. 后胸腹侧缝不存在，跗节具强齿，前足股节增大 ⋯⋯⋯⋯⋯ 端宽管蓟马属 *Mesothrips*
　　中胸腹侧缝存在 ⋯⋯⋯⋯⋯⋯⋯⋯⋯⋯⋯⋯⋯⋯⋯⋯⋯⋯⋯⋯⋯⋯⋯⋯⋯⋯⋯⋯⋯⋯⋯ 9
9. 触角 8 节，形态学上节 VII 和节 VIII 常愈合，节 VIII 基部宽 ⋯⋯⋯⋯ 直管管蓟马属 *Deplorothrips*
　　触角 8 节，节 VIII 通常基部狭窄 ⋯⋯⋯⋯⋯⋯⋯⋯⋯⋯⋯ 剪管蓟马属 *Psalidothrips*
10. 体鬃短小；复眼大，长翅型有单眼，无翅型颊光滑 ⋯⋯⋯⋯⋯ 头管蓟马属 *Cephalothrips*
　　体鬃发达，粗大或长；复眼相对较小，有单眼，颊具刺 ⋯⋯⋯⋯⋯⋯⋯⋯⋯⋯⋯⋯⋯ 11
11. 雌雄多有齿；雄虫节 VIII 腹片具腺域 ⋯⋯⋯⋯⋯⋯⋯⋯⋯⋯ 器管蓟马属 *Hoplothrips*
　　雌雄前足跗节均无齿；雄虫节 VIII 腹片无腺域 ⋯⋯⋯⋯⋯ 佳喙管蓟马属 *Eurhynchothrips*

33. 头管蓟马属 *Cephalothrips* Uzel, 1895

Cephalothrips Uzel, 1895, *Monog. Ord. Thysanop.*: 30, 40, 45, 58, 244; Han, 1997a, *Econ. Ins. Faun. China. Fasc.*, 55: 397.

Type species: *Phloeothrips monilicornis* Reuter, 1880.

属征：头明显长于宽，复眼前延伸不明显。头背平滑或两侧和后部有细横纹。颊平滑。复眼适当大，腹面有延伸。复眼后鬃适当长。长翅型有单眼，无翅型缺单眼。触角 8 节，中间节不细长，节 VI、VII 端部和节 VIII 基部较宽；节 IV 感觉锥 2-3 个。口锥不长，端部宽圆。下颚桥缺。口针缩入头内很深，在头中部互相靠近，但不接触。前胸短于头，背片线纹少，各边缘长鬃较短，仅后侧鬃较长，端部扁钝。腹面前下胸片缺。后胸盾片中部较平滑，两侧有弱纵纹。长翅或无翅，如长翅，前翅中部稍窄，缨毛不密，无间插缨毛。足较短，两性前足跗节有小齿。腹部握翅鬃存在。管较短，肛鬃短于管。

分布：古北界，东洋界，新北界。

本属世界已知 8 种，本志记述 2 种。

种检索表

复眼小，长 64μm；复眼后鬃端部尖，长 19μm；节 VI 具 1 个感觉锥 ⋯⋯⋯⋯⋯⋯⋯⋯⋯⋯
⋯⋯⋯⋯⋯⋯⋯⋯⋯⋯⋯⋯⋯⋯⋯⋯⋯⋯⋯⋯⋯⋯⋯ 短鬃头管蓟马 *C. brachychaitus*

复眼大，长 92μm；复眼后鬃端部膨大，长 31μm；节Ⅵ具 2 个感觉锥 ⋯⋯⋯⋯⋯⋯⋯⋯

⋯⋯⋯⋯⋯⋯⋯⋯⋯⋯⋯⋯⋯⋯⋯⋯⋯⋯⋯⋯⋯⋯⋯⋯⋯ **念珠头管蓟马 _C. monilicornis_**

(104) 短鬃头管蓟马 _Cephalothrips brachychaitus_ Han & Cui, 1991（图 93）

Cephalothrips brachychaitus Han & Cui, 1991a, _Acta Entomologica Sinica_, 34(3): 337; Han, 1997a,
Econ. Ins. Faun. China. Fasc., 55: 397.

雌虫：体小而细长，长 1.76mm。全体黑棕色；仅触角节Ⅲ基部略淡，各足胫节端部
及跗节较淡。

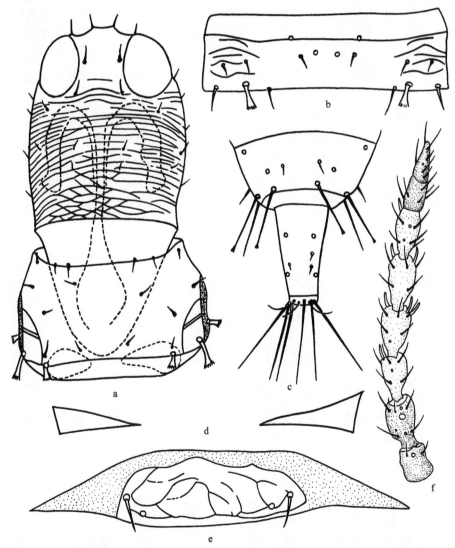

图 93　短鬃头管蓟马 _Cephalothrips brachychaitus_ Han & Cui（仿韩运发，1997a）

a. 头和前胸（head and prothorax）；b. 腹节Ⅴ背片（abdominal tergite Ⅴ）；c. 腹节Ⅸ-Ⅹ（abdominal tergites Ⅸ-Ⅹ）；d. 中
胸前小腹片（mesopresternum）；e. 腹节Ⅰ背片（abdominal tergite Ⅰ）；f. 触角（antenna）

头部　头长 204μm，宽：复眼处 158，复眼后 183，后缘 163；颊略拱。眼后布满轻微横纹，复眼较小，背长 64，单眼缺。头背鬃稀疏而短小；单眼间鬃 1 对、单眼后鬃 1 对，长 12；复眼后鬃 1 对，端部尖，长 19，距眼 12。触角 8 节。中间数节适当长，节 VI 端部宽；节 I-VIII 长（宽）分别为：36（26）、49（28）、42（25）、49（28）、54（28）、47（24）、34（20）、28（16），总长 339；节III长约为宽的 1.7 倍。节III-VII简单感觉锥的数目分别为：1、1+1、1+1、1、1。口锥较短，端部宽圆，长 128，宽：基部 147，端部 64。口针细长，缩进头内接近复眼后缘，在中部靠近，中部间距 7。下颚须基节 I 长 10，节 II 长 25。

胸部　前胸长 127，为头长的 0.62 倍，前端宽 178，后端宽 229，后端宽约为长的 1.3 倍。背片光滑，后侧缝完全。后角及后侧鬃端部宽扁而分叉，其他鬃端尖；各鬃很短，长 11-12；但后侧鬃长为其他鬃的 2 倍，长 26。腹面前下胸片缺，基腹片近似梨形，内端细。翅胸长 1479，宽 239，无翅。中胸盾片和后胸盾片前部有横纹；中胸鬃很小，后胸前缘鬃长 12，前中鬃长 19。中胸前小腹片完全断开，两侧叶近似三角形。前足股节增大不显著，跗节有小齿。

腹部　腹部各节背片光滑，线纹少而轻微，节 II-VII背片后缘鬃、节IX长鬃端宽扁而分叉，握翅鬃缺。节 I 的盾板近似横长方形，前部较窄，后部较宽，线纹和网纹稀疏而模糊。节 V 背片长 97，宽 256；节IX长鬃长：背中鬃 47，侧中鬃 46，侧鬃 56；节 X（管）长 107，宽：基部 60.2，端部 33.3，长约为头长的 0.5 倍，长约为基部宽的 1.8 倍；肛鬃（节 X 鬃）端部尖，长 73.0-74.2，为管长的 0.67-0.69 倍。

雄虫：未明。

寄主：对节刺（*Sageretia pycnophylla*）。

模式标本保存地：中国（IZCAS，Beijing）。

观察标本：1♀（正模，IZCAS），四川乡城县，2700m，1982.VI.26，对节木，崔云琦采（玻片号：8279-3339）。

分布：四川。

(105) 念珠头管蓟马 *Cephalothrips monilicornis* (Reuter, 1885)（图 94）

> *Phloeothrips monilicornis* Reuter, 1885, *Bidr. Känn. Finl. Nat. Folk*, 40: 21; zur Strassen, 1967, *Senckenb. Biol.*, 48 (5/6): 358.
> *Cephalothrips monilicornis* (Reuter): Cao & Feng, 2011, *Entomotaxonomia*, 33(3): 192-194.

雌虫（无翅型）：体长 1.78mm。体黑棕色；所有足的跗节和胫节端部黄色。触角节 III-VI基部黄白色，其余节部分与体同色。

头部　头长 240μm，长为宽的 1.3 倍，头背部具微弱网纹；两颊不圆，不在复眼后收缩，在基部略微收缩。复眼大，且在腹面延长至复眼背部后缘，复眼长为头长的 0.4 倍。复眼后鬃短，长 31，端部膨大。单眼不存在；单眼后鬃小，端部尖。口针缩至复眼后鬃处，且在头中部相互靠近，为头宽的 1/3。口锥短且圆。触角 8 节，触角节III具有 1 个感觉锥，节IV-VI具 2 个感觉锥，节VII具 1 个感觉锥。

胸部　前胸光滑，只在后缘具微弱横线纹；主要鬃除后侧鬃和后角鬃发达外，其余鬃短。后侧鬃端部膨大，长34；后角鬃端部钝，长26。后侧缝完全。前胸前下胸片不存在。中胸前小腹片退化成2个三角形片。中胸具横线纹。后胸光滑，无网纹。

腹部　腹部盾片呈拱形，具有1对感觉钟孔。腹节 II -VII 握翅鬃弱；节IX鬃 B1 和 B2 端部微膨大、短于管长，管短于头，为头长的 0.6 倍；管基部为端部宽的 3 倍；肛鬃短于管。

雄虫： 体色和一般结构很相似于雌虫，仅体略小。

寄主： 赖草、蒿、莎草、针茅、禾本科植物。

模式标本保存地： 芬兰（Finland）。

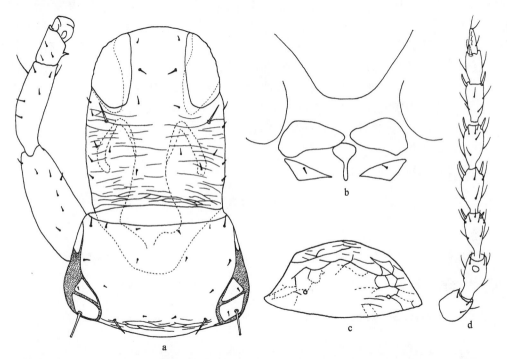

图 94　念珠头管蓟马 *Cephalothrips monilicornis* (Reuter)

a. 头和前胸（head and prothorax）；b. 前胸腹片（prosternites）；c. 盾片（pelta）；d. 触角节 I -VIII（antennal segments I -VIII）

观察标本： 1♀，内蒙古贺兰山大殿沟，2150m，2010.VIII.02，赖草，胡庆玲采；1♀，内蒙古贺兰山甘树湾，2361m，2010.VIII.09，蒿，胡庆玲采；1♂，内蒙古巴音贺兰山北寺沟，2078m，2010.VII.29，针茅，胡庆玲采；2♀♀，内蒙古贺兰山水磨沟南沟，2047m，2010.VIII.06，莎草，胡庆玲采；2♀♀1♂，内蒙古贺兰山镇木关，2086m，2010.VII.28，胡庆玲采；2♀♀1♂，内蒙古贺兰山镇木关，2010.VII.29，针茅，胡庆玲采；2♀♀2♂♂，内蒙古贺兰山镇木关，2108m，2010.VII.28，针茅，李维娜采。

分布： 内蒙古；亚洲，欧洲，北美洲。

34. 直管管蓟马属 *Deplorothrips* Mound & Walker, 1986

Deplorothrips Mound & Walker, 1986, *Fauna New Zea.*, 10: 49.
Type species: *Deplorothrips bassus* Mound & Palmer, 1986.

属征: 体型在本族中小到中型。头与宽等长或略长,头背表面无强烈网纹也不突起;复眼后鬃发达,经常端部膨大,有时尖;其他鬃不发达;复眼和单眼一般发达,但在短翅中退化。触角形态学上 8 节,节Ⅷ基部宽,有时形式上为 7 节,节Ⅶ和节Ⅷ连接成 1 节,两节间连接缝完全或不完全,通常节Ⅲ和节Ⅳ分别具有 3 个和 4 个感觉锥,但节Ⅳ很少 3 个。口锥短且圆,有时长且尖;口针短,到达头内,呈"V"形;下颚桥不存在。前胸几乎光滑,在大雄虫中膨大;前缘鬃经常退化到很短且尖,其他鬃发达;后侧缝完全;前下胸片不存在;中胸前小腹片退化,经常分成 3 个小片;后胸腹侧缝存在。足在大雄虫中膨大,前足跗节在两性中具齿,前足胫节在雄虫中顶端有 1 结节。翅发达或不发达,如果发达,前翅在中部微收缩,具间插缨;翅基鬃内Ⅲ退化。盾片在长翅型中呈铃形,在短翅型中更宽,具 1 对微孔;腹节Ⅱ-Ⅶ在长翅中各具 1 对"S"形握翅鬃;节Ⅱ-Ⅶ腹片在雄虫中经常具有网纹区域;节Ⅷ在雄虫中具有腺域;管两边直,短于头。

分布: 东洋界。

本属世界已知 9 种,本志记述 2 种。

种检索表

触角形态学上节Ⅶ和节Ⅷ连接缝完全 ⋯⋯⋯⋯⋯⋯⋯⋯⋯⋯⋯⋯⋯⋯ 圆颊直管管蓟马 *D. medius*
触角形态学上节Ⅶ-Ⅷ连接缝不完全和退化 ⋯⋯⋯⋯⋯⋯⋯⋯⋯⋯⋯ 安簇直管管蓟马 *D. acutus*

(106) 安簇直管管蓟马 *Deplorothrips acutus* Okajima, 1989（图 95）

Deplorothrips acutus Okajima, 1989, *Jpn. J. Ent.*, 57: 243.

雌虫（无翅型）: 体长 1.5mm。体棕色至暗棕色;头最暗,腹节Ⅸ色淡;触角节Ⅱ黄色,端部棕色,其余节棕色至暗棕色,几乎与头同色,但节Ⅱ端部淡;前足胫节黄棕色,中足和后足胫节棕色,端部淡;主要鬃透明。

头部 头长 145μm,与宽等长,背部表面后缘具微弱网纹;两颊直且平行,微具齿状,具小鬃;复眼后鬃为头长的 0.35-0.41 倍;单眼后鬃退化。复眼小,长 47-49,为头长的 0.32-0.34 倍。单眼不存在。复眼后鬃长 52-58。触角为头长的 2.2 倍;形态学上节Ⅶ-Ⅷ连接缝不完全和退化;节Ⅳ具 4 个感觉锥。口锥短且圆。节Ⅰ-Ⅶ+Ⅷ长（宽）分别为:39（33）、40（27）、42（27）、39（29）、43（27）、42（24）、58（21）。

胸部 前胸中部长 145,宽 206。前胸光滑,具弱的中线;前缘鬃退化,其他鬃发达,端部尖。前角鬃长 30-35,中侧鬃长 45-50,后角鬃长 40-45,后侧鬃长 35。前基腹片发达,前刺腹片弱;前侧片、中胸前小腹片和中胸主腹片退化或不完全。中胸在前缘具微弱网纹;后胸光滑,但在前缘有微弱网纹。前足股节中度膨大;前足跗节齿发达,长且镰刀状。

　　腹部　盾片近三角形，具微弱网纹，背片 B1 鬃在节 II-VII端部微膨大，在节VIII-IX明显端部膨大，节IX B1 鬃长于 B2 鬃。管长于头长的一半，长为基部宽的 1.5-1.6 倍，在基部 1/4 收缩。肛鬃略长于管，长 85-90。

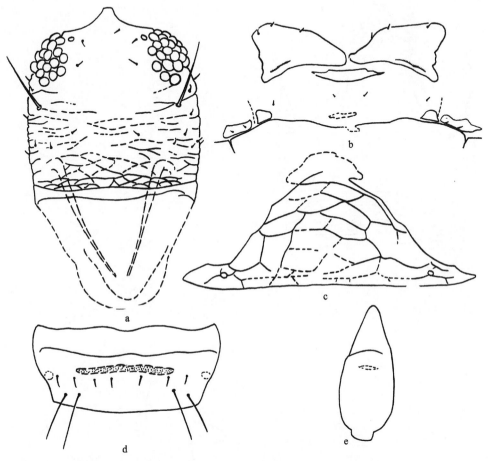

图 95　安簇直管管蓟马 *Deplorothrips acutus* Okajima（♀）（仿 Okajima，1989）

a. 头（head）；b. 前胸腹片（prosternites）；c. 盾片（pelta）；d. 腹节VIII（abdominal sternite VIII）；e. 触角节VII+VIII（antennal segments，VII+VIII）

　　雄虫（无翅型）：体色、结构与雌虫相似。触角节IV淡于节V，基部较淡；所有足的胫节棕黄色；腹节IX和管基半部黄色；前胸和足膨大，前胸具 1 强中线；前刺腹片不存在；盾片的网纹弱；腹节VI-VII腹片具网状区域；节VIII腹片具 1 横向带状腺域，节IX B2鬃短于管 B1 鬃，但较粗；管为头长的 0.56-0.57 倍，为基部宽的 1.5 倍。

　　寄主：死树枝。

　　模式标本保存地：日本（TUA，Tokyo）。

　　观察标本：未见。

分布：台湾。

(107) 圆颊直管管蓟马 *Deplorothrips medius* Okajima, 1989（图 96）

Deplorothrips medius Okajima, 1989, *Jpn. J. Ent.*, 57: 250.

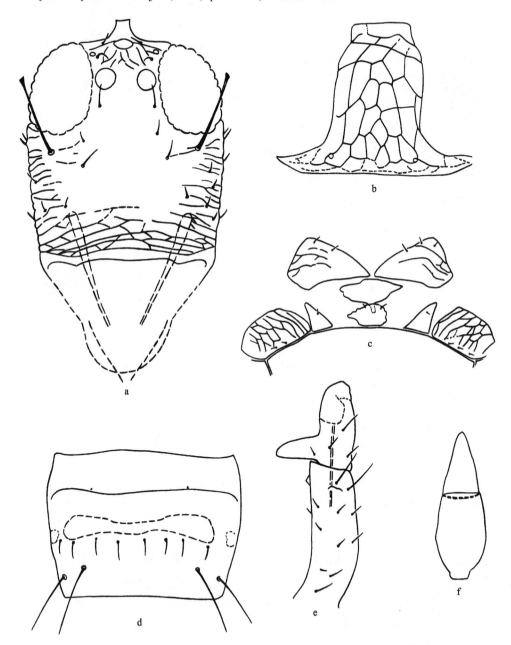

图 96　圆颊直管管蓟马 *Deplorothrips medius* Okajima（♀）（仿 Okajima，1989）

a. 头（head）；b. 盾片（pelta）；c. 前胸腹侧片（thoracic sternal plates）；d. 腹节Ⅷ（abdominal sternite Ⅷ）；e. 右足胫节和
跗节（right for etibia and tarsus）；f. 触角节Ⅶ+Ⅷ（antennal segments Ⅶ+Ⅷ）

雌虫（长翅型）：体棕色；后胸色较前胸淡，腹节III-VIII中部黄色；所有足的股节棕色，端部黄色，所有足的胫节黄色，中部淡灰棕色；触角节Ⅰ-Ⅱ棕色，与头同色，节III黄色，节Ⅳ-VIII淡棕色，暗于头；前翅淡灰棕色，在基部暗；主要鬃透明。

头部 头长 177μm，略长于宽，头背后缘和两侧具微弱刻纹；两颊在复眼后收缩，颊相当直，向基部微变窄，有弱的锯齿；复眼后鬃相当发达，长63，或多或少地短于复眼，端部膨大。复眼长74，略长于头的0.4倍。单眼直径为16-18.5；单眼后鬃相距20-22，与前单眼鬃相距19-21。触角为头长的2.1倍；形态学上节VII和节VIII连接缝完全；节Ⅳ具4个感觉锥。口锥短且圆。节Ⅰ-VII+VIII长（宽）分别为：45（34）、42（26）、55（29）、58（29）、52（27）、45（27）、68（23）。

胸部 前胸中部长116，宽198；前胸光滑，只在后缘具网纹，具1条弱中线；前缘鬃短且尖，其他主要鬃发达，端部膨大。前角鬃长42-45，中侧鬃长45-47，后角鬃长47-50，后侧鬃长56-60。中胸前缘具网纹，后缘光滑；后胸具网纹，但前中部光滑。前翅具4-5根间插缨。

腹部 盾片铃形，有明显网纹。节Ⅱ-Ⅸ的B1鬃和B2鬃在节III、Ⅳ和节VIII端部膨大，B2鬃在节Ⅱ和节Ⅴ-VII端部尖或近尖，节Ⅸ B2鬃短于B1鬃。管两边直，为头长的0.54倍，为基部宽的1.85倍，表面光滑。肛鬃略长于管。

雄虫（长翅型）：体色和结构与雌虫相似。两颊微圆，具2根或3根强鬃；复眼后鬃长于复眼；前足强壮，或多或少增大，前足胫节端部有1明显的结节。前足跗节有1强齿；节Ⅱ-VII具网纹区；节VIII腺域横向扩展；管为头长的0.52-0.53倍，长为基部宽的1.6-1.7倍。

寄主：死树枝。

模式标本保存地：日本（TUA，Tokyo）。

观察标本：未见。

分布：台湾。

35. 尤管蓟马属 *Eugynothrips* Priesner, 1926

Eugynothrips Priesner, 1926, *Treubia*, 8(Suppl.): 157; Ramakrishna & Margabandhu, 1940, *Catal. Indian Ins.*, 25: 47; Priesner, 1949a, *Bull. Soc. Roy. Ent. Egypte*, 33: 159-174; Priesner, 1953, *Treubia*, 22(2): 357; Ananthakrishnan & Muraleedharan, 1974, *Oriental Ins. Suppl.*, 4: 5; Okajima, 2006, *Ins. Japan. Vol. 2. Suborder Tubulifera* (*Thysan.*): 251.

Type species: *Gryptothrips conocephali* Karny, 1913

属征：触角8节，长而细。感觉锥刚毛形；触角节III仅有1个感觉锥。头长度常变异，但很少有甚长者，总是长于前胸，绝不在眼后收缩。复眼大，无增大的小眼。1对稍长的眼后鬃，但有时退化。口锥宽圆，端部截断。前胸后侧有1根显眼的鬃，前缘鬃发达或常在内的1对退化。雌虫前足股节常略增粗，雄虫简单或略微增大。雌虫前足跗节无齿，雄虫有小齿。翅稍宽，一致宽或向端部略微一致细；有间插缨毛。管较细长，超过基部略微凸，或管较短，锥状。

分布：东洋界。

本属世界已知 12 种，本志记述 1 种。

(108) 卷绕尤管蓟马 *Eugynothrips intorquens* (Karny, 1912)（图 97）

Cryptothrips intorquens Karny, 1912b, *Marcellia*, 1: 115-169.

Gynaikothrips sliliaceae Moulton, 1928a, *Ann. Zool. Jpn.*, 11: 310, 331.

Eugynothrips smilacinus Priesner, 1953, *Treubia*, 22(2): 358, 359, 361.

雌虫：体长 2.1-2.2mm。体棕黑色至黑色，但触角节Ⅱ端部和各足胫节端部淡棕色；触角节Ⅲ-Ⅵ或节Ⅳ-Ⅵ基半部黄色，节Ⅳ端半部略微暗，节Ⅴ-Ⅵ端半部暗黄色；节Ⅶ-Ⅷ淡灰棕色；前足胫节端部、各足跗节暗黄色；翅较暗，前翅基部烟色，向端部 1/4 略微烟色，端部 2/4 烟色，周缘较暗，有不明显的暗中纵条；后翅淡于前翅；长体鬃暗。

头部　头长 208-256μm，宽：复眼处 192-208，后缘 176-188。头背单眼区隆起，向后有横网纹，两侧仍似横线纹；两颊略拱，后缘略收缩。复眼后鬃和其他头背鬃、颊鬃均细小而尖，长 6-10。复眼长 100-108。单眼位于复眼中部以前，后单眼与复眼前内缘接近。触角 8 节，节Ⅲ-Ⅵ基部有细线纹，无显著梗，节Ⅲ端部大，节Ⅳ端部有收缩；节Ⅰ-Ⅷ长（宽）分别为：31-42（47-48）、46-47（35-37）、61-63（33）、65-67（39-40）、72-74（33-37）、74-79（30-33）、53-63（24-28）、31-42（10-12），总长 433-477，节Ⅲ长为宽的 1.85-1.91 倍。感觉锥较细长，长的长 42-61，短的长 13；节Ⅲ-Ⅶ数目分别为：1、1+2^{+1}、1+1^{+1}、1+1^{+1}、1。口锥端部宽圆，长 121，宽：基部 137-148，端部 94-106。下颚须基节长 4，端节长 37-44。口针缩至头内近 1/2 处，中部间距较宽，为 57-63。

胸部　前胸长 144-190，前部宽 218-243，后部宽 280-328。背片有较多横线纹，但中部和两侧有较大无纹光滑区；内中棕色纵条细而短，占背片长的 1/4；后侧缝完全。除后侧鬃较粗大、端部钝以外，其他鬃较短而尖，鬃长：前缘鬃 23-26，前角鬃 24-37，侧鬃 18-29，后侧鬃 74-79，后角鬃 42-60，后缘鬃和其他背片鬃长 3-11。腹面前下胸片缺。前基腹片大。中胸前小腹片中部呈细带状。翅胸各鬃端部均尖。中胸盾片线纹近似横网纹；前外侧鬃较粗，长 31，其他鬃小，长 7-20。后胸盾片除后部两侧外，前部和两侧为纵网纹，中后部为蜂窝式网纹；前缘鬃很小；前中鬃长 22-25，距前缘 63-64。前翅长 832-880，宽：基部 80-88，中部 80，近端部 56-72；间插缨 9-11 根；翅基鬃端部均扁钝，距翅前缘较远，内Ⅰ与内Ⅱ间距小于内Ⅱ与内Ⅲ间距，内Ⅰ-Ⅲ长分别为：42-48、53-56、56-74，内Ⅰ和内Ⅱ短于内Ⅲ。各足有较多线纹，跗节无齿。

腹部　腹节Ⅰ的盾板近似梯形，板内前端横线纹少，两侧为纵线纹和网纹，中部网纹蜂窝式。背片两侧线纹较重，节Ⅱ中部呈横网纹，向后渐少而轻。节Ⅱ-Ⅶ背片握翅鬃前对小于后对，外侧有短鬃 2-3 对。后缘长侧鬃端部钝；节Ⅴ的内Ⅰ长 92-97，内Ⅱ长 48-60。节Ⅴ背片长 100-112，宽 364-400。节Ⅸ背片后缘长鬃端部尖，长：背中鬃 159-169，中侧鬃 169，侧鬃 95-116，均短于管。管长 232-250，为头长的 0.91-1.20 倍，宽：基部 92-100，端部 48。长肛鬃端部尖，长 104-165。

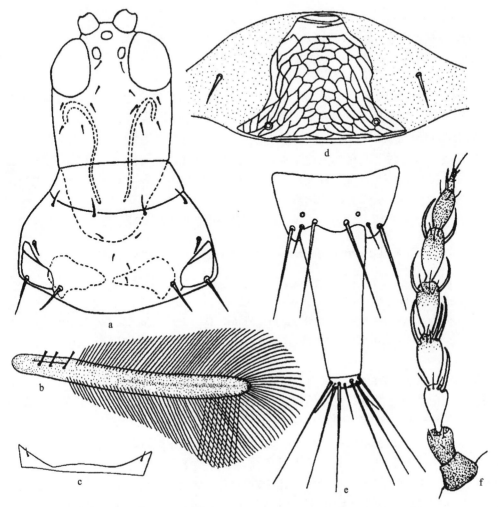

图 97　卷绕尤管蓟马 *Eugynothrips intorquens* (Karny)（仿韩运发，1997a）

a. 头和前胸（head and prothorax）；b. 前翅（fore wing）；c. 中胸前小腹片（mesopresternum）；d. 腹节 I 背片（abdominal tergite I）；e. 雄虫腹节Ⅸ-Ⅹ背片（male abdominal tergite Ⅸ-Ⅹ）；f. 触角（antenna）

雄虫：体长 1.8mm。体色和一般结构相似于雌虫，但体较小，腹节Ⅸ中侧鬃短于背中鬃和侧鬃。节Ⅸ鬃长：背中鬃 137，中侧鬃 53，侧鬃 148。

寄主：菝葜、杂草。

模式标本保存地：德国（SMF，Frankfurt）。

观察标本：1♀，湖南韶山，2002.Ⅶ.10，杂草，郭付振采。

分布：湖南、台湾；日本，印度尼西亚。

36. 佳喙管蓟马属 *Eurhynchothrips* Bagnall, 1918

Eurhynchothrips Bagnall, 1918, *Ann. Mag. Nat. Hist.*, (9)1: 213; Ananthakrishnan, 1969b, *CSIR Zool.*

Monog., 1: 46, 141.

Liothrips Uzel: Ramakrishna, 1925, *J. Bombay Nat. Hist. Soc.*, 30: 788-792.

Type species: *Eurhynchothrips convergens* Bagnall, 1918.

本属与 *Rhynchothrips* 近似，是从后者分出来的。头长略大于宽，长于前胸。触角节各节分界清晰，节Ⅷ基部明显收缩。节Ⅲ有 1 个感觉锥，节Ⅳ有 3 个感觉锥。口锥短而尖（Ananthakrishnan，1964a），口针在头内中部靠近但不相接触。前下胸片缺。中胸前小腹片发达。前足跗节雌雄均无齿。前翅边缘直，较宽，有间插缨。节Ⅰ盾板宽，三角形。主要体鬃端部膨大。本属种类多在植物叶、芽和嫩茎上为害，有时还营造虫瘿。

分布： 古北界，东洋界，非洲界。

本属世界已知 5 种，非洲有 3 种，马来西亚和印度各有 1 种，本志记述 1 种。

(109) 杜果佳喙管蓟马 *Eurhynchothrips ordinarius* (Hood, 1919)（图 98）

Liothrips ordinarius Hood, 1919, *Insect Inscit. Menstr.*, 7: 66-74; Pitkin, 1978, *Proc. Ent. Soc. Washington*, 80: 282.

Eurhynchothrips ordinarius (Hood): Karny, 1926, *Mem. Dep. Agr. India, Ent. Ser.*, 9: 210.

Liothrips ordinarius Moulton: Ananthakrishnan, 1964a, *Opusc. Ent. Suppl.*, 25: 47.

雌虫： 体长约 2.2mm。体黑棕色，但触角节Ⅲ基部大部分及节Ⅳ-Ⅵ基半部黄色，前足胫节、端部及各足跗节黄色；翅除翅基鬃以内淡黄色外，其余无色；长体鬃棕黄色。

头部 头较短，后部较窄，长 267μm，宽：复眼处和复眼后均 218，后缘 194。头长为复眼后宽的 1.2 倍。眼后有横线纹。复眼长 92。复眼后鬃端部扁钝，长 85，距眼 19；其他头背鬃小，单眼间鬃长 19，单眼后鬃长 14。触角 8 节，较短粗，各节有弱横纹，节Ⅷ基部细；节Ⅰ-Ⅷ长（宽）分别为：48（52）、53（48）、72（34）、72（34）、72（29）、63（29）、48（21）、48（14），总长 476，节Ⅲ长为宽的 2.12 倍。各节感觉锥较短粗，长约 24，节Ⅲ-Ⅶ数目分别为：1、1+2、1+1、1+1、1。口锥端部窄圆，长 194，宽：基部184，端部 48。下颚须基节长 14，端节长 28。口针间无下颚桥连接，较细，缩至头内至复眼，中间相距很小。

胸部 前胸背片光滑无纹，后侧缝完全。前胸长 194，短于头，前部宽 194，后部宽340。除后缘鬃外，各边缘鬃端部扁钝，长：前缘鬃 48，前角鬃 43-48，侧鬃 72，后侧鬃 89-106，后角鬃 72，后缘鬃 12；除边缘鬃外，背片鬃少而小。腹面前下胸片缺。近似三角形的基腹片前内缘尖窄。中胸盾片前部和后外侧线纹清晰；前外侧鬃端部扁钝，较长，长 48；其他鬃小而尖，长 12-14。后胸盾片的横、纵纹在中部和两侧不清晰；鬃短小；前中鬃长 17，距前缘 41。前翅长 1105，宽：近基部（翅基鬃处）136，中部 121，近端 82；间插缨 20 根；各翅基鬃端部均扁钝，内Ⅰ-Ⅲ分别长：53-55、55-60、58-60，内Ⅰ位置较靠前，内Ⅱ和内Ⅲ较靠后。中胸前小腹片似条状，两侧叶稍大，中部略高但不成峰。足较短粗，各节无钩齿，纹微弱，刚毛少。

腹部 腹部背片的纹自节Ⅳ向后逐渐弱。节Ⅰ背片的盾板近三角形，网纹横向；细孔位于后部两侧。节Ⅱ-Ⅶ各有握翅鬃 2 对，外侧短鬃仅 2-3 根；两侧后缘长鬃端部略钝，但不显著扁；节Ⅴ背片的内Ⅰ鬃长 153，内Ⅱ鬃长 197。节Ⅸ背片长鬃均尖，短于管，为管长的 0.68-0.79 倍，长：背中鬃 170-175，中侧鬃 158-170，侧鬃 170-177。管长 230-235，略短于头，为头长的 0.8-0.88 倍；宽：基部 92-121，端部 41-58。长肛鬃尖，长：内中鬃 194，中侧鬃 196-218，略短于管。

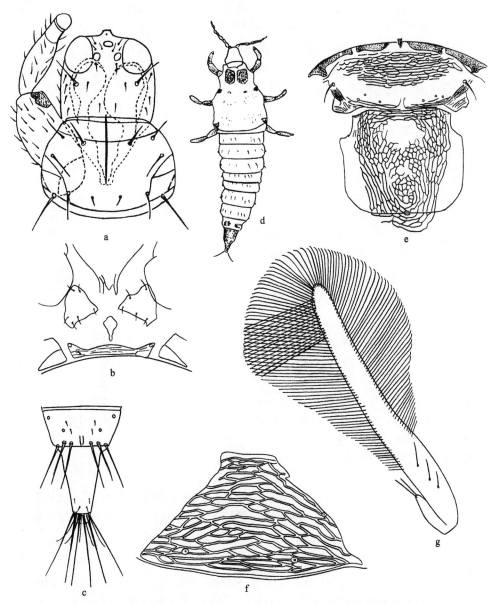

图 98　杧果佳喙管蓟马 *Eurhynchothrips ordinarius* (Hood)（仿韩运发，1997a）

a. 头和前胸（head and prothorax）；b. 前、中胸腹板（pro- and midsternum）；c. 雌虫腹节Ⅸ-Ⅹ背片（female abdominal tergites Ⅸ-Ⅹ）；d. 若虫二龄全体（body of nymph Ⅱ）；e. 中、后胸背板（meso- and metanotum）；f. 腹节Ⅰ背片（abdominal tergite Ⅰ）；g. 前翅（fore wing）

雄虫：体长 1.9mm。体色和一般结构相似于雌虫，但体轻小，腹节Ⅸ背片中侧鬃短于另 2 根。

头长 121，宽：复眼处 131，后缘 170。触角 7 节，节Ⅰ-Ⅶ长（宽）分别为：29（38），41（24），72（26），56（26），48（21），38（17），38（9）；节Ⅱ 2 根背毛端部扁，其余各节毛均尖；各节感觉锥数目：节Ⅲ外端 1 个；节Ⅳ内端 1 个，或外端有 1 小的；节Ⅴ外端 1 个；节Ⅵ外端 1 个；长 7.3-14.6。体背鬃尖端全扁，漏斗形（节Ⅹ肛鬃除外，端尖），头、胸部腹片鬃均尖，腹部腹片的侧缘鬃端部扁钝，内对鬃端尖。头背鬃 3 对，前对长 51，复眼后对长 36，中对长 53。前胸长 194，前部宽 243，后部宽 340；鬃 6 对，长：前缘鬃 38，前角鬃 43，侧鬃 68，后侧鬃 70，后角鬃 75，后缘鬃 48；腹片无刚毛。中胸背片鬃 6 对，长 43-53。后胸背片鬃 6 对，长 38-53；腹部背片鬃数目：节Ⅰ背片微毛 2 对，长鬃 2 对，节Ⅱ-Ⅸ背片鬃均 3 对。节Ⅹ轮鬃 2 对长的，6 对短的。各节背片鬃长：节Ⅲ-Ⅵ 48-77，节Ⅸ 94-97，节Ⅹ长鬃 145、短鬃 51。

寄主：高粱、杧果（幼叶、幼果）、三叶豆、木槿、杂草。

模式标本保存地：美国（USNM，Washington）。

观察标本：1♀，湖南韶山，2002.Ⅶ.29，杂草，郭付振采；1♀，湖北九宫山，2001.Ⅷ.6，木槿，张桂玲采；5♀♀，云南思茅，1980.Ⅴ.27，杧果（幼叶、幼果），杨佩琼采；1♀，云南，1980.Ⅴ.27，杧果（幼叶、幼果），杨佩琼采；1♂，云南，1980.Ⅴ.27，杧果（幼叶、幼果），杨佩琼采；1♀1♂，云南，1980.Ⅲ.25，杧果（幼叶、幼果），杨佩琼采；1♀，河南安阳，1958.Ⅺ.18，高粱，任世珍采。

分布：河南、湖北、湖南、云南；印度。

37. 器管蓟马属 *Hoplothrips* Amyot & Serville, 1843

Hoplothrips Amyot & Serville, 1843, *Hist. Nat. Ins. Hémipt.*: 640.

Trichothrips Uzel, 1895, *Monog. Ord. Thysanop.*: 246. Synonymied by Stannard, 1957.

Bellicosothrips Johansen, 1981, *Univ. Naci. Mexi.*, 51: 337-346. Synonymised by Mound & Marullo, 1996, *Mem. Ent. Int.*, 6: 312.

Type species: *Thrips corticis* De Geer, 1912.

属征：头短或稍长，宽如长，偶有长长于宽；背面平滑或有弱网纹。颊光滑或有个别小刺，有时仅有 1 对粗刺。在短翅型或无翅型中常退化到仅有几个小眼面。单眼存在于长翅型或短翅型中，在短翅型和无翅型中常退化或缺。复眼后鬃 1 对，发达。触角 8 节，端节基部细缩，与节Ⅶ界线清晰。节Ⅲ有 1-3 个感觉锥，节Ⅳ有 2-4 个感觉锥。口锥普通或较长，端部较宽圆或较尖。口针缩入头内较深，在中部较靠近。下颚桥缺。前胸背片平滑或有弱纹；大多数鬃发达，后侧缝完全。前下胸片通常缺。后胸盾片无强刻纹。前翅发达者中部不收缩，边缘平行；总有间插缨；翅基鬃常不规则。两性前足股节增大，粗壮，雄虫前足股节很强。股节、胫节无钩齿。前足跗节上，雄虫雌虫通常前跗节有齿，长翅型腹部背片各有 2 对握翅鬃但不粗大。节Ⅸ鬃长，端部尖，常弯曲，罕有扁钝。雄虫节IX中侧鬃（鬃II）短粗。管短到稍长，短于头。雄虫节VIII腹片腺域圆形、卵形或横带状；有些种类在各腹片两侧有特殊网纹，可能是另一类腺体。

分布：古北界，东洋界，新北界。

本属世界已知约 129 种，本志记述 4 种。

种检索表

(110) 皮器管蓟马 *Hoplothrips corticis* (De Geer, 1773)（图 99）

Thrips corticis De Geer, 1773, *Tome Troisième.*, 3: 11.

Trichothrips aceris Karny, 1913e, *Arch. Naturgesch.*, 79(2): 125. Synonymised by Okajima, 2006, *Ins. Japan. Vol. 2. Suborder Tubulifera* (*Thysan.*): 236.

Hoplothrips (*Trichothrips*) *corticis* (De Geer): Priesner, 1928, *Thysan. Eur.*: 539.

雌虫：体长 1.4mm。体暗棕和黄两色：头、前胸、翅胸前部和两侧、腹节 II-VIII前缘线中部的斑和管暗棕色；触角节III和节IV基部、前足和中足、翅胸中部、腹节VIII和节IX淡棕色；后足、腹节 I-VII （暗斑除外）黄色；翅暗黄；体鬃与所在位置颜色近似。

头部　头长 145μm，宽：复眼处 145，复眼后 170。背片横纹细而稀疏。复眼长 53。复眼后鬃端部扁钝，长 41，距眼 9。其他头鬃均短小。触角 8 节，较粗短；节 I-VIII长（宽）分别为：19（30）、29（26）、38（26）、43（29）、34（24）、30（19）、29（19）、26（12），总长 248，节III长为宽的 1.5 倍。感觉锥长 17-21；节III-VII数目分别为：1+1、4、1+1、1+1、1。口锥宽，端圆，长 97，宽：基部 145，端部 52。下颚须基节长 2，端节长 24。口针缩至头内约 1/2 处。中部间距宽 58。

胸部　前胸长 97，前部宽 175，后部宽 218。背片仅两侧有细线纹，后侧缝完全；除边缘鬃外，其他鬃很少而小；除后缘鬃外各边缘长鬃端部均扁钝，长：前缘鬃 29，前角鬃 31，侧鬃 34，后侧鬃 43，后角鬃 36，后缘鬃 7。腹面前下胸片不清晰，前基腹片近似三角形。中胸前小腹片无间断，中峰不显著。中胸盾片前部和后缘有稀疏细横线纹；前外侧鬃长 19，其他鬃很小。后胸盾片除前部和后部两侧外，纵纹细，但较多；前缘鬃很小，前中鬃长 19，距前缘 38。前翅长 565，宽：近基部 65，中部 36，近端部 43；间插缨 5 根；翅基鬃端部均扁钝，距前缘较近，鬃内 I 与内 II 的间距大于内 II 与内III的间距；长：内 I 34、内 II 36、内III 51。前足较粗，跗节无齿。

腹部　腹部背片线纹细而少，节Ⅰ盾板近似三角形。节Ⅱ-Ⅷ前缘线很细；节Ⅱ-Ⅶ握翅鬃两侧仅有 2-3 根小鬃；后缘侧鬃内Ⅰ端部扁钝，内Ⅱ端部略钝，节Ⅴ的分别长 60 和 48。节Ⅴ背片长 77，宽 228。节Ⅸ后缘鬃：背中鬃端部略钝，长 70，中侧鬃和侧鬃端部尖，分别长 87 和 68，短于管。管长 109，为头长的 0.75 倍，宽：基部 51，端部 36。肛鬃长 106 和 114，均长如管。

　　雄虫：未明。

　　寄主：杂草。

　　食性：捕食螨类。

　　模式标本保存地：瑞典（Sweden）。

　　观察标本：1♀，广东广州，1976.Ⅷ.1，吴伟男采；1♀，河北赤城大海陀，2006.Ⅷ.8，杂草，郭付振采。

　　分布：河北、福建、广东、海南；日本，欧洲，美国。

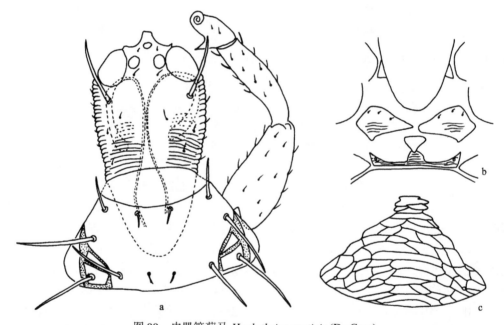

图 99　皮器管蓟马 *Hoplothrips corticis* (De Geer)

a. 头、前足和前胸背板，背面观（head, fore leg and pronotum, dorsal view）；b. 前、中胸腹板（pro- and midsternum）；c. 腹节Ⅰ盾板（abdominal pelta Ⅰ）

(111) 日本器管蓟马 *Hoplothrips japonicus* (Karny, 1913)（图 100）

Cryptothrips japonicus Karny, 1913e, *Arch. Naturgesch.*, 79(2): 127.

Dolerothrips japonicus Karny, 1913e, *Arch. Naturgesch.*, 79: 126.

Hoplothrips flavipes (Bagnall): Hood, 1915b, *Entomologist*, 48(624): 106; Miyazaki & Kudô, 1988, *Misc. Publ. Nat. Inst. Agro-envireron., Sci.*, 3: 90. Synonymised by Okajima, 2006, *Ins. Japan. Vol. 2. Suborder Tubulifera (Thysan.)*: 353.

雌虫：体长约 2.8mm。体棕色至黑色；触角节Ⅲ-Ⅷ及前足胫节和各足跗节黄色；触角节Ⅱ端部、前足股节、中足和后足股节端部、中足和后足胫节两端淡棕色；翅几乎无色；体鬃淡棕色，但黄色部位的体鬃黄色。复眼后鬃、前胸长鬃、前足基节外缘鬃、翅基鬃、中胸前外侧鬃、腹节Ⅰ-Ⅷ后缘长侧鬃及节Ⅸ背片后缘鬃端部均略钝或尖而不锐。

头部　头长 315μm，宽：复眼处 243，复眼后 267，长为复眼处宽的 1.3 倍。背片横线纹显著，两颊略微拱。复眼长 85。单眼大致排列成三角形。复眼后鬃长于复眼，长 121，距眼 29。单眼间鬃、单眼后鬃和颊鬃均长约 14；4-5 根颊鬃略粗，其他背鬃很细小。触角 8 节，各节无明显的梗，横纹细，中间数节较长；节Ⅰ-Ⅷ长（宽）分别为：48（58）、55（48）、68（36）、82（41）、72（38）、63（38）、58（29）、36（14），总长 482；节Ⅲ长为宽的 1.89 倍。感觉锥节Ⅲ和节Ⅳ的较粗，均长约 24.3，节Ⅴ-Ⅶ的较细；节Ⅴ和节Ⅵ的均长 34，但小的仅长 9；节Ⅶ的长 29；节Ⅲ-Ⅶ数目分别为：1、1+2、1+1+1、1+1+1、1。口锥端部窄圆，长 170，基部宽 230，端部宽 72。下颚须基节很短，长 4，但端节长 53，为基节长的 10.9 倍。口针较细，缩至头内复眼后缘，中部间距较窄，约 15。

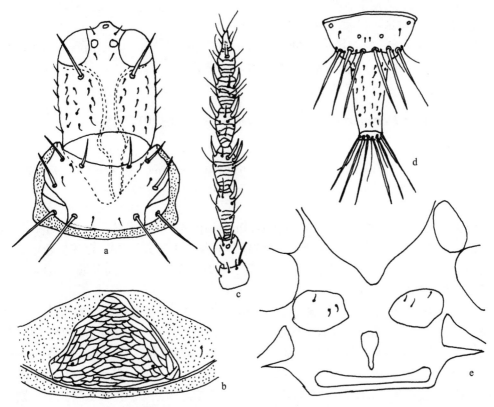

图 100　日本器管蓟马 *Hoplothrips japonicus* (Karny)（仿韩运发，1997a）

a. 头和前胸背板，背面观（head and pronotum, dorsal view）；b. 腹节Ⅰ盾板（abdominal pelta Ⅰ）；c. 触角（antenna）；d. 雌虫节Ⅸ和Ⅹ（female abdominal tergites Ⅸ-Ⅹ）；e. 前、中胸腹板（pro- and midsternum）

胸部　前胸长 194，前部宽 291，后部宽 388。背片前角有几条纵的、后部有几条横的线纹；后侧缝完全。边缘鬃长：前缘鬃 63，前角鬃 77，侧鬃 102，后侧鬃 145，后角鬃 126，后缘鬃 14。其他背鬃少而细小。腹面前下胸片缺。前基腹片形状不甚规则。中胸前小腹片似 1 条横带，两侧叶不显著高。中胸盾片横线纹和网纹多，但中后部较光滑；前外侧鬃基部较粗，长 92；中后鬃和后缘鬃较小，长 14-17。后胸盾片除后部两侧光滑外，密布纵线纹和网纹；前缘鬃很小，位于前缘角；前中鬃较大，长 63，距前缘 58。前翅长 1130，间插缨 14 根，翅基鬃间距相似，长：内 I 80，内 II 和内 III 均 87。前足股节较发达，跗节无齿。

腹部　腹节 I 背片的盾板近似钟形，前端平；板内网纹两侧的纵向，中部的横向。背片的线纹较多。节 II-VII 各有握翅鬃 2 对，但较细，外侧有小鬃 3-4 对；后缘侧鬃甚大于握翅鬃；节 V 的内 I 长 187，内 II 长 150。节 IX 背片后缘长鬃长：背中鬃和中侧鬃均 218，侧鬃 226，短于管。管长 267，为头长的 0.85 倍，宽：基部 123，端部 60。肛鬃长 189-194。

雄虫：未明。

寄主：朽木、树皮下、杂草。

模式标本保存地：日本（UH，Sapporo）。

观察标本：3♀♀，陕西杨陵，1987.IV.18，杂草，冯纪年采；2♀♀，海南五指山，2002.VIII.7，王培明采；1♀，广东广州，1976.VIII.1，吴伟男采。

分布：陕西、江苏、江西、福建、广东、海南；日本。

(112) 菌器管蓟马 *Hoplothrips fungosus* Moulton, 1928（图 101）

Hoplothrips fungosus Moulton, 1928b, *Trans. Nat. Hist. Soc. Formosa*, 18(98): 305; Takahashi, 1936, *Philip. J. Sci.*, 60(4): 445; Miyazaki & Kudô, 1988, *Misc. Publ. Nat. Inst. Agro-Envireron.*, *Sci.*, 3: 90; Okajima, 2006, *Ins. Japan. Vol. 2. Suborder Tubulifera* (*Thysan.*): 348.

雌虫（无翅型）：体小而短粗，长 1.1-1.2mm。体棕色至棕黑色；触角节 I、II 和 III 基半部，节 IV-VI 基部黄色，节 III 端半部和节 IV-VI 端部大部分，节 VII-VIII 淡棕色或棕色；前足股节和中、后足股节端部淡棕色；头部、各足胫节和跗节、腹节 VIII 后半部和节 IX-X 黄色；长体鬃较暗淡或黄色。

头部　头长 170μm，宽：复眼处 126-136，后缘 189，长为复眼处宽的 1.25-1.35 倍，后缘宽于长。复眼间略隆起并有山峰形线纹；后部有横线纹；两颊光滑，近乎直。复眼小，仅有十几个小眼面，长 34-36。单眼缺。复眼后鬃端部扁，略扇形，长 58-65，长于复眼，距眼 9-26。单眼鬃、其他背鬃和颊鬃均小而尖，长 9-12。触角 8 节，较短粗；节 IV-VIII 的梗短但显著，节 IV-VIII 刚毛细长，有的超过该节长度；节 I-VIII 长（宽）分别为：29-34（34）、34-36（29-31）、34-38（29）、36-41（29）、36-43（24-26）、36-41（21）、31-36（17-19）、41（9-12）；感觉锥较短粗，长 14-19，节 III-VII 数目分别为：1+1、1+1、1+1、1、1。口锥较短而宽，端部较窄圆，长 102-121。宽：基部 194，端部 48-72。下颚须基节长 4-7，端节长 19。口针缩至头内复眼后缘，中部间距窄，为 7-10。

胸部　前胸长 133-140，短于头，前部宽 209-218，后部宽 291-340。背片光滑，后

侧缝完全。各长鬃端部扁，扇形，长：前缘鬃 38，前角鬃 43-48，侧鬃 53-55，后侧鬃
53-55，后角鬃 53-58，后缘鬃 7；其他背片鬃均细小而尖。腹片前下胸片大。前基腹片
无线纹，近似横长三角形。中胸前小腹片中部间断宽，两侧叶近似三角形。翅胸长192，
宽 315，宽甚大于长。中胸盾片呈窄横条，有些细横线纹；前外侧鬃端部扁钝，较粗，
长 38-41；中后鬃和后缘鬃均在后缘上，细小而尖，长 7。后胸盾片横长方形，有些纵横
网纹和细线纹；前缘鬃极小，前中鬃细而尖，长 24-31，距前缘 24-29。各足较粗短；有
些细线纹；前足股节显著粗，跗节无齿。腹节 I 背片的盾板横宽，似菱形，板内有数条
横线纹和网纹。节 II-Ⅷ背片和节 II-Ⅶ腹片前缘线清晰；节 II-Ⅸ背片和腹片光滑，几乎
无纹，节Ⅹ（管）背片有覆瓦状细线纹。各节握翅鬃退化；后缘侧鬃内 I 和内 Ⅱ 端部扁
钝而大，节 V 的长：内 I 72，内 Ⅱ 58-82。节 V 背片长 95，宽 391；节Ⅸ背片后缘背中
鬃和中侧鬃端部略扁，分别长 82 和 72-75，均短于管；侧鬃端部尖，长 104-116，约长
如管。管长 97-102，约为头长的 0.6 倍，宽：基部 63-68，端部 31-34。长肛鬃端部略钝，
长：内中鬃 55-68，中侧鬃 68-72，均短于管。

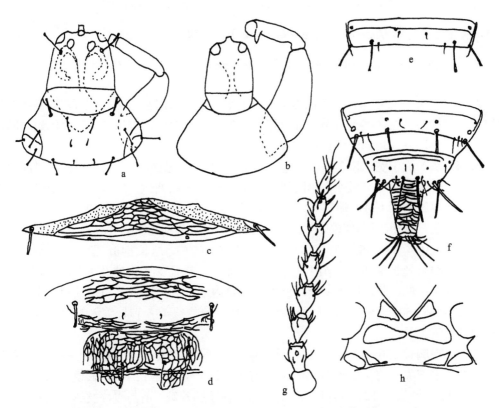

图 101　菌器管蓟马 *Hoplothrips fungosus* Moulton（仿韩运发，1997a）

a. 雌虫头、前足及前胸背板，背面观（female head, fore leg and pronotum, dorsal view）；b. 雄虫头、前足及前胸背板，背面
观（male head, fore leg and pronotum, dorsal view）；c. 腹节 I 盾板（abdominal pelta Ⅰ）；d. 中、后胸背板（meso- and
metanotum）；e. 腹节 V 背板（abdominal tergite Ⅴ）；f. 雌虫节Ⅷ-Ⅹ腹面（female abdominal tergites Ⅷ-Ⅹ）；g. 触角（antenna）；
h. 前、中胸腹板（pro- and midsternum）

雌虫（长翅型）：一般特征与无翅型雌虫相似，但头部颜色较暗棕；单眼存在，复眼大；翅胸显著长，与宽近似；前翅无间插缨；腹节Ⅰ背片的盾板形成横窄条；腹节Ⅲ-Ⅶ各有1对反曲的握翅鬃。体长约1.4mm。

雄虫（无翅型）：前胸和前足股节特别发达；跗齿强大；腹节Ⅸ侧中鬃短于中背鬃和侧鬃，前胸背片内黑纵条显著，腹面的前下胸片和前基腹片的形状及位置与无翅型雌虫很不相同，但各部位体色、线纹、毛序和形状、复眼小、缺单眼、触角形状、口锥和口针情形、翅胸大小、腹节Ⅰ的盾板的形状等与无翅型雌虫近似。

寄主：多孔菌、树皮下、食用菌、云芝。

模式标本保存地：美国 （CAS，San Francisco）。

观察标本：3♀♀，河南龙峪湾，1996.Ⅶ.16，段半锁采；2♀♀1♂，海南尖峰岭，1980.Ⅳ.5，张维球采；1♀，海南那大，1978.Ⅴ.29，卓少明采；1♀，福建沙县，1978.Ⅴ，黄邦侃采；2♀♀1♂，江西南昌，1977.Ⅲ.27，张维球采；1♀1♂（IZCAS），福建将乐，1991.Ⅳ.21，菌褶内，韩运发采。

分布：北京、河南、江西、福建、台湾、广东、海南；日本，印度。

(113) 米林器管蓟马 *Hoplothrips mainlingensis* Han, 1988（图 102）

Hoplothrips mainlingensis Han, 1988, *Ins. Mt. Namjagbarwa Reg. Xizang*: 185, 190.

雌虫：体长约2.8mm。体暗棕色。触角节Ⅲ较淡，节Ⅲ基部2/3、节Ⅳ-Ⅴ基部1/2、节Ⅵ基部的梗淡黄色，其余各节各部分棕色；各足股节棕色，前足胫节黄色但边缘暗，中、后足胫节基部和端部略淡黄色；各足跗节黄色。

头部 头长大于宽，长340μm，宽：复眼处240，后缘295。复眼后布满交错线纹，复眼较小，长87。单眼亦较小。单眼间鬃长18，在前单眼两侧，后单眼后鬃长度与单眼间鬃相似。复眼后鬃1对，端部尖，长137，距眼37，其他头背鬃长12-25。触角8节；中间数节较长，节Ⅲ-Ⅵ端部较膨大；节Ⅰ-Ⅷ长（宽）分别为：62（61）、70（38）、112（38）、100（36）、87（36）、81（36）、71（27）、57（21），总长640；各节线纹不显著；各节感觉锥数目及长度如下：节Ⅲ 3个，节Ⅳ 4个，节Ⅴ 2个大的及1个小的，节Ⅵ 2个大的及1个小的，节Ⅶ内端1个，长25；节Ⅷ内端1个，长20。口锥较短，略尖，长143，宽：基部250，端部50；下颚须基节长10，端节长45；口针缩入头内单眼后，在头内中部靠近。

胸部 前胸长250，前部宽315，后部宽460；背片较光滑，仅边缘有些弱纹；后侧缝完全。鬃端部尖，前缘鬃较小，长25；前角鬃长91，侧鬃长187，后侧鬃长125，后角鬃长141，后缘鬃长12；背片鬃少，长8-28。前下胸片缺。前基腹片发达。中胸盾片、后胸盾片前缘有线纹。中胸盾片前外侧鬃长18，中后鬃在后缘，长38，后缘鬃亦在后缘上，长21。后胸盾片较光滑；前缘鬃长16，前中鬃长25，距前缘25。中胸前小腹片两端略向前伸，中部发达，似驼峰。各足股足、胫节线纹少而轻微；刚毛略长而粗，无钩齿；前足跗节内缘齿大。

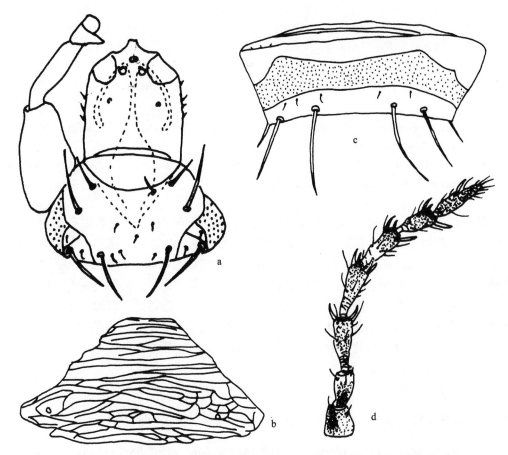

图 102　米林器管蓟马 *Hoplothrips mainlingensis* Han（仿韩运发，1997a）
a. 头、前足和前胸背板，背面观（head, fore leg and pronotum, dorsal view）；b. 腹节Ⅰ盾板（abdominal pelta Ⅰ）；c. 雄虫
腹节Ⅷ腹片（male abdominal sternite Ⅷ）；d. 触角（antenna）

　　腹部　腹部背、腹片网纹极微弱。节Ⅰ背片的盾板呈近三角形，具弱的横线纹及少数网纹。节Ⅴ背片长 205，宽 735。节Ⅱ-Ⅶ握翅鬃短小，前对反曲度很小，后对直，节Ⅷ前对消失，后对较长，长 50。握翅鬃以内的中对鬃几乎消失，两侧另有 3 对短毛；后侧鬃很长，长约 200。节Ⅸ后缘长鬃长：背中鬃 185，侧中鬃 155，侧鬃 175。节Ⅹ（管）长 275，约为头长的 0.81 倍，宽：基部 115，端部 60，平滑，有些小刚毛。管端部长肛鬃长 200-212。

　　雄虫：体长 2.4mm。体色和一般结构相似于雌虫，但前足股节较增大，前足跗节内缘齿比雌虫更大，腹节Ⅷ腹片有横腺域，近端向前伸展，几乎至背片与气门相接。

　　寄主：树皮下、杂草。

　　模式标本保存地：中国（IZCAS, Beijing）。

　　观察标本：2♀♀，河南嵩县，1996.Ⅶ.16，杂草，段半锁采；1♀1♂，西藏米林县索松，3000m，1983.Ⅶ.31，树皮下，韩寅恒采；3♀♀（IZCAS），湖南桑植县，1988.Ⅷ.8，树皮下，张晓春采；1♀3♂♂（IZCAS），西藏亚东阿桑桥，2700m，1975.Ⅵ.3，树皮下，张晓春采。

分布：河南、湖南、西藏。

38. 瘦管蓟马属 *Gigantothrips* Zimmermann, 1900

Gigantothrips Zimmermann, 1900, *Bull. Inst. Bot. Buitenzorg*, 7: 18; Okajima, 2006, *Ins. Japan. Vol. 2. Suborder Tubulifera* (*Thysan*.): 254.

Syringothrips Priesner, 1933b, *Konowia*, 12: 77. Synonymised by Dang *et al*., 2014, *Zootaxa*, 3807: 32.

Type species: *Gigantothrips elegans* Zimmermann, 1900.

属征：头长，长为宽的 1.5 倍或更长。复眼前略延伸。单眼有时着生在 1 个锥状延伸物上。眼后鬃不长，头背有 1 对或 2 对粗鬃。颊具有几对刚毛，常粗。复眼大。口锥较宽圆。口针较细，在头内互相靠近。触角 8 节，节Ⅶ端部和节Ⅷ基部较窄；节Ⅲ有 1 个感觉锥，节Ⅳ有 4 个感觉锥。前胸背板主要鬃存在且粗而短。后侧缝完全。中胸前小腹片很发达。前翅宽，有众多间插缨毛；翅基鬃不长。两性前足跗节均有 1 齿；腹节大多数长大于宽。背片至少各有 4 对或更多对反曲的握翅鬃，或者是直的握翅鬃，另有 8 对或更多附属握翅鬃。背片后侧鬃短而粗。管长，具网纹和匍匐的弱毛。

分布：东洋界，新北界。

本属世界已知约 20 种，本志记述 1 种。

(114) 丽瘦管蓟马 *Gigantothrips elegans* Zimmermann, 1900（图 103）

Gigantothrips elegans Zimmermann, 1900, *Bull. Inst. Bot. Buitenzorg*, 7: 18; Okajima, 2006, *Ins. Japan. Vol. 2. Suborder Tubulifera* (*Thysan*.): 255.

雌虫：体较细长，长 5.7mm。体黑棕色至黑色；复眼和单眼色较淡；触角节Ⅲ-Ⅵ除端部外均为黄色；前足胫节、中足和后足胫节端半部黄色，各足跗节黄色，翅色微黄，端半部略暗，头和前角的长鬃、翅基鬃、腹部各节长鬃黄色至暗黄色。

头部　复眼突出，两颊近乎直，单眼区隆起似蛇头，并有网纹，眼后至后缘布满横线纹。头长 568μm，宽：复眼处 315，后部和后缘 315，长为复眼处和后部宽的 1.8 倍。复眼长 158。单眼近乎三角形排列。单眼间鬃 1 对，单眼后鬃 2 对，均短小，长 24；复眼后鬃 1 对。细而尖，甚短于复眼，长 36，距复眼 38，位于复眼后内方；其他头鬃亦小。触角 8 节，细长；节Ⅰ-Ⅷ长（宽）分别为：72（63）、60（43）、279（36）、204（43）、179（41）、153（36）、82（24）、58（14），总长 1087；节Ⅲ长为宽的 7.75 倍。感觉锥较细，但基部较宽，大的长 48-72；小的仅 12；节Ⅲ-Ⅶ数目分别为：1、1+2+1、1+1、1+1、1。口锥伸达前胸腹片中部，端部较宽圆，长 243，宽：基部 291，端部 121。下颚须基节长 24，端节长 72。口针较细，缩至头内超过幕骨陷，中部几乎相接胸部。

前胸背片布满横纹，扭曲线纹或网纹，亦有光滑区；后侧缝完全。前胸长 243，前宽 340，后宽 486。前角丛生约 8 对鬃，前缘约有 7 对鬃，其他短背片鬃约 9 对；各边缘鬃长：前缘鬃 34，前角鬃 36，侧鬃（较粗）55，后侧鬃（端部钝圆）104，后缘鬃 38。腹面前下胸片狭长。前基腹片存在。中胸前小腹片无中峰。翅胸背片无大鬃。中胸盾片除后部一段光滑外，布满横线纹和网纹，其中有极短的蠕虫状皱纹。后胸盾片除两侧光滑外，中部密集纵线纹和网纹，其中亦有极短的蠕虫状皱纹。前翅长 2313，宽：近基部 133，中部 148，近端部 121；间插缨 30 根；翅基鬃较粗，端部钝，距前缘均较远；长：内 I 53，内 II 58，内III 58；内 I 和内 II 的距离小于内 II 和内III的距离。各足线纹和鬃较多；前足跗节内缘齿很小，细长向前伸。

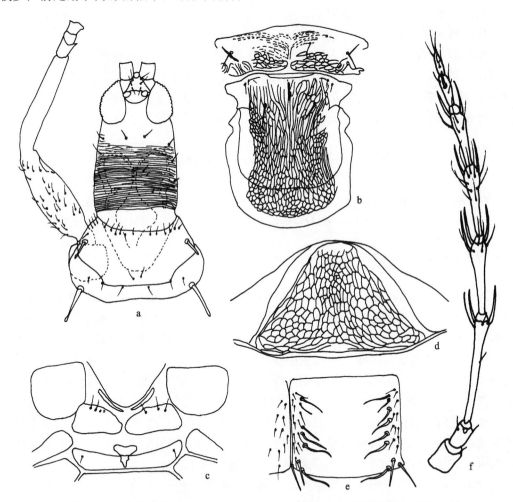

图 103　丽瘦管蓟马 *Gigantothrips elegans* Zimmermann（仿韩运发，1997a）

a. 头、前足及前胸背板，背面观（head, fore leg and pronotum, dorsal view）；b. 中、后胸背板（meso- and metanotum）；c. 前、中胸腹板（pro- and midsternum）；d. 腹节 I 盾板（abdominal pelta I）；e. 腹节 V 背板（abdominal tergite V）；f. 触角（antenna）

腹部　腹节 I 背片的盾板三角形，前角平，中部网纹粗糙，纹中具极短的蠕虫状皱纹，两侧网纹细而大。节 II-IX背片除前、后部分外具网纹和线纹，但中部和管纹弱。节 II-VIII腹片除前、后部分外具较弱网纹。节 II-VI背片各有握翅鬃 6-7 对，其两侧有鬃 12-15

对；另有后侧长鬃 2 对，粗且端部钝，节 Ⅴ 背片的 B1 鬃长 99，B2 鬃长 119。节 Ⅴ 背片长 486，宽 452；节 Ⅸ 后缘长鬃长：背中鬃 218，中侧鬃 286，侧鬃 201，均短于管。节 Ⅹ（管）线纹轻，有较多短毛；长 925，宽：基部 145，端部 89，管为头长的 1.6 倍。节 Ⅹ 长肛鬃长 284-298。

雄虫：体色、一般形态与雌虫相似，但腹节 Ⅸ 中侧鬃短于背中鬃和侧鬃。体长约 5.5mm。节 Ⅸ 背片后缘鬃长：背中鬃 194，中侧鬃 41，侧鬃 216。管长 822，为头长的 1.58 倍，宽：基部 123，端部 72。肛鬃长 248-255。

寄主：哈曼榕、樟树、杂草。

模式标本保存地：美国（USNM，Washington）。

观察标本：1♀，福建邵武，1963.Ⅶ.7，杂草，周尧采；1♀，福建厦门，1963.Ⅵ.29，杂草，周尧采；7♂♂，海南尖峰岭，1980.Ⅳ.3，张维球采；13♀♀，海南吊罗山，1978.Ⅶ.8，樟树，谢少远采；1♀2♂♂（IZCAS），海南岛，1983.Ⅴ.18，硕茂彬采。

分布：福建、台湾、广东、海南；印度，泰国，菲律宾，印度尼西亚。

39. 母管蓟马属 *Gynaikothrips* Zimmermann, 1900

Gynaikothrips Zimmermann, 1900, *Bull. Inst. Bot. Buitenzorg*, 7: 13; Ananthakrishnan & Muraleedharan, 1974, *Oriental Ins. Suppl.*, 4: 70; Okajima, 2006, *Ins. Japan. Vol. 2. Suborder Tubulifera* (*Thysan.*): 257.

Type species: *Gynaikothrips uzeli* Zimmermann, 1900.

属征：头长于宽，长于前胸。头顶略呈锥状延伸，其端部载有前单眼；单眼区丘状；有六角形网纹。复眼后鬃 1 对或 2 对，通常发达；颊无刺，或仅有小刺数个。有时眼后收缩。触角 8 节，中间节较长，节Ⅲ有 1 个感觉锥，节Ⅳ有 4 个主要感觉锥。口锥短，端部宽圆或截头形。口针缩入头内至中部，两针间距较宽。下颚桥缺。前胸背片布满不规则而扭曲线纹；后侧鬃 1 对或 2 对，较长，长为背片鬃 2 倍以上。后侧缝常不完全。前下胸片缺。后胸盾片花纹介于网纹和纵纹之间。翅适当宽，不在中部缩窄，有间插缨。雌雄虫前足跗节有齿或仅雄虫有齿，齿不直地向前。腹节 Ⅱ-Ⅶ（或Ⅵ）每侧有 2 对反曲的握翅鬃，常有几对附属握翅鬃。节Ⅸ鬃端部尖，雄虫节Ⅸ中侧鬃（B1）总是短于背鬃和侧鬃（B2 和 B3），管较长，两侧略拱。肛鬃通常短于管。

分布：古北界，东洋界，新北界，非洲界，新热带界。

本属世界已知约 41 种，本志记述 2 种。

种检索表

前胸鬃背板后角鬃几乎与后侧鬃等长 ··· 榕管蓟马 *G. uzeli*

前胸鬃背板后角鬃短小，远比后侧鬃短 ··· 榕母管蓟马 *G. ficorum*

(115) 榕母管蓟马 *Gynaikothrips ficorum* **(Marchal, 1908)**（图 104）

Phloeothrips ficorum Marchal, 1908, *Bull. Soc. Ent. Paris*: 252.

Leptothrips flavicarnis Bagnall, 1909b, *Trans. Nat. Hist. Soc. Northumb.*, 3: 529.

Liothrips bakeri Crawford, 1910, *Pomona Coll. Jour. Ent.*, 2(1): 161, fig. 67.

Gynaikothrips uzeli (Zimmermann): Steinweden & Moulton, 1930, *Proc. Nat. Hist. Soc. Fukien Christ. Univ.*, 3: 27.

雌虫：体长 2.6-2.7mm。体黑棕色至黑色；触角节Ⅲ-Ⅴ及节Ⅵ基半部或节Ⅲ及节Ⅳ-Ⅵ基半部黄色，前足股节和中、后足胫节端部及各足跗节黄色；翅无色，体鬃较淡，腹节Ⅸ和节Ⅹ鬃基部较暗。头两颊近乎直，眼后密布横线纹。

头部　头长 322μm，宽：复眼处 232，复眼后 245，长为复眼处宽的 1.39 倍。复眼较大，长 104。复眼后鬃较尖，大多 2 对，1 长 1 短，长度常有变异，长者长 53-85，距复眼 40-48，短者长 26-36。触角 8 节，节Ⅲ-Ⅷ相当长，线纹几乎不可见；节Ⅰ-Ⅷ长（宽）分别为：42（48）、61（39）、98（33）、98（40）、99（41）、91（37）、66（27）、42（14），总长 597，节Ⅲ长为宽的 2.97 倍，节Ⅳ长为宽的 2.45 倍，感觉锥略粗，大多长 34 或 24，节Ⅲ-Ⅶ数目分别为：1、1+2、1+1、1+1、1。口锥端部宽圆，伸达前胸腹片中部，长 170，宽：基部 243，端部 121。下颚须基节长 9，端节长 53。口针较细，缩至头内约 1/3 处。

胸部　前胸背片布满横或扭曲线纹及网纹，亦有小的光滑区；后侧缝不完全（即不达后缘）；内黑纵条很短，在中部。背片鬃均较尖，后侧鬃长 142-156，其他边缘较短，常有变异，长：前缘鬃 14-36，前角鬃 24-31，侧鬃 19-62（有时左侧的长而右侧的短），后角鬃 19-29，后缘鬃 14-31；其他背片鬃均很小，但较多，约 18 根。腹面前下胸片缺。前基腹片大。中胸前小腹片有横线纹，有中峰。中胸盾片除后部外，有纵、横网纹和线纹，其中又具有极细而短的线纹。各鬃均短，长 10-31。后胸盾片除两侧外密布纵纹和线纹，其中亦有极细而短线纹，前缘鬃很小，中后鬃较粗而长，长 36，距前缘 68。前翅相当宽，边缘直，不在中部收缩，长 1161，宽：近基部 116，中部 111，近端部 80；间插缨 18 根；3 根翅基鬃间距近似，排在近乎同一水平线上，长度有较大变异，有时内Ⅰ鬃最长，有时内Ⅲ鬃最长，或左、右翅不一致；长：内Ⅰ 72，内Ⅱ 92，内Ⅲ 75，或内Ⅰ 63，内Ⅱ 116，内Ⅲ 80，或内Ⅰ 72，内Ⅱ 92 和 99，内Ⅲ 168 和 102。各足较一般，前足跗节内端缘延伸成小齿，显著或不显著，容易被忽略。

腹部　腹节Ⅰ背片的盾板近似三角形，但前角平，两侧缘不规则，仅中部纵向网纹中具极细而短线纹，两侧延伸不长。节Ⅰ背片中部有六角形网纹；节Ⅱ-Ⅸ背片两侧横线纹和网纹重，但中部板微弱或光滑。节Ⅱ-Ⅶ背片 2 对握翅鬃外侧各有短鬃 3-5 根；后缘侧的长鬃，内Ⅰ鬃端部钝，外侧的尖；节Ⅴ的内Ⅰ长 126，内Ⅱ长 111。节Ⅴ背片长 172，宽 421。节Ⅸ背片后缘长鬃长：背中鬃 301，中侧鬃 305，侧鬃 258，均短于管。管较光滑，刚毛少，长 387，为头长的 1.2 倍，肛鬃长：内中鬃 270-340，侧鬃 258-352，均短于管。

雄虫：体色和一般形态相似于雌虫，但较小，腹节Ⅸ中侧鬃短于背中鬃和侧鬃可作区别。体长约 2.2mm。节Ⅸ鬃长：背中鬃 249，中侧鬃 60，侧鬃 301。管长 319，宽：基部 81，端部 47。肛鬃长 253 和 258。

寄主：榕树、无花果。

模式标本保存地：日本（UH，Sapporo）。

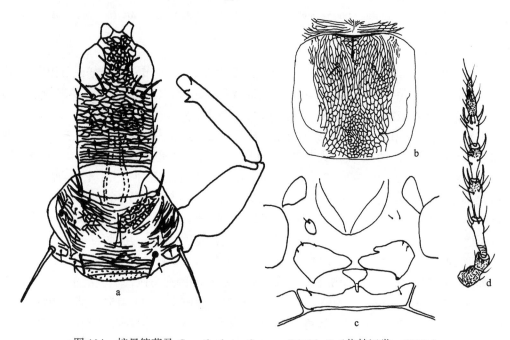

图 104　榕母管蓟马 *Gynaikothrips ficorum* (Marchal)（仿韩运发，1997a）

a. 头、前足及前胸背板，背面观（head, fore leg and pronotum, dorsal view）; b. 中、后胸背板（meso- and metanotum）; c. 前、中胸腹板（pro- and midsternum）; d. 触角（antenna）

观察标本：2♀♀，内蒙古包头市园科所，1987.Ⅵ.30，榕树，段半锁采；20♀10♂♂，云南勐仑，2006.Ⅶ.28，榕树，郭付振采；24♀♀8♂♂，四川乐山，2006.Ⅶ.12，榕树，郭付振采；30♀♀15♂♂，云南思茅，2006.Ⅶ.30，榕树，郭付振采；1♀1♂（IZCAS），北京，1993.Ⅸ，榕树叶（温室内），祁润身采。

分布：内蒙古、北京、福建、台湾、广东、海南、广西、四川、云南；日本，印度，越南，泰国，马来西亚，新加坡，印度尼西亚，以色列，密克罗尼西亚（大洋洲），突尼斯，摩洛哥，意大利，西班牙，葡萄牙，法国，丹麦，英国，美国，墨西哥，马德拉岛（大西洋），安的列斯群岛（西印度洋），埃及，西撒哈拉，阿尔及利亚，加那利群岛（非洲），古巴，波多黎各，秘鲁，巴西，阿根廷。

(116) 榕管蓟马 *Gynaikothrips uzeli* Zimmermann, 1900（图 105）

Gynaikothrips uzeli Zimmermann, 1900, *Bull. Inst. Bot. Buitenzorg*, 7: 12; Kudô, 1974, *Kontyû*, 42: 110.

雌虫：体长 4.1-4.3mm。体黑褐色，触角 8 节，节Ⅰ-Ⅱ褐色，节Ⅲ-Ⅵ基部灰色而端部淡褐色。头长于前胸，复眼大，两颊光滑无刺，口针深达复眼下方，相互不紧靠，口锥钝圆，前胸中部，头的后方具细密的横纹。中、后胸背板有纵向的网纹。前胸背板前缘鬃与前缘角鬃短，后侧鬃及后角鬃等长，侧鬃长，其长度为前胸背板长度之半，鬃端钝。前足跗节内侧有1小齿。前翅间插缨18-20根。管与头等长。

雄虫：体色和一般结构很相似于雌虫，仅体略小。

寄主：榕树。

模式标本保存地：美国（UCR，San Jose）。

观察标本：3♀♀，云南勐仑，2005.VIII.26，榕树，郭付振采；6♀♀1♂，四川乐山，2005.VII.12，榕树，郭付振采；6♀♀，四川峨眉山市，2005.VII.14，榕树，郭付振采。

分布：福建、台湾、广东、海南、广西、四川、云南；日本，印度。

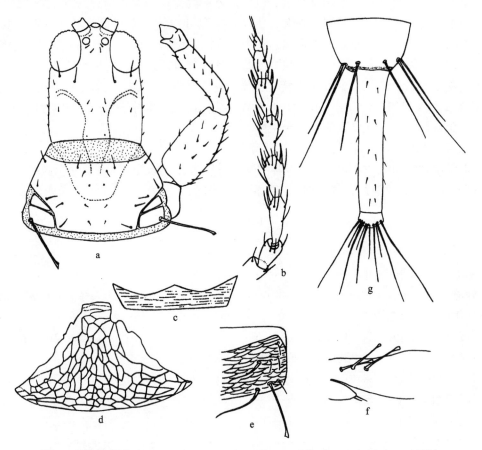

图 105　榕管蓟马 *Gynaikothrips uzeli* Zimmermann（仿 Ananthakrishnan，1974）

a. 头和前胸（head and prothorax）；b. 触角（antenna）；c. 中胸前腹片（mesopresternum）；d. 盾片（pelta）；e. 腹节III一部分（portion of tergite of abdominal segment III）；f. 翅基鬃（basal wing bristles）；g. 腹节IX和管（segment IX of abdomen and tube）

40. 滑管蓟马属 *Liothrips* Uzel, 1895

Liothrips Uzel, 1895, *Monog. Ord. Thysanop.*: 261; Ananthakrishnan & Muraleedharan, 1974, *Oriental Ins. Suppl.*, 4: 80.

Phyllothrips Hood, 1908b, *Canadian Ent.*, 40(9): 305. Synonymised by Hood, 1909.

Type species: *Phloeothrips setinodis* Hood, 1918.

　　属征：头略长于宽至 2 倍长于宽，背面常有横线纹，至多在单眼区有六角形网纹。复眼相当大，在后部没有显著的大眼面。单眼存在，单眼鬃很小，1 对复眼后鬃较长，偶有变小或退化。两颊略拱或直或向基部变窄，至多有些弱小鬃。触角 8 节，中间节较长，绝不很短或念珠状。节Ⅲ不特别长，节Ⅳ不明显短于节Ⅴ，节Ⅳ-Ⅵ有时端部收缩，节Ⅷ通常无梗。感觉锥在节Ⅲ仅外端有 1 个，节Ⅳ 1+2 个，较长到很长。口锥适中长，端部宽圆到尖窄。口针缩入头内很深，在中部靠近。前胸平滑至多有部分弱纹，边缘鬃多数发达。后侧缝完全。前下胸片缺。后胸盾片部分有弱纵纹。前翅发达，边缘平行，翅基鬃发达，总有或仅有少数间插缨。股节、胫节无钩齿。雌、雄前足跗节无齿，腹节Ⅱ-Ⅶ有 2 对反曲的握翅鬃。节Ⅸ背片长鬃端部尖，雄虫侧鬃短于背中鬃和侧鬃。管多数稍短于头或长如头。雄虫腹部腹片无腺域。

　　分布：古北界，东洋界，新北界，澳洲界。

　　本属世界已知约 260 种，但许多种的文献难以考证（Mound & Walker, 1986）。本志记述 21 种。本属种类寄生在植物叶上，营造虫瘿。

种检索表

9. 前翅翅基鬃端部钝；各足胫节黄色·······································桑名滑管蓟马 *L. kuwanai*
　　前翅翅基鬃端部尖；中、后足胫节较暗·· 10
10. 口针短，且相距较近，不深达复眼后鬃处·····························润楠滑管蓟马 *L. machili*
　　口针较长，在头中部靠近，深达复眼后鬃处·· 11
11. 前胸后角鬃甚短，小于 60μm···································胸鬃滑管蓟马 *L. bournierorum*
　　前胸后角鬃较长，长于 90μm·· 12
12. 中胸前小腹片不完全连接，两侧呈三角形；翅黄白色，有纵带，间插缨 17 根··············
　　···灰莉滑管蓟马 *L. fagraeae*
　　中胸前小腹片呈窄船形；翅较暗，间插缨 7-12 根··············百合滑管蓟马 *L. vaneeckei*
13. 复眼后鬃超短于复眼，长于头背其他小鬃；翅有烟色纵带，翅基鬃钝······························
　　···三峡滑管蓟马 *L. sanxiaensis*
　　复眼后鬃短于复眼，不长于其他头背鬃；翅透明，翅基鬃端部膨大·····安息滑管蓟马 *L. styracinus*
14. 前胸前缘鬃较前角鬃短···波密滑管蓟马 *L. bomiensis*
　　前胸前缘鬃较前角鬃长，或至少相等·· 15
15. 口针较短，只到达头的中部·· 16
　　口针在头部深达复眼后鬃处·· 17
16. 腹节Ⅰ盾片近三角形，端部尖；间插缨 13-22 根···················塔滑管蓟马 *L. takahashii*
　　腹节Ⅰ盾片近三角形，前端窄平；间插缨 6-8 根···················短管滑管蓟马 *L. brevitubus*
17. 复眼后鬃和前胸主要鬃尖···箭竹滑管蓟马 *L. sinarundinariae*
　　复眼后鬃和前胸主要鬃端部钝·· 18
18. 前翅无色，也无棕色条纹···赛提奴德斯滑管蓟马 *L. setinodis*
　　前翅具棕色条纹·· 19
19. 中胸前小腹片分成 2 个侧叶，中央最多有 1 线相连···················中华滑管蓟马 *L. chinensis*
　　中胸前小腹片中间连接，至少呈 1 窄带·· 20
20. 管略长于头···异山嵛滑管蓟马 *L. diwasabiae*
　　管短于头，为头长的 0.85 倍·······································鹅掌滑管蓟马 *L. heptapleurinus*
21. 口锥到达前胸前下胸片前缘···胡椒滑管蓟马 *L. piperinus*
　　口锥较长，伸达前胸后缘处···突厥滑管蓟马 *L. turkestanicus*

(117) 波密滑管蓟马 *Liothrips bomiensis* Han, 1988（图 106）

Liothrips bomiensis Han, 1988, *Ins. Mt. Namjagbarwa Reg. Xizang*: 187; Han, 1997a, *Econ. Ins. Faun. China. Fasc.*, 55: 415.

　　雄虫：体长约 2.8mm。体暗棕色，触角节Ⅰ-Ⅱ、节Ⅶ-Ⅷ棕色，节Ⅲ-Ⅵ淡棕色；前翅略暗黄，近基部有 1 条暗纵带；各足股节及中、后足胫节（两端除外）暗棕色；前足胫节和中、后足胫节两端及各足跗节暗黄色。

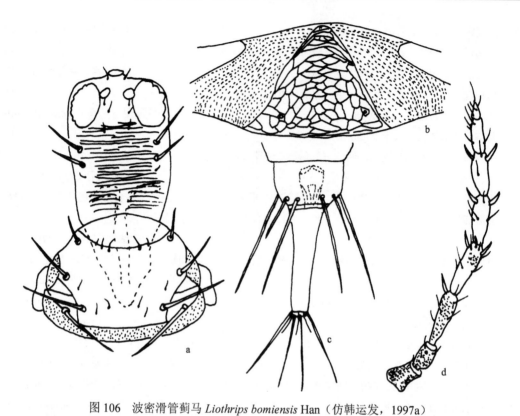

图 106 波密滑管蓟马 *Liothrips bomiensis* Han（仿韩运发，1997a）

a. 头和前胸背板，背面观（head and pronotum, dorsal view）；b. 腹节 I 盾板（abdominal pelta I）；c. 雌虫节IX-X背板（female abdominal tergites IX-X）；d. 触角（antenna）

头部 头长 325μm，宽：复眼处 230，复眼后 225，后缘 160，长为复眼后宽的 1.44 倍；两颊向后较窄；单眼间有纵线纹，眼后布满横线纹；复眼大，长 100。前单眼前中鬃长 7，单眼间鬃长 12，复眼后鬃尖，长 120，长于复眼，距复眼 47；两颊鬃短，长 16。触角 8 节，中间节较长，节 I-VIII长（宽）分别为：45（46），58（31），118（32），112（38），98（33），90（32），68（27），37（16），总长 626，节III长为宽的 3.7 倍，各节感觉锥数目和长度为：节III外端 1 个，长 28；节IV外端 1 个，长 25，内端 1 个，长 18，背端 1 个小的，长 12；节V外端 1 个，长 18，内端 1 个，长 17；节VI内、外端各 1 个，均长 25，背端 1 个小的，长 7，节VII背端 1 个，长 26；各节横线纹弱。口锥端部较尖，长 137，宽：基部 125，端部 60；下颚须基节长 7，端节 60；下唇须基节长 10，端部长 15；口针缩至头后部，中部较接近，间距 330。

胸部 前胸长 175，前缘宽 220，后缘宽 350，背片光滑，纹极弱；前缘鬃较退化，长 22，前角鬃长 66，侧鬃长 125，后侧鬃长 172，后角鬃长 158，后缘鬃长 8。所有鬃均尖，腹片前下胸片窄，围绕口锥。基腹片大，互相远离。中胸盾片前部横纹显著，前外侧鬃长 87；中后鬃长 18，后缘鬃 2 对，其一对长 40，另一对长 12。后胸盾片线纹密集；前缘鬃长 33，前中鬃长 67，距前缘 47。前翅长 1200，宽：近基部 166，中部 107，近端 65；间插缨 12 根；翅基鬃自内向外，内III鬃位置略前于鬃 I、II，鬃内 I 尖端略钝，长

108；内Ⅱ尖，长 120，内Ⅲ尖，长 137。中胸前小腹片两端宽，中部很窄，前足股节不膨大，跗节无齿。腹节Ⅱ-Ⅸ背片两侧及管基部有微弱细线纹；节Ⅰ背片的盾板钟形。节Ⅱ-Ⅶ握翅鬃各 2 对，形状一般；其外侧有鬃 4-5 对，均尖。后侧鬃最长，节Ⅴ的长 132，节Ⅸ长鬃长：背中鬃 290，侧中鬃 95，侧鬃 295；管（节Ⅸ）长 350，为头长的 1.08 倍，宽：基部 100，端部 80；节Ⅹ长肛鬃长 262-275。

雌虫：略大于雄虫，体色和一般结构相似于雄虫，节Ⅸ中侧鬃长度与背中鬃及侧鬃近似。

寄主：水青冈、杂草、树叶。

模式标本保存地：中国（IZCAS，Beijing）。

观察标本：1♀，河南伏牛山龙峪湾，1150m，1996.Ⅶ.11，杂草，段半锁采；1♀1♂（IZCAS），西藏波密，2100m，1973.Ⅸ.6，树叶，黄复生采。

分布：河南、西藏。

(118) 胸鬃滑管蓟马 *Liothrips bournierorum* Han, 1993（图 107）

Liothrips bournierorum Han, 1993, Zool., 4: 202; Han, 1997a, Econ. Ins. Faun. China. Fasc., 55: 416.

雌虫：体长 2.7mm。体黑棕色；触角节Ⅰ及节Ⅱ基半部，节Ⅶ和节Ⅷ暗，节Ⅲ黄色，节Ⅳ-Ⅵ基半部黄色，端半部较暗；前足胫节及各足跗节较黄；前翅较暗，中部纵带暗。眼后鬃、前胸鬃、翅基鬃及腹节Ⅱ-Ⅷ背片体鬃暗。

头部　头长 362μm，两颊约平直，宽：复眼处 249，复眼后 260，后缘 280，长约为后缘宽的 1.3 倍；头背面横纹显著。复眼长 102。复眼后鬃端部尖，长 79，距眼 38.4。其他头鬃小，长 13-19。触角 8 节，较粗，节Ⅰ-Ⅷ长（宽）分别为：51（56），57（53），102（38），99（49），92（44），83（43），67（26），38（25），总长 589，节Ⅲ长为宽的 2.7 倍。感觉锥较细长，各节感觉锥数目和长度：节Ⅲ外端 1 个，长 32；节Ⅳ外端 2 个，内端 1 个，均长 32；节Ⅴ外端 1 个，长 41，内端 1 个，长 30；节Ⅵ内、外端各 1 个，均长 38；节Ⅶ背端 1 个，长 32。口锥端部宽圆，长 166，宽：基部 179，端部 102；下颚须基节长 7，端节 43。无下颚须。口针细，缩入头内至复眼后鬃处，在中部较接近，间距 29。

胸部　前胸长 183，前缘宽 293，后缘宽 418。前胸背片光滑无纹，后侧缝完全。各鬃端部尖，长：前缘鬃 14，前角鬃 41，侧鬃 64，后侧鬃 115，后角鬃左侧 12，右侧 57，后缘鬃 16。腹片前下胸片缺。基腹片大，略呈三角形。中胸盾片前部有横纹，后部有横网纹；前外侧鬃 51；中后鬃长 21。中胸前小腹片中部间断，两侧叶略呈横长三角。后胸盾片交错纵纹中部密集，两侧稀疏；前缘鬃长 47，前中鬃长 25，距前缘 46。前翅长 1377，宽：近基部 134，中部 115，近端部 64；间插缨 10 根；翅基鬃端部尖，排列为直线，长：内Ⅰ106，内Ⅱ 108，内Ⅲ 102。前足股节不增大，跗节无齿。

腹部　背片两侧有弱网纹，节Ⅱ-Ⅶ握翅鬃发达。节Ⅰ背片的盾板略呈三角形，网纹稀疏而模糊。节Ⅴ背片长 145，宽 484；背鬃端部尖，后侧鬃Ⅰ、Ⅱ均长 160；其他小鬃长 25。节Ⅸ背片后缘鬃端部尖，长：背中鬃 127，侧中鬃 183，侧鬃 188。管长 149，为头长的 0.41 倍，宽：基部 117，端部 81，基部宽为长的 0.79；肛鬃长 243 和 245。

　　雄虫：体长 2.5mm。体色和一般结构相似于雌虫，但腹节Ⅸ背片后缘长鬃内Ⅱ显著短于内Ⅰ和内Ⅲ。腹节Ⅸ后缘长鬃长：背中鬃 209，侧中鬃 77，侧鬃 267。节Ⅹ（管）长 281，宽：基部 104，中部 68，肛鬃长：内中 223，侧中 243。

　　寄主：铁杉。

　　模式标本保存地：中国（IZCAS，Beijing）。

　　观察标本：1♀1♂，四川泸定县磨西，2500mm，1983.Ⅵ.9，铁杉，崔云琦采。

　　分布：四川（泸定）。

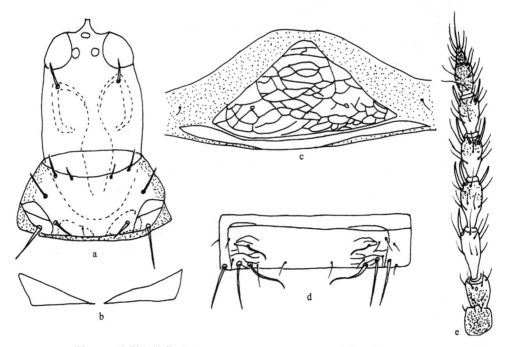

图 107　胸鬃滑管蓟马 *Liothrips bournierorum* Han（仿韩运发，1997a）

a. 头和前胸背板，背面观（head and pronotum, dorsal view）；b. 中胸前小腹片（mesoprosternum）；c. 腹节Ⅰ盾板（abdominal pelta Ⅰ）；d. 腹节Ⅴ背板（abdominal tergite Ⅴ）；e. 触角（antenna）

(119) 短管滑管蓟马 *Liothrips brevitubus* Karny, 1912（图 108）

Liothrips brevitubus Karny, 1912b, *Marcellia*, 1: 156; Takahashi, 1936, *Philip. J. Sci.*, 6(4): 446; Priesner, 1968, *Treubia*, 27: 184, 219.

Liothrips malloti Moulton, 1928b, *Trans. Nat. Hist. Soc. Formosa*, 18(98): 310.

　　雌虫：体长 1.9-2.1mm。体棕黑色至黑色，但触角节Ⅰ端部较黄，节Ⅲ-Ⅷ黄色，或节Ⅲ-Ⅵ黄色，节Ⅶ黄色或略暗黄色，节Ⅷ灰黄色；前翅灰棕色，边缘较暗，基部 4/5 有暗棕色中纵条，后翅较边缘暗；前足胫节基半部暗棕色，端半部和中、后足胫节端部和各足跗节棕黄色；各长体鬃黑棕色。

头部　头长 228-260μm，宽：复眼处 160-164，后部 200，后缘 160-180，长为复眼处宽的 1.39-1.63 倍。单眼区隆起，眼后横线纹细，颊略微拱，后缘略收缩。复眼长 95。单眼大，呈等边三角形排列。复眼后鬃端部钝，较粗，长 84-96，距眼 23-27。触角 8 节，较粗，无显著线纹，刚毛短；节 I-Ⅷ长（宽）分别为：31-36（39-42）、42-54（35-36）、67-80（36-39）、66-75（40-42）、58-66（33-39）、57-68（31-36）、47-59（26-30）、33-38（15-17），总长 401-476。感觉锥大的长 24-35，小的长 10；节Ⅲ-Ⅶ数目分别为：1、1+1+1[+1]、1+1[+1]、1+1[+1]、1。口锥端部宽圆，伸达前胸腹片后缘，长 116-148，宽：基部 127-148，端部 74。口针有时缩至头内复眼后鬃处，中部间距 29-50。下颚须基节长 4，端节长 60。

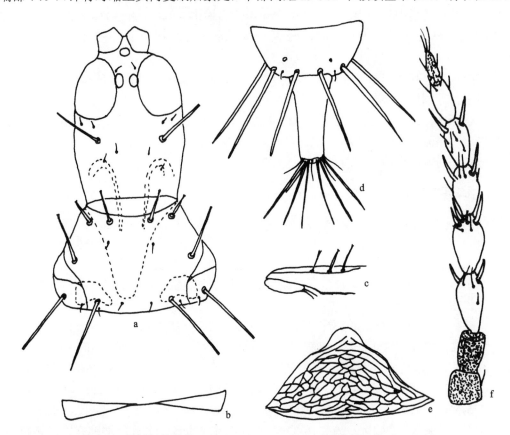

图 108　短管滑管蓟马 *Liothrips brevitubus* Karny（仿韩运发，1997a）

a. 头和前胸背板，背面观（head and pronotum, dorsal view）；b. 中胸前小腹片（mesopresternum）；c. 翅基鬃（basal wing bristles）；d. 雌虫节Ⅸ-Ⅹ背板（male abdominal tergites Ⅸ-Ⅹ）；e. 腹节Ⅰ盾板（abdominal pelta Ⅰ）；f. 触角（antenna）

胸部　前胸长 132-160，前部宽 194，后部宽 284-300。背片线纹很少，内中纵条很细且色浅，仅占背片长 1/6，后侧缝不完全。长鬃端部钝但不很扁，长：前缘鬃 60-75，前角鬃 48-54，侧鬃 81-90，后侧鬃 110-160，后角鬃 106-160，后缘鬃 21-22。其他背鬃 6 根，长 5-7，端部均尖。腹面前下胸片缺或很小。前基腹片近似横长三角形。中胸前小腹片两侧叶不大，中部呈细窄条。中胸盾片横线纹细而密，但后部一段缺，前外侧鬃端部钝，长 53-60；其他鬃细而尖，长 11-25。后胸盾片除后部两侧光滑外密布细交错纵纹；前缘鬃很小，前中鬃细尖，长 31，距缘 46。前翅长 784-880，宽：近基部 72-92，中部 80-84，近端部 68-80；间插缨 6-8 根，翅基鬃端部均扁钝，与翅前缘距离近似。鬃内Ⅰ与内Ⅱ间距略大于内Ⅱ与内Ⅲ间距，长：内Ⅰ88，内Ⅱ73-84，内Ⅲ91。足较细，前足跗节无齿。

腹部 腹节Ⅰ背片的盾板近似三角形，前端窄平，板内以横网纹为最多。背片仅两侧有细横线纹。节Ⅱ-Ⅶ 2 对握翅鬃较细，其外侧有短鬃 2-3 对。后缘长侧鬃较长，端部钝，节Ⅴ的 B1 长 133，B2 长 119，均超过该节背片长度。节Ⅴ背片长 100-104，宽 384-420。节Ⅸ背片后缘长鬃端部均尖，长：背中鬃和中侧鬃均 180-240，侧鬃 168-240，长于或短于管。管长 168-210，为头长的 0.65-0.92 倍，宽：基部 80-88，端部 44。长肛鬃长 120-180，均短于管。

雄虫：颜色和体形相似于雌虫，但腹部较细，腹部后缘长侧鬃较长和较强。

寄主：野桐属、杂草。

观察标本：2♀♀，河南嵩县白云山，1420m，1996.Ⅶ.17，杂草，段半锁采；1♀，河南伏牛山龙峪湾，950m，1996.Ⅶ.12，杂草，段半锁采。

分布：河南、台湾；印度，印度尼西亚。

(120) 中华滑管蓟马 *Liothrips chinensis* Han, 1997（图 109）

Liothrips chinensis Han, 1997b, *Ins. Three Gorge Reservoir Area Yangtze River*: 560.

雌虫：体长 2.5-2.8mm。体暗棕色，包括触角和足，黄色部分包括触角节Ⅲ及节Ⅳ-Ⅴ基部 1/3，各足股节两端、前足胫节及中、后足胫节两端。前翅无色但有淡棕色纵带；长体鬃和翅基鬃黄棕色。

头部 头长 265-306μm，宽：后部 189-235，后缘 182-210，长为后缘宽的 1.3-1.46倍。背面布满横纹，复眼长 87-102。复眼后鬃端部略钝，长 82-102，距眼 36-61。其他鬃小，长约 18。触角 8 节，较细，节Ⅰ-Ⅷ长（宽）分别为：51-64（51-56）、54-66（36-51）、87-102（31-33）、92-107（36-38）、89-105（33-36）、87-97（33）、74-79（26）、41-46（15），总长 575-666；节Ⅲ长为宽的 2.6-3.3 倍。感觉锥长约 40，节Ⅲ 1 个，节Ⅳ 3 个。

胸部 前胸长 179-196，宽 310-370。背面有少数横纹。各长鬃端部略钝，各鬃长：前缘鬃 56-66，前角鬃 41-49，中侧鬃 102-128，后侧鬃 128-161，后角鬃 143，各鬃较粗，后角鬃基部直径 6。中胸前小腹片呈两侧叶或中部似 1 线相连。后胸盾片多纵纹。前翅长 923-1230，宽：近基部 87-128，中部 51-97，近端部 41-77。间插缨 12-14 根。翅基鬃粗，端部略钝，长：内Ⅰ102-104，内Ⅱ110-135，内Ⅲ122-135；内Ⅰ和内Ⅱ的间距大于内Ⅱ和内Ⅲ的间距。

腹部 腹节Ⅰ背片盾板钟形，内部横细纹。腹部握翅鬃外侧的长鬃端部钝或尖，节Ⅴ背片鬃长：B1 153-166，B2 122-143。节Ⅸ和节Ⅹ长鬃端部尖，节Ⅸ鬃长：背中鬃 204-255，中侧鬃 242-281，侧鬃 235-281，管（节Ⅹ）长 281-319，为头长的 0.92-1.20 倍。肛鬃长 240-319。

雄虫：未明。

寄主：箭竹。

模式标本保存地：中国（IZCAS，Beijing）。

观察标本：2♀♀，四川巫山梨子坪，1800m，1994.Ⅴ.19，箭竹，姚建采；1♀，四川万县王二包，1200m，1994.Ⅴ.28，姚建采。

分布：四川。

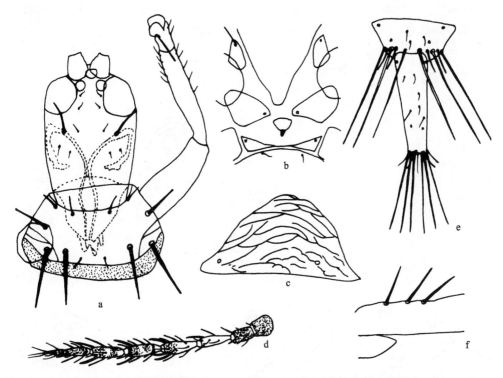

图 109　中华滑管蓟马 *Liothrips chinensis* Han（仿韩运发，1997a）

a. 头、前足和前胸背板，背面观（head, fore leg and pronotum, dorsal view）；b. 前、中胸腹板（pro- and midsternum）；c. 腹节Ⅰ盾板（abdominal pelta Ⅰ）；d. 触角（antenna）；e. 雌虫节Ⅸ-Ⅹ背板（male abdominal tergites Ⅸ-Ⅹ）；f. 翅基鬃（basal wing bristles）

(121) 黄角滑管蓟马 *Liothrips citricornis* (Moulton, 1928)（图 110）

Gynaikothrips citricornis Moulton, 1928b, *Trans. Nat. Hist. Soc. Formosa*, 18(98): 300, 302.

Liothrips citricornis (Moulton): Priesner, 1968, *Treubia*, 27(2-3): 178, 181, 279.

Smerinthothrips citricornis (Moulton): Takahashi, 1936, *Philip. J. Sci.*, 60(4): 443.

雌虫：体长 2.6-2.9mm。体栗棕色至黑色，但触角节Ⅰ端部较淡，节Ⅲ-Ⅵ黄色，节Ⅶ黄色而向端部渐暗至淡灰色，节Ⅷ灰棕色，各足胫节端部和跗节淡棕色；翅无色透明；长体鬃暗黄色。

头部　头长 350-450μm，宽：复眼处 168-192，复眼后 160-200，长为复眼后宽的

1.75-2.81 倍。单眼区隆起，两颊近乎直，后缘略微收缩，眼后交错横线纹细。复眼大，较突出，长 106-116。单眼呈三角形排列于复眼中部以前。复眼后鬃端部钝，长 74-91，距眼后缘 68-95。触角 8 节，细长，无线纹，刚毛短，节 I -Ⅷ长（宽）分别为：30-31（35-36）、42-48（31-33）、102-116（24-30）、100-106（31-36）、74-102（29-33）、58-84（26-30）、48-69（22-29）、31-38（13-14），总长 485-594，节Ⅲ长为宽的 3.4-4.8 倍。感觉锥较细，节Ⅲ-Ⅶ数目分别为：1、1+1^{+1}、1+1^{+1}、1+1^{+1}、1。口锥端部窄圆，但在中部有点收缩，长 137-148，宽：基部 148-159，中部 116-132，端部 72-84。口针较细，缩至头内约 1/2 处，中部间距较宽，为 35-53。下颚须基节长 21，端节长 67。

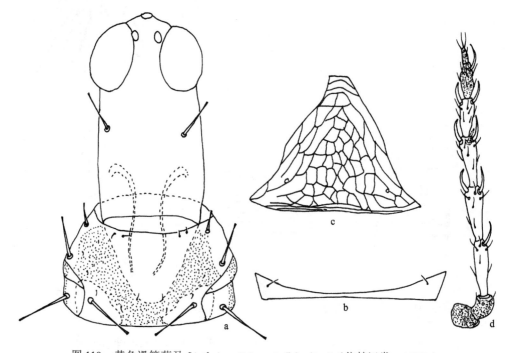

图 110　黄角滑管蓟马 Liothrips citricornis (Moulton)（仿韩运发，1997a）
a. 头、前足和前胸背板，背面观（head, fore leg and pronotum, dorsal view）；b. 中胸前小腹片（mesopresternum）；c. 腹节 I 盾板（abdominal pelta I）；d. 触角（antenna）

胸部　前胸长 153-172，前部宽 219，后部宽 280-292。背片仅周缘有少数线纹；内黑中纵条很短，仅占背片长 1/6；后侧缝完全。仅长边缘鬃端部钝，鬃长：前缘鬃 8，前角鬃 38-54，侧鬃 70-84，后侧鬃 101-116，后角鬃 93-96，后缘鬃 10。其他背片鬃 10-12 根，网细小而尖。腹面前下胸片缺。前基腹片大。中胸前小腹片中部呈细窄带。中胸盾片线纹细，后部缺，前外侧鬃端部钝，长 42-61；其他鬃端部尖，长 10-13。后胸盾片纵线纹细密，但后部两侧接近光滑区较稀疏；前缘鬃细小，位于前角；前中鬃细而尖，长 31，距前缘 64。前翅长 960-1160，宽：近基部 80-88，中部 80-88，近端部 48-60；间插缨 13-16 根，翅基鬃距翅前缘较近，端部钝，内 I 与内Ⅱ的间距大于内Ⅱ与内Ⅲ的间距，内 I -Ⅲ分别长：69-84、78-99、88-102。足较细，跗节无齿。腹节 I 背片的盾板近似三角形，前端平，板内前部和后部线纹少，中部网纹纵向：节Ⅰ-Ⅵ背片握翅鬃前对甚小于后对，外侧有 3 根短鬃，后缘长侧鬃端部钝，节Ⅴ的长：B1 145，B2 97。节Ⅸ背片后缘长鬃端部均尖，长：背中鬃 212，侧中鬃 182-206，侧鬃 190-194，略长于或略短于管。管长 192-232，为头长的 0.43-0.66 倍，宽：基部 80-88，端部 40。长肛鬃长 201-217。

雄虫：体色和形状相似于雌虫，但较小，腹部较窄。

寄主：枫香、杂草。

模式标本保存地：美国（CAS，San Francisco）。

观察标本：2♀♀，河南嵩县白云山，1495m，1996.Ⅶ.13，杂草，段半锁采；4♀♀，海南吊罗山，1978.Ⅸ.14，枫树，谢少远采；1♀，广西花坪，2000.Ⅸ.1，杂草，沙忠利采；1♀，湖北神农架红坪，2001.Ⅶ.28，杂草，张桂玲采；1♀（IZCAS），湖北秭归县，1994.Ⅸ.3，姚建网捕。

分布：河南、湖北、台湾、海南、广西。

(122) 异山嵛滑管蓟马 *Liothrips diwasabiae* Han, 1997（图 111）

Liothrips diwasabiae Han, 1997b, *Ins. Three Gorge Reservoir Area Yangtze River*: 559.

雌虫：体长 2.9mm。体暗棕色，包括触角和足，但触角节Ⅲ、节Ⅳ-Ⅵ基部约 1/3、前足胫节、中和后足胫节端部 1/5、各足跗节黄色；前翅略暗黄色，但基部暗棕色，自基部至近端部有淡棕色纵带；长体鬃和翅基鬃暗棕色。

头部　头长 316μm，宽：后部 222，后缘 204，向后缘变窄，长为宽的 1.4-1.55 倍。背面布满横纹，单眼间有网纹。复眼后鬃端部略钝，长如复眼，均长 107，距眼 41。触角 8 节，节Ⅲ有些不对称，节Ⅰ-Ⅷ长（宽）分别为：56（51）、66（36）、102（36）、100（38）、94（36）、89（33）、74（28）、41（15），总长 622；节Ⅲ长为宽的 2.8 倍。节Ⅲ-Ⅶ感觉锥数目分别为：1、1+2、1+1、1+1、1；长 48-56。口锥端部窄圆。

胸部　前胸长 158，宽 306；背面有少数横纹。各长鬃端部钝，各鬃长：前缘鬃 69，前角鬃 51，中侧鬃 112，后侧鬃 151，后角鬃 133。中胸前小腹片中部呈窄带状。前翅长 1058，宽：近基部 128，中部 102，近端部 77，间插缨 14 根。翅基鬃端部钝，内Ⅱ距内Ⅲ比距内Ⅰ近；长：内Ⅰ107，内Ⅱ120，内Ⅲ107。

腹部　腹节Ⅰ背片盾板钟形，内有横细纹。腹部握翅鬃外侧的长鬃端部钝，内Ⅰ鬃长 145，内Ⅱ长 135。节Ⅸ背片长鬃端部尖，长：背中鬃 288，中侧鬃 281，侧鬃 275，管（节Ⅹ）长 321，略长于头；长肛鬃长：内中鬃 255，中侧鬃 270，端部尖。

雄虫：未明。

寄主：山嵛菜（*Eutrema wasabi*）、箭竹。

模式标本保存地：中国（IZCAS，Beijing）。

观察标本：1♀（IZCAS），四川巫山梨子坪，1800m，1994.Ⅸ.21，箭竹，宋士美采。

分布：四川。

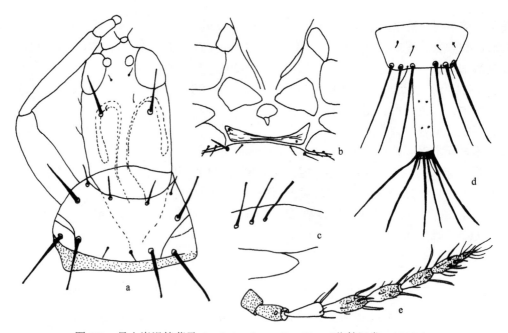

图 111　异山嵛滑管蓟马 *Liothrips diwasabiae* Han（仿韩运发，1997a）

a. 头、前足和前胸背板，背面观（head, fore leg and pronotum, dorsal view）；b. 前、中胸腹板（pro- and midsternum）；c. 翅
基鬃（basal wing bristles）；d. 雌虫节Ⅸ-Ⅹ背板（female abdominal tergites Ⅸ-Ⅹ）；e. 触角（antenna）

(123) 灰莉滑管蓟马 *Liothrips fagraeae* Priesner, 1968（图 112）

Liothrips fagraeae Priesner, 1968, *Treubia*, 27(2-3): 184, 239; Han, 1997a, *Econ. Ins. Faun. China. Fasc.*, 55: 420.

雄虫：体长约 2.7mm。体黑棕色，触角节Ⅱ端部略黄，节Ⅲ-Ⅴ及节Ⅵ基半部黄色；前翅略黄白色，但前、后缘及纵带暗黄；前足胫节中部暗黄；前足胫节两端和中、后足胫节端部 1/4 及各足跗节黄色；复眼后鬃、前胸鬃、翅基鬃及腹部各长鬃暗，端部略尖。

头部　头长331μm，宽：复眼后 247，后缘 249.9，长为宽的 1.3 倍，两颊近乎平直；眼后横纹显著。复眼长 102，复眼后鬃长 53，距眼 51，显著短于复眼；其他头鬃小，单眼后鬃长 19。触角8节，节Ⅱ最长，节Ⅰ-Ⅷ长（宽）分别为：53（47）、57（33）、103（30）、96（38）、87（37）、53（33）、64（25）、38（17），总长 551，节Ⅲ长为宽的 3.4倍。感觉锥较细长，节Ⅲ-Ⅶ简单感觉锥数目分别为：1、1+2、1+1、1+1、1，长 46。无下颚桥。口锥端部宽圆，长 155，宽：基部 206，端部 60。口针细，缩至头内复眼后鬃处，中部间距较小，为 29。

胸部　前胸长 153，前部宽 208，后部宽 257，背片光滑，后侧缝完全；各鬃长：前缘鬃（左）32 和（右）44，前角鬃 42，侧鬃 79，后侧鬃 115，后角鬃 94，后缘鬃 12。腹面前下胸片缺，基腹片略似长三角形。中胸前小腹片中部断续，两侧叶近乎三角形。中胸盾片有横纹，前外侧鬃较长，长 63，中后鬃长 7，后缘鬃长 12。后盾片密布纵纹，但两侧微弱；前缘鬃长 12，前中鬃长 19。前翅长 1285，宽：基部 126，中部 109，端部

82；翅基鬃长：内Ⅰ83，内Ⅱ97，内Ⅲ103；间插缨17根。前足股节不显著增大，跗节无齿。

腹部　节Ⅰ背片的盾板中部网纹较横，两侧网纹较纵。腹部背片两侧有弱纹，节Ⅱ-Ⅵ背片握翅鬃发达。节Ⅴ背片后侧B1长150，B2长111。节Ⅸ背片后缘长鬃长：背中鬃214，侧中鬃61，侧鬃280，侧中鬃显著短于另外两根。节Ⅹ（管）长285，为头长的0.86倍，宽：基部91，中部63，端部51，肛鬃长：内中鬃250，侧中鬃235，短于管。

雌虫：体色和一般构造相似于雄虫，但个体较大，节Ⅸ后缘鬃中鬃不短于另2根长鬃，长：背中鬃194，侧中鬃243，侧鬃218。

寄主：木姜子（*Litsea pungens*）、檀子叶、杂草。

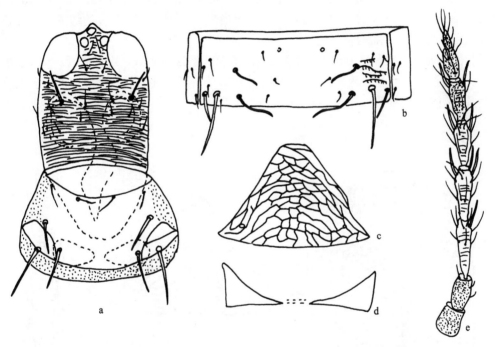

图 112　灰莉滑管蓟马 *Liothrips fagraeae* Priesner（仿韩运发，1997a）

a. 头和前胸背板，背面观（head and pronotum, dorsal view）；b. 腹节Ⅴ背板（abdominal tergite Ⅴ）；c. 腹节Ⅰ盾板（abdominal pelta Ⅰ）；d. 中胸前小腹片（mesopresternum）；e. 触角（antenna）

模式标本保存地：德国（SMF，Frankfurt）。

观察标本：1♀，河南伏牛山，1997.Ⅶ.25，杂草，段半锁采；1♀，贵州贵阳，1986.Ⅵ.7，杂草，冯纪年采；4♀♀（IZCAS），四川泸定贡嘎山，1984.Ⅴ.16，檀子叶，李传隆采。

分布：河南、四川、贵州；印度尼西亚。

(124) 佛罗里达滑管蓟马 *Liothrips floridensis* (Watson, 1913)（图113）

Cryptothrips floridensis Watson, 1913, *Ent. News*, 24: 145-146; Moulton, 1928a, *Ann. Zool. Jpn.*, 11:

329.

Liothrips floridensis (Watson): Watson, 1925, *Fla. Ent.*, 9: 39; Kurosawa, 1968, *Ins. Mat. Suppl.*, 4: 44.

雌虫（长翅型）：体长 2.2-3.1mm。体暗棕色；所有足的股节暗棕色；前足胫节暗棕色，端部黄色，中足和后足胫节暗棕色；触角节 I 和节 II 暗棕色，色略淡于头，节III-VI黄色，节VII黄色，但端部较暗，节VIII棕色；翅透明；主要体鬃较淡，肛鬃色较深。

头部 头长270μm，为宽的 1.25-1.30 倍，头背具微弱的相互连接的横纹，但单眼区几乎光滑或有微弱刻纹；复眼后鬃短于复眼，在端部略膨大；两颊微圆，在基部略收缩。复眼为头长的 1/3。触角为头长的 1.82 倍；节VIII在基部不收缩；感觉锥短，节III为头长的 0.28 倍。触角节 I -VIII长（宽）分别为：58（43）、60（36）、75（32）、73（40）、65（35）、65（32）、55（24）、40（14）。口锥相当短，不到达前下胸片的边缘；口针长，达复眼后鬃处，在中部相互靠近。

胸部 前胸为头长的 0.6 倍，宽为长的 1.8 倍，边缘具刻纹，中部光滑；5 对鬃端部膨大。前角鬃和前缘鬃长度相等，相当短。中胸前小腹片船形。后胸具多边形微弱刻纹；前翅具 13-18 根间插缨；翅基鬃相当短，端部膨大。

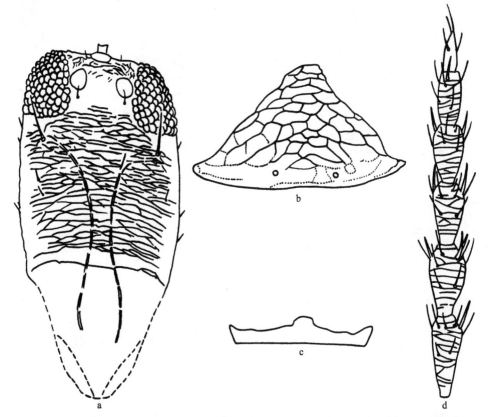

图 113 佛罗里达滑管蓟马 *Liothrips floridensis* (Watson)（♀）（仿 Okajima，2006）

a. 头（head）；b. 盾片（pelta）；c. 中胸前小腹片（mesopresternum）；d. 触角节III-VIII（antennal segments III-VIII）

腹部　盾片三角形，具多边形网纹，但近后缘光滑。节IX背片 B1 鬃短于管，端部尖，B2 鬃短于 B1 鬃，端部钝。管长 175，端部尖，为头长的 0.65 倍，长为宽的 2.0 倍。肛鬃与管几乎等长。

雄虫： 未明。

寄主： 樟树叶。

模式标本保存地： 美国（FSCA，Gainesville）。

观察标本： 未见。

分布： 福建、台湾、广东、海南；日本，斯里兰卡，美国（佛罗里达州）。

(125) 褐滑管蓟马 *Liothrips fuscus* (Steinweden & Moulton, 1930)

Rhynchothrips fuscus Steinweden & Moulton, 1930, *Proc. Nat. Hist. Soc. Fukien Christ. Univ.*, 3: 29.

Liothrips fuscus (Steinweden & Moulton): Zhang & Tong, 1993a, *Zool.* (*Jour. Pure and Appl. Zool.*), 4: 430.

雌虫： 体长 1.4mm。体黑棕色至黑色，但触角节III基半部、节IV-VI基部梗黄色或暗黄色，各足跗节淡棕色，长体鬃淡。

头部　头长 155μm，宽：复眼处 150，复眼后和后缘均 172，长为复眼处宽的 1.03 倍，为后部宽的 0.9 倍。背片眼后有横线纹：颊近乎直，有小刚毛。复眼相当小，长 60。复眼后鬃端部扁钝，长 49，距眼 38。触角 8 节，较粗，节 I -VI基部梗显著，节VII基部宽，节III-VI有轻微横线纹：节 I -VIII长（宽）分别为：35（35）、51（41）、61（39）、56（40）、53（35）、53（30）、49（30）、28（21），总长 386，节III长为宽的 1.56 倍。感觉锥较细，长的长 17-24，短的长 13，节III-VII数目分别为：1、1+2、1+1、1+1、1。口锥特别长且端尖，伸达中胸腹片后缘，长 248，宽：基部 151，中部 91，端部 54。下唇须基节长 19，端节长 24。口针较细，缩至头内近复眼处，中部间距很窄，为 10。

胸部　前胸长 194，前部宽 189，后部宽 301，梯形。前缘鬃很小，前角鬃长 27，后角鬃和后侧鬃端部扁钝，分别长 32-40 和 55。腹面前下胸片缺，前基腹片存在。翅胸长 105，宽 311；无长鬃；无翅。中胸盾片有横线纹，后胸盾片有纵线纹。前端相距宽。前足跗节有三角形齿。

腹部　腹节V背片长 107，宽 474，后侧长鬃端部扁钝，长 60。节II背片长鬃长：背中鬃 80，中侧鬃 68，侧鬃 92，均短于管。管长 145，为头长的 0.94 倍，宽：基部 80，端部 39。长肛鬃长 146 和 151，约长如管。

雄虫： 未明。

寄主： 榆树皮下。

观察标本： 未见。

分布： 浙江。

(126) 鹅掌滑管蓟马 *Liothrips heptapleurinus* Priesner, 1935（图 114）

Liothrips heptapleurinus Priesner, 1935b, *Philip. J. Sci.*, 57: 360-361.

雌虫（长翅型）：体长 2.9-3.2mm。体暗棕色；所有足的股节暗棕色，前足胫节黄色至棕黄色，中足和后足胫节黑棕色，所有足的跗节黄棕色；触角节Ⅰ暗棕色，节Ⅱ前半部外侧黄色，其余节大都黄色，节Ⅶ前半部和节Ⅷ色较深，呈棕色；前翅具细长的暗棕色长条纹；主要体鬃棕色，但节Ⅸ背片 B1 鬃和 B2 鬃和肛鬃略浅。

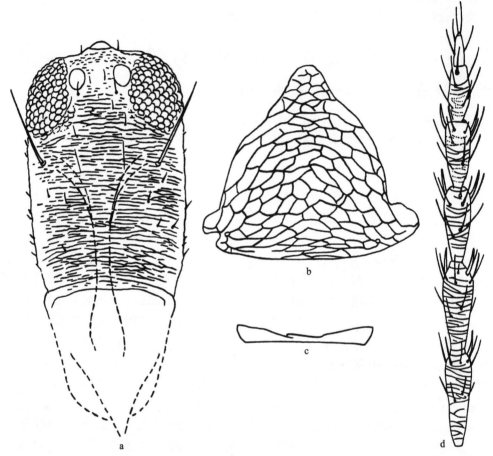

图 114　鹅掌滑管蓟马 *Liothrips heptapleurinus* Priesner（♀）（仿 Okajima，2006）

a. 头（head）；b. 盾片（pelta）；c. 中胸前小腹片（mesopresternum）；d. 触角节Ⅲ-Ⅷ（antennal segments Ⅲ-Ⅷ）

头部　头长 335μm，长为宽的 1.5 倍；复眼后鬃长于复眼，端部窄钝；两颊较直，平行，在基部收窄。复眼为头长的 1/3。触角长为头长的 1.76 倍；节Ⅷ在基部略收窄；感觉锥短。触角节Ⅰ-Ⅷ长（宽）分别为：72（44）、70（36）、96（36）、92（38）、80（36）、76（34）、64（28）、38（14）。口锥没有到达前下胸片前缘；口针到达复眼后鬃，不相互靠近。

胸部　前胸为头长的 0.53-0.57 倍，宽为头长的 1.8-1.9 倍，几乎光滑，边缘具有刻纹；5 对鬃发达，端部钝，前缘鬃长于前角鬃，前角鬃 62-65，前缘鬃 86-87，中侧鬃 113-115，后角鬃 165-172，后侧鬃 165-170。前下胸片较小，分开较宽。中胸前小腹片较窄，船形。

后胸刻纹为纵向结合的线纹。前翅 14-16 根间插缨；翅基鬃端部均钝。

腹部　盾片呈铃形，侧叶清晰，但短且宽。腹节Ⅸ背片 B1 鬃和 B2 鬃长度几乎相等，短于管，端部尖。管长 285，为头长的 0.85 倍，长为基部宽的 2.8-2.9 倍。肛鬃长 218-225，短于头。

雄虫：未明。

寄主：鹅掌柴和灌木。

模式标本保存地：中国（Taiwan）。

观察标本：未见。

分布：台湾；日本。

(127) 赛提奴德斯滑管蓟马 *Liothrips setinodis* (Reuter, 1880)（图 115）

Phloeothrips setinodis Reuter, 1880, *Sco. Nat.* 5: 310.

Liothrips hradecensis Uzel, 1895, *Monog. Ord. Thysanop.*: 262.

Hoodia bagnalli Karny, 1912c, *Trans. Ent. Soc. London*, 1912: 470-475.

Hoodia karnyi Priesner, 1914, *Ent. Zeitung, Frankfurt*, 27: 259-261.

雌虫：体长约 3mm。体黑棕色，但触角节Ⅲ-Ⅶ黄色，节Ⅴ暗黄色；前足胫节除边缘外略黄，各足跗节黄色；翅无色；头、胸、翅基、腹部鬃暗，但节Ⅸ和节Ⅹ鬃较淡。

头部　头长 318μm，宽：复眼处 255，复眼后 272，头长约为宽的 1.2 倍；两颊近乎直，头背眼后交错横纹显著。复眼长 97。3 个单眼在复眼间前部。单眼间鬃长 12，单眼后鬃长 9；复眼后鬃较粗，端部钝，长 107，距眼 38；其他头鬃均很小。触角 8 节，中间数节长，节Ⅲ最长，长为宽的 3.5 倍；节Ⅰ-Ⅷ长（宽）分别为：38（49）、51（35）、106（30）、97（38）、79（34）、75（33）、65（33）、33（20），总长 544；节Ⅲ-Ⅶ感觉锥数目分别为：1、1+2、1+1、1+1、1，长 30。口锥端部较窄，长 267，宽：基部 267，端部 48；口针无下颚桥连接，缩至复眼处，在中部几乎接触。下颚须 2 节，长：基节 9，端节 7。下唇须长：节Ⅰ 12，节Ⅱ 24。

胸部　前胸背片光滑，长 160，长约为头长的 0.5 倍，前部宽 330，后部宽 433。各鬃较粗，端部较钝，各鬃长：前缘鬃、前角鬃和侧鬃等长，均为 58，后角鬃 110，后侧鬃 140，后缘鬃 12。腹面前下胸片缺，基腹片大，略呈长三角形。后侧缝完全，前翅长 826，宽：近基部 121，中部 85，近端部 68，翅基鬃几乎排列为一直线，均较粗，端部钝，各鬃长：内Ⅰ 76，内Ⅱ 94，内Ⅲ 115；间插缨 16 根。中胸盾片前部和后部有横纹，前外侧鬃较粗，长 63，中后鬃长 19，后缘鬃长 12。中胸前小腹片中部细带状，两侧叶长三角形。后胸盾片密布的纵纹，中部清晰，两侧模糊，前缘鬃长 24，前中鬃长 43。前足股节不显著增大，前足跗节无齿。

腹部　腹部背片两侧有弱线纹。节Ⅱ-Ⅵ握翅鬃发达。节Ⅰ-Ⅶ侧鬃及节Ⅸ后缘长鬃端部钝。节Ⅰ背片的盾板似馒头形，底部宽，网纹横。节Ⅴ背片长 179，宽 656；后缘侧内鬃 B1 长 182，侧内鬃 B2 长 128。节Ⅸ长鬃长：背中鬃 158，侧中鬃 171，侧鬃 179，短于管。管（节Ⅹ）长 225，为头长的 0.71 倍，宽：基部 130，中部 107，端部 65。节

X端鬃 （肛鬃） 端部尖，长：内中鬃和侧中鬃约等长，为204。

雄虫：未明。

寄主：榕树、三白草（*Saururus chinensis*）、五角枫、韭菜。

模式标本保存地：澳大利亚（Australia）。

观察标本：2♀♀，山东济南佛山公园，1995.Ⅳ.23，五角枫，段半锁、李明照采；1♀，内蒙古乌中，1310m，1992.Ⅷ，韭菜，段半锁采；1♀（IZCAS），海南岛，1964.Ⅳ.22，榕树，廖定熹采。

分布：内蒙古、山东、海南、四川；印度，外高加索，东欧，西欧。

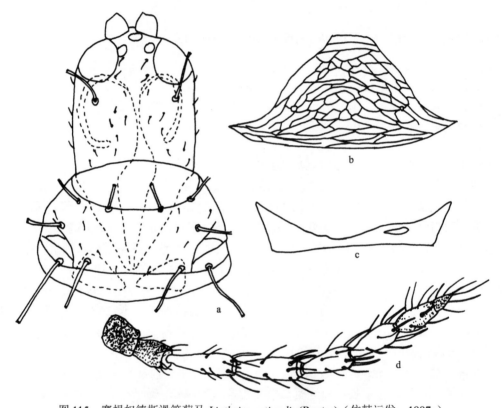

图 115 赛提奴德斯滑管蓟马 *Liothrips setinodis* (Reuter)（仿韩运发，1997a）

a. 头和前胸背板，背面观（head and pronotum, dorsal view）；b. 腹节Ⅰ盾板（abdominal pelta Ⅰ）；c. 中胸前小腹片
（mesopresternum）；d. 触角（antenna）

(128) 桑名滑管蓟马 *Liothrips kuwanai* (Moulton, 1928)（图 116）

Gynaikothrips kuwanai Moulton, 1928a, *Ann. Zool. Jpn.*, 11: 308.

Gynaikothrips piperis Priesner, 1930b, *Treubia*, 12: 263-270. Synonymised by zur Strassen, 1983, *Senckenb. Biol.*, 63: 191-209.

Smerinthothrips kuwanai (Moulton): Takahashi, 1936, *Philip. J. Sci.*, 60(4): 443.

Liothrips kuwanai (Moulton): Priesner, 1968, *Treubia*, 27(2-3): 178, 199.

雌虫：体长 2.6-2.8mm。体黑棕色至黑色，但触角节Ⅲ-Ⅵ和各足胫、跗节黄色，前翅基部约 1/5 无色透明，向端部 4/5 阴暗，边缘及中纵条灰棕色；后翅色淡，仅中纵条灰棕色，长体鬃色淡。

头部　头长 252-330μm，宽：复眼处 180-220，复眼后 184-220，后缘 168-200；头长为复眼处宽的 1.15-1.83 倍，为复眼后宽的 1.15-1.79 倍。单眼区隆起，呈锥状向前伸；后单眼向后至后缘横线纹密而重；三角形排列的单眼在复眼中部以前。复眼长 116-132。复眼后鬃端部尖，长 111-127，约长如复眼，距眼 31-33。两颊近乎直，后缘略收缩。其他背鬃和颊鬃均细小而尖，长 5-12。触角 8 节，无线纹，刚毛较短，梗不显著，节Ⅳ近端部较粗但端部又变细，节Ⅰ-Ⅷ长（宽）分别为：31-37（47-48）、42-48（31-33）、81-84（29-31）、84-99（35-39）、78-96（28-33）、66-76（23-29）、51-64（21-27）、27-33（10-15），总长 460-537，节Ⅲ长为宽的 2.61-2.90 倍。感觉锥较长，长的 58-61，短的 12，节Ⅲ-Ⅶ数目分别为：1、1+1+1^{+1}、1+1^{+1}、1+1^{+1}、1。口锥端部宽圆，长 111-116，宽：基部 111-127，端部 63-95。口针较细，缩至头内约 1/3 处，中部间距较宽，为 55-74。无下颚桥连接。下颚须基节长 6，端节长 42。

胸部　前胸长 140-160，前部宽 206-218，后部宽 280-350，背片有较多横线纹，但无扭曲线纹或网纹，后部较光滑，内黑中纵条细而短，约占背片长的 1/5，后侧缝完全。各鬃端部均尖，长：前缘鬃 43-68，前角鬃 40-48，侧鬃 95-106，后侧鬃 127-143，后角鬃 127-137，后缘鬃 15-21。腹面前下胸片缺。前基腹片横长三角形。中胸前小腹片无中缝。翅胸长 400-416，宽 384-420，各鬃均端部尖。中胸盾片线纹细密，近后部无线纹，前外侧鬃长 39-56，其他鬃长 10-23。后胸盾片除后部两侧光滑外，密集细纵线纹；前缘鬃很小，前中鬃长 28-37，距前缘 63-68。前翅长 880-960，宽：近基部 80-88，中部 72-80，近端部 40-60；间插缨 9-12 根；翅基鬃端部略钝，距翅前缘均较近，间距近似，内Ⅰ-Ⅲ分别长：84-95、96-111、96-111。

腹部　腹节Ⅰ背片的盾板近似三角形，前端平，板内网纹两侧纵向，中部较方，多角形。背片两侧有横细纹。节Ⅱ-Ⅶ握翅鬃前对甚细小于后对，外侧有短鬃 2-3 对。后侧缘长鬃端部尖，长：内Ⅰ 128，内Ⅱ 85。节Ⅴ背片长 112-160，宽 360-400。节Ⅸ背片后缘长鬃端部尖，长：背中鬃 212-238，中侧鬃 217-233，侧鬃 148-212，约长如管，或短于管。管长 200-250，为头长的 0.61-0.99 倍。长肛鬃长 190-212，约长如管。

雄虫：体色和一般结构相似于雌虫，但腹部较细，节Ⅸ中侧鬃短于背中鬃和侧鬃。体长 1.8-2.0mm。节Ⅸ背片鬃长：背中鬃 180-190，中侧鬃 71-73，侧鬃 190-226。管长 166-172，为头长的 0.72-0.75 倍，宽：基部 64-76，端部 40。肛鬃长 169。

寄主：荚蒾属之一种、梨（虫瘿）、杂草。

模式标本保存地：美国（CAS，San Francisco）。

观察标本：2♀♀，内蒙古乌审旗，1040m，1992.Ⅷ，段半锁、李明照采；2♀♀，福建邵武，1963.Ⅶ.7，杂草，周尧采。

分布：内蒙古、福建、台湾。

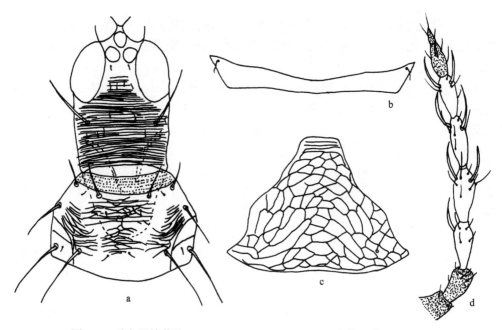

图 116 桑名滑管蓟马 *Liothrips kuwanai* (Moulton)（仿韩运发，1997a）

a. 头和前胸背板，背面观（head and pronotum, dorsal view）；b. 中胸前小腹片（mesopresternum）；c. 腹节 I 盾板（abdominal pelta I）；d. 触角（antenna）

(129) 荚蒾滑管蓟马 *Liothrips kuwayamai* (Moulton, 1928)（图 117）

Gynaikothrips kuwayamai Moulton, 1928b, *Trans. Nat. Hist. Soc. Formosa*, 18(98): 302.

Smerinthothrips kuwayamai (Moulton 1928): Takahashi, 1936, *Philip. J. Sci.*, 60(4): 443.

Liothrips kuwayamai (Moulton): Priesner, 1968, *Treubia*, 27(2-3): 181, 280.

雄虫：体长约 2.9mm。体棕黑色，但触角节 II 端部淡棕色，节 III-VI 黄色，节 IV 微暗于节 III，节 IV 渐暗到棕黄色。前足胫节及中、后足胫节端部及各足跗节黄色。翅透明，仅最基部棕黄色，无暗棕纵条纹。

头部 头长 293-331μm，宽：复眼处 200-223，复眼后 209-235，后缘 213-240，长为宽的 1.40-1.48 倍。背面有些线纹。复眼长 92-105。复眼后鬃长 58-77，端部较扁钝。其他头鬃均小。触角 8 节，节 I-VIII 长（宽）分别为：44-54（42-47）、42-51（32-33）、90-106（28-30）、95-113（31-36）、90-95（27-28）、67-81（26-27）、60-64（22）、38-40（12-13），总长 526-604；节 III 长为宽的 3.0-3.8 倍。感觉锥较长，节 III-V 数目分别为：1、3、1+2（有时有 1 个小的），长 32-36。口锥端部宽圆，长 128，宽：基部 205，端部 26。

胸部 前胸长 179，后部宽 352。背片有些弱纹。各鬃长：前缘鬃 18-49，前角鬃 51-65，侧鬃 73-77，后侧鬃 102-109，后角鬃 96-97；各鬃端部扁钝。前翅长约 1000，间插缨 19-21 根。翅基鬃端部膨大，内 I-III 分别长：61-74、77-81、69-93。

腹部 腹节 I 盾板内有线纹。节 IX 背鬃长：背中鬃 204-230，中侧鬃 69-77，侧鬃

255-265。管长 255-263，为头长的 0.77-0.90 倍，宽：基部 107-117，端部 64-66。肛鬃长192-237。

雌虫：体长约 3.3mm，大于雄虫。头长 360，宽 230。复眼长 109。复眼后鬃长 81-92。触角节 III-VIII 长（宽）分别为：106-114（33）、105-113（33-39）、90（36）、84（33）、66（30）、39。前胸长 200-230，宽 389。各鬃长：前缘鬃 58-61，前角鬃 45-74，侧鬃 90，后侧鬃 125-131，后角鬃 108-120。翅基鬃内 I-III 分别长：75-115、90-105、84-137。腹节 IX 鬃长：背中鬃 240-245，中侧鬃 230-240，侧鬃 214。管长 270-281。肛鬃长 256-282。

寄主：荚蒾属、不知名一种树叶、杂草。

模式标本保存地：美国（CAS，San Francisco）。

观察标本：1♀，内蒙古包头，1996.IV.20，杂草，段半锁采。

分布：内蒙古、台湾、云南；日本。

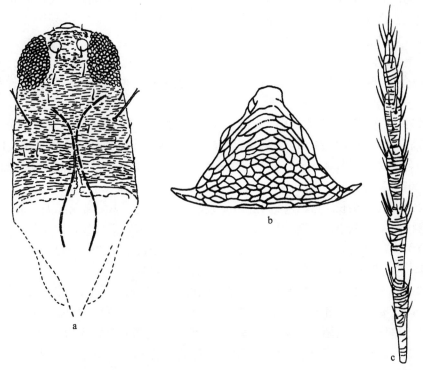

图 117　荚蒾滑管蓟马 *Liothrips kuwayamai* (Moulton)（♀）（仿 Okajima，2006）

a. 头和前胸背板，背面观（head and pronotum, dorsal view）；b. 腹节 I 盾板（abdominal pelta I）；c. 触角（antenna）

(130) 润楠滑管蓟马 *Liothrips machili* (Moulton, 1928)（图 118）

Rhynchothrips machili Moulton, 1928b, *Trans. Nat. Hist. Soc. Formosa*, 18(98): 313.

Liothrips machili (Moulton, 1928): Zhang & Tong, 1993a, *Zool. (Jour. Pure and Appl. Zool.)*, 4: 430; Han, 1997a, *Econ. Ins. Faun. China. Fasc.*, 55: 431.

Rhynchothrips machili Moulton: Takahashi, 1936, *Philip. J. Sci.*, 60(4): 446.

雌虫：体长 2.7mm。体黑色，但触角节Ⅲ和节Ⅳ基半部、节Ⅴ基部 1/3 及各足跗节棕色，翅略微黄色，最基部棕色，长体鬃黄色至棕黄色。

头部 头长 280μm，宽：复眼处 240，复眼后 280，后缘 216，长为复眼处宽的 1.17 倍。复眼长 106。颊近乎直，复眼后至头后缘渐收缩，两侧有几根小刚毛。复眼后鬃端部尖，靠近复眼，长 72。触角 8 节，节Ⅱ-Ⅶ基部梗较显著；节Ⅲ-Ⅷ长（宽）分别为：486（36）、84（43）、74（38）、73（38）、65（30）、44（20）。感觉锥较细，长 32-38，数目：节Ⅲ外端 1 个；节Ⅳ内、外、背端各 1 个，共 3 个；节Ⅴ和节Ⅵ内、外端各 1 个；节Ⅶ腹端 1 个。口锥等边三角形，端部窄，伸达前胸腹片近后缘。下颚口针短，且相距较近，不深达复眼后鬃处。

胸部 前胸长 199，前部宽 255，后部宽 388，鬃长：前缘鬃、前角鬃和侧鬃均约 48，后侧鬃 128，端部均尖。翅胸长和宽均为 460。前翅长 1320，宽：近基部 148，中部 140，近端部 136，间插缨 19-21 根；翅基鬃尖而不锐，内Ⅰ与内Ⅱ的间距大于内Ⅱ与内Ⅲ的间距，鬃长：内Ⅰ65，内Ⅱ68，内Ⅲ55。前足跗节无齿。

腹部 腹节Ⅰ背片的盾板近似三角形，前端窄而平，板内具线纹和网纹。节Ⅴ背片长 184，宽 520，后缘长侧鬃长：内Ⅰ158，内Ⅱ116，节Ⅸ背片后缘鬃长：背中鬃 121，中侧鬃 145，侧鬃 97，均短于管。管长 243，为头长的 0.87 倍，宽：基部 88，中部 72，端部 40。长肛鬃长约 235，长如管。

二龄若虫：体黄色，但前、中、后胸和腹节Ⅰ-Ⅷ有淡红色横带，深棕色部分有：头、前胸盾板、腹节Ⅶ后部 1/3 和节Ⅸ-Ⅹ，以及触角和足、中胸前缘两侧横斑和气门、中和后胸背面各具 7 对形状大小不一的载毛或不载毛暗斑，腹节Ⅰ-Ⅶ背面各载毛暗斑。体鬃大多淡，但节Ⅹ（管）上的 2 根长刚毛暗棕。复眼红色。体长 1.8mm。全体背、腹面无显著线纹和网纹。头长 136，宽约 124。复眼小，单眼缺。头背鬃端部尖；前中鬃 1 对，长 36；侧鬃 1 对，长 24；后中鬃 1 对，长 80，触角 7 节，无线纹，刚毛短，节Ⅰ-Ⅶ长（宽）分别为：31（44）、42（29）、86（31）、61（29）、53（25）、42（21）、39（10），总长 354。感觉锥长 6-13，节Ⅲ-Ⅵ数目分别为：1、1+1、1、1。

胸部 前胸长 223，前部宽 170，后部宽 903。毛序与成虫近似，但后缘鬃移位于中部，长：前缘鬃 55，前角鬃 36，侧鬃 77，后侧鬃 128，后角鬃 133，后缘鬃 60，侧鬃和后侧鬃端部略钝，其余鬃尖。中、后胸背片鬃略钝，位置相似，大致 2 横排，数目和长度：中部 2 对，长 58-63；侧部 3 对，排成三角形，长 53-97。足普通，无甚长刚毛，其中少数端部略钝。

腹部 腹节Ⅰ-Ⅷ背片鬃端部略钝圆，节Ⅸ和节Ⅹ鬃较尖。背片节Ⅰ 2 对，节Ⅱ-Ⅹ 3 对。长度：节Ⅰ-Ⅲ的相似，长 77-97；节Ⅳ-Ⅶ的相似，内Ⅰ和内Ⅱ对长 92-97，内Ⅲ长 126-145；节Ⅷ的内Ⅰ和内Ⅱ及内Ⅲ长 81-85，节Ⅸ的内Ⅰ145、内Ⅱ104、内Ⅲ121；节Ⅹ的内Ⅰ38、内Ⅱ218、内Ⅲ43。

雄虫：未明。

寄主：月季花、润楠属植物、杂草。

观察标本：1♀，福建光泽，2002.Ⅷ.22，月季花，郭付振采；1♀，湖南韶山，2002.

Ⅷ.02，杂草，郭付振采。

分布：湖南、福建、台湾。

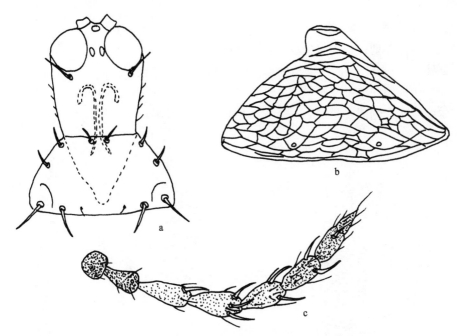

图 118　润楠滑管蓟马 *Liothrips machili* (Moulton)

a. 头和前胸背板，背面观（head and pronotum, dorsal view）；b. 腹节Ⅰ盾板（abdominal pelta Ⅰ）；c. 触角（antenna）

(131) 胡椒滑管蓟马 *Liothrips piperinus* Priesner, 1935（图 119）

Liothrips piperinus Priesner, 1935b, *Philip. J. Sci.*, 57: 361; Kurosawa, 1968, *Ins. Mat. Suppl.*, 4: 43.

雌虫：体长 2.9mm。体淡灰色到黑色；前足股节端部、前足跗节，以及各足跗节和中、后足胫节浅黄色。触角节Ⅰ、Ⅱ、Ⅶ、Ⅷ黑色，节Ⅲ、Ⅳ黄色，节Ⅴ端部 2/3 处带有淡黑色，节Ⅵ端部 1/2 处淡黑色。前翅略微灰色，中央有 1 条黑带，后部边缘灰白色，后翅有 1 条长灰黑带，后部边缘灰色，触角和足细长，各鬃长，且端部膨大。管基部黑色。

头部　头长 361μm，宽：复眼前缘 335，复眼处 234，两颊 230。两颊略拱，复眼发达，长 130，后单眼比前单眼发达。复眼后鬃粗长，端部膨大，黑色，长 80-85。触角 8 节，节Ⅰ-Ⅷ长（宽）分别为：66（53）、77（35）、107（35）、116（38）、116（35）、105（33）、77（27）、42（15）；各节感觉锥数目：节Ⅲ外端有 1 个细长的感觉锥；节Ⅳ有 1+2^{+1}；口锥到达前胸前下胸片前缘。口针深达头部复眼后鬃处，在中部相互靠近。

胸部　前胸有微网纹。5 对鬃发达，端部钝或微膨大，前缘鬃与前角鬃等长；长：前缘鬃 50，前角鬃 50，侧鬃 80，后侧鬃 130，后角鬃 110；前基腹片内缘相距较远，近似三角形。中胸前小腹片完全断开，两侧叶近似三角形。后胸盾片前部有纵条纹，宽：近基部 35，中部 52，近端部 25；间插缨 14-20 根；翅基鬃端部膨大。

腹部　腹节 I 的盾板三角形，有微网纹。节IX B1 鬃和 B2 鬃端部尖，短于管。管为头长的 0.75-0.78 倍，为基部宽的 2.5-2.6 倍，并向端部缩窄。肛鬃短于管。

雄虫：未明。

寄主：苏丹草、胡椒属。

模式标本保存地：德国（SMF，Frankfurt）。

观察标本：3♀♀，广西南宁植物园，1996.VI.22，段半锁采；1♀，浙江泰顺乌岩岭，2005.VIII.3，胡椒属叶上，袁水霞采。

分布：浙江、福建、台湾、广东、海南、广西；日本。

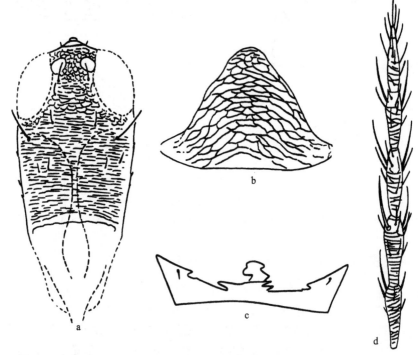

图 119　胡椒滑管蓟马 *Liothrips piperinus* Priesner（♀）（仿 Okajima，2006）

a. 头（head）；b 腹节 I 盾板（abdominal pelta I）；c. 中胸前小腹片（mesopresternum）；d. 触角节III-VIII（antennal segments III-VIII）

(132) 三峡滑管蓟马 *Liothrips sanxiaensis* Han, 1997（图 120）

Liothrips sanxiaensis Han, 1997b, *Ins. Three Gorge Reservoir Area Yangtze River*: 559.

雌虫：体长 2.8mm。体暗棕色，包括触角和足，但触角节III黄色，节IV-VI棕黄色或节IV-VI基部 1/3 或 1/4 黄色，其余部分棕黄色；前足股节端部、前足胫节及中、后足胫节端部约 1/3 和各足跗节黄色；前翅基部和周缘略带黄色，自近基部至近端部有烟色纵带；长体鬃和翅基鬃棕色或暗棕色。

头部　头长 332μm，宽：后部 230，后缘 214，长为后部宽的 1.44 倍。背面密布满横纹，单眼间有网纹。复眼长 105。复眼后鬃端部尖，长 77，长为复眼的 0.73 倍，距复眼 26。触角 8 节，节Ⅲ有些不对称，节Ⅰ-Ⅷ长（宽）分别为：41（43）、43（38）、102（33）、105（38）、99（33）、97（33）、74（28）、41（15），总长 602；节Ⅲ长为宽的 3.1 倍。感觉锥节Ⅲ-Ⅶ数目分别为：1、1+2、1+1、1+1、1；长 43-59。口锥端部窄圆。

胸部　前胸长 204，宽 357；背面有少数横纹。各长鬃端部尖或略微钝，各鬃长：前缘鬃 49，前角鬃 18，中侧鬃 107，后侧鬃 163，后角鬃 163。中胸前小腹片中部间断，呈两侧叶。后胸盾片布满纵纹。前翅长 1169，宽：近基部 128，中部 117，近端部 77。间插缨 14 根。翅基鬃端部略钝，长：内Ⅰ 104，内Ⅱ 130，内Ⅲ 130；内Ⅱ与内Ⅰ的间距小于内Ⅱ与内Ⅲ的间距。

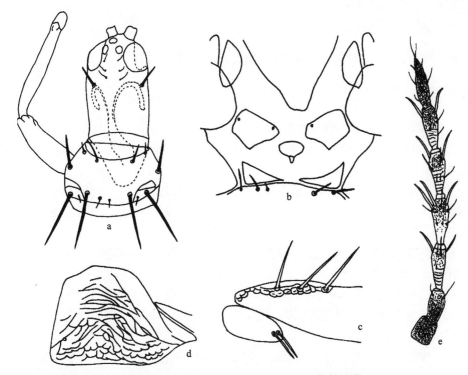

图 120　三峡滑管蓟马 *Liothrips sanxiaensis* Han（仿韩运发，1997a）

a. 头、前足和前胸背板，背面观（head, fore leg and pronotum, dorsal view）；b. 前、中胸腹板（pro- and midsternum）；c. 翅基鬃（basal wing bristles）；d. 腹节Ⅰ盾板（abdominal pelta Ⅰ）；e. 触角（antenna）

腹部　腹节Ⅰ背片盾板钟形，内有横纹。腹部握翅鬃外侧的长鬃端部尖或微钝，节Ⅴ的鬃长：内Ⅰ鬃长 173，内Ⅱ长 110。节Ⅸ背片长鬃端部尖，长：背中鬃 255，中侧鬃 270，侧鬃 281，均短于管。管（节Ⅹ）长 306，为头长的 0.92 倍；略长于头；长肛鬃长 265。

雄虫：相似于雌虫，但较小，如下量度有差异：头长 296-306，后部宽 215-225，后缘宽 192-194，长为宽的 1.31-1.59 倍。复眼长 87-102，复眼后鬃长 87-97。触角 8 节，节Ⅰ-Ⅷ长（宽）分别为：51-56（54-51）、51-54（31-33）、102（33）、102（38）、97-100

（31）、82-87（31）、71（23-26）、43-44（15），总长 599-616；节Ⅲ长为宽的 2.68 倍。前胸各长鬃长：前缘鬃56，前角鬃13-26，中侧鬃82-107，后侧鬃122-138，后角鬃112-135。翅基鬃内Ⅰ-Ⅲ分别长：84-92、77-105、97-102；腹部握翅鬃外侧的长鬃长：内Ⅰ鬃长 133，内Ⅱ长 102-117。管（节Ⅹ）长 306-324。节Ⅸ背片长鬃长：背中鬃 189-204，中侧鬃 84，侧鬃 230-268。长肛鬃长 214-255。

　　寄主：箭竹。

　　模式标本保存地：中国（IZCAS，Beijing）。

　　观察标本：1♀（正模，IZCAS），湖北兴山龙门河，1300m，1994.Ⅴ.6，姚建采；1♀；湖北兴山县龙门河，1994.Ⅹ.09，姚建采；副模：2♂♂（IZCAS），四川巫山梨子坪，1800m，1994.Ⅴ.19，箭竹，姚建采。

　　分布：湖北、四川。

(133) 安息滑管蓟马 *Liothrips styracinus* Priesner, 1968

Liothrips styracinus Priesner, 1968, *Treubia*, 27: 202.

　　雌虫：所有足的胫节和跗节黄色，前足股节在最端部黄色。触角节Ⅰ-Ⅱ黑色，节Ⅲ-Ⅴ淡黄色，节Ⅵ端部 1/2 或 1/3 黑色，节Ⅶ端半部色淡，节Ⅷ黑色。翅透明。腹部鬃淡，肛鬃更黑。

　　头部　头略长，为 260μm；长为宽的 1.2 倍；两颊较直，在基部略收窄。后单眼在复眼前缘 1/3 处，前单眼与复眼前缘在同一水平线处。触角细长，节Ⅷ在基部不收窄，与节Ⅶ连接较宽。触角节Ⅰ-Ⅷ长（宽）分别为：36（36）、56（28）、84（24）、84（28）、78（27）、68-70（24）、50（20）、28-32（12）。口锥微尖。口针伸达头后缘 1/3 处。复眼后鬃退化，不长于顶端其他小鬃。足细长，前足股节略膨大；跗节无齿。

　　胸部　前胸鬃钝且膨大，前角鬃发达，长 40-45，前缘鬃长 32-35；中侧鬃 72，后侧鬃 96-100，具翅胸节长与宽等长，翅基鬃膨大，分别长：56-60、65、88，色淡。具 7-8 根间插缨。

　　腹部　腹节Ⅰ盾片三角形，两侧后角退化。节Ⅸ节 B1 鬃长 128，B2 鬃长 148-152。肛鬃长 190。管圆锥形，短于头。

　　雄虫：与雌虫相似，头在基部较收窄，复眼后鬃较小。间插缨 7 根。

　　寄主：石栎属植物叶片。

　　模式标本保存地：德国（SMF，Frankfurt）。

　　观察标本：未见。

　　分布：福建、台湾；日本。

(134) 箭竹滑管蓟马 *Liothrips sinarundinariae* Han, 1997（图 121）

Liothrips sinarundinariae Han, 1997b, *Ins. Three Gorge Reservoir Area Yangtze River*: 563.

　　雄虫：体长 2.4mm。体棕色，包括触角和足，但头、胸及腹部基部数节较淡；触角节Ⅰ黄色至棕黄色，节Ⅲ基部 1/2，节Ⅳ-Ⅵ基部 1/3 棕色，节Ⅳ基部 1/4 黄色；前足胫节、中足和后足胫节端部及各足跗节黄色；前翅无色，或仅有较短的淡棕色纵带在基部；长体鬃色较淡。

头部　头长 255μm，宽：后部 200，后缘 190，长为后部宽的 1.275 倍。背面有众多横纹。复眼长 51。复眼后鬃端部尖，长于复眼，长 75，距复眼 31。触角 8 节，节Ⅲ-Ⅶ中端部膨大，节Ⅰ-Ⅷ长（宽）分别为：61（46）、51（31）、69（31）、77（36）、77（28）、66（31）、56（26）、38（15），总长 495；节Ⅲ长为宽的 2.2 倍。感觉锥较小，长 26-29，节Ⅲ-Ⅶ数目分别为：1、3、1+1、1+1、1。口锥端部接近宽圆。

胸部　前胸长 140，宽 230；背片前、后部有横纹。各长鬃端部尖，各鬃长：前缘鬃 51，前角鬃 46，中侧鬃 84，后侧鬃 120，后角鬃 102。中胸前小腹片中部间断，呈两侧叶或中部似有 1 线相连。前翅较窄，长 886，宽：近基部 102，中部 61，近端部 36。间插缨 6-8 根。翅基鬃端部尖，长：内Ⅰ 79，内Ⅱ 87，内Ⅲ 89，间距相似。

腹部　腹节Ⅰ背片盾板钟形，内有纵网纹，线纹细。腹部握翅鬃外侧的长鬃长：内Ⅰ鬃长 115-133，内Ⅱ长 87-97。节Ⅸ背片长鬃端部尖，长：背中鬃 222，中侧鬃 77，侧鬃 265，均短于管。管（节Ⅹ）长 253，约与头等长；长肛鬃端部尖，长 179，短于管。

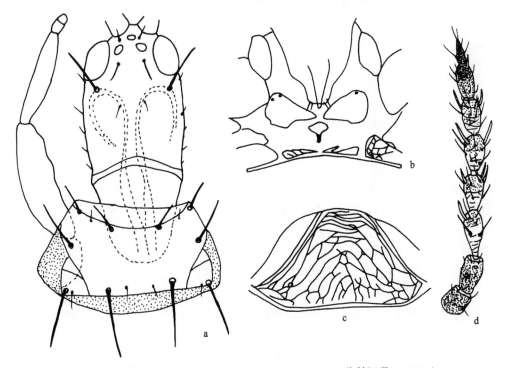

图 121　箭竹滑管蓟马 *Liothrips sinarundinariae* Han（仿韩运发，1997a）

a. 头、前足和前胸背板，背面观（head, fore leg and pronotum, dorsal view）；b. 前、中胸腹板（pro- and midsternum）；c. 腹节Ⅰ盾板（abdominal pelta Ⅰ）；d. 触角（antenna）

雌虫：体形、体色相似于雄虫，但个体较大，腹节Ⅸ各长鬃长度相似。头长 268-293，宽 210-240。复眼长 77-82，复眼后鬃端部尖，长 94-97，长于复眼，距复眼 41。触角 8 节，节Ⅰ-Ⅷ长（宽）分别为：61（51）、56（38）、87（38）、87（46）、87（41）、87（41）、69（31）、43（15），总长 577；前胸长 158，宽 320。各长鬃长：前缘鬃 51，前角鬃 46，中侧鬃 110，后侧鬃 152，后角鬃 128。前翅长 1082，宽：近基部 115，中部 87，近端部 73，间插缨 12 根；翅基鬃端部尖，长：内Ⅰ 92，内Ⅱ 117，内Ⅲ 125；腹部握翅鬃外侧的长鬃端部尖，长：内Ⅰ 153，内Ⅱ 110-128。管（节Ⅹ）长 270，与头约等长或稍长于头。节Ⅸ背片长鬃端部尖，长：背中鬃 268，中侧鬃 281，侧鬃 230。长肛鬃长 237-255，短于管。

寄主：箭竹。

模式标本保存地：中国（IZCAS，Beijing）。

观察标本：1♂，四川巫山梨子坪，1100m，1994.Ⅴ.19，箭竹，姚建采；1♂，四川巫山县梨子坪，1100m，1994.Ⅴ.25，箭竹，姚建采；1♀（副模），四川巫山县梨子坪，1800m，1994.Ⅴ.19，箭竹，姚建采。

分布：四川。

(135) 塔滑管蓟马 *Liothrips takahashii* (Moulton, 1928)（图 122）

Gynaikothrips takahashii Moulton, 1928a, *Ann. Zool. Jpn.*, 11: 313.

Smerinthothrips takahashii (Moulton): Takahashi, 1936, *Philip. J. Sci.*, 60(4): 443.

Liothrips takahashii silvaticus Priesner, 1968, *Treubia*, 27(2-3): 187, 245.

雌虫：体长 2.8-3.2mm。体棕黑色至黑色，但触角节Ⅲ和节Ⅳ-Ⅵ基部 1/3、各足跗节黄色，触角节Ⅳ-Ⅵ端半部及节Ⅶ-Ⅷ暗黄色，触角节Ⅱ端部、各足胫节端部淡棕色；翅色很淡，但前翅基部边缘略暗；有 1 条棕色中纵带。长体鬃暗而均尖。

头部　头长 320-344μm，宽：复眼处 216-240，后缘 180-200，长为复眼处宽的 1.33-1.59 倍，为后缘宽的 1.60-1.91 倍。头背单眼向后至后缘布满横线纹，复眼长 106-127。复眼后鬃长 127，距眼 36-42。其他背鬃和颊鬃细小。触角 8 节，细长，无纹，刚毛短，梗不显著，节Ⅰ-Ⅷ长（宽）分别为：31-46（47-53）、53-65（33-38）、93-110（30-38）、99-118（31-44）、99-114（30-43）、84-106（31-37）、71-79（24-31）、37-42（12-19），总长 567-680，节Ⅲ长为宽的 2.45-3.67 倍。感觉锥细长，长的长 42-74，短的长 9；节Ⅲ-Ⅶ数目分别为：1、1+1+1^{+1}、1+1、1+1、1。口锥端部窄圆，长 137-153，宽：基部 143-159，端部 53-74。下颚须基节长 7-10，端节长 63-66。口针较细，缩至头内约 1/2 处，中部间距较窄，长 27-42，无下颚桥连接。

胸部　前胸长 140-200，前部宽 206-243，后部宽 320-360。背片有些模糊横线纹，中部光滑；棕色，内中纵线很细而小，后侧缝完全或不完全。鬃长：前缘鬃 63-99，前角鬃 48-73，侧鬃 93-137，后侧鬃和后角鬃均 135-169，后缘鬃 10-18，其他几根背片鬃 4-12。腹面前下胸片缺。前基腹片大，近似三角形。中胸前小腹片中部间断。中胸盾片前部有细横线纹，前外侧鬃长 49-74，其他鬃长 10-48。后胸盾片除后部两侧光滑外，密集细纵纹。前缘鬃长 21-26，前中鬃长 31-74，距前缘 45-66。前翅长 1200-1340，宽：近基部 80-100，中部 80-100，近端部 52-60，间插缨 13-22 根；翅基鬃端部均钝；距翅前缘较远，内Ⅰ和内Ⅱ的间距略大于内Ⅰ和内Ⅲ的间距，长：内Ⅰ 90-111，内Ⅱ 105-132，内Ⅲ 116-137。足较细长；跗节无齿。

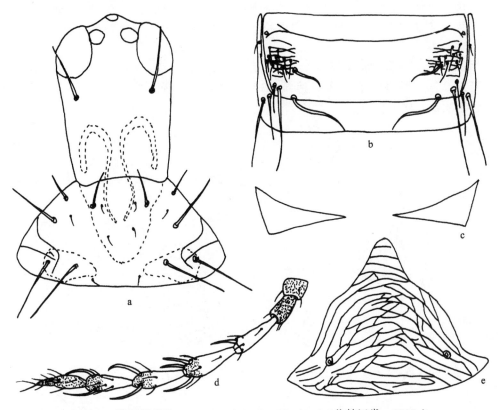

图 122　塔滑管蓟马 *Liothrips takahashii* (Moulton)（仿韩运发，1997a）

a. 头和前胸背板，背面观（head and pronotum, dorsal view）；b. 腹节Ⅴ背板（abdominal tergite Ⅴ）；c. 中胸前小腹片（mesopresternum）；d. 触角（antenna）；e. 腹节Ⅰ盾板（abdominal pelta Ⅰ）

腹部　腹节Ⅰ盾板近似三角形，前端尖，两后角略向侧面延伸，板内前部为横线，两侧为纵线纹，中部为横而弯的网纹。背片两侧有轻微线纹，前对握翅鬃甚小于后对，其外侧有 7 对短鬃，向后几节有 3-4 对。节Ⅴ背片长 160-188，宽 32-432；后缘长侧鬃内Ⅰ长 145-177，内Ⅱ长 121-133。节Ⅸ背片后缘长鬃长：背中鬃 288-316，中侧鬃 280-316，侧鬃 212-280，长如或短于管。管长 256-320，为头长的 0.74-1.00 倍，宽：基部 80-100，端部 44-52。长肛鬃长 224-256，短于或长如管。

雄虫：未明。

寄主：榕、杂草。

模式标本保存地：美国（CAS，San Francisco）。

观察标本：1♀，内蒙古包头，1996.Ⅵ.12，杂草，段半锁采；2♀♀，山东济南佛山公园，1995.Ⅳ.23，段半锁采。

分布：内蒙古、山东、台湾；印度尼西亚。

(136) 榄仁滑管蓟马 *Liothrips terminaliae* Moulton, 1928（图 123）

Liothrips terminaliae Moulton, 1928b, *Trans. Nat. Hist. Soc. Formosa*, 18(98): 313; Takahashi, 1936, *Philip. J. Sci.*, 60(4): 446; Okajima, 2006, *Ins. Japan. Vol. 2. Suborder Tubulifera* (*Thysan.*): 454.

雌虫：体长 2.4-2.8mm。体黑棕色，但触角节Ⅰ端部较淡，节Ⅱ（除端部略微暗外）、节Ⅳ基部 2/3、节Ⅴ基半部、节Ⅵ基部 1/3 淡黄色；前足胫节中、端部和各足跗节棕色；翅无色透明，长体鬃较黄。

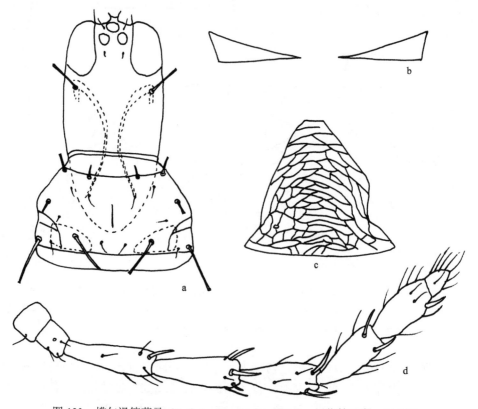

图 123 榄仁滑管蓟马 *Liothrips terminaliae* Moulton（仿韩运发，1997a）

a. 头和前胸背板，背面观（head and pronotum, dorsal view）；b. 中胸前小腹片（mesopresternum）；c. 腹节Ⅰ盾板（abdominal pelta Ⅰ）；d. 触角（antenna）

头部 头长 256-330μm，宽：复眼处 184-200，后缘 168，长为复眼处宽的 1.28-1.79 倍，为后缘宽的 1.52-1.96 倍。颊近乎直，仅在基部略收缩，眼后横线纹密。复眼长 116。单眼呈三角形排列。复眼后鬃端部膨大，长 64-84，短于复眼。其他头背鬃和颊鬃均小。触角 8 节，各节几乎无线纹，基部梗不显著，节Ⅰ-Ⅷ长（宽）分别为：21-24（33-42）、42-60（32）、87-90（25-33）、81-87（30-36）、68-69（30-28）、60-66（27-30）、54-58（27-32）、

31-28（21-20），总长 444-482，节Ⅲ长为宽的 2.64-3.6 倍。感觉锥较细，长 24-35，背端小的长 7。节Ⅲ-Ⅶ数目分别为：1、1+1^{+1}、1+1^{+1}、1+1、1。口锥端部较窄，长 190，宽：基部 137，端部 42。口针较细，缩至头内复眼后鬃处，中部间距小，21。

胸部　前胸长 164，前部宽 219，后部宽 284，背片仅周缘有些模糊横线纹，内中黑纵条短，占背长的 1/4，后侧缝完全。鬃长：前缘鬃 27-30，前角鬃 32-36，侧鬃 37-54，后侧鬃 83-100，后角鬃 62-75；这些鬃端部扁钝。后缘鬃和其他 6 根背片鬃小而尖，长 4-6。腹面前下胸片缺，如存在，亦仅呈很窄的条。前基腹片内端细，间距大。中胸前小腹片中部间断。中胸盾片横线纹细密；前外侧鬃端部扁钝，长 42，其他鬃端部尖，长 11-13。后胸盾片除后部两侧外，密集细纵线纹，前缘鬃长 16，位于前缘角，前中鬃端部尖，长 33，距前缘 42-52。前翅长 960，宽：近基部 64，中部 64，近端部 56；间插缨 11 根；翅基鬃端部均扁钝，距翅前缘近，间距相似，长：内Ⅰ 53，内Ⅱ 60，内Ⅲ 361。

腹部　腹节Ⅰ背片的盾板近似三角形，前端平，板内两侧为斜纵线纹，中间为横线纹，构成网纹。背片除前脊线以前外，横线纹多。后侧长鬃端部钝圆，节Ⅴ的鬃 B1 长 114，B2 长 65。节Ⅴ背片长 145，宽 437。节Ⅸ背片后缘背中鬃和中侧鬃端部钝，分别长 160 和 188，侧鬃端部尖，长 160，均短于管。管长 192-250，为头长的 0.58-0.98 倍，宽：基部 92，端部 48。长肛鬃长：内中鬃 184，中侧鬃 200，近似于管长或短于管。

雄虫：相似于雌虫，但较小，前足股节较粗。

寄主：榄仁树叶、杂草。

模式标本保存地：美国（CAS，San Francisco）。

观察标本：2♀♀，河南龙峪湾，1025m，1996.Ⅶ.13，杂草，段半锁采。

分布：河南、台湾。

(137) 突厥滑管蓟马 *Liothrips turkestanicus* (John, 1928)（图 124）

Rhynchothrips turkestanicus John, 1928, *Bull. Ann. Soc. Ent. Belg.*, 68: 139.
Rhynchothrips ulmi Yakhontov, 1957, *Zool. Zhurnal Moscow*, 36: 948-949.
Liothrips turkestanicus (John): Han, 1997a, *Econ. Ins. Faun. China. Fasc.*, 55: 433.

雌虫（无翅型）：体长约 1.9mm。全体暗棕色，但触角节Ⅲ基半部暗黄，节Ⅲ端部至节Ⅷ淡棕色，各足胫节最端部及各足跗节黄棕色，主要体鬃黄色到淡棕色。

头部　头长 186μm，宽：复眼处 194，复眼后 199，后缘 212，长为后缘宽的 0.88 倍，为前胸长的 0.88 倍。单眼区有多角形网纹，眼后有横网纹和横线纹。两颊近乎平直，粗糙，有小毛数根。复眼长 56，腹面略短于背面。单眼 3 个，较小。复眼后鬃端部扁钝，长 53，眼距 6，其他头背鬃及颊鬃短小，长 10-13。触角 8 节，较粗，节Ⅱ-Ⅵ基部梗较细，节Ⅱ有点不对称，节Ⅷ基部宽；节Ⅰ-Ⅷ长（宽）分别为：42（38）、51（38）、61（37）、58（38）、55（36）、56（31）、51（26）、29（18），总长 403。感觉锥较短，长 17-23，节Ⅲ-Ⅶ数目分别为：1、2+1^{+1}、1+1^{+1}、1+1^{+1}、1。口锥长，伸达前胸后缘；端部细窄，长 265，基部宽 178，中部宽 102，端部宽 36。下颚须基节长 6，端节长 33。下颚桥缺。口针细长，缩入头内至复眼，两针在中部间距窄。

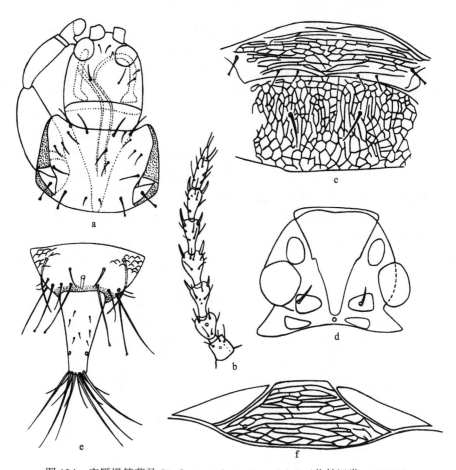

图 124　突厥滑管蓟马 *Liothrips turkestanicus* (John)（仿韩运发，1997a）

a. 头和前胸背板（head and pronotum）；b. 触角（antenna）；c. 中、后胸背板（meso- and metanotum）；d. 前、中胸腹片（pro-and midsternum）；e. 雌虫腹节Ⅸ和Ⅹ背板（female abdominal tergites Ⅸ-Ⅹ）；f. 腹节Ⅰ盾板（abdominal pelta Ⅰ）

　　胸部　前胸长 212，为头长的 1.14 倍，中部宽 306；长于头，宽于头。背片近前缘有横纹，两侧有纵纹。背片鬃少而小。后侧缝完全，后侧片较小，各边缘长鬃长：前缘鬃和前角鬃均 51，侧鬃 47，后侧鬃 64，后角鬃 59，端部均扁钝，后缘鬃长 13，端部尖。腹面两基腹片在后侧，间距很大。翅胸短而横，长 255，宽 357。中胸盾片有横向网纹，前外侧鬃长 31，端部扁钝；中后鬃 8，后缘鬃长 21，端部尖，均近于后缘。后胸盾片网纹纵向或多角形；前缘鬃长 17，前中鬃长 26，端部均尖。缺翅。中胸前小腹片中部有很宽或窄的间断，两侧叶三角形。前足股节较增大，附节齿较大。腹部大，前数节宽于翅胸。

　　腹部　节Ⅰ背片的盾板略似三角形，布满横网纹。节Ⅱ背片网纹多而清晰，其他节有些模糊线纹。各节无握翅鬃。腹节Ⅱ-Ⅷ背片两侧有 2 对长鬃，除节Ⅶ鬃 B2 细长而端部尖以外，其他均较粗且端部扁钝，后侧鬃长：节Ⅴ B1 鬃 77，B2 鬃 56，节Ⅶ B1 鬃 77，B2 鬃 128。节Ⅴ背片长 122，宽 460。节Ⅸ背片后缘背中鬃长 95，端部扁钝；侧中鬃长 86，端部扁钝；侧鬃长 143，端部尖。节 X（管）长 161，为头长的 0.87 倍；宽：基部 87，端部 41。肛鬃长：背中鬃 128，侧中鬃和侧鬃 147，均略短于管。

雄虫：体色和一般形态相似于雌虫但略小。前足股节不显著增大。腹节IX背后缘长鬃：背中鬃端部扁钝，长 51，中侧鬃端部扁钝，长 21，侧鬃端部尖，长 70。节 X（管）长 158，宽：基部 82，端部 31。腹节Ⅷ腹片有雄性腺域，横椭圆形，长 26，宽 92，为腹片宽度的 0.30 倍。

雌虫（长翅型）：一般体色和形态结构与无翅型相似。前翅无色，仅基部边缘棕色，长 1182，中部不收缩，宽：基部 85，中部 117，近端部 117，近端部 87；间插缨约 21 根。翅基鬃内Ⅰ和内Ⅱ端部扁钝，内Ⅲ端部尖，排列在前缘内 1 条线上，长：内Ⅰ66，内Ⅱ 73，内Ⅲ 126。

雌虫（短翅型）：翅长 905，变窄；缨毛退化变短，翅基鬃长：内Ⅰ56，内Ⅱ 61，内Ⅲ 54，端部均扁钝。

寄主：榆树枝。

模式标本保存地：俄罗斯（Russia）。

观察标本：未见。

分布：宁夏；苏联。

(138) 百合滑管蓟马 *Liothrips vaneeckei* Priesner, 1920（图 125）

Liothrips vaneeckei Priesner, 1920, *Zool. Mededeel. Rij. Muz. Leid.*, 5: 211; Wu, 1935, *Catal. Ins. Sinensium*, 1: 348; Kurosawa, 1941, *Kontyû*, 15(3): 42; Priesner, 1968, *Treubia*, 27(2-3): 181, 188, 281.

雄虫：体长 2.1mm。体暗棕色至棕黑色，但触角节Ⅲ黄色，节Ⅳ-Ⅵ端部黄色中略带棕色。前翅微暗，特别是沿边缘和围绕翅基鬃弱暗。各足股节最端部、前足胫节及中、后足胫节端半部和各足跗节黄色。长鬃棕色，节IX背片长鬃淡。

头部　头长 240μm，宽：复眼处 209，后缘 224，长约为宽的 1.1 倍。背面有横线纹。复眼大，单眼存在。复眼后鬃尖，长 54，距眼 38。其他头鬃均小。触角 8 节，节Ⅰ-Ⅷ长（宽）分别为：37（45）、51（31）、69（32）、61（37）、61（36）、51（36）、53（28）、36（15），总长 419，节Ⅲ长约为宽的 2.16 倍。感觉锥较细，节Ⅲ有 1 个，节Ⅳ有 3 个，长 22-29。口针缩入头内复眼后鬃处，间距较宽。

胸部　前胸长 128，宽 314。背片线纹弱。后侧缝完全。长鬃较长，端部鬃尖，前缘鬃最短，各鬃长：前缘鬃 36，前角鬃 47，后侧鬃 128，后角鬃 110，侧鬃 92。前下胸片缺。中胸前小腹片呈窄船形。后胸盾片有纵网纹和横网纹。后胸侧缝短。前翅边缘平行，长 882，宽：近基部 97，中部 83，近端部 51。翅基鬃端部尖，长：内Ⅰ74，内Ⅱ 88，内Ⅲ 85。有间插缨 7-12 根。

腹部　腹节Ⅰ盾板有弱纹。节Ⅱ-Ⅶ背片有反曲握翅鬃。节IX背片后缘长鬃约长如管，鬃长：背中鬃 194，中侧鬃 77，侧鬃 245。管（节Ⅹ）长 217，为头长的 0.9 倍，宽：基部 90，端部 45。肛鬃长：背中鬃 195，侧鬃 215。节Ⅶ腹片有腺域。

雌虫：相似于雄虫。体长 2.7mm。头长 285，中部宽 240。眼后鬃长 105。前胸长 142，中部宽 330。背片鬃长：前缘鬃 57，前角鬃 60，侧鬃 135，后侧鬃 165，后角鬃 150。前翅长 1140。节 IX 背片后缘中侧鬃和侧鬃均长 240，管长 248。

寄主：洋葱、贝母等百合类地下鳞茎、杂草。

观察标本：5♀♀，河南龙峪湾，1025m，1996.VII.13，杂草，段半锁采；1♀，江西萍乡，2002.VII.13，杂草，郭付振采；1♀，浙江泰顺乌岩岭，2005.VIII.3，植物叶上，袁水霞采。

分布：黑龙江、吉林、辽宁、河南、新疆、浙江、江西、福建、台湾、广东、海南、广西；苏联，朝鲜，日本，意大利，荷兰，奥地利，北美洲，新西兰。

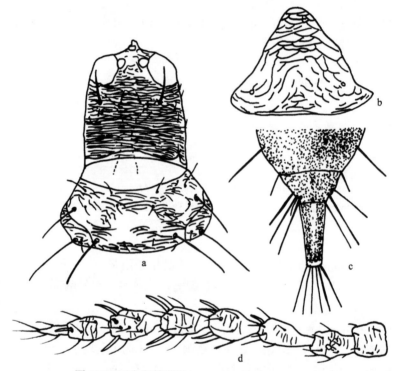

图 125　百合滑管蓟马 *Liothrips vaneeckei* Priesner

a. 头和前胸背板，背面观（head and pronotum, dorsal view）；b. 腹节 I 盾板（abdominal pelta I）；c. 雌虫节VIII-X背板（female abdominal tergites VIII-X）；d. 触角（antenna）

41. 率管蓟马属 *Litotetothrips* Priesner, 1929

Litotetothrips Priesner, 1929a, *Treubia*, 10: 449; Kurosawa, 1968, *Ins. Mat. Suppl.*, 4: 45.

Type species: *Litotetothrips cinnamomi* Priesner, 1929.

属征：头少许宽于长或长如宽，长于前胸，向基部显著变窄。头顶在触角基部后方略拱。复眼大，长于头的 0.4-0.5 倍。复眼后鬃发达，长为宽的 4-5 倍。单眼间鬃和单眼后鬃小。触角 8 节，节Ⅷ很细，长为宽的 4-5 倍，甚窄于节Ⅶ，节Ⅲ有 1 个感觉锥，节Ⅳ有 3 个感觉锥。口锥短，宽圆；口针缩入头内，间距宽。前胸背片光滑。前缘鬃和前角鬃微小。后侧缝不完全。前下胸片缺；中胸前小腹片显著或退化。两性前足跗节无齿。总是长翅型；前翅有或无间插缨；翅基鬃内Ⅰ小。腹节Ⅰ盾板网纹清晰，略似帽形。管短于头。

分布：古北界，东洋界。

本属是个小属，目前世界已知 9 种，本志记述 3 种。

种检索表

1. 前翅有间插缨 6 根 ·· 圆率管蓟马 *L. rotundus*
   前翅无间插缨 ··· 2
2. 翅淡黄色，主要体鬃棕黄色；复眼后鬃长于复眼的一半 ·············· **海南率管蓟马 *L. hainanensis***
   翅略暗，主要体鬃透明；复眼后鬃短于复眼长的一半 ·················· **帕斯率管蓟马 *L. pasaniae***

(139) 海南率管蓟马 *Litotetothrips hainanensis* Feng & Guo, 2004（图 126）

Litotetothrips hainanensis Feng & Guo, 2004, *Entomotaxonomia*, 26(2): 105.

雌虫：体长约 1.02mm。体棕色至棕黑色，触角节Ⅰ和节Ⅱ基部 2/3 棕色，节Ⅱ端部和节Ⅲ-Ⅷ黄色；前足股节端部和各足胫节、跗节黄色；管（节Ⅹ）除端部棕色外，其余黑棕色。头、胸、腹棕色；翅淡黄色；各主要体鬃棕黄色。

头部　头长 140μm，宽：复眼处 155，复眼后缘 185，后缘 155。两颊略拱，后部略收缩，每侧有 4-5 根小鬃。复眼后横线纹显著。单眼呈三角形排列，位于复眼中线以前。复眼大，占头长近一半，长 75。复眼后鬃长于复眼的一半，端部尖，长 50，距复眼 10，其他头背鬃短小，长 7-9。触角 8 节，节Ⅷ细长，各节无明显的梗节，刚毛短，节Ⅰ-Ⅷ长（宽）分别为：35（40）、45（30）、45（20）、42（20）、41（20）、42（19）、50（15）、52（10），总长 352；节Ⅲ长为宽的 2.25 倍，节Ⅷ长为宽的 5.2 倍，且长于节Ⅶ。各节感觉锥较小，节Ⅲ-Ⅶ数目分别为：1、$1+1^{+1}$、$1+1^{+1}$、$1+1^{+1}$、1。口锥短，端部宽圆，长 150，宽：基部 87，端部 30。口针缩入头内约 1/2，呈 "V" 形，中部间距宽，相距 50。下颚须基节长 4，端节长 25。下颚桥缺。

胸部　前胸长 75，前部宽 167，后部宽 212。背片前缘角和基部有横纹。后侧缝不完全，仅到后角鬃。前缘鬃、前角鬃和后缘鬃都较小，长分别为：10、12 和 11；其他各鬃发达，长：侧鬃 25，端部钝；后侧鬃 62，端部膨大；后角鬃最长，长 87，端部钝。其他鬃均细小。前下胸片缺；前基腹片内缘相距较远。中胸前小腹片中峰不规则，两侧叶中部细，两端略向前延伸。中胸盾片有横线纹，后部缺。前外侧鬃长 12，中后鬃和后缘鬃细小，分别长 10 和 9。后胸盾片前部有横线纹，两侧有纵条纹，中央光滑。前缘鬃 3 对，微小，位于前角，前中鬃端部尖，长 15，距前缘 42。前翅近乎平行，端部较窄，长 650，宽：近基部 25，中部 52，近端部 15；无间插缨；翅基鬃内Ⅰ与内Ⅱ之间的距离略大于内Ⅱ与内Ⅲ之间的距离，内Ⅰ、内Ⅲ微小，长：内Ⅰ 10，内Ⅲ 12，内Ⅱ端部钝，长 27。各足线纹少，前足跗节无齿。

腹部　腹节 I 的盾板帽状，端部较平，两侧叶延伸较短，板内有纵网纹和网纹。基部无微孔。腹部背片线纹模糊；节 II-VII 有 2 对握翅鬃，前对小于后对，前握翅鬃外侧有 3-4 对小鬃。节 V 背片长 75，宽 200，后缘长侧鬃长 67，短鬃长 37。节 IX 背片后缘鬃长：背中鬃 112，端部尖，中侧鬃 63，端部钝，侧鬃 125，端部尖。节 X（管）长 125，为头长的 0.89 倍，宽：基部 50，端部 15。节 IX 肛鬃长 125-130，长于管。

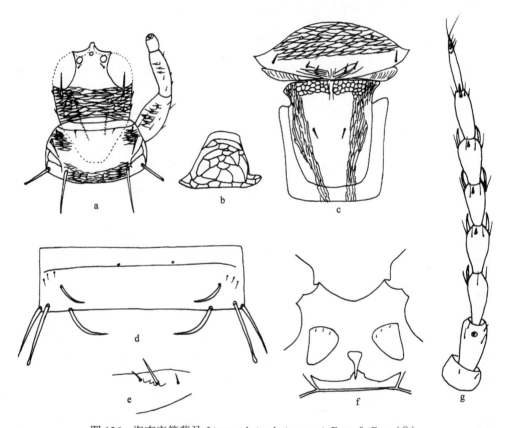

图 126　海南率管蓟马 Litotetothrips hainanensis Feng & Guo（♀）

a. 头、前足和前胸背板，背面观（head, fore leg and pronotum, dorsal view）；b. 腹节 I 盾板（abdominal pelta I）；c. 中、后胸背板（meso- and metanotum）；d. 腹节 V 背板（abdominal tergite V）；e. 翅基鬃（basal wing bristles）；f. 前、中胸腹板（pro- and midsternum）；g. 触角（antenna）

雄虫：未采获。

生活习性：虫瘿。

模式标本保存地：中国（NWAFU, Shaanxi）。

观察标本：1♀（正模，NWSUAF），海南五指山，2002.VIII.3，王培明采；14♀♀（副模），同正模。

分布：海南。

(140) 圆率管蓟马 *Litotetothrips rotundus* (Moulton, 1928)（图 127）

Gynaikothrips rotundus Moulton, 1928b, *Trans. Nat. Hist. Soc. Formosa*, 18(98): 304.

Litotetothrips cinnamomi Priesner, 1929a, *Treubia*, 10: 450.

Litotetothrips rotundus (Moulton): Kudô, 1975, *Kontyû*, 43(2): 139.

雌虫：体长 1.5mm。体棕黑色至黑色，但触角节 II 端部、各足股节端部、中足和后足胫节两端淡棕色；触角节 III-VIII（有的节 VIII 暗）、前足胫节和各足跗节黄色至淡黄色；翅无色。体鬃略淡。体鬃除前胸后侧鬃、腹节 I-IX 背面鬃略微钝以外，其余各鬃端部均尖锐。

头部　头长 218μm，宽：复眼处 194，复眼后 199，后缘 160。两颊很拱，后部显著收缩，单眼区隆起，眼后横线纹显著。复眼大，占头长近一半，与眼后两颊长度近似，长 97.2。单眼呈扁三角形排列在复眼中线以前。复眼后鬃甚短于复眼，长 46，距眼 19，复眼后鬃长为复眼长的 0.21 倍。其他背鬃和颊鬃均短小，长 7-17。触角 8 节，节 VIII 细长，各节无明显的梗节，刚毛短，节 I-VIII 长（宽）分别为：24（34）、48（24）、55（24）、51（24）、48（24）、48（21）、48（17）、48（9），总长 370；节 III 长为宽的 2.3 倍，节 VIII 长为宽的 5.3 倍，节 V 长为宽的 2.0 倍。感觉锥较小，节 III-VII 数目分别为：1、$1+1^{+1}$、$1+1^{+1}$、$1+1^{+1}$、1。口锥较小，端部宽圆，长 102，宽：基部 145，端部 55。口针较细，缩入头内约 1/3，中部间距 87，呈"V"形延伸。

胸部　前胸长 128，前部宽 177，后部宽 238。背片线纹少。后侧缝不完全，仅达后角鬃之前。前缘鬃、前角鬃和后缘鬃都退化，均长 9，侧鬃稍长，长 21，后侧鬃 85，后角鬃最长，长 121。腹面前下胸片缺。前基腹片较小，内缘相距远。中胸前小腹片较小，两侧叶不发达，仅呈 1 横带。中胸盾片线纹细，后部缺，各鬃均小，前外侧鬃长 19，中后鬃和后缘鬃长 7-9。后胸盾片前中部和后部两侧较光滑，前缘有 2-3 条横线，两侧为纵线；前缘鬃和前中鬃也很小，仅长 7-19。前翅边缘平行，端部较窄，长 786，宽：近基部 77，中部 72，近端部 58；间插缨 6 根；翅基鬃长：内 I 微小，仅可见，长 4，内 II 长 48，内 III 长 14。各足股节有些线纹；跗节无齿。

腹部　腹节 I 背片的盾板两侧叶横条状、板内前部有纵线，中部有纵网纹。背片的线纹更稀疏，有时模糊。节 II-VII 有 2 对握翅鬃，外侧有小鬃 2-3 对。节 V 背片长 87，宽 291；后缘侧鬃长：内 I 85，内 II 63。节 IX 背片后缘鬃长：背中鬃 145，中侧鬃 155，侧鬃 136，约长如或略短于管。节 X（管）长 155，为头长的 0.7 倍，宽：基部 65，端部 29。节 IX 肛鬃长 153。

雄虫：体色和一般结构与雌虫相似，但中足和后足股节、胫节端部不太黄；腹部较瘦，节 IX 背片中侧鬃短于背中鬃和侧鬃。体长约 1.5mm。节 IX 后缘鬃长：背中鬃 133，中侧鬃 48，侧鬃 162，短于管。节 X（管）长 170，为头长的 0.82 倍，宽：基部 68，端部 34。节 IX 肛鬃长 146，短于管。

寄主：樟树。

模式标本保存地：美国（CAS，San Francisco）。

观察标本：未见。

分布：台湾、香港；日本。

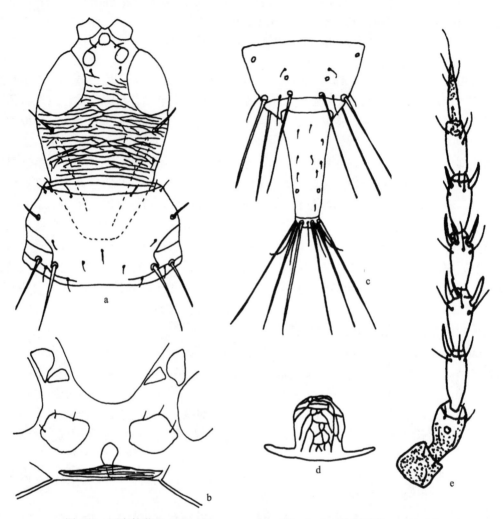

图 127　圆率管蓟马 *Litotetothrips rotundus* (Moulton)（仿韩运发，1997a）

a. 头和前胸背板，背面观（head and pronotum, dorsal view）；b. 前、中胸腹板（pro- and midsternum）；c. 雌虫节Ⅸ-Ⅹ（female abdominal tergites Ⅸ-Ⅹ）；d. 腹节Ⅰ盾板（abdominal pelta Ⅰ）；e. 触角（antenna）

(141) 帕斯率管蓟马 *Litotetothrips pasaniae* Kurosawa, 1937（图 128）

Litotetothrips pasaniae Kurosawa, 1937b, *Trans. Nat. Hist. Soc. Formosa*, 27(169): 219-221; Kurosawa, 1968, *Ins. Mat.*, *Suppl.*, 4: 46; Kudô, 1975, *Kontyû*, 43(2): 141-143.

雌虫（长翅型）：体长 1.5-1.9mm，体深棕色；所有足的股节黑棕色，前足股节最端部黄色；前足胫节黄色，中足和后足胫节深棕色，最端部黄色；所有足的跗节黄色；触角节Ⅰ和节Ⅱ暗棕色，与体同色或略淡，节Ⅱ淡棕色，节Ⅲ-Ⅶ黄色，节Ⅶ末端 1/3 较暗，节Ⅷ淡棕色，近 1/3 端部黄色；翅略暗，基部棕色；主要体鬃透明。

　　头部　头长 205μm，与宽等长或略长，背部基半部网纹具相同线纹；复眼后鬃短于复眼，端部尖；颊圆，并向端部收缩。复眼发达，为头长的 0.42-0.44 倍。单眼发达；后单眼略大于前单眼。触角为头长的 2 倍；节Ⅷ在基部微收缩，略长于节Ⅷ；节Ⅲ长为宽的 1.7-1.9 倍；口针达复眼后鬃处；下颚桥弱。触角节Ⅰ-Ⅷ长（宽）分别为：47（42）、55（32）、54（28）、52（30）、52（25）、50（23）、49（18）、57（10）。

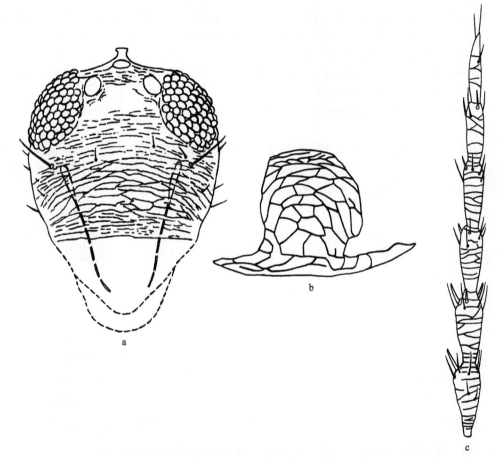

　　图 128　帕斯率管蓟马 *Litotetothrips pasaniae* Kurosawa（♀）（仿 Okajima，2006）

　　a. 头（head）；b. 腹节Ⅰ盾板（abdominal pelta Ⅰ）；c. 触角节Ⅲ-Ⅷ（antennal segments Ⅲ-Ⅷ）

　　胸部　前胸光滑，后缘具微网纹；后角鬃发达，最长，在端部尖或略钝，中侧鬃和后侧鬃端部微膨大。中胸前小腹片存在，但较窄。后胸腹侧缝不存在。前翅无间插缨。

　　腹部　腹节Ⅰ盾片铃形，无感觉钟孔。节Ⅸ鬃 B1 鬃和 B2 鬃尖，B2 鬃与管等长或略长于管，B2 鬃短于管。管长 170，为头长的 0.81-0.85 倍，长为宽的 2.5 倍。肛鬃长 150-160，肛鬃略短于管。

　　雄虫（长翅型）：雄虫与雌虫相似。

寄主：小叶栲 *Castanopsis cuspidata*。

模式标本保存地：日本（Japan）。

观察标本：未见。

分布：台湾；日本。

42. 端宽管蓟马属 *Mesothrips* Zimmermann, 1900

Mesothrips Zimmermann, 1900, *Bull. Inst. Bot. Buitenzorg*, 7: 16; Ananthakrishnan, 1976, *Oriental Ins.*, 10: 185; Mound & Houston, 1987, *Occas. Pap. Syst. Entomol.*, 4: 16; Okajima, 2006, *Ins. Japan. Vol. 2. Suborder Tubulifera* (*Thysan.*): 473.

Trichaplothrips Priesner, 1921, *Treubia*, 2: 17; Priesner, 1949a, *Bull. Soc. Roy. Ent. Egypte*, 33: 159-174. As synonym of *Mesothrips* Zimm.

Type species: *Mesothrips jordani* Zimmermann, 1900.

属征：头长于宽，通常延长，在基部显著缩窄。1 对复眼后鬃发达，单眼鬃小。复眼大，前单眼在隆起的锥状物上。口锥大多短宽圆，少数较长而窄尖。口针缩入头内至中部或复眼。触角 8 节，节Ⅲ有 3 个感觉锥，节Ⅳ大多有 4 个感觉锥，短或细长。前下胸片存在。中胸前小腹片中部连接或分离。前翅基部宽，中部窄，向端部边缘平行，总有间插缨。雌虫前足股节大都较增大，特别是在大型雌虫中如此；前足胫节端部有时呈现 1 个结节，雌雄前足跗节具强齿。腹节Ⅸ长鬃端部大都尖，少有钝。管长于头到短于头。

分布：东洋界。

本属世界已知 42 种，本志记述 3 种。

种检索表

1. 头长为宽的 1.2 倍···孟氏端宽管蓟马 *M. moundi*

  头略长，长等于或超过宽的 1.5 倍···2

2. 前翅间插缨 17 根···榕端宽管蓟马 *M. jordani*

  前翅间插缨 8-12 根···亮腿端宽管蓟马 *M. claripennis*

(142) 亮腿端宽管蓟马 *Mesothrips claripennis* Moulton, 1928（图 129）

Mesothrips claripennis Moulton, 1928a, *Ann. Zool. Jpn.*, 11: 328; Mound, 1968, *Bull. Brit. Mus.* (*Nat. Hist.*) *Ent.*, 11: 137; Okajima, 2006, *Ins. Japan. Vol. 2. Suborder Tubulifera* (*Thysan.*): 474.

雌虫：体长 2.5mm，体色一致暗棕色。前足胫节基部棕色，端部 2/3 黄色，所有跗节淡黄棕色。触角节Ⅰ、Ⅱ、Ⅶ、Ⅷ与头颜色相同，触角节Ⅲ-Ⅳ黄色，节Ⅴ、Ⅵ外缘黄色。翅无色透明。

头部 头长 550μm，宽 340；前胸 316，宽（包括基节窝）750，翅胸长 884，腹部宽 966；管长 667，基部宽 183。触角节Ⅰ-Ⅷ长（宽）分别为：93（66）、96（66）、273（57）、

228（63）、180（54）、35（48）、90（36）、83；总长 1078。复眼长 150；鬃长：单眼间鬃长 116，复眼后鬃长 200，复眼后鬃后有 1 对背鬃，长 84。头和复眼形如菠萝蜜战管蓟马，但单眼间鬃和单眼后鬃连同颊鬃如青葙战管蓟马，复眼后鬃后 1 对背鬃稍长，长为复眼后鬃的 0.5-0.6 倍。

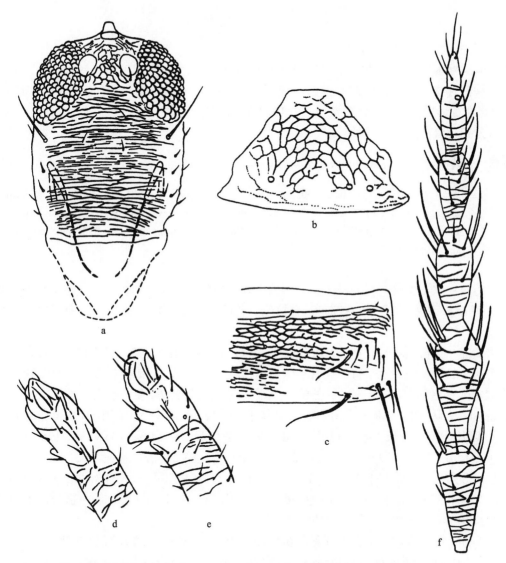

图 129　亮腿端宽管蓟马 *Mesothrips claripennis* Moulton（仿 Okajima，2006）

a. 雌虫头部（female head）；b. 雌虫盾片（female pelta）；c. 雌虫腹节Ⅲ右侧背板（female right half of abdominal tergite Ⅲ）；
d. 雌虫前足跗节（female fore tarsus）；e. 雄虫前足跗节（male fore tarsus）；f. 触角节Ⅲ-Ⅷ（antennal segments Ⅲ-Ⅷ）

　　胸部　前胸稍微大，背中部有明显的纹。前胸各鬃长：前缘鬃 81；前角鬃 60；侧鬃 133；后侧鬃 216；后角鬃 216。节Ⅸ腹部长 516，管端部 283；节Ⅸ各鬃长：背中鬃 90，中侧鬃短，侧鬃 285。翅胸两边略圆，前足股节具有 6 个粗尖齿，近端部的最大的 1 个位于胫节中部，其他的逐渐减小，最末端的 1 个特别小。前足股节长 500，宽 200。这些齿较简单，前足跗节有短且宽的双齿，近乎占了整个前足跗节的内表面。前翅有间插缨8-12 根。

腹部　腹部卵圆形，并逐渐减小（除了节Ⅳ）。管是头长的 0.2 倍，是基部宽的 3.6倍。节Ⅸ鬃长如管长，管上的鬃很短。

雄虫：未明。

寄主：银青葙 *Celosia argentea*。

模式标本保存地：美国（CAS，San Francisco）。

观察标本：4♀♀，广东鼎湖山，1978.Ⅴ.8，张维球采；4♀♀，广东罗浮山，1982.Ⅶ.8，谢少远采；2♀♀，海南黎母山，1978.Ⅴ.8，谢少远采。

分布：台湾、广东、海南。

(143) 榕端宽管蓟马 *Mesothrips jordani* Zimmermann, 1900（图 130）

Mesothrips jordani Zimmermann, 1900, *Bull. Inst. Bot. Buitenzorg*, 7: 10; Mound, 1968, *Bull. Brit. Mus. (Nat. Hist.) Ent.*, 11: 137; Okajima, 2006, *Ins. Japan. Vol. 2. Suborder Tubulifera* (*Thysan.*): 475.

Phlaeothrips similis Bagnall, 1909b, *Trans. Nat. Hist. Soc. Northumberland*, 3: 533. Synonymised by Mound, 1968.

雌虫：体长 3mm，外形一般，前足股节显得较粗。体暗至黑棕色，但触角节Ⅲ、节Ⅳ-Ⅵ基半部黄色，节Ⅳ-Ⅵ端部暗黄至棕色；复眼和单眼色淡；前翅无色；前足胫节（边缘除外）较黄，各足跗节黄色；体鬃暗。

头部　头长 388μm，宽：复眼处 226，复眼后 209，后部 177，后缘收缩，长为复眼处宽的 1.7 倍。两颊近乎直，仅有小刚毛，单眼间有些线纹，眼后横纹轻。复眼较大，长 111。单眼区隆起，前单眼似吊在丘上，单眼近乎三角形排列。复眼后鬃端部尖，长 97，距眼 14；单眼间鬃、单眼后鬃和其他头鬃均小，长 12。触角 8 节，节Ⅲ、Ⅳ端部较膨大，节Ⅰ-Ⅷ长；节Ⅰ-Ⅷ长（宽）分别为：48（53）、60（34）、97（48）、106（43）、106（36）、82（29）、63（24）、39（12），总长 601；节Ⅲ长为宽的 2.0 倍。感觉锥长 26-31，节Ⅲ-Ⅶ数目分别为：1+1、1+1+1+1、1+1、1+1^{+3}、1。口锥端部宽圆，长 128.8，宽：基部 170，端部 72。口针较细，缩入至头内 1/3 处，呈 "V" 形，中部间距 85。无下颚桥。下颚须基节长 9，端节长 48。下唇须节Ⅰ长 7，节Ⅱ长 14。

胸部　前胸背片前部和两侧有微弱线纹；内纵棕条短；长 279，宽：前部 218，后部461。前缘鬃短于前角鬃，后侧鬃最长，除边缘鬃外，其他背片鬃仅 8 根，很小；鬃长：前缘鬃 29，前角鬃 51，侧鬃 68，后侧鬃 87，后角鬃 77，后缘鬃 14。腹面前下胸片较长。前基腹片不大，近乎三角形。中胸前小腹片中部间断，两侧叶三角形。中胸盾片横纹弱；前外侧鬃较粗而尖，长 48；中后鬃 2 对，长 24；后缘鬃长 14。后胸盾片前部横向及侧部纵线纹弱；前缘鬃 2 对，长 17-37。前中鬃细而尖，长 51，距前缘 87。后侧缝完全。前翅长 1439，中部略收缩，宽：近基部 153，中部 60，中部以前 85，近端部 48；间插缨 17 根，翅基鬃内Ⅰ和内Ⅱ距前缘远于内Ⅲ，内Ⅰ和内Ⅱ间距小于内Ⅱ和内Ⅲ，内Ⅰ和

内 Ⅱ 端部略钝，内 Ⅲ 端部尖，长：内 Ⅰ 116，内 Ⅱ 131，内 Ⅲ 209。前足股节粗，前足胫节短而粗，前足跗节内缘齿大。

腹部　腹节 Ⅰ-Ⅸ 背片和腹片横线纹及网纹很微弱，节 Ⅱ-Ⅶ 各有大握翅鬃 2 对，前对握翅鬃外侧有许多小鬃，节 Ⅱ 有 15 对，向后渐少，节 Ⅶ 仅 4 对。节 Ⅴ 背片长 206，宽 28，后缘侧长鬃尖而不锐，长 153-158。节 Ⅰ 背片的盾板近似三角形，前端圆，仅前部有微弱网纹。节 Ⅸ 后缘长鬃长：背中鬃 324，中侧鬃 298，侧鬃 275。节 Ⅹ（管）光滑，仅有微小刚毛，长 352，略短于头，宽：基部 106，端部 58。节 Ⅹ 长肛鬃长：内中鬃 279，中侧鬃 267。

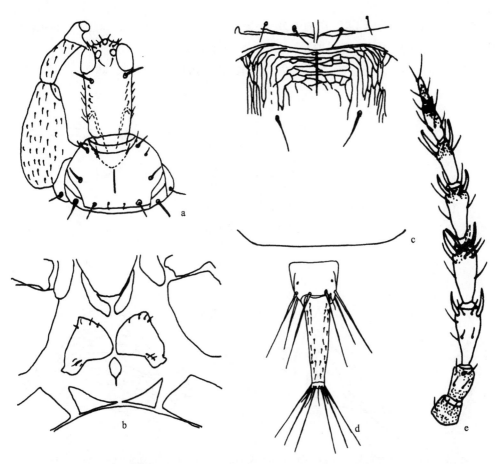

图 130　榕端宽管蓟马 *Mesothrips jordani* Zimmermann（仿韩运发，1997a）

a. 头、前足和前胸背板，背面观（head, fore leg and pronotum, dorsal view）；b. 前、中胸腹板（pro- and midsternum）；c. 中、后胸背板（meso- and metanotum）；d. 雌虫节Ⅸ-Ⅹ背板（female abdominal tergites Ⅸ-Ⅹ）；e. 触角（antenna）

雄虫：体色和一般结构相似于雌虫，仅体略小。

寄主：榕科。

观察标本：3♀♀，福建武夷山，1980.Ⅵ.30，杂草，黄邦侃采；1♀，福建武夷山，2003.Ⅶ.11，杂草，郭付振采；10♀♀8♂♂，海南崖县，1987.Ⅳ.7，谢少远采；14♀♀10♂♂，广西南宁，1985.Ⅷ.3，张维球采。

分布：福建、台湾、广东、海南、香港、广西、云南；印度，印度尼西亚。

(144) 孟氏端宽管蓟马 *Mesothrips moundi* Ananthakrishnan, 1976（图 131）

Mesothrips moundi Ananthakrishnan, 1976, *Oriental Ins.*, 10: 195.

雌虫：体长 2.00-2.15mm。体棕色，触角节Ⅲ黄色，节Ⅳ-Ⅵ端半部棕色，其余节棕色。所有足的股节棕色，前足胫节黄棕色，中足和后足胫节棕色，所有足的跗节黄色。翅无色，鬃钝。

头部　头长 214-235μm，长为宽的 1.2 倍，两颊处宽 194-199，基部宽 158-163，复眼长 87-92，宽 62-83。复眼后鬃长 64-69，颊鬃 12-14。触角 8 节，节Ⅰ-Ⅷ长（宽）分别为：23（37）、50（35）、78（39）、76（39）、60（35）、53（28）、48（23）、32（12）。

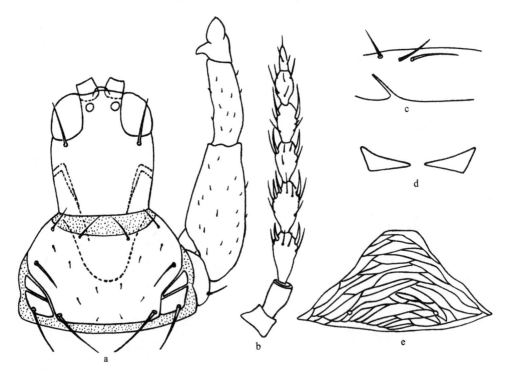

图 131 孟氏端宽管蓟马 *Mesothrips moundi* Ananthakrishnan（仿 Ananthakrishnan，1976）
a. 头和前胸（head and prothorax）；b. 触角（antenna）；c. 翅基鬃（basal wing bristles）；d. 中胸前腹片（meso-presternum）；
e. 盾片（pelta）

胸部　前胸长 173-194，前缘宽 184-210，后缘宽 316-360；后角鬃长 90-100，后侧鬃长 65。前足跗节齿长 30。前翅具 10-12 根间插缨；翅基鬃长：64、69、90。

腹部　腹部管长 194，基部宽 90，端部宽 50，肛鬃长 135-200。

雄虫（长翅型）：体色与雌虫相似。前翅具 7-13 根间插缨。

寄主：榕科。

模式标本保存地：中国（Hong Kong）。

观察标本：未见。

分布：台湾、广东。

43. 剪管蓟马属 *Psalidothrips* Priesner, 1932

Psalidothrips Priesner, 1932a, *Konowia*, 11: 49; Okajima, 2006, *Ins. Japan. Vol. 2. Suborder Tubulifera* (*Thysan.*): 536.

Type species: *Psalidothrips amens* Priesner, 1932.

属征：体小型，黄色到棕色。头通常长于宽，有时短于宽。颊在复眼后略缩窄，复眼在有翅型中发达。复眼后鬃长，靠近复眼和颊。口锥短且圆，口针缩入头部不深，"V"或"U"形。触角 8 节，节Ⅷ通常在基部缩窄。前胸前缘鬃和前角鬃退化。后侧缝完全，很少不完全。前下胸片缺。中胸前小腹片完全，舟形。中胸和后胸有弱纹，无主要的鬃。前翅中部缩窄，无间插缨，翅基鬃小。雌虫前足跗节无齿，雄虫有。腹节Ⅰ盾板不发达，帽状或钟状，有或无微孔。雄虫腹节Ⅷ背片有腺域。管短于头。

分布：古北界，东洋界。

本属多生活于虫瘿，也在杂草和枯叶中发现。世界已知 28 种，本志记述 8 种。

种检索表

1. 触角节Ⅲ具 2 个感觉锥 ……………………………………………………………………… 2
   触角节Ⅲ具 3 个感觉锥 ……………………………………………………………………… 4
2. 触角节Ⅳ具 3 个感觉锥；雄虫腹节Ⅷ腺域呈梭形 ……………………… **梭腺剪管蓟马** *P. elagatus*
   触角节Ⅳ具 2 个感觉锥；雄虫腹节Ⅷ的腺域不呈梭形 ……………………………………… 3
3. 单眼缺，单眼后鬃短；雄虫腹节Ⅷ腹腺域呈长条状 ……………………… **缺眼剪管蓟马** *P. simplus*
   单眼存在，单眼后鬃长于后单眼直径；雄虫腹节Ⅷ具梭形腹腺域 …………………………………
   …………………………………………………………………… **车八岭剪管蓟马** *P. chebalingicus*
4. 触角节Ⅳ具 3 个感觉锥 ……………………………………………………………………… 5
   触角节Ⅳ具 4 个感觉锥 ……………………………………………………………………… 7
5. 两性前足跗节齿不存在；两颊圆，不在复眼后收缩 ……………… **两色剪管蓟马** *P. bicoloratus*
   两性前足跗节齿存在 ………………………………………………………………………… 6
6. 管棕色；腹节Ⅳ-Ⅸ黄棕色；触角节Ⅷ长于节Ⅶ …………………… **长齿剪管蓟马** *P. longidens*
   管棕黄色；腹节Ⅳ-Ⅸ棕色；触角节Ⅷ与节Ⅶ等长 …………………… **具齿剪管蓟马** *P. armatus*
7. 触角节Ⅳ-Ⅷ黄色；腹节Ⅸ B1 鬃与 B2 鬃长度相等，短于和管 …………… **残翅剪管蓟马** *P. lewisi*
   触角节Ⅳ-Ⅷ棕色；腹节Ⅸ B1 鬃短于 B2 鬃和管 …………………… **黑头剪管蓟马** *P. ascites*

(145) 具齿剪管蓟马 *Psalidothrips armatus* Okajima, 1983（图 132）

Psalidothrips armatus Okajima, 1983, *Jour. Nat. Hist.*, 17: 6.

雌虫（长翅型）：体长 1.6mm，体两色，暗棕与棕黄色；头、具翅胸节和腹节 II-IX 暗棕色；前胸、腹节III-VIII、管和所有足棕黄色；触角节 I 和节IV-VIII暗棕色，与头同色，节 II 暗棕色，端部较淡，节III棕色，基部较淡；翅具淡棕色阴影；主要鬃黄色。

头部 头长 150μm，与宽等长，背面无显著刻纹；颊圆；复眼后鬃 63-65，端部膨大，较长于复眼。复眼相当小，长 53，为头长的 1/3。触角节无刻纹，节IV-VI短，念珠状，节IV倾斜地截断，不对称；节VIII与节VII等长；节III和节IV各具 3 个感觉锥。触角节 I-VIII长（宽）分别为：40（40）、40（30）、55（32）、38（35）、45（32）、45（30）、40（17）、40（15）。

胸部 前胸中部长 135，宽 196。中侧鬃和后侧鬃端部膨大，后角鬃略尖；后侧缝完全；前翅翅基鬃 B1 退化，B2 长于 B3；前足跗节具 1 齿。

腹部 盾片近帽形，具微网纹，并具 1 对微孔。腹节IX的 B1 鬃略长于管，与 B2 鬃等长。管为头长的 5/6，略短于基部宽的 2 倍。肛鬃与管等长。

雄虫：未明。

寄主：杂草、落叶。

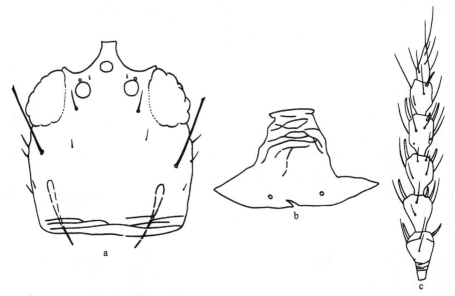

图 132 具齿剪管蓟马 *Psalidothrips armatus* Okajima（♀）（仿 Okajima，1983）
a. 头，长翅型（head, mac.）；b. 腹节 I 盾板（abdominal pelta I）；c. 触角节III-VIII（antennal segments III-VIII）

模式标本保存地：日本（SO，Tokyo）。

观察标本：未见。

分布：广东、海南；泰国。

(146) 黑头剪管蓟马 *Psalidothrips ascitus* (Ananthakrishnan, 1969)（图 133）

Callothrips ascitus Ananthakrishnan, 1969a, *Indian Forester*, 95: 176.

Psalidothrips ascitus (Ananthakrishnan): Okajima, 1983, *Jour. Nat. Hist.*, 17: 6-7; Okajima, 2006, *Ins. Japan. Vol. 2. Suborder Tubulifera* (*Thysan.*): 541.

雌虫（长翅型）：体长 1.8-2.2mm。体棕黄色及棕色；头更暗，黄棕色至棕色，前胸两侧略暗，其余体棕黄色至黄棕色；所有足两侧黄色，股节具棕色阴影；触角棕色，但节III基部黄色；翅略带棕色，但中间较浅；主要体鬃黄色。

头部　头长 208μm，为宽的 1.1 倍，背面光滑，后缘具纵纹；复眼后鬃长 65-67，且细长，略短于复眼，端部较尖，经常钝或微膨大；复眼后鬃与后单眼直径等长；两颊较圆，在复眼后收缩；节VIII与节VII等长或略长；节IV长为宽的 2 倍；节III和节IV分别具 3 个和 4 个感觉锥。口针短，"V"形。触角节 I-VIII长（宽）分别为：52（41）、50（31）、67（30）、60（30）、63（28）、57（25）、45（21）、47（16）。

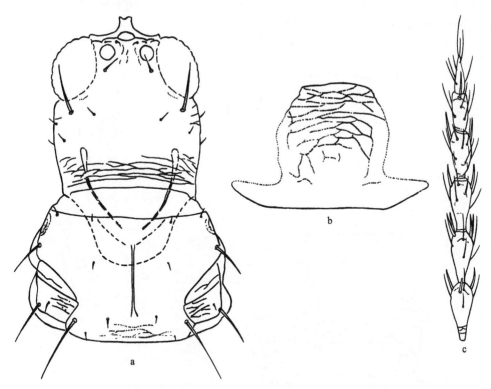

图 133　黑头剪管蓟马 *Psalidothrips ascitus* (Ananthakrishnan)（♀）（仿 Okajima，2006）
a. 头和前胸（head and prothorax）；b. 腹节 I 盾板（abdominal pelta I）；c. 触角节III-VIII（antennal segments III-VIII）

胸部　前胸为头长的 0.72-0.75 倍，光滑，中部具微弱的纵线；显著鬃端部膨大，后角鬃最长。前足跗节齿不存在。盾片弱，帽形，侧叶明显，具微弱网纹，并有 1 对感觉钟孔。

腹部 腹节Ⅸ B1 鬃和 B2 鬃端部尖，B1 鬃短于管，B2 鬃长于管。管为头长的 0.6 倍，为宽的 2 倍。肛鬃略短于管。

雄虫（长翅型）： 体长 1.5-1.9mm。体色和体型相似于雌虫。节Ⅷ腺域窄且呈拱形；节Ⅸ B2 鬃与 B1 鬃等长或略短于 B1。雄虫前胸和前足或多或少膨大。

寄主： 落叶。

模式标本保存地： 印度（India）。

观察标本： 未见。

分布： 台湾、广东、海南、贵州、云南；日本，印度，马来西亚。

(147) 两色剪管蓟马 *Psalidothrips bicoloratus* Wang, Tong & Zhang, 2007（图 134）

Psalidothrips bicoloratus Wang, Tong & Zhang, 2007, *Zootaxa*, 1642: 23.

雌虫（长翅型）： 体长 1.7mm。体明显两色，暗棕色和淡黄色。头及触角节Ⅰ、Ⅱ、Ⅴ端半部和节Ⅵ-Ⅷ暗棕色；节Ⅴ基半部和管的中间淡棕色；触角节Ⅲ、Ⅳ及所有足和其余体色淡黄色；翅暗灰棕色，主要体鬃淡棕色。

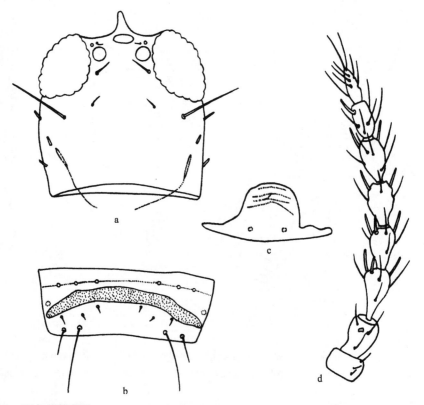

图 134 两色剪管蓟马 *Psalidothrips bicoloratus* Wang, Tong & Zhang（仿 Wang *et al.*，2007）

a. 雌虫头部（female head）；b. 雄虫腹节Ⅷ（male abdominal sternite Ⅷ）；c. 腹节Ⅰ盾板（abdominal pelta Ⅰ）；d. 触角（antenna）

头部　头长195μm，长与宽等长，头背无刻纹；复眼后鬃长63，短于复眼，端部膨大，单眼后鬃超过20，略长于后单眼直径；颊圆，几乎不在复眼后收缩，在头基部略窄，具几对小鬃。复眼长于头长的1/3。口针短，相距较宽，"V"形。触角8节，为头长的1.77倍，节Ⅲ最长，节Ⅷ等长于节Ⅶ，且在基部收缩，节Ⅲ和节Ⅳ各具3个感觉锥，节Ⅴ和节Ⅵ各具2个感觉锥。触角节Ⅰ-Ⅶ长（宽）分别为：28（43）、38（38）、55（30）、48（30）、50（28）、45（28）、40（23）、40（15）。

胸部　前胸主要体鬃端部不膨大，前角鬃和前缘鬃退化成小鬃；后侧鬃长于中侧鬃但短于后角鬃。中侧鬃长43，后角鬃长68，后侧鬃长55。前足跗节无齿。前翅长725，无间插缨；3根翅基鬃较小，几乎与复眼后鬃等长。

腹部　盾片弱，具1对感觉钟孔，前缘具弱网纹；腹节Ⅲ-Ⅶ各具1对发达的"S"形握翅鬃和1对弱鬃；节Ⅸ的B2鬃长于B1鬃，B1鬃与管等长。管长113，略短于头长的2/3，管长为基部宽的1.5倍，管基部宽75，端部宽35，基部宽略长于端部宽的2倍；管的3对肛鬃长于管，另具有3对短的肛鬃。

雄虫（长翅型）：体色和结构相似于雌虫，但前足跗节有1齿，腹节Ⅷ具感觉域。管为头长的一半，管长为基部宽的1.3倍，管基部宽为端部宽的2.5倍。

寄主：竹林落叶。

模式标本保存地：中国（SCAU，Guangdong）。

观察标本：1♀1♂，广东广州龙洞竹林，23°14′07″N，113°24′05″E，2004.Ⅻ.01，枯叶，王军采。

分布：广东。

(148) 车八岭剪管蓟马 *Psalidothrips chebalingicus* Zhang & Tong, 1997（图135）

Psalidothrips chebalingicus Zhang & Tong, 1997, *Entomotaxonomia*, 19(2): 58-66.

雄虫（长翅型）：体长1.32mm。头褐色；胸部黄色，中、后胸两侧暗褐色；腹节Ⅱ两侧暗褐色，其余腹节黄色；触角节Ⅰ-Ⅱ褐色，节Ⅲ-Ⅳ黄褐色，节Ⅶ-Ⅷ褐色；各足黄色。

头部　头长172μm，头宽157，头略长于头宽。单眼3个，单眼后鬃长于后单眼直径，复眼后鬃长61，鬃端尖锐。头部背面平滑，复眼下方有深的陷沟，口锥尖锐，口针呈"V"形，仅伸至头部的下方。触角8节，节Ⅲ最长，节Ⅲ-Ⅴ基部明显收窄成短梗，节Ⅲ-Ⅳ各着生2个感觉锥，节Ⅴ-Ⅵ内侧各有1个，触角节Ⅰ-Ⅷ的长（宽）分别为：32（40）、40（32）、56（24）、44（24）、48（24）、47（22）、44（20）、44（12）。各触角节无刻纹。

胸部　前胸长128，宽220，前缘鬃及前缘角鬃退化，后侧缝完全，侧鬃和后缘鬃几乎等长，长63-65。中后胸背板刻纹不明显。前足跗节具1齿，齿的长度为跗节长度的1/2。前翅暗灰色，无间插缨。

腹部　节Ⅰ盾片不明显，近似铃形，后缘有1对感觉孔。管长为头长的0.54倍。雄虫在腹节Ⅷ有腺域。

雌虫（长翅型）：体长 1.4-1.5mm，形态与雄虫相似，但前足跗节无齿，腹节Ⅷ腹板无腺域。

寄主：枯叶。

模式标本保存地：中国（SCAU，Guangdong）。

观察标本：1♀1♂，广东省韶关车八岭，1989.XI.06，枯叶，童晓立采。

分布：广东。

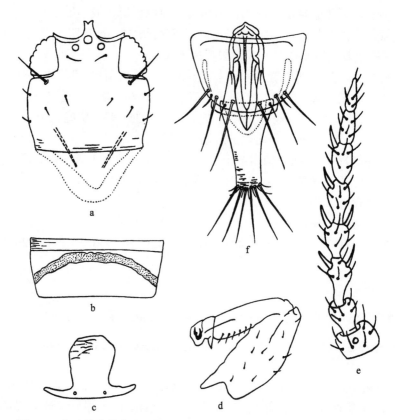

图 135 车八岭剪管蓟马 *Psalidothrips chebalingicus* Zhang & Tong（♂）
（仿张维球和童晓立，1997）

a. 头（head）；b. 腹节Ⅷ腹腺域（abdominal glandular areas, sternite Ⅷ）；c. 腹节Ⅰ盾板（abdominal pelta Ⅰ）；d. 前足（fore leg）；e. 触角（antenna）；f. 腹节Ⅸ-Ⅹ及外生殖器（tergites Ⅸ-Ⅹ and male genitalia）

(149) 梭腺剪管蓟马 *Psalidothrips elagatus* Wang, Tong & Zhang, 2007（图 136）

Psalidothrips elagatus Wang, Tong & Zhang, 2007, *Zootaxa*, 1642: 23.

雌虫（长翅型）：体黄色与棕色两色；头棕色，中胸棕色，后胸两侧棕色稍暗，腹节Ⅱ两侧略暗，管棕色，前胸和其余部分黄色；触角节Ⅱ和节Ⅲ淡棕色，其余节棕色；所有足黄色，翅灰棕色，主要体鬃淡棕色。

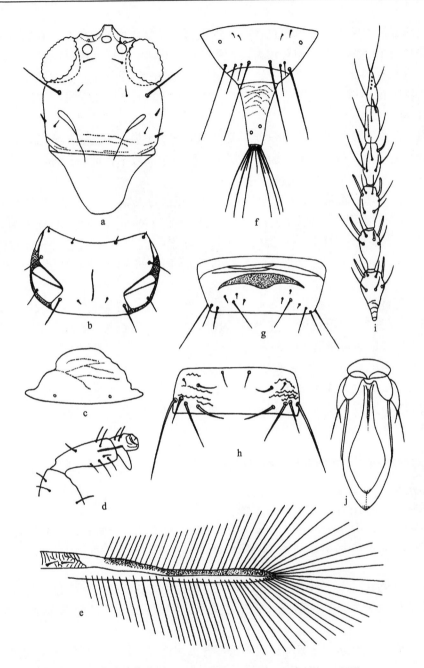

图 136　梭腺剪管蓟马 *Psalidothrips elagatus* Wang, Tong & Zhang
（仿 Wang *et al.*，2007）

a. 雌虫头部（female head）；b. 雌虫前胸（female prothorax）；c. 腹节Ⅰ盾板（abdominal pelta Ⅰ）；d. 雄虫前足（male fore leg）；e. 雌虫前翅（female fore wing）；f. 雌虫腹节Ⅸ背板和管（female abdominal tergite Ⅸ and tube）；g. 雄虫腹节Ⅷ（male abdominal sternite Ⅷ）；h. 雌虫腹节Ⅵ背板（female abdominal tergite Ⅵ）；i. 雌虫触角节Ⅲ-Ⅷ（female antennal segments Ⅲ-Ⅷ）；j. 雄性外生殖器（male genitalia）

头部　头长 175μm，表面光滑，长与宽等长，或略宽；复眼后鬃长 74，略短于复眼，端部尖；单眼后鬃略长于后单眼直径；两颊较圆，在复眼后强烈收缩，在头的基部略微收窄，并具几个小鬃。复眼相对较大，为头长的 1/3。口针短且相距较宽，"V"形。触角 8 节，为头长的 2.3 倍，节Ⅲ最长，节Ⅷ基部收缩，节Ⅲ具 2 个感觉锥，节Ⅳ具 3 个感觉锥。触角节Ⅰ-Ⅷ长（宽）分别为：35（40）、40（33）、63（33）、56（34）、54（35）、54（28）、45（23）、50（16）。

　　胸部　前胸主要体鬃尖，前角鬃和前缘鬃退化成小鬃；中侧鬃长于后侧鬃但短于后角鬃；背侧缝完全。前足跗节无齿。前翅基部宽，中间收窄，前翅基部具网纹，中部具明显的条纹，2 个翅基鬃小；无间插缨。

　　腹部　盾片弱，帽形，1 对感觉钟孔存在，在前缘具微弱网纹。腹节Ⅱ的 2 对握翅鬃直且弱；腹节Ⅲ-Ⅶ具 1 对发达的"S"形握翅鬃和 1 对弱鬃；腹节Ⅱ-Ⅸ两侧具不规则刻纹；节Ⅸ B2 鬃长于 B1 鬃，B1 鬃略短于管，B2 鬃略长于管；管在基部具微弱的刻纹，为头长的 2/3，管长 115，为基部宽的 1.8 倍，为端部宽的 3 倍；3 对肛鬃长于管，另有 3 对短的肛鬃。

　　雄虫（无翅型）：体色与结构相似于雌虫；单眼存在；前足跗节具 1 大齿，前足更强壮；腹节Ⅲ-Ⅶ具弯曲的握翅鬃；腹节Ⅷ具梭形的腺域；管长为头长的一半，长为基部宽的 1.5 倍，基部宽不到端部宽的 3 倍。

　　寄主：落叶。

　　模式标本保存地：中国（SCAU, Guangdong）。

　　观察标本：2♀♀1♂，广东广州从化，2004.Ⅸ.19，枯叶，王军采。

　　分布：广东。

(150) 残翅剪管蓟马 *Psalidothrips lewisi* (Bagnall, 1914)（图 137）

Trichothrips lewisi Bagnall, 1914a, *Ann. Mag. Nat. Hist.*, (8)13: 30.

Psalidothrips alaris Haga, 1973, *Kontyû*, 76.

Psalidothrips lewisi (Bagnall): Okajima & Urushihara, 1992, *Jpn. Jour. Ento.*, 60(1): 164; Okajima, 2006, *Ins. Japan. Vol. 2. Suborder Tubulifera* (*Thysan.*): 542.

　　雌虫（长翅型）：体长 1.7-2.2mm。体黄色与棕色；头黄色至淡棕色，前缘更暗，中胸和腹节Ⅱ棕色，其余体色黄色；所有足黄色；侧缘微暗；翅略带灰棕色；所有体鬃黄色。

　　头部　头长 184μm，与宽等长或略长，背部表面光滑；复眼后鬃 68，端部微膨大，略钝或略尖，与复眼等长或略短；单眼后鬃发达，略长于后单眼直径；两颊较圆，在复眼后明显收缩。复眼为头长的 0.34-0.36 倍。触角为头长的 2.22 倍；节Ⅷ与节Ⅶ等长；节Ⅲ和节Ⅳ分别具 3 个和 4 个感觉锥。口针短，"V"形。触角节Ⅰ-Ⅷ长（宽）分别为：42（42）、52（32）、65（32）、50（30）、55（29）、55（26）、45（23）、45（17）。

　　胸部　前胸为头长的 0.7 倍，宽为头长的 1.7 倍，光滑，有或没有弱的中线；背侧鬃经常完全；主要鬃端部尖，或微膨大；中侧鬃长 40-45，后角鬃长 75，后侧鬃长 45；前足跗节齿不存在。

腹部　盾片发达，形状不规则，有微弱刻纹，具 1 对感觉钟孔。腹节 B1 鬃和 B2 鬃端部尖，B1 鬃短于管，B2 鬃长于管。管为头长的 0.66-0.69 倍，为宽的 0.8-1.9 倍。肛鬃与管等长。

雌虫（短翅型）：相似于长翅型雌虫，但翅退化，复眼和单眼较小，翅的长度不等。

雄虫（短翅型）：体长 1.5-1.9mm，体色与结构与长翅型雌虫相似，前足在大雄虫中较强壮。腺域在腹节Ⅷ窄且拱，较完全。节Ⅸ B1 鬃和 B2 鬃长度相等，短于管。

雄虫（长翅型）：相似于短翅型雄虫，具发达的翅和更大的单眼和复眼。

寄主：落叶。

模式标本保存地：英国（BMNH，London）。

观察标本：未见。

分布：广东、海南；日本。

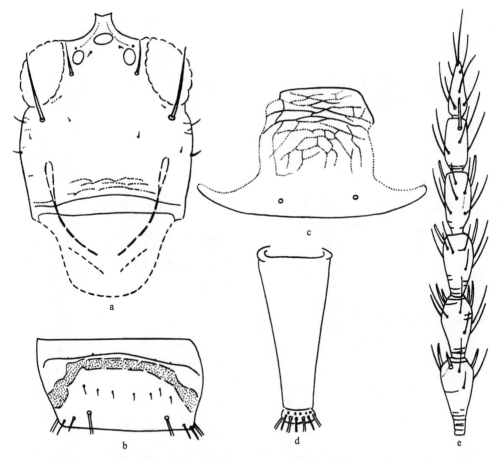

图 137　残翅剪管蓟马 *Psalidothrips lewisi* (Bagnall)（仿 Okajima，2006）

a. 雌虫头，长翅型（female head, mac.）；b. 雄虫腹节Ⅷ，短翅型（male abdominal sternum Ⅷ, mic.）；c. 雌虫盾片，长翅型（female pelta, mac.）；d. 雌虫管，长翅型（female tube, mac.）；e. 雌虫触角节Ⅲ-Ⅷ，长翅型（female antennal segments Ⅲ-Ⅷ, mac.）

(151) 长齿剪管蓟马 _Psalidothrips longidens_ Wang, Tong & Zhang, 2007（图 138）

Psalidothrips longidens Wang, Tong & Zhang, 2007, _Zootaxa_, 1642: 23.

雌虫（长翅型）：体长 1.74mm。体黄棕色；头背部、具翅胸节前缘和侧缘，腹节 II 和管棕色；腹节 IV-IX 黄棕色；触角节 I 暗棕色，节 II 棕色，节 III-VIII 向端部逐渐变暗，由黄色到棕色；中足和后足基节棕色；翅棕色，缨毛黑色。

头部　头长为 175μm，与宽等长，头背基部具弱刻纹；复眼后鬃与眼等长，端部钝；单眼后鬃略长于后单眼直径；两颊较圆，在复眼后不收缩，在头基部不收窄。复眼相对较小。口针短且相距较宽，"V"形。触角 8 节，为头长的 1.9 倍，节 III 最长，节 VIII 在基部收缩；节 III 和节 IV 各具 3 个感觉锥，节 V 和节 VI 各具 2 个感觉锥，节 VII 具 1 个感觉锥。触角节 I-VIII 长（宽）分别为：33（38）、38（33）、53（35）、43（33）、43（33）、45（30）、35（25）、43（18）。

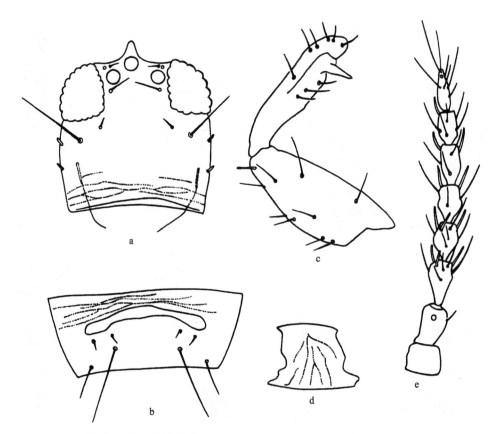

图 138　长齿剪管蓟马 _Psalidothrips longidens_ Wang, Tong & Zhang

（仿 Wang _et al._，2007）

a. 雌虫头部（female head）；b. 雄虫腹节 VIII（male abdominal sternite VIII）；c. 雌虫前足（female fore leg）；d. 雌虫盾片（female pelta）；e. 雌虫触角（female antenna）

胸部　前胸中部长 135，主要鬃端部膨大，前角鬃和前缘鬃退化成小鬃；后侧鬃长于中侧鬃，而短于后角鬃。各鬃长：中侧鬃长 43，后角鬃长 73，后侧鬃长 53。前足跗节齿为跗节宽的 2/3。前翅长 650，具 3 根翅基鬃，无间插缨。

腹部　腹部盾片弱，具刻纹。腹节Ⅲ-Ⅶ背片各具 1 对发达的握翅鬃，节Ⅶ鬃小；节Ⅱ-Ⅸ在背部前缘和腹部前缘具刻纹；节Ⅸ的 B2 长于 B1 鬃，B1 鬃与管等长，管约为头长的 2/3，管长为基部宽的 1.8 倍。管基部宽为端部宽的 2.7 倍；3 对肛鬃略长于管，另 3 对短的肛鬃为管长的一半。

雄虫（长翅型）：体色和结构相似于雌虫，但腹节Ⅷ具腺域。管长为头长的 0.7 倍，为管基部宽的 1.5 倍，管基部宽为端部宽的 3 倍。

寄主：竹林落叶。

模式标本保存地：中国（SCAU, Guangdong）。

观察标本：2♀♀1♂，广东广州龙洞竹林，2004Ⅻ.01，枯叶，王军采。

分布：广东。

(152) 缺眼剪管蓟马 *Psalidothrips simplus* Haga, 1973（图 139）

Psalidothrips simplus Haga, 1973, *Kontyû*, 41: 77; Okajima, 1983, *Jour. Nat. Hist.*, 17: 12; Okajima & Urushihara, 1992, *Jpn. Jour. Ento.*, 60(1): 164-166; Okajima, 2006, *Ins. Japan. Vol. 2. Suborder Tubulifera (Thysan.)*: 547.

雌虫（长翅型）：体长 2.0-2.3mm。体淡棕色至棕色；管黄色；所有足的股节淡棕色，端部黄色，所有足的胫节和跗节黄色；触角节Ⅰ、Ⅱ、Ⅷ淡棕色，节Ⅲ和节Ⅶ经常呈黄棕色，但节Ⅲ基部 1/4 黄色；翅浅棕色；主要体鬃黄色。

头部　头长 221μm，略长于宽，表面光滑，后缘具弱纹；复眼后鬃长 80-84，经常长于复眼，端部尖；单眼后鬃小，短于后单眼直径；两颊直，且明显在复眼后收缩，在基部略收缩。复眼较小，为头长的 0.3 倍。无单眼。触角为头长的 2.20 倍；节Ⅷ与节Ⅶ等长或略长于节Ⅶ；节Ⅲ最长；节Ⅳ感觉锥 2-4 个，节Ⅲ经常具 2 个感觉锥。口针短，"V"形。触角节Ⅰ-Ⅷ长（宽）分别为：61（45）、58（36）、75（34）、66（35）、66（3）、60（28）、49（24）、52（17）。

胸部　前胸为头长的 0.7 倍，宽为长的 1.6-1.7 倍，光滑，无明显的中线；主要鬃端部尖，或窄钝；后侧鬃经常短于中侧鬃，后角鬃最长；中侧鬃长 50-57，后角鬃长 85-90，后侧鬃长 38-48；前足跗节齿不存在。

腹部　盾片为帽形或梯形，前缘具弱的刻纹，具有 1 对感觉钟孔；腹节Ⅲ-Ⅶ具 1 对简单的弯曲的握翅鬃，节Ⅱ的短且直。节Ⅸ的 B2 鬃和 B1 鬃短于管；B1 鬃尖，B2 鬃钝或略尖，B2 鬃为头长的 0.62-0.66 倍。管在基部明显隆起，并向端部逐渐变尖；管长 138，基部宽 78，端部宽 28，肛鬃短于管。

雌虫（短翅型）：相似于长翅型雌虫。头经常较胸部色淡。头在基部最宽。复眼小，单眼经常不存在。触角节Ⅳ具 2 个感觉锥。中胸前小腹片退化。腹部握翅鬃不存在。

雄虫（短翅型）：体长 1.5-1.9mm，极度变异。体色较淡于短翅型雌虫。前胸和前足在大雄虫中强壮；前胸较大，具明显的中线；前足股节膨大，前足跗节齿大。腺域在腹节Ⅷ呈长条形，但不到达边缘；节Ⅸ的 B2 鬃略短于 B1 鬃，但较粗。管在基部不隆起。

寄主：落叶。

模式标本保存地：日本（TU，Ibaraki）。

观察标本：未见。

分布：广东、海南、贵州；朝鲜，日本。

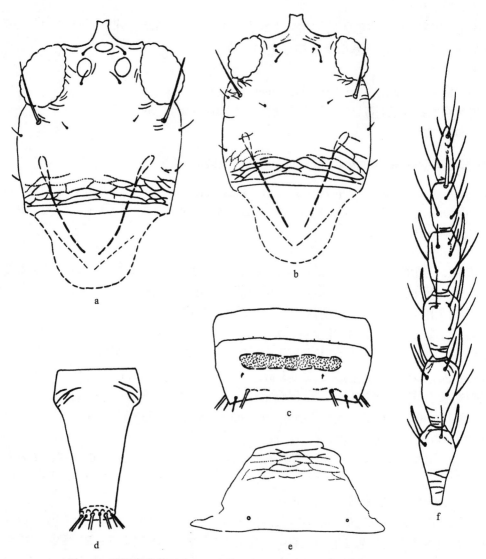

图 139 缺眼剪管蓟马 *Psalidothrips simplus* Haga（仿 Okajima，2006）

a. 雌虫头部，长翅型（female head, mac.）；b. 雌虫头部，短翅型（female head, mic.）；c. 雄虫腹节Ⅷ（male abdominal sternite Ⅷ）；d. 雌虫管，长翅型（female tube, mac.）；e. 雌虫盾片，长翅型（female pelta, mac.）；f. 雌虫触角节Ⅲ-Ⅷ，长翅型（female antennal segments Ⅲ-Ⅷ, mac.）

44. 瘤眼管蓟马属 *Sophiothrips* Hood, 1933

Sophiothrips Hood, 1933a, *Jour. New York Ent. Soc.*, 41: 425; Mound & Walker, 1982, *Fauna of New Zealand*, 1: 1-113; Okajima, 1994b, *Jpn. Jour. Ent.*, 62: 30.

Type species: *Sophiothrips squamosus* Hood, 1933.

属征: 体小型，翅发达或不存在。头宽于长，在大多数雄虫中复眼之间腹面具发达的小瘤；复眼后鬃短，位于两颊附近，单眼间鬃发达，几乎与复眼后鬃等长，或略长于或略短于复眼后鬃；颊短；复眼在长翅型中发达；单眼在长翅型中相当发达，在无翅型中不存在。触角8节，节Ⅶ和节Ⅷ相互连接，节Ⅵ经常膨大，节Ⅲ具1个或2个感觉锥，节Ⅳ具2个感觉锥，节Ⅱ的感觉孔位于节的端部和中部之间。口锥宽圆；口针短，呈"Ⅴ"形，不缩入头内；下颚桥不存在。前胸膨大；主要鬃短；后侧缝经常完全，有时不完全。前下胸片存在或不存在；前基腹片正常，刺腹片弱；中胸前小腹片窄，经常不存在。前足跗节齿在雌虫中存在或不存在，在雄虫中存在。中胸腹侧缝存在。前翅若发达，则两边平行，无间插缨。盾片宽，具2片明显的长侧叶，形状多样。腹节Ⅲ-Ⅶ在长翅型中各具1对握翅鬃；雄虫腺域在节Ⅷ经常不存在。节Ⅸ的B2鬃在雄虫中短。管短，肛鬃短于管。

分布: 东洋界。

本属世界已知25种，本志记述1种。

(153) 黑瘤眼管蓟马 *Sophiothrips nigrus* Ananthakrishnan, 1971（图140）

Sophiothrips nigrus Ananthakrishnan, 1971, *Oriental Ins.*, 5: 197; Okajima, 1987d, *Kontyû*, 55: 552; Okajima, 1994b, *Jpn. Jour. Ent.*, 62: 37.

雌虫（长翅型）: 体长1.4-1.7mm。体暗棕色；管橘黄色，端部略暗；所有足的股节暗棕色，端部1/3黄色，前足胫节棕色，中足和后足胫节暗棕色，所有足的跗节棕黄色；触角节Ⅰ和节Ⅱ黄色，节Ⅲ-Ⅵ两色，基部黄色，端部棕色，节Ⅶ-Ⅷ棕色；翅淡棕色，主要棕黄色。

头部　头长118μm，两颊处宽176，宽大于长；背部后缘具微弱网纹，单眼区略退化；复眼长61-63，宽54-55。复眼后鬃短，长25-30，端部钝，单眼间鬃与复眼后鬃等长或略短于复眼后鬃，长25-30，端部钝；两颊在复眼后膨大。复眼发达，为头长的0.51-0.54倍。触角为头长的3.1-3.3倍；节Ⅵ最长，与节Ⅶ+Ⅷ等长；节Ⅲ外侧有1个感觉锥。

胸部　前胸中部长150，宽236；前胸光滑，在后缘有微网纹；5对主要鬃端部膨大或略尖，前角鬃、前缘鬃和中侧鬃短；各鬃长：前角鬃长19-20，前缘鬃14-16，中侧鬃17-19，后角鬃29-32，后侧鬃60-65。后侧缝完全或不完全。前下胸片存在，前足跗节齿存在，小且有时在端部有爪。后胸具多角形网纹。前翅有2个翅基鬃，分别长25、31，短且端部窄钝。

腹部　盾片宽帽形，有明显网纹，具有1对感觉孔。腹节Ⅷ的B1鬃向内弯曲，与握翅鬃相似；节Ⅸ的 B1 鬃端部尖，短于管，B2 鬃短于 B1 鬃，但更粗大且端部窄钝。管长 154，基部宽 77，端部宽 32，为头长的 1.3 倍，两边直，并向端部渐窄，表面具微网纹。肛鬃略短于管。

　　雌虫（无翅型）：体色与结构相似于雌虫。复眼小，为头长的 0.4 倍，腹面退化；单眼不存在。中胸前小腹片退化。后胸除在中部的 1 对鬃外，另具 8-10 根小鬃。盾片为宽帽形，中叶宽于长翅型。管为头长的 1.1-1.2 倍。

　　雄虫（长翅型）：体色与结构相似于长翅型雌虫。头在复眼之间腹面具弱的小瘤，前足跗节齿粗大，腹节Ⅳ和节Ⅴ有弱的网纹区，管为头长的 1.05-1.07 倍，在基部微隆起。

　　模式标本保存地：印度（TNAU，Coimbatore）。

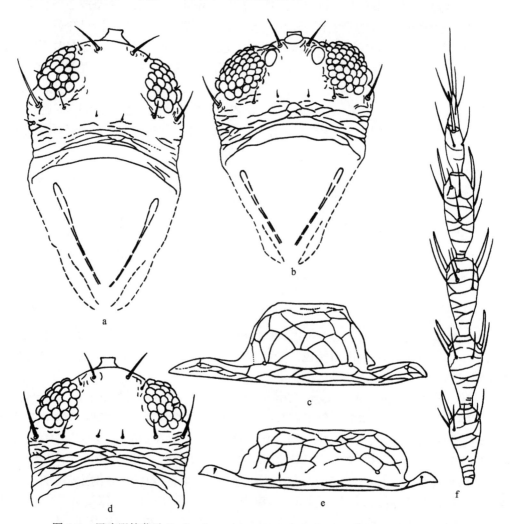

图 140　黑瘤眼管蓟马 *Sophiothrips nigrus* Ananthakrishnan（仿 Okajima，2006）

a. 雄虫头部，无翅型（male head, apt.）；b. 雌虫头部，长翅型（female head, mac.）；c. 雌虫盾片，长翅型（female pelta, mac.）；
d. 雌虫头部，无翅型（female head, apt.）；e. 雌虫盾片，无翅型（female pelta, apt.）；f. 触角（antenna）

观察标本：未见。

分布：印度。

Ⅷ. 疏缨管蓟马族 Hyidiothripini Priesner, 1961

Hyidiothripini Priesner, 1961, *Anz. Österr. Akad. Wiss.*, (1960)13: 283.

（Ⅸ）疏缨管蓟马亚族 Hyidiothripines Mound & Marullo, 1997

Hyidiothripines Mound & Marullo, 1997, *Tropical Zoology*, 10: 191.

该类群曾被区分为不同的阶元，Okajima（1988）将其放入疏缨管蓟马族中，Mound 和 Marullo（1997）将其作为 1 个亚族来处理。本亚族体较小，细长，两侧扁平，触角节 Ⅲ在端部加宽，与节Ⅳ连接，甚至与节Ⅳ融合成 1 个大的球状节；节Ⅷ，有时和节Ⅶ同样细长；头长于宽，且较高；复眼后鬃长。前胸经常具 1 横向的凹槽。前胸中侧鬃不发达，但其他 4 对鬃长且端部强烈不对称。后侧缝大体呈直线形。腹节Ⅰ盾片独特，经常分成几个骨片。有翅者，缨翅较稀疏。

属检索表

至少有 1 对前胸鬃端部不对称分离膨大；头与宽几乎等长；前足股节内缘具 1 对强刺……………
……………………………………………………………… 疏缨管蓟马属 *Hyidiothrips*
前胸主要鬃端部对称膨大；头长大于宽；前足股节无强刺……………… 棍翅管蓟马属 *Preeriella*

45. 疏缨管蓟马属 *Hyidiothrips* Hood, 1938

Hyidiothrips Hood, 1938, *Rev. Ent.*, 8: 414.
Hyidiothrips Hood: Okajima, 1995d, *Jpn. Jour. Ent.*, 63: 168-180.
Type species: *Hyidiothrips atomarius* Hood, 1938.

属征：体小型，背腹面经常加厚，翅发达或退化。头在复眼前明显伸长；1 对复眼后鬃明显发达，长且强壮，强烈向内弯曲。触角常 7 节，形态学上节Ⅲ和节Ⅳ完全合成 1 节，长明显长于其他各节，节Ⅵ和节Ⅶ细长，笔尖状。前胸发达，不与前侧片分开；经常在中部有 1 凹槽；前缘鬃与复眼后鬃相似，前角鬃、后角鬃和后侧鬃在端部强烈不对称的分离膨大，在中侧鬃短且尖。前下胸片和前基腹片存在；前刺腹片宽但弱；中胸前小腹片不存在。前足股节在内缘具有 1 个强刺；前足跗节齿在两性中不存在，后胸腹侧缝不存在。如有翅，弱，无间插缨。腹节Ⅰ盾片在长翅中经常分开，为前缘骨片、1 对侧骨片、中骨片和后缘骨片，后缘骨片分成 2 个骨片或不分，前缘骨片很少分成 2 个骨片，短翅型盾片经常不分开；节Ⅲ-Ⅶ在长翅型中各具有 1 对发达的握翅鬃。

分布：古北界，东洋界。

本属世界已知 10 种，本志记述 3 种。

种检索表

1. 前胸长于头总长··广东疏缨管蓟马 *H. guangdongensis*
   前胸几乎与头总长相等或略短于头··2
2. 触角节 II 棕色，几乎与头同色；后胸后缘部分中部网纹呈纵线纹或褶皱·······································
   ···褐疏缨管蓟马 *H. brunneus*
   触角节 II 黄色，其余节棕色；后胸后部光滑··································日本疏缨管蓟马 *H. japonicus*

(154) 褐疏缨管蓟马 *Hyidiothrips brunneus* Okajima, 1995（图 141）

Hyidiothrips brunneus Okajima, 1995d, *Jpn. Jour. Ent.*, 63: 169.

雌虫（长翅型）：体长 0.8mm。体暗棕色；所有足暗棕色；触角节暗棕色，但节 I 和节 II 略淡；翅淡灰色，主要体鬃黄色。

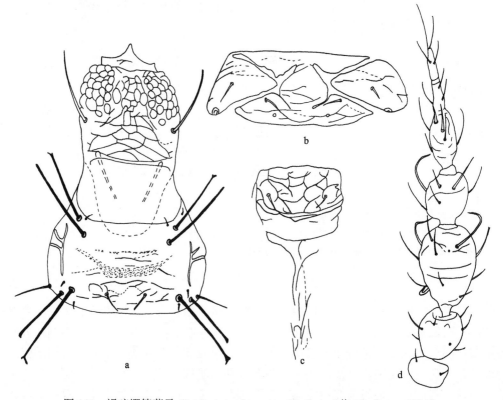

图 141　褐疏缨管蓟马 *Hyidiothrips brunneus* Okajima（仿 Okajima，2006）

a. 头和前胸，长翅型（head and prothorax, mac.）；b. 腹节 I 背板（abdominal tergite I）；c. 后胸背板（metanotum）；d. 触角（antenna）

头部　头长 75μm，略宽于长，1.18 倍宽于长。复眼长 36，宽 25。复眼后鬃长 53-58，触角节形态学上节Ⅲ和节Ⅳ完全结合，无连接缝。触角节Ⅰ-Ⅶ长（宽）分别为：13（19）、21（20）、39（27）、23（20）、24（13）、13（6）、16（4）。

胸部　前胸中部长 55.5，宽 105。前胸超短于头长，为头长的 0.75 倍；各鬃长：前胸前角鬃 47-48，前缘鬃 53，后角鬃 53-56，后侧鬃 40-42；前角鬃、后角鬃和后侧鬃足状，但前角鬃端部简单膨大。中胸有横线纹，后中部具网纹。后胸前中部具网纹，在中部后缘有纵线纹，1 对中鬃位于网纹区域中部之后。前足股节有 1 强刺，位于内缘中部。前翅翅基鬃 B1 长 40，B2 长 34，B3 长 35，有 36 根缨翅。

腹部　腹节Ⅰ盾片独特，具弱的横线纹，前缘骨片光滑，后缘骨片不分开，中部骨片后缘较圆，经常与后缘和前缘骨片愈合。腹节Ⅸ的 B1 鬃长于 B2 鬃。管短，为头长的 0.71-0.75 倍。肛鬃长于管。

雄虫（无翅型）：体长 0.5-0.6mm。体色相似于雌虫长翅。头较窄，复眼尖扁，背面具网纹。复眼退化，各具 4 个小眼；单眼不存在。后胸中部具微弱网纹。盾片形状不规则，中部骨片和前缘和后缘相连。

寄主：枯枝落叶。

模式标本保存地：日本（TUA，Tokyo）。

观察标本：未见。

分布：台湾；日本。

(155) 日本疏缨管蓟马 *Hyidiothrips japonicus* Okajima, 1977（图 142）

Hyidiothrips japonicus Okajima, 1977, *Kontyû*, 45: 214; Okajima, 1995d, *Jpn. Jour. Ent.*, 63: 173-174.

雌虫（长翅型）：体长 0.8-0.9mm。体淡棕色至棕色，头最暗；所有足的股节淡棕色，所有足的胫节和跗节黄色；触角节Ⅰ和节Ⅱ黄色，节Ⅲ-Ⅶ棕色，与头同色；齿淡棕色，主要体鬃黄色。

头部　头长 75μm，宽大于长，为宽的 0.95 倍。复眼后鬃 50-52，触角节Ⅲ和节Ⅳ愈合成一节，无愈合缝；节Ⅰ-Ⅶ长（宽）分别为：13（20）、18（19）、35（25）、22（21）、23（12）、9（5）、16（4）。

胸部　前胸与头等长或略短于头；后角鬃足状，前角鬃和后侧鬃端部简单膨大，中胸前缘有弱线纹，后缘具网纹。各鬃长：前角鬃 46-48，前缘鬃 52-56，后角鬃 63-65，后侧鬃 50-53；后胸前中部具网纹，后缘光滑，网纹内具少量褶皱，位于前缘 1/3 处。前翅只有 30 根缨翅。

腹部　腹节Ⅰ清晰，前骨片在中部较弱，分开或不分开，经常与中部骨片有窄的连接，后缘骨片分成 2 个侧骨片，中部骨片后缘尖，不到达后边缘。腹节Ⅸ的 B1 鬃短于 B2 鬃。管长 61，与头等长或略短于头，在基部腹面隆起。肛鬃长于管。

雄虫（短翅型）：体长 0.6-0.7mm。体色与长翅型雌虫相似。头扁且光滑。复眼退化，各具 5 个小眼；单眼不存在。后胸光滑。腹节Ⅰ骨片不规则，2 个前缘和后缘骨片不分开，中部骨片经常与之连接。

寄主：枯枝落叶。

模式标本保存地：日本（TUA，Tokyo）。

观察标本：2♀♀，广州龙洞，2004.XII.05，枯枝落叶，王军采。

分布：广东；日本。

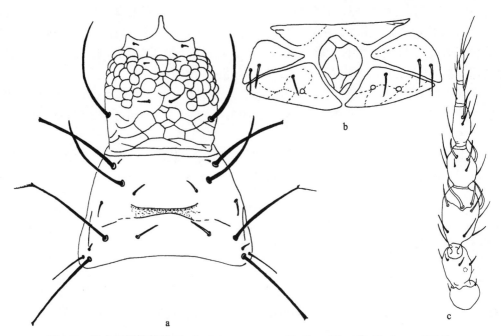

图 142　日本疏缨管蓟马 *Hyidiothrips japonicus* Okajima（♀）（仿 Okajima，2006）

a. 头和前胸（head and prothorax）；b. 腹节Ⅰ背板（abdominal tergite Ⅰ）；c. 触角（antenna）

(156) 广东疏缨管蓟马 *Hyidiothrips guangdongensis* Wang, Tong & Zhang, 2006（图 143）

Hyidiothrips guangdongensis Wang, Tong & Zhang, 2006, *Zootaxa*, 1164: 51.

雌虫（短翅型）：体长 0.8mm。体色一致暗棕色；后胸与腹节Ⅱ-Ⅶ侧缘色更深；前胸和腹部侧缘具红色皮下色素；跗节和胫节端部黄色至黄棕色；触角节Ⅰ棕色，节Ⅱ黄色，握翅鬃深棕色；主要体鬃黄棕色。

头部　头长 60μm，与宽等长（复眼前缘除外），头在复眼前延伸，头背部具明显网纹，复眼后鬃长 50，且在端部弯曲；单眼存在；单眼后鬃长于后单眼间鬃。复眼发达，占头长的一半。　触角 7 节，形态学上节Ⅲ和节Ⅳ完全愈合，节Ⅳ和节Ⅶ长度相等；各节感觉锥数目：节Ⅲ 3 个，节Ⅳ和节Ⅴ各具 2 个，节Ⅵ 1 个；节Ⅰ-Ⅶ长（宽）分别为：10（15）、19（18）、38（25）、21（16）、25（14）、15（5）、19（4）。

胸部　前胸长于头，为头长的 1.1 倍；前角鬃和后侧鬃异常膨大，前缘鬃弯曲，后角鬃端部强烈不对称；后侧缝完全；前胸中部具有 1 个横向凹槽。前足股节内缘 1/3 处具 1 刺。中胸前缘具有横网纹。前翅芽具 3 个钝鬃，端部强烈不对称。后胸前中部具网纹，后部光滑。腹节Ⅰ盾片独特；中部骨片与前缘骨片分离，后缘的骨片分离成2个侧片。后缘骨片具1对钟形感器。腹节Ⅱ-Ⅶ侧缘各具有1对与前胸后角鬃一样的长鬃；节Ⅲ-Ⅶ各具1对"S"形握翅鬃，1对小的直鬃；节Ⅸ B1鬃端部钝，B2鬃和B3鬃端部尖。管与头等长，肛鬃与管等长。

雄虫（短翅型）：体色微淡于雌虫，但结构相似。复眼退化，单眼不存在，翅的2个鬃端部强烈不对称。腹节Ⅲ-Ⅶ无握翅鬃。

寄主：枯枝落叶。

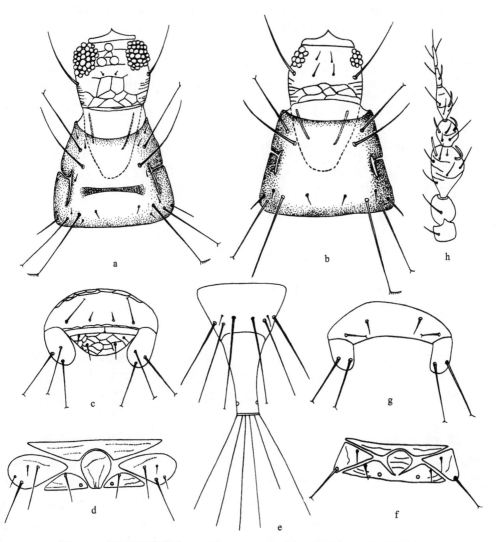

图143　广东疏缨管蓟马 *Hyidiothrips guangdongensis* Wang, Tong & Zhang
（仿 Wang *et al.*，2006）

a. 雌虫头和前胸（female head and prothorax）；b. 雄虫头和前胸（male head and prothorax）；c. 雌虫前翅残留（female fore wing remnants）；d. 雌虫盾片（female pelta）；e. 雌虫腹节Ⅸ背板和管（female abdominal tergite Ⅸ and tube）；f. 雄虫盾片（male pelta）；g. 雄虫前翅残留（male fore wing remnants）；h. 雌虫触角（female antenna）

模式标本保存地：中国（SCAU，Guangdong）。

观察标本：1♂，广州龙洞，2004.Ⅱ.29，枯枝落叶，王军采；1♀，广州龙洞，2004.Ⅲ.19，枯叶层，王军采。

分布：广东。

46. 棍翅管蓟马属 *Preeriella* Hood, 1939

Preeriella Hood, 1939, *Rev. Ent.*, 10(3): 612; Okajima, 1998, *Species Diversity*, 3: 303.

Type species: *Chirothripoides minutus* Watson, 1937.

属征：体小型，背腹较厚，翅发达或退化。头在复眼前明显伸长，明显长于宽；1对复眼后鬃发达，长且强壮，在端部经常膨大。触角 8 节；节Ⅲ退化，短且宽，与节Ⅳ连接较宽；节Ⅳ发达；节Ⅷ长且细；节Ⅱ感觉孔在中部。口锥短且圆；口针缩入头内，相距较宽，平行；下颚桥不可见。前胸发达，不与前侧片分开；在中部具有 1 横向凹槽。前胸主要鬃端部膨大，前角鬃和前缘鬃相互靠近，中侧鬃经常退化。前下胸片和前基腹片存在，但较弱；前刺腹片宽，中胸前小腹片不存在。前足股节无强刺。前足跗节齿在两性中不存在。后胸腹侧缝不存在。翅如完全发育，则较弱，无间插缨。腹节Ⅰ分成若干个侧片。节Ⅲ-Ⅶ在长翅型中各具 1 对发达的握翅鬃。

分布：东洋界。

本属世界已知 20 种，本志记述 1 种。

(157) 细棍翅管蓟马 *Preeriella parvula* Okajima, 1978（图 144）

Preeriella parvula Okajima, 1978b, *Kontyû*, 46(4): 539.

雌虫（长翅型）：体长 1.0mm。体黄棕色，前胸后半部和后胸色深于其他部分，腹节Ⅸ和节Ⅹ颜色淡于其他部分；触角节Ⅰ-Ⅲ黄色，节Ⅳ-Ⅷ淡灰棕色；所有足的股节黄棕色，所有足的胫节和跗节黄色；翅有棕色阴影，各具 1 个黑色翅脉状条纹；所有显著鬃黄色。

头部　头长 90μm，为宽的 1.5-1.6 倍，在复眼处最宽，在复眼前明显延伸，在背腹侧隆起；头背部后半部和单眼间具弱网纹；复眼长 30-32，复眼后鬃发达，长 44-46，端部膨大；单眼间鬃和单眼后鬃退化；头中部具 2 对尖鬃，后对较前对相距近；两颊平行，在基部略窄，具 4-5 根间鬃，复眼发达，为头长的 1/3。单眼发达，直径达 7-9；前单眼在前方；后单眼与复眼相连，相距 10。触角 8 节；感觉锥细长，节Ⅳ-Ⅴ各具 3 个感觉锥，中间的较长，外部感觉锥长且弯曲，节Ⅵ具 2 个感觉锥，节Ⅶ背端 1 个；下颚锥缩入头部，口针在头内较平行，不相互靠近。

胸部　前胸长与宽等长或宽大于长，长 85，宽 90；在中部具有 1 横向凹槽；中侧鬃小，端部尖，其余鬃强壮，端部膨大，前角鬃最长；后侧鬃外部具 1 对长的附属鬃，为后侧鬃长的一半，端部尖；前胸后边缘具 2 对附属鬃；前角鬃长 58-60，前缘鬃长 30；

中侧鬃小于 10；后缘角鬃长 35；后侧鬃长 40。具翅胸节长大于宽；中胸具横向微弱网纹，中部无网纹；后胸中部具纵向线纹，有 1 明显的凹槽。前足股节不膨大，前足胫节和前足跗节无齿。翅较窄；缨毛间隔较宽，前翅具 40 根缨毛；前翅翅基鬃发达，长度相等，端部膨大，S1 鬃接近 S2 鬃。

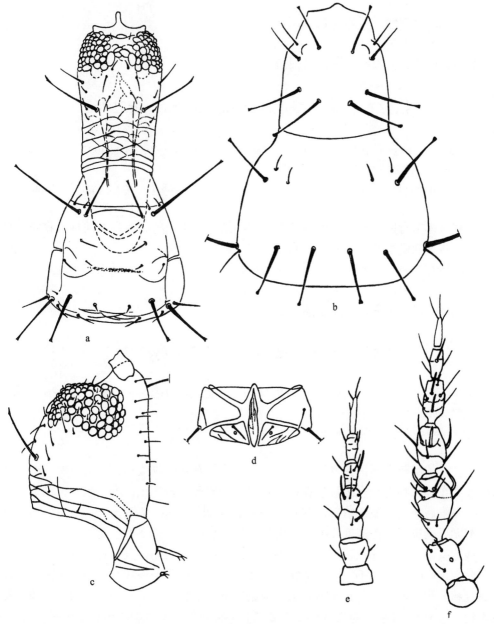

图 144　细棍翅管蓟马 *Preeriella parvula* Okajima（♀）（仿 Okajima，1978b）

a. 头和前胸，背面观（head and prothorax, dorsal view）；b. 二龄若虫头和前胸（head and prothorax, second larval instar）；c. 头，侧面观（head, lateral view）；d. 盾片（pelta）；e. 二龄若虫右触角（right antenna, second larval instar）；f. 右触角（right antenna）

腹部 盾片分开成数片。腹部细长，宽如具翅胸节；节Ⅲ-Ⅶ背片各具 1 对"S"形握翅鬃；节Ⅷ背片具 3 对短且尖的鬃，分布于后缘；节Ⅸ B1 鬃端部膨大，节Ⅸ B2 鬃尖；管短，长 55，为头长的 0.6 倍，为基部宽的 2 倍；肛鬃细长，长于管。

雄虫（长翅型）： 体色与结构相似于长翅型雌虫。

寄主： 枯枝落叶。

模式标本保存地： 日本（TUA，Tokyo）。

观察标本： 未见。

分布： 广东、云南；泰国，马来西亚。

Ⅸ. 毛管蓟马族 Leeuweniini Priesner, 1961

Leeuweniini Priesner, 1961, *Anz. Österr. Akad. Wiss.*, (1960)13: 292; Han, 1997a, *Econ. Ins. Faun. China. Fasc.*, 55: 377.

Hystricothripini Priesner, 1928, *Thysan. Eur.*: 477; Kurosawa, 1968, *Ins. Mat. Suppl.*, 4: 40, 54.

头和身体常有网纹、花纹或皱纹及众多小结瘤。头在复眼后常不同程度收缩，呈缺口。颊通常具载刺小瘤，但有时小瘤不载刺。通常管很长，为头长的 3-4 倍，管上通常多长毛，但有的属毛很弱。如管短，仅为头长的 1.3-1.7 倍，则管上亦多长毛。

分布： 东洋界。

本族世界已知 5 属，本志记述 1 属。

47. 毛管蓟马属 *Leeuwenia* Karny, 1912

Leeuwenia Karny, 1912b, *Marcellia*, 1: 115-169; Okajima, 2006, *Ins. Japan. Vol. 2. Suborder Tubulifera (Thysan.)*: 415.

Type species: *Leeuwenia gladiatrix* Karny, 1912.

属征： 体中等大小，翅发达。头长于宽，背面有强网纹或瘤，通常复眼前略延伸。单眼着生在锥状物上。复眼后鬃存在或缺失。颊的形状多变化，近乎平行、圆形或有凹陷，在复眼后急剧收缩或缺口，常有一些小鬃。复眼凸起，单眼发达。触角 8 节，很细长，节Ⅷ近圆锥形，在基部收缩；节Ⅲ和节Ⅳ分别有 1 个和 2 个感觉锥。口锥短而圆，口针伸达头中部或中部以下，在中部不相互靠近；下颚桥弱，仅可见。前胸有网纹和横纹。前胸后侧缝完全或不完全。前缘鬃常较小，前角鬃显著但较小。前下胸片存在，前基腹片和刺腹片发达。前足跗节有齿。前翅在基部不收缩，无间插缨。腹节Ⅰ盾板梯形或帽状；腹节Ⅱ-Ⅶ有 2 对发达的反曲或鳍状的握翅鬃；节Ⅸ背中鬃和中侧鬃常粗而短，在雄虫中中侧鬃短。管很长，常 2 倍长于宽；肛鬃短。

分布： 东洋界。

本属世界已知 27 种，本志记述 5 种。

种检索表

(158) 黄角毛管蓟马 *Leeuwenia flavicornata* Zhang & Tong, 1993（图 145）

Leeuwenia flavicornata Zhang & Tong, 1993b, *Jour. South China Agri. Univ.*, 14(3): 10.

雌虫：体长 3.8mm。体棕褐色；各足股节及中、后足胫节基半部褐色，前足胫节及股节端部、中足和后足胫节端半部、各足跗节均黄色；触角节 I 褐色，节 II 淡褐色，节 III-VIII 均淡黄色；单眼月晕红色；体鬃黄色。

头部　头长 336μm，宽 224，头背后部有小结瘤，颊平直，具锯齿状凸起并在端部着生小刺鬃，复眼后有明显的凹陷，单眼间鬃短小，鬃长 17，位于侧单眼前外方，单眼后鬃亦短小，鬃长 18，位于侧单眼后方，复眼后鬃长 40，远离复眼后缘。头部背面复眼间有不规则的网状纹，中部有间断的短横纹，基部有波浪的网状纹。触角 8 节，节III-VI基部略收窄成柄状，节III-VII感觉锥的数目分别为：1、1+1、1+1、1+1、1。触角节 I -VIII的长（宽）分别为：40（32）、56（32）、96（24）、112（24）、112（24）、104（24）、72（24）、56（20），全长 648。口锥钝圆，伸至前胸中部，口针伸达复眼下方，口针之间相互远离。

胸部　前胸背面长 216，前缘宽 240，中部宽 336，具不规则长形的网状纹，前角鬃、侧鬃及后侧鬃粗壮，鬃端钝，前角鬃长 40，侧鬃长 44，后侧鬃长 104，着生在凸起的鬃瘤上，前缘鬃及后缘鬃尖细，鬃长 18-20，侧缝不完整，前腹侧片消失，后腹侧片发达，界线清晰。中胸背板前半部有间断的横波纹，后半部具不规则长形网状纹。后胸背板中央有纵走的间断纵纹，两侧及后部具网状纹，后胸背中鬃远离后胸背板前缘，鬃细小，鬃长仅 12。前后翅无色，中部贯有褐色纵带，缨毛强直，无间插缨。各足股节网状纹明显可见。

腹部　腹节 I 盾板平帽状，网状纹明显，基部两侧具 1 鬃孔。腹节 I -VII背板有网状纹，握翅鬃 2 对，弯曲，背板中央有 1 对明显的鬃孔，各节后缘有粗鬃 2 对，外鬃长 9；内鬃长 62，鬃端均扁钝。腹节 II -VIII具细小副鬃 13-15 根，近后缘有细鬃 3 对。腹节 X 具颇长的腹管，长 1032，管的基部宽 96，中部宽 88，端部宽 48，腹管长为头长的 3.1 倍，管的长与管的最宽处之比为 11∶1，腹管占全长 2/3，其上着生的鬃较粗长，近端部着生的较细小。

　　雄虫：形态结构和体色与雌虫相似，体略瘦小，体长 3.2-3.4mm。

　　寄主：水青冈属 *Fagus* sp.树叶。

　　模式标本保存地：中国（SCAU，Guangdong）。

　　观察标本：7♀♀3♂♂，云南景洪，1987.Ⅳ.11，壳斗树，张维球采。

　　分布：云南。

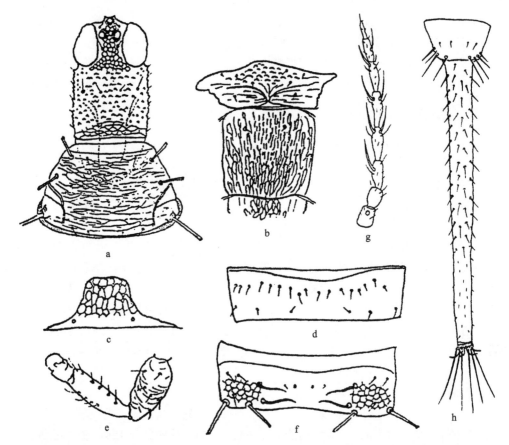

图 145　黄角毛管蓟马 *Leeuwenia flavicornata* Zhang & Tong（仿张维球和童晓立，1993b）

a. 头和前胸，背面观（head and prothorax, dorsal aspect）；b. 中、后胸背板（meso- and metanotum）；c. 盾片（pelta）；d. 腹节Ⅴ腹板（abdomianl sternite Ⅴ）；e. 前足（fore leg）；f. 腹节Ⅴ背板（abdominal tergite Ⅴ）；g. 触角（antenna）；h. 腹节Ⅸ背板和管（abdominal tergite Ⅸ and tube）

(159) 卡尼亚毛管蓟马 *Leeuwenia karnyiana* Priesner, 1929（图 146）

Leeuwenia karnyiana Priesner, 1929a, *Treubia*, 10: 448.

Leeuwenia karnyi Ramakrishna, 1925, *J. Bombay Nat. Hist. Soc.*, 30: 791; Ananthakrishnan, 1964a, *Opusc. Ent. Suppl.*, 25: 57, 58.

Leeuwenia ramakrishnae (Ramakrishna): Ananthakrishnan, 1970, *Orient. Ins.*, 4(1): 50, 51, nom. nov.

雄虫：体长3.2mm。体棕色，包括触角、足，但触角节III-VIII黄色。翅无色，且不透明，前翅翅基鬃处淡棕色，向端部有界线不清的淡棕色带且伸达中部。长体鬃黄色。

头部　头长350μm，宽：复眼处180，复眼后230，后缘255。头背布满网纹。单眼区略隆起。复眼长85，宽73。3个单眼三角形排列在复眼中线以前。复眼后鬃在两侧缘，似在颊上，长46，距眼甚远，为122。其他头背鬃均微小。颊有小瘤或载刺瘤4-5个。触角8节，较细长，节I-VIII长（宽）分别为：44（49）、56（61）、100（29）、97（34）、92（34）、68（29）、54（24）、37（15），总长548，节III长为宽的3.45倍。节III有感觉锥1个，节IV-VI各有感觉锥2个，长约37。口锥长131，基部宽200，端部宽90。口针缩入头内2/5处，中部间距较窄。

胸部　前胸长219，前部宽300，后部宽395；背面布满网纹；前角鬃长29，后侧鬃长49，其他背鬃均微小。后侧缝完全。前基腹片呈长三角形伸向下内方。中胸前小腹片近似带状，但两侧较大。中胸盾片布满横线纹和网纹。后胸盾片前部为纵网纹，后部多为横网纹。中后胸盾片各鬃均退化。前翅长1079，宽：近基部97，中部109，近端部73，不在中部收缩；无间插缨毛。翅基鬃小，长7-12。前足股节增大，跗节无齿。各足股、胫节均有网纹。

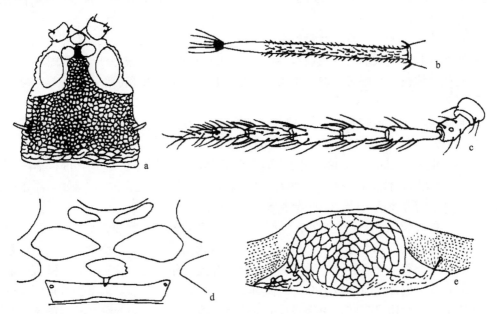

图146　卡尼亚毛管蓟马 *Leeuwenia karnyiana* Priesner（仿Ananthakrishnan，1964a）

a. 头背面（head, dorsal view）；b. 雌虫节IX-X背片（female abdominal tergites IX-X）；c. 触角（antenna）；d. 前、中胸腹板（pro- and midsternum）；e. 腹节I盾板（abdominal pelta I）

腹部　腹节I背片盾板中部正方形，有网纹，两侧窄，仅有轻线纹。节II-VIII除中部外均有网纹，两侧各有1个无纹圆斑。节II-VII各有握翅鬃1对，较粗，略呈矛形；节V背片两侧鬃长41，后侧鬃长68。节V背宽525。节IX背片后缘长鬃较粗，长：背中鬃和背侧鬃均39，侧鬃56。节X（管）长1388，为头长的4倍，基部和中部均宽90，端部宽 81，长为基部和中部宽的 15.4 倍，为端部宽的 17.1 倍。节 X 肛鬃长：207 和 180。管毛长约 29。

雌虫：体色和一般结构相似于雄虫，仅体略小。

寄主：杂草。

观察标本：2♀♀1♂，湖南，1988.Ⅴ，杂草，冯纪年采。

分布：湖南、海南；印度。

(160) 帕氏毛管蓟马 *Leeuwenia pasanii* (Mukaigawa, 1912)（图 147）

Cryptothrips pasanii Mukagawa 1912, *Kontyù Sekai*, 16: 481.

Leeuwenia pasanii (Mukaigawa): Kurosawa, 1939, *Trans. Kansai Ent. Soc.*, (8): 95; Kurosawa, 1968, *Ins. Mat. Suppl.*, 4: 54, 65; Ananthakrishnan, 1970, *Orient. Ins.*, 4(1): 50; Okajima, 2006, *Ins. Japan. Vol. 2. Suborder Tubulifera (Thysan.)*: 415.

雌虫：体长 3.9mm。体黑棕色至黑色，但触角节Ⅲ-Ⅵ黄色，节Ⅶ-Ⅷ暗黄色；前足胫节基半部淡棕色，前足胫节端半部、中和后足胫节端部及各足跗节均为黄色；翅无色，但基鬃处、自近基部起占翅长 5/9 的纵带呈淡棕色，而纵带向端半部色渐浅；体鬃较暗。各背鬃毛窝较肿胀，似小疣。

头部 头长 388μm，宽：复眼处 209，复眼后 204，后缘 247，长为复眼处宽的 1.86 倍。单眼区隆起。复眼后有"缺口"，两颊边缘仅有小锯齿，无载鬃疣。复眼间有网纹，眼后有重的横线纹。复眼长 121。单眼近乎扁三角形排列。复眼后鬃很粗，端部略扁钝而裂开，长 106，距眼 48。其他背鬃和颊鬃均小而尖，长 19-24。触角 8 节，较光滑，各节无显著梗，中间节较长，节Ⅰ-Ⅷ长（宽）分别为：48（51）、53（34）、94（29）、92（31）、87（31）、72（31）、56（26）、43（14），总长 545，节Ⅲ长为宽的 3.24 倍。感觉锥较均匀地细，大的长 34-49，小的长 9，节Ⅲ-Ⅶ数目分别为：1、1+1^{+1}、1+1^{+1}、1+1^{+1}、1。口锥端部宽圆，长 150，基部宽 267，端部宽 121。口针缩至头内约 1/4 处，中部间距很宽，为 92。下颚须基节长 9，端节长 53。

胸部 前胸长 206，前部宽 291，后部宽 437。背片网纹形状和大小很不一致，前缘中部、两侧和后部有几个光滑区；后侧缝完全。前角鬃、侧鬃、后侧鬃和后角鬃均粗似复眼后鬃，端部略扁钝而裂开，后侧鬃毛窝特别肿大，分别长 77、92、123 和 72；前缘鬃、后缘鬃及其他背片鬃均短小而尖，长约 24。腹面前下胸片缺。前基腹片近似长椭圆形。中胸前小腹片似横带状。中胸盾片前中部有横线纹，后部为网纹，其两侧有 1 光滑区。后胸盾片前、后和两侧具有网纹，中部为纵线纹。前翅长 1387，宽：近基部 145，中部 116，近端部 102；无间插缨；翅基鬃粗，端部略钝，内Ⅰ与内Ⅱ的间距小于内Ⅱ与内Ⅲ的间距，长：内Ⅰ 53，内Ⅱ 48 或 53，内Ⅲ 55 或 63。各足股节网纹和线纹较深，胫节的较浅，各节无长鬃和钩齿。

腹部 腹节Ⅰ背片的盾板除两侧叶外近梯形，板内除后部光滑外有形状、大小不一的网纹。节Ⅱ-Ⅸ背片具线纹和网纹，在各节中部和后部两节轻而模糊；腹片光滑；管无线纹。节Ⅱ-Ⅸ背、腹片前脊线清晰。节Ⅱ-Ⅵ 2 对握翅鬃外侧有短鬃 3-4 对；节Ⅶ似仅有 1 对略反曲的握翅鬃。节Ⅰ-Ⅷ背侧后缘长鬃粗，端部钝或有扩张，节Ⅴ的长：B1 鬃 102，B2 鬃 94。节Ⅴ背片长 223，宽 413。节Ⅸ背片后缘长鬃粗，背中鬃和中侧鬃端部钝，长 97 和 92；侧鬃端部尖，长 65。管端部约 1/3 刚毛既短而少，长 1058，为头长的 2.73 倍，宽：基部 126，端部 75，长为基部宽的 8.40 倍。长肛鬃均尖，长 235-255。

寄主：唇形科植物、倒卵阿丁枫。

观察标本：1♀（IZCAS），云南昆明，1960.Ⅱ.21，唇形花科植物，采集人不详。

模式标本保存地：日本（Japan）。

分布：台湾、广东、云南；日本，越南。

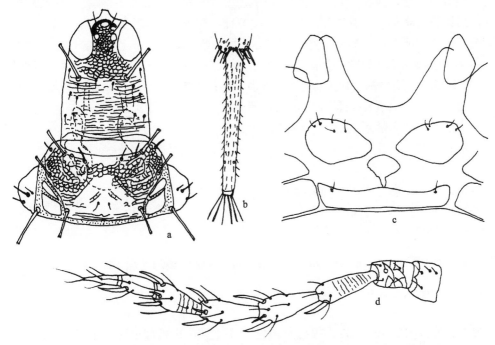

图 147　帕氏毛管蓟马 *Leeuwenia pasanii* (Mukaigawa)（仿韩运发，1997a）

a. 头和前胸背板，背面观（head and pronotum, dorsal view）；b. 雌虫节Ⅸ- Ⅹ腹面（female abdominal tergites Ⅸ- Ⅹ）；c. 前、中胸腹板（pro- and midsternum）；d. 触角（antenna）

(161) 台湾毛管蓟马 *Leeuwenia taiwanensis* Takahashi, 1936

Leeuwenia taiwanensis Takahashi, 1936, *Philip. J. Sci.*, 60(4): 427-458.

雌虫：体长 4.5mm。体黑色；触角节Ⅰ棕黑色，节Ⅱ黄色，特别是基半部黑色，节Ⅲ淡黄色，端部色更深，节Ⅳ- Ⅴ与节Ⅲ同色，但端部色更深，节Ⅵ淡黄色，但端部色更深并带淡灰色，节Ⅶ黄色，端半部暗淡，节Ⅷ暗黄色。前足胫节暗黄色，除端部 1/3 或 1/4 处为黄色外；跗节黄色，端半部较暗。翅淡棕色；头部鬃暗淡，但腹节后缘角淡黄色。

头部　头长 369μm，为宽的 1.4 倍，两颊直，在复眼后略拱；两颊无颗粒和疣状物，具有 7-10 根短刺鬃，不规则排列；顶部网纹达后单眼处，不达单眼后鬃处；复眼后鬃短，长42，端部尖，且距两颊较距复眼近，不到达复眼；单眼后鬃短，较弱，微弯曲，距复眼较距单眼近，除后缘部分外，其他小背鬃存在。复眼不突出，在顶部更窄；单眼等距离长，前单眼在正前方，位于触角的基部；后单眼与复眼接触，直径略小于两单眼的距离，且前缘处为复眼的中部。口锥达前胸中部之前。触角细长，节Ⅰ宽大于长，节Ⅱ长大于宽，圆柱形，节Ⅲ-Ⅵ棍棒状，到端部逐渐变宽，节Ⅶ在基部逐渐变窄，节Ⅷ基部不收窄。

胸部 前胸长254，较短于头，宽438，无明显网纹，宽为长的1.72倍，具很多小鬃，前角鬃、后角鬃和中侧鬃与中部其他鬃相似，长度几乎相等，短且端部尖；有2根短的小鬃接近前缘，较长于其他背鬃，短于角鬃，并较其他鬃靠近角鬃。具翅胸节宽于腹部，后胸在后半部中部具网纹。翅接近腹节Ⅶ，在前缘基部无缨翅，且无间插缨。前足股节强壮，无网纹，具短鬃，在基部具2-3根长鬃。前足跗节无齿。

腹部 腹部在基部最宽，逐渐变细；节Ⅰ盾板三角形，宽于长，节Ⅱ在中部具网纹，节Ⅱ-Ⅷ具横网纹且在侧缘和中部区域具很多小鬃；腹节后角鬃发达，端部尖。管长900，但短于腹部长，等于节Ⅱ-Ⅳ的长度，在基部最宽，为115，逐渐变细，端部宽51；管长为基部宽的8倍，不隆起，在端部略收缩。

雄虫：未明。

寄主：未知。

模式标本保存地：中国（Taiwan）。

观察标本：未见。

分布：台湾。

(162) 吞食毛管蓟马 *Leeuwenia vorax* Ananthakrishnan, 1970（图148）

Leeuwenia vorax Ananthakrishnan, 1970, *Orient. Ins.*, 4(1): 50, 53.

雌虫：体长约3.4mm。体黑棕色至黑色，但触角节Ⅲ-Ⅶ和节Ⅷ基半部和各足跗节黄色；触角节Ⅷ端半部暗黄色；前足胫节和中、后足股节端部淡棕色；翅无色或略微暗，但前翅基部及前翅和后翅一条延伸至近端部的纵带棕色；体鬃较暗。

头部 头长315μm，宽：复眼处201，后部252，后缘243。背片单眼区隆起；自此向后至复眼后一段具纵横网纹，中后部有粗横线纹。两颊略微拱；复眼后有显著"缺口"；两侧各有10来个载鬃疣，尚有许多更小的载鬃和不载鬃的小疣分布在背片与颊的线纹上。头背无长鬃，复眼后鬃退化，均长9-14。复眼背面长126，腹面长97。触角8节，各节较细，粗细较均匀，光滑无纹，无梗；节Ⅰ-Ⅷ长（宽）分别为：38（43）、48（34）、92（24）、75（29）、77（31）、72（26）、58（21）、48（14），总长508，节Ⅲ长为宽的3.8倍。感觉锥较均匀地细，长34-46，节Ⅲ-Ⅶ数目分别为：1、1+1^{+1}、1+1^{+1}、1+1^{+1}、1。口锥端部宽圆；长131，宽：基部218，端部97。口针缩至头内1/3处，中部间距36。下颚须基节长7，端节长53。

胸部 前胸长218，前部宽279，后部宽364。背片布满大小不等、形状不同的横和纵的网纹，但两侧有3个光滑区，网纹内又具极短而细的线纹。后侧缝不达后缘。后侧鬃粗，端部钝但不分开或扁，长63。此外无长鬃，共有小而尖的鬃36根，长约9，后缘鬃稍长，长 24。腹面前下胸片略似长三角形。前基腹片大。中胸前小腹片近乎横带状。中胸盾片布满网纹，网纹中又具极短且细的线纹；无长鬃，鬃长 10-24。后胸盾片除中部两侧外布满网纹，网纹中又具极细且短的线纹；无长鬃，鬃长 5-19。前翅表面自基部到中部有许多微疣或颗粒，无间插缨；长1156，宽：近基部121，中部97，近端部82；翅基鬃细小而尖，长约 9，内Ⅰ和内Ⅱ距翅前缘比内Ⅲ远，互相间距近于内Ⅱ和内Ⅲ。各足股、胫节网纹重；各节无钩齿，鬃短，多着生在小基疣上。

　　腹部　腹节Ⅰ背片的盾板除两后侧叶外近方形；板内网纹内亦有极细短线纹。节Ⅱ-Ⅸ背片网纹多，但节Ⅱ-Ⅶ中部较少，管无网纹。腹部各节腹片光滑无纹。节Ⅱ-Ⅶ背片2对握翅鬃粗似矛形，尤其是后对的显著；握翅鬃两侧的 8-9 对短鬃亦着生在小疣上。节Ⅱ-Ⅶ后缘长侧鬃粗大，端部钝但不扁，节Ⅴ的 B1 鬃长 63，B2 鬃长 72。节Ⅴ背片长 136，宽294，节Ⅸ背片后缘长鬃粗，背中鬃端部钝而不扁，长 68，中侧鬃和侧鬃端部尖，分别长 82 和 68；管为鬃长的 16-17.5 倍。管长1105，为头长的 3.5 倍，宽，基部和中部均97，端部63，密被刚毛。长肛鬃长 194 和 201，甚短于管，为管长的 0.17-0.18 倍。

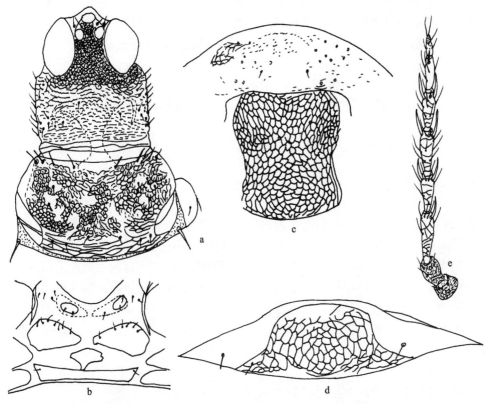

图 148　吞食毛管蓟马 *Leeuwenia vorax* Ananthakrishnan（仿 Ananthakrishnan，1970）

a. 头和前胸背板，背面观（head and pronotum, dorsal view）；b. 前、中胸腹板（pro- and midsternum）；c. 中、后胸背板（meso-
and metanotum）；d. 腹节Ⅰ盾板（abdominal pelta Ⅰ）；e. 触角（antenna）

雄虫：体一般结构相似于雌虫。体色较淡于雌虫，触角节Ⅶ全黄；前足跗节内缘略鼓，端部似小齿；腹节Ⅰ-Ⅶ背片两前侧部有 1 对光滑无纹区，色淡；节Ⅸ中侧鬃短于背中鬃和侧鬃。体长约 3.2mm。

寄主：一种植物叶，在印度为番樱桃属。

模式标本保存地：印度（India）。

观察标本：未见。

分布：海南；印度。

Ⅹ. 墨脱管蓟马族 Medogothripini Han, 1997

Medogothripini Han, 1997a, *Econ. Ins. Faun. China. Fasc.*, 55: 390.

头、前胸、中胸盾片、后胸盾片、腹节Ⅰ-Ⅸ背片及腹片有网纹。各足胫节有粗线纹，两颊无刺和载刺小结瘤。复眼大，不在腹面延伸。触角 8 节。口针细，缩入头内较深。头、前胸上的鬃、翅基鬃较短而尖，前下胸片缺。前翅宽，边缘平行，中部不收缩。

本族体表多网纹与管蓟马族的棘管蓟马属相似，但本族两颊无小刺和载刺小结瘤。本族体表网纹与点翅管蓟马族相似，但本族显著体鬃端部不扁而透明。

分布：古北界，东洋界。

48. 墨脱管蓟马属 *Medogothrips* Han, 1988

Medogothrips Han, 1988, *Ins. Mt. Namjagbarwa Reg. Xizang*: 188; Han, 1997a, *Econ. Ins. Faun. China. Fasc.*, 55: 390.

Type species: *Medogothrips reticulatus* Han, 1988.

属征：头宽略大于长，头背面布满网纹，后缘略宽，两颊无刺和载毛疣。复眼大，豆形，间距大，不在腹面延伸。触角 8 节，较粗壮，节Ⅲ-Ⅶ的梗明显，端部较大。口锥较短，端部不很尖；口针细长，缩入头内至复眼后缘，在中部互相远离。下颚桥缺。前胸背片布满多角形网纹；鬃短小，仅后侧鬃略长。后侧缝完全。前下胸片缺，前基腹片发达。前翅宽，边缘较直，近端部略宽，间插缨存在。中、后胸盾片网纹密集。各足股节、胫节有粗线纹。腹节Ⅰ-Ⅸ背腹片有网纹。节Ⅱ-Ⅶ背片各有 2 对握翅鬃。管略长，较平滑。

分布：东洋界。

本属世界已知 1 种，本志记述 1 种。

(163) 墨脱网管蓟马 *Medogothrips reticulatus* Han, 1988（图 149）

Medogothrips Han, 1988, *Ins. Mt. Namjagbarwa Reg. Xizang*: 188; Han, 1997a, *Econ. Ins. Faun. China. Fasc.*, 55: 390.

　　雌虫：体长约2mm。体暗棕色；触角节III较黄，其余各节棕色；前翅略淡黄；各足股节棕色，胫节、跗节黄色；腹节 I、II 背片略黄，节III-VIII背片两侧向后逐渐变暗，中部暗棕色，向后愈深，相互连接，颇似暗带；体鬃淡黄色。

　　头部　头长207μm，宽：复眼处205，后缘232。两颊无刺和载鬃疣。复眼长93，单眼前鬃、间鬃和复眼后鬃长10-15，端部尖。触角8节；节 I-VII 线纹显著；节 I-VIII 长（宽）分别为：28（46）、50（37）、55（33）、50（33）、50（36）、55（31）、50（26）、32（16），总长370；节III长为宽的1.67倍；各节感觉锥较粗，节III-VII数目分别为：1、1+2、1+1、1+1、1。口锥伸达前胸腹片中部，长125，宽：基部150，端部45。口针中部间距82。

　　胸部　前胸长175，后部宽387，短于头；仅后侧鬃稍长，端部微钝；背片鬃14根；各鬃长：前缘鬃11，前角鬃7，侧鬃16，后侧鬃50，后角鬃26，后缘鬃15，背片鬃6。前胸前外侧鬃长10，中后鬃长12，后缘鬃2对，长12和18。后胸前缘鬃2对，长皆为12，前中鬃长12，距前缘75。中胸前小腹片中部退化。前翅长920，宽：近基处91，中部108，近端部125；间插缨16根；翅基鬃几乎排列在1条横线上，仅内III稍靠前，各鬃长：内 I 21，内 II 22，内 III 35。各足股节、胫节无钩齿或长刚毛；前足股节不显著增大，前足跗节内缘有较长齿。

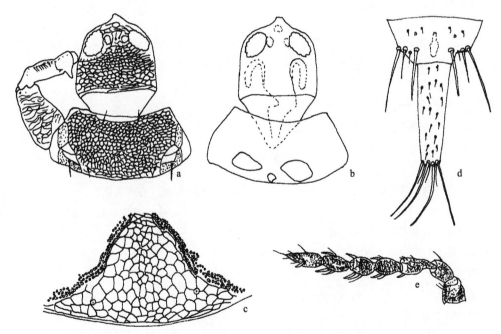

　　图149　墨脱网管蓟马 *Medogothrips reticulatus* Han（仿韩运发，1997a）
a. 头、前足及前胸背板，背面观（head, fore leg and pronotum, dorsal view）；b. 头和前胸，腹面观（head and pronotum, ventral view）；c. 腹节 I 盾板（abdominal pelta I）；d. 雌虫节IX-X背板（male abdominal tergites IX-X）；e. 触角（antenna）

　　腹部　腹节 I-IX 背、腹片的网纹：背片的重于腹片，两侧的重于中部的。节 I 背片的板近于三角形，布满网纹。节V背片长120，宽467。节II-VII背片两侧有2对反曲的握翅鬃，节Ⅲ-Ⅶ的后对粗鬃似矛形；握翅鬃外侧有 2 对鬃，其后 1 对较长，端部略钝；节Ⅱ-Ⅷ背片两侧纹线上有些微刺。节Ⅸ背片后缘长鬃长：背中鬃 91，中侧鬃 51，侧鬃 95。节Ⅹ（管）长 220，为头长的 1.1 倍，宽：基部 85，端部 45；有小刚毛，基部有少数网纹。管端部肛鬃长鬃长 120-125。

雄虫：未明。

寄主：未明。

模式标本保存地：中国（IZCAS，Beijing）。

观察标本：2♀♀，西藏墨脱县旁辛，800m，1983.Ⅱ.8，韩寅恒采；6♀♀（副模），同正模；2♀♀，福建福州鼓山，1963.Ⅶ.2，周尧采。

分布：福建、西藏（墨脱县）。

XI. 管蓟马族 Phlaeothripini Priesner, 1928

Phlaeothripinae Karny, 1921b, *Treubia*, 1(4): 220, 245, 246.

Phlaeothripini Priesner, 1928, *Thysan. Eur.*: 477.

Phlaeothripini Priesner, 1961, *Anz. Österr. Akad. Wiss.*, 1960(13): 290; Han, 1997a, *Econ. Ins. Faun. China. Fasc.*, 55: 392.

　　颊有载于瘤上的小刺列，但有时退化，常仅有 1 刺在颊上，约在头每侧的基部 1/3 处。复眼通常大，卵形。触角节Ⅲ感觉锥不多于 4 个。口锥常强烈变窄。翅边缘平行或在中部有微弱变窄，体鬃通常发达，包括前胸前角鬃，常端部膨大。雄虫前足股节或前足胫节，或两性有齿状物。体表面有时有细网纹。

分布：世界各地。

属检索表

1. 前翅基部弯曲，具 4 条棕色的带；腹节Ⅱ-Ⅴ背片各具 1 对握翅鬃，盾板退化，分成 3 个部分 ⋯⋯
   ⋯⋯⋯⋯⋯⋯⋯⋯⋯⋯⋯⋯⋯⋯⋯⋯⋯⋯⋯⋯⋯⋯ **粉虱管蓟马属 Aleurodothrips**
   前翅无带；腹节常具 2 对握翅鬃，盾板不分成 3 片 ⋯⋯⋯⋯⋯⋯⋯⋯⋯⋯⋯⋯⋯⋯⋯⋯ 2

2. 触角节Ⅲ具数目较多的感觉锥 ⋯⋯⋯⋯⋯⋯⋯⋯⋯⋯ **锥管蓟马属 Ecacanthothrips**
   触角节Ⅲ具 4 个以下感觉锥 ⋯⋯⋯⋯⋯⋯⋯⋯⋯⋯⋯⋯⋯⋯⋯⋯⋯⋯⋯⋯⋯⋯⋯⋯ 3

3. 前翅无间插缨 ⋯⋯⋯⋯⋯⋯⋯⋯⋯⋯⋯⋯⋯⋯⋯⋯⋯⋯⋯⋯⋯⋯⋯⋯⋯⋯⋯⋯⋯⋯ 4
   前翅有间插缨 ⋯⋯⋯⋯⋯⋯⋯⋯⋯⋯⋯⋯⋯⋯⋯⋯⋯⋯⋯⋯⋯⋯⋯⋯⋯⋯⋯⋯⋯⋯ 5

4. 后侧缝不完全；头略长于宽，或宽大于长；节Ⅷ有 1 对或 2 对握翅鬃 ⋯⋯ **叶管蓟马属 Phylladothrips**
   后侧缝完全；头部延长，略长于宽 ⋯⋯⋯⋯⋯⋯⋯⋯ **拟网纹管蓟马属 Heliothripoides**

5. 头两颊具小载毛瘤 ⋯⋯⋯⋯⋯⋯⋯⋯⋯⋯⋯⋯⋯⋯⋯⋯⋯ **棘管蓟马属 Acanthothrips**
   头两颊无小载毛瘤，两颊具小刺 ⋯⋯⋯⋯⋯⋯⋯⋯⋯ **跗雄管蓟马属 Hoplandrothrips**

49. 棘管蓟马属 *Acanthothrips* Uzel, 1895

Acanthothrips Uzel, 1895, *Monog. Ord. Thysanop.*: 30, 41, 45, 59, 259; Mound *et al.*, 1976, *Handb. Ident. British Ins.*, 1(11): 6, 58, 60.

Notothrips Hood, 1933b, *Proc. Ent. Soc. Washington*, 35(9): 200.

Type species: *Phloeothrips nodicornis* Reuter, 1880.

属征：头长大于宽。两颊略外拱，常具小载毛瘤。复眼大，不在腹面延伸，不在背面连接。眼后鬃发达，偶尔小。中间触角节瓶形。口锥长而尖，口针缩入头内很深，在头内中央互相接触。前胸有多角形网纹，或载有小颗粒或刻点。后侧片有 1 对或 2 对发达的鬃。中胸前小腹片发达或略微退化。长翅型。前翅有点宽，有时在中部略微缩窄；间插缨存在。腹部一般有网纹。背片有 2 对或 3 对握翅鬃。管适当长。

分布：古北界，东洋界，新北界。

本属两颊有些小载毛瘤，比较容易鉴别。世界已知约 13 种，本志记述 1 种。

(164) 角棘管蓟马 *Acanthothrips nodicornis* (Reuter, 1885)（图 150）

Phloeothrips nodicornis Reuter, 1885, *Bidr. Känn. Finl. Nat. Folk*, 40: 7, 16.

Acanthothrips doaneii Moulton, 1907, *Technical series*, USDA Bur. Ent., 12/3: 39-68.

Acanthothrips americanus Bagnall, 1933b, *Ent. Mon. Mag.*, 69: 120-123.

雌虫：体长约 2.9mm。体棕黑色至黑色，触角节 III-VI 基部 1/2、端部的颈和节 VII 基部梗暗黄色，翅无色；各足跗节暗黄色；体鬃较淡。

头部　头长 388μm，宽：复眼处 243，复眼后 311，长为复眼处宽的 1.6 倍。背面单眼区隆起并具网纹，眼后布满横线纹和网纹。两颊略拱，每侧约有 10 个载鬃小疣和一些不载鬃的大小不等的小疣。复眼后鬃端部略钝、扁钝或尖，甚短于复眼，长 38，距眼 24；其他背鬃短小。复眼背面长 170，腹面长 126。触角 8 节，节 I-VIII 长（宽）分别为：63（53）、72（43）、131（41）、116（41）、111（36）、80（31）、72（26）、38（12），总长 683，节 III 长为宽的 3.2 倍；感觉锥较大，节 III-VII 感觉锥数目分别为：1+2、1+2^{+1}、1+1^{+1}、1+1^{+1}、1。口锥长 243，宽：基部 170，端部 55。口针缩入头内至复眼后缘，中部间距 4。下颚须基节长 9，端节长 55。下唇须较长，基节长 19，端节长 34。

胸部　前胸长 243，前部宽 357，后部宽 486；背片布满多角形网纹；后侧缝完全。除边缘长鬃外，小鬃多至 22 根。长边缘鬃端部钝、略扁、较粗，其他鬃均细尖；长：前缘鬃 36，前角鬃 51，侧鬃 65，后侧鬃 111，后角鬃 63，后缘鬃 29。腹面前下胸片缺。前基腹片大。中胸前小腹片具横线纹，中峰显著。中胸盾片布满横向网纹；前外侧鬃较粗，端部钝，略扁，长 63；中后鬃 2 对，较短，长 19 和 38；后缘鬃很小。后胸盾片除中部两侧光滑外，前部两侧为纵线，后部两侧为纵网纹；前缘鬃很小；前中鬃细长而尖，长 97，距前缘 72。前翅长 1413，宽：近基部 140，中部 133，近端部 85；间插缨 30 根；翅基鬃内 I 与内 II 的间距小于内 II 与内 III 的间距，端部均钝而略扁或内 II 较尖，长：内

Ⅰ 72，内Ⅱ 77，内Ⅲ 111。前足股节较粗大，外缘较粗糙，有一些很小的疣或突起，内端缘有 1 个三角形齿；跗节内端齿较大，三角形。

腹部　节Ⅰ背片的盾板馒头形，无侧叶，板内蜂窝形网纹前部的大，中后部的小。节Ⅲ-Ⅷ背片前脊线较粗而暗棕，但节Ⅱ-Ⅷ腹片前脊线细而淡。节Ⅱ-Ⅷ背片前部和两侧横网纹后部节渐弱，中后部及节Ⅸ为横线纹，均较轻；管无纹。节Ⅱ-Ⅸ腹片线纹细弱。节Ⅱ-Ⅶ背片 2 对大握翅鬃前有 2 对或 1 对较细握翅鬃（节Ⅶ的均较细），其外侧有 2-4 对短鬃。节Ⅱ-Ⅸ后缘两侧长鬃端部钝或略扁。节Ⅴ背片长 189，宽 583。节Ⅸ后缘背中鬃和中侧鬃端部钝而略扁，长 125，侧鬃端部尖，长 145，均显著短于管。管长 315，为头长的 0.81 倍，宽：基部 121，端部 63。肛鬃长 235-243。

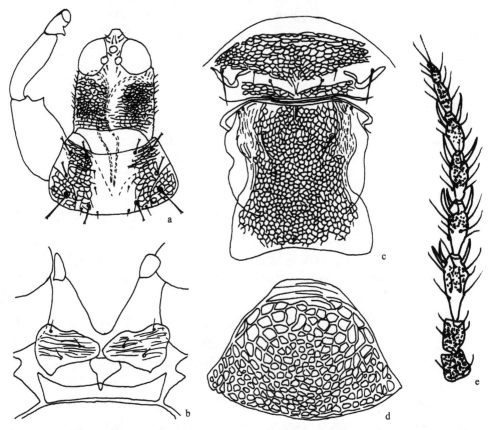

图 150　角棘管蓟马 Acanthothrips nodicornis (Reuter)

a. 头、前足及前胸背板，背面观（head, fore leg and pronotum, dorsal view）；b. 前、中胸腹板（pro- and midsternum）；c. 中、后胸背板（meso- and metanotum）；d. 腹节Ⅰ盾板（abdominal pelta Ⅰ）；e. 触角（antenna）

雄虫： 体色和一般结构相似于雌虫，体较小，腹节Ⅸ背片后缘中侧鬃短于背中鬃和侧鬃。节Ⅸ背片鬃长：背中鬃 104，中侧鬃 58，侧鬃 136，均短于管。节Ⅷ腹片雄性腺域大致为 1 窄带，居中，约占据腹片宽度一半；腺域宽（横）140，中部长 9，端部长 14。

寄主： 柳树、杨树、凤凰花。

模式标本保存地：英国（BMNH，London）。

观察标本：2♀♀，海南万隆，1963.Ⅳ.17，凤凰花，周尧采；3♀♀3♂♂（IZCAS），河南安阳，1957.Ⅵ.10，柳树皮上，孟祥玲采。

分布：河南、宁夏、海南；俄罗斯，蒙古，塔吉克斯坦，格鲁吉亚，土耳其，匈牙利，捷克，斯洛伐克，波兰，保加利亚，阿尔巴尼亚，罗马尼亚，意大利，德国，奥地利，荷兰，瑞典，法国，瑞士，丹麦，西班牙，英国，芬兰，美国。

50. 粉虱管蓟马属 *Aleurodothrips* Franklin, 1909

Aleurodothrips Franklin, 1909, *Ent. News*, 20(5): 228; Stannard, 1968, *Bull. Ill. Nat. Hist. Surv.*, 29(4): 386, 399.

Type species: *Cryptothrips fasciapennis* Franklin, 1908.

属征：头长约与宽相等，背面有弱纹，眼前略延伸。复眼适当大，不在腹面延伸。复眼后鬃及其他头背鬃均小而尖。触角 8 节，节Ⅷ与节Ⅶ界线清晰；节Ⅲ和节Ⅳ感觉锥小。口锥较短，宽圆。口针缩至头内复眼处，间距宽。仅前角鬃和后侧鬃发达，端部扩张。无后侧缝的痕迹。前下胸片存在。前基腹片大。长翅型。前翅中部略窄，无间插缨。雌虫前足无齿。雄虫前足股节内缘有 1 根大角状粗刺。前足胫节有 3-4 个载毛瘤。前足跗节有齿。节Ⅱ-Ⅶ背片各有 1 对握翅鬃。侧鬃端部膨大。雄虫腹节Ⅴ腹片有几对特异的中刚毛（附属刚毛），节Ⅷ腹片有雄性腺域；节Ⅸ背片后缘长鬃短于管，端部膨大，中侧鬃如同在雌虫中不甚短。管甚短于头。肛鬃短于管。

分布：东洋界，新北界，新热带界。

本属世界已知仅 1 种，本志记述 1 种。

(165) 带翅粉虱管蓟马 *Aleurodothrips fasciapennis* (Franklin, 1908)（图 151）

Cryptothrips fasciapennis Franklin, 1908, *Proc. U. S. Nat. Mus.*, 33: 727, pl. LXIV, figs. 12, 13; Franklin, 1909, *Ent. News*, 20(5): 229, figs. 1, 2.

Aleurodothrips fasciiventris Girault, 1927, *Publ. Priv.*, *Brisb.*: 2. Synonymised by Mound & Walker, 1987, *New Zeal. Ent.*, 9: 78.

雌虫：体长 1.6-1.8mm。体黄和棕两色，以黄色为主；棕色部分包括：头、触角节Ⅳ和节Ⅴ端部及节Ⅵ-Ⅷ、前胸、翅胸的前翅和后翅附近、中胸盾片后缘、前翅近基部及中部和端部的暗带、前足基节和股节、中足和后足基节一部分、中足和后足股节端半部或近端部一段、腹节Ⅰ背片两侧、节Ⅱ-Ⅳ背片前部和前侧角、节Ⅴ和节Ⅵ全部（节Ⅵ最暗）、节Ⅶ前脊线以前、管基部 2/3。所有体鬃淡黄色。

头部　头部长 194μm，宽：复眼处 182，后缘 199，长为复眼处宽的 1.1 倍。背面线纹细弱，两颊近乎直；复眼不突出，长 72。各鬃长约 14。触角 8 节，节Ⅰ-Ⅷ长（宽）分别为：31（36）、41（34）、55（27）、48（29）、48（27）、43（24）、34（7）、29（12），

总长 329，节Ⅲ长为宽的 2.04 倍。感觉锥节Ⅲ-Ⅶ数目分别为：1、1+1、1+1、1、1。口锥短，端部宽圆，长 97，宽：基部 182，端部 72。口针细，缩入头内约 1/2 或 1/3，中部间距很宽，约 60。下颚须基节长 7，端节长 34。

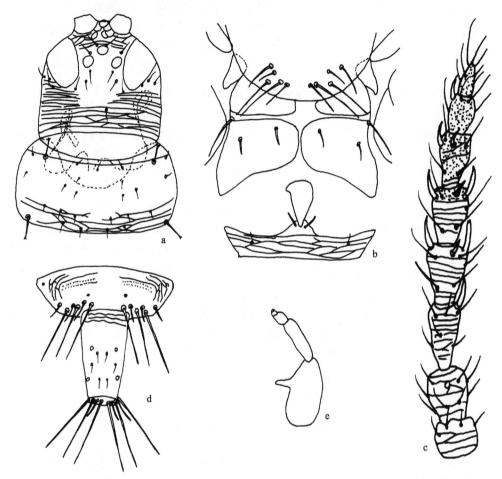

图 151　带翅粉虱管蓟马 *Aleurodothrips fasciapennis* (Franklin)（仿韩运发，1997a）

a. 头和前胸背板，背面观（head and pronotum, dorsal view）；b. 前、中胸腹板（pro- and midsternum）；c. 触角（antenna）；
d. 雌虫节Ⅸ-Ⅹ背板（male abdominal tergites Ⅸ-Ⅹ）；e. 前足（fore leg）

胸部　前胸长 119，前部宽 230，后部宽 267。背片后部和两侧有几条线纹；除前角鬃和后侧鬃端扁喇叭状外，其他各鬃均尖而小；鬃长：前缘鬃 5，前角鬃 34，侧鬃 14，后侧鬃 43，后角鬃、后缘鬃和其他 14 根背片鬃长 9-19。腹面前下胸片、前基腹片大，较方。中胸前小腹片中峰显著。中胸盾片横线纹细，各鬃均细而尖，长 4-9。后胸盾片仅前缘和前部两侧有几条横和纵线纹，其余很光滑。前缘角鬃微小，前中鬃细而尖，长 19。前翅基部甚向前弯，中部暗带处略窄，并有 2 条占翅长约 1/4 的纵条；前翅长 668，近基部宽 72，中部宽 34，近端部宽 48；无间插缨；翅基鬃内Ⅰ和内Ⅱ微小而尖，长 7-9，内Ⅲ端部钝扁，长 14。各足纹弱；前足股节稍膨大，中足较短。前足跗节一般无齿，个体大者可见 1 个小齿。

　　腹部　腹节 I 背片的盾板光滑，分 3 部分：后部稍窄，方块形；中部宽横，梭形；前部窄横，碗形。节 II-VIII 背片和腹片前脊线很细。节 II-VII 背片的 1 对反曲握翅鬃居后部中央；其外侧有小鬃 2-3 对；节 II-VIII 背片后缘长鬃端部扁喇叭状，节 V 的 B1 鬃长 77，B2 鬃长 65。节 IX 背片后缘背中鬃和中侧鬃端部扁钝，分别长 77 和 85，侧鬃端部尖，长 111。管长 131，为头长的 0.68 倍，宽：基部 68，端部 41。肛鬃均尖，长 92 和 97。

　　雄虫：体长 1.1-1.3mm。体色和一般结构与雌虫相似，但腹部较细瘦，颜色较淡，腹部仅节 VI 两侧暗棕；前足股节内缘有长齿，胫节内缘有 3-4 个小载毛疣，跗节有 1 个小齿。腹节 VI-VIII 背片网纹很重，节 V 腹片有 3 对增大的鬃，实为附属鬃。

　　生活习性：常在橘、橙树上捕食粉虱、蚧虫、蚜虫及叶螨。

　　模式标本保存地：英国（BMNH，London）。

　　观察标本：6♀♀5♂♂，广东惠东，1983.X.16，潘务耀采；8♀♀2♂♂，湖南长沙，1984.VIII.18，邹建拘采；5♀♀1♂，海南那大，谢少远采。

　　分布：湖南、福建、台湾、广东、海南、广西、四川、云南；日本，印度，越南，斯里兰卡，印度尼西亚，巴巴多斯（西印度群岛），留尼汪岛（印度洋），斐济（太平洋），婆罗洲（加里曼丹岛），密克罗尼西亚（大洋洲），波利尼西亚群岛，比利时，美国，澳大利亚，百慕大，牙买加，古巴，纳索，波多黎各。

51. 锥管蓟马属 *Ecacanthothrips* Bagnall, 1909

Ecacanthothrips Bagnall, 1909a, *Ann. Soc. Ent. Belge*, 52: 348; Palmer & Mound, 1978, *Bull. Br. Mus. (Nat. Hist.) (Ent.)*, 37(5): 154, 156.

Type species: *Ecacanthothrips* (*Acanthothrips*) *sanguineus*, 1908.

　　属征：复眼大。两颊具至少 1 对刚毛在小结节上。触角 8 节，节 III 具有数目较多的粗大感觉锥，节 IV 有感觉锥 4 个。口锥尖，口针缩入头内几乎至复眼，在头中部互相靠近。前胸背片甚宽，后侧缝完全。前下胸片缺。雄虫前足股节有 1 个端刺突，前足股节中部有时雌雄两性均有 1 个刺突，在小个体中缺。中胸盾片侧鬃长。后胸盾片有网纹。前翅在中部收缩，间插缨存在。节 II-VII 背片除 2 对握翅鬃外，两侧另有一些握翅鬃。雄虫节 VIII 腹片无腺域。大型，呈两性异态。

　　分布：东洋界，澳洲界。

　　本属世界已知 11 种，其种类在死木头上取食菌类。本志记述 2 种。

种检索表

雌虫和雄虫前足股节内缘中部有 1 粗刺突，间插缨 22 根 …………………………**胫锥管蓟马 *E. tibialis***

雌虫和雄虫前足股节内缘平滑或具有 1 列载毛结瘤，间插缨 18 根 ………**桔锥管蓟马 *E. inarmatus***

(166) 桔锥管蓟马 *Ecacanthothrips inarmatus* **Kurosawa, 1932**（图 152）

Ecacanthothrips inarmatus Kurosawa, 1932, *Kontyû*, 5: 238; Palmer & Mound, 1978, *Bull. Br. Mus.*
(*Nat. Hist.*) *Ent.*, 37(5): 154, 158, 160. Synonymy.

Ecacanthothrips piceae Ishida, 1936, *Ins. Mat.*, 10(4): 154. Synonymised by Palmer & Mound, 1978,
Bull. Br. Mus. (*Nat. Hist.*) *Ent.*, 37(5): 160.

雌虫：体长约 2.9mm。体淡棕色至棕黑色，以翅胸及腹节Ⅷ-Ⅹ最暗。触角节Ⅰ、Ⅱ、
Ⅴ-Ⅶ淡棕色，节Ⅲ-Ⅴ或有时节Ⅵ基半部黄色；头、前足股节和胫节（边缘除外）、中足
和后足股节（边缘和端部除外）、翅胸前部、腹节Ⅰ-Ⅶ边缘和节Ⅶ中部淡棕色或暗黄色；
前胸、前足胫节（边缘除外）、各足跗节、腹节Ⅰ-Ⅶ（边缘除外）黄色；前翅略微暗，
中部有 1 条黄色纵条，基部翅基鬃以内烟灰色，后翅边缘略暗；体鬃暗。

头部 头长 370μm，宽：复眼处 231，复眼后 251，后缘 246，长为复眼处宽的 1.6
倍。单眼区隆起；眼后有横线纹；两颊略拱，粗糙，每侧有 6-7 个载鬃疣和许多小疣或
突起。复眼长 121。复眼后鬃端部扁钝，长约如复眼，长 126，距眼 14。单眼三角形排
列。其他单眼鬃和背鬃很细小，长 12-24。触角 8 节，各节光滑，节Ⅲ粗大，节Ⅷ基部
较窄；节Ⅰ-Ⅷ长（宽）分别为：48（51）、55（41）、106（58）、104（48）、97（34）、
72（29）、55（24）、48（17），总长 585，节Ⅲ长为宽的 1.8 倍。节Ⅲ有众多感觉锥，粗
而端圆，节Ⅳ-Ⅵ的端部较细，节Ⅲ-Ⅶ数目分别为：大约 10 个、1+1+1+1、1+1、1+1、1。
口锥端部窄，长 255，宽：基部 243，端部 31。口针缩至头内复眼后，中部间距很小。
下颚须细长，基节很短，长 7，端节长 68。下唇须基节较长，长 14，端节长 38。雌虫和
雄虫前足股节内缘平滑或具有 1 列载毛结瘤。

胸部 前胸长 111，前部宽 145，后部宽 211。背片两侧网纹较重，内纵条色较深，
短而细。长边缘鬃端部扁钝，鬃长：前缘鬃 53，前角鬃 82，侧鬃 77，后侧鬃 97，后角
鬃 123，后缘鬃 26。其他背片鬃均细小。腹面前下胸片缺。前基腹片近似横长三角形。
中胸前小腹片中峰显著。中胸盾片中后部无横线纹；前外侧鬃端部扁钝，长 43；中后鬃
长度与前外侧鬃相近，与另 1 对中后鬃和后缘鬃均尖，分别长 38、17 和 21。后侧缝完
全，后胸盾片除后部两侧外，密布纵网纹；前缘鬃很小，位于前缘角；前中鬃细而尖，
长 57，距前缘 48。前翅长 1182，宽：近基部 128，中部 85，近端部 68；间插缨 18 根；
3 根翅基鬃端部都扁钝或内Ⅲ尖，距翅前缘和相互间距相似，长：内Ⅰ 77，内Ⅱ 82，内
Ⅲ 99。各足纹弱，短鬃尚多，但无长鬃。前足股节内缘无大刺突。跗节内缘齿较大，长
大于宽。

腹部 腹节Ⅰ背片的盾板近似钟形，但后缘较延伸，板内网纹密。节Ⅱ-Ⅷ背片前脊
线细但清晰，其他线纹模糊。2 对握翅鬃两侧有短鬃 3-4 对；节Ⅷ 2 对后缘长鬃端部扁
钝，节Ⅲ-Ⅶ侧缘鬃略扁钝或略微钝；节Ⅴ的鬃长：B1 145，B2 124，B3 87。节Ⅸ背中
鬃和中侧鬃端部略钝，长 128；侧鬃端部尖，长 177，均短于管。管长 216，为头长的 0.58
倍，宽：基部 94，端部 48。肛鬃长：内中鬃 218，中侧鬃 223，均尖。

雄虫：体长约 2.9mm。体色和一般结构相似于雌虫，但前足股节稍大，内端有 2 个

小的刺突；腹节Ⅸ中侧鬃短于背中鬃和侧鬃。节Ⅸ鬃长：背中鬃 133，中侧鬃 48，侧鬃 160。管长 170，宽：基部 77，端部 41。肛鬃长 194。雄性腹片无腺域。

　　寄主：死木瓜树皮内。

　　模式标本保存地：日本（NIAS，Tokyo）。

　　观察标本：1♀，海南岛兴隆，1963.Ⅴ.7，周尧采；3♀♀（IZCAS），广东广州，1958. Ⅳ.9，木瓜，孟祥玲采（玻片号：321259-63-696）。

　　分布：广东、海南；日本。

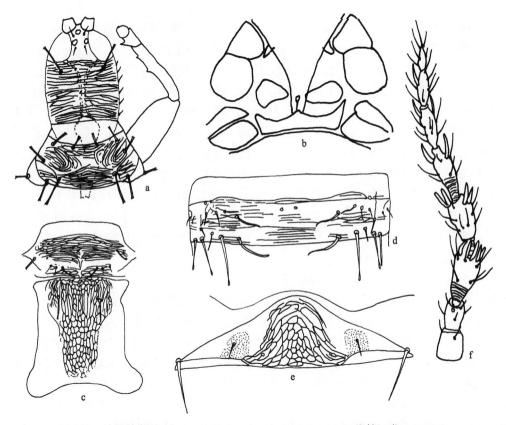

图 152　桔锥管蓟马 *Ecacanthothrips inarmatus* Kurosawa（仿韩运发，1997a）

a. 雌虫头、前足和前胸背板，背面观（female head, fore leg and pronotum, dorsal view）；b. 前、中胸腹板（pro- and midsternum）；
c. 中、后胸背板（meso- and metanotum）；d. 腹节Ⅴ背板（abdominal tergite Ⅴ）；e. 腹节Ⅰ盾板（abdominal pelta Ⅰ）；f. 触角（antenna）

(167) 胫锥管蓟马 *Ecacanthothrips tibialis* (Ashmead, 1905)（图 153）

Idolothrips tibialis Ashmead, 1905, *Ent. News*: 16, 20.

Acanthothrips sanguineus Bagnall, 1908a, *Ann. Mag. Nat. Hist.*, (8)1: 362. Synonymised by Palmer & Mound, 1978, 37(5): 161.

Ormothrips steinskyi Schmutz, 1913, *Sber. Kais. Akad. Wiss.*, 122(1): 1028. Synonymised by Ananthakrishnan, 1961, *Proc. Biol. Soc. Wash.*, 74: 275.

Ecacanthothrips bryanti Bagnall, 1915a, *Ann. Mag. Nat. Hist.*, 8(15): 320. Synonymy by Ananthakrishnan, 1961, *Proc. Biol. Soc. Wash.*, 74: 275.

Ecacanthothrips coxalis Bagnall, 1915b, *Ann. Mag. Nat. Hist.*, (8)15: 597. Synonymy by Ananthakrishnan, 1961, *Proc. Biol. Soc. Wash.*, 74: 275.

Ecacanthothrips coxalis philippinensis Priesner, 1930a, *Treubia*, 11: 368. Synonymised by Palmer & Mound, 1978, 37(5): 162.

Ecacanthothrips tibialis (Ashmead): Palmer & Mound, 1978, *Bull. Br. Mus.* (*Nat. Hist.*) (*Ent.*), 37(5): 154, 156, 161.

雌虫：体长 3.7mm。全体黑棕色，但翅略暗，前翅基半部、后翅基部 3/4 有棕色纵条。前足胫节及中、后足胫节端部和各足跗节略淡；体鬃淡。

头部　头长 459μm，宽：复眼处 267，复眼后 301，后缘 279。单眼区向前隆起成丘；眼后布满轻横纹。复眼长 97。单眼呈等边三角形排列。单眼间鬃长 24，单眼后鬃长 17；复眼后鬃端部圆，长 145，长于复眼，距复眼 48。两颊略拱，共约 6 根短粗刺，长 24-35。其他头顶鬃细而短。触角 8 节，节Ⅲ最粗，端半部异常膨大，节Ⅰ-Ⅷ长（宽）分别为：72（63）、53（48）、136（87）、160（60）、145（38）、111（29）、87（24）、51（17），总长 815，节Ⅲ长为宽的 1.56 倍。节Ⅲ-Ⅴ的感觉锥粗，节Ⅵ和节Ⅶ的则较细，节Ⅲ端部 1 轮粗感觉锥是其显著特征；节Ⅲ-Ⅶ感觉锥数目分别为：20、1+1+1+1、1+1、1+1、1。口锥端部细长，伸达前胸腹片后缘，长 291，宽：基部 194，端部 48。口针间无下颚桥连接，缩至头内接近复眼后鬃，中间几乎互相接触。下颚须基节Ⅰ长 19，节Ⅱ长 97。下唇须基节长 24，节Ⅱ长 48。

胸部　前胸长 267，前部宽 340，后部宽 486；背片有轻的纵、横线纹和网纹；除边缘鬃外有些小鬃。各边缘鬃长：前缘鬃 55，前角鬃 92，侧鬃 68，后侧鬃 92，后角鬃 144，后缘鬃 24；除后缘鬃外，其他鬃端部扁圆。腹面前下胸片缺，基腹片大。中胸前小腹片后缘直，前部有中缝，两侧叶斜伸向外。中胸盾片横线纹在后部稀少但有横网纹；前外侧鬃略大，端扁圆，长 43；中后鬃细而尖，长 43；后缘鬃 2 对，细而尖，长 24。后胸盾片密布细网纹；前缘鬃 2 对，细小而尖，长 19-26；前中鬃 2 对，B1 鬃长 26，B2 鬃长 58。前翅长 1285，宽：近基部 128，中部 102，近端部 87；间插缨 22 根；翅基鬃较粗，端部均扁圆，内Ⅰ长 55.8，距翅前缘较近，内Ⅱ与内Ⅲ距离较近，距翅前缘亦较近，分别长 97 和 104。前足股节增大，后内缘有 1 粗而钝的三角形刺突，前足胫节端半部内缘有 5-7 个短而钝的齿或突起；跗节内缘有广且长的三角形大齿。

腹部　节Ⅰ背片的盾板三角形，网纹纵向。腹节Ⅰ-Ⅶ背片两侧有弱横纹；除有小鬃数根外各有 2 对较大和 2 对或 1 对小握翅鬃；2 对后侧长鬃粗而端部扁圆，节Ⅴ的 B1 鬃长 70。节Ⅸ背片长鬃短于管，长：背中鬃 199，中侧鬃 218，侧鬃 199。节Ⅹ（管）长 238，为头长的 0.52 倍，宽：基部 121，端部 63。肛鬃长 267-274，长于管。

雄虫：体长约 3.8mm。体色和一般形态相似于雌虫，主要区别在于前足股节异常发达和腹节Ⅸ中侧鬃较短。前足股节更粗大，内缘和内端的刺突大，大的长 106μm，基宽 43，较小的长 43，基宽 43。前足胫节内缘有隆起，但成为齿突的仅 2 个，比雌虫的胫齿短而钝。前足跗节内缘齿比雌虫大。节IX背片长鬃长：背中鬃 204，中侧鬃 65，侧鬃 218。

寄主：木瓜树皮下、朽木、凤凰花。

模式标本保存地：美国（USNM，Washington）。

观察标本：8♀♀，海南那大，1963.IV.20，凤凰花，周尧采；3♀♀1♂（IZCAS），广东广州，1958.III.27，朽木，韩运发采。

分布：台湾、广东、海南、云南；日本，印度，越南，斯里兰卡，菲律宾，马来西亚，新加坡，印度尼西亚，加里曼丹岛，新几内亚，澳大利亚，新西兰，毛里求斯，坦桑尼亚，罗德里格斯。

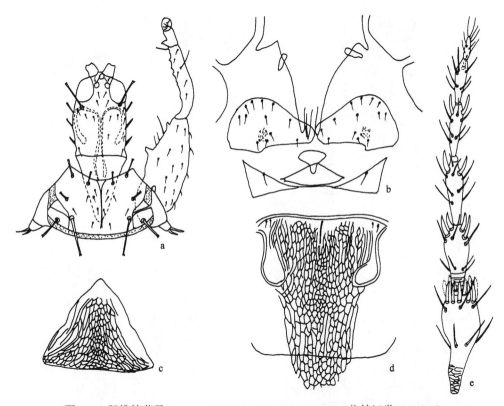

图 153　胫锥管蓟马 *Ecacanthothrips tibialis* (Ashmead)（仿韩运发，1997a）

a. 雄虫头、前足和前胸背板，背面观（male head, fore leg and pronotum, dorsal view）；b. 前、中胸腹板（pro- and midsternum）；

c. 腹节 I 盾板（abdominal pelta I）；d. 后胸腹板（metanotum）；e. 触角（antenna）

52. 拟网纹管蓟马属 *Heliothripoides* Okajima, 1987

Heliothripoides Okajima, 1987c, *Trans. Shikoku Ent. Soc.*, 18: 289.

Type species: *Heliothripoides reticulatus* Okajima, 1987.

属征：体小型，表面具多边形网纹。头部延长，表面无显著鬃；复眼在腹面延伸；触角 8 节，节 II 的感觉孔位于最端部边缘；触角节感觉锥细长；口锥短，口针深入头部，相互靠近；下颚桥不存在。前胸鬃短；后侧缝完全；前下胸片不存在；前基腹片和前刺腹片发达；后胸腹侧缝不存在；前足跗节至少在雌虫中无齿；前翅或多或少在中部收缩，无间插缨。节Ⅸ的 B1 鬃和 B2 鬃短；管短于头。

分布：东洋界。

本属世界已知仅 1 种，原记录于印度尼西亚，此种分布在中国海南。

(168) 长眼拟网纹管蓟马 *Heliothripoides reticulatus* Okajima, 1987（图 154）

Heliothripoides reticulatus Okajima, 1987c, *Trans. Shikoku Ent. Soc.*, 18: 289.

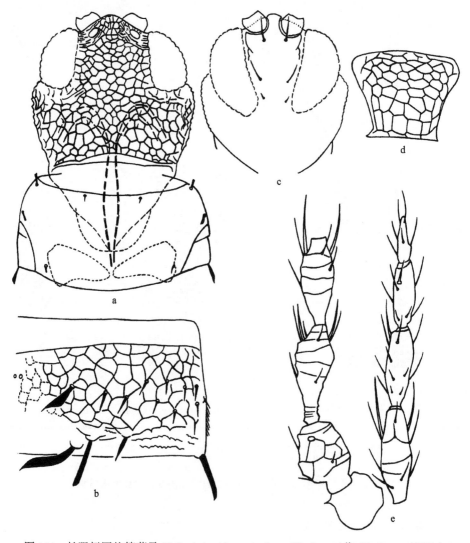

图 154　长眼拟网纹管蓟马 *Heliothripoides reticulatus* Okajima（仿 Okajima，1987c）

a. 头和前胸（head and prothorax）；b. 左背片（left half of tergite）；c. 头，腹面观（head in ventral view）；d. 盾片（pelta）；
e. 左触角（left antenna）

雌虫（长翅型）：体棕色；头、前胸和腹节Ⅱ、节Ⅲ棕色；具翅胸节黄棕色，边缘更暗；腹节Ⅳ和节Ⅸ棕黄色，节Ⅴ-Ⅷ棕黄色，边缘棕色；管棕色，端部色淡；前足和中足股节棕色，在端部色淡，后足股节棕色，在基部和端部黄色；前和中足胫节黄色，在基部最淡，后足胫节灰黄色；前翅暗棕色；显著鬃黄色。

头长与宽相等或宽略大于长；两颊较圆，在前缘强烈收缩，在后缘逐渐变窄，具小疣，无鬃；单眼区直向前隆起。复眼向腹面逐渐延伸发展，触角细长，节Ⅱ有多边形网纹，节Ⅲ-Ⅴ具网纹或直线纹，节Ⅲ在基部具环形梗；节Ⅲ和节Ⅳ各具2个感觉锥。前胸鬃端部膨大或钝，但较小，只有后侧鬃较大。中足和后足胫节腹面具有1列4个或更多的马刺状的鬃。前翅基部收缩，翅基鬃小。盾片梯形，具多边形网纹。腹节Ⅱ的中部具有一网纹区，但节Ⅲ-Ⅸ中部无强网纹；握翅鬃强壮且位于节中央。节Ⅸ背片B1鬃和B2鬃短，端部膨大。管超短于头，肛鬃约与管等长。

雄虫：未明。

寄主：枯枝落叶。

模式标本保存地：日本（TUA，Tokyo）。

观察标本：未见。

分布：海南；印度尼西亚。

53. 跗雄管蓟马属 *Hoplandrothrips* Hood, 1912

Phloeothrips subg. *Hoplandrothrips* Hood, 1912a, *Proc. Ent. Soc. Washington*, 14: 145.

Hoplandrothrips Hood, 1915b, *Entomologist*, 48(624): 102; Mound & Walker, 1986, *Fauna New Zea.*, 10: 55; Okajima, 2006, *Ins. Japan. Vol. 2. Suborder Tubulifera* (*Thysan.*): 309.

Phloeobiothrips Hood, 1925, *Bull. Brooklyn Ent. Soc.*, 20(3): 127. Synonymised by Stannard (1957).

Type species: *Phloeothrips* (*Hoplandrothrips*) *xanthopus* Hood, 1912.

属征：头两颊无小载毛瘤，两颊具小刺。触角8节，节Ⅲ有2-4个（很少有5个）感觉锥，节Ⅳ有4个感觉锥。口锥长而尖，伸达前胸腹片后部。口针细长，在头内中部互相靠近。前胸背片后侧缝完全，主要鬃发达。前下胸片缺；中胸前小腹片通常分成2侧叶。后胸盾片有雕刻纹。后胸腹侧缝发达。雌、雄前足跗节均有齿。大雄虫股节近内端通常有2个尖的结节，在小个体雄虫中缺。前翅通常在中部缩窄；有1列间插缨。雄虫体多变化，节Ⅸ背片中侧鬃（B2）短而粗，节Ⅷ腹片有1个或无腺域。

这个属的种类在枯枝死叶上取食菌丝体，但热带非洲的这个属大多数种类是食叶的，有1种是咖啡的重要害虫。

分布：古北界，东洋界，新北界，澳洲界。

本属世界已知约106种，本志记述4种。

种检索表

1. 体黑棕色至黑色；前胸光滑无纹 ·· 鬼针跗雄管蓟马 *H. bidens*

体棕色或棕黄两色；前胸两侧和后缘多有网纹，中央不光滑 ···························· 2

2. 体棕色；头宽与长几乎相等，或长略短于宽 ···················· **粗角跗雄管蓟马 H. obesametae**

体棕黄两色；头长大于宽，为宽的 1.2-1.3 倍 ··· 3

3. 间插缨 8-11 根，肛鬃长于管长 ···························· **黄足跗雄管蓟马 H. flavipes**

间插缨 14 根，肛鬃均短于管长 ···························· **钝鬃跗雄管蓟马 H. trucatoapicus**

(169) 鬼针跗雄管蓟马 *Hoplandrothrips bidens* (Bagnall, 1910)（图 155）

Acanthothrips bidens Bagnall, 1910b, *Ann. Hist. Nat. Mus. Natl. Hung.*, 8: 372-376.

Phloeothrips bagnallianus Priesner, 1923, *Tijdschr. Ent.*, 66: 101.

Phloeothrips unidens Priesner, 1923, *Tijdschr. Ent.*, 66: 101.

Hoplandrothrips bidens (Bagnall): Mound, 1968, *Bull. Brit. Mus. (Nat. Hist.) Ent.*, 11: 119.

雌虫：体长 2.3mm。体黑棕色至黑色，但触角节Ⅲ基半部、节Ⅳ-Ⅴ基部 1/3、节Ⅵ基部 1/4 呈暗黄色；前足胫节及中、后足胫节端部较黄，各足跗节暗黄色；翅略暗，有淡棕色纵带伸达翅中部；体鬃较淡。

头部 头长 291μm，宽：复眼处 194，复眼后 218，后缘 170，长为复眼后宽的 1.3倍。单眼区呈锥状隆起。复眼较大，长 97。单眼呈三角形排列。复眼后鬃端部扁，喇叭状，长 72，距眼 24；单眼鬃和其他背鬃均很小。眼后横线纹以两侧较清晰；两颊外拱，每侧缘有 7-8 个载鬃小疣和一些小锯齿。触角 8 节，节Ⅲ-Ⅳ较粗；节Ⅰ-Ⅷ长（宽）分别为：41（43）、48（34）、82（38）、82（41）、70（29）、63（24）、51（24）、34（14），总长 471；节Ⅲ长为宽的 2.16 倍。感觉锥较粗，长 24-34，节Ⅲ-Ⅶ数目分别为：1+2、1+1+1+1、1+1、1+1、1。口锥长 155，宽：基部 170，端部 72。口针较细，缩至头内达复眼后缘，中部间距小，几乎接触。下颚须基节长 7，端节长 48。下唇须基节长 7，端节长 24。

胸部 前胸长 158，前部宽 255，后部宽 315；背片光滑，除后缘鬃外，各边缘长鬃端部扁喇叭状；长：前缘鬃 41，前角鬃 58，侧鬃 24，后侧鬃 85，后角鬃 80，后缘鬃 9。腹面前下胸片缺；前基腹片近似长三角形。中胸前小腹片中峰三角形，但与两侧叶完全间断，两侧叶三角形。中胸盾片前部具横线纹，后部光滑；前外侧鬃稍大，端部扁喇叭状，长 48；中后鬃和后缘鬃短小。后胸盾片有纵线纹和网纹，而前半部前中鬃以内光滑无纹；前缘鬃很小，靠近前缘角；前中鬃端部尖，长 46，距前缘 43。前翅中部略收缩；长 1028，宽：近基部 92，中部 60，近端部 72；间插缨 14 根；3 根翅基鬃距离翅前缘和互相间距近似，端部均扁喇叭状；长：内Ⅰ 63、内Ⅱ 68、内Ⅲ 87。

腹部 节Ⅰ的盾板中部窄而高，后部向两侧延伸十分明显；板内有纵横网纹和线纹。节Ⅱ-Ⅸ背片的网纹向后逐渐轻微；节Ⅲ-Ⅷ前脊线清晰；节Ⅱ-Ⅶ各有握翅鬃 2 对，前握翅鬃外侧仅有 2-3 根小鬃。腹节Ⅴ背片长 97，宽 388。节Ⅰ-Ⅷ后缘两侧长鬃端部扁喇叭状，节Ⅴ的内Ⅰ和内Ⅱ长 80。节Ⅸ后缘背中鬃端部较扁，长 138，中侧鬃端部较扁，长 145，侧鬃端部尖，长 133，均短于管。管长 170，为头长的 0.58 倍，宽：基部 75，端部 43。肛鬃长 194-209，长于管。

雄虫：未明。

寄主：大豆、杂草。

模式标本保存地：英国（BMNH，London）。

观察标本：2♀♀，贵州贵阳，1300m，1996.Ⅵ.17，杂草，段半锁采。

分布：北京、贵州；匈牙利，法国，英国，新西兰。

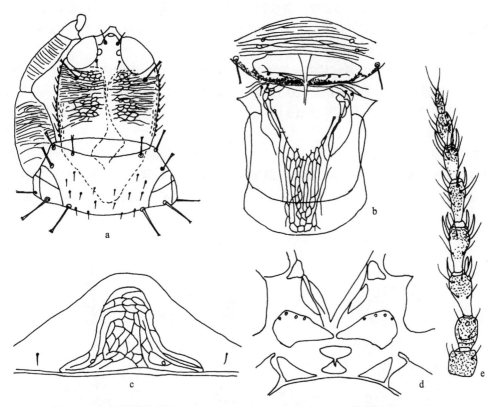

图 155　鬼针跗雄管蓟马 *Hoplandrothrips bidens* (Bagnall)（仿韩运发，1997a）

a. 头、前足和前胸背板，背面观（head, fore leg and pronotum, dorsal view）；b. 中、后胸背板（meso- and metanotum）；c. 腹节Ⅰ盾板（abdominal pelta Ⅰ）；d. 前、中胸腹板（pro- and midsternum）；e. 触角（antenna）

(170) 黄足跗雄管蓟马 *Hoplandrothrips flavipes* Bagnall, 1923（图 156）

Hoplandrothrips flavipes Bagnall, 1923, *Ann. Mag. Nat. Hist.*, (9)12: 628.

Phloeothrips kinugasai Kurosawa, 1937a, *Zool. Mag.*, 49: 316.

雌虫（长翅型）：体长 2.2-2.7mm。体大部为棕色，部分黄色；头和胸一致棕色；腹部两色，节Ⅱ棕色，节Ⅲ-Ⅸ黄色至棕色，到节Ⅸ逐渐变黑，管棕色；所有胫节和跗节黄色；触角节Ⅰ、Ⅱ、Ⅶ、Ⅷ棕色，节Ⅲ黄色，端半部暗棕色，节Ⅳ和节Ⅴ棕色，基部 1/3 黄色，节Ⅵ棕色，但最基部黄色；翅淡棕色，主要鬃黄色或透明。

头部　头长 253μm，为宽的 1.15-1.25 倍，背部具明显的六边形网纹；复眼后鬃长 60-65，短于复眼，端部膨大；两颊在复眼后明显收缩，颊鬃较小。复眼占头长的 1/3，长 85。触角略长于头的 2 倍；触角节 I -VIII长（宽）分别为：51（44）、58（35）、81（41）、83（36）、79（30）、69（23）、54（22）、43（13）。节III具 4 个大的感觉锥。口针到达复眼后鬃处。

胸部　前胸具横向网纹，为头长的 0.53-0.56 倍，两侧具网纹，中部光滑，无中线；主要鬃端部膨大。前角鬃长 50-52，前缘鬃长 30，中侧鬃长 50-55，后角鬃长 52-53，后侧鬃长 55-57。后胸中鬃长 53-55；前足跗节齿小。前翅具 8-11 根间插缨；3 根翅基鬃端部膨大，分别长：57、62、70。

腹部　盾片呈圆礼帽形，具细长的侧叶，中叶前缘较宽，网纹较弱，具有 1 对感觉钟孔。腹节无附属握翅鬃；B1 长 120-122，B2 长 128-134，端部均膨大，至少不急剧地尖，短于管。管长 153，为头长的 0.6 倍；基部宽 70，端部宽 36，管长为基部宽的 2 倍或更长。肛鬃长 170，长于管。

雄虫（长翅型）：体长 1.8-2.2mm。体色与结构相似于雌虫，头长为宽的 1.15-1.30 倍。前胸和前足强壮，前足股节膨大，前足跗节具强齿；前胸具 1 短的中线，前角鬃较长；前足股节在小雄虫中不膨大，只在端部具 1 结节。后胸网纹前中部退化。腹部无腺域。

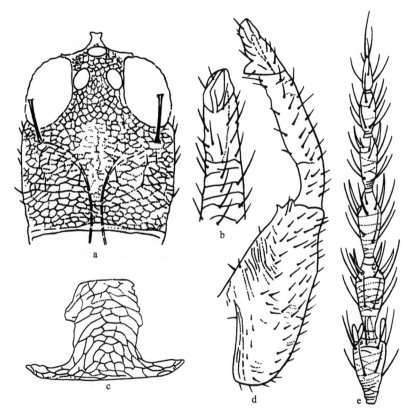

图 156　黄足跗雄管蓟马 *Hoplandrothrips flavipes* Bagnall（仿 Okajima，2006）

a. 雌虫头（female head）；b. 雌虫胫节（female fore tarsus）；c. 盾片（pelta）；d. 雄虫前足（male fore leg）；e. 触角（antenna）

寄主：死树枝叶。

模式标本保存地：英国（BMNH，London）。

观察标本：未见。

分布：江苏、福建、台湾；日本，印度，泰国，菲律宾，西马来西亚，新加坡，印度尼西亚，所罗门群岛，欧洲，夏威夷。

(171) 粗角跗雄管蓟马 *Hoplandrothrips obesametae* Chen, 1980（图 157）

Hoplandrothrips obesametae Chen, 1980, *Proc. Nat. Sci. Council (Taiwan)*, 4(2): 177.

雌虫（长翅型）：体长 2.04-2.07mm。体棕色；触角节Ⅲ-Ⅳ基部 1/3、节Ⅴ 1/4、所有足的胫节和跗节淡黄色；所有足的胫节在中部色暗；腹节Ⅶ-Ⅹ逐渐变暗。

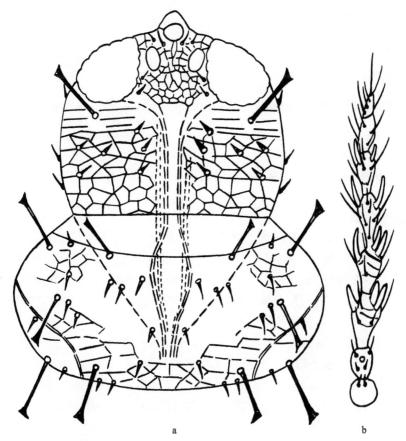

a   b

图 157　粗角跗雄管蓟马 *Hoplandrothrips obesametae* Chen（♀）（仿 Chen，1980）
a. 头和前胸（head and prothorax）；b. 右触角（right antenna）

头部　头长 215-225μm，宽 238-242，近基部略窄；背部具网纹，中部网纹模糊，颊具 2-3 根强鬃。1 对复眼后鬃端部膨大，长 78-81。触角 8 节，节Ⅲ具 3 个感觉锥，节Ⅳ具 4 个感觉锥。触角节Ⅰ-Ⅷ长（宽）分别为：29（35）、40（29）、55（36）、65（33）、

57（26）、49（26）、42（20）、27（1）。口锥细长且尖，到达前基腹片后缘。口针缩入头内较深，在中部互相靠近。

胸部 前胸长 125-145，宽 321-350，后缘 1/4 和两侧具网纹。所有的鬃长且端部膨大，前缘鬃长 51-58，前角鬃长 67-78，中侧鬃长 65-74，后角鬃长 65-71，后侧鬃 67-75。后侧缝完全。中胸具有完全交错的条纹。后胸有六边形网纹。前下胸片不存在，中胸前小腹片在中部退化。前翅在中部略窄，长 851-908，具 3 根翅基鬃，端部膨大，间插缨 9-10 根。前足跗节具 1 个明显的齿。

腹部 腹部盾片铃形且具网纹。节 II-VII具 2 对握翅鬃；节 II-IX后角 2 对鬃长且端部膨大，节IX B1 鬃长 92-107，B2 鬃长 86-102。管长 119-129。肛鬃长为管的 1.7 倍。

雄虫：体长 1.61-1.96mm。体色与结构与雌虫相似。前足股节具 2 端齿，前足胫节具 1 个基部齿。腹节VIII腹面具 1 个帽形的腺域。

寄主：死的常绿阔叶林灌木。

模式标本保存地：中国（QUARAN，Taiwan）。

观察标本：未见。

分布：福建、台湾；日本。

(172) 钝鬃跗雄管蓟马 *Hoplandrothrips trucatoapicus* Guo, Feng & Duan, 2004（图 158）

Hoplandrothrips trucatoapicus Guo, Feng & Duan, 2004, *Acta Zootaxonomica Sinica*, 29(4): 733.

雌虫：体长约 3.2mm。体棕黄两色，但触角节 I 和节III黄色，节IV-VI基部黄色，头、胸、腹及各足股节、胫节黄色；各足跗节淡黄色；翅微黄色；管基部黄色，其余棕色；各主要体鬃淡黄色。

头部 头背网纹为多角形，宽略短于长，头长 270μm，宽：复眼处 220，复眼后缘 210。复眼长 100，宽 70。单眼区隆起，单眼位于复眼中线以前，三角形排列；前单眼距后单眼 50，后单眼间距 50。头在单眼前略向前延伸。颊略微外拱，每侧有小刺 5-6 根，基部略收缩。复眼后鬃粗长且端部扁似有毛，长 76，距复眼 12；单眼前鬃长 5，单眼间鬃长 7，单眼后鬃长 12；头背其他鬃小，长约 10。触角 8 节，节 I -VIII长（宽）分别为：38（40）、40（27）、67（25）、60（26）、58（28）、50（30）、38（22）、30（10），总长 381。各节大感觉锥和刚毛较长，节III-VII感觉锥数目分别为：1+2、2+2、1+1^{+1}、1+1^{+1}、1。口锥尖而长，伸达前胸基腹片前缘，长 375，宽：基部 180，端部 30。口针缩入头内很深，达复眼后缘处，在头中部相互靠近。下颚须基节长 10，端节长 52；下唇须基节长 12，端节长 26。无下颚桥。

胸部 前胸短于头，很宽，长 180，前部宽 250，后部宽 390。背片前部两侧及后部有多角形网纹，中央光滑。后侧缝完全。内纵黑条占背片长约 1/4。除后缘鬃较小外，其他各鬃发达，端部扁，似有毛，长：前缘鬃 60，前角鬃 90，侧鬃 100，后侧鬃 105，后角鬃 110，后缘鬃 10。前下胸片缺；前基腹片近三角形，有模糊网纹；中胸前小腹片完全断开，中峰半椭圆形，两侧叶近三角形。中胸盾片中央光滑，后部有多角形网纹，后基部有两行横网纹。前外侧鬃粗长，端部扁，似有毛，长 60；中后鬃和后缘鬃细小且端部尖，接近后缘呈 1 横列，长分别为 30 和 15。后胸盾片两侧具纵网纹，中央多角形网纹，靠近前缘角有 3 对细鬃，长约 12。前中鬃粗长，端部扁似有毛，长 50，距前缘 52。前翅长 1200，近基部宽 60，中部略收缩，最窄处宽 40，近端部宽 50；间插缨 14 根；翅基鬃几乎呈直线排列，内Ⅰ与内Ⅱ之间的距离和内Ⅱ与内Ⅲ之间的距离近似，内Ⅰ、内Ⅱ和内Ⅲ端部扁似有毛，长：内Ⅰ 97，内Ⅱ 87，内Ⅲ 87。前足股节略膨大，跗节有小齿。

腹部　腹节Ⅰ的盾板呈倒立的花瓶状，两侧具纵网纹，中部具多角形网纹，基部两侧叶横条纹，基部有 1 对微孔，两孔相距 62。腹节Ⅱ-Ⅸ两侧及节Ⅸ前部横线纹上有稀疏的三角形微齿毛或颗粒。节Ⅱ-Ⅶ各有 2 对握翅鬃，前对握翅鬃小于后对。节Ⅱ-Ⅶ各节后缘侧鬃粗，端部抹刀形，边缘缨毛状。节Ⅴ背片长 170，宽 510，后缘长侧鬃长 140，短鬃长 100。节Ⅸ背片后缘鬃长：背中鬃 137，中侧鬃 125，侧鬃 150，背中鬃和中侧鬃端部扁似有毛，侧鬃端部钝。节Ⅹ（管）长 212，为头长的 0.79 倍，宽：基部 75，端部 45。节Ⅹ肛鬃长 187-197，均短于管。

雄虫：未采获。

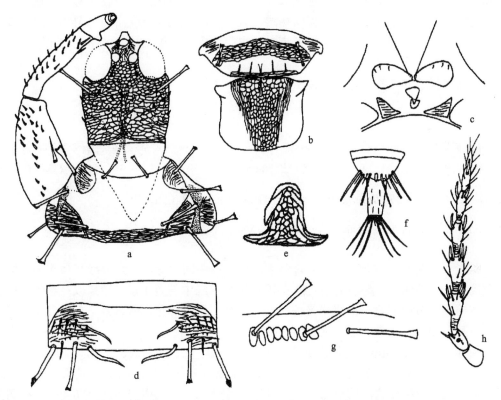

图 158　钝鬃跗雄管蓟马 *Hoplandrothrips trucatoapicus* Guo, Feng & Duan（♀）

a. 头、前足和前胸背板，背面观（head, fore leg and pronotum, dorsal view）；b. 前、中胸腹板（pro- and midsternum）；c. 中、后胸背板（meso- and metanotum）；d. 腹节Ⅴ背板（abdominal tergite Ⅴ）；e. 腹节Ⅰ盾板（abdominal pelta I）；f. 腹节Ⅸ和Ⅹ（管）背片 [abdominal tergites Ⅸ and Ⅹ (tube)]；g. 翅基鬃（basal wing bristles）；h. 触角（antenna）

寄主：杂草。

模式标本保存地：中国（BLRI，Inner Mongolia）。

观察标本：1♀，河南省嵩县白云山，1040-1620m，1996.Ⅶ.16，段半锁采；2♀♀（副模，BLRI），同正模。

分布：河南。

54. 叶管蓟马属 *Phylladothrips* Priesner, 1933

Phylladothrips Priesner, 1933b, *Konowia*, 12: 69-85; Okajima, 1988, *Kontyû*, 56: 706-722.

Paradexiothrips Okajima, 1984, *Jour. Nat. Hist.*, 18: 730.

Type species: *Phylladothrips karnyi* Priesner, 1933.

属征：体小型。头略长于宽，或宽大于长；触角 8 节，节Ⅲ和节Ⅳ分别具 3 个和 4 个感觉锥；口锥短且圆，口针缩入头内较深。下颚桥微存在或不存在。后侧缝不完全；前胸前角鬃弱；前下胸片存在，退化或呈膜质，刺腹片退化，后胸腹侧缝不存在；前足跗节无齿；前翅在中部微收缩，无间插缨。腹节Ⅱ-Ⅶ有 2 对握翅鬃，节Ⅷ具有 1 对或 2 对握翅鬃。管短于头，向基部逐渐变细。雄虫腹节Ⅸ中侧鬃发达，节Ⅷ无腹腺域。

分布：东洋界。

本属世界已知 9 种，本志记述 2 种。

种检索表

单眼后鬃长且端部膨大，长 49-51μm ·· 白叶管蓟马 *P. pallidus*

单眼后鬃短且尖，但长于后单眼直径，长 20μm ····································· 异色叶管蓟马 *P. pictus*

(173) 白叶管蓟马 *Phylladothrips pallidus* Okajima, 1988（图 159）

Phylladothrips pallidus Okajima, 1988, *Kontyû*, 56(4): 706.

雌虫（长翅型）：体长 2mm。体色大多黄色；头的前缘、两颊前缘和具翅胸节侧缘为灰棕色；管暗棕色，基部黄色；腹节Ⅲ-Ⅵ背片前缘中部有 1 淡棕色斑纹；触角节Ⅰ和节Ⅱ灰棕色，节Ⅲ黄色，前缘略带棕色，节Ⅳ和节Ⅴ暗棕色，基部淡，节Ⅵ-Ⅷ暗棕色；前翅在基部和中部略带灰色；主要鬃透明。

头部　头长 190μm，两颊最宽处 178；头略长于宽，头背表面两侧具微弱刻纹；两颊微圆，向基部略窄；复眼长 68，宽 50-51。复眼后鬃发达，长 64-67，略短于复眼，端部膨大；单眼后鬃发达，长 49-51，端部膨大。复眼或多或少短于头长的 0.4 倍。触角为头长的 2.2-2.3 倍。触角 8 节，节Ⅰ-Ⅷ长（宽）分别为：46（40）、42（48）、62（31）、72（31）、62（30）、57（25）、40（21）、40（14）。口针在中部相互靠近；下颚桥不发达。

胸部　前胸中部长 133，宽 235；后缘有微弱刻纹；前缘鬃退化，其他鬃发达且端部膨大；前缘鬃几乎与中侧鬃等长。前角鬃 56-61，前缘鬃 15-18，中侧鬃 61-63，后角鬃

71-73，后侧鬃 62-66。

腹部　盾片弱，具有细长的两侧叶；节Ⅷ背片具 2 对握翅鬃，后对长且细；节Ⅸ B1 鬃端部膨大，为管长的 3/4，B2 鬃端部膨大或钝，长于 B1 鬃。管长 123，略长于头长的 0.6 倍，基部宽 63，端部宽 33。管长约为基部宽的 2 倍。肛鬃长 118-122，略短于管长。

　　雄虫（长翅型）：体色与结构相似于雌虫。节Ⅸ B1 鬃长于 B2 鬃；阳茎略宽于端部。

　　寄主：枯枝落叶。

　　模式标本保存地：日本（TUA，Tokyo）。

　　观察标本：未见。

　　分布：台湾。

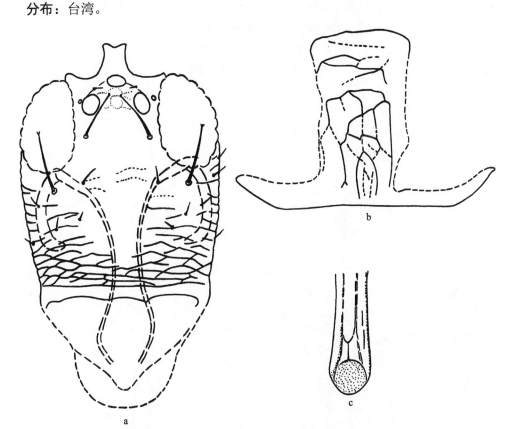

图 159　白叶管蓟马 *Phylladothrips pallidus* Okajima（仿 Okajima，1988）

a. 雌虫头部（female head）；b. 雌虫盾片（female pelta）；c. 雄虫阳茎（male aedeagus）

(174) 异色叶管蓟马 *Phylladothrips pictus* Okajima, 1988（图 160）

Phylladothrips pictus Okajima, 1988, *Kontyû*, 56(4): 706-722.

　　雌虫（长翅型）：体长 1.77mm。体两色，翅胸节和管棕色，但管在最基部色淡；前胸、腹节Ⅱ-Ⅸ黄色；腹节Ⅲ-Ⅶ背片前缘各具 1 棕色斑；触角节Ⅲ黄色，其余节棕色，与头同色；前翅基部和端部淡灰色；主要鬃黄色。

头部 头长 163μm，最宽处 178，宽于长，背部表面具弱网纹；两颊微圆，在基部略窄；复眼后鬃长 51-55，端部膨大；单眼后鬃短，略长于后单眼直径，端部尖，长 20。复眼长 72，宽 50，为头长的 0.43-0.44 倍。单眼直径为 17-18，后对相距 23-24，与前单眼相距 11-12。触角为头长的 2.4-2.5 倍。下颚桥弱。触角 8 节，节 I -Ⅷ长（宽）分别为：37（36）、41（27）、57（28）、65（28）、57（26）、51（24）、40（19）、33（12）。

胸部 前胸中部长 113，宽 215；几乎光滑；各鬃长：前角鬃 42-45，前缘鬃 20，中侧鬃 45-47，后角鬃 61-63，后侧鬃 56-58。前缘鬃短且细，其他鬃发达，端部膨大。

腹部 盾片具弱的侧叶；节Ⅷ具 2 对握翅鬃，后对细长；节Ⅸ B1 鬃端部膨大，为管长的 0.8 倍，节Ⅸ B2 鬃端部微膨大，长于 B1 鬃。管长 107，基部宽 54，端部宽 28；长为头长的 0.66 倍，长为基部宽的 2 倍。肛鬃短于管。

雌虫（短翅型）：体色与结构与半长翅型相似。复眼略小。

雄虫（长翅型）：体色与结构与雌虫相似。节Ⅸ的 B1 鬃长于 B2 鬃；阳茎在端部微宽。

寄主：枯枝落叶。

模式标本保存地：日本（TUA，Tokyo）。

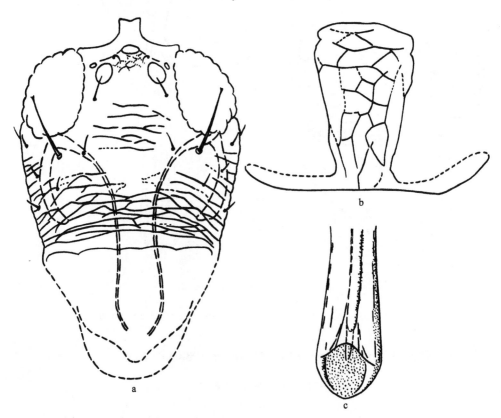

图 160 异色叶管蓟马 *Phylladothrips pictus* Okajima（仿 Okajima，1988）

a. 雌虫头部（female head）；b. 雌虫盾片（female pelta）；c. 雄虫阳茎（male aedeagus）

观察标本：未见。

分布：台湾。

XII. 距管蓟马族 Plectrothripini Priesner, 1928

Plectrothripini Priesner, 1928, *Thysan. Eur.*: 476; Priesner, 1961, *Anz. Österr. Akad. Wiss.*, 1960(13): 289.

头长甚大于宽或略大于宽。触角着生于头腹面；节 II 背面的亮孔（钟形感器）位于基部和中部之间；节 III-IV 感觉锥粗；节 VIII 较细长。复眼和单眼在长翅型中大。后单眼位于复眼近前缘，与复眼接触。复眼后鬃着生在背片两侧，接近颊。口锥通常宽圆。口针缩入头内浅或深，间距宽或窄。前胸背片退化成盾片，被具点的膜质部包围。前下胸片弱或缺，具翅者前翅边缘平行，通常有间插缨。前足跗节齿存在。中、后足胫节端部有距或较粗鬃（偶有缺）。腹节 I 盾板宽；节 II 背片两侧退化，被具点的膜质部分代替。管较大，两侧直，主要鬃通常弯曲。

分布：古北界，东洋界。

55. 距管蓟马属 *Plectrothrips* Hood, 1908

Plectrothrips Hood, 1908a, *Bull. Ill. St. Lab. of Nat. Hist.*, 8(2): 370; Okajima, 1981, *Syst. Ent.*, 6: 304; Okajima, 2006, *Ins. Japan. Vol. 2. Suborder Tubulifera (Thysan.)*: 510.

Hammatotrhips Priesner, 1932a, *Konowia*, 11: 51-52. Synonymised by Okajima, 1981.

Type species: *Plectrothrips antennatus* Hood, 1908.

属征：黄棕色到棕色种类，小到中等。通常头长与宽相等或宽稍大于长。复眼后鬃不长，端部尖。触角 8 节，节 III 较细；节 III 和节 IV 有粗的感觉锥。口锥短，端部宽圆。口针缩入头内 1/3-2/3，不在口锥内卷绕，间距较宽到互相靠近。前胸背片除边缘鬃外，无长鬃；后侧鬃长。前下胸片缺。中足胫节端部有 1-2 个距状刺或粗鬃。前翅发达者有间插缨。翅基鬃发达或缺。腹节 I 盾板宽，具细的侧叶。雄虫和雌虫节 V 或节 V-VIII 腹片通常具鳞片形或蠕虫状腺域。管多毛，且形状多有变化。肛鬃长或短。雄虫腹节 VIII 无腺域。

分布：古北界，东洋界。

本属世界已知约 32 种，本志记述 2 种。

种检索表

触角节 III 有 2 个感觉锥，肛鬃长于管或短于管·······························**法桐距管蓟马** *P. corticinus*

触角节 III 有 3 个感觉锥，肛鬃与管等长或短于管·····························**枯皮距管蓟马** *P. hiromasai*

(175) 法桐距管蓟马 *Plectrothrips corticinus* Priesner, 1935（图 161）

Plectrothrips corticinus Priesner, 1935b, *Philip. J. Sci.*, 57: 371; Takahashi, 1936, *Philip. J. Sci.*, 60(4): 447; Okajima, 1981, *Syst. Ent.*, 6: 306, 318.

雌虫（长翅型）：体长约 3.1mm。体暗棕色至黑色，但触角节III和各足胫节、跗节淡棕色；翅略灰，周缘较暗；体鬃略微暗，均尖锐，长鬃的端半部常极细，以至不易观察到。

头部 头长 294μm，宽：复眼处 274，后缘 263，长为复眼处宽的 1.07 倍。背片仅后缘有几条横线纹；两颊近乎直。复眼长 103。单眼呈扁三角形排列，位于复眼中部之前。复眼后鬃长 110，长于复眼，距复眼 58。其他背鬃仅长 6-12。触角 8 节，各节几乎无线纹，刚毛较短，节II背孔反常而移位于后部，节II-VIII基部梗显著，节II-IV端部甚膨大，节VIII长于节VII；节 I -VIII长（宽）分别为：64（71）、71（51）、90（61）、77（58）、64（42）、67（36）、69（29）、77（18），总长 579，节III长为宽的 1.48 倍。节III和节IV的感觉锥较粗大，长 28-34。节III-VII感觉锥数目分别为：1+1、1+2、1+1、1+1、1。口锥较小，端部宽圆，长 148，宽：基部 141，中部 129，端部 90。口针缩入头内约 1/2 或 1/4，中部间距 24。下颚须基节长 7，端节长 24。

胸部 前胸大，长 432（包括膜质区），前部宽 388，后部宽 486。中部特化为 1 大盾形板，周缘由宽膜质区包围；盾片光滑；内纵条清晰，占据背片长度 1/3；后侧缝完全；后侧鬃很细长，其他鬃较短小，长：前缘鬃和前角鬃均 12，侧鬃 11，后侧鬃 167，后角鬃 32，后缘鬃 16。腹面前下胸片小。中胸前小腹片明显退化，中部由窄横带连接两端退化的侧叶。后胸前部和两侧有宽膜质区。中胸盾片光滑无纹；前外侧鬃稍长，长 58，其他鬃均小于 6。后胸盾片仅前部有交错细纵纹，有的断续；前缘鬃很小，位于前缘角；前中鬃长 55，距前缘 77。前翅长 1377，宽：近基部 137，中部 132，近端部 81；间插缨 26 根；翅基鬃明显退化，仅长 6-9。各足线纹和长鬃少。前足基节外缘长鬃长 194；股节粗大，长 313，宽 163。各足胫节较短，短于各足股节，前足胫节长 135，各节外端有 1 根长鬃，长 121-145；中、后足胫节内端的距粗大，长 25-33。前足跗节内缘齿大，基宽而端尖，向内。

腹部 腹节 I 的盾板除去两侧叶外均呈乳头形，两侧叶由宽变窄，长条形；板内仅前半部有细横线纹。节II背片两侧有宽的膜质部。节II-VII背片两侧及节VIII-IX背片有轻微近似菱形纵向网纹。节V-VIII腹片有 1 片横排鱼鳞形线纹。各节无反曲的握翅鬃。节II-VIII背片有 8-10 根横列短鬃，两侧后缘有长鬃（节VIII的很长），节V背侧后缘长鬃长：内 I 182，内 II 255。节V背片长 191，宽 610。节IX背片后缘背中鬃长 234；中侧鬃长 127；侧鬃长 357。管长 255，为头长的 0.87 倍，宽：基部 109，端部 56。长肛鬃长：内中鬃 255，长如管，中侧鬃 280，长于管。

雌虫（短翅型）：与长翅型相似，但翅发育不全，较短，长 631，宽：近基部 97，中部 75，光滑，间插缨和翅基鬃均缺。

雄虫（短翅型）：体长 2.4mm。一般体色和构造相似于长翅型雌虫，但体较小，前足股节较粗，翅发育不完全，较短；腹节Ⅸ中侧鬃短于背中鬃和侧鬃。腹片无腺域。

二龄若虫：体长约2.4mm。玻片标本近乎无色，但触角、头、前胸的盾形板、各足各节、中胸及腹节Ⅱ和节Ⅷ两侧大气门、节Ⅸ-Ⅹ和体鬃均为橙黄色至棕黄色。腹节Ⅸ后缘两侧向后延伸成1对弯钳，较为奇特。体鬃端部尖，长鬃端半部常很细，但各足跗节背端1根鬃端部略扁钝，长48。全体各部分光滑无纹。头长175；复眼后宽189。触角7节，刚毛短，节Ⅰ很宽，节Ⅰ-Ⅶ长（宽）分别为：29（58）、38（34）、41（34）、41（31）、38（21）、41（17）、43（9），总长271。感觉锥短小，长9-12，节Ⅲ-Ⅵ数目分别为：1、1、1、1。管长162，端部有1轮肛鬃。

寄主：枯死的法国梧桐树皮下。

模式标本保存地：德国（SMF, Frankfurt）。

观察标本：2♀♀1♂（IZCAS），北京，1983.Ⅵ.4，法国梧桐树皮下，韩运发采；1♀，陕西杨陵，2012.Ⅴ.13，李维娜采。

分布：北京、陕西、台湾。

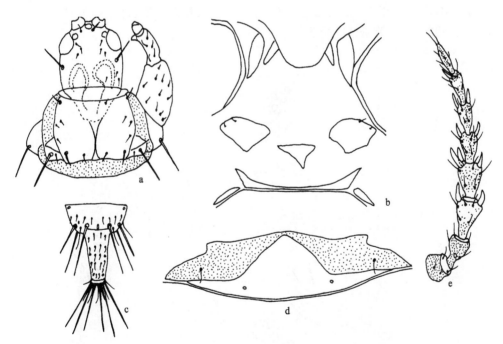

图161　法桐距管蓟马 *Plectrothrips corticinus* Priesner（仿韩运发，1997a）

a. 头、前足和前胸背板，背面观（head, fore leg and pronotum, dorsal view）；b. 前、中胸腹板（pro- and midsternum）；c. 雌虫节Ⅸ和Ⅹ（female abdominal tergites Ⅸ-Ⅹ）；d. 腹节Ⅰ盾板（abdominal pelta Ⅰ）；e. 触角（antenna）

(176) 枯皮距管蓟马 *Plectrothrips hiromasai* Okajima, 1981（图162）

Plectrothrips hiromasai Okajima, 1981, *Syst. Ent.*, 6: 291-336.

雌虫（短翅型）：体长2.7-3.6mm，体棕色，腹部较胸部色淡；所有足的股节棕色，与胸部同色，端部黄色，前足胫节黄色，中足和后足胫节棕黄色，所有足的跗节黄色；触角节 I 棕色，与头同色，节 II-VIII 黄棕色；主要鬃黄色。

　　头部　头长 285μm，与宽等长，复眼处宽 280，背部表面在后缘具弱的刻纹；复眼后鬃长 134，略短于头长的一半，端部尖；两颊微圆。复眼长 96，为头长的 1/3。触角长为头长的 2.25 倍，触角节 I-VIII 长（宽）分别为：74（68）、81（50）、98（63）、85（60）、75（45）、73（39）、75（32）、80（29）。节 III 和节 IV 各具 3 个大的感觉锥，节 IV 还有 1 个小的感觉锥，节 VI 具 2 个大的感觉锥，另有 1 个小的感觉锥；节 III 最长。口针相互靠近，到达头的中部；下颚桥窄。

　　胸部　前胸中部长 280，宽 380，长为头长的 0.75-1.00 倍，光滑；后侧鬃延长，为 180-185，在端部尖。前足股节在大雌虫中略膨大；中足和后足胫节端部各具 2 个马刺状强刺。后胸具弱的纵线纹，但在中部较微弱。

　　腹部　盾片具细长的侧叶，中叶较大，前缘有轻微的网纹，具有 1 对感觉钟孔。腹节 V-VIII 各具 1 对刻尺状网纹区域；节 IX B1 鬃和 B2 鬃尖。B2 鬃与管等长或略短于管，B2 鬃短于 B1 鬃。管相当长，为 280，略短于头；长为基部宽的 2.4-2.5 倍；基部宽 112，端部宽 51。肛鬃与管等长或略短于管。

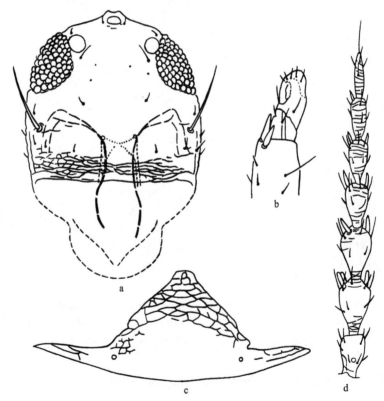

图 162　枯皮距管蓟马 Plectrothrips hiromasai Okajima（仿 Okajima，2006）
a. 头（head）；b. 中足胫节和跗节（mid tibia and tarsus）；c. 腹节 I 盾板（abdominal pelta I）；d. 触角节 II-VIII（antennal segments II-VIII）

　　雄虫（长翅型）：体长 2.7mm，体色和结构相似于雌虫，头明显在前缘窄；复眼后鬃长于头的一半。复眼小，为头长的 0.28 倍。管短，长 193，为头长的 0.87 倍；基部宽 109，端部宽 41，长为基部宽的 1.77 倍。

　　寄主：死树皮下。

　　模式标本保存地：日本（TUA，Tokyo）。

　　观察标本：未见。

　　分布：台湾；日本。

XIII. 点翅管蓟马族 Stictothripini Priesner, 1961

Stictothripini Priesner, 1961, *Anz. Österr. Akad. Wiss.*, 1960(13): 291; Okajima, 1978, *Kontyû*, 46(3): 386.

　　复眼大，前翅有时在中部有轻微的皱褶或扭卷，并有网纹形成的圆斑。体表有时有网纹。头前部略微向前延伸。鬃短，端部透明，端部扁或漏斗状。口针互相靠近。触角节Ⅷ呈纺锤形。本族头部有重网纹，鬃端部明显膨大且较短，端部较透明。

　　分布：古北界，东洋界。

属检索表

头长和宽近似，触角 8 节 ·· **焦管蓟马属 *Azaleothrips***

头长于宽，触角 7 节，形态学上的节Ⅶ和节Ⅷ完全愈合 ··············· **俊翅管蓟马属 *Strepterothrips***

56. 焦管蓟马属 *Azaleothrips* Ananthakrishnan, 1964

Azaleothrips Ananthakrishnan, 1964b, *Ent. Tidskr.*, 83: 220; Okajima, 1978a, *Kontyû*, 46(3): 385 (placed in Stictothripini).

Type species: *Azaleothrips amabilis* Ananthakrishnan, 1964.

　　属征：头长和宽近似。背面有网纹。颊向后较窄，每侧有 7-10 根小刺载在很小的瘤上。复眼普通。复眼后鬃较短，不长于复眼，端部宽扁似有毛。触角 8 节，感觉锥简单，节Ⅲ有 2-3 个。口锥尖而长，伸达前胸腹片基部。口针细长缩入头内很深，中部间距小。下颚桥缺。前胸背片短于头，约为头长的 0.6 倍；背片有网纹；边缘鬃较短，端部宽扁似有毛。后侧缝完全。腹面前下胸片存在或缺。前翅中部略微收缩；有间插缨。跗节有齿或无齿。仅雄虫前足股节增大。雌虫腹节Ⅱ-Ⅶ有 2 对握翅鬃，节Ⅸ长鬃Ⅰ和Ⅱ端部膨大；雄虫长鬃Ⅱ端部尖。雄虫节Ⅷ腹片有带状腺域。管短于头，管直。

　　分布：古北界，东洋界。

　　本属生活在干树枝和枯树叶上，世界已知 10 种，本志记述 3 种。

种检索表

(177) 具网焦管蓟马 *Azaleothrips magnus* Chen, 1980（图 163）

Azaleothrips magnus Chen, 1980, *Proc. Nat. Sci. Council (Taiwan)*, 4(2): 169-182.

雌虫（短翅型）：体长 1.63mm。体灰棕色，头和前胸暗于腹部，两侧具红色皮下色素。触角节Ⅰ-Ⅱ与头同色；节Ⅲ和节Ⅳ淡黄色；节Ⅳ-Ⅷ暗棕色。所有股节和胫节灰棕色，除股节端部和胫节基部黄色外，所有跗节淡黄色。腹节Ⅹ棕色，暗于节Ⅸ。

头部　头两边平行，长 197μm，宽 215，头背具深的网纹且在网纹之间有不规则的小纹；两颊具多的短鬃；1 对复眼后鬃在复眼内缘处，端部宽且膨大，长 21。复眼较小，单眼很小。口锥细长且尖，到达前下胸片后缘。口针缩入头部较深，在中部相互接触。触角 8 节，无小的鬃，节Ⅶ和Ⅷ完全连接，节Ⅳ具 2 个大的和 1 个小的感觉锥。触角节Ⅰ-Ⅷ长（宽）分别为：25（30）、41（30）、42（29）、42（27）、41（25）、45（25）、53（22）、53（22）。

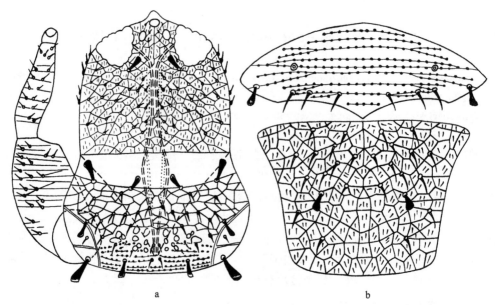

图 163　具网焦管蓟马 *Azaleothrips magnus* Chen（♀）（仿 Chen，1980）
a. 头、前胸和左前足（head, prothorax and left fore leg）；b. 中、后胸背板（meso- and metanotum）

胸部　前胸长 127，宽 271；前部 3/5 具网纹，后部 2/5 具横排的小结节，长 16-22。前胸后缘部分和中胸具小的结节；后胸具网纹且在网纹之间有不规则的弱小细纹；后胸具 12 对尖鬃和 1 对端部膨大的中鬃。后侧缝完全。前足股节略膨大，宽 85；前足胫节宽 43，前足跗节无齿。

腹部　腹部盾片宽，有网纹，且在网纹之间有细小的纹。节 II-IX 具完全网纹，且在节 II-VI 网纹之间有细小的线纹；节 II B2 鬃不存在；节 III-VII 的 B1 鬃长于 B2 鬃。握翅鬃退化，管长 125，肛鬃与管等长。

雄虫： 未明。

寄主： 死树枝。

模式标本保存地： 中国（QUARAN，Taiwan）。

观察标本： 未见。

分布： 台湾。

(178) 孟氏焦管蓟马 *Azaleothrips moundi* Okajima, 1976（图 164）

Azaleothrips moundi Okajima, 1976a, *Kontyû*, 44(1): 19, 24; Han, 1997a, *Econ. Ins. Faun. China. Fasc.*, 55: 371.

雌虫（长翅型）： 体长 1.7mm。体棕色至暗棕色。头或多或少暗于前胸。触角棕色，但节 III 黄色。各足股节和胫节棕色至暗棕色，但股节端部和胫节基部淡黄色。各足跗节淡棕色，部分暗棕色。翅暗棕色，脉状纹较暗。腹部后部数节略淡，节 IX 和节 X 棕色，但节 IX 较淡。所有显著体鬃淡黄色，肛鬃黄棕色。

头部　头长 188μm，宽 175。背面网纹多角形。复眼长 58，宽 48。单眼区隆起，单眼位于复眼中线以前，三角形排列。头在单眼前略延伸。复眼后鬃端部扁，长 20-30，距眼 5。头背其他鬃细小，长约 10。颊较外拱，向后部变窄，每侧有小刺 8 根。触角 8 节，形状一般，较短粗，节 III-VII 基部梗显著，节 VII 和 VIII 愈合，但节间缝清晰；节 I-VII+VIII 长（宽）分别为：35（30）、43（27）、38（28）、39（28）、38（26）、40（25）、46（23），总长 300。感觉锥数目：节 III-VI 2+2，节 VII 有 1 个在背面。口锥尖，略短于前胸，伸至前胸腹片后缘。口针细长，缩至复眼后缘，在头中部靠近。

胸部　前胸长 113，宽 205，长为头长的 0.6 倍，宽为长的 1.81 倍。背片前部有多角形网纹，后部横排众多颗粒状瘤。后侧缝完全或接近完全，但细弱。各边缘鬃除后缘鬃外，短粗且端部宽扁似有毛。各鬃长：前角鬃 20-30，后侧鬃 23-28，其他鬃短于 20，中胸盾片前部线纹上有颗粒，后部有横纹；前外侧鬃长约 10，粗而端部扁；中后鬃和后缘鬃细小而尖，横列。后胸盾片有纵网纹；后中鬃长约 13，端部宽扁。前翅长 560，基部宽 55，中部宽 35；基部 1/5 向后弯，中部显著窄，端部宽。翅基鬃长：内 I 和内 II 均 13，内 III 21，短而端部扁，间距宽，排列在一条直线上。间插缨 5-7 根。中胸前小腹片中峰之两侧细，两侧叶长三角形。足粗，有网纹，前足股节不增大，前足胫节和跗节无齿。

腹部　腹节 I 背片的盾板略似梯形，中部有纵网纹，无结瘤，两细孔相距近。节 II-VII 各有 2 对握翅鬃，后对弯曲，甚粗于前对。节 II-IX 有横纹和线纹，线上有三角形微毛或颗粒。节Ⅱ-Ⅶ背片的侧鬃Ⅰ长而粗，端部抹刀形，端缘羽毛状。节Ⅱ背片长 75，宽 248；节Ⅷ长 70，宽 198。背片长侧鬃长：节Ⅲ鬃Ⅰ35-33，鬃Ⅱ 23-25，节Ⅷ鬃Ⅰ50-52，鬃Ⅱ52-53。节Ⅸ背中鬃端部扁，长 53-55，中侧鬃端部扁，长 63-65，侧鬃尖，长 35。节Ⅹ（管）长 130，基部宽 53，端部宽 29。肛鬃长 125。

雌虫（短翅型）：体色和一般形态相似于长翅型，但复眼小，单眼小，翅胸窄，翅长仅 140，腹节Ⅰ背片的盾板很宽，具显著网纹。

雄虫（短翅型）：相似于短翅型雌虫，前足胫、跗节亦无齿，腹节Ⅰ背片的盾板亦很宽且网纹显著，但体小，前翅长 115，腹部细，握翅鬃缺，腹节Ⅷ腹片有宽的雄性腺域。

寄主：常绿树的枯叶和干树枝。

模式标本保存地：日本（TUA，Tokyo）。

观察标本：未见。

分布：台湾；日本。

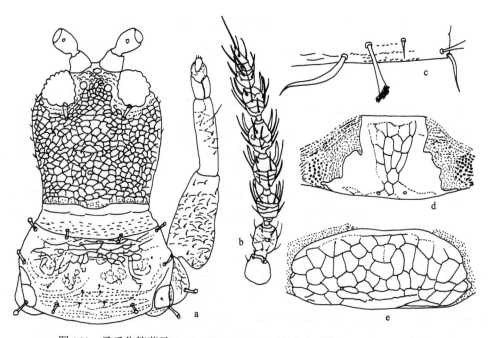

图 164　孟氏焦管蓟马 *Azaleothrips moundi* Okajima（仿 Okajima，1976a）

a. 头、前足和前胸背板，背面观（head, fore leg and pronotum, dorsal view）；b. 触角（antenna）；c. 腹节Ⅳ背片后半部右侧（the right of posterior abdominal tergite Ⅳ）；d. 腹节Ⅰ盾板（长翅型）（abdominal pelta Ⅰ, mac.）；e. 腹节Ⅰ盾板（短翅型）（abdominal pelta Ⅰ, mic.）

(179) 暹罗焦管蓟马 *Azaleothrips siamensis* Okajima, 1978（图 165）

Azaleothrips siamensis Okajima, 1978a, *Kontyû*, 46(3): 386, 389; Han, 1997a, *Econ. Ins. Faun. China. Fasc.*, 55: 373.

雌虫：体长 1.7mm。体淡棕色至棕色。触角棕色，但节Ⅸ及节Ⅳ最基部黄色。头、胸暗黄色，腹部中部较淡，略暗黄，向后较暗；管棕色，但基部较淡。翅暗黄色，前翅近基部及中部最窄处较淡。各足股节暗黄色，胫节和跗节黄色。握翅鬃和肛鬃棕色，其余主要鬃黄色。

头部　头长 224μm，复眼后宽 204，后缘宽 189。头背网纹为多角形。复眼长 68，宽 57。单眼区隆起，单眼位于复眼中线以前，三角形排列。头在单眼前略向前延伸。颊略微外拱，每侧有小刺 7 根。复眼后鬃长约 50，距复眼 8，端部宽扁似有毛，头背其他鬃细小，长约 10。触角 8 节，节III-VII基部梗显著，节VII基部不收缩，节 I -VIII长（宽）分别为：36（38）、46（21）、61（32）、67（31）、61（26）、54（24）、41（23）、31（13），总长 397。各节感觉锥和刚毛较长，节III和节IV感觉锥长：内端 36-38，外端 26-28。节 III-VII感觉锥数目分别为：1+2、2+2、1+1+1、1+1+1、1。口锥长 189，基部宽 128，中部宽 87，端部宽 33。口针缩入头内约 1/4。

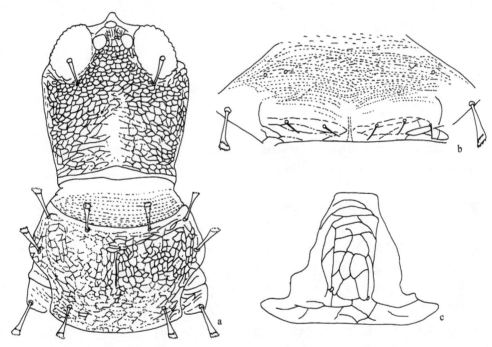

图 165　暹罗焦管蓟马 *Azaleothrips siamensis* Okajima（仿 Okajima，1978a）

a. 头和前胸背板，背面观（head and pronotum, dorsal view）；b. 中胸背板（meso and metanotum）；c. 腹节 I 盾板（abdominal pelta I ）

胸部　前胸长 128，中部宽 268。背片具多角形网纹，两侧和后部较模糊。中线不显著。后侧缝细但完全。各边缘鬃除后缘鬃外，短粗而端扁似有毛，各鬃长：前缘鬃 36，前角鬃 50，侧鬃 36，后侧鬃 45，后角鬃 36，后缘鬃 17，其他背片鬃细小，长约 15。中胸盾片横线纹上有微型三角齿，后部有 2 行横网纹。前外侧鬃短粗，端部宽扁，长 28；中后鬃和后缘鬃细小而端尖，长 12，接近后缘呈 1 横列。中胸前小腹片中峰较圆，两侧窄，侧叶呈长三角形。后胸盾片纵网纹间有些小颗粒，前中鬃粗短而端扁，长 23。前翅长 796，近基宽 64，最窄处中部宽 46，近端宽 51；间插缨 9 根，翅基鬃几乎呈直线排列，短粗而端扁，长：内 I 36，内 II 29，内 III 38。前足股节长 179，宽 77，前足跗节有小齿。

腹部 节 I 背片的盾板近似梯形，前中部有网纹，后部线纹模糊，非网纹，两孔相距 25。腹节 II-VIII 背片两侧横线纹上有三角形微齿毛或颗粒。节 II-VII 各有握翅鬃 2 对，前 1 对小于后 1 对。节 V 背片长 135，宽 326。节 IX 侧背长鬃长（自内向外）：B1 55，B2 23。节 II-VII 侧背长鬃 B1 端部抹刀形，边缘缨毛状。节 IX 背片后缘长鬃长：背中鬃 77，侧中鬃 79，侧鬃 115。节 X（管）长 158，短于头，基部宽 56，端宽 31。肛鬃长 120-147。

雄虫（长翅型）：体色和一般结构相似于长翅型雌虫，但体小，前足股节增大，前足跗节齿较大。

寄主：采于树林内的枯叶上及槐树上。

模式标本保存地：日本（SO，Tokyo）。

观察标本：1♀，河南伏牛山龙峪湾，1045m，1996.VII.16，槐树，段半锁采；1♀（IZCAS），贵州雷山县，1988.VI.24，崔云琦采。

分布：河南、贵州；泰国。

57. 俊翅管蓟马属 *Strepterothrips* Hood, 1934

Strepterothrips Hood, 1934, *J. New York Ent. Soc.*, 41(4): 431; Chen, 1980, *Proc. Nat. Sci. Council (Taiwan)*, 4(2): 169-182; Okajima, 2006, *Ins. Japan. Vol. 2. Suborder Tubulifera (Thysan.)*: 597.

Type species: *Strepterothrips conradi* Hood, 1934.

属征：体小型，表面具明显网纹，翅发达或不存在。头长于宽；具有 1 对短的复眼后鬃，但经常退化。复眼在正前方，两颊盖过复眼侧缘。触角 7 节，形态学节 VII 和节 VIII 完全愈合；节 IV-VII 具短的梗；节 III 常具 1 个感觉锥，节 IV 腹面具 2 个感觉锥，节 II 或多或少膨大，在中部和端部具感觉孔。口锥尖；口针长，缩入复眼处，在中部相互靠近；下颚桥不存在。前胸背侧缝完全或不完全，主要鬃短或明显膨大。前下胸片退化或不存在。前基腹片发达；前刺腹片和中胸前小腹片经常退化。前足胫节端部在雄虫中有结节；前足跗节齿在两性中不存在，但在雄虫中具有 1 个发达的钩。后胸腹侧缝不存在。前翅如果发达，则在基部弯曲，中部略收缩，无间插缨。盾片形状多样，帽形、梯形或卵形。长翅型中腹节 II-VII 各具扁平的握翅鬃；节 IX B1 鬃短且端部膨大，B2 鬃端部尖。雄虫腺域不存在。管逐渐变尖。

分布：古北界，东洋界。

本属世界已知 9 种，本志记述 1 种。

(180) 东方俊翅管蓟马 *Strepterothrips orientalis* Ananthakrishnan, 1964（图 166）

Strepterothrips orientalis Ananthakrishnan, 1964a, *Opusc. Ent. Suppl.*, 25: 118; Okajima, 1995c, *Bull. Jap. Soc. Coleoptero.*, 4: 213; Okajima, 2006, *Ins. Japan. Vol. 2. Suborder Tubulifera (Thysan.)*: 598.

雌虫（无翅型）：体长 1.5-1.6mm。体暗棕色，后胸后部色淡；所有足的股节暗色棕色，所有足的胫节棕色至暗棕色，端部色淡，所有足的跗节棕色；触角节Ⅱ和节Ⅲ黄色，其余节暗棕色；主要体鬃几乎透明。

头部　头长 219μm，为宽的 1.3 倍，头背面具有强网纹，且有数根背鬃；复眼后鬃小，长 15-16，端部膨大；两颊有小瘤，颊微圆。复眼小，长 43，具 7-8 个小眼；单眼不存在。触角相当短，为头长的 1.29 倍，节Ⅰ-Ⅶ长（宽）分别为：41（29）、49（37）、30（32）、40（33）、35（30）、32（27）、55（23）；节Ⅲ宽大于长，具梗，有 1 个感觉锥。口锥到达前基腹片。

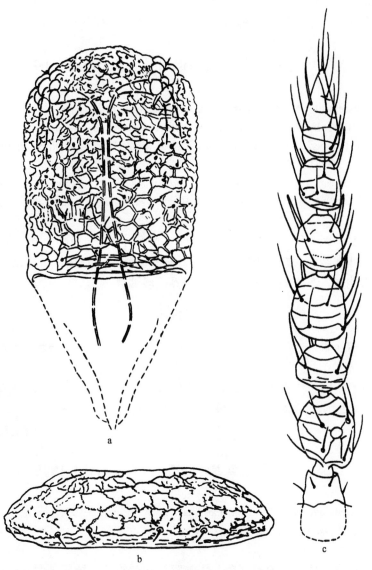

图 166　东方俊翅管蓟马 *Strepterothrips orientalis* Ananthakrishnan（仿 Okajima，2006）
a. 头（head）；b. 腹节Ⅰ盾板（abdominal pelta Ⅰ）；c. 触角（antenna）

胸部 前胸中部长 133，宽 230，长为头长的 0.6 倍；5 对鬃短且端部膨大，后侧鬃最长；各鬃长：前角鬃 16-18，前缘鬃 14-15，后角鬃 15-16，后侧鬃 22-24。后侧缝完全。前刺腹片和中胸前小腹片不存在，后胸有超过 40 根分散的鬃。

腹部 盾片横卵圆形，有 1 对感觉钟孔，在其之间有 2 对或 3 对鬃。腹部背片无握翅鬃；节Ⅸ B1 鬃为管长的 0.3 倍。管长 140，为头长的 0.62-0.65 倍，长为基部宽的 2.5-2.6 倍，在基部具网纹，基部宽 55，端部宽 28。肛鬃略短于管。

雄虫： 未明。

寄主： 常绿阔叶林的死灌木丛。

观察标本： 未见。

分布： 台湾；日本，印度，泰国，马来西亚，印度尼西亚，斐济，夏威夷。

XIV. 尾管蓟马族 Urothripini Stannard, 1970

Urothripidae Bagnall, 1909c, *Ann. His. Nat. Mus. Nat. Hung.*, 7: 125.

Urothripinae Priesner, 1961, *Anz. Österr. Akad. Wiss.*,1960(13): 296.

Urothripinae Priesner, 1949a, *Bull. Soc. Roy. Ent. Egypte*, 33: 159-174; Priesner, 1961, *Anz. Österr. Akad. Wiss.*, 1960(13): 296.

Urothripini Stannard, 1970, *Proc. R. Ent. Soc. Lond.*, (B)39(7-8): 114; Mound, 1972b, *Aust. J. Zool.*, 20: 83; Okajima, 1984, *Jour. Nat. Hist.*, 18: 717; Han, 1997a, *Econ. Ins. Faun. China. Fasc.*, 55: 362.

后足基节窝间距大于前、中足基节窝间距。触角 4-7 节，极少 8 节。体表面有结瘤，至少头部粗糙并有结瘤。缺翅或有翅。肛鬃很长，为管长的数倍。

分布： 古北界，东洋界，新北界，非洲界，澳洲界。

属检索表

1. 触角节Ⅲ-Ⅴ完全愈合，经常无愈合的痕迹·· 冠管蓟马属 *Stephanothrips*
   触角节Ⅲ-Ⅴ不愈合，分节清晰·· 2
2. 头部前缘有 1 对主要鬃；头在前缘变窄，口针在头的中部相互靠近······ 瘤突管蓟马属 *Bradythrips*
   头前缘具 3 对鬃（至少 2 对）；头在前缘不缩窄，口针相距宽为头长的 1/3··
   ·· 贝管蓟马属 *Baenothrips*

58. 贝管蓟马属 *Baenothrips* Crawford, 1948

Baenothrips Crawford, 1948, *Proc. Ent. Soc. Wash.*, 50: 39; Mound, 1972b, *Aust. J. Zool.*, 20: 92.

Type species: *Baenothrips guatemalensis* Crawford, 1948.

属征： 体小型，翅发达或不存在。头与宽等长或略长，背部表面具小瘤或网纹，头前缘鬃有 3 对（很少有 2 对），其他鬃退化。触角 8 节，节Ⅶ和节Ⅷ宽且结合在一起，但经常有完全的连接缝且较弱。口锥短且圆；口针缩入头内，相距为头长的 1/3，有下颚桥。前胸背侧缝退化，除后侧鬃外其他鬃退化。前下胸片退化，前基腹片在中部连接，前刺腹片和中胸前小腹片退化。后足基节间的距离宽于中足基节间的距离。前足跗节齿在两性中不存在。后胸肢上板强烈膨大且有小瘤，后侧鬃发达；腹侧缝不存在。如果有翅则较窄，缨翅分布较宽，无间插缨。盾片边缘弱。长翅型的腹节 II - VII 具鳍状握翅鬃；节 IX 长大于宽，无显著鬃。管长且细，超长于头，在端部略宽。肛鬃长于管。

分布：东洋界。

本属世界已知 11 种，本志记述 1 种。

(181) 琉球贝管蓟马 *Baenothrips ryukyuensis* Okajima, 1994（图 167）

Baenothrips ryukyuensis Okajima, 1994a, *Jpn. J. Ent.*, 62(3): 517-519.

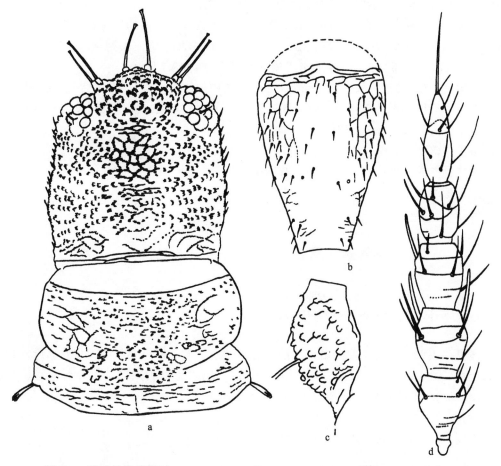

图 167　琉球贝管蓟马 *Baenothrips ryukyuensis* Okajima（♀）（仿 Okajima，2006）

a. 头（head）；b. 腹部背片 IX（abdominal tergite IX）；c. 后胸侧板（metapleuron）；d. 触角节 III-VIII（antennal segments III-VIII）

雌虫（无翅型）：体长 1.5-1.7mm。体棕色和黄白色；头和前胸棕色，具翅胸节，腹部和管黄白色；中胸前缘和两侧暗棕色；前足基节处棕色，中足和后足基节淡棕色；前足和中足股节黄白色，后足股节淡棕色，基部发白；前足胫节黄白色，中足和后足胫节淡棕色，基部和端部较白；所有足的跗节黄白色；触角节Ⅰ基部淡棕色，节Ⅱ-Ⅵ黄白色，节Ⅵ端部淡棕色，节Ⅶ-Ⅷ淡棕色。

头部 头长 159μm，几乎与宽等长，在两颊处最宽，为 152；头背有完全且弱的小瘤，但中部具网纹；头前缘在复眼前呈拱形，具 3 对在前缘的头鬃，中对鬃长于两边的鬃；颊微圆。复眼小，各有 10 个小眼，触角为头长的 1.4 倍；节Ⅶ-Ⅷ之间有完全连接的缝；节Ⅰ-Ⅷ长（宽）分别为：26（28）、30（31）、38（24）、31（24）、30（23）、29（21）、23（13）、21（10）。

胸部 前胸中部长 103，为头长的 0.64-0.65 倍。前下胸片弱。前胸后侧鬃长 19-21，后胸后侧鬃长 23-24；后胸后侧鬃略长于前胸后侧鬃。

腹部 腹节中部具有横列的 6-11 对短鬃，且各具有 3 对短的后缘鬃。节Ⅸ几乎与头等长，长为宽的 1.5-1.6 倍。管长 322，为头长的 1.95-2.10 倍，长为端部宽的 10.6 倍；管基部宽 215，端部宽 30.5；肛鬃长 740，为管长的 2.2-2.3 倍。

雄虫（无翅型）：头长 1.1-1.2mm。体色与结构与雌虫相似。头具 2 对前缘头鬃。前胸后侧鬃与后鬃侧鬃几乎相等。腹节Ⅸ短于头，长为宽的 1.3-1.4 倍。管长为头的 1.7-1.8 倍。肛鬃长为管长的 2.6-2.7 倍。

寄主：落叶层。

模式标本保存地：日本（TUA，Tokyo）。

观察标本：未见。

分布：台湾；日本。

59. 瘤突管蓟马属 *Bradythrips* Hood & Williams, 1925

Bradythrips Hood & Williams, 1925, *Psyche*, 32(1): 68.
Type species: *Bradythrips hesperus* Hood & Williams, 1925.

属征：头部有 1 对主要的鬃在头部前缘，触角 7 节，口针在头中间相互靠近，管远远长于头，而且有 1 对或 2 对长的肛鬃。这个属触角和头部的结构介于冠管蓟马属 *Stephanothrips* 和贝管蓟马属 *Baenothrips* 的中间类型。

分布：东洋界。

本属世界已知 6 种，本志记述 1 种。

(182) 张氏瘤突管蓟马 *Bradythrips zhangi* Wang & Tong, 2007（图 168）

Bradythrips zhangi Wang & Tong, 2007, *Acta Zootaxonomica Sinica*, 32(2): 297.

雌虫（无翅型）：体呈黄、褐两种颜色，有一些红色的皮下色素沉积；具翅胸节、股节和胫节的中段暗褐色；头背部及两侧、腹部两侧、管的尖端、股节后部和胫节呈褐色；跗节的中后部暗褐色；触角节Ⅱ和节Ⅶ淡褐色；前胸和前足及其余部位淡黄色。

　　头部　头长为宽的 1.3 倍，由端部向基部逐渐变宽，近基部最宽，背部表面和侧缘（包括复眼间）长有小瘤；背部有 1 对大的钝鬃在前缘；颊生有超过 10 对大的钝鬃在发达的小瘤上；头在复眼前延伸；复眼退化，大概为头长的 1/10；复眼后鬃顶端膨大，约 2 倍长于背鬃；单眼不存在。触角 7 节，具有横纹，从形态上看触角节Ⅶ和节Ⅷ完全融合，最长，感觉锥长而细，触角节Ⅲ有 1 个，节Ⅳ有 2 个，节Ⅴ有 2 个，触角节Ⅳ-Ⅵ长度几乎相等；口针伸达复眼，在头中部相互靠近到一起。

　　胸部　前胸背板梯形，有微弱的小瘤；前角鬃、前缘鬃和后侧鬃退化，后角鬃和复眼后鬃等长，顶端膨大。中胸背板网纹多角形，有 5 对微小的粗鬃在发达的小瘤上。后胸背板具多角形网纹，有超过 8 对小的粗鬃在发达的小瘤上，在两侧具有突出的小瘤和 1 个显著的鬃，且还有一些小鬃在发达的瘤上。

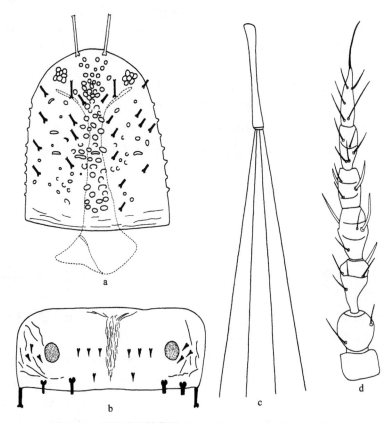

图 168　张氏瘤突管蓟马 *Bradythrips zhangi* Wang & Tong

a. 头（head）；b. 腹节Ⅵ背片（abdominal tergite Ⅵ）；c. 管和肛鬃（tube and anal setae）；　d. 触角（antenna）

　　腹部　腹节Ⅱ-Ⅶ背板各有 1 排微小的钝鬃，背板节Ⅱ-Ⅷ每节中部具有纵向的皱褶。管约为头长的 1.7 倍，基部和端部宽度几乎相等，在基部 1/3 处最窄；2 对肛鬃长度几乎相等，为管长的 2.7 倍。

雄虫（无翅型）：体色和结构与雌性相似，但腹节Ⅱ-Ⅷ背板中央没有着生明显的纵向褶皱。

寄主：落叶层及草丛。

模式标本保存地：中国（SCAU，Guangdong）。

观察标本：1♀，广东龙门南昆山自然保护区，23°38′38″N，113°50′49″E，2001.Ⅺ.11，枯叶，李志伟采；1♂，广东肇庆鼎湖山自然保护区，23°10′02″N，112°32′07″E，2002.Ⅻ.15，枯叶，李志伟采。

分布：广东。

60. 冠管蓟马属 *Stephanothrips* Trybom, 1913

Stephanothrips Trybom, 1913, *Arkiv Zool.*, 7: 42; Ananthakrishnan, 1969b, *CSIR Zool. Monog.*, 1: 38;
　　Mound, 1972b, *Aust. J. Zool.*, 20: 91, 99; Okajima, 1976c, *Kontyû*, 44(4): 403.
Amphibolothrips subg. *Stephanothrips* Stannard, 1957, *Ill. Biol. Monog. Urban*, 25: 30, 31.
Type species: *Stephanothrips buffai* Trybom, 1913.

属征：体小型，头背和两颊有很多结瘤，头前缘有 1-3 对粗鬃，复眼退化，仅有几个大的小眼。复眼后鬃不发达。触角节Ⅴ或节Ⅵ（形态学的节Ⅲ-Ⅴ、节Ⅵ-Ⅷ或节Ⅶ-Ⅷ完全愈合）。口锥短而圆，口针伸达头部很深，在头中部相互靠近。下颚须和下唇须退化，仅 1 节。下颚桥不发达。中足基节间距小于后足基节间距。管通常细长，长于头，端部略宽。肛鬃甚长于管，2-3 倍长于管，这是最显著的区别特征。

分布：古北界，东洋界，新北界，非洲界，澳洲界。

本属种类生活在叶屑内、死树枝和草基部；全世界已知约 29 种，本志记述 4 种。

种检索表

1. 头前缘具 1 对显著的鬃 ·· 日本冠管蓟马 *S. japonicus*
　头前缘具 2 对或 3 对显著的鬃 ··· 2
2. 头前缘具 2 对显著的鬃 ·· 肯廷冠管蓟马 *S. kentingensis*
　头前缘具 3 对显著的鬃 ··· 3
3. 前足跗节外侧有 1 小丘；头背有结瘤；节Ⅴ基部比较宽；触角节Ⅳ和节Ⅴ棕色 ······················
　··· 西方冠管蓟马 *S. occidentalis*
　前足跗节无钩；头背中部有结瘤；触角节Ⅴ基部宽；节Ⅳ棕色；节Ⅲ约 2.5 倍长于节Ⅳ；头和前胸暗棕色，管约为头长的 1.4 倍 ··································· 台湾冠管蓟马 *S. formosanus*

(183) 台湾冠管蓟马 *Stephanothrips formosanus* Okajima, 1976（图 169）

Stephanothrips formosanus Okajima, 1976c, *Kontyû*, 44(4): 403, 404; Han, 1997a, *Econ. Ins. Faun.*
　　China. Fasc., 55: 363.

雌虫：体长 1.2mm。体棕、黄二色；触角节 II 和节 III 淡黄色，节 III 端部淡棕色，节 IV 和节 V 棕色；头、前胸和中胸暗棕色，后胸两侧缘和腹节 I -VIII 棕色，节 IX 略淡，管基部 1/5 棕黄色，端部 1/3 黄棕色，向端部最暗，其余部分黄色到淡棕黄色；后胸和腹节 I -VIII 中部黄棕色，各足股节棕色，略淡于头和胸，基部和端部淡棕色；各足胫节棕色，各足跗节黄棕色，中央有暗棕色部分；长体鬃淡黄色到黄色，肛鬃黄棕色。

头部　头长 170μm，宽 150，长为宽的 1.1 倍；背面和颊有很多结瘤，背中部有大结瘤。头在复眼前略延伸，盖住触角节 I。头前端结瘤上有 3 对长鬃，端部膨大为头状；内对鬃长 48-50，外两对长 35-38。复眼退化，仅有 3 个小眼面。单眼缺。其他头鬃及颊鬃均微小。触角 5 节，节 III 最长（节 III-V 愈合为一体，形态节 VII、VIII 亦完全愈合为节 V），节 V 基部宽。节 II-V 长（宽）分别为：32（25）、68（28）、28（19）、30（16）。感觉锥较细，节 III 外端有 2 个，内端有 1 个感觉锥。口锥短而宽圆。口针缩入头内至复眼。

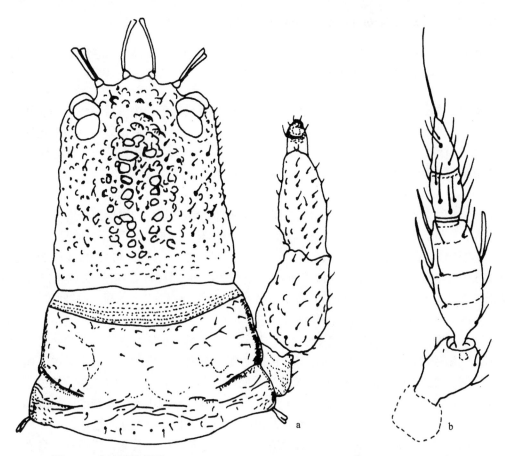

图 169　台湾冠管蓟马 *Stephanothrips formosanus* Okajima（仿 Okajima，1976c）

a. 头、前足和前胸背板，背面观（head, fore leg and pronotum, dorsal view）；b. 触角（antenna）

腹部　前胸长 100，宽 210；长为头长的 0.6 倍，宽为长的 2 倍。背片线纹弱。后侧缝不完全。后侧鬃宽扁，端部更扁，长 20。前下胸片存在。翅胸缺翅，长 188，宽 280，宽为长的 1.5 倍，长为前胸长的 1.9 倍。各足短，有众多小结瘤，毛多而小。前足股节长 80，宽 60。前足股、胫、跗节无钩齿。

腹部 腹部窄于翅胸，节Ⅰ和节Ⅱ最宽，向管基部均匀变窄。节Ⅱ长 50，宽 265；节Ⅳ长 52，宽 240；节Ⅷ长 52，宽 135；节Ⅸ长 165，最大宽度 100，端部宽 45；节Ⅹ（管）长 240，基部宽 24，端部宽 28。节Ⅲ-Ⅷ后侧对鬃端部膨大，着生在结瘤上，节Ⅲ后侧对鬃长 20-21。肛鬃长 500-550，约为管长 2 倍，背鬃最短。节Ⅸ后缘鬃退化。

雄虫：未明。

寄主：死的刺葵属植物上。

模式标本保存地：日本（TUA，Tokyo）。

观察标本：未见。

分布：台湾。

(184) 日本冠管蓟马 *Stephanothrips japonicus* Saikawa, 1974（图 170）

Stephanothrips japonicus Saikawa, 1974, *Kontyû*, 42: 7; Okajima, 1976c, *Kontyû*, 44(4): 403, 406; Kudô, 1978a, *Kontyû*, 46: 170; Tong & Zhang, 1989, *Jour. South China Agri. Univ.*, 10(3): 58.

雌虫：体长约 1.4mm。体棕、黄二色；头和前胸暗棕色；中胸淡棕色，后胸黄色，腹节黄色，两侧暗棕色，管黄色，最端部更暗；前足基节黄色，后足股节具淡棕色阴影；前足胫节黄色，中足和后足胫节黄色，中部暗棕色，所有足的跗节黄色；触角节Ⅰ-Ⅳ黄色，节Ⅴ顶端淡棕色。

头部 头长 190-200μm，宽 175-190，长约为宽的 1.1 倍。背面和两颊有众多结瘤，背中部结瘤大，但头腹面中部平滑。头前部略延伸，复眼前呈圆拱形。前缘 1 对鬃端部略膨大，钝圆，长 25-30。其他头鬃均微小。复眼退化，仅有 3 个眼面。单眼缺。触角 5 节，形态节Ⅲ-Ⅴ完全愈合；节Ⅰ-Ⅴ长（宽）分别为：25-30（23-30）、35-40（30-32）、95-105（28-30）、25（18-20）、40（15），总长 220-240；节Ⅲ长为宽的 3.17-3.75 倍。感觉锥较细长，节Ⅲ有 3 个（1+2），节Ⅴ有些小感觉锥。口锥短，宽圆。口针细，缩入头内至复眼处，几乎直的向后伸，间距较宽。

胸部 前胸长 105-115，宽 220-240；长约为头长的 0.6 倍，宽约为长的 2 倍。背片有不规则皱纹和结瘤。后侧缝不完全。包括后侧鬃在内，各鬃均细小而尖。前下胸片存在。翅胸长 220-240，宽 305-320，长约为前胸的 2 倍，宽约为长的 1.5 倍。缺翅。中胸盾片变小，有模糊线纹。后胸盾片与小盾片愈合，有些不规则皱纹和结瘤。鬃均微小。足粗而短，具众多小结瘤和刚毛；各节无钩齿。中、后足基节窝间距近似。

腹部 腹节Ⅱ最宽；向管基部均匀地变窄。节Ⅰ背片一致骨化，无盾板。各背片有六角形网纹，但端节缺。节Ⅰ-Ⅷ背片后部 6 根刚毛之前的中部有 1 横列 12-14 根微刚毛。节Ⅸ后缘鬃退化，前部有小刚毛。节Ⅲ-Ⅷ后侧鬃较粗大，着生在大结瘤上，长 23-30。节Ⅸ长 150-175，基部宽 97，端部宽 47。节Ⅹ长 210-240，基部宽 24，端部宽 29。管长为头长的 1.05-1.26 倍。管末端的肛鬃长：中背鬃（内鬃）450-530，中侧鬃 630-700，侧鬃（外鬃）590-680；中背鬃甚短于中侧鬃，为管长的 1.9-2.5 倍。

雄虫：未明。

寄主：树林内叶屑、杂草。

模式标本保存地：日本（Japan）。

观察标本：2♀♀，湖南，1988.Ⅴ，杂草，冯纪年采；23♀♀，广东鼎湖山，1985.Ⅲ.5，童晓立采；5♀♀，湖南张家界大庸，1987.Ⅶ.24，邓国余采；3♀♀，贵州梵净山，1987.Ⅷ.10，童晓立采。

分布：湖南、福建、台湾、广东、海南、贵州；日本。

图 170　日本冠管蓟马 *Stephanothrips japonicus* Saikawa（仿 Saikawa，1974）

a. 头、前足和前胸背板，背面观（head, fore leg and pronotum, dorsal view）；b. 触角（antenna）；c. 雌虫节Ⅸ-Ⅹ背片（female abdominal tergites Ⅸ-Ⅹ）

(185) 肯廷冠管蓟马 *Stephanothrips kentingensis* Okajima, 1976（图 171）

Stephanothrips kentingensis Okajima, 1976c, *Kontyû*, 44(4): 403, 407; Kudô, 1978a, *Kontyû*, 46(2): 171; Tong & Zhang, 1989, *Jour. South China Agri. Univ.*, 10(3): 59.

雌虫：体长 1.2mm。体棕、黄二色；头、前胸及中胸前缘棕色；翅胸和腹节Ⅰ-Ⅷ黄色，但两侧为黄棕色；节Ⅸ和Ⅹ（管）暗黄色，但管端棕色；触角黄色，但节Ⅴ较暗；足黄色，但前足股节（两端除外）及跗节顶端棕色。

　　头部　头长192μm，宽150，后部最宽，长为宽的1.28倍；背面和两颊具众多结瘤，其中一些载有微刚毛，中部结瘤最大。复眼退化为3个小眼面。单眼缺。头在复眼前略延伸，呈圆拱形物，盖住触角节Ⅰ；其上仅有2对长鬃；内对鬃端部膨大如头状，长38-42；外对鬃短而较扁，长14-16，对Ⅲ鬃退化成微刚毛。触角5节，节Ⅲ-Ⅴ完全愈合为节Ⅲ，节Ⅶ和节Ⅷ愈合为节Ⅴ，有时可见一横线纹；节Ⅴ基部略微缩窄；节Ⅰ-Ⅴ长（宽）分别为：30（27）、30（29）、98（25）、27（17）、38（13），总长223。感觉锥较细长，节Ⅲ外侧1个，内侧2个。口锥短，伸达前胸腹片中部，端部宽圆。口针缩入头内至复眼，近乎直地向后伸，间距宽。

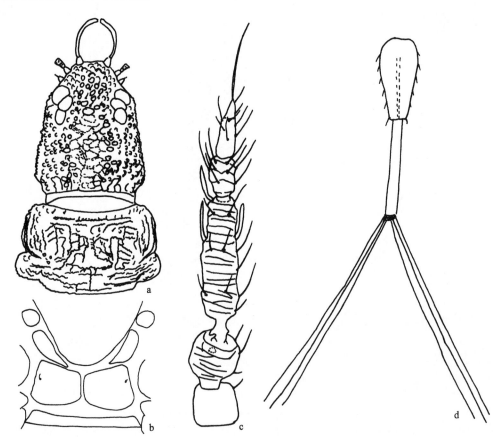

图171　肯廷冠管蓟马 *Stephanothrips kentingensis* Okajima（仿 Okajima，1976c）
a. 头和前胸背板，背面观（head and pronotum, dorsal view）；b. 前、中胸腹板（pro- and midsternum）；c. 触角（antenna）；
d. 雌虫节Ⅸ-Ⅹ背板（female abdominal tergites Ⅸ-Ⅹ）

　　胸部　前胸长108，宽195，长为头长的0.6倍，宽为长的1.8倍。背片有众多不规则皱纹和结瘤。后侧缝不完全。所有鬃均微小。前下胸片存在。中胸前小腹片发达，横带状，似有中峰。翅胸长195，宽260，长为前胸长的1.8倍。中胸盾片小，横线纹由小结瘤组成。后胸盾片大，与小盾片愈合。缺翅。足短粗，有众多结瘤和微刚毛。前足各节无钩、齿，后足跗节钩发达。中足基节窝间距略小于后足基节窝间距。

腹部　腹部略宽于前胸，节Ⅱ最宽，至管基部均匀地变窄。节Ⅱ长63，宽272；节Ⅳ长65，宽258；节Ⅷ长60，宽125；节Ⅸ长170，最大宽度88，端宽40；Ⅹ节（管）长238，基部宽23，中部宽18，端部宽28。管长约1.2倍于头长，约10.3倍于管基部宽。节Ⅲ-Ⅷ各有1对后侧鬃，端部膨大，着生在节瘤上，节Ⅱ后侧鬃长21-23。肛鬃长550-650，2.5-3倍长于管，背中对鬃长于中侧鬃和侧鬃。

雄虫：体长1.0mm。相似于雌虫，但略小于雌虫。头顶前部鬃，内中对鬃仅有左边1根，右边的缺，外对鬃退化。

寄主：树木落叶层叶屑中。

模式标本保存地：日本（TUA，Tokyo）。

观察标本：7♀♀，广东鼎湖山，1987.Ⅳ.16，童晓立采。

分布：台湾、广东。

(186) 西方冠管蓟马 *Stephanothrips occidentalis* Hood & Williams, 1925（图172）

Stephanothrips occidentalis Hood & Williams, 1925, *Psyche*, 32(1): 48-69; Okajima, 1976c, *Kontyû*, 44(4): 404, 409; Kudô, 1978a, *Kontyû*, 46(2): 171; Tong & Zhang, 1989, *Jour. South China Agri. Univ.*, 10(3): 60.

雌虫：体长1.3mm。体棕、黄二色；触角节Ⅱ和节Ⅲ，前足股节端部和胫节基部大部分，中、后足股节基半部大部分及中足胫节基部和后足胫节两端和足跗节，后胸及腹节Ⅱ-Ⅷ中部大部分为黄色；头前部长鬃及腹部背侧后鬃黄色。

头部　头长179μm，宽：复眼处115，后缘134。头背及颊的结瘤多而显著。复眼只有3个小眼面。头顶前端3对长鬃的端部较膨大；中对鬃较长，长47；侧对鬃长36。其他头鬃均微小。触角5节（节Ⅲ-Ⅴ和节Ⅶ-Ⅷ愈合），节Ⅱ近乎球状，节Ⅴ基部宽，节Ⅰ-Ⅴ长（宽）分别为：18（23）、26（28）、79（26）、21（18）、31（13），总长175；节Ⅲ上有3个感觉锥。口锥伸达前胸腹片中部，端部宽圆。口针缩入头内达复眼，中部间距适当宽。

胸部　前胸长97，前部宽154，后部宽192，背片有众多不规则皱纹。后侧缝不完全。各鬃均退化，微小，唯后侧鬃较长而宽扁，长25。前下胸片及前基腹片发达。中胸前小腹片横带状，有个小中峰。中胸盾片变小，仅有颗粒状纹。后胸盾片与小盾片愈合，线纹稀疏而不规则，刚毛小而多。缺翅。足短而粗，多结瘤和小刚毛。前足跗节外缘有1个小丘。翅胸稍宽于前胸。

腹部　腹节Ⅰ盾板近似倒梯形，有几条线纹。各背片线纹模糊，有众多颗粒；刚毛微小，但背侧后角鬃宽扁，长32。节Ⅸ长如头，约1.7倍长于宽。管（节Ⅹ）长269，约为头长的1.5倍；宽：基部22，中部18，端部26。节Ⅸ后缘背鬃退化。节Ⅹ端鬃（肛鬃）长486，为管长的1.81倍。

雄虫：未明。

寄主：新樟属（叶）、死的刺葵属植物、死的蕨类及叶屑。

模式标本保存地：西印度群岛（West India-St-Croix）。

观察标本：1♀，云南景洪，1987.Ⅳ.5，童晓立采；1♀，云南勐仑，1987.Ⅳ.13，童晓立采。

分布：台湾、广东、云南（西双版纳）；日本，印度，泰国，菲律宾，马来西亚，美国，墨西哥，特立尼达和多巴哥，澳大利亚，安哥拉，非洲南部。

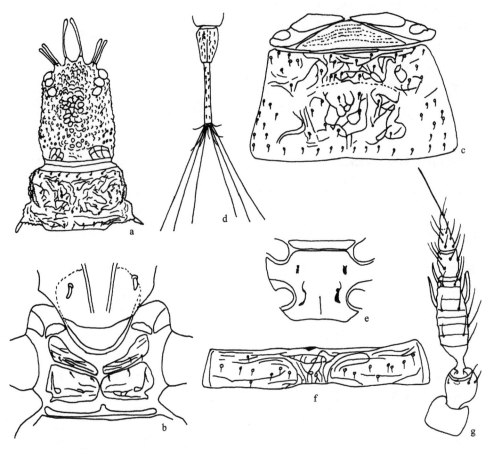

图 172　西方冠管蓟马 *Stephanothrips occidentalis* Hood & Williams（仿 Hood & Willians，1925）

a. 头和前胸背板，背面观（head and pronotum, dorsal view）；b. 前、中胸腹板（pro- and midsternum）；c. 中、后胸背板（meso- and metanotum）；d. 雌虫节Ⅸ-Ⅹ背板（female abdominal tergites Ⅸ-Ⅹ）；e. 中、后胸腹片（meso- and metasternum）；f. 腹节Ⅰ盾板（abdominal pelta Ⅰ）；g. 触角（antenna）

参 考 文 献

Amyot C J B & Audinet-Serville J G. 1843. Histoire naturelle des insects, Hémiptères. Librairie Encyclopédique de Roret, Paris. 637-646.

Ananthakrishnan T N. 1957. *Bamboosiella* nov. gen. (Phlaeothripidae, Tubulifera) from India. *Entomological News*, 68: 65-68.

Ananthakrishnan T N. 1958. Two new species of tubuliferous Thysanoptera from India. *Proceedings of the Entomological Society of Washington*, 60: 277-280.

Ananthakrishnan T N. 1961. Allometry and speciation in *Ecacanthothrips* Bagnall. *Proceedings of the Biological Society of Washington*, 74: 275-280.

Ananthakrishnan T N. 1964. A contribution to our knowledge of the Tubulifera (Thysanoptera) from India. *Opuscla Ent. Suppl*, 25: 1-120.

Ananthakrishnan T N. 1964b. Thysanopterologica Indica- II . *Entomologisk Tidskrift*, 85: 218-235.

Ananthakrishnan T N. 1966. Thysanopterologica Indica-IV. *Bulletin of Entomology, India*, 7: 1-12.

Ananthakrishnan T N. 1969a. Mycophagous Thysanoptera-1. *Indian Forester*, 95: 173-185.

Ananthakrishnan T N. 1969b. Indian Thysanoptera. *CSIR Zoological Monograph*, No. 1: 1-171.

Ananthakrishnan T N. 1970. Studies on the genus *Leeuwenia* Karny. *Oriental Insects*, 4(1): 47-57.

Ananthakrishnan T N. 1971. Mycophagous Thysanoptera-III. *Oriental Insects*, 5: 189-208.

Ananthakrishnan T N. 1973. Studies on some Indian species of the genus *Elaphrothrips* Buffa (Megathripinae: Tubulifera: Thysanoptera). *Pacific Insects*, 15(2): 271-284.

Ananthakrishnan T N. 1976. Studies on *Mesothrips* (Thysanoptera: Tubulifera). *Oriental Insects*, 10: 185-214.

Ananthakrishnan T N & Jagadish A. 1969. Studies on the species of *Xylaplothrips* Priesner from India. *Zoologischer Anzeigei*, 182(1-2): 121-133.

Ananthakrishnan T N & Jagadish A. 1970. The species of *Diceratothrips* Bagnall and allied genera from India (Thysanoptera: Megathripinae: Insecta). *Oriental Insects*, 4(3): 265-280.

Ananthakrishnan T N & Kudô I. 1974. The species of the genus *Xenothrips* Ananthakrishnan (Thysanoptera: Phlaeothripidae). *Kontyû Tokyo*, 42(2): 117-121.

Ananthakrishnan T N & Muraleedharan N. 1974. Studies on the *Gynaikothrips-Liophlaeothrips-Liothrips* complex from India. *Oriental Insects Suppl.*, 4: 1-85.

Ashmead W H. 1905. A new thrips from the Philippine Islands. *Entomological News*, 16: 20.

Bagnall R S. 1908a. On some new and curious Thysanoptera (Tubulifera) from Papua. *Annals and Magazine of Natural History*, (8)1: 355-363.

Bagnall R S. 1908b. On some new genera and species of Thysanoptera. Transactions of the Natural History Society of Northumberland, Durham, and Newcastle-upon-Tyne. *New Series*, 3(1): 183-217.

Bagnall R S. 1909a. Synonymical notes; with a description of a new genus of Thysanoptera. *Annals de la Societe Entomologique de Belge*, 52: 348-352.

Bagnall R S. 1909b. On some new and little known exotic Thysanoptera. *Transactions of the Natural History Society of Northumberland*, 3: 524-540.

Bagnall R S. 1909c. On *Urothrips paradoxus*, a new type of Thysanopterous insects. *Annales Historico-Naturales Musei Nationalis Hungarici*, 7: 125-136.

Bagnall R S. 1910a. Thysanoptera. In Sharp, Fauna Hawaiiensis. Cambridge University Press, London, 3(6): 669-701.

Bagnall R S. 1910b. On a small collection of Thysanoptera from Hungary. *Annales Historico-Naturales Musei Nationalis Hungarici*, 8: 372-376.

Bagnall R S. 1911. Descriptions of three new Scandinavian Thysanoptera (Tubulifera). *Entomologist's Monthly Magazine*, 47: 60-63.

Bagnall R S. 1914a. Brief descriptions of new Thysanoptera. Ⅱ. *Annals and Magazine of Natural History*, (8)13: 22-31.

Bagnall R S. 1914b. Brief descriptions of new Thysanoptera. Ⅲ. *Annals and Magazine of Natural History*, (8)13: 287-297.

Bagnall R S. 1914c. Brief descriptions of new Thysanoptera. Ⅳ. *Annals and Magazine of Natural History*, (8)14: 375-381.

Bagnall R S. 1915a. Brief descriptions of new Thysanoptera. Ⅴ. *Annals and Magazine of Natural History*, (8)15: 315-324.

Bagnall R S. 1915b. Brief descriptions of new Thysanoptera Ⅵ. *Annals and Magazine of Natural History*, (8)15: 588-597.

Bagnall R S. 1918. Brief descriptions of new Thysanoptera Ⅸ. *Annals and Magazine of Natural History*, (9)1: 201-221.

Bagnall R S. 1919. Brief descriptions of new Thysanoptera. Ⅹ. *Annals and Magazine of Natural History*, (9)4: 253-277.

Bagnall R S. 1921a. Brief descriptions of new Thysanoptera. Ⅻ. *Annals and Magazine of Natural History*, (9)8: 393-400.

Bagnall R S. 1921b. On Thysanoptera from the Seychelles Islands and Rodrigues. *Annals and Magazine of Natural History*, (9)7: 257-293.

Bagnall R S. 1923. Brief descriptions of new Thysanoptera. ⅩⅢ. *Annals and Magazine of Natural History*, (9)12: 624-631.

Bagnall R S. 1924. Brief descriptions of new Thysanoptera. ⅩⅣ. *Annals and Magazine of Natural History*, (9)14: 625-640.

Bagnall R S. 1932. Brief descriptions of new Thysanoptera. ⅩⅦ. *Annals and Magazine of Natural History*, (10)10: 505-520.

Bagnall R S. 1933a. A contribution towards a knowledge of the Thysanopterous genus *Haplothrips* Serv. *Annals and Magazine of Natural History*, (10)11: 313-334.

Bagnall R S. 1933b. More new and little known British thrips. *Entomologist's Monthly Magazine*, 69: 120-123.

Bagnall R S. 1934. Contributions towards a knowledge of the European Thysanoptera. Ⅴ. *Annals and*

Magaone of Natural History, (10)14: 481-500.

Bagnall R S. 1936. Descriptions of some new Thysanoptera from tropical Africa and Madagascar. *Revue Francaise d'Entomologie*, 3: 219-230.

Beach A M. 1896(1895). Contributions to a knowledge of the Thripidae of Iowa. *Proceedings of the Iowa Academy of Sciences*, 3: 214-228.

Bhatti J S. 1967. Thysanoptera nova Indica. Published by the author. Delhi. 1-24.

Bhatti J S. 1973. A new species of *Haplothrips* (Thysanoptera: Phlaeothripidae) from wheat in India. *Orient Insects*, 7(4): 535-537.

Bhatti J S. 1978. A review of *Dolichothrips* Karny and *Dolicholepta* Priesner, with descriptions of two new genera (Insecta: Thysanoptera: Phlaeothripidae). *Entomon*, 3: 221-228.

Blanchard E. 1845. Histoire des insectes, traitant de leurs moeurs et de leurs métamorphoses en général, et comprenant unenouvelle classification fondéé sur leurs rapports naturels. Didot, Paris. Vol. 2: 524.

Buffa P. 1908. Esame della raccolta di Tisanotteri Italiani esistente nel Museo Civico di Storia Naturale di Genova. Redia, 4: 382-391.

Buffa P. 1909. I. Tisanottori esotici esistenti nel Museo civico di Storia naturale di Genova. *Redia*, 5(2): 157-172.

Cao S-J & Feng J-N. 2011. A newly recorded species of the genus *Cephalothirps* Uzel (Thysanoptera: Phlaeothripidae) from China. *Entomotaxonomia*, 33(3): 192-194. [曹少杰, 冯纪年, 2011. 中国头管蓟马属一新纪录种记述(缨翅目: 管蓟马科). 昆虫分类学报, 33(3): 192-194.]

Cao S-J, Guo F-Z & Feng J-N. 2009. Taxonomic study of the genus *Gastrothrips* (Thysanoptera: Phlaeothripidae) from China. *Acta Zootaxonomica Sinica*, 34(4): 894-897. [曹少杰, 郭付振, 冯纪年, 2009. 中国肚管蓟马属分类研究(缨翅目: 管蓟马科). 动物分类学报, 34(4): 894-897.]

Cao S-J, Xian X-Y & Feng J-N. 2012. A newly recorded species of the genus *Terthrothrips* Karny (Thysanoptera: Phlaeothripidae) from China. *Acta Zootaxonomica Sinica*, 37(1): 236-238. [曹少杰, 咸晓艳, 冯纪年, 2012. 中国胫管蓟马属一新纪录种记述(缨翅目: 管蓟马科). 动物分类学报, 37(1): 236-238.]

Cao S-J, Guo F-Z & Feng J-N. 2010. The genus *Ophthalmothrips* Hood (Thysanoptera: Phlaeothripidae) from Mainland China with description of one new species. *Transactions of the American Entomological Society*, 136(3+4): 263-268.

Chen L-S. 1980. Thrips associated with mulberry plant (*Morus* sp.) in Taiwan. *Proceedings Natural Science Council ROC, Taibei, Taiwan*, 4(2): 169-182.

Crawford D L. 1910. Some Thysanoptera of Mexico and the south. II. *Pomona College Journal of Entomology*, 2(1): 153-170.

Crawford J C. 1948. A new genus of Urothripidae from Guatemala (Thysanoptera). *Proceedings of the Entomological Society of Washington*, 50: 39-40.

Dang L-H, Mound L A & Qiao G-X. 2013. Leaf-litter thrips of the genus *Adraneothrips* from Asia and Australia (Thysanoptera, Phlaeothripinae). *Zootaxa*, 3716 (1): 1-21.

Dang L-H, Mound L A & Qiao G-X. 2014. Conspectus of the Phlaeothripinae genera from China and Southeast Asia (Thysanoptera, Phlaeothripidae). *Zootaxa*, 3807: 1-82.

Dang L-H & Qiao G-X. 2016. Species of the Poaceae-associated genus *Bamboosiella* (Thysanoptera, Phlaeothripidae) from China, with three new species. *Zootaxa*, 4184(3): 541-552.

De Geer C. 1773. Memoires pour server à l'histoire des insects. *Tome Troisième*, 3: 1-18.

Duan B-S. 1998. Three new species of Thysanoptera (Insecta) from the Funiu Mountains, Henan, China. 53-58. In: Shen X-C & Shi Z-Y. The Fauna and Taxonomy of Insects in Henan（Ⅰ）. Insects of the Funiu Mountains Region. China Agricultural Scientech Press, Beijing. [段半锁, 1998. 河南伏牛山蓟马三新种记述. 53-58. 见: 申效诚, 时振亚, 伏牛山区昆虫（Ⅰ）河南昆虫分类区系研究. 北京: 中国农业科技出版社.]

Duan B-S & Li M-Z. 1995. Thysanoptera: Phlaeothripidae. 211. In: Wu H. Insects of Baishanzu Mountain, Eastern China. China Forestry Publishing House, Beijing. [段半锁, 李明照, 1995. 缨翅目: 管蓟马科. 211. 见: 吴鸿, 华东百山祖昆虫. 北京: 中国林业出版社.]

Duan B-S, Li M-Z & Yang R-Z. 1998. A new species of the genus *Haplothrips* from China (Thysanoptera: Phlaeothripidae). *Acta Zootaxonomica Sinica*, 23(1): 48-51. [段半锁, 李明照, 杨蕊枝, 1998. 中国简管蓟马属一新种记述（缨翅目: 管蓟马科). 动物分类学报, 23(1): 48-51.]

Dyadechko N P. 1964. Thrips or Fringe-Winged Insects (Thysanoptera) of the European Part of the USSR. Urozhai Publishers, Kiev. 1-344.

Fabricius J C. 1803. Systema rhyngotorum secundum ordines, genera, species, adiectis synonymis, locis, observationibus, descriptionibus. *Brunsvigae*: 1-335.

Faure J C. 1933. New genera and species of Thysanoptera from South Africa. *Bulletin of the Brooklyn Entomological Society*, 28: 1-20, 55-75.

Feng J-N & Guo F-Z. 2004. A new species of *Litotetothrips* (Thysanoptera: Phlaeothripidae) from China. *Entomotaxonomia*, 26(2): 104-106. [冯纪年, 郭付振, 2004. 中国率管蓟马属一新种记述（缨翅目: 管蓟马科). 昆虫分类学报, 26(2): 104-106.]

Feng J-N, Guo F-Z & Duan B-S. 2006. A new species of the genus *Oidanothrips* Moulton from China (Thysanoptera: Phlaeothripidae). *Acta Zootaxonomica Sinica*, 31(1): 165-167. [冯纪年, 郭付振, 段半锁, 2006. 中国脊背管蓟马属一新种（缨翅目: 管蓟马科). 动物分类学报, 31(1): 165-167.]

Franklin H J. 1908. On a collection of Thysanopterous insects from Barhados and St. Vincent Islands. *Proceedings of the U. S. National Museum*, 33: 715-730.

Franklin H J. 1909. On Thysanoptera. *Entomological News*, 20(5): 228-231.

Girault A A.1927. A discourse on wild animals. Published Privately, Brisbane. 1-2.

Guo F-Z & Feng J-N. 2006. A new species of the genus *Compsothrips* Reuter (Thysanoptera: Phlaeothripidae) from China. *Acta Zootaxonomica Sinica*, 31(4): 843-845. [郭付振, 冯纪年, 2006. 中国多饰管蓟马属一新种（缨翅目: 管蓟马科). 动物分类学报, 31(4): 843-845.]

Guo F-Z, Cao S-J & Feng J-N. 2010. A newly recorded genus and a new species of *Megalothrips* Uzel (Thysanoptera, Phlaeothripidae) from China. *Acta Zootaxonomica Sinica*, 35(4): 733-735. [郭付振, 曹少杰, 冯纪年, 2010. 中国一新纪录属和一新种记述（缨翅目, 管蓟马科). 动物分类学报, 35(4): 733-735.]

Guo F-Z, Feng J-N & Duan B-S. 2004. A new species of the genus *Hoplandrothrips* from China. *Acta Zootaxonomica Sinica*, 29(4): 733-735. [郭付振, 冯纪年, 段半锁, 2004. 中国跗雄管蓟马属一新种记

述. 动物分类学报, 29(4): 733-735.]

Guo F-Z, Feng J-N & Duan B-S. 2005. A taxonomic study on the newly record genus *Megathrips* (Thysanoptera: Phlaeothripidae). *Entomotaxonomia*, 27(3): 173-178. [郭付振, 冯纪年, 段半锁, 2005. 中国新记录属——大蓟马属分类研究 (缨翅目: 管蓟马科). 昆虫分类学报, 27(3): 173-178.]

Haga K. 1973. Leaf-litter Thysanoptera in Japan. Ⅰ. Descriptions of three new species. *Kontyû*, 41: 74-79.

Haga K. 1975. A revision of the genus *Pyrgothrips* Karny with keys to the world species (Thysanoptera, Tubulifera). *Kontyû*, 43: 263-280.

Haga K & Okajima S. 1989. A taxonomic study of the genus *Bactrothrips* Karny (Thysanoptera: Phlaeothripidae) from Japan. *Bulletin of the Sugadaira Montane Research Centre, University of Tsukuba*, 10: 1-23.

Haga K & Okajima S. 1974. Redescription and status of the genus *Phoxothrips* Karny (Thysanoptera). *Kontyû*, 42: 375-384.

Haliday A H. 1836. An epitome of the British genera in the order Thysanoptera. *Entomological Magazine*, 3: 439-451.

Haliday A H. 1852. Physapoda. In: Walker F. List of the specimens of Homopterous Insects in the collection of the British Museum, Nabu Press, 4: 1094-1118.

Han Y-F. 1988. Insects of Mt. Namjagbarwa Region of Xizang. Thysanoptera: Aeolothripidae, Thripidae, Phlaeothripidae. Science Press, Beijing. 177-191. [韩运发, 1988. 西藏南迦巴瓦峰地区昆虫——缨翅目: 纹蓟马科、蓟马科、管蓟马科. 北京: 科学出版社. 177-191.]

Han Y-F. 1993. A new species of *Liothrips* from China (Thysanoptera: Phlaeothripidae). *Zoology (Journal of Pure and Aplied Zoology)*, 4: 201-204. [韩运发, 1993. 中国滑管蓟马属一新种 (缨翅目: 管蓟马科). 应用动物学, 4: 201-204.]

Han Y-F. 1997a. Economic Insect Fauna of China. Fasc. 55. Thysanoptera. Science Press. Beijing, China. 1-513. [韩运发, 1997a. 中国经济昆虫志 (缨翅目). 第五十五册. 北京: 科学出版社. 1-513.]

Han Y-F. 1997b. Thysanoptera: Aeolothripidae, Thripidae and Phlaeothripidae. Insects of the Three Gorge Reservoir Area of Yangtze River. Chongqing Press, Chongqing, China. 531-571. [韩运发, 1997b. 缨翅目: 纹蓟马科 蓟马科 管蓟马科. 长江三峡库区昆虫 (上册). 重庆: 重庆出版社. 531-571.]

Han Y-F & Cui Y-Q. 1991a. Two new species of Phlaeothripinae from Hengduan Mountain. *Acta Entomologica Sinica*, 34(3): 337-339. [韩运发, 崔云琦, 1991a. 横断山管蓟马二新种记述. 昆虫学报, 34(3): 337-339.]

Han Y-F & Cui Y-Q. 1991b. Three new species of Thysanoptera (Insecta) from the Hengduan Mountains, China. *Entomotaxonomia*,131: 1-7. [韩运发, 崔云琦, 1991b. 中国横断山蓟马三新种 (缨翅目). 昆虫分类学报, 131: 1-7.]

Han Y-F & Cui Y-Q. 1992. Thysanoptera. 420-434. In: Wang S-Y. Insects of the Hengduan Mountains Region. Vol. Ⅰ. Science Press, Beijing. [韩运发, 崔云琦, 1992. 缨翅目. 420-434. 见: 王书永, 横断山区昆虫. 第一册. 北京: 科学出版社.]

Han Y-F & Li Z-Y. 1999. A new species of *Holothirips* Karny from China (Thysanoptera: Phlaeothripidae). *Journal of Taiwan Museum*, 52(1): 1-6. [韩运发, 李振宇, 1999. 中国全管蓟马属 *Holothrip*s Karny 之一新种 (缨翅目: 管蓟马科). 台湾省立博物馆半年刊, 52(1): 1-6.]

Heeger E. 1852. Beiträge zur Insecten Fauna Österreichs, Ⅴ. Sitzungsberichte der Mathematisch-Naturwissenschaftlichen Classe, Akademie der Wissenschaften, Wien, 9: 473-490.

Hinds W E. 1902. Contribution to a monograph of the insects of the order Thysanoptera inhabiting North America. *Proceedings of the United States National Museum*, 26: 79-242.

Hood J D. 1908a. New genera and species of Illinosi Thysanoptera. *Bulletin of the Illinois State Laboratory of Natural History*, 8(2): 361-379.

Hood J D. 1908b. Three new North American Phloeothripidae. *Canadia Entomologist*, 40(9): 305-309.

Hood J D. 1912a. Descriptions of new North American Thysanoptera. *Proceedings of the Entomological Society of Washington*, 14: 129-160.

Hood J D. 1912b. On North American Phloeothripidae (Thysanoptera), with descriptions of two new species. *Canadian Entomologist*, 44: 137-144.

Hood J D. 1913. Two new Thysanoptera from Porto Rico. *Insecutor Inscitiae Menstruus*, 1: 65-70.

Hood J D. 1914. Studies in Tubuliferous Thysanoptera. *Proceedings of the Biological Society of Washington*, 27: 151-172.

Hood J D. 1915a. A remarkable new thrips from Australia. *Proceedings of the Biological Society of Washington*, 28: 49-52.

Hood J D. 1915b. *Hoplothrips* corticis: a problem in nomenclature. *The Entomologist*, 48(624): 102-107.

Hood J D. 1918. New genera and species of Australia Thysanoptera. *Memoirs of the Queensland Museum*, 6: 121-150.

Hood J D. 1919. On some new Idolothripidae. *Insecutor Inscitiae Menstruus*, 7: 66-74.

Hood J. D. 1925a. New neotropical Thysanoptera collected by C. B. Williams. *Psyche*, 32: 48-69.

Hood J D. 1925b. Notes on New York Thysanoptera, with descriptions of new genera and species. Ⅰ. *Bulletin of the Brooklyn Entomological Society*, 20(3): 124-130.

Hood J D. 1927a. A contribution toward the knowledge of New York Thysanoptera, with descriptions of new genera and species. Ⅱ. *Entomologica Americana*, 7(4): 209-245.

Hood J D. 1927b. On the synonymy of some Thysanoptera occurring in California. *Pan-Pacific Entomologist*, 3: 173-178.

Hood J D. 1933a. New Thysanoptera from Panama. *Journal of the New York Entomological Society*, 41: 407-434.

Hood J D. 1933b. *Notothrips folsomi*, a new genus and species of Thysanoptera from the United States. *Proceedings of the Entomological Society of Washington*, 35(9): 200-205.

Hood J D. 1934. New Thysanoptera from Panama. *Journal of the New York Entomological Society*, 41(4): 407-434.

Hood J D. 1937. Studies in Neotropical Thysanoptera. Ⅴ. *Revista de Entomologia, Rio de Janeiro*, 7: 486-532.

Hood J D. 1938. New Thysanoptera from Florida and North Carolina. *Revista de Entomologia, Rio de Janeiro*, 8: 348-420.

Hood J D. 1939. New North American Thysanoptera, principally from Texas. *Revista de Entomologia*, 10(3): 550-619.

Hood J D. 1952. Brasilian Thysanoptera. III. *Proceedings of the Biological Society of Washington*, 65: 141-174.

Hood J D & Williams C B. 1925. New Neotropical Thysanoptera collected by C. B. Williams. *Psyche*, 32(1): 48-69.

Ishida M. 1932. Fauna of the Thysanoptera in Japan (Part III). *Insecta Matsumurana*, 7: 1-16.

Ishida M. 1936. Fauna of the Thysanoptera in Japan (Part VI). *Insecta Matsumurana*, 10(4): 154-159.

Johansen R M. 1981. Nuevos Trips Tubulíferos (Insecta: Thysanoptera) de México. VII. *Anales del Instituto de Biologia. Universidad Nacional de Mexico*, 51: 337-346.

John P R. 1928. Additions to the Thysanopterous fauna of Russia. *Bulletin et Annales de la Societe Entomologique de Belgique*, 68: 138-142.

Jones P R. 1912. Some new California and Georgia Thysanoptera. *USDA Bureau of Entomology Teachnical Series*, 23(1): 1-24.

Karny H. 1907. Die Orthopterenfauna des Küstengebietes von Österreich-Ungam. *Berlin Entomologische Zeitschrift*, 52: 17-52.

Karny H. 1910. Neue Thysanopteren der Wiener Gegend. *Mitteilungen des Naturwissenschaftlichen Vereins an der Universität Wien*, 8: 41-57.

Karny H. 1911. Neue Phloeothripiden-Generea. *Zoologistcher Anzeiger*, 38: 501-504.

Karny H. 1912a. Einige weitere Tubuliferen aus dem tropischen Afrika. *Entomoologische Rundschau*, 29: 130-133, 138-139, 150-151.

Karny H. 1912b. Gallenbewohnende Thysanopteren aus Java. *Marcellia*, 1: 115-169.

Karny H. 1912c. On the genera *Liothrips* and *Hoodia*. *Transactions of the Entomological Society of London*, 1912: 470-475.

Karny H. 1912d. Revision der von Serville aufgestellten Thysanopteren-Genera. *Zoologische Annalen*, 4: 322-344.

Karny H. 1912e. Zwei Neue javanische Physapoden-Genera. *Zoologischen Anzeiger*, 40: 297-301.

Karny H. 1913a. Beitrag zur Kenntnis der russischen *Haplothrips*-Arten. *Trudy Poltavskvi Selsk-Khozyast*, 18: 3-10.

Karny H. 1913b. Thysanoptera von Japan. *Archiv fiir Naturgeschichte*, 79(1): 122-128.

Karny H. 1913c. Über gallenbewohnende Thysanopteren. *Verhandlungen der K. K. Zoologisch-Botanischen Gesellschaft in Wien*, 63(1-2): 5-12.

Karny H. 1913d. H. Sauter's Formosa-Ausbeute. *Supplementa Entomologica*, 2 : 127-134.

Karny H. 1913e. Thysanoptera von Japan. *Archiv für Naturgeschichte*, 79(2): 122-128.

Karny H. 1919. Synopsis der Megathripidae (Thysanoptera). *Zeitschrift für Wissenschaftliche Insektenbiologie*, 14: 105-118.

Karny H. 1920. Nova Australska Thysanoptera, jez nashbiral Mjöberg. *Casopis Ceskoslovenské Spolecnostientomologiscké*, 17: 35-44.

Karny H. 1921a. Beitrage zur Malayischen Thysanopterenfauna. Eine neue *Leeuwenia*. II . Ein neuer *Dinothrips*. III. Ueber ein merkwuerdiges vorkommen von Terebrantiem. *Treubia*, 1: 163-269, 277-291.

Karny H. 1921b. Zur Systematik der Orthopteroiden Insekten, Thysanoptera. *Treubia*, 1(4): 211-269.

Karny H. 1923. Beitrage zur Malayischen Thysanopterenfauna. VI. Malayische Rindenthripse, gessammelt von Dr. N. A. Kemner. VII. Gallenbewohnende Thysanopteren von Celebes und den Inselnsüdlich davon, gesammelt von Herrn W. Doctors v. Leeuwen, VIII, Ueber die tiergeographischen Beziehungen der malayischen Thysanopteren. *Treubia*, 3: 277-380.

Karny H. 1924. Results of Dr. E. Mjöberg's Swedish Scientific Expeditions to Australia 1910-1913. 38. Thysanoptera. *Arkiv för Zoologi*, (2)17A: 1-56.

Karny H. 1925a. On some tropical Thysanoptera. *Bulletin of Entomological Research*, 16: 125-142.

Karny H. 1925b. Über *Phlaeothrips sanguinolentus* Bergroth nebst einer Revision der Diceratothripinen-Genera. *Notulae Entomologicae*, 5: 77-84.

Karny H. 1925c. Die an Tabak auf Java und Sumatra angetroffenen Blasenfüsser (Thysanoptera). Bulletin van het deli Proefstation te Medan, 23: 1-55.

Karny H. 1926. Studies on Indian Thysanoptera. *Memoirs of the Department of Agriculture in India, Entomology Series*, 9: 187-239.

Kirkaldy G W. 1907. On two Hawaiian Thysanoptera. *Proceedings of the Hawaiian Entomological Society*, 1: 102-103.

Knechtel W K. 1961. Onoua specie de Thysanoptere. *Comunicarile Academiei People Republic of Romania*, 11: 1325-1328.

Krüger A. 1890. Ueber Krankheiten und Fiende des Zuckerrohres 2. Die Rohrblatt Krankheit durch Physopoden. *Berichte der Versuchsstation flier Zuckerrohr, In West-Java.*, 1: 103-106, figs. 5-9.

Kudô I. 1974. Some graminivorous and gall forming Thysanoptera of Taiwan. *Kontyû*, 42: 110-116.

Kudô I. 1975. On the genus *Litotetothrips* Priesner (Thysanoptera: Phlaeothripidae) with the description of a new species. *Kontyû*, 43(2): 138-146.

Kudô I. 1978a. Some Urothripine Thysanoptera from eastern Asia. *Kontyû*, 46: 169-175.

Kudô I. 1978b. Zwei neue Japanische Arten der Gattung *Terthrothrips* Karny (Thysanoptera, Phlaeothripidae). *Kontyû*, 46: 8-13.

Kurdjumov S. 1912. Two *Anthothrips* injurious to cereal, with description of a new species. *Poltava Trd selisk-choz opytn stancii*, 6: 1-44.

Kurosawa M. 1932. Descriptions of three new thrips from Japan. *Kontyû*, 5: 230-242.

Kurosawa M. 1937a. A quarantine interception of a new *Phloeothrips* from Japanese South Sea Islands. *Zoological Magazine*, 49: 316-318.

Kurosawa M. 1937b. A new species of *Litotetothrips* from Japan (Thysanoptera). *Trans. Nat. Hist. Soc. Formosa*, 27(169): 219-221, fig. 1.

Kurosawa M. 1937c. Descriptions of four new thrips in Japan. *Kontyû*, 11: 266-275.

Kurosawa M. 1939. Redescription of the Pasania thrips. *Transaction of the Kansai Entomological Society*, (8): 94-98.

Kurosawa M. 1941. Thysanoptera of Manchuria (In Reports on the insect-fauna of Manchuria. VII). *Kontyû*, 15(3): 35-45.

Kurosawa M. 1954. Thrips collected by Dr. Hiroharu Yuasa with description of a new genus. *Oyô-Kontyû*, 10: 134-136. (In Japanese, with English summary and description)

Kurosawa M. 1968. Thysanoptera of Japan. *Insecta Matsumurana, Suppl.*, 4: 1-94.

Lindeman K. 1887(1886). Die am Getreide lebenden Thrips-arten Mittelrusslands. *Bulletin de la Société Impériale des Naturalistes de Moscou*, 4: 296-337.

Marchal P. 1908. Sur une nouvelle espece de Thrips nuisible aux Ficus on Algerie. *Bulletin de la Societe Entomologique Paris*, 14: 251-253.

Matsumura S. 1899. On two new species of *Phloeothrips*. *Annotationes Zoologicae Japonenses*, 3: 1-4.

Minaei K & Mound L A. 2008. The Thysanoptera Haplothripini (Phlaeothripidae) of Iran. *Journal of Natural History*, 42: 2617-2658.

Minaei K & Mound L A. 2014. New synonymy in the wheat thrips, *Haplothrips tritici* (Thysanoptera, Phlaeothripidae). *Zootaxa*, 3802: 596-599.

Miyazaki M & Kudô I. 1988. Bibliography and host plant catalogue of Thysanoptera of Japan. *Misc. Publ. Nat. Inst. Agro-envieron. Sci.*, 3: 1-246.

Moulton D. 1907. A contribution to our knowledge of the Thysanoptera of California. *Technical series, USDA Bureau of Entomology*, 12/3: 39-68.

Moulton D. 1928a. The Thysanoptera of Japan. *Annotationes Zoologicae Japonenses*, 11: 287-337.

Moulton D. 1928b. New Thysanoptera from Formosa. *Tansactions of the Natural History Society of Formosa*, 18(98): 287-328.

Moulton D. 1928c. Thysanoptera of the Hawaiian Islands. *Proceedings of the Hawaiian Entomological Society*, 7: 105-134.

Moulton D. 1933. New Thysanoptera from India. *Indian Forest Records*, 19: 1-6.

Moulton D. 1944. Thysanoptera of Fiji. *Occasional Papers of the Bernice P. Bishop Museum, Hawaii*, 17: 267-311.

Moulton D. 1947. Thysanoptera form New Guinea, the Philippine Islands and the Malay Peninsula. *Pan-Pacific Entomologist*, 23: 172-180.

Moulton D. 1968. New Thysanoptera from Australia. *Proceedings of the California Academy of Sciences*, (4)36: 93-124.

Mound L A. 1968. A review of R. S. Bagnall's Thysanoptera collections. *Bulletin of the British Museum (Natural History) Entomology Supplement*, 11: 1-181.

Mound L A. 1970. Thysanoptera from the Solomon Islands. *Bulletin of the British Museum (Natural History) Entomology*, 24: 83-126.

Mound L A. 1972a. Polytypic species of spore-feeding Thysanoptera in the genus *Allothrips* Hood (Phlaeothripidae). *Journal of the Australian Entomological Society*, 11: 23-36.

Mound L A. 1972b. Species complexes and the generic classification of leaf litter thrips of the tribe Urothripini (Phlaeothripidae). *Australian Journal of Zoology*, 20: 83-103.

Mound L A. 1974a. Spore-feeding Thrips (Phlaeothripidae) from leaf litter and dead wood in Australia. *Australian Journal of Zoology (Suppl Series)*, 27: 1-106.

Mound L A. 1974b. The *Nesothrips* complex of spore-feeding Thysanoptera (Phlaeothripidae: Idolothripinae). *Bulletin of the British Museum (Natural History) Entomology*, 31(5): 107-188.

Mound L A. 1977. Species diversity and the systematics of some New World leaf litter Thysanoptera

(Phlaeothripinae: Glyptothripini). *Systematic Entomology*, 2: 225-244.

Mound L A & Houston K J. 1987. An annotated check-list of Thysanoptera from Australia. *Occasional Papers on Systematic Entomology*, 4: 1-28.

Mound L A & Marullo R. 1996. The Thrips of Central and South America: An Introduction. *Memoirs on Entomology, International*, 6: 1-488.

Mound L A & Marullo R. 1997. The *Hyidiothrips* genus-group from tropical leaf-litter (Thysanoptera: Phlaeothripidae), with two new species of the Old-World genus *Crinitothrips* Okajima, 1978. *Tropical Zoology*, 10: 191-202.

Mound L A & Minaei K. 2007. Australian insects of the *Haplothrips* lineage (Thysanoptera-Phlaeothripinae). *Journal of Natural History*, 41: 2919-2978.

Mound L A, Morison G D, Pitkin B R & Palmer J M. 1976. Thysanoptera. *Handbook for the Identification of British Insects*, 1(11): 1-82.

Mound L A & Okajima S. 2015. Taxonomic Studies on *Dolichothrips* (Thysanoptera: Phlaeothripinae), pollinators of *Macaranga* trees in Southeast Asia (Euphorbiaceae). *Zootaxa*, 3956(1): 79-96.

Mound L A & Palmer J M. 1983. The generic and trial classification spore-feeding Thysanoptera (Phlaeothripidae: Idolothripinae). *Bulletin of the British Museum* (*Natural History*) *Entomology*, 46(1): 1-174.

Mound L A & Walker A K. 1982. Terebrantia (Insecta: Thysanoptera). *Fauna of New Zealand*, 1: 1-113.

Mound L A & Walker A K. 1986. Tubulifera (Insecta: Thysanoptera). *Fauna of New Zealand*, No. 10: 1-140.

Mound L A & Walker A K. 1987. Thysanoptera as tropical tramps: new records from New Zealand and The Pacific. *New Zealand Entomologist*, 9: 70-85.

Mukagawai Y. 1912. On the species *Cryptothrips pasanii*. Kontyû Sekai, 16: 481-484.

Okajima S. 1976a. Description of four new species of the *Idiothrips* complex (Thysanoptera, Phlaeothripidae). *Kontyû*, 44(1): 13-25.

Okajima S. 1976b. Notes on the Thysanoptera from the Ryukyu Islands. II. On the genus *Stigmothrips* Ananthakrishnan. *Kontyû*, 44: 119-129.

Okajima S. 1976c. Notes on the genus *Stephanothrips* Trybom (Thysanoptera, Phlaeothripidae) from Japan and Taiwan. *Kontyû*, 44(4): 403-516.

Okajima S. 1977. Description of a new species of the genus *Hyidiothrips* Hood (Thysanoptera: Phlaeothripidae) from Japan. *Kontyû*, 45: 214-218.

Okajima S. 1978a. Notes on the Thysanoptera from the Southeast Asia III. Two new species of the genus *Azaleothrips* Ananthakrishnan (Phlaeothripidae). *Kontyû*, 46(3): 385-391.

Okajima S. 1978b. Notes on the Thysanoptera from Southeast Asia IV. A new genus and two new species of the tribe Hyidiothripini (Phlaeothripidae). *Kontyû*, 46(4): 539-548.

Okajima S. 1979a. A revisional study of the genus *Apelaunothrips* (Thysanoptera, Phlaeothripidae). *Systematic Entomology*, 4: 39-64.

Okajima S. 1979b. Notes on the Thysanoptera from Southeast Asia VI. A new species of the genus *Mecynothrips* from Taiwan (Phlaeothripidae). *Transactions of the Shikoku Entomological Society*, 14: 127-130.

Okajima S. 1979c. Two new species of the genus *Gastrothrips* Hood (Thysanoptera: Phlaeothripidae) from Japan and Taiwan. *Kontyû*, 47: 511-516.

Okajima S. 1981. A revision of the tribe Plectrothripini of fungus-feeding Thysanoptera (Phlaeothripidae: Phlaeothripinae). *Systematic Entomology*, 6: 291-336.

Okajima S. 1983. Studies on some *Psalidothrips* species with key to the world species. *Journal of Natural History*, 17: 1-13.

Okajima S. 1984. Apelaunothripini from the Philippines (Thysanoptera: Phlaeothripidae). *Journal of Natural History*, 18: 717-738.

Okajima S. 1986. Studies on the genus *Podothrips* Hood from Taiwan, with description of a new species (Thysanoptera: Phlaeothripidae). *Kontyû, Tokyo*, 54(4): 713-718.

Okajima S. 1987a. Discovery of the genus *Allothrips* in Japan and Taiwan, with descriptions of two new species (Thysanoptera: Phlaeothripidae). *Kontyû*, 55(1): 146-152.

Okajima S. 1987b. Studies on the Old World species of *Holothrips* (Thysanoptera: Phlaeothripidae). *Bulletin of the British Museum (Natural History) Entomology*, 54: 1-74.

Okajima S. 1987c. Some Thysanoptera from the East Kalimantan, Borneo, with descriptions of a new genus and five new species. *Transactions of the Shikoku Entomological Society*, 18: 289-299.

Okajima S. 1987d. The genus *Sophiothrips* (Thysanoptera: Phlaeothripidae) from eastern Asia, with descriptions of two new species. *Kontyû*, 55: 549-558.

Okajima S. 1988. The genus *Phylladothrips* (Thysanoptera: Phlaeothripinae) from east Asia. *Kontyû*, 54: 706-722.

Okajima S. 1989. The genus *Deplorothrips* Mound and Walker (Thysanoptera: Phlaeothripidae) from eastern Asia, with descriptions of six new species. *Japanese Journal of Entomology*, 57: 241-256.

Okajima S. 1993. The genus *Acallurothrips* Bagnall (Thysanoptera: Phlaeothripidae) from Japan. *Japanese Journal of Entomology*, 61(1): 85-100.

Okajima S. 1994a. Habitats and distributions of the Japanese urothripine species (Thysanoptera: Phlaeothripidae). *Japanese Journal of Entomology*, 62(3): 512-528.

Okajima S. 1994b. The genus *Sophiothrips* Hood (Thysanoptera: Phlaeothripidae) from Japan. *Japanese Journal of Entomology*, 62: 29-39.

Okajima S. 1995a. A revision of the bamboo or grass-inhabiting genus *Bamboosiella* Ananthakrishnan (Thysanoptera: Phlaeothripidae). Ⅰ. *Japanese Journal of Entomology*, 63(2): 303-321.

Okajima S. 1995b. A revision of the bamboo or grass-inhabiting genus *Bamboosiella* Ananthakrishnan (Thysanoptera: Phlaeothripidae). Ⅱ. *Japanese Journal of Entomology*, 63(3): 469-484.

Okajima S. 1995c. The genus *Strepterothrips* Hood (Thysanoptera: Phlaeothripidae) from East Asia. *Bulletin of the Japanese Society for Coleopterology*, 4: 213-219.

Okajima S. 1995d. The genus *Hyidiothrips* Hood (Thysanoptera, Phlaeothripidae) from East Asia. *Japanese Journal of Entomology*, 63: 167-180.

Okajima S. 1998. Minute leaf-litter thrips of the genus *Preeriella* (Thysanoptera: Phlaeothripidae) from Asia. *Species Diversity*, 3: 301-316.

Okajima S. 1999. The significance of stylet length in Thysanoptera, with a revision of *Oidanothrips*

(Phlaeothripidae), an Old World genus of large fungus-feeding species. *Entomological Science*, 2: 265-279.

Okajima S. 2006. The Insects of Japan. Volume 2. The Suborder Tubulifera (Thysanoptera). Touka Shobo Co. Ltd., Fukuoka. 720.

Okajima S & Uruchihara H. 1992. Leaf-litter thrips found in Jinmuji Forest, the Miura Peninsula, Kanagawa Prefecture, Japan (Thysanoptera). *Japanese Journal of Entomology*, 60(1): 164-166.

Osborn H. 1883. Notes on Thripidae, with descriptions of new species. *Canadian Entomologist*, 15(8): 151-156.

Palmer J M & Mound L A. 1978. Nine genera of fungus-feeding Phlaeothripidae (Thysanoptera) from the Oriental region. *Bulletin of the British Museum* (*Natural History*) *Entomogy*, 37(5): 153-215.

Pelikan J. 1965. Ergebnisse der zoologischen Forschungen von Dr. Z. Kaszab in der Mongolei. ⅩⅩ. Thysanoptera. *Annales Historico-Naturales Musei Nationalis Hungarici*, 57: 229-239.

Pitkin B R. 1976. A revision of the Indian species of *Haplothrips* and related genera (Thysanoptera: Phlaeothripidae). *Bulletin of the British Museum* (*Natural History*) *Entomogy*, 34: 21-280.

Pitkin B R. 1978. Lectotype designations of certain species of thrips described by J. D. Hood and notes on his collection (Thysanoptera). *Proceedings of the Entomological Society of Washington*, 80: 264-295.

Priesner H. 1914. Neue Thysanopteren (Blasenfüsse) aus Österreich. *Entomologischer Zeitung, Frankfurt*, 27: 259-261, 265-266.

Priesner H. 1919. Zur Thysanopteren-Fauna Albaniens. *Sitzungsberichte der Kaiserlichen Akademie der Wissenschaften*, 128: 115-144.

Priesner H. 1920. Ein neuer *Liothrips* (Uzel) (Ord. Thysanoptera)aus den Niederlanden. *Zoologische Mededeelingen Rijks Museet Leiden*, 5: 211-212.

Priesner H. 1921. *Haplothrips*-Studien. *Treubia*, 2: 1-20.

Priesner H. 1922. Moor-Thripse. *Konowia*, 1: 177-180.

Priesner H. 1923. Ein Beitrag zur Kenntnis der Thysanopteren Surinams. *Tijdschrift voor Entomologie*, 66: 88-111.

Priesner H. 1925a. Katalog der europäischen Thysanopteren. *Konowia*, 4: 141-159.

Priesner H. 1925b. Zwei neue, beachtenswerte Thysanopterentypen aus Ungarn. *Zeitschrift des Osterreichischen Entomologen-Vereins*, 10: 5-7.

Priesner H. 1926. Die Jugendstadien der malayischen Thysanopteren. *Treubia*, 8(Suppl.): 1-264.

Priesner H. 1927. Die Thysanopteren Europas. F. Wagner verlag, Wien. Abteilung Ⅲ: 343-568.

Priesner H. 1928. Die Thysanopteren Europas. F. Wagner verlag, Wien. Abteilung Ⅳ: 1-755.

Priesner H. 1929a. Indomalayische Thysanopteren Ⅰ. *Treubia*, 10: 447-462.

Priesner H. 1929b. Spolia Mentawiensia: Thysanoptera. *Treubia*, 11: 187-210.

Priesner H. 1930a. Indomalayische Thysanopteren Ⅱ. *Treubia*, 11: 357-371.

Priesner H. 1930b. Indomalayische Thysanopteren Ⅲ. *Treubia*, 12: 263-270.

Priesner H. 1932a. Indomalayische Thysanopteren Ⅳ [Teil 1.] *Konowia*, 11: 49-64.

Priesner H. 1932b. Thysanopteren aus dem Belgischen Congo. *Revue Zoologie et Botanique Africaine*, 22: 192-221.

Priesner H. 1933a. Contributions towards a knowledge of the Thysanoptera of Egypt, Ⅷ. *Bulletin de la Société Royale Entomologique d'Egypte*, 17: 1-7.

Priesner H. 1933b. Indomalayische Thysanopteren Ⅳ. *Konowia*, 12: 69-85, 307-318.

Priesner H. 1933c. Indomalayische Thysanopteren Ⅴ. Revision der indomalayischen Arten der Gattung *Haplothrips* Serv. *Records of the Indian Museum*, 35: 347-369.

Priesner H. 1935a. Indomalayische Thysanopteren Ⅵ. *Konowia*, 14(2): 58-339.

Priesner H. 1935b. New or little-known oriental Thysanoptera. *Philippine Journal of Science*, 57: 251-375.

Priesner H. 1936. On some further new Thysanoptera from the Sudan. *Bulletin de la Société Royale Entomologique d'Egypte*, 20: 83-104.

Priesner H. 1939a. Contributions towards a knowledge of the Thysanoptera of Egypt, ⅩⅢ. *Bulletin de la Société Royale Entomologique d'Egypte*, 23: 352-362.

Priesner H. 1939b. Thysanopterologica Ⅷ. *Proceedings of the Royale Entomological Society of London*, B8: 73-78.

Priesner H. 1949a. Studies on the genus *Chirothrips* Hal. (Thysanoptera). *Bulletin de la Société Royale Entomologique d'Egypte*, 33: 159-174.

Priesner H. 1949b. Genera Thysanopterorum. Keys for the Identification of the genera of the order Thysanoptera. *Bulletin de la Société Royale Entomologique d'Egypte*, 33: 31-157.

Priesner H. 1952. On some Central African Thysanoptera. *Bulletin de l'Institut Fondamental de l'Afrique Noire*, 14: 842-880.

Priesner H. 1953. On the genera allied to *Liothrips*, of the Oriental fauna. Ⅰ. (Thysanoptera). *Treubia*, 22(2): 357-380.

Priesner H. 1959. On the genus *Dinothrips* Bgn. (Thysanoptera). *Idea*, 12: 52-59.

Priesner H. 1960. Das System der Tubulifera (Thysanoptera). *Anzeiger Mathematisch-Naturwissenschaftliche Klasse, Österreichische Akademie der Wissenschaften*, (1960)13: 283-296.

Priesner H. 1964. Ordnung Thysanoptera (Fransenflügler, Thripse). In: Franz H. Bestimmungsbücher der Bodenfauna Europas. Berlin. 2: 1-242.

Priesner H. 1968. On the genera allied to *Liothrips* of the Oriental fauna Ⅱ (Insecta-Thysanoptera). *Treubia*, 27: 175-285.

Priesner H & Seshandri A. R. 1952. Some new Thysanoptera from South India. *Indian Journal of Agricultural Sciences*, 22: 405-411.

Ramakrishna Ayyar T V. 1925. Two new Thysanoptera from South India. *Journal of the Bombay Natural History Society*, 30: 788-792.

Ramakrishna Ayyar T V. 1928. A contribution to our knowledge of the Thysanoptera of India. *Memoirs of the Department of Agriculture in India (Entomological Series)*, 10: 217-316.

Ramakrishna Ayyar T V & Margabandhu V. 1940. *Catalogue of Indian Insects*. Part 25. Thysanoptera. Government of India Press, New Delhi. 29-57.

Reuter O M. 1880. A New Thysanopterous Insect of the Genus *Phloeothrips* Found in Scotland and Described. *The Scottish Naturalist*, 5: 310.

Reuter O M. 1885. Thysanoptera Fennica Ⅰ. Tubulifera. *Bidrag Till Kännedom om Finlands Natur Och Folk*,

40: 1-25.

Reuter O M. 1901. Thysanoptera tria Mediterranea. *Öffersigt af Finska Vetenskaps-Societetens Förhandlingar*, 43: 214-215.

Ritchie J M. 1974. A revision of the grass-living genus *Podothrips* (Thysanoptera: Phlaeothripidae). *Journal of Entomology* (*B*), 43: 261-282.

Saikawa M. 1974. A new species of the genus *Stephanothrips* (Thysanoptera, Phlaeothripidae) from Japan. *Kontyû*, 42: 7-11.

Schmutz K. 1913. Zur Kenntnis der Thysanopterenfauna von Ceylon. *Sitzungsberichten der Kaiserlich Akademie der Wissenschaften, Wien, Mathematisch-Naturwissenschaftlichen Klasse*, 122(1): 991-1089.

Sha Z-L, Feng J-N & Duan B-S. 2003a. A new species of the genus *Androthrips* (Thysanoptera: Phlaeothripidae) from China. *Entomotaxonomia*, 25(1): 14-16. [沙忠利, 冯纪年, 段半锁, 2003a. 中国棘腿管蓟马属一新种记述 (缨翅目: 管蓟马科). 昆虫分类学报, 25(1): 14-16.]

Sha Z-L, Guo F-Z, Feng J-N & Duan B-S. 2003b. A taxonomic study on the genus *Bamboosiella* (Thysanoptera: Phlaeothripidae) from China. *Entomotaxonomia*, 25(4): 243-248. [沙忠利, 郭付振, 冯纪年, 段半锁, 2003b. 中国竹管蓟马属分类研究 (缨翅目: 管蓟马科). 昆虫分类学报, 25(4): 243-248.]

Stannard L J. 1957. The Phylogeny and Classification of the North American Genera of the Suborder Tubulifera (Thysanoptera). *Illinois Biological Monographs Urban*, 25: 1-200.

Stannard L J. 1968. The *thrips* or Thysanoptera of Illinois. *Bulletin Illinois Natural History Survey*, 29(4): 213-552.

Stannard L J. 1970. New genera and species of Urothripini (Thysanoptera: Phlaeothripidae). *Proceedings of the Royale Entomological Society of London*, (B)39(7-8): 114-124.

Steinweden J B & Moulton D. 1930. Thysanoptera from China. *Proceedings of the Natural History Society of Fukien Christian University*, 3: 19-30.

Takahashi R. 1935. An interesting thrips from Amami-Oshima. *Loochoos. Mushi*, 8: 61-63.

Takahashi R. 1936. Thysanoptera of Formosa. *Philippine Journal of Science*, 60(4): 427-458.

Targioni-tozztti A D. 1881. Fisapodi (thrips). *Annali di Agricoltura, parte Scientifica*, 34: 120-134.

Tong X-L & Zhang W-Q. 1989. A report on the fungus-feeding thrips pf Phlaeothripinae from China (Thysanoptera: Phlaeothripidae). *Journal of South China Agricultural University*, 10(3): 58-66. [童晓立, 张维球, 1989. 中国管蓟马亚科菌食性蓟马种类简记 (缨翅目: 管蓟马科). 华南农业大学学报, 10(3): 58-66.]

Trybom F. 1913. Physapoden aus natal und dem Zululande. *Arkiv för Zoologi*, 7(33):1-52.

Uzel H. 1895. Monographie der Ordnung Thysanoptera. Königgräitz, Bhömen. 1-472.

von Schrank F P. 1781. Enumeratio Insectorum Austriae Indigenorum. Vindelicor, Klett. 548.

Walker F. 1859. Characters of some apparently undescribed Ceylon insects. *Annals and Magazine of Natural History*, (3)4: 217-224.

Wang J & Tong X-L. 2007. Chinese Urothripini (Thysanoptera: Phlaeothripidae) including a new species of *Bradythrips*. *Acta Zootaxonomica Sinica*, 32(2): 297-300.

Wang J & Tong X-L. 2008. A new species of the genus *Acallurothrips* Bagnall (Thysanoptera:

Phlaeothripidae) from China. *Oriental Insects*, 42: 247-250.

Wang J & Tong X-L. 2011. The genus *Terthrothrips* Karny (Thysanoptera: Phlaeothripidae) from China with one new species. *Zootaxa*, 2745: 63-67.

Wang J, Tong X-L & Zhang W-Q. 2006. A new species of the genus *Hyidiothrips* (Thysanoptera: Phlaeothripidae) from China. *Zootaxa*, 1164: 51-55.

Wang J, Tong X-L & Zhang W-Q. 2007. The genus *Psalidothrips* Priesner in China (Thysanoptera: Phlaeothripidae) with three new species. *Zootaxa*, 1642: 23-31.

Wang J, Tong X-L & Zhang W-Q. 2008. A new species of *Mystrothrips* Priesner (Thysanoptera: Phlaeothripidae) from China. *Entomological News*, 119(4): 366-370.

Watson J R. 1913. New Thysanoptera from Florida. *Entomological News*, 24: 145-148.

Watson J R. 1920. New Thysanoptera from Florida Ⅶ. *Florida Entomologist*, 4: 18-23.

Watson J R. 1921. New Thysanoptera from Florida Ⅷ. *Florida Entomologist*, 4: 38.

Watson J R. 1922. Another camphor thrips. *Florida Entomologist*, 6: 6-7.

Watson J R. 1923. Synopsis and catalog of the Thysanoptera of North America with a translation of Karny's keys to the genera of Thysanoptera and a bibliography of recent publications. *Technical Bulletin of the Agricultural Experimental Station, University of Florida*, 168: 1-98.

Watson J R. 1924. Synopsis and catalog of the Thysanoptera of North America. *Bulletin of the Agricultural Experiment Station University of Florida*, 168: 1-100.

Watson J R. 1925. The camphor thrips in Formosa. *Florida Entomologist*, 9: 39.

Woo K S. 2000. Thysanoptera from Korea. *The Korean J. of Entomol.*, 4(2): 1-90.

Wu C-F. 1935. Catalogus Insectorum Sinensium (Thysanoptera). *Peiping the Fan Memorial Institute of Biology*, 1: 335-352.

Yakhontov S E. 1957. Two new species of Thysanoptera, which damage *Ulmus pinnatoramosa* in Kazakhstan. *Zoologicheskii Zhurnal Moscow*, 36: 948-949.

Zhang W-Q. 1982. Fungus-feeding Thrips from Jianfeng Mountain of Hainan Island, China. *Entomotaxonomia*, 4(1-2): 61-63. [张维球, 1982. 海南岛尖峰岭食菌性蓟马. 昆虫分类学报, 4(1-2): 61-63.]

Zhang W-Q. 1984a. Preliminary note on Thysanoptera collected from Hainan Island, Guangdong, China. Ⅱ. Subfamily: Megathripinae (Thysanoptera: Phlaeothripidae). *Journal of South China Agricultural College*, 5(2): 18-25. [张维球, 1984a. 广东海南岛蓟马种类初志. Ⅱ. 大管蓟马亚科 (缨翅目: 管蓟马科). 华南农学院学报, 5(2): 18-25.]

Zhang W-Q. 1984b. Preliminary note on Thysanoptera collected from Hainan Island, Guangdong, China. Ⅲ. Subfamily: Phlaeothripinae (Thysanoptera: Phlaeothripidae). *Journal of South China Agricultural University*, 5(3): 15-27. [张维球, 1984b. 广东海南岛蓟马种类初志. Ⅲ. 管蓟马亚科 (缨翅目: 管蓟马科). 华南农业大学学报, 5(3): 15-27.]

Zhang W-Q. 1984c. A preliminary note of the species of the tribe Haplothripini from China (Thysanoptera: Phlaeothripidae). *Entomotaxonomia*, 6(1): 15-22. [张维球, 1984c. 中国皮蓟马族种类初记. 昆虫分类学报, 6(1): 15-22.]

Zhang W-Q & Tong X-L. 1990a. Notes on the genus *Apelaunothrips* Karny from China with Descriptions of two new species (Thysanoptera: Phlaeothripidae). *Acta Zootaxonomica Sinica*, 15(1): 101-106. [张维球, 童晓立, 1990a. 中国网管蓟马属种类及二新种. 动物分类学报, 15(1): 101-106.]

Zhang W-Q & Tong X-L. 1990b. Three new species of Thysanoptera from Xishuangbanna of Yunnan Province. *Zoological Research*, 11(3): 193-198. [张维球, 童晓立, 1990b. 云南西双版纳蓟马三新种记述. 动物学研究, 11(3): 193-198.]

Zhang W-Q & Tong X-L. 1993a. Checklist of Thrips (Insecta: Thysanoptera) from China. *Zoology* (*Journal of Pure and Applied Zoology*), 4: 409-474.

Zhang W-Q & Tong X-L. 1993b. Notes on some Phlaeothripinae species from Xishuangbanna, with descriptions of two new species (Thysanoptera: Phlaeothripidae). *Journal of South China Agricultural University*, 14(3): 10-16. [张维球, 童晓立, 1993b. 西双版纳管蓟马亚科种类及二新种记述. 华南农业大学学报, 14(3): 10-16.]

Zhang W-Q & Tong X-L. 1997. Notes on Chinese species of the genus *Psalidothrips* with description of a new species (Thysanoptera: Phlaeothripidae). *Entomotaxonomia*, 19(2): 58-66. [张维球, 童晓立, 1997. 中国剪管蓟马属种类及一新种记述. 昆虫分类学报, 19(2): 58-66.]

Zimmermann A. 1900. Ueber einige javanische Thysanoptera. *Bulletin de l'Institut Botanique de Buitenzorg*, 7: 6-19.

Zur Strassen R. 1966. Taxonomische-systematische Bemerkungen zur Gattang *Apterygothrips* Prienser. *Senckenbergiana Biologica*, 47: 161-175.

Zur Strassen R. 1967. Eine zweite *Cephalothrips*-Art in Deutschland (Ins. Thysonop. Phlaeothripidae). *Senckenbergiana Biologica*, 48(5/6): 357-359.

Zur Strassen R. 1983. Thysanopterologische Notizen (6) (Insecta: Thysanoptera). *Senckenbergiana Biologica*, 63: 191-209.

英 文 摘 要

Abstract

Tubulifera Haliday, 1836

Female without special ovipositor. Tip of abdomen tube-like in both female and male. Anal setae in terminal segment produce from apical 1 ring. Fore wing without anteromarginal vein in macropterous, sometimes only with a median longitudinal slip not extending to tip.

There is one superfamily in this suborder.

Phlaeothripoidea Uzel, 1895

Female without special ovipositor. Tip of abdomen tube-like in both female and male. Fore wing without anteromarginal vein in macropterous, sometimes only with a median longitudinal slip not extending to tip; without microtrichia, only with a small number of basal setae. Sternite VIII developed, obviously separated from sternite VII. Egg usually long cylindrical, surface with decorative pattern. Nymphs have 5 instar, the third to the five instar are called pupa stage.

There is one family in this superfamily.

Phlaeothripidae Uzel, 1895

Anal setae in terminal segment produce from apical 1 ring. Fore wing without microtrichia, only with a small number of basal setae. Sternite VIII developed, obviously separated from sternite VII. Egg usually long cylindrical, surface with decorative pattern. Nymphs have 5 instar, the third to the five instar are called pupa stage.

There are more than 3400 species in 480 genera known from the world. Nearly a half of species feed on green plants; commonly in the flower of Asteraceae and Gramineae in temperate region; often living in gall plant leaves in tropical region; some species with far relationships feed on small arthropoda. Moreover, a half of species feed on fungus spores, mycelium, or digestive product of fungus under the bark, litter or leaf litter.

Key to subfamilies of Phlaeothripidae

Maxillary stylets broader, usually exceed 5μm in diameter, as broad as labial palpus ······· **Idolothripinae**

Maxillary stylets narrower, usually less than 4μm in diameter, narrower than labial palpus ··················

·· **Phlaeothripinae**

Idolothripinae Bagnall, 1908

Maxillary stylets broader, usually more than 5μm in diameter, as broad as labial palpus. Species in this subfamily mostly feed on spores, live on deadwood, grass and base of moss plants.

Key to tribes and subtribes of Idolothripinae

1. Metathoracic sternopleural sutures absent; abdomen tergites usually with two or more pairs of wing retaining setae; tube with long lateral setae (**Idolothripini**) ···2

   Metathoracic sternopleural sutures present or absent; abdomen tergites usually with only one pair of wing retaining setae; tube without long lateral setae (**Pygothripini**) ···4

2. Tube without obvious lateral setae, metathoracic anapleural setae sutures complete ····· **Elaphrothripina**

   Tube with obvious lateral setae, metathoracic anapleural setae sutures short ·······························3

3. Fore wing duplicated cilia developed; praepectal plates present; abdomen tergites each with two pairs of wing retaining setae; male usually with one or more pairs of lateral abdominal tubercles ··· **Idolothripina**

   Fore wing usually lacking duplicated cilia; praepectal plates usually absent; abdomen tergites usually with one pair of wing retaining setae; male usually without lateral abdominal tubercles ···**Hystricothripina**

4. Metathoracic sternopleural sutures absent; antennal segment IV with 4 sense cones, and long; fore tibia often with one tubercle on inner apex; head sometimes with an isolated ommatidium-like structure on each cheek·· **Macrothripina**

   Metathoracic sternopleural sutures present, when absent, antennal segment IV with 3 sense cones or antennal sense cones short ···5

5. Terminal sensorium on maxillary palpi stout ··································· **Allothripina**

   Terminal sensorium on maxillary palpi slender···6

6. Maxillary stylets wide apart in head, antennal segment IV with 3 stout sense cones ······ **Gastrothripina**

   Not this combination of characters, if antennal segment IV with 3 stout sense cones, then maxillary stylets are close together in the head ···7

7. Maxillary stylets wide apart in head, V-shaped, antennal segment IV with 4 sense cones (rarely two)

   ··· **Diceratothripina**

   Maxillary stylets rarely more than one-thrid of head width apart; antennal segment IV with 3 or 2 sense cones ··· **Compsothripina**

I. Idolothripini Bagnall, 1908

Major diagnosis includes: metathoracic sternopleural sutures absent; abdomen tergites usually with two or more pairs of wing retaining setae (except *Anactinothrips* Bagnall and *Elaphrothrips antennalis* Bagnall) or tube with long lateral setae.

There are three subtribes (Elaphrothripina, Idolothripina and Hystricothripina) in this tribe. World distributed.

(I) Elaphrothripina Mound & Palmer, 1983

Major diagnosis includes: metathoracic anapleural setae sutures complete. Tube without obvious lateral setae. Species in this subtribe are mostly included in *Elaphrothrips* Buffa, widely distributed in Oriental realm and Palaearctic realm.

Key to genera of Elaphrothripina

1. Eyes prolonged on ventral surface of head ··· ***Ophthalmothrips***
   Eyes scarcely longer ventrally than dorsally ·· 2
2. Abdominal tergites with three or more pairs of wing-retaining setae; male with one or more tubercles on inner margin of fore femora ·· ***Mecynothrips***
   Abdominal tergites with two pairs of wing-retaining setae; male never with a tubercle on inner margin of fore femora ·· 3
3. Fore ocellus arising just posterior to major ocellar setae; head prolonged to front of eyes; pelta divided into three separate parts; mesothorax spiracle process of male expanded, forked on anterior angle
   ··· ***Dinothrips***
   Fore ocellus arising anterior to ocellar setae; mesothorax of male never prolonged on anterior angle; fore femora of male usually with a stout sickle shaped setae ················· ***Elaphrothrips***

1. *Dinothrips* Bagnall, 1908

Diagnosis. Head elongate, about twice as long as broad. Cheeks set with stout spine-like setae. Eyes large and equally developed on dorsal and ventral surfaces, head with 1 pair of anterocellar setae, 1 pair of postocular setae and 1 pair of long setae on the vertex (postocular setae pair II); antennae 8-segmented, antennal segment III with 2 sense cones, IV with 4 sense cones. Mouth cone round at apex, maxillary stylets retracted for into head, often reaching postocular setae; probasisternum, spinasternum and mesopresternum developed. Mesothoracic anterior angles of ♂ with spiracles produced into a laterally projecting, usually bifurcate, process, this process not developed in ♀ and small ♂. Fore wing with numerous duplicated cilia. Fore tarsal tooth present in ♂ and ♀, but much larger in ♂; fore femora of ♂

enlarged with numerous spine-like setae at base. In both sexes the froe tarsal with tooth, in some male species, the tooth reduced or enlarged. Pelta triangular, lateral lobes separated. Tergites II-VII with 2 pairs of sigmoid with-retaining setae, those on VII much reduced, tergal accessory setae straight. Tube with straight sides evenly narrowing to apex, about 4 times as long as broad and about as long as head. Sternite IX of ♂ with a pair of large spines.

Distribution. Oriental realm.

There are 6 species known from the world. Three species are included in this volume.

Key to species of *Dinothrips*

1. Antennal segment IV with 2 sense cones···*D. hainanensis*
   Antennal segment IV with 3 sense cones···2
2. Base three-fourth of antennal segment III yellow; mesothorax spiracle process small of male on anterior angle; anteromarginal and anteroangular setae all developed··································*D. juglandis*
   Base of antennal segment III rarely yellow; mesothorax spiracle process developed of male on anterior angle; prothorax anteromarginal seta shorter than anteroangular seta ····························*D. spinosus*

2. *Elaphrothrips* Buffa, 1909

Diagnosis. Head usually elongate, about 2.0 times as long as broad, usually with a long projection in front of eyes; eyes large and equally developed on dorsal and ventral surfaces. Cheeks usually with stout setae, but setae weak or strength are different in different types of male. Ocellar setae, postocular setae on the vertex developed. Antennae 8-segmented, segment VII constricted baselly, segment III about 4 to 7 times as long as broad, with 2 sense cones, IV with 4 sense cones. Mouth cone short, broadly round at apex; maxillary stylets V-shaped in head. Pronotum with 5 pairs of major setae. Praepectus present. Fore femora of ♂ enlarged, usually with a sickle-shaped seta at apex, fore tarsal tooth well developed in ♂, very reduced or absent in ♀. Fore wing broadened, slightly broadened in the apical half, with 25 to 60 duplicated cilia. Pelta broadly angular or with lateral lobes which are sometimes separate. Tergites II-VII with 2 pairs of sigmoid wing retaining setae and several pairs of usually sigmoid accessory setae; Tube shorter than total head length and not bearing any obvious lateral setae.

Distribution. Oriental realm.

There are 141 species known from the world. Two species are included in this volume.

Key to species of *Elaphrothrips*

Antennal segment III length not exceed 5.3 times of width ····································*E. denticollis*
Antennal segment III length more than 5.6 times of width ····································*E. greeni*

3. *Mecynothrips* Bagnall, 1908

Diagnosis. Large sized species. Head elongate, the length is two to three the width, with well developed preocular projection, two pairs of ocellar setae usually developed, pair I (=interocellar), situated near anterior ocellus, and pair II (=postocellar); with two pairs of postocular setae; cheeks each with more than 3 stout setae. Antennae 8-segmented, elongate; segments III and VI with two and four sense cones, respectively. Pronotum about one-third the length of head, sometimes with anteroangular horns in large male; notopleural suture usually complete, sometimes incomplete in large male. Four femora enlarged and bulbous in large male; fore tibiae sometimes with seta-bearing apical tubercle in male; fore tarsal tooth present in male, absent in female. Basantra present, ferna well-developed; prospinasternum and mesopresternum developed. Metanotal median setae usually short; metathoracic sternopleural suture absent. Fore wing weak, with numerous duplicated cilia. Pelta wide, with well developed lateral wings. Tergite II with two pairs of wing retaining setae, tergites III to V each with three pairs of sigmoid wing retaining setae and numerous sigmoid accessory setae. In male, tergite IX with 1 pairs of expended setae, B1 setae about 0.4-1.25 times as long as tube. Tube with minute setae and sides almost straight, evenly narrowing to apex, about 4-5 times as long as broad, and about 1.10-3.75 times as long as head.

Distribution. Palaearctic realm, Oriental realm, Afrotropical realm, Australian realm.

There are 14 species known from the world. Two species are included in this volume.

Key to species of *Mecynothrips*

Fore wing with more than 70 duplicated cilia; fore wing with 3 subbasal setae pointed at apex; preocular projection swollen in the laterally median ··· ***M. taiwanus***

Fore wing with about 50 duplicated cilia; fore wing subbasal setae B1 and B2 blunt at apical; preocular projection subparallel ·· ***M. pugilator***

4. *Ophthalmothrips* Hood, 1919

Diagnosis. Head elongate, usually with a long projection in front of eyes, preocellar projection evenly narrowing to apex or subparallel. Ocelli small, not adjacent to compound eyes. Compound eyes prolonged ventrally. Cheeks subparallel, with short setae, interocellar and postocular setae well developed. Mouth cone short and rounded; maxillary stylets V-shaped within low in head. Maxillary palpi short, labial palpus very small. Antennae 8-segmented, elongate; segments III and IV with two and four sense cones, respectively. Pronotum usually shorter than half the length of head. Basantra present, long ovate or triangular; ferna well-developed; epimeral suture complete. Pronotum setae developed or reduced. Pronotum midline significantly. Notopleural suture complete. Legs long and slender, fore femora somewhat enlarged in male; fore tarsal tooth present or absent in both sexes. Prospinasternum and mesopresternum well developed. Metanotal median setae usually short; metathoracic sternopleural suture absent. Wings fully developed or reduced; fore wing, if present, with duplicated cilia. Pelta triangular; abdominal tergites II to VI each with two pairs of wing retaining setae; B1 and B2 setae on tergum IX well developed. Tube long, evenly narrowing to apex, not setose. Tergite IX setae long, as long as anal setae. Eyes prolonged ventrally is a distinct character in this genus. Species of this genus mainly live on between herbage and grassed, feed on spores of fungus.

Distribution. Palaearctic realm, Oriental realm, Afrotropical realm, Australian realm.

There are 10 species known from the world. 4 species are known to occur in China.

Key to species of *Ophthalmothrips*

1. Fore tarsal tooth absent in both sexes ···································· ***O. longiceps***
   Fore tarsal tooth present in both sexes ·· 2
2. Antennal segment IV with 4 sense cones ······························· ***O. yunnanensis***
   Antennal segment IV with 3 sense cones ······························ 3
3. Antennal segments I-VIII dark brown, interocellar setae length 157μm ················ ***O. tenebronus***
   Antennal segments I-VIII two-colored, interocellar setae length 145μm ············· ***O. miscanthicola***

(II) Idolothripina Bagnall, 1908

Fore wing duplicated cilia developed. Praepectal plates present; abdomen tergites each with two pairs of wing retaining setae. Male usually with one or more pairs of lateral abdominal tubercles.

This subtribe distributed in all continents, more in tropical areas.

Key to genera of Idolothripina

1. Stylets retracted and close together in middle of head ···························· ***Megalothrips***
   Stylets not retracted, or if retracted then not close together in middle of head ···················· 2
2. Stylets retracted deep into head; tibiae pale or black, not bicoloured; wings developed, pale ····· ***Megathrips***
   Stylets not retracted into head; tibiae usually bicoloured; wings, well developed then with dark median line ··············· 3
3. Lateral lobes of pelta narrowly joined to centre; cheeks long, each with a stout setae ········· ***Bactrothrips***
   Lateral lobes of pelta broadly joined to centre; cheeks long, each with at least 2 pairs of short stout setae ·················· ***Meiothrips***

5. *Bactrothrips* Karny, 1912

Diagnosis. Body large and slender. Head much longer than broad, slightly prolonged in front of eyes, dorsal surface finely, transversely striated; cheeks long, each with a stout setae. Eyes large, bulged, rarely prolonged posteriorly on ventral surface; preocellar and postocellar distance is greater than the postocellar space. Interocellar, postocellar and one pairs of postocular setae well developed, blunt or nearly pointed at apex. Antennae 8-segmented, long and slender; segments III to V claviform, segment III longest; segments III and IV with two and four sense cone, respectively, sense cones slender. Mouth cone short and broadly rounded; maxillary stylets long, retracted into about half the head, apart from each other. Pronotum small, shorter than head, usual major setae well developed. Fore wing long and broad, subparallel; with numerous duplicated cilia. Fore legs not enlarged, unarmed in both sexes. Tergum VI (a few species include segment V) of male usually with a pair of tubercles laterally, the tubercles long, curved and horn-like, often forked, sometimes with a pair of small tubercles on either or both of segments VII and VIII. Male subgenital plate (semilunar plate) well developed, thin, suspended on the posterior. Tube long, about 3-5 times as long as broad, straight sides, surface with numerous long setae.

Distribution. Palaearctic realm, Oriental realm.

There are 51 species known from the world. 3 species are known to occur in China.

Key to species of *Bactrothrips*

1. Tibiae dark brown, hind tibiae dark brown, yellowish extreme bases and apices ············ ***B. flectoventris***

   Tibiae yellow to dark brown, at least third of hind tibiae yellowish ······································2

2. Head more than 2 times as long as width across eyes; male tubercles on abdominal segment VI curved inwards ·· ***B. brevitubus***

   Head 2.22-2.30 times as long as width across eyes; male tubercles on abdominal segment VI curved outwards ·· ***B. honoris***

6. *Megalothrips* Uzel, 1895

Diagnosis. Head elongate, far longer than the width, swollen dorsally, with sculptured transversely, slightly prolonged in front of eyes. Eyes appropriate large. Interocellar, postocellar and postocular setae well developed. Antennae 8-segmented, segment VIII lanceolate; segments III and IV with two and four sense cones, respectively, segments VI and VII ventrally produced at apex. Mouth cone short and rounded; maxillary stylets long, reaching eyes, close together. Pronotum major setae developed; anteroangular setae rather close to midlateral setae; notopleural suture reduced, often vestigial. Basantra present, mesopresternum boat-shaped, sometimes eroded laterally. Fore tarsi without tooth or with weakly tooth. Fore wing broad, with numerous duplicated cilia. Pelta broadly hat-shaped, median lobe and lateral wings narrowly fused. Abdominal terga II to VI (or VIII) each with two pairs of wing retaining setae; tergum VI of male with a pair of tubercles laterally, the tubercles long and horn-like. Tube slender, sides usually almost straight, surface with numerous setae.

Distribution. Palaearctic realm, Oriental realm, Nearctic realm.

There are 8 species known from the world. *Megalothrips roundus* Guo, Cao & Feng, 2010 is the only representative species known to occur in China.

7. *Megathrips* Targioni-tozztti, 1881

Diagnosis. Large species. Head two times longer than broad, and broader than prothorax. Labial palpi stunt. Antennae long, segment III clubbed, tarsi simple. Tube of female 4 times longer than abdominal segment IX; abdominal segment VI of male horny tubercles, segment VIII fingerlike tubercles.

Distribution. Palaearctic realm, Nearctic realm, Australian realm.

There are 7 species known from the world. 2 species are known to occur in China.

Key to species of *Megathrips*

Pelta divided three parts, two lateral lobe completely separated from the center pelta········ ***M. antennatus***

Pelta not divided into three parts, two lateral lobe connect narrow of the center pelta········***M. lativentris***

8. *Meiothrips* Priesner, 1929

Diagnosis. Large elongate species of Idolothripini. Head long, projecting in front of eyes; preocellars between bases of antennae; inter- and postocellar setae well developed; vertex with 1 pair of postocular close together, well behind eyes; cheeks with at least 2 pairs of short stout setae. Antennae 8-segmented, exceptionally elongate, III as long as fore tibia; III with 2 sense cones, IV with 4 sense cones. Epimeral sutures incomplete; praepectal plates weekly developed. Fore tarsi unarmed; femora slender but irregularly swollen distally, bearing 4 pairs of stout capitate setae. Mesonotal lateral setae, metanotal median setae elongate. Fore wing with or without duplicated cilia; sub-basal setae relatively small, II shortest, III longest. Pelta pointed medially, with broad lateral wings. Tergites III-VI with antecostal ridge recurved medially; tergites with 2 pairs of sigmoid wing-retaining setae and several accessory setae laterally, one or more pairs of these setae sometimes on or anterior to antecostal ridge; setae on IX short; tube with numerous erect setae with or without tubercles or denticles in ♂.

Distribution. Oriental realm.

There are 5 species known from the world. One species is included in this volume.

(III) Hystricothripina Karny, 1913

Praepectal plates present, absent or reduced. Abdominal tergites usually with one pair of wing retaining setae. Fore wing duplicated cilia present or absent, but with few duplicated cilia. Male usually without lateral abdominal tubercles, but posterolateral setae in terminal segments usually located in extensions in female and male.

Parts of species distributed in Africa, Mexico and USA (Florida), whereas mostly distributed in Neotropical realm.

9. *Holurothrips* Bagnall, 1914

Diagnosis. Antennae extremely slender, segment VIII lanceolate, segments I - II with two pairs of setae, expanded at apex. Cheek with two pairs of expanded setae. Pronotal anteroangular setae rather close to midlateral setae; postangular setae on the projecting fork. Posteromarginal setae on tergite IX short. Tube elongate, more than 3 times as long as tergite IX, with short setae which are expanded at apex.

Distribution. Oriental realm.

There are 4 species known from the world. *Holurothrips morikawai* Kurosawa, 1968 is the only representative species known to occur in China.

II. Pygothripini Priesner, 1961

Metathoracic sternopleural sutures present or absent. Abdominal tergites usually with only one pair of wing retaining setae (except two species that with developed sternopleural sutures). Tube without long lateral setae (except for two species that with developed sternopleural sutures).

(IV) Allothripina Priesner, 1961

Metathoracic sternopleural sutures present, if absent then antennal segment IV with 3 sense cones or antennal sense cones short. Terminal sensorium on maxillary palpi stout.

10. *Allothrips* Hood, 1908

Diagnosis. Head almost as long as broad or longer, projecting in front of eyes. The eyes smaller in apterous and brachypterous form. Ocelli absent in apterous form. Ocellars, postoculars, postocular vertexals setae properly developed, expended at apices. Antennae 7-segmented, morphological segments VII and VIII fused completely; segments small, segments Ⅴ and Ⅵ prolong ventrally. Mouth cone broadly rounded, maxillary stylets retraced far into head capsule, V-shaped, apart from each other. Prothoracic major setae well developed, expanded at apex. Basantra present; ferna well developed, prospinasternum and mesopresternum reduced; prothoracic notopleural sutures usually incomplete. Metathoracic sternopleural sutures developed. Fore wing broad, without duplicated cilia. Fore tarsal without tooth in female, but with male; fore femora enlarged in male; fore tarsal 2 segments of mid-and hind legs. Pelta broad; tergites with wing-retaining setae, pointed at apex. Tube shorter than head, usually straight-sided.

　　Distribution. Oriental realm.

　　There are 24 species known from the world. Two species are included in this volume.

Key to species of *Allothrips*

Basantra present, but vestigial and membranous; ferna well developed, and closed to each other ··········· ··*A. taiwanus*

Basantra present and developed, but not reduced; ferna developed, and not closed to each other ··········· ··· *A. bicolor*

(Ⅴ) Compsothripina Karny, 1921

　　Species in this subtribe usually apterous. Antennal segment Ⅷ obviously separated from segment Ⅶ, antennal segment Ⅳ with 3 or 2 sense cones, segment Ⅲ with 2 or 1. Eyes usually reduced laterally, but prolonged ventrally on head. Praepectal plates present. Metathoracic sternopleural sutures present or absent. Tube short, straight on two sides.

11. *Compsothrips* Reuter, 1901

　　Diagnosis. Wingless, ant-like species. Antennae 8-segmented, with projections ventrally at apex on segments Ⅳ, Ⅴ and Ⅵ. Ocellus absent. Praepectus present. In most species mesothorax weak, narrower than prothorax, and scale absent. Compound eyes expanded more ventrally than dorsally. Abdominal segment Ⅰ pelta calyptrate.

　　Distribution. Palaearctic realm.

　　There are 27 species known from the world. One species, *Compsothrips reticulates* Guo & Feng, 2006 is included in this volume.

(Ⅵ) Diceratothripina Karny, 1925

　　Metathoracic sternopleural sutures present. Antennal segment Ⅳ with four sense cones (occasionally two). Terminal sensorium on maxillary palpi not abnormally thick. Maxillary stylets wide apart in head, V-shaped.

Key to genera of Diceratothripina

Antennae 7-segmented or segments VII-VIII broadly joined; tube greatly broad, expanded, lateral margins convex; fore wings usually without duplicated cilia ··· *Acallurothrips*

Antennae 8-segmented; tube not broad; fore wing usually with duplicated cilia ················· *Nesothrips*

12. *Acallurothrips* Bagnall, 1921

Diagnosis. Head usually broad, maxillary stylets wide apart. Antennae 7-segmented, segments III and IV with two and four sense cones, respectively. Segments VII and VIII broadly joined. Basantra present, prothoracic notopleural sutures complete. Metathoracic sternopleural sutures present, eroded. Duplicated cilia of fore wing usually absent, wing basal setae B3 long. Pelta with broad reticulation; posterior margin incomplete; wing-retaining setae weak; wider than apex, anal setae short.

Distribution. Palaearctic realm.

There are 22 species known from the world. 5 species are known to occur in China.

Key to species of *Acallurothrips*

1. Tube very heavy, less than 1.1 times as long as broad ··· 2

   Tube longer, more than 1.4 times as long as broad ··· 4

2. SB2 of abdominal tergum IX reduced to minute setae, shorter than SB1 ··················· *A. casuarinae*

   SB2 of abdominal tergum IX developed, longer than SB1 ··· 3

3. Head width longer than length, about 1.66 times as broad as long; antennae about 2 times as long as head ·· *A. tubullatus*

   Head width longer than length, about 1.26-1.34 times as broad as long; antennae about 2.43-2.60 times as long as head ·· *A. hagai*

4. Body small, length 1.6mm; fore wing only with one weak basal wing setae ··················· *A. hanatanii*

   Body slightly large, length 2.06mm; fore wing with two basal wing setae, inner setae I small, inner setae II developed ·· *A. nonakai*

13. *Nesothrips* Kirkaldy, 1907

Diagnosis. Small to medium sized species. Head variable, usually broader than long, oval, but sometimes longer than broad, usually prolonged in front of eyes. Eyes often prolonged on ventral surface. Mouth cone broad and round at apex, maxillary stylets V-shaped. Antennae 8-segmented; segments III and IV with two and four sense cones, respectively; segment VII short and broad, without distinct peduncle. Pronotal notopleural suture complete; basantra present; prospinasternum well developed. Fore tarsal tooth present in male, absent in female. Metanotal median setae usually short and elongate; pronotum broad, epimeral sutures complete. Praepectus and mesopresternum well developed. Fore wing, if present, usually with duplicated cilia. Pelta with lateral lobes, metascutum with small mid-pair setae. Tube short, with sides rather straight.

Distribution. Palaearctic realm, Oriental realm, Afrotropical realm, Australian realm.

There are 28 species known from the world. 3 species are known to occur in China.

Key to species of *Nesothrips*

1. Pelta of abdominal segment Ⅰ rectangle in shaped, and without lateral lobe, smooth ·········· *N. peltatus*

   Pelta of abdominal segment Ⅰ arched in median lobe, and with lateral lobe ································· 2

2. Head longer than broad; postocular setae slightly blunted at apex, length 146 ················ *N. lativentris*

   Head as long as broad, or a little broader; postocular setae pointed at apex, length 72 ········ *N. brevicollis*

(Ⅶ) Gastrothripina Priesner, 1961

Antennal segment Ⅲ with three stout and short sense cones. Metathoracic sternopleural sutures present. Eyes usually round, not extend venrally. Tergite Ⅰ narrow, but seem like round triangle, with two lateral lobes. Most live on grass and flag in tropical and temperate zones.

14. *Gastrothrips* Hood, 1912

Diagnosis. Small to medium sized species, body usually black. Head usually rectangular, longer than wide, not extending in front of compound eyes; eyes moderately developed, usually equally ventrally and dorsally. Cheeks often with stout setae. Postocular setae elongate, ocellar setae usually short, often well developed. Antennae 8-segmented, segment Ⅷ usually long and slender, often short; segment Ⅲ with one or two sense cones, segment Ⅳ with three sense cones. Mouth cone short and rounded; maxillary stylets reaching the middle of head, usually V-shaped. Pronotum transverse, usually shorter than head; notopleural suture variable, complete or incomplete; basantra present, ferna well developed; prospinasternum and mesopresternum developed. Fore tarsal tooth present in male, present or absent in female. Fore wing, if present, with duplicated cilia. Metanotal median setae usually elongate; metathoracic sternopleural suture present. Pelta usually triangular with small lateral wings; usually with a pair of campaniform sensilla. Tergites Ⅱ to Ⅶ each with a pair of well-developed sigmoid wing retaining setae in macropterous. Tube variable, straight-sided or with apex sharply constricted. Anal setae shorter than tube.

Distribution. Palaearctic realm, Oriental realm, Nearctic realm, Neotropical realm.

There are 38 species known from the world. 3 species are known to occur in China.

Key to species of *Gastrothrips*

1. Postocular setae knobbed at apex ·· *G. fuscatus*
   Postocular setae blunted at apex ·· 2
2. Fore wing without duplicated cilia ·· *G. eurypelta*
   Fore wing with 7 duplicated cilia ··· *G. mongdicus*

(VIII) Macrothripina Karny, 1921

Metathoracic sternopleural sutures absent. Antennal segment IV with 4 sense cones, sometimes extremely long. Fore tibia often with tubercle on inner apex. Head sometimes with an isolated ommatidium-like structure on each cheek.

Species in this subtribe mostly distributed in Southeast Asia, Australian realm, few in Africa and American. Nearly without distribution in Europe.

Key to genera of Macrothripina

Anterocellar setae developed; fore femur of female with a row of stout tubercles, occasionally present in male ·· *Machatothrips*

Anterocellar setae not developed; fore femur of female without tubercles ····················· *Ethirothrips*

15. *Ethirothrips* Karny, 1925

Diagnosis. Head extremely long, sides nearly parallel, often slightly produced in front of eyes. Postocular setae elongate, postocular setae on the inner posterior margin of eyes. Cheeks with a few short setae. Vertex usually a pair of thick setae in the middle. Antennae 8-segmented; segment III with two sense cones, IV with four or often with five. Mouth cone short and rounded; maxillary stylets retracted far into head capsule, often reaching postocular setae or compound eyes, at least reaching half way into head, usually wide apart, V-shaped or subparallel. Pronotum shorter than head, usually with well developed median longitudinal line, five pair of developed major setae; notopleural sutures complete; basantra present, ferna well developed; prospinasternum and mesopresternum developed. Fore tarsal tooth present in male, present or absent in female; fore tibia apical tubercle often present. Fore wing with numerous duplicated cilia. Metathoracic sternopleural sutures absent. Pelta broad, with lateral wings narrow to broadly entire. Tergites II to VII each with a pair of well developed sigmoid wing retaining setae at least in macropterous. Tube variable, usually with sides almost straight, often rather convex and more heavy. Anal setae shorter than tube.

Distribution. Oriental realm, Australian realm.

There are 37 species known from the world. 3 species are included in this volume.

Key to species of *Ethirothrips*

1. Fore wing with 37 duplicated cilia ·· *E. stenomelas*
    Fore wing with less than 30 duplicated cilia ·· 2
2. Fore wing with 27 duplicated cilia ·· *E. longisetis*
    Fore wing with 14-16 duplicated cilia ·· *E. virgulae*

16. *Machatothrips* Bagnall, 1908

Diagnosis. Head rectangular, 1.5 times longer than broad, often slightly produced in front of eyes, slightly constrict behind eyes and at base. Cheeks with strong setae. Eyes and ocellus rather large, eyes developed equally ventrally and dorsally. Interocellar setae and postocellar setae well developed. Antennae 8-segmented; segment III about 2.5-5.0 times as long as broad; segments III and IV with two or four sense cones, respectively, sense cones properly long. Mouth cone rather long, maxillary stylets narrowly V-shaped. Pronotum shorter than head, two times broader than long, with 5 pairs of major setae; basantra present, ferna largely developed. Prospinasternum and mesopresternum well developed. Fore femora enlarged, with a row of teeth or tubercles on inner margin in female, rarely in male; fore tarsal tooth present in both sexes. Fore wing with numerous duplicated cilia. Pelta broadly triangular. Abdominal tergites II to VII each with one pair of sigmoid wing retaining setae. Tube longer than head, about 3-3.5 times as long as broad. Anal setae shorter than tube. Abdominal segment IX with 1 pair long and thick setae in male.

Distribution. Oriental realm, Afrotropical realm.

There are 14 species known from the world. 2 species are included in this volume.

Key to species of *Machatothrips*

Antennal segment III length 222-250μm, prothorax anteromarginal setae length 50-55μm ······ *M. artocarpi*
Antennal segment III length 273μm, prothorax anteromarginal setae length 81μm ·············· *M. celosia*

Phlaeothripinae Uzel, 1895

Maxillary stylets narrower, usually 1-3μm in diameter, narrower than labial palpus. There are more than 2000 species.

Key to tribes and subtribes of Phlaeothripinae

1. Maxillary stylets broad, diameter of about 3-6μm ·· **Apelaunothripini**

Maxillary stylets slender, diameter of about 1-3μm ·· 2

2. Distance between hind coxae broader than between mid coxae; antennae 4-7 segmented, rarely 8-segmented; anal setae much longer than the tube and several times length the tube ·········· **Urothripini**

Distance between hind coxae shorter than between mid coxae; anal setae not several times length the tube ·· 3

3. Antennae 7- segmented (morphological segments Ⅶ and Ⅷ combined), usually the mouth cone in the end formation of one or more rings ··· **Docessissophothripini**

Antennae 7 (morphological segments Ⅶ and Ⅷ combined) or 8-segmented, usually mouth cone in the end does not form a ring ·· 4

4. Cheeks usually with thorns in small warts, sometimes only with warts, or with a set thorn in small warts, sometimes reduced, usually with one thorn on cheeks ·· 5

Cheeks without thorns in small warts, or without a set thorn in small warts ······························ 6

5. Head usually constricted behind eyes, shape concave ·································· **Leeuweniini**

Head not constricted behind eyes, not shape concave ······································ **Phlaeothripini**

6. Antennal segment Ⅲ expended at apex, connect to segment Ⅳ, even morphological segments Ⅲ and Ⅳ completely fused to big globiformis; pronotum usually with a median transverse groove ··· **Hyidiothripini**

Antennal segments Ⅲ and Ⅳ connected normal ·· 7

7. Pronotum reduced to a shield, surrounded by stippled membrane ························ **Plectrothripini**

Pronotum normal ··· 8

8. Head and body smooth or without distinct reticulation, wrinkles ························ 9

Head and body including legs usually with distinct reticulations or wrinkles ····················· 10

9. Maxillary bridge present, usually with wings, fore wing distinctly constricted medially ····· **Haplothripini**

Maxillary bridge absent, fore wing parallel, not constricted medially ························ **Hoplothripini**

10. Fore wing sometimes constricted medially, or curved sub-basally, and with reticulates to form a circular spot ·· **Stictothripini**

Fore wing not weakly constricted medially or curved sub-basally ····························· 11

11. Cheeks distinctly concave just behind eyes; major body setae well developed, expanded or spoon-shaped apically; fore wing often without duplicated cilia ····································· **Glyptothripini**

Cheeks without concave just behind eyes; major body setae short and sharply pointed at apex; fore wing parallel on margin, with duplicated cilia ·· **Medogothripini**

Ⅲ. Apelaunothripini Mound & Palmer, 1983

Maxillary stylets broad, diameter of about 3-6μm. Antennae 8-segmented, more slender. Fore wing constricted medially. Metathoracic sternopleural sutures reduced. Pelta of abdominal segment Ⅰ hat-shaped, bell-shaped or triangular. Abdominal segment Ⅸ with short and thick median laterally setae in male.

17. *Apelaunothrips* Karny, 1925

Diagnosis. Small to medium sized species. Brown and yellow or brown. Head 1.0-1.5 times as long as broad; ocellar region weakly produced, subconical. Cheek rounded, usually subparallel, slightly constricted behind large eyes. Postocular setae usually long, expended or capitates at apex. Antennae 8-segmented, rather slender; mouth cone short and rounded; maxillary stylets long close together medially, comparatively broad, 3-6μm in diameter. Pronotal usual setae well developed, anteroangular setae rather close to midlateral setae; notopleural suture complete. Basantra absent; ferna prospinasternum and mesopresternum developed. Metathoracic sternopleural suture absent. Fore tarsal tooth usually absent in both sexes. Fore wing weakly constricted medially, with duplicated cilia. Pelta usually bell-shaped or triangular. Abdominal tergites II to VII each with two pairs of wing retaining setae at least in macropterous, posterior pair on tergite II usually curved uniformly; B2 setae on tergite IX short in male; glandular area absent in male. Tube shorter than head, straight-sided.

Distribution. Oriental realm.

There are 35 species known from the world. 8 species are known to occur in China.

Key to species of *Apelaunothrips*

1. Antennal segment IV with 4 or 5 sense cones ·· 2
   Antennal segment IV with 2 or 3 sense cones ··· 5
2. Body bicoloured, yellow or brown ··· 3
   Body brown or black brownish ·· 4
3. Antennal segment IV with 5 sense cones; pelta with one pair of micro-pores ················ ***A. longidens***
   Antennal segment IV with 4 sense cones; pelta without micro-pores ···················· ***A. bicolor***
4. Head 1.1 times as long as wide; B1 setae of abdominal tergite IX longer than B2 ············ ***A. consimilis***
   Head as long as wide; B1 setae of abdominal tergite IX shorter than B2 ······················ ***A. nigripennis***
5. Antennal segment IV with 2 sense cones; eyes small, about quarter as long as head length ········ ***A. lieni***
   Antennal segment IV with 3 sense cones; eyes small, about one third as long as head length ··········· 6
6. Antennal segment IV with 3 sense cones; abdominal segments III-IV each with a small transverse brown marking anteriorly ·· ***A. luridus***
   Antennal segment IV with 2 sense cones; abdominal segments II-IV without brown marking ·········· 7
7. Head 1.3 times as long as wide; pelta subtrapezoid, without micro-pores ····················· ***A. hainanensis***
   Head 1.5 times as long as wide; pelta subtriangular, with micro-pores ························· ***A. medioflavus***

IV. Docessissophothripini Karny, 1921

Antennae 7-segmented (morphological segments VII and VIII more or less combined, with complete or incomplete suture), segment III with 3 sense cones (*Oidanothrips* with 4), segment IV with 4 sense cones. Maxillary stylets properly broad, constricted to eyes, usually parallel in median part of head, usually the mouth cone in the end formation of one or more rings. Maxillary thick, sternopleural sutures complete. Metathoracic sternopleural sutures complete. Wing present. Fore wing with duplicated cilia (except for *Asemothrips*). Pelta prolong nearly triangle. Abdominal tergites II to VII each with two pairs of wing retaining setae or slightly reduced. Tube usually parallel on both sides, with raised or carving sculpture. Abdominal segment IX with short inner setae II, enlarged; segments III-V usually with a pair of sculptures.

Key to genera of Docessissophothripini

The middle part of dorsum of head distinctly projected; cheeks with setae laterally; antennal segment III with 4 sense cones ·· ***Oidanothrips***

The dorsum of head slight elevated; antennal segment III with 3 sense cones ··················· ***Holothrips***

18. *Holothrips* Karny, 1911

Diagnosis. Medium to large sized species, wings usually fully developed. Head usually longer than broad, often elevated dorsally, dorsal surface partly or entirely sculptured. 1 pair of postocular setae developed, expended or pointed at apex. Antennae 7-segmented, segments III and IV with three and four sense cones, respectively. Maxillary stylets comparatively broad like those Idolothripinae species, long. Prothoracic notopleural suture usually complete. Basantra absent, ferna, prospinasternum and mesopresternum developed. Fore tarsal tooth present in both sexes. Metathoracic sternopleural suture present. Metanotal median pair of setae weak. Fore wing not constricted medially, with duplicated cilia. Pelta bell-shaped or triangular; abdominal sternites IV to VII of male usually with transverse reticulated areas. Tube usually shorter than head.

Distribution. Palaearctic realm, Oriental realm, Neotropical realm, Afrotropical realm, Australian realm.

There are 127 species known from the world. 6 species are included in this volume.

Key to species of *Holothrips*

1. Fore wing with more than 30 duplicated cilia ·· ***H. formosanus***
   Fore wing with less than 30 duplicated cilia ··· 2
2. Posterior margin of pelta on abdominal segment I with a pair of micro-pores ···················· ***H. porifer***
   Posterior margin of pelta on abdominal segment I without micro-pores ······························· 3
3. The suture of antennal segment VII incomplete ··· 4
   The suture of antennal segment VII complete ·· 5

4. Mouth cone long and pointed; postocular setae 0.35 times as long as the length of head, blunt or nearly pointed at apex ·· *H. attenuatus*

   Mouth cone short and rounded; postocular setae half or more length of head, pointed at apex··············
   ·· *H. ryukyuensis*

5. Cheeks with strong wrinkled sculptures; prominent body setae beveled and pointed; basal wing setae I weakly expanded and II, III nearly pointed at apex ··· *H. hunanensis*

   Cheeks without strong wrinkled sculpture; anteroangular and postangular setae pointed at apex, anteromarginal setae, midlateral setae and epimeral setae weakly expanded at ap ex; basal wing setae I and II slightly expanded and III slightly pointed at apex ································· *H. okinawanus*

19. *Oidanothrips* Moulton, 1944

Diagnosis. Medium to large sized species. Head elongate, strongly elevated dorsally; cheeks almost straight, subparallel or tapering slightly to base of head, with some short spines. Eyes rather small, bulged, with two pairs of postocular setae, one pair long and thick, the other pair in the middle variable far from the eyes. Antennae 7-segmented, morphological segments VII and VIII fused with complete or incomplete suture between them; segments III and IV each with four (2+2) sense cones. Mouth cone short and rounded; maxillary stylets very long, reaching eyes, touching together, usually at the end of mouth cone form 1 or more of the loops; maxillary bridge absent. Notopleural sutures on prothorax complete. Basantra absent; ferna and prospinasternum well developed; mesopresternum boat-shaped. Fore tarsal tooth present in both sexes. Metathoracic sternopleural sutures well developed; metanotal median setae short. Fore wing parallel-sided, not constricted medially, with numerous duplicated cilia. Pelta elongate, bell-shaped. Male sternal glandular area on sternite VIII absent; male tergite IX B2 setae short. Tube shorter than head.

Distribution. Palaearctic realm, Oriental realm.

There are 12 species known from the world. 4 species are known to occur in China.

Key to species of *Oidanothrips*

1. Fore wing with four basal wing setae; fore tibiae short·· *O. notabilis*

   Fore wing with three basal wing setae ··2

2. Fore tibiae brown, lighter than femora; cheek almost parallel, slightly tapering at base, ocellar region projected but not extend forward; the middle part of dorsum of head with strong transverse sculptures between compound eyes and postocular setae ··· *O. frontalis*

   Fore tibiae dark brown, the same color with femora; the characters of head different from above ········3

3. Areas between compound eyes and postocular setae with strong striate sculptures; cheeks projected behind compound eyes; maxillary stylets reaching postocellar setae ································· *O. takasago*

   Areas between compound eyes and postocular setae smooth, at least without distinct sculptures;

maxillary stylets not reaching postocellar setae ·· *O. taiwanus*

V. Glyptothripini Uzel, 1895

Cheeks distinctly concave just behind eyes. Maxillary bridge absent. Major body setae well developed, expanded or spoon-shaped apically. Pronotum commonly with shorter anteromarginal setae than anteroangular setae (except for *Terthrothrips palmatus*). Abdomen usually with two pairs of wing retaining setae. Fore wing present, with or without duplicated cilia.

Key to genera of Glyptothripini

Body including antennae and legs with sculptures; prominent body setae well-developed, spoon-like; metathoracic sternopleural sutures absent ···································· *Mystrothrips*

Body without distinct reticulate sculptures; prominent body setae expanded at apex, not spoon-like; fore tibiae usually with a series of small tubercles on inner margin; metathoracic sternopleural sutures present

·· *Terthrothrips*

20. *Mystrothrips* Priesner, 1949

Diagnosis. Body including antennae and legs with reticulation. Head almost as long as broad or longer, weakly or strongly produced in front of eyes; postocular setae stout and short; cheeks distinctly in cut just behind eyes. Head longer than prothorax, major setae well developed, spoon-like. Antennae 8-segmented; segment Ⅷ distinctly constricted at base; intermediate segments reticulate, with short pedicels, antennae terminal setae longer than segment Ⅷ. Metathoracic sternopleural sutures absent. Pelta broad, with reticulation, with drawn into concave anterior margin of tergite Ⅱ. Abdominal tergites Ⅱ to Ⅶ each with two pairs of S-shaped wing retaining setae. Sternites with a serial of six pairs of setae.

Distribution. Palaearctic realm, Oriental realm.

There are 7 species known from the world. 2 species are known to occur in China.

Key to species of *Mystrothrips*

Both antennal segments Ⅲ and Ⅳ with three sense cones respectively; basantra not well-developed, nearly invisible ·· *M. longantennus*

Antennal segment Ⅲ with two sense cones, segments Ⅳ with four sense cones; basantra not well-developed, but visible ··· *M. flavidus*

21. *Terthrothrips* Karny, 1925

Diagnosis. Small sized species, wings fully developed, reduced or absent. Head usually longer than wide, slightly produced in front of eyes; a pair of postocular setae well developed, ocellar setae short, body setae expended at apex, not spoon-like; cheeks usually rounded, distinctly constricted just behind eyes. Eyes bulged. Antennae 8-segmented; segment Ⅷ constricted at base; segments Ⅲ and Ⅳ usually each with three (1+2) primary sense cones; campaniform sensilla on segment Ⅱ situated near apex. Mouth cone short and rounded; maxillary stylets short and V-shaped; maxillary bridge absent. Pronotal anteromarginal setae reduced, anteroangular setae often reduced; notopleural sutures complete or nearly complete. Fore tibia usually with a series of small tubercles on inner margin; fore tarsal tooth present in both sexes. Basantra present in the Neotropical species, reduced or absent in Japanese species; ferna prospinasternum, spinasternum and mesopresternum usually well developed. Mesothoracic sternopleural sutures absent. Fore wing, if fully developed, almost parallel-sided, without duplicated cilia. Pelta variable in shape. Abdominal tergites Ⅱ to Ⅶ each with two pairs of wing retaining setae, at least in macropterous. Tube shorter than head, tapering.

Distribution. Palaearctic realm, Oriental realm.

There are 25 species known from the world. 4 species are known to occur in China.

Key to species of *Terthrothrips*

1. Pronotal anteromarginal setae well developed, expanded at apex·····························*T. palmatus*
   Pronotal anteromarginal setae reduced···2
2. Pronotal anteroangular setae well developed··*T. parvus*
   Pronotal anteroangular setae reduced ···3
3. Pelta broad, trapezoidal, without distinct lateral lobes; antennal segment Ⅷ small, much shorter than segment Ⅵ ···*T. apterus*
   Pelta bell-like or triangular, with distinct lateral lobes; antennal segment Ⅷ largely developed, somewhat longer than segment Ⅵ ···*T. ananthakrishnani*

Ⅵ. Haplothripini Priesner, 1928

Antennae 8-segmented. Maxillary bridge usually present. Maxillary stylets usually constricted to head; usually with wings, fore wing distinctly constricted medially, with or without duplicated cilia.

Key to genera of Haplothripini

1. Wings absent; abdomen without S-shaped wing retaining setae ·····························*Apterygothrips*

22. *Adraneothrips* Hood, 1925

Diagnosis. Head with cheeks slightly constricted behind large eyes; postocular setae usually arise behind inner margin of eyes; stylets usually about 1/3 of head width apart, reached to postocular setae; antennae 8-segmented, segment III with 2 or 3 sense cones, IV with 3 or 4; pronotum with 5 pairs of capitate setae, notopleural sutures incomplete or complete; basantra absent, mesopresternum transverse; metathoracic sternopleural sutures absent; fore tarsal tooth usually not developed; fore wing weakly constricted medially, with or without duplicated cilia; pelta usually longer than wide and bell-shaped; tergites II-VII with 2 pairs of wing-retaining setae, each posterior pair usually thicker than anterior pair; tergite IX with accessory setae between B1 and B2 almost as long as B1; tube with straight sides, slightly shorter than head; male sternite VIII with or without pore plate.

Distribution. Oriental realm, Nearctic realm, Afrotropical realm, Australian realm.

There are 77 species known from the world. 4 species are known to occur in China.

Key to species of *Adraneothrips*

1. Antennal segment III with three sense cones, segment IV with four sense cones·············**A. chinensis**

   Antennal segment III with two sense cones, segment IV with three or four sense cones ·················2

2. Antennal segment III with four sense cones ···**A. hani**

   Antennal segment III with three sense cones ···3

3. Abdominal segments VII-IX brown···**A. yunnanensis**

   Abdominal segments VII-IX hoar, at least segment VIII yellow ································· **A. russatus**

23. *Androthrips* Karny, 1911

Diagnosis. Mouth cone rounded. Antennae 8-segmented; segment III rather slender, form pedicel at base. Fore femur enlarged, with a basal tubercle or hump at inner margin; fore tibia usually with an apical flat scale at inner margin or sometimes absent; fore tarsal tooth stout in both sexes, such as *Androthrips flavipes*. Fore wing slightly constricted in the middle. Pelta elongate, triangular, blunt at apex.

Distribution. Oriental realm.

There are 12 species known from the world. 2 species are included in this volume.

Key to species of *Androthrips*

Antennal segment III with three sense cones (1+2); basantra well developed ·············**A. guiyangensis**

Antennal segment III with two sense cones (1+1); basantra not well developed ········**A. ramachandrai**

24. *Apterygothrips* Priesner, 1933

Diagnosis. Small to medium sized species, brown yellow. Ocellus usually absent. Head slender, longer than wide; cheeks smooth. Antennae 8-segmented; segment III with one to two sense cones, segment IV with two to three sense cones. Mouth cone usually rounded; maxillary stylets long, constricted far into head; maxillary bridge present. Pronotum shorter than head, with anteromarginal and lateral setae sometimes reduced and usually shorter than epimeral and postangular setae. Praepectus present; wings usually absent. Abdominal tergites II to VII each with two pairs of S-shaped wing retaining setae in macropterous, they are reduced in microptera. Both sexes with fore tarsal tooth. Male without sternal glandular area.

Distribution. Palaearctic realm, Oriental realm.

There are 40 species known from the world. 3 species are known to occur in China.

Key to species of *Apterygothrips*

1. Postocular setae blunt at apex; antennal segment III with two sense cones (1+1)············· **A. fungosus**

Postocular setae pointed at apex; antennal segment III with one sense cone (0+1)·························2

2.   Pelta on abdominal segment I nearly rectangular; prothoracic epimeral setae blunt at apex ····*A. haloxyli*

Pelta on abdominal segment I nearly trapezoidal; prothoracic epimeral setae pointed at apex··············

···*A. brunneicornis*

25. *Bagnalliella* Karny, 1920

Diagnosis. Head medium sized. Eyes extremely large, broadest behind eyes, narrowed towards base. Ocellus present; mouth cone broad and rounded at apex; maxillary stylets constricted far into head capsule and close together, short. Maxillary bridge present. Praepectus present, rather smaller. Pronotum short and small; epimeral suture complete. Fore wing constricted medially, with duplicated cilia. Fore tarsal tooth present in both sexes. Pelta weak, triangular. Male without sternal glandular area, B3 on IX reduced. Those species often on the plants of the genus *Yucca* activity, feeding on grasses.

Distribution. Palaearctic realm, Oriental realm, Nearctic realm.

There are 9 species known from the world. *Bagnalliella yuccae* (Hinds, 1902) is the only species known to occur in China.

26. *Bamboosiella* Ananthakrishnan, 1957

Diagnosis. Small to medium sized species. Colour brown. Maxillary stylets very short, not retracted far into head capsule into head, only at the base of head; maxillary bridge absent; postocellar setae pointed or knobbed at apex. Antennal segment III with (0+1) or (1+1) sense cones. Pronotum with straight anterior margin. Basantra absent or weakly developed. Fore wing, usually well developed, weakly constricted medially; usually with duplicated cilia, rarely absent. Pelta weak, bell-shaped. Abdominal tergites III to VII each with two pairs of sigmoid wing retaining setae at least in macropterous.

Distribution. Palaearctic realm, Oriental realm.

There are 28 species known from the world. 3 species are known to occur in China.

Key to species of *Bamboosiella*

1.   Body unicolorous ··*B. varia*

Body bicoloured, at least abdominal segment II yellowish···2

2.   Pronotal anteromarginal setae extremely small and pointed at apex, long 28μm ···············*B. exastis*

Pronotal anteromarginal setae well developed and expended at apex, long 45μm···············*B. nayari*

27. *Dolichothrips* Karny, 1912

Diagnosis. Body slender. Head 1.5-2 times longer than broad, ocellar region weakly convex, subconical. Mouth cone very long, longer than middle part of pronotum. Mesopresternum eroded medially, usually divided into two lateral plates. Fore tarsal tooth usually present in both sexes. Fore femur sometimes expanded. Abdominal tergites Ⅱ to Ⅶ each with two pairs of sigmoid wing retaining setae, often with more than 6 pairs of accessory setae.

Distribution. Palaearctic realm, Oriental realm.

There are 20 species known from the world. 3 species are included in this volume.

Key to species of *Dolichothrips*

1. Abdominal segments without S-shaped wing retaining setae·······························**D. reuteri**

　 Abdominal segments with at least more than one pair of S-shaped wing retaining setae····················2

2. Abdominal segments Ⅱ-Ⅶ with a pair of weak S-shaped wing retaining setae on each segment·········

　 ···**D. macarangai**

　 Abdominal segments Ⅱ-Ⅶ with three pairs of wing retaining setae on each segment, sometimes 4 pairs

　 ···**D. zyziphi**

28. *Haplothrips* Amyot & Serville, 1843

Diagnosis. Medium sized species, usually unicolorous, seldom bicolorous. Eyes medium size, not project ventrally; ocellus present. Antennae 8-segmented; segment Ⅲ asymmetrical; segment Ⅲ with 0-3 sense cones; segment Ⅳ with four ($2+2$ or $2+2^{+1}$) primary sense cones. Segment Ⅷ without pedicel at base. Mouth cone short and rounded; maxillary stylets far into head capsule, far apart from each other, maxillary bridge present. Praepectus present, epimeral sutures usually complete. Fore wing distinctly constricted medially; with or without duplicated cilia. Abdominal tergites Ⅱ to Ⅶ each with two pairs of well developed wing sigmoid retaining setae. Male sternal glandular area absent.

Distribution. Palaearctic realm, Oriental realm, Nearctic realm, Afrotropical realm, Neotropical realm.

There are over 220 species known from the world. 15 species are included in this volume.

Key to species of *Haplothrips*

1. Fore wing without duplicated cilia (subgenus *Trybomiella*)·······························**H. (T.) allii**

　 Fore wing with duplicated cilia (subgenus *Haplothrips*)·····································2

2. Body yellow ···**H. (H.) pirus**

　 Body dark brown or dark ···3

3. Postocular setae slightly small, shorter than 20μm ···4

   Postocular setae long, at least longer than 30μm ··5

4. The middle part of mesopresternum narrow, ribbon-like, lateral lobes big ············ ***H. (H.) leucanthemi***

   Mesopresternum separated in the middle, the two parts triangular ························ ***H. (H.) breviseta***

5. Pronotal anteromarginal setae reduced or much shorter than other setae ································6

   Pronotal anteromarginal setae well developed, not much shorter than other setae, longer than 20μm······9

6. Basal wing setae inner Ⅰ, Ⅱ and Ⅲ pointed at apex································ ***H. (H.) aculeatus***

   Basal wing setae inner Ⅰ, Ⅱ and Ⅲ not all pointed at apex ···································7

7. Basal wing setae inner Ⅰ, Ⅱ and Ⅲ blunt at apex; basantra separated in the middle, lateral lobes transversely long triangular·· ***H. (H.) fuscipennis***

   Basal wing setae inner Ⅰ and Ⅱ blunt at apex, slightly expanded, Ⅲ pointed at apex; basantra connected in the middle ···8

8. Pseudovirga apex spine cylindric, expanded and truncate at apex ···················· ***H. (H.) kurdjumovi***

   Pseudovirga apex spine columnar, not expanded at apex, incurvate···················· ***H. (H.) bagrolis***

9. Postocular setae pointed at apex; basal wing setae inner Ⅰ, Ⅱ and Ⅲ pointed at apex ···············10

   Postocular setae blunt or expanded at apex; basal wing setae inner Ⅰ, Ⅱ and Ⅲ not all pointed at apex ···11

10. Pseudovirga apex spine special, the apex formed two big, pointed processus, nail-shaped ·················· ·· ***H. (H.) reuteri***

   Pseudovirga apex spine expanded at apex, finger-like···································· ***H. (H.) tritici***

11. Postocular setae blunt or knobbed at apex···12

   Postocular setae expanded at apex···14

12. Prothoracic major setae expanded at apex; basal wing setae Ⅰ and Ⅱ expanded at apex, Ⅲ pointed at apex ··· ***H. (H.) chinensis***

   Prothoracic major setae blunt or knobbed at apex; basal wing setae different form above ··············13

13. Fore wing with eight to nine duplicated cilia; basal wing setae Ⅰ and Ⅱ blunt at apex, Ⅲ expanded at apex ··· ***H. (H.) subtilissimus***

   Fore wing with eleven or thirteen duplicated cilia; basal wing setae Ⅰ and Ⅱ knobbed at apex, Ⅲ pointed at apex ·· ***H. (H.) tenuipennis***

14. Antennal segment Ⅲ with 1 + 0 sense cone ··· ***H. (H.) ganglbaueri***

   Antennal segment Ⅲ with 1 + 1 sense cones·· ***H. (H.) gowdeyi***

29. *Karnyothrips* Watson, 1923

Diagnosis. Brown or bicolorous. Maxillary stylets long, constricted far into head capsule, at least reaching to postocular setae; maxillary bridge present. Postocular setae expanded at apex. Antennae 8-segmented; segment Ⅲ with one (0+1) or two (1+1) sense cones, segment Ⅳ with four ($2+2^{+1}$) or fewer primary sense cones. Prothoracic notopleural sutures usually complete, rarely incomplete; anteromarginal setae reduced. Fore tarsus with a forwardly directed tooth in both sexes. Mid- and hind femur expanded. Tube usually straight-sided, shorter than head. Anal setae two or more times longer than tube.

Distribution. Palaearctic realm, Oriental realm, Nearctic realm.

There are 46 species known from the world. 2 species are known to occur in China.

Key to species of *Karnyothrips*

Antennal segment Ⅳ with four sense cones $(1+2^{+1})$ ··· *K. flavipes*

Antennal segment Ⅳ with three sense cones $(1+1^{+1})$ ··· *K. melaleucus*

30. *Podothrips* Hood, 1913

Diagnosis. Head prolong, longer than broad. Mouth cone short, shorter than the broad of the base. Eyes large. Head narrow toward base, broadest behind eyes. Antennae 8-segmented; segment Ⅱ with campaniform sensilla situated between middle and apex of the segment; segment Ⅲ with 1+2 sense cones, often with circles at the basal; segment Ⅳ with $2+2^{+1}$ sense cones. Maxillary stylets long, constricted far into head capsule; maxillary bridge present. Pronotum well developed; anteromarginal setae always reduced, midlateral setae often reduced; notopleural sutures complete. Basantra well developed, usually longer than broad; fore tibia often with an inner subapical tubercle, fore femur enlarged, and some species with bumps (*Podothrips javanus* and *P. lucasseni*); fore tarsus with a tooth in both sexes. Metathoracic sternopleural sutures present, usually well developed. Fore wing, if fully developed (except *P. longiceps* brachypterous, *P. odonaspicola* apterous), obvious constricted. Sternal glandular areas of male usually absent.

Distribution. Palaearctic realm, Oriental realm, Nearctic realm, Australian realm.

There are 30 *Podothrips* species known from the world. 3 species are included in this volume.

Key to species of *Podothrips*

1. Body brown; antennal segment Ⅲ with one sense cone ·· *P. lucasseni*
   Body bicoloured, brown and yellow; antennal segment Ⅲ with two sense cones ·························· 2
2. Prothorax weak, with a median "+" shaped groove ··· *P. kentingensis*
   Prothorax smooth, only with a line in the middle ·· *P. odonaspicola*

31. *Praepodothrips* Priesner & Seshandri, 1952

Diagnosis. Head large, body unicolorous or bicolorous; postocular setae pointed or blunt at apex; mouth cone short, broadly round at apex; maxillary bridge absent. Basantra well developed, longer than wide. Antennal segment Ⅳ with at most $1+2^{+1}$ sense cones. Anteromarginal bristles on pronotum weak or reduced, mid-lateral bristles usually short or reduced. Fore femur without tubercles or teeth, fore tibiae without teeth at apex. Fore wing constricted at middle. Abdominal segments Ⅱ-Ⅶ each with two pairs of S-shaped wing retaining setae.

Distribution. Oriental realm.

There are 7 species known from the world. 2 species are known to occur in China.

Key to species of *Praepodothrips*

Postocular setae pointed at apex, 35μm long·· *P. flavicornis*
Postocular setae slightly expanded at apex, 56μm long ·································· *P. yunnanensis*

32. *Xylaplothrips* Priesner, 1928

Diagnosis. Maxillary stylets retracted far into head capsule, usually reaching postocular setae; maxillary bridge present. Postocular setae expanded at apex. Antennae 8-segmented, segment Ⅲ symmetrical, turbination, segment Ⅲ with less than three (1+2) sense cones, segment Ⅳ usually with four $(2+2^{+1})$ primary sense cones, sometimes less. Prothoracic anteromarginal setae well developed, reduced or absent, midlateral setae developed and expended at apex. Wings with duplicated cilia. Abdominal tergites Ⅲ to Ⅶ each with two pairs of sigmoid wing retaining setae.

Distribution. Palaearctic realm, Oriental realm.

There are 26 species known from the world. 3 species are known to occur in China.

Key to species of *Xylaplothrips*

1. Pronotal anteromarginal setae well developed, expanded at apex································ *X. pictipes*
   Pronotal anteromarginal setae reduced··· 2
2. Mesopresternum separated in the middle, the two parts triangular ···························· *X. inquilinus*
   Mesopresternum navicular··· *X. palmerae*

Ⅶ. Hoplothripini Priesner, 1928

Surface of body without reticular structure. Eyes large or small. Head without hump sides, sometimes with individual teeth. Body setae pointed or tip enlarged. Maxillary stylets mostly with wide distance in head. Wing with equal width, not constricted medially. Species live in leaves, lawn, tree bark and pore fungus.

Key to genera of Hoplothripini

1. Fore wing parallel-sided, not constricted medially; antennal segment III with one sense cone (0+1)·····2
   Not this combination of characters, or wings undeveloped ··7
2. Head as long as wide or wider; maxillary stylets short and V-shaped, usually not retracted into head capsule; pelta with two slender lateral wings ····························· ***Sophiothrips***
   Head longer, maxillary stylets retracted into head capsule; postocular setae variable in length and position; pelta triangular or trapezoidal, without distinct lateral wings····························3
3. Tube shorter, and longer than head, fore tarsal tooth usually present····························4
   Tube shorter than head, if long, fore tarsal tooth absent ································6
4. Metathoracic sternopleural suture present; maxillary stylets shorter and wider apart········· ***Eugynothrips***
   Metathoracic sternopleural suture absent; maxillary stylets longer, close together in middle of head······5
5. Abdominal tergites II-V each with 4 or more pairs of sigmoid wing retaining setae, or straight wing retaining setae ·· ***Gigantothrips***
   Abdominal tergites II-VI each with two pairs of sigmoid wing retaining setae············***Gynaikothrips***
6. Prothoracic notopleural sutures incomplete; head constricted basally, antennal segment VIII slender, four to five times as long as broad··***Litotetothrips***
   Prothoracic notopleural sutures complete; not this combination of characters on head, the joint of antennal segments VIII and VII wide, not slender································· ***Liothrips***
7. Maxillary stylets not close together, variable in shape, if more or less close, with narrow maxillary bridge ··8
   Maxillary stylets long and close together in middle of head ·································· 10
8. Metathoracic sternopleural sutures absent, tarsus with distinct tooth, fore femur enlarged ····· ***Mesothrips***
   Metathoracic sternopleural sutures present ···9
9. Antennae 8-segmented, morphological segments VIII often fused with VII, segment VIII broad at base ···***Deplorothrips***
   Antennae 8-segmented segment VIII constricted at base ·································***Psalidothrips***
10. Body setae short; eyes big; ocelli absent; cheeks smooth ·································***Cephalothrips***
    Body setae well developed, thick or long; eyes smaller; ocelli present; cheeks with spines ·············· 11
11. Fore tarsal with teeth mostly in both sexes; male sternites VIII with glandular area ··········· ***Hoplothrips***
    Fore tarsal without teeth mostly in both sexes; male sternites VIII without glandular area··················· ··***Eurhynchothrips***

33. *Cephalothrips* Uzel, 1895

Diagnosis. Head distinctly longer than wide, slightly produced in front of eyes. Dorsum of head smooth or with fine transverse striate sculptures laterally and back. Cheeks smooth. Eyes large, prolong ventrally. Ocelli present in macropterous while absent in apterous.

Postocular setae long. Antennae 8-segmented, segments Ⅵ and Ⅶ wide at apex and Ⅷ wide at base, segment Ⅳ with 2 to 3 sense cones. Mouth cone not long, wide and round at apex, maxillary bridge absent. Maxillary stylets retracted far into head capsule, close together in middle of head, but no contact. Pronotum shorter than head, pronotum with few striations, marginal setae short, only epimeral setae long, knobbed at apex. Praepectus absent. Metascutum smooth in the middle, but with weak longitudinal striations laterally. Macropterous or apterous. In macropterous, fore wing narrow medially, cilia not thick, fringe duplicated cilia absent. Legs short, with fore tarsi teeth in both sexes. Abdominal wing retaining setae present. Tube short, anal setae shorter than tube.

Distribution. Palaearctic realm, Oriental realm, Nearctic realm.

There are 8 species known from the world. 2 species are known to occur in China.

Key to species of *Cephalothrips*

Eye small, 64μm long; postocular setae pointed at apex, 19μm long, pronotal postangular setae pointed at apex; antennal segment Ⅵ with one sense cone ·· *C. brachychaitus*

Eye big, 92μm long; postocular setae expanded at apex, 31μm long, pronotal postangular setae expanded at apex; antennal segment Ⅵ with two sense cones ·· *C. monilicornis*

34. *Deplorothrips* Mound & Walker, 1986

Diagnosis. Small to medium sized species. Head as long as broad or slightly longer, dorsal without reticulation or swelled; postocular setae distinct, expended or pointed at apex, cheek setae small; ocellar setae short. Eyes and ocelli developed in general, reduced in brachypterous. Antennae morphologically 8-segmented, segment Ⅷ wide-based, sometimes formally seven-segmented, segments Ⅶ and Ⅷ fused into one segment, suture between morphological segments Ⅶ and Ⅷ complete or incomplete; segment Ⅲ with three sense cones, segment Ⅳ usually with 4, rarely with three 3 sense cones. Mouth cone usually short and rounded, often long and pointed; maxillary stylets short, retracted into head, V-shaped; maxillary bridge absent. Prothoracic smooth, enlarged in big male; anteromarginal setae usually reduced to short and pointed setae, other usual setae developed. Prothoracic notopleural sutures complete; basantra absent; ferna well developed. Prospinasternum developed; mesopresternum reduced, usually divided into three week plates. Fore tarsal tooth present in both sexes; fore tibia usually with a subapical inner tubercle in male. Metathoracic sternopleural sutures present. Fore wing, fully developed, reduced or absent, if fully developed, weakly constricted medially, with duplicated cilia; subbasal wing setae B3 usually reduced. Pelta bell-shaped in macropterous, broader in macropterous and apterous. Abdominal tergites Ⅱ to Ⅶ each with one pairs of wing retaining setae in macropterous; sternites Ⅱ to Ⅶ usually with reticulate areas in male; sternite Ⅷ with a glandular area in male. Tube straight-sided, shorter than head.

　　Distribution. Oriental realm.

　　There are 9 species known from the world. 2 species are known to occur in China.

Key to species of *Deplorothrips*

Suture between morphological segments Ⅶ and Ⅷ complete·······························*D. medius*

Suture between morphological segments Ⅶ and Ⅷ incomplete or reduced····················· *D. acutus*

35. *Eugynothrips* Priesner, 1926

　　Diagnosis. Antennae 8-segmented, long and slender, bristle shape, segment Ⅲ only with 1 sense cone. Head length variable in shape, but there are few very longer, always longer than prothoracic, never constricted behind the eye. Eyes big, without enlarged ommatidia, with 1 pair of little longer postocular setae, sometimes reduced. Mouth cone short and rounded, often truncated shape in the end; epimeral setae developed, anteromarginal setae developed or usually the inside of 1 pair reduced. Fore femur little enlarged in female, simple or little enlarged in male. Fore tarsal tooth absent in female, present in male. Fore wing little wide, or paralle-side, with duplicated cilia. Tube long and slender, or shorter, slightly convex at base, cone shaped.

　　Distribution. Oriental realm.

　　There are 12 species known from the world. *Eugynothrips intorquens* (Karny, 1912) is the only species known to occur in China.

36. *Eurhynchothrips* Bagnall, 1918

　　Diagnosis. Similar to *Rhynchothrips*. Head slightly longer than broad, longer than pronotum. Antennae 8-segmented, each segment separated, segment Ⅷ distinctly constrict at base; segment Ⅲ with one sense cone and Ⅳ with three sense cones. Mouth cone short and pointed (Ananthakrishnan, 1964a); maxillary stylets close to each other in the middle of head, not contact. Praepectus absent. Mesopresternum well developed. Both sexes without fore tarsi tooth. Fore wing with straight margin, broad, with fringe duplicated cilia. Pelta broad, triangular. Major body setae expanded at apex. This genus feeding on plants leaves, buds and tender stems, sometimes inducing galls.

　　Distribution. Palaearctic realm, Oriental realm, Afrotropical realm.

　　There are 5 species known from the world, three in Africa, the rest one species on Malaysia and India respectively. *Eurhynchothrips ordinarius* (Hood, 1919) is the only species known to occur in China.

37. *Hoplothrips* Amyot & Serville, 1843

Diagnosis. Head variable in shape, usually almost as long as broad or a little longer, dorsal smooth or with weak reticulated. Cheek smooth or with a few spine, sometimes with a pair of spines. Macropterous or brachypterous ocelli present, brachypterous and apterous usually degradation or only a few ommatidia; a pair of postocular usually well developed; antennae 8-segmented; segment Ⅷ usually constricted basally, rarely not constricted; segments Ⅲ and Ⅳ usually with three 1-3 and 2-4 sense cones, respectively. Mouth cone moderately long, rounded or rather pointed; maxillary stylets usually deeply retracted into head capsule, close together medially, without maxillary bridge. Pronotum smooth or with weakly reticulated, major setae developed. Pronotal notopleural sutures usually complete. Mesopresternum without obvious reticulated. Fore wing, if fully developed, not constricted medially, parallel, with duplicated cilia, basal wing setae irregular. In both sexes, fore femur enlarged, stout, especially in middle, fore femur and tibia without hook tooth; fore tarsal tooth usually present in male, for the most part in female. Metathoracic sternopleural sutures present. Pelta variable in shape, usually bell-shaped. Abdominal tergites Ⅱ to Ⅶ usually each with two pairs of sigmoid wing retaining setae in macropterous; intermediate sterna usually with paired reticulate areas in male; sternite Ⅷ with a glandular area in male, which domain, ovoid and transverse strip shaped; B2 setae on tergite Ⅸ short and stout in male. Tube shorter or little longer, shorter than head.

Distribution. Palaearctic realm, Oriental realm, Nearctic realm.

There are 129 species known from the world. 4 species are included in this volume.

Key to species of *Hoplothrips*

1. Body color uniform, dark brown ···2
   Body bicoloured, brown and yellowish ···3
2. Pronotal anteromarginal setae 63μm, anteroangular setae 77μm, lateral setae 102μm, epimeral setae 145μm, postangular setae 126μm ·· ***H. japonicus***
   Pronotal anteromarginal setae 25μm, anteroangular setae 91μm, lateral setae 187μm, epimeral setae 125μm, postangular setae 141μm ······································· ***H. mainlingensis***
3. Body orange yellow, except head, prothorax, abdominal segment Ⅹ dark brown or segments Ⅷ and Ⅸ light brown ·· ***H. corticis***
   Body brown, except head, posterior part of abdominal segment Ⅷ and segments Ⅸ to Ⅹ yellowish ··· ·· ***H. fungosus***

38. *Gigantothrips* Zimmermann, 1900

Diagnosis. Head elongate, about 1.5 times as long as broad or more. Produced in front of eyes. Ocelli situated on a cone extension. Postocular setae not long, sometimes with one or two pairs of short stout setae on vertex; cheeks with a few short and blunt, but stout setae. Eyes bulged; mouth cone short and rounded, maxillary stylets rather close together, rather short, close each other in the middle of head. Antennae 8-segmented, segments Ⅶ and Ⅷ constricted at basal; segment Ⅲ with one sense cone, segment Ⅳ with four primary sense cones. Prothoracic notopleural sutures complete; pronotal with major setae often shorter and stout, mesopresternum well developed. Legs slender; fore tarsal tooth present in both sexes. Fore wing wide, with numerous duplicated cilia; basal setae not elongate. Abdominal tergites Ⅱ to Ⅶ (or Ⅵ) each with at least 4 pairs of sigmoid wing retaining setae and several pairs of accessory wing retaining setae, with 8 or more several accessory wing retaining setae; posterolateral tergal setae short and stout. Tube long and slender, with fine setae on the surface.

Distribution. Oriental realm, Nearctic realm.

There are about 20 species known from the world. One species, *Gigantothrips elegans* Zimmermann, 1900 is included in this volume.

39. *Gynaikothrips* Zimmermann, 1900

Diagnosis. Head longer than broad, longer than prothorax; vertex slightly cone produced, which ocelli situated on. Ocellar area moundy, with hexagonal reticulations. Postocular setae variable, usually with one pair, often with two pairs, rarely without prominent postocular; cheeks without spine, or only with a few spines. Sometimes constricted behind eyes. Antennae 8-segmented; intermediate segments longer; segment Ⅲ with one sense cone, segment Ⅳ with 4 main sense cones. Mouth cone short and broadly rounded; maxillary stylets usually not reaching to postocular setae, rather close together, but not touching; maxillary bridge absent. Prothoracic notopleural sutures, often incomplete; usual major setae variable in length, epimeral setae with 1 or 2 pair, always elongate, about long as dorsal setae more than 2 times. Basantra absent or vestigial, mesopresternum with irregular and distorted lines. Metanotum with transvers between reticulate and longitudinal. Fore tarsal tooth usually present in both sexes, or only in male. Metathoracic sternopleural sutures absent. Fore wing moderately wide, not constricted medially, with duplicated cilia. Abdominal tergites Ⅱ to Ⅶ (or Ⅵ) each with at least two pairs of sigmoid wing retaining setae, often with several pairs of accessory wing retaining setae; B1 setae on tergite Ⅸ of male shorter than B2 and B3. Tube long, slightly arched on both sides. Anal setae usually shorter than tube.

Distribution. Palaearctic realm, Oriental realm, Nearctic realm, Afrotropical realm, Neotropical realm.

There are about 41 species known from the world. 2 species are included in this volume.

Key to species of *Gynaikothrips*

Postoangular setae almost as long as epimeral setae ·· ***G. uzeli***

Postoangular setae short much shorter than epimeral setae ································· ***G. ficorum***

40. *Liothrips* Uzel, 1895

Diagnosis. Head slightly longer than broad to 2 times longer than the width, dorsal surface usually with transverse fine striae, at most finely reticulate at ocellar region; eyes large, ocelli present, anter-, inter- postocellar setae minute; a pair of postocular setae well developed, rarely reduce or degradation. Cheeks very slightly convex or parallel sided or narrowed towards base, at most with some weak, minute setae. Antennae rather slender, 8-segmented; never short and moniliform, segment III not exceptionally long, segment IV not distinctly smaller than V, segments IV-VI in some cases constricted at the apex, segment VIII usually without pedicel; segments III and IV with one and three (1+2) primary sense cones, respectively. Mouth cone long, rather pointed; maxillary stylets retracted into head capsule, variable in length, close together or not. Prothoracic notopleural sutures complete. Basantra absent; metanotum part of longitudinal ribs. Mesoprovesternum variable in shape. Legs usually long and slender; fore tarsal tooth absent in both sexes. Metathoracic sternopleural sutures present. Fore wing developed, sides parallel, with duplicated cilia. Abdominal tergites II to VII each with two pairs of sigmoid wing retaining setae; B1 and B2 on tergite IX usually sharply pointed. Tube usually straight-sided, mostly shorter than head or as long as head. Sternite of male without glandular area.

Distribution. Palaearctic realm, Oriental realm, Nearctic realm, Australian realm.

There are about 260 species known from the world. 21 species are included in this volume. This genus is parasitic on the leaves of plants and gall inducing.

Key to species of *Liothrips*

1. Antennal segment IV with two or three sense cones ·· 2

    Antennal segment IV with four sense cones ·· 21

2. Antennal segment IV with two sense cones ··· ***L. terminaliae***

    Antennal segment IV with three sense cones ··· 3

3. Mouth cone long, the tip reaching posterior margin of mesothoracic sternum; wing absent ······· ***L. fuscus***

    Mouth cone shorter, the tip not reaching posterior margin of mesothoracic sternum; wing present ········ 4

4. Postocular setae shorter than eyes ··· 5

    Postocular setae the same as eyes or longer ··· 14

5. Postocular setae blunt or knobbed at apex ··· 6

    Postocular setae pointed at apex ··· 8

6. Head more than 1.5 times as long as broad; wings yellowish white, basal wing setae pointed at apex ······ ·· **L. citricornis**

   Head less than 1.5 times as long as broad; wings transparent, basal wing setae expanded at apex ········· 7

7. Head 1.25-1.3 times as long as broad ·· **L. floridensis**

   Head 1.4 times as long as broad ·· **L. kuwayamai**

8. Predominant pronotal setae pointed at apex ··· 9

   Predominant pronotal setae blunt, knobbed or expanded at apex ································· 13

9. Fore wing basal wing setae blunt at apex; tibiae light yellowish ···························· **L. kuwanai**

   Fore wing basal wing setae pointed at apex; mid- and hind tibiae darker ······················· 10

10. Maxillary stylets short, close together in the head, not reaching postocellar setae ············· **L. machili**

    Maxillary stylets long, close each other in the head, reaching postocellar setae ·············· 11

11. Pronotal postangular setae distinctly short, less than 60μm ···························· **L. bournierorum**

    Pronotal postangular long, longer than 90μm ·· 12

12. Mesoprestermum connect incompletely, lateral lobes triangular; wings yellowish white, with longitudinal banded, with 17 duplicated cilia ··································· **L. fagraeae**

    Mesoprestermum navicular; wings dark, with 7-12 duplicated cilia ························ **L. vaneeckei**

13. Postocular setae extremely shorter than eyes, longer than other setae on dorsum of head; wings with centre longitudinal band, basal wing setae blunt at apex ······························· **L. sanxiaensis**

    Postocular setae shorter than eyes, not longer than other setae on dorsum of head; wings transparent, basal wing setae expanded at apex ··································· **L. styracinus**

14. Pronotal anteromarginal setae shorter than anteroangular setae ························· **L. bomiensis**

    Pronotal anteromarginal setae as long as anteroangular setae or longer ······················ 15

15. Maxillary stylets short, reaching the middle of head ······································· 16

    Maxillary stylets reaching postocellar setae ·· 17

16. Pelta on abdominal segment I triangular, pointed at apex; wing with 13-22 duplicated cilia ············· ·· **L. takahashii**

    Pelta on abdominal segment I nearly triangular, narrow and flat at apex; wing with 6-8 duplicated cilia ·· ·· **L. brevitubus**

17. Postocular setae and predominant pronotal setae pointed at apex ······················ **L. sinarundinariae**

    Postocular setae and predominant pronotal setae blunt at apex ······························ 18

18. Fore wing colourless, without brown band ··· **L. setinodis**

    Fore wing with brown band ·· 19

19. Mesoprestermum divided into two lateral lobes, which connected by at most a line in the middle ··········· ·· **L. chinensis**

    Mesoprestermum connected by at least a narrow band in the middle ·························· 20

20. Tube slightly longer than head ·· **L. diwasabiae**

    Tube shorter than head, 0.85 times as long as head ····································· **L. heptapleurinus**

21. Mouth cone reaching the frontal margin of prothoracic basantra ·························· **L. piperinus**

Mouth cone long, reaching the posterior margin of prothorax··································· *L. turkestanicus*

41. *Litotetothrips* Priesner, 1929

Diagnosis. Head a little wider than long or as long as wide, longer than the pronotum, significantly narrowing to the base. Vertex slightly arch at the antennal base. Eyes well big, about 0.4-0.5 timed as long as head. Postocular setae developed, about 4-5 times as long as broad, anterocellar and interocellar setae small. Antennae 8-segmented; segment Ⅷ long and slender; about 4-5 times as long as broad, very narrower than segment Ⅶ, segment Ⅲ with one sense cone, segment Ⅳ with three primary sense cones. Mouth cone short and rounded; maxillary stylets retracted far into head capsule, far apart from each other. Pronotum smooth, anteroangular and anteromarginal setae small; notopleural sutures incomplete. Basantra absent, mesopresternum boat-shaped, often reduced. Fore tarsal tooth absent in both sexes. Metathoracic sternopleural sutures usually absent. Fore wing with or without duplicated cilia; sub-basal B1 setae small. Pelta hat-shaped, usually with distinct reticulations. Tube shorter than head.

Distribution. Palaearctic realm, Oriental realm.

There are 9 species known from the world. 3 species are known to occur in China.

Key to species of *Litotetothrips*

1. Fore wing with 6 duplicated cilia ···*L. rotundus*
   Fore wing without duplicated cilia ···2
2. Wings light yellowish, predominant body setae yellowish; postocular setae much longer than half of the length of eyes ···*L. hainanensis*
   Wings slightly dark, predominant body setae transparent; postocular setae much shorter than half of the length of eyes ···*L. pasaniae*

42. *Mesothrips* Zimmermann, 1900

Diagnosis. Head longer than wide, often elongate; cheeks sharply constricted at base; a pair of postocular setae developed, ocellar setae small. Eyes big, anterocellar situated on cone produced. Mouth cone mostly short and rounded; maxillary stylets rather short, retracted middle into head capsule or postocular seta. Antennae 8-segmented; segments Ⅲ and Ⅳ with three and four primary sense cones, respectively, sense cones short or slender long. Basantra present, mesopresternum usually connected or divided into two lateral triangular plates. Female fore legs usually enlarged, especially in macropterous females; fore femur with a nodule at apex, fore tarsal with strong tooth in both sexes. Fore wing with wide base, constricted medially, with duplicated cilia. Long setae on tergite Ⅸ most of the pointed at apex, rarely blunt at apex. Tube longer or shorter than head.

Distribution. Oriental realm.

There are 42 species known from the world. 3 species are included in this volume.

Key to species of *Mesothrips*

1. Head 1.2 times longer than wide ·· *M. moundi*

   Head slightly longer, 1.5 times or more than wide ······································ 2

2. Fore wing with 17 duplicated cilia ··· *M. jordani*

   Fore wing with 8-12 duplicated cilia ·· *M. claripennis*

43. *Psalidothrips* Priesner, 1932

Diagnosis. Small sizes species, body yellow to brown. Head usually a little longer or shorter than broad; cheeks sometimes constricted just behind eyes. Eyes rounded or bulged, well developed in macropterous; a pair of postocular setae developed, situated near eyes and cheeks. Mouth cone short and rounded; maxillary stylets usually short, V- or U-shaped, rarely long and rather close together. Antennae 8-segmented, segment VIII usually constricted at base. Pronotal anteroangular and anteromarginal setae reduced to minute setae; notopleural sutures usually complete, rarely incomplete. Basantra absent; mesopresternum complete, boat-shaped. Meso- and metanotum weakly developed, sculptured weakly, without prominent setae; fore tarsal tooth usually absent in female, present in male. Metathoracic sternopleural sutures present. Fore wing constricted medially, without duplicated cilia, basal setae minute. Pelta weak, usually hat- or bell-shaped, with or without micro-pores. Sternum VIII of male with a glandular area. Tube shorter than head.

Distribution. Palaearctic realm, Oriental realm.

There are 28 species known from the world. 8 species are included in this volume.

Key to species of *Psalidothrips*

1. Antennal segment III with two sense cones ··· 2

   Antennal segment III with three sense cones ··· 4

2. Antennal segment IV with three sense cones; glandular area on male abdominal segment VIII fusiform ·
   ·· *P. elagatus*

   Antennal segment IV with two sense cones; glandular area on male abdominal segment VIII not fusiform ··· 3

3. Ocelli absent; postocellar setae short; glandular area on male abdominal segment VIII long-strip-shaped ·
   ·· *P. simplus*

   Ocelli present; postocellar setae longer than diameter of ocellus; glandular area on male abdominal segment VIII long-strip-shaped and arciform ································ *P. chebalingicus*

44. *Sophiothrips* Hood, 1933

Diagnosis. Small sized species, wings fully developed or absent. Head usually wider than long, often with well developed tubercle ventrally between eyes in large male; postocular setae short, situated near cheeks, interocellar setae developed, almost as long as postoculars, or a little shorter, cheeks short and usually slightly emarginated. Eyes well developed in macropterous; ocelli well developed in macropterous, usually absent in apterous. Antennae 8-segmented; segments VII and VIII closely joined; segment VI often enlarged; segment III with one or two sense cones; segment IV with two sense cones; campaniform sensilla on segment II situated between middle and apex of the segment. Mouth cone broadly rounded; maxillary stylets short, V-shaped, usually not retracted into head capsule; maxillary bridge absent; major setae short; notopleural sutures usually complete, often incomplete. Basantra present or absent; ferna normal, prospinasternum often weak; mesopresternum narrow, often absent. Fore tarsal tooth present or absent in female, present in male. Metathoracic sternopleural sutures present. Fore wing, if fully developed, parallel-sided without duplicated cilia. Pelta broad, variable in shape. Abdominal tergites III to VII each with a pair of wing retaining setae in macropterous; male frequently with reticulate areas on intermediate sterna; male sternal glandular areas on sternite VIII usually absent; B2 setae on tergum IX short in male. Tube short. Anal setae shorter than tube.

Distribution. Oriental realm.

There are 25 species known from the world. One species, *Sophiothrips nigrus* Ananthakrishnan, 1971 is included in this volume.

Ⅷ. Hyidiothripini Priesner, 1961

(Ⅸ) Hyidiothripines Priesner, 1961

This group has been divided into different categories, Okajima (1988) put it into Hyidiothripini, Mound & Marullo (1997) treated it as a subtribe. Body small, slender, oblate on both sides. Antennal segment Ⅲ widen at tip, connected with segment Ⅳ, even fused a globular segment. Segment Ⅷ sometimes and segment Ⅶ slender. Head longer than wide, and more taller. Setae behind eyes long. Pronotum usually with a transverse indentation, median-lateral setae not developed, but other four pairs setae long and tips unsymmetric, sternopleural sutures generally linear pattern. Pelta of abdominal segment Ⅰ special, usually be divided into several sclerites. Winged with sparse fringe cilia.

Key to genera of Hyidiothripines

At least one pair of major prothoracic setae with apices strongly asymmetric; head almost as long as wide, fore femur with a pair of median stout spine on inner margin ·· ***Hyidiothrips***

All major pronotal setae symmetrically expanded at apex; head much longer than wide, fore femur without stout spine ·· ***Preeriella***

45. *Hyidiothrips* Hood, 1938

Diagnosis. Small sized species, usually feeble, often robust, thickened dorso-ventrally, wings fully developed or reduced. Head distinctly prolong in front of eyes; a pair of postocular setae well developed, long and stout, seemingly strongly curved inward. Antennae usually 7-segmented, due to morphological segments Ⅲ and Ⅳ completely fused to one segment which is much larger than any of the other segments, segments Ⅵ and Ⅶ slender, stylus-like. Pronotum well developed, not separated from episternum; usually with a median transverse groove; anteromarginal setae formed like as postocular, anteroangulars, posteroangulars and epimerals usually strongly dilated at apex, midlaterals short and pointed. Ferna and basantra present; prospinasternum wide but weakly developed; mesopresternum absent. Fore femur with a stout spine at inner margin; fore tarsal tooth absent in both sexes. Metathoracic sternopleural sutures absent. Wings, if present, weak, without duplicated cilia. Abdominal tergite Ⅰ usually divided in macropterous, anterior sclerite, a pair of lateral sclerites, median sclerite and posterior sclerite, posterior sclerite divided into two plates or not, anterior sclerite rarely divided into two plates, macropterous with pelta usually undivided; tergites Ⅲ to Ⅶ each with a pair of well developed wing retaining setae in macropterous.

Distribution. Palaearctic realm, Oriental realm.

There are 10 species known from the world. 3 species are known to occur in China.

Key to species of *Hyidiothrips*

1. Pronotum longer than head ·· *H. guangdongensis*
   Pronotum almost as long as head or slightly shorter ··· 2
2. Antennal segment Ⅱ brown, almost concolorous with head; metanotum sculptured with weak reticulation or striation ·· *H. brunneus*
   Antennal segment Ⅱ yellow, other segments dark brown; the back of metanotum smooth ················
   ·· *H. japonicas*

46. *Preeriella* Hood, 1939

Diagnosis. Small sized species, usually feeble, thickened dorso-ventrally, wings developed or reduced. Head distinctly projected in front of eyes, distinctly longer than wide; one pair of postocular setae well developed, long and stout, usually expanded at apex. Antennae 8-segmented; campaniform sensilla on segment Ⅱ situated at the middle; segment Ⅲ degradation, short and broad, closely joined to Ⅳ; segment Ⅳ developed; segment Ⅷ long and slender. Mouth cone short and rounded; maxillary stylets retracted into head capsule, rather wide apart, subparallel; maxillary bridge invisible. Pronotum well developed, not separated from episternum, usually with a median transverse groove; prothoracic prominent setae usually expanded at apex, anteroangular and anteromarginal setae close together, midlateral usually reduced. Basantra and ferna present, but weak; prospinasternum widely developed, mesopresternum absent. Fore femora without stout spine; fore tarsal tooth absent in both sexes. Metathoracic sternopleural sutures absent. Wings, if fully developed, weak, without duplicated cilia. Abdominal tergite Ⅰ divided into several sclerites. Abdominal tergites Ⅲ to Ⅶ each with a pair of well developed wing retaining setae in macropterous.

Distribution. Oriental realm.

There are 20 species known from the world. One species, *Preeriella parvula* Okajima, 1978 is included in this volume.

Ⅸ. Leeuweniini Priesner, 1961

Head and body usually with reticulation, wrinkles and numerous nodules. Head constricted behind eyes. Cheeks usually with thorns in small warts, sometimes only with small warts. Tube usually long, nearly 3-4 times the length of head, short tube nearly 1.3-1.7 times the length of head. Tube often with long setae, but weak in some genera.

There are 5 genera known from the world. One genus is included in this volume.
Distribution. Oriental realm.

47. *Leeuwenia* Karny, 1912

Diagnosis. Medium sized species, wings fully developed. Head usually longer than wide, dorsal surface strongly sculpture with reticulation or warts, often weakly produced in front of eyes, ocellar region often sub-conical; postocular setae present or absent; cheeks variable in shape, sub-parallel, rounded or weakly concave, sharply constricted or in cut just behind eyes, usually with several minute setae. Eyes bulged; ocelli well developed. Antennae 8-segmented; rather slender; segment Ⅷ usually conical, often slightly constricted basally; segments Ⅲ and Ⅳ usually with one and two sense cones, respectively. Mouth cone short and rounded; maxillary stylets usually reaching the middle of head or shorter, not close together medially; maxillary bridge weak, usually invisible. Pronotum usually sculptured with reticulation or striation; notopleural suture complete or incomplete; anteromarginal setae usually reduced, anteroangulars often reduced. Basantra present; ferna, prospinasternum and mesopresternum well developed. Fore tarsal usually unarmed. Fore wing not constricted at middle, without duplicated cilia. Pelta on abdominal segment Ⅰ trapezoidal or hat-shaped; abdominal tergites Ⅱ to Ⅶ each with two pairs of well developed wing retaining setae, sigmoid or fin-shaped; B1 and B2 setae on tergite Ⅸ usually short and stout, B2 of male short. Tube very long, usually longer than twice as long as head. Anal setae short.

Distribution. Palaearctic realm, Oriental realm.

There are 27 species known from the world. 5 species are included in this volume.

Key to species of *Leeuwenia*

1. Postocular setae absent; tube 3.5 times as long as head, dorsum of head with tubercles, epimeral well developed, boundaries clear ·· ***L. vorax***
   Postocular setae present ···2
2. Tube 8 times as long as basal width; prothoracic setae all short, pointed at apex ············· ***L. taiwanensis***
   Tube 10 times longer than basal width; prothoracic setae not equilong, not pointed at apex ···············3
3. Antennal segments Ⅳ and Ⅴ each with three sense cones (1+1+1) ······························ ***L. pasanii***
   Antennal segments Ⅳ and each Ⅴ with two sense cones (1+1) ····································4
4. Postocular setae 40μm; pelta on abdominal segment Ⅰ flat-cap-shaped ···················· ***L. flavicornata***
   Postocular setae 46μm; pelta on abdominal segment Ⅰ square in the middle ················ ***L. karnyiana***

Ⅹ. Medogothripini Han, 1997

Head, pronotum, mesonotum, metanotum, tergites Ⅰ-Ⅸ and sternites with reticulation.

All tibias with wide lines. Cheeks without thorns and without thorns in small warts. Eyes large, not extending ventrally. Antennae 8-segmented. Maxillary stylets slender, constricted into head. Setae on head, pronotum and base of wing short and pointed. Fore wing wide, parallel on margin, not constructed medially.

This tribe is similar to *Acanthothrips* in having reticulation on body surface, but cheeks without thorns and without thorns in small warts in this tribe. This tribe is similar to Stictothripini in having reticulation on body surface, but tips of body setae transparent and not oblate in this tribe.

48. *Medogothrips* Han, 1988

Diagnosis. Head slightly wider than long, dorsum with reticulate sculptures, broader at posterior margin. Cheeks without spines and warts. Compound eyes large, bean-like, with wide distance, not prolong ventrally. Antennae 8-segmented, thick, segments III-VII with distinct peduncles, expanded at apex. Mouth cone short, not pointed at apex. Maxillary stylets slender, retract into head reaching the posterior margin of compound eyes, separated broadly at middle. Maxillary bridge absent. Pronotum with reticulate sculptures, setae short, only epimeral setae slightly longer. Epimeral sutures completed. Praepectus absent, probasisternum well-developed. Fore wing broad, margin straight, slightly broader at apex, fringe duplicated cilia present. meso- and metascutum with reticulate sculptures. Femora and tibiae with thick striations. Sternites of abdominal segments I-IX with reticulate sculptures; segments II-VII each with 2 pairs of wing retaining setae. Tube slightly long, smooth.

Distribution. Oriental realm.

Medogothrips reticulatus Han, 1988 is the only species known to occur in China.

XI. Phlaeothripini Priesner, 1928

Cheeks usually with thorns in small warts, sometimes reduced, usually with one thorn on cheeks, nearly located on 1/3 base of each side. Eyes usually large, oval-shaped. Antennal segment III with at most 4 sense cones. Mouth cone usually narrow. Fore wing parallel on margin or weakly constructed medially, body setae usually developed, including anteroangular setae, usually enlarged at tip. Fore femur or fore tibia with teeth in male or both sexes. Surface of body sometimes with thin reticulation.

Key to genera of Phlaeothripini

1. Fore wing curved at base, with four brown bands; abdominal tergites II-V each with one pair of wing retaining setae directed posteriorly; pelta vestigial, eroded to three parts····················***Aleurodothrips***
    Fore wing not banded; abdominal terga usually each with two pairs of wing retaining setae; pelta is not

49. *Acanthothrips* Uzel, 1895

Diagnosis. Head longer than wide, cheeks often weakly convex, with several small tubercles. Eyes large, not prolong ventrally, not connect dorsally. Postocular setae well developed, sometimes small. Antennal segments in the middle doleiform. Mouth cone long and pointed, maxillary stylets far retract into head, contact with each other in the middle of head. Prothorax with polygonous reticulated sculptures, or with granulum or punctum. Epimeral with one or two pairs of well developed setae. Mesopresternum well developed or slightly reduced. Wings well developed, fore wing slightly wide, sometimes slightly constrict medially, with fringe duplicated cilia. Abdomen usually with reticulated sculptures; tergites with two or three pairs of wing retaining setae. Tube long.

Distribution. Palaearctic realm, Oriental realm, Nearctic realm.

There are 13 species known from the world. *Acanthothrips nodicornis* (Reuter, 1885) is the only species known to occur in China.

50. *Aleurodothrips* Franklin, 1909

Diagnosis. Head as long long as wide, dorsal with weakly reticulated sculptures, slightly produced in front of eyes. Eyes moderately big, not prolong ventrally, postocular and cheeks setae minute, pointed at apex. Antennae 8-segmented; segments Ⅷ and Ⅶ with clear boundaries, segments Ⅲ and Ⅳ sense cones short. Mouth cone short and rounded; maxillary stylets far retract into head, wide apart. Anteroangular and epimeral setae prominent, expended at apex. Prothoracic notopleural sutures vestigial; basantra present, ferna well developed. Fore wing slightly constrict medially, without duplicated cilia. Fore femur unarmed in female, armed with a horn tooth, 3-4 tubercles in male, fore tarsal with tooth. Abdominal tergites Ⅱ to Ⅶ each with one pair of wing retaining setae; B2 setae on tergite Ⅸ expended at apex; tergite Ⅴ with several especially setae (accessory setae), males with glandular areas on abdominal sternite Ⅷ; setae on the posterior margin of segment Ⅸ shorter than tube, expended at apex, B2 setae as same as female, not very short. Tube shorter than head, anal setae shorter than tube.

Distribution. Oriental realm, Nearctic realm, Neotropical realm.

Aleurodothrips fasciapennis (Franklin, 1908) is the only one species known from the world, this species is included in this volume.

51. *Ecacanthothrips* Bagnall, 1909

Diagnosis. Eyes big. Cheeks with at least one pair of bristles on tubercles. Antennae 8-segmented; segment Ⅲ with more thick sense cones; segment Ⅳ with four sense cones. Mouth cone usually pointed; maxillary far retract into head, usually reaching eyes, close together medially. Pronotum broad, prothoracic notopleural sutures complete. Basantra absent. Fore femur with one apical tubercles or teeth in male, but these often absent in small male; fore femur sometimes with a median tubercle or tooth at inner margin in both sexes. Mesonotum lateral setae long; metanotum usually reticulate. Fore wing weakly constricted medially, with duplicated cilia. Abdominal tergites Ⅱ to Ⅶ each with two pairs of wing retaining setae, often with several accessory wing retaining setae. Males without glandular areas on abdominal sternite Ⅷ. Large, show amphoteric allometry.

Distribution. Oriental realm, Australian realm.

There are 11 species known from the world. 2 species are known to occur in China.

Key to species of *Ecacanthothrips*

Fore femur with an interior median furcella in both sexes; fore wing with 22 duplicated cilia ⋯ *E. tibialis*

The interior of fore femur smooth in both sexes or with a series of hair-bearing tubercles; fore wing with18 duplicated cilia ⋯⋯⋯⋯⋯⋯⋯⋯⋯⋯⋯⋯⋯⋯⋯⋯⋯⋯⋯⋯⋯⋯⋯⋯⋯⋯⋯⋯ *E. inarmatus*

52. *Heliothripoides* Okajima, 1987

Diagnosis. Small species, with polygonous reticulate sculptures. Head prolong, without distinct setae. Eyes prolong ventrally. Antennae 8-segmented, segment Ⅱ with campaniform sensillum on the margin at apex. Antennal segments with slender sense cones. Mouth cone short, maxillary stylets far retract into head, close together; maxillary bridge absent. Setae on prothorax short; epimeral sutures complete; praepectus absent; probasisternum and spinasternum well developed. Metathoracic sternopleural sutures absent. Fore tarsi without tooth at lest in female; fore wing more or less constrict medially, without fringe duplicated cilia. B1 and B2 short on abdominal segment Ⅸ. Tube shorter than head.

Distribution. Oriental realm.

There is only one species, *Heliothripoides reticulatus* Okajima, 1987 known from the world. It is also known in China.

53. *Hoplandrothrips* Hood, 1912

Diagnosis. Cheeks without small hairy tumor, cheeks with small thorn. Antennae 8-segmented; segment III with 2-4 to (rarely five) sense cones, IV with 4. Mouth cone usually long and pointed, reaching posterior of mesothoracic sternum; maxillary stylets long and slender, reaching to posterior margin of prothorax, close together medially. Prothoracic notopleural sutures complete; usual major setae well developed. Basantra absent, mesopresternum usually divided into two plates. Metanotum usually reticulate. Fore tarsal tooth present in both sexes; fore femur of male with a pair of apical tubercles or teeth, often absent in small male. Fore wing slightly constricted medially, with duplicated cilia. Males usually show extreme allometry, B2 setae on abdominal tergite IX short and stout, with or without glandular areas on abdominal sternite VIII.

Distribution. Palaearctic realm, Oriental realm, Nearctic realm, Australian realm.

There are about 106 species known from the world. 4 species are known to occur in China.

Key to species of *Hoplandrothrips*

1. Body dark brown to dark; prothorax smooth, without sculpture ························· *H. bidens*
   Body brown or bicoloured yellow and brown; prothorax mostly with reticulations laterally and on posterior margin, unsmooth in the middle ························· 2
2. Body brown; head almost as long as wide, or shorter than wide ························· *H. obesametae*
   Body bicoloured yellow and brown; head longer than wide, 1.2-1.3 times as long as wide ············· 3
3. Fore wing with 8-11 duplicated cilia; anal setae longer than tube ························· *H. flavipes*
   Fore wing with 14 duplicated cilia; anal setae shorter than tube ························· *H. trucatoapicus*

54. *Phylladothrips* Priesner, 1933

Diagnosis. Small sized species. Head slightly longer than broad, often slightly broader than long. Antennae 8-segmented; segments III and IV with three and four sense cones, respectively. Mouth cone short and rounded, maxillary stylets retracted far into head capsule; maxillary bridge weakly present or absent. Prothoracic notopleural sutures incomplete; pronotal anteromarginal setae reduced. Basantra present, but reduced, often membranous; prospinasternum reduced; metathoracic sternopleural sutures absent. Fore tarsal tooth absent in both sexes. Fore wing weakly constricted medially, duplicated cilia absent. Abdomianl tergites II to VII each with two pairs of wing retaining setae, often with one pair on tergite

Ⅷ. Tube shorter than head, tapering. B2 setae on abdominal tergite Ⅸ of male well developed; sternal glandular areas of male absent.

Distribution. Oriental realm.

There are 9 species known from the world. 2 species are known to occur in China.

Key to species of *Phylladothrips*

Postocellar setae long and expanded at apex, 49-51μm ·· *P. pallidus*

Postocellar setae short and pointed at apex, longer than diameter of ocellus, 20μm ················ *P. pictus*

Ⅻ. Plectrothripini Priesner, 1928

Head obviously longer than wide or slightly longer than wide. Antennae located on ventral surface of head; segment Ⅱ with campaniform sensorium located between base and middle; segments Ⅲ-Ⅳ with thick sense cones, segment Ⅷ slender. Eyes and ocelli large in macropterous. The hind ocellus located near anteromargin of eyes. Setae behind eyes close to cheek. Mouth cone usually wide and round. Maxillary stylets constricted into head, with wide or narrow distance. Pronotum reduced. Winged with parallel margin, usually with duplicated cilia. Fore tarsus with teeth. Tips of mid-and hind tibiae with spur or thick setae (occasionally absent). Pelta of abdominal segment Ⅰ wide, tergite Ⅱ reduced both sides. Tube large, both sides, major setae usually wavy.

Distribution. Palaearctic realm, Oriental realm.

55. *Plectrothrips* Hood, 1908

Diagnosis. Body yellow brown to brown, small to medium sized species; usually head long and broad as same, or broad slightly greater than long. Postocellar setae is not long, pointed at apex. Antennae 8-segmented; segment Ⅲ slender; segments Ⅲ to Ⅳ with stout sense cones. Mouth cone short and rounded; maxillary stylets retracted about 1/3-2/3 into head capsule, not winding in Mouth cone, wide to close together medially. Pronotum without prominent setae, except marginal setae, epimeral setae elongate. Basantra absent. Tibia of mid legs with one or two apical spur-like setae. Fore wing, if present, parallel-sided, with duplicated cilia; sub-basal setae developed or absent. Pelta broad, with slender lateral lobes. Abdominal sternites Ⅴ or Ⅴ to Ⅷ usually with scale-like or worm-like reticulate areas in both sexes. Tube rather heavy, variable in length. Anal setae long or short. Sternal glandular areas on sternite Ⅷ of male absent.

Distribution. Palaearctic realm, Oriental realm.

There are about 32 species known from the world. 2 species are known to occur in China.

Key to species of *Plectrothrips*

Antennal segment Ⅲ with two sense cones; anal setae longer than tube ⋯⋯⋯⋯⋯⋯⋯⋯⋯ *P. corticinus*
Antennal segment Ⅲ with three sense cones; anal setae as long as tube or shorter ⋯⋯⋯⋯ *P. hiromasai*

ⅩⅢ. Stictothripini Priesner, 1961

Eyes large; fore wing if fully developed, weakly constricted medially, or curved sub-basally, and with reticulates to form a circular spot. Surface of body sometimes with reticulation. Front of head slightly extend forward. Setae short, tip transparent, oblate or funnel-shaped. Maxillary stylets close to each other. Antennal segment Ⅷ fusiform. Head with heavy reticulation, tips of setae obviously enlarged and short, transparent.

Key to genera of Stictothripini

Head long almost as same as broad; antennal 8-segmented ⋯⋯⋯⋯⋯⋯⋯⋯⋯⋯⋯⋯⋯⋯⋯⋯ *Azalethrips*
Head longer than broad; antennal 7-segmented, morphological segments Ⅶ and Ⅷ completed fused
⋯⋯ *Strepterothrips*

56. *Azaleothrips* Ananthakrishnan, 1964

Diagnosis. Head almost as long as wide, dorsal surface usually with reticulation, cheeks narrowed toward base, each side scattered with 7-10 small setae situated on tubercles. Eyes normal, postocular setae short and stout, not longer than eye, usually strongly expanded. Antennae 8-segmented; sense cone simple, segment Ⅲ with 2-3 sense cones. Mouth cone short ang rather pointed, retracted far into prothorax base; maxillary stylets retracted far into head capsule, close together medially; maxillary bridge absent. Pronotum shorter than head, about 0.6 times as long as head, with reticulated sculptures, marginal setae short, expended at apex. Prothoracic notopleural suture complete; basantra present or absent. Fore wing weakly constricted medially, with duplicated cilia. Fore tarsal tooth present or absent, fore femur enlarged in male. Abdominal tergites Ⅱ to Ⅶ each with two pairs of wing retaining setae in macropterous; B1 and B2 setae on tergite Ⅸ usually expanded at apex, B2 often pointed in male; sternite Ⅷ of male with a large glandular area. Tube shorter than head, straight-sided.

Distribution. Palaearctic realm, Oriental realm.

There are 10 species known from the world. 3 species are known to occur in China.

Key to species of *Azaleothrips*

1. Head parallel, wider than long ⋯⋯⋯⋯⋯⋯⋯⋯⋯⋯⋯⋯⋯⋯⋯⋯⋯⋯⋯⋯⋯⋯⋯⋯⋯⋯⋯⋯ *A. magnus*
   Compound eyes bulge, cheeks constricted at base, longer than wide ⋯⋯⋯⋯⋯⋯⋯⋯⋯⋯⋯⋯⋯ 2

2. Antennal segment Ⅲ with two sense cones; fore tarsal tooth absent; pronotum with granular bumps at posterior part, prominent setae and wings brown··· *A. moundi*

Antennal segment Ⅲ with three sense cones; fore tarsal tooth present; pronotum without granular bumps at posterior part, prominent setae and wings yellowish except wing retaining setae and anal setae brown ·· *A. siamensis*

57. *Strepterothrips* Hood, 1934

Diagnosis. Small sized species, surface with distinct reticulation, wings fully developed or absent. Head usually longer than broad; with a pair of short postocular setae, but often reduced. Compound eyes directed forwards, cheeks overlapping lateral margins of eyes. Antennae 7-segmented, morphological segments Ⅶ and Ⅷ completed fused, segments Ⅳ and Ⅶ with short pedicels. Segment Ⅲ usually with one sense cone, segment Ⅳ ventral with two sense cones. Segment Ⅱ more or less enlarged, with a campaniform sensilla situated between middle and apex. Mouth cone pointed, maxillary stylets long, retracted to eyes, close together medially, maxillary bridge absent. Prothoracic notopleural sutures complete or incomplete. Major setae short and distinctly expanded. Basantra reduced or absent, ferna developed. Prospinasternum and mesopresternum usually degenerate. Fore tibia with small subapical tubercle in male, fore tarsal tooth absent in both sexes, but male with well developed fore tarsal humps. Metathoracic sternopleural sutures absent. Fore wing, if fully developed, sharply curved sub-basally, slightly constricted medially, without duplicated cilia. Pelta variable in shape, hat-shaped, trapezoidal or oval. Abdominal tergites Ⅱ to Ⅶ each with flattened wing retaining setae in macropterous. B1 setae on tergite Ⅸ short and expanded at apex, B2 sharply pointed, sternal glandular area absent in male. Tube tapering.

Distribution. Palaearctic realm, Oriental realm.

There are 9 species known from the world. *Strepterothrips orientalis* Ananthakrishnan, 1964 is the only species known to occur in China.

ⅪⅤ. Urothripini Stannard, 1970

Distance between hind coxae wider than that of fore and mid coxae; antennae 4-7 segmented, rarely 8-segmented; surface of body with hump, at least head crude and with hump. Wing present or absent. Anal setae much longer than the tube and several times length the tube.

Distribution. Palaearctic realm, Oriental realm, Nearctic realm, Afrotropical realm, Australian realm.

Key to genera of Urothripini

1. Antennal segments III-V morphologically fused completely, without any fused trace ··· ***Stephanothrips***

   Antennal segments III-V morphologically not fused, distinctly separated ·······························2

2. Head with one pair of prominent setae, head narrowed at anterior margin, maxillary stylets close in middle of head ···***Bradythrips***

   Head with three pairs of prominent setae (at least two pairs), head not narrowed at anterior margin, maxillary stylets separated with each other for one third of head ·······························***Baenothrips***

58. *Baenothrips* Crawford, 1948

Diagnosis. Small sized species, wing fully developed or absent. Head almost as long as broad or somewhat longer, dorsal surface strongly tuberculate or reticulate, with three (rarely two) pairs of anterior cephalic setae on frontal costa, other setae reduced. Antennae usually 8-segmented, segments VII and VIII wide and closely fused, usually with a complete suture between them, but weak. Mouth cone short and rounded; maxillary stylets retracted far into head capsule, about one-third of head width apart, with maxillary bridge. Prothoracic notopleural sutures reduced, setae reduced expect for epimerals. Basantra reduced, ferna usually joined medially; prospinasternum and mesopresternum reduced. Distance between hind coxae wider than that of between mid coxae. Fore tarsal tooth absent in both sexes. Metathoracic epimera strongly bulged and tuberculated, with epimeral setae well developed; sternopleural sutures absent. Wings, if present, narrow, with fringe cilia widely spaced, without duplicated cilia. Pelta weakly defined. Abdominal tergites II to VII with fin-shaped wing retaining setae in macropterous; abdominal segment IX longer than wide, without prominent setae. Tube long and slender, much longer than head, slightly widened apically. Anal setae much longer than tube.

Distribution. Oriental realm.

There are 11 species known from the world. One species, *Baenothrips ryukyuensis* Okajima, 1994 is included in this volume.

59. *Bradythrips* Hood & Williams, 1925

Diagnosis. Head with one pair of major setae on the anterior margin of head, antennae 7-segmented, maxillary stylets close together medially, tube much longer than head, with one or two pairs of long anal setae. The genus structures of antenna and head between *Stephanothrips* and *Baenothrips*.

Distribution. Oriental realm.

There are 6 species known from the world. One species, *Bradythrips zhangi* Wang &

Tong, 2007 is included in this volume.

60. *Stephanothrips* Trybom, 1913

Diagnosis. Small sized species, dorsal head and cheeks with many distinctly tuberculated or reticulated, with 1-3 pairs of thick setae on frontal costa. Eyes reduced, with a few large ommatidia, postocular setae underdeveloped. Antennal segments 5- or 6-segmented (morphological segments III to V, VI to VIII and VII to VIII often combined). Mouth cone short and rounded; maxillary stylets retracted far into head capsule, close together medially; maxillary palpi and labrum palpus reduced, only one segment; maxillary bridge usually undeveloped. Distance between hind coxae broader than that between mid coxae. Tube long and slender, usually longer than head, slightly widened apically. Anal setae very long, about 2-3 times longer than tube.

Distribution. Palaearctic realm, Oriental realm, Nearctic realm, Afrotropical realm, Australian realm.

There are about 29 species known from the world. 4 species are known to occur in China.

Key to species of *Stephanothrips*

1. Head with one pair of prominent setae at anterior margin ······················ *S. japonicus*
   Head with two or three pairs of prominent setae at anterior margin ················ 2
2. Head with two pairs of prominent setae at anterior margin ················ *S. kentingensis*
   Head with three pairs of prominent setae at anterior margin················ 3
3. Fore tarsus with an external hamulus or hook, dorsum of head with tubercles, segment V broader at base, antennal segments IV and V brown················ *S. occidentalis*
   Fore tarsus without hamulus or hook, dorsum of head without tubercles, antennal segment V broader at base, segment IV brown, segment III about 2.5 times as long as IV; head and prothorax dark brown, tube about 1.4 times as long as head ······················ *S. formosanus*

中 名 索 引

（按汉语拼音排序）

学 名 索 引

《中国动物志》已出版书目

《中国动物志》

两栖纲　下卷　无尾目　蛙科　费梁、胡淑琴、叶昌媛、黄永昭等　2009，888 页，337 图，16 图版。

硬骨鱼纲　鲽形目　李思忠、王惠民　1995，433 页，170 图。

硬骨鱼纲　鲇形目　褚新洛、郑葆珊、戴定远等　1999，230 页，124 图。

硬骨鱼纲　鲤形目(中)　陈宜瑜等　1998，531 页，257 图。

硬骨鱼纲　鲤形目(下)　乐佩绮等　2000，661 页，340 图。

硬骨鱼纲　鲟形目　海鲢目　鲱形目　鼠鱚目　张世义　2001，209 页，88 图。

硬骨鱼纲　灯笼鱼目　鲸口鱼目　骨舌鱼目　陈素芝　2002，349 页，135 图。

硬骨鱼纲　鲀形目　海蛾鱼目　喉盘鱼目　鮟鱇目　苏锦祥、李春生　2002，495 页，194 图。

硬骨鱼纲　鲉形目　金鑫波　2006，739 页，287 图。

硬骨鱼纲　鲈形目(四)　刘静等　2016，312 页，142 图，15 图版。

硬骨鱼纲　鲈形目(五)　虾虎鱼亚目　伍汉霖、钟俊生等　2008，951 页，575 图，32 图版。

硬骨鱼纲　鳗鲡目　背棘鱼目　张春光等　2010，453 页，225 图，3 图版。

硬骨鱼纲　银汉鱼目　鳉形目　颌针鱼目　蛇鳚目　鳕形目　李思忠、张春光等　2011，946 页，345 图。

圆口纲　软骨鱼纲　朱元鼎、孟庆闻等　2001，552 页，247 图。

昆虫纲　第一卷　蚤目　柳支英等　1986，1334 页，1948 图。

昆虫纲　第二卷　鞘翅目　铁甲科　陈世骧等　1986，653 页，327 图，15 图版。

昆虫纲　第三卷　鳞翅目　圆钩蛾科　钩蛾科　朱弘复、王林瑶　1991，269 页，204 图，10 图版。

昆虫纲　第四卷　直翅目　蝗总科　癞蝗科　瘤锥蝗科　锥头蝗科　夏凯龄等　1994，340 页，168 图。

昆虫纲　第五卷　鳞翅目　蚕蛾科　大蚕蛾科　网蛾科　朱弘复、王林瑶　1996，302 页，234 图，18 图版。

昆虫纲　第六卷　双翅目　丽蝇科　范滋德等　1997，707 页，229 图。

昆虫纲　第七卷　鳞翅目　祝蛾科　武春生　1997，306 页，74 图，38 图版。

昆虫纲　第八卷　双翅目　蚊科(上)　陆宝麟等　1997，593 页，285 图。

昆虫纲　第九卷　双翅目　蚊科(下)　陆宝麟等　1997，126 页，57 图。

昆虫纲　第十卷　直翅目　蝗总科　斑翅蝗科　网翅蝗科　郑哲民、夏凯龄　1998，610 页，323 图。

昆虫纲　第十一卷　鳞翅目　天蛾科　朱弘复、王林瑶　1997，410 页，325 图，8 图版。

昆虫纲　第十二卷　直翅目　蚱总科　梁络球、郑哲民　1998，278 页，166 图。

昆虫纲　第十三卷　半翅目　姬蝽科　任树芝　1998，251 页，508 图，12 图版。

昆虫纲　第十四卷　同翅目　纩蚜科　瘿绵蚜科　张广学、乔格侠、钟铁森、张万玉　1999，380 页，121 图，17+8 图版。

昆虫纲　第十五卷　鳞翅目　尺蛾科　花尺蛾亚科　薛大勇、朱弘复　1999，1090 页，1197 图，25 图版。

昆虫纲　第十六卷　鳞翅目　夜蛾科　陈一心　1999，1596 页，701 图，68 图版。

昆虫纲　第十七卷　等翅目　黄复生等　2000，961 页，564 图。

昆虫纲　第十八卷　膜翅目　茧蜂科(一)　何俊华、陈学新、马云　2000，757 页，1783 图。

昆虫纲　第十九卷　鳞翅目　灯蛾科　方承莱　2000，589 页，338 图，20 图版。

昆虫纲 第二十卷 膜翅目 准蜂科 蜜蜂科 吴燕如 2000，442页，218图，9图版。

昆虫纲 第二十一卷 鞘翅目 天牛科 花天牛亚科 蒋书楠、陈力 2001，296页，17图，18图版。

昆虫纲 第二十二卷 同翅目 蚧总科 粉蚧科 绒蚧科 蜡蚧科 链蚧科 盘蚧科 壶蚧科 仁蚧科 王子清 2001，611页，188图。

昆虫纲 第二十三卷 双翅目 寄蝇科(一) 赵建铭、梁恩义、史永善、周士秀 2001，305页，183图，11图版。

昆虫纲 第二十四卷 半翅目 毛唇花蝽科 细角花蝽科 花蝽科 卜文俊、郑乐怡 2001，267页，362图。

昆虫纲 第二十五卷 鳞翅目 凤蝶科 凤蝶亚科 锯凤蝶亚科 绢蝶亚科 武春生 2001，367页，163图，8图版。

昆虫纲 第二十六卷 双翅目 蝇科(二) 棘蝇亚科(一) 马忠余、薛万琦、冯炎 2002，421页，614图。

昆虫纲 第二十七卷 鳞翅目 卷蛾科 刘友樵、李广武 2002，601页，16图，136+2图版。

昆虫纲 第二十八卷 同翅目 角蝉总科 犁胸蝉科 角蝉科 袁锋、周尧 2002，590页，295图，4图版。

昆虫纲 第二十九卷 膜翅目 螯蜂科 何俊华、许再福 2002，464页，397图。

昆虫纲 第三十卷 鳞翅目 毒蛾科 赵仲苓 2003，484页，270图，10图版。

昆虫纲 第三十一卷 鳞翅目 舟蛾科 武春生、方承莱 2003，952页，530图，8图版。

昆虫纲 第三十二卷 直翅目 蝗总科 槌角蝗科 剑角蝗科 印象初、夏凯龄 2003，280页，144图。

昆虫纲 第三十三卷 半翅目 盲蝽科 盲蝽亚科 郑乐怡、吕楠、刘国卿、许兵红 2004，797页，228图，8图版。

昆虫纲 第三十四卷 双翅目 舞虻总科 舞虻科 螳舞虻亚科 驼舞虻亚科 杨定、杨集昆 2004，334页，474图，1图版。

昆虫纲 第三十五卷 革翅目 陈一心、马文珍 2004，420页，199图，8图版。

昆虫纲 第三十六卷 鳞翅目 波纹蛾科 赵仲苓 2004，291页，153图，5图版。

昆虫纲 第三十七卷 膜翅目 茧蜂科(二) 陈学新、何俊华、马云 2004，581页，1183图，103图版。

昆虫纲 第三十八卷 鳞翅目 蝙蝠蛾科 蛱蛾科 朱弘复、王林瑶、韩红香 2004，291页，179图，8图版。

昆虫纲 第三十九卷 脉翅目 草蛉科 杨星科、杨集昆、李文柱 2005，398页，240图，4图版。

昆虫纲 第四十卷 鞘翅目 肖叶甲科 肖叶甲亚科 谭娟杰、王书永、周红章 2005，415页，95图，8图版。

昆虫纲 第四十一卷 同翅目 斑蚜科 乔格侠、张广学、钟铁森 2005，476页，226图，8图版。

昆虫纲 第四十二卷 膜翅目 金小蜂科 黄大卫、肖晖 2005，388页，432图，5图版。

昆虫纲 第四十三卷 直翅目 蝗总科 斑腿蝗科 李鸿昌、夏凯龄 2006，736页，325图。

昆虫纲 第四十四卷 膜翅目 切叶蜂科 吴燕如 2006，474页，180图，4图版。

昆虫纲　第四十五卷　同翅目　飞虱科　丁锦华　2006，776 页，351 图，20 图版。

昆虫纲　第四十六卷　膜翅目　茧蜂科　窄径茧蜂亚科　陈家骅、杨建全　2006，301 页，81 图，32 图版。

昆虫纲　第四十七卷　鳞翅目　枯叶蛾科　刘有樵、武春生　2006，385 页，248 图，8 图版。

昆虫纲　蚤目(第二版，上下卷)　吴厚永等　2007，2174 页，2475 图。

昆虫纲　第四十九卷　双翅目　蝇科(一)　范滋德、邓耀华　2008，1186 页，276 图，4 图版。

昆虫纲　第五十卷　双翅目　食蚜蝇科　黄春梅、成新月　2012，852 页，418 图，8 图版。

昆虫纲　第五十一卷　广翅目　杨定、刘星月　2010，457 页，176 图，14 图版。

昆虫纲　第五十二卷　鳞翅目　粉蝶科　武春生　2010，416 页，174 图，16 图版。

昆虫纲　第五十三卷　双翅目　长足虻科(上下卷)　杨定、张莉莉、王孟卿、朱雅君 2011，1912 页，1017 图，7 图版。

昆虫纲　第五十四卷　鳞翅目　尺蛾科　尺蛾亚科　韩红香、薛大勇　2011，787 页，929 图，20 图版。

昆虫纲　第五十五卷　鳞翅目　弄蝶科　袁锋、袁向群、薛国喜　2015，754 页，280 图，15 图版。

昆虫纲　第五十六卷　膜翅目　细蜂总科(一)　何俊华、许再福　2015，1078 页，485 图。

昆虫纲　第五十七卷　直翅目　螽斯科　露螽亚科　康乐、刘春香、刘宪伟　2013，574 页，291 图，31 图版。

昆虫纲　第五十八卷　襀翅目　叉襀总科　杨定、李卫海、祝芳　2014，518 页，294 图，12 图版。

昆虫纲　第五十九卷　双翅目　虻科　许荣满、孙毅　2013，870 页，495 图，17 图版。

昆虫纲　第六十卷　半翅目　扁蚜科　平翅绵蚜科　乔格侠、姜立云、陈静、张广学、钟铁森 2017，414 页，137 图，8 图版。

昆虫纲　第六十一卷　鞘翅目　叶甲科　叶甲亚科　杨星科、葛斯琴、王书永、李文柱、崔俊芝　2014，641 页，378 图，8 图版。

昆虫纲　第六十二卷　半翅目　盲蝽科(二)　合垫盲蝽亚科　刘国卿、郑乐怡　2014，297 页，134 图，13 图版。

昆虫纲　第六十三卷　鞘翅目　拟步甲科(一)　任国栋等　2016，534 页，248 图，49 图版。

昆虫纲　第六十四卷　膜翅目　金小蜂科(二)　金小蜂亚科　肖晖、黄大卫、矫天扬　2019，495 页，186 图，12 图版。

昆虫纲　第六十五卷　双翅目　鹬虻科、伪鹬虻科　杨定、董慧、张魁艳　2016，476 页，222 图，7 图版。

昆虫纲　第六十七卷　半翅目　叶蝉科 (二)　大叶蝉亚科　杨茂发、孟泽洪、李子忠　2017，637 页，312 图，27 图版。

昆虫纲　第六十八卷　脉翅目　蚁蛉总科　王心丽、詹庆斌、王爱芹　2018，285 页，2 图，38 图版。

昆虫纲　第六十九卷　缨翅目 (上下卷)　冯纪年等　2021，984 页，420 图。

昆虫纲　第七十卷　半翅目　杯瓢蜡蝉科、瓢蜡蝉科　张雅林、车艳丽、孟 瑞、王应伦　2020，655 页，224 图，43 图版。

昆虫纲　第七十二卷　半翅目　叶蝉科（四）　李子忠、李玉建、邢济春　2020，547 页，303 图，14 图版。

无脊椎动物　第一卷　甲壳纲　淡水枝角类　蒋燮治、堵南山　1979，297 页，192 图。

无脊椎动物　第二卷　甲壳纲　淡水桡足类　沈嘉瑞等　1979，450 页，255 图。

无脊椎动物　第三卷　吸虫纲　复殖目(一)　陈心陶等　1985，697 页，469 图，10 图版。

无脊椎动物　第四卷　头足纲　董正之　1988，201 页，124 图，4 图版。

无脊椎动物　第五卷　蛭纲　杨潼　1996，259 页，141 图。

无脊椎动物　第六卷　海参纲　廖玉麟　1997，334 页，170 图，2 图版。

无脊椎动物　第七卷　腹足纲　中腹足目　宝贝总科　马绣同　1997，283 页，96 图，12 图版。

无脊椎动物　第八卷　蛛形纲　蜘蛛目　蟹蛛科　逍遥蛛科　宋大祥、朱明生　1997，259 页，154 图。

无脊椎动物　第九卷　多毛纲(一)　叶须虫目　吴宝铃、吴启泉、丘建文、陆华　1997，323 页，180 图。

无脊椎动物　第十卷　蛛形纲　蜘蛛目　园蛛科　尹长民等　1997，460 页，292 图。

无脊椎动物　第十一卷　腹足纲　后鳃亚纲　头楯目　林光宇　1997，246 页，35 图，24 图版。

无脊椎动物　第十二卷　双壳纲　贻贝目　王祯瑞　1997，268 页，126 图，4 图版。

无脊椎动物　第十三卷　蛛形纲　蜘蛛目　球蛛科　朱明生　1998，436 页，233 图，1 图版。

无脊椎动物　第十四卷　肉足虫纲　等辐骨虫目　泡沫虫目　谭智源　1998，315 页，273 图，25 图版。

无脊椎动物　第十五卷　粘孢子纲　陈启鎏、马成伦　1998，805 页，30 图，180 图版。

无脊椎动物　第十六卷　珊瑚虫纲　海葵目　角海葵目　群体海葵目　裴祖南　1998，286 页，149 图，20 图版。

无脊椎动物　第十七卷　甲壳动物亚门　十足目　束腹蟹科　溪蟹科　戴爱云　1999，501 页，238 图，31 图版。

无脊椎动物　第十八卷　原尾纲　尹文英　1999，510 页，275 图，8 图版。

无脊椎动物　第十九卷　腹足纲　柄眼目　烟管螺科　陈德牛、张国庆　1999，210 页，128 图，5 图版。

无脊椎动物　第二十卷　双壳纲　原鳃亚纲　异韧带亚纲　徐凤山　1999，244 页，156 图。

无脊椎动物　第二十一卷　甲壳动物亚门　糠虾目　刘瑞玉、王绍武　2000，326 页，110 图。

无脊椎动物　第二十二卷　单殖吸虫纲　吴宝华、郎所、王伟俊等　2000，756 页，598 图，2 图版。

无脊椎动物　第二十三卷　珊瑚虫纲　石珊瑚目　造礁石珊瑚　邹仁林　2001，289 页，9 图，55 图版。

无脊椎动物　第二十四卷　双壳纲　帘蛤科　庄启谦　2001，278 页，145 图。

无脊椎动物　第二十五卷　线虫纲　杆形目　圆线亚目(一)　吴淑卿等　2001，489 页，201 图。

无脊椎动物　第二十六卷　有孔虫纲　胶结有孔虫　郑守仪、傅钊先　2001，788 页，130 图，122 图版。

无脊椎动物　第二十七卷　水螅虫纲　钵水母纲　高尚武、洪惠馨、张士美　2002，275 页，136 图。

无脊椎动物　第二十八卷　甲壳动物亚门　端足目　蜮亚目　陈清潮、石长泰　2002，249 页，178 图。

无脊椎动物　第二十九卷　腹足纲　原始腹足目　马蹄螺总科　董正之　2002，210 页，176 图，2 图版。

无脊椎动物　第三十卷　甲壳动物亚门　短尾次目　海洋低等蟹类　陈惠莲、孙海宝　2002，597 页，237 图，4 彩色图版，12 黑白图版。

无脊椎动物　第三十一卷　双壳纲　珍珠贝亚目　王祯瑞　2002，374 页，152 图，7 图版。

无脊椎动物　第三十二卷　多孔虫纲　罩笼虫目　稀孔虫纲　稀孔虫目　谭智源、宿星慧　2003，295页，193图，25图版。

无脊椎动物　第三十三卷　多毛纲(二)　沙蚕目　孙瑞平、杨德渐　2004，520页，267图，1图版。

无脊椎动物　第三十四卷　腹足纲　鹑螺总科　张素萍、马绣同　2004，243页，123图，5图版。

无脊椎动物　第三十五卷　蛛形纲　蜘蛛目　肖蛸科　朱明生、宋大祥、张俊霞　2003，402页，174图，5彩色图版，11黑白图版。

无脊椎动物　第三十六卷　甲壳动物亚门　十足目　匙指虾科　梁象秋　2004，375页，156图。

无脊椎动物　第三十七卷　软体动物门　腹足纲　巴锅牛科　陈德牛、张国庆　2004，482页，409图，8图版。

无脊椎动物　第三十八卷　毛颚动物门　箭虫纲　萧贻昌　2004，201页，89图。

无脊椎动物　第三十九卷　蛛形纲　蜘蛛目　平腹蛛科　宋大祥、朱明生、张锋　2004，362页，175图。

无脊椎动物　第四十卷　棘皮动物门　蛇尾纲　廖玉麟　2004，505页，244图，6图版。

无脊椎动物　第四十一卷　甲壳动物亚门　端足目　钩虾亚目(一)　任先秋　2006，588页，194图。

无脊椎动物　第四十二卷　甲壳动物亚门　蔓足下纲　围胸总目　刘瑞玉、任先秋　2007，632页，239图。

无脊椎动物　第四十三卷　甲壳动物亚门　端足目　钩虾亚目(二)　任先秋　2012，651页，197图。

无脊椎动物　第四十四卷　甲壳动物亚门　十足目　长臂虾总科　李新正、刘瑞玉、梁象秋等　2007，381页，157图。

无脊椎动物　第四十五卷　纤毛门　寡毛纲　缘毛目　沈韫芬、顾曼如　2016，502页，164图，2图版。

无脊椎动物　第四十六卷　星虫动物门　螠虫动物门　周红、李凤鲁、王玮　2007，206页，95图。

无脊椎动物　第四十七卷　蛛形纲　蜱螨亚纲　植绥螨科　吴伟南、欧剑峰、黄静玲　2009，511页，287图，9图版。

无脊椎动物　第四十八卷　软体动物门　双壳纲　满月蛤总科　心蛤总科　厚壳蛤总科　鸟蛤总科　徐凤山　2012，239页，133图。

无脊椎动物　第四十九卷　甲壳动物亚门　十足目　梭子蟹科　杨思谅、陈惠莲、戴爱云　2012，417页，138图，14图版。

无脊椎动物　第五十卷　缓步动物门　杨潼　2015，279页，131图，5图版。

无脊椎动物　第五十一卷　线虫纲　杆形目　圆线亚目(二)　张路平、孔繁瑶　2014，316页，97图，19图版。

无脊椎动物　第五十二卷　扁形动物门　吸虫纲　复殖目（三）　邱兆祉等　2018，746页，401图。

无脊椎动物　第五十三卷　蛛形纲　蜘蛛目　跳蛛科　彭贤锦　2020，612页，392图。

无脊椎动物　第五十四卷　环节动物门　多毛纲(三)　缨鳃虫目　孙瑞平、杨德渐　2014，493页，239图，2图版。

无脊椎动物　第五十五卷　软体动物门　腹足纲　芋螺科　李凤兰、林民玉　2016，288页，168图，4图版。

无脊椎动物 第五十六卷 软体动物门 腹足纲 凤螺总科、玉螺总科 张素萍 2016，318 页，138 图，10 图版。

无脊椎动物 第五十七卷 软体动物门 双壳纲 樱蛤科 双带蛤科 徐凤山、张均龙 2017，236 页，50 图，15 图版。

无脊椎动物 第五十八卷 软体动物门 腹足纲 艾纳螺总科 吴岷 2018，300 页，63 图，6 图版。

无脊椎动物 第五十九卷 蛛形纲 蜘蛛目 漏斗蛛科 暗蛛科 朱明生、王新平、张志升 2017，727 页，384 图，5 图版。

《中国经济动物志》

兽类 寿振黄等 1962，554 页，153 图，72 图版。

鸟类 郑作新等 1963，694 页，10 图，64 图版。

鸟类(第二版) 郑作新等 1993，619 页，64 图版。

海产鱼类 成庆泰等 1962，174 页，25 图，32 图版。

淡水鱼类 伍献文等 1963，159 页，122 图，30 图版。

淡水鱼类寄生甲壳动物 匡溥人、钱金会 1991，203 页，110 图。

环节(多毛纲) 棘皮 原索动物 吴宝铃等 1963，141 页，65 图，16 图版。

海产软体动物 张玺、齐钟彦 1962，246 页，148 图。

淡水软体动物 刘月英等 1979，134 页，110 图。

陆生软体动物 陈德牛、高家祥 1987，186 页，224 图。

寄生蠕虫 吴淑卿、尹文真、沈守训 1960，368 页，158 图。

《中国经济昆虫志》

第一册 鞘翅目 天牛科 陈世骧等 1959，120 页，21 图，40 图版。

第二册 半翅目 蝽科 杨惟义 1962，138 页，11 图，10 图版。

第三册 鳞翅目 夜蛾科(一) 朱弘复、陈一心 1963，172 页，22 图，10 图版。

第四册 鞘翅目 拟步行虫科 赵养昌 1963，63 页，27 图，7 图版。

第五册 鞘翅目 瓢虫科 刘崇乐 1963，101 页，27 图，11 图版。

第六册 鳞翅目 夜蛾科(二) 朱弘复等 1964，183 页，11 图版。

第七册 鳞翅目 夜蛾科(三) 朱弘复、方承莱、王林瑶 1963，120 页，28 图，31 图版。

第八册 等翅目 白蚁 蔡邦华、陈宁生，1964，141 页，79 图，8 图版。

第九册 膜翅目 蜜蜂总科 吴燕如 1965，83 页，40 图，7 图版。

第十册 同翅目 叶蝉科 葛钟麟 1966，170 页，150 图。

第十一册 鳞翅目 卷蛾科(一) 刘友樵、白九维 1977，93 页，23 图，24 图版。

第十二册 鳞翅目 毒蛾科 赵仲苓 1978，121 页，45 图，18 图版。

第十三册 双翅目 蠓科 李铁生 1978，124 页，104 图。

第十四册 鞘翅目 瓢虫科(二) 庞雄飞、毛金龙 1979，170 页，164 图，16 图版。

第十五册 蜱螨目 蜱总科 邓国藩 1978，174 页，707 图。

第十六册　鳞翅目　舟蛾科　蔡荣权　1979，166 页，126 图，19 图版。

第十七册　蜱螨股　革螨股　潘鎬文、邓国藩　1980，155 页，168 图。

第十八册　鞘翅目　叶甲总科(一)　谭娟杰、虞佩玉　1980，213 页，194 图，18 图版。

第十九册　鞘翅目　天牛科　蒲富基　1980，146 页，42 图，12 图版。

第二十册　鞘翅目　象虫科　赵养昌、陈元清　1980，184 页，73 图，14 图版。

第二十一册　鳞翅目　螟蛾科　王平远　1980，229 页，40 图，32 图版。

第二十二册　鳞翅目　天蛾科　朱弘复、王林瑶　1980，84 页，17 图，34 图版。

第二十三册　螨　目　叶螨总科　王慧芙　1981，150 页，121 图，4 图版。

第二十四册　同翅目　粉蚧科　王子清　1982，119 页，75 图。

第二十五册　同翅目　蚜虫类(一)　张广学、钟铁森　1983，387 页，207 图，32 图版。

第二十六册　双翅目　虻科　王遵明　1983，128 页，243 图，8 图版。

第二十七册　同翅目　飞虱科　葛钟麟等　1984，166 页，132 图，13 图版。

第二十八册　鞘翅目　金龟总科幼虫　张芝利　1984，107 页，17 图，21 图版。

第二十九册　鞘翅目　小蠹科　殷惠芬、黄复生、李兆麟　1984，205 页，132 图，19 图版。

第三十册　膜翅目　胡蜂总科　李铁生　1985，159 页，21 图，12 图版。

第三十一册　半翅目(一)　章士美等　1985，242 页，196 图，59 图版。

第三十二册　鳞翅目　夜蛾科(四)　陈一心　1985，167 页，61 图，15 图版。

第三十三册　鳞翅目　灯蛾科　方承莱　1985，100 页，69 图，10 图版。

第三十四册　膜翅目　小蜂总科(一)　廖定熹等　1987，241 页，113 图，24 图版。

第三十五册　鞘翅目　天牛科(三)　蒋书楠、蒲富基、华立中　1985，189 页，2 图，13 图版。

第三十六册　同翅目　蜡蝉总科　周尧等　1985，152 页，125 图，2 图版。

第三十七册　双翅目　花蝇科　范滋德等　1988，396 页，1215 图，10 图版。

第三十八册　双翅目　蠓科(二)　李铁生　1988，127 页，107 图。

第三十九册　蜱螨亚纲　硬蜱科　邓国藩、姜在阶　1991，359 页，354 图。

第四十册　蜱螨亚纲　皮刺螨总科　邓国藩等　1993，391 页，318 图。

第四十一册　膜翅目　金小蜂科　黄大卫　1993，196 页，252 图。

第四十二册　鳞翅目　毒蛾科(二)　赵仲苓　1994，165 页，103 图，10 图版。

第四十三册　同翅目　蚧总科　王子清　1994，302 页，107 图。

第四十四册　蜱螨亚纲　瘿螨总科(一)　匡海源　1995，198 页，163 图，7 图版。

第四十五册　双翅目　虻科(二)　王遵明　1994，196 页，182 图，8 图版。

第四十六册　鞘翅目　金花龟科　斑金龟科　弯腿金龟科　马文珍　1995，210 页，171 图，5 图版。

第四十七册　膜翅目　蚁科(一)　唐觉等　1995，134 页，135 图。

第四十八册　蜉蝣目　尤大寿等　1995，152 页，154 图。

第四十九册　毛翅目(一)　小石蛾科　角石蛾科　纹石蛾科　长角石蛾科　田立新等　1996，195 页
271 图，2 图版。

第五十册　半翅目(二)　章士美等　1995，169 页，46 图，24 图版。

第五十一册　膜翅目　姬蜂科　何俊华、陈学新、马云　1996，697 页，434 图。

Serial Faunal Monographs Already Published

FAUNA SINICA

Mammalia vol. 6 Rodentia III: Cricetidae. Luo Zexun *et al.*, 2000. 514 pp., 140 figs., 4 pls.

Mammalia vol. 8 Carnivora. Gao Yaoting *et al.*, 1987. 377 pp., 44 figs., 10 pls.

Mammalia vol. 9 Cetacea, Carnivora: Phocoidea, Sirenia. Zhou Kaiya, 2004. 326 pp., 117 figs., 8 pls.

Aves vol. 1 part 1. Introductory Account of the Class Aves in China; part 2. Account of Orders listed in this Volume. Zheng Zuoxin (Cheng Tsohsin) *et al.*, 1997. 199 pp., 39 figs., 4 pls.

Aves vol. 2 Anseriformes. Zheng Zuoxin (Cheng Tsohsin) *et al.*, 1979. 143 pp., 65 figs., 10 pls.

Aves vol. 4 Galliformes. Zheng Zuoxin (Cheng Tsohsin) *et al.*, 1978. 203 pp., 53 figs., 10 pls.

Aves vol. 5 Gruiformes, Charadriiformes, Lariformes. Wang Qishan, Ma Ming and Gao Yuren, 2006. 644 pp., 263 figs., 4 pls.

Aves vol. 6 Columbiformes, Psittaciformes, Cuculiformes, Strigiformes. Zheng Zuoxin (Cheng Tsohsin), Xian Yaohua and Guan Guanxun, 1991. 240 pp., 64 figs., 5 pls.

Aves vol. 7 Caprimulgiformes, Apodiformes, Trogoniformes, Coraciiformes, Piciformes. Tan Yaokuang and Guan Guanxun, 2003. 241 pp., 36 figs., 4 pls.

Aves vol. 8 Passeriformes: Eurylaimidae-Irenidae. Zheng Baolai *et al.*, 1985. 333 pp., 103 figs., 8 pls.

Aves vol. 9 Passeriformes: Bombycillidae, Prunellidae. Chen Fuguan *et al.*, 1998. 284 pp., 143 figs., 4 pls.

Aves vol. 10 Passeriformes: Muscicapidae I: Turdinae. Zheng Zuoxin (Cheng Tsohsin), Long Zeyu and Lu Taichun, 1995. 239 pp., 67 figs., 4 pls.

Aves vol. 11 Passeriformes: Muscicapidae II: Timaliinae. Zheng Zuoxin (Cheng Tsohsin), Long Zeyu and Zheng Baolai, 1987. 307 pp., 110 figs., 8 pls.

Aves vol. 12 Passeriformes: Muscicapidae III Sylviinae Muscicapinae. Zheng Zuoxin, Lu Taichun, Yang Lan and Lei Fumin *et al.*, 2010. 439 pp., 121 figs., 4 pls.

Aves vol. 13 Passeriformes: Paridae, Zosteropidae. Li Guiyuan, Zheng Baolai and Liu Guangzuo, 1982. 170 pp., 68 figs., 4 pls.

Aves vol. 14 Passeriformes: Ploceidae and Fringillidae. Fu Tongsheng, Song Yujun and Gao Wei *et al.*, 1998. 322 pp., 115 figs., 8 pls.

Reptilia vol. 1 General Accounts of Reptilia. Testudoformes and Crocodiliformes. Zhang Mengwen *et al.*, 1998. 208 pp., 44 figs., 4 pls.

Reptilia vol. 2 Squamata: Lacertilia. Zhao Ermi, Zhao Kentang and Zhou Kaiya *et al.*, 1999. 394 pp., 54 figs., 8 pls.

Reptilia vol. 3 Squamata: Serpentes. Zhao Ermi *et al*., 1998. 522 pp., 100 figs., 12 pls.

Amphibia vol. 1 General accounts of Amphibia, Gymnophiona, Urodela. Fei Liang, Hu Shuqin, Ye Changyuan and Huang Yongzhao *et al*., 2006. 471 pp., 120 figs., 16 pls.

Amphibia vol. 2 Anura. Fei Liang, Hu Shuqin, Ye Changyuan and Huang Yongzhao *et al*., 2009. 957 pp., 549 figs., 16 pls.

Amphibia vol. 3 Anura: Ranidae. Fei Liang, Hu Shuqin, Ye Changyuan and Huang Yongzhao *et al*., 2009. 888 pp., 337 figs., 16 pls.

Osteichthyes: Pleuronectiformes. Li Sizhong and Wang Huimin, 1995. 433 pp., 170 figs.

Osteichthyes: Siluriformes. Chu Xinluo, Zheng Baoshan and Dai Dingyuan *et al*., 1999. 230 pp., 124 figs.

Osteichthyes: Cypriniformes II. Chen Yiyu *et al*., 1998. 531 pp., 257 figs.

Osteichthyes: Cypriniformes III. Yue Peiqi *et al*., 2000. 661 pp., 340 figs.

Osteichthyes: Acipenseriformes, Elopiformes, Clupeiformes, Gonorhynchiformes. Zhang Shiyi, 2001. 209 pp., 88 figs.

Osteichthyes: Myctophiformes, Cetomimiformes, Osteoglossiformes. Chen Suzhi, 2002. 349 pp., 135 figs.

Osteichthyes: Tetraodontiformes, Pegasiformes, Gobiesociformes, Lophiiformes. Su Jinxiang and Li Chunsheng, 2002. 495 pp., 194 figs.

Ostichthyes: Scorpaeniformes. Jin Xinbo, 2006. 739 pp., 287 figs.

Ostichthyes: Perciformes IV. Liu Jing *et al*., 2016. 312 pp., 143 figs., 15 pls.

Ostichthyes: Perciformes V: Gobioidei. Wu Hanlin and Zhong Junsheng *et al*., 2008. 951 pp., 575 figs., 32 pls.

Ostichthyes: Anguilliformes Notacanthiformes. Zhang Chunguang *et al*., 2010. 453 pp., 225 figs., 3 pls.

Ostichthyes: Atheriniformes, Cyprinodontiformes, Beloniformes, Ophidiiformes, Gadiformes. Li Sizhong and Zhang Chunguang *et al*., 2011. 946 pp., 345 figs.

Cyclostomata and Chondrichthyes. Zhu Yuanding and Meng Qingwen *et al*., 2001. 552 pp., 247 figs.

Insecta vol. 1 Siphonaptera. Liu Zhiying *et al*., 1986. 1334 pp., 1948 figs.

Insecta vol. 2 Coleoptera: Hispidae. Chen Sicien *et al*., 1986. 653 pp., 327 figs., 15 pls.

Insecta vol. 3 Lepidoptera: Cyclidiidae, Drepanidae. Chu Hungfu and Wang Linyao, 1991. 269 pp., 204 figs., 10 pls.

Insecta vol. 4 Orthoptera: Acrioidea: Pamphagidae, Chrotogonidae, Pyrgomorphidae. Xia Kailing *et al*., 1994. 340 pp., 168 figs.

Insecta vol. 5 Lepidoptera: Bombycidae, Saturniidae, Thyrididae. Zhu Hongfu and Wang Linyao, 1996. 302 pp., 234 figs., 18 pls.

Insecta vol. 6 Diptera: Calliphoridae. Fan Zide *et al*., 1997. 707 pp., 229 figs.

Insecta vol. 7 Lepidoptera: Lecithoceridae. Wu Chunsheng, 1997. 306 pp., 74 figs., 38 pls.

Insecta vol. 8 Diptera: Culicidae I. Lu Baolin *et al*., 1997. 593 pp., 285 pls.

Insecta vol. 9 Diptera: Culicidae II. Lu Baolin *et al*., 1997. 126 pp., 57 pls.

Insecta vol. 10 Orthoptera: Oedipodidae, Arcypteridae III. Zheng Zhemin and Xia Kailing, 1998. 610 pp.,

323 figs.

Insecta vol. 11 Lepidoptera: Sphingidae. Zhu Hongfu and Wang Linyao, 1997. 410 pp., 325 figs., 8 pls.

Insecta vol. 12 Orthoptera: Tetrigoidea. Liang Geqiu and Zheng Zhemin, 1998. 278 pp., 166 figs.

Insecta vol. 13 Hemiptera: Nabidae. Ren Shuzhi, 1998. 251 pp., 508 figs., 12 pls.

Insecta vol. 14 Homoptera: Mindaridae, Pemphigidae. Zhang Guangxue, Qiao Gexia, Zhong Tiesen and Zhang Wanfang, 1999. 380 pp., 121 figs., 17+8 pls.

Insecta vol. 15 Lepidoptera: Geometridae: Larentiinae. Xue Dayong and Zhu Hongfu (Chu Hungfu), 1999. 1090 pp., 1197 figs., 25 pls.

Insecta vol. 16 Lepidoptera: Noctuidae. Chen Yixin, 1999. 1596 pp., 701 figs., 68 pls.

Insecta vol. 17 Isoptera. Huang Fusheng *et al.*, 2000. 961 pp., 564 figs.

Insecta vol. 18 Hymenoptera: Braconidae I. He Junhua, Chen Xuexin and Ma Yun, 2000. 757 pp., 1783 figs.

Insecta vol. 19 Lepidoptera: Arctiidae. Fang Chenglai, 2000. 589 pp., 338 figs., 20 pls.

Insecta vol. 20 Hymenoptera: Melittidae and Apidae. Wu Yanru, 2000. 442 pp., 218 figs., 9 pls.

Insecta vol. 21 Coleoptera: Cerambycidae: Lepturinae. Jiang Shunan and Chen Li, 2001. 296 pp., 17 figs., 18 pls.

Insecta vol. 22 Homoptera: Coccoidea: Pseudococcidae, Eriococcidae, Asterolecaniidae, Coccidae, Lecanodiaspididae, Cerococcidae, Aclerdidae. Wang Tzeching, 2001. 611 pp., 188 figs.

Insecta vol. 23 Diptera: Tachinidae I. Chao Cheiming, Liang Enyi, Shi Yongshan and Zhou Shixiu, 2001. 305 pp., 183 figs., 11 pls.

Insecta vol. 24 Hemiptera: Lasiochilidae, Lyctocoridae, Anthocoridae. Bu Wenjun and Zheng Leyi (Cheng Loyi), 2001. 267 pp., 362 figs.

Insecta vol. 25 Lepidoptera: Papilionidae: Papilioninae, Zerynthiinae, Parnassiinae. Wu Chunsheng, 2001. 367 pp., 163 figs., 8 pls.

Insecta vol. 26 Diptera: Muscidae II: Phaoniinae I. Ma Zhongyu, Xue Wanqi and Feng Yan, 2002. 421 pp., 614 figs.

Insecta vol. 27 Lepidoptera: Tortricidae. Liu Youqiao and Li Guangwu, 2002. 601 pp., 16 figs., 2+136 pls.

Insecta vol. 28 Homoptera: Membracoidea: Aetalionidae and Membracidae. Yuan Feng and Chou Io, 2002. 590 pp., 295 figs., 4 pls.

Insecta vol. 29 Hymenoptera: Dyrinidae. He Junhua and Xu Zaifu, 2002. 464 pp., 397 figs.

Insecta vol. 30 Lepidoptera: Lymantriidae. Zhao Zhongling (Chao Chungling), 2003. 484 pp., 270 figs., 10 pls.

Insecta vol. 31 Lepidoptera: Notodontidae. Wu Chunsheng and Fang Chenglai, 2003. 952 pp., 530 figs., 8 pls.

Insecta vol. 32 Orthoptera: Acridoidea: Gomphoceridae, Acrididae. Yin Xiangchu, Xia Kailing *et al.*, 2003. 280 pp., 144 figs.

Insecta vol. 33 Hemiptera: Miridae, Mirinae. Zheng Leyi, Lü Nan, Liu Guoqing and Xu Binghong, 2004. 797 pp., 228 figs., 8 pls.

Insecta vol. 34 Diptera: Empididae, Hemerodromiinae and Hybotinae. Yang Ding and Yang Chikun, 2004.

334 pp., 474 figs., 1 pls.

Insecta vol. 35 Dermaptera. Chen Yixin and Ma Wenzhen, 2004. 420 pp., 199 figs., 8 pls.

Insecta vol. 36 Lepidoptera: Thyatiridae. Zhao Zhongling, 2004. 291 pp., 153 figs., 5 pls.

Insecta vol. 37 Hymenoptera: Braconidae II. Chen Xuexin, He Junhua and Ma Yun, 2004. 518 pp., 1183 figs., 103 pls.

Insecta vol. 38 Lepidoptera: Hepialidae, Epiplemidae. Zhu Hongfu, Wang Linyao and Han Hongxiang, 2004. 291 pp., 179 figs., 8 pls.

Insecta vol. 39 Neuroptera: Chrysopidae. Yang Xingke, Yang Jikun and Li Wenzhu, 2005. 398 pp., 240 figs., 4 pls.

Insecta vol. 40 Coleoptera: Eumolpidae: Eumolpinae. Tan Juanjie, Wang Shuyong and Zhou Hongzhang, 2005. 415 pp., 95 figs., 8 pls.

Insecta vol. 41 Diptera: Muscidae I. Fan Zide *et al.*, 2005. 476 pp., 226 figs., 8 pls.

Insecta vol. 42 Hymenoptera: Pteromalidae. Huang Dawei and Xiao Hui, 2005. 388 pp., 432 figs., 5 pls.

Insecta vol. 43 Orthoptera: Acridoidea: Catantopidae. Li Hongchang and Xia Kailing, 2006. 736pp., 325 figs.

Insecta vol. 44 Hymenoptera: Megachilidae. Wu Yanru, 2006. 474 pp., 180 figs., 4 pls.

Insecta vol. 45 Diptera: Homoptera: Delphacidae. Ding Jinhua, 2006. 776 pp., 351 figs., 20 pls.

Insecta vol. 46 Hymenoptera: Braconidae: Agathidinae. Chen Jiahua and Yang Jianquan, 2006. 301 pp., 81 figs., 32 pls.

Insecta vol. 47 Lepidoptera: Lasiocampidae. Liu Youqiao and Wu Chunsheng, 2006. 385 pp., 248 figs., 8 pls.

Insecta Saiphonaptera(2 volumes). Wu Houyong *et al.*, 2007. 2174 pp., 2475 figs.

Insecta vol. 49 Diptera: Muscidae. Fan Zide *et al.*, 2008. 1186 pp., 276 figs., 4 pls.

Insecta vol. 50 Diptera: Syrphidae. Huang Chunmei and Cheng Xinyue, 2012. 852 pp., 418 figs., 8 pls.

Insecta vol. 51 Megaloptera. Yang Ding and Liu Xingyue, 2010. 457 pp., 176 figs., 14 pls.

Insecta vol. 52 Lepidoptera: Pieridae. Wu Chunsheng, 2010. 416 pp., 174 figs., 16 pls.

Insecta vol. 53 Diptera Dolichopodidae(2 volumes). Yang Ding *et al.*, 2011. 1912 pp., 1017 figs., 7 pls.

Insecta vol. 54 Lepidoptera: Geometridae: Geometrinae. Han Hongxiang and Xue Dayong, 2011. 787 pp., 929 figs., 20 pls.

Insecta vol. 55 Lepidoptera: Hesperiidae. Yuan Feng, Yuan Xiangqun and Xue Guoxi, 2015. 754 pp., 280 figs., 15 pls.

Insecta vol. 56 Hymenoptera: Proctotrupoidea(I). He Junhua and Xu Zaifu, 2015. 1078 pp., 485 figs.

Insecta vol. 57 Orthoptera: Tettigoniidae: Phaneropterinae. Kang Le *et al.*, 2013. 574 pp., 291 figs., 31 pls.

Insecta vol. 58 Plecoptera: Nemouroides. Yang Ding, Li Weihai and Zhu Fang, 2014. 518 pp., 294 figs., 12 pls.

Insecta vol. 59 Diptera: Tabanidae. Xu Rongman and Sun Yi, 2013. 870 pp., 495 figs., 17 pls.

Insecta vol. 60 Hemiptera: Hormaphididae, Phloeomyzidae. Qiao Gexia, Jiang Liyun, Chen Jing, Zhang Guangxue and Zhong Tiesen, 2017. 414 pp., 137 figs., 8 pls.

Insecta vol. 61 Coleoptera: Chrysomelidae: Chrysomelinae. Yang Xingke, Ge Siqin, Wang Shuyong, Li Wenzhu and Cui Junzhi, 2014. 641 pp., 378 figs., 8 pls.

Insecta vol. 62 Hemiptera: Miridae(II): Orthotylinae. Liu Guoqing and Zheng Leyi, 2014. 297 pp., 134 figs., 13 pls.

Insecta vol. 63 Coleoptera: Tenebrionidae(I). Ren Guodong *et al.*, 2016. 534 pp., 248 figs., 49 pls.

Insecta vol. 64 Chalcidoidea : Pteromalidae(II): Pteromalinae. Xiao Hui *et al.*, 2019. 495 pp., 186 figs., 12 pls.

Insecta vol. 65 Diptera: Rhagionidae and Athericidae. Yang Ding, Dong Hui and Zhang Kuiyan. 2016. 476 pp., 222 figs., 7 pls.

Insecta vol. 67 Hemiptera: Cicadellidae (II): Cicadellinae. Yang Maofa, Meng Zehong and Li Zizhong. 2017. 637pp., 312 figs., 27 pls.

Insecta vol. 68 Neuroptera: Myrmeleontoidea. Wang Xinli, Zhan Qingbin and Wang Aiqin. 2018. 285 pp., 2 figs., 38 pls.

Insecta vol. 69 Thysanoptera (2 volumes). Feng Jinian *et al.,* 2021. 984 pp., 420 figs.

Insecta vol. 70 Hemiptera: Caliscelidae, Issidae. Zhang Yalin, Che Yanli, Meng Rui and Wang Yinglun. 2020. 655 pp., 224 figs., 43 pls.

Insecta vol. 72 Hemiptera: Cicadellidae (IV): Evacanthinae. Li Zizhong, Li Yujian and Xing Jichun. 2020. 547 pp., 303 figs., 14 pls.

Invertebrata vol. 1 Crustacea: Freshwater Cladocera. Chiang Siehchih and Du Nanshang, 1979. 297 pp.,192 figs.

Invertebrata vol. 2 Crustacea: Freshwater Copepoda. Shen Jiarui *et al.*, 1979. 450 pp., 255 figs.

Invertebrata vol. 3 Trematoda: Digenea I. Chen Xintao *et al.*, 1985. 697 pp., 469 figs., 12 pls.

Invertebrata vol. 4 Cephalopode. Dong Zhengzhi, 1988. 201 pp., 124 figs., 4 pls.

Invertebrata vol. 5 Hirudinea: Euhirudinea and Branchiobdellidea. Yang Tong, 1996. 259 pp., 141 figs.

Invertebrata vol. 6 Holothuroidea. Liao Yulin, 1997. 334 pp., 170 figs., 2 pls.

Invertebrata vol. 7 Gastropoda: Mesogastropoda: Cypraeacea. Ma Xiutong, 1997. 283 pp., 96 figs., 12 pls.

Invertebrata vol. 8 Arachnida: Araneae: Thomisidae and Philodromidae. Song Daxiang and Zhu Mingsheng, 1997. 259 pp., 154 figs.

Invertebrata vol. 9 Polychaeta: Phyllodocimorpha. Wu Baoling, Wu Qiquan, Qiu Jianwen and Lu Hua, 1997. 323pp., 180 figs.

Invertebrata vol. 10 Arachnida: Araneae: Araneidae. Yin Changmin *et al.*, 1997. 460 pp., 292 figs.

Invertebrata vol. 11 Gastropoda: Opisthobranchia: Cephalaspidea. Lin Guangyu, 1997. 246 pp., 35 figs., 28 pls.

Invertebrata vol. 12 Bivalvia: Mytiloida. Wang Zhenrui, 1997. 268 pp., 126 figs., 4 pls.

Invertebrata vol. 13 Arachnida: Araneae: Theridiidae. Zhu Mingsheng, 1998. 436 pp., 233 figs., 1 pl.

Invertebrata vol. 14 Sacodina: Acantharia and Spumellaria. Tan Zhiyuan, 1998. 315 pp., 273 figs., 25 pls.

Invertebrata vol. 15 Myxosporea. Chen Chihleu and Ma Chenglun, 1998. 805 pp., 30 figs., 180 pls.

Invertebrata vol. 16 Anthozoa: Actiniaria, Ceriantharis and Zoanthidea. Pei Zunan, 1998. 286 pp., 149 figs., 22 pls.

Invertebrata vol. 17 Crustacea: Decapoda: Parathelphusidae and Potamidae. Dai Aiyun, 1999. 501 pp., 238 figs., 31 pls.

Invertebrata vol. 18 Protura. Yin Wenying, 1999. 510 pp., 275 figs., 8 pls.

Invertebrata vol. 19 Gastropoda: Pulmonata: Stylommatophora: Clausiliidae. Chen Deniu and Zhang Guoqing, 1999. 210 pp., 128 figs., 5 pls.

Invertebrata vol. 20 Bivalvia: Protobranchia and Anomalodesmata. Xu Fengshan, 1999. 244 pp., 156 figs.

Invertebrata vol. 21 Crustacea: Mysidacea. Liu Ruiyu (J. Y. Liu) and Wang Shaowu, 2000. 326 pp., 110 figs.

Invertebrata vol. 22 Monogenea. Wu Baohua, Lang Suo and Wang Weijun, 2000. 756 pp., 598 figs., 2 pls.

Invertebrata vol. 23 Anthozoa: Scleractinia: Hermatypic coral. Zou Renlin, 2001. 289 pp., 9 figs., 47+8 pls.

Invertebrata vol. 24 Bivalvia: Veneridae. Zhuang Qiqian, 2001. 278 pp., 145 figs.

Invertebrata vol. 25 Nematoda: Rhabditida: Strongylata I. Wu Shuqing et al., 2001. 489 pp., 201 figs.

Invertebrata vol. 26 Foraminiferea: Agglutinated Foraminifera. Zheng Shouyi and Fu Zhaoxian, 2001. 788 pp., 130 figs., 122 pls.

Invertebrata vol. 27 Hydrozoa and Scyphomedusae. Gao Shangwu, Hong Hueshin and Zhang Shimei, 2002. 275 pp., 136 figs.

Invertebrata vol. 28 Crustacea: Amphipoda: Hyperiidae. Chen Qingchao and Shi Changtai, 2002. 249 pp., 178 figs.

Invertebrata vol. 29 Gastropoda: Archaeogastropoda: Trochacea. Dong Zhengzhi, 2002. 210 pp., 176 figs., 2 pls.

Invertebrata vol. 30 Crustacea: Brachyura: Marine primitive crabs. Chen Huilian and Sun Haibao, 2002. 597 pp., 237 figs., 16 pls.

Invertebrata vol. 31 Bivalvia: Pteriina. Wang Zhenrui, 2002. 374 pp., 152 figs., 7 pls.

Invertebrata vol. 32 Polycystinea: Nasellaria; Phaeodarea: Phaeodaria. Tan Zhiyuan and Su Xinghui, 2003. 295 pp., 193 figs., 25 pls.

Invertebrata vol. 33 Annelida: Polychaeta II Nereidida. Sun Ruiping and Yang Derjian, 2004. 520 pp., 267 figs., 193 pls.

Invertebrata vol. 34 Mollusca: Gastropoda Tonnacea, Zhang Suping and Ma Xiutong, 2004. 243 pp., 123 figs., 1 pl.

Invertebrata vol. 35 Arachnida: Araneae: Tetragnathidae. Zhu Mingsheng, Song Daxiang and Zhang Junxia, 2003. 402 pp., 174 figs., 5+11 pls.

Invertebrata vol. 36 Crustacea: Decapoda, Atyidae. Liang Xiangqiu, 2004. 375 pp., 156 figs.

Invertebrata vol. 37 Mollusca: Gastropoda: Stylommatophora: Bradybaenidae. Chen Deniu and Zhang Guoqing, 2004. 482 pp., 409 figs., 8 pls.

Invertebrata vol. 38 Chaetognatha: Sagittoidea. Xiao Yichang, 2004. 201 pp., 89 figs.

Invertebrata vol. 39 Arachnida: Araneae: Gnaphosidae. Song Daxiang, Zhu Mingsheng and Zhang Feng, 2004. 362 pp., 175 figs.

Invertebrata vol. 40 Echinodermata: Ophiuroidea. Liao Yulin, 2004. 505 pp., 244 figs., 6 pls.

Invertebrata vol. 41 Crustacea: Amphipoda: Gammaridea I. Ren Xianqiu, 2006. 588 pp., 194 figs.

Invertebrata vol. 42 Crustacea: Cirripedia: Thoracica. Liu Ruiyu and Ren Xianqiu, 2007. 632 pp., 239 figs.

Invertebrata vol. 43 Crustacea: Amphipoda: Gammaridea II. Ren Xianqiu, 2012. 651 pp., 197 figs.

Invertebrata vol. 44 Crustacea: Decapoda: Palaemonoidea. Li Xinzheng, Liu Ruiyu, Liang Xingqiu and Chen Guoxiao, 2007. 381 pp., 157 figs.

Invertebrata vol. 45 Ciliophora: Oligohymenophorea: Peritrichida. Shen Yunfen and Gu Manru, 2016. 502 pp., 164 figs., 2 pls.

Invertebrata vol. 46 Sipuncula, Echiura. Zhou Hong, Li Fenglu and Wang Wei, 2007. 206 pp., 95 figs.

Invertebrata vol. 47 Arachnida: Acari: Phytoseiidae. Wu weinan, Ou Jianfeng and Huang Jingling. 2009. 511 pp., 287 figs., 9 pls.

Invertebrata vol. 48 Mollusca: Bivalvia: Lucinacea, Carditacea, Crassatellacea and Cardiacea. Xu Fengshan. 2012. 239 pp., 133 figs.

Invertebrata vol. 49 Crustacea: Decapoda: Portunidae. Yang Siliang, Chen Huilian and Dai Aiyun. 2012. 417 pp., 138 figs., 14 pls.

Invertebrata vol. 50 Tardigrada. Yang Tong. 2015. 279 pp., 131 figs., 5 pls.

Invertebrata vol. 51 Nematoda: Rhabditida: Strongylata (II). Zhang Luping and Kong Fanyao. 2014. 316 pp., 97 figs., 19 pls.

Invertebrata vol. 52 Platyhelminthes: Trematoda: Dgenea (III). Qiu Zhaozhi et al.. 2018. 746 pp., 401 figs.

Invertebrata vol. 53 Arachnida: Araneae: Salticidae. Peng Xianjin.2020. 612pp., 392 figs.

Invertebrata vol. 54 Annelida: Polychaeta (III): Sabellida. Sun Ruiping and Yang Dejian. 2014. 493 pp., 239 figs., 2 pls.

Invertebrata vol. 55 Mollusca: Gastropoda: Conidae. Li Fenglan and Lin Minyu. 2016. 288 pp., 168 figs., 4 pls.

Invertebrata vol. 56 Mollusca: Gastropoda: Strombacea and Naticacea. Zhang Suping. 2016. 318 pp., 138 figs., 10 pls.

Invertebrata vol. 57 Mollusca: Bivalvia: Tellinidae and Semelidae. Xu Fengshan and Zhang Junlong. 2017. 236 pp., 50 figs., 15 pls.

Invertebrata vol. 58 Mollusca: Gastropoda: Enoidea. Wu Min. 2018. 300 pp., 63 figs., 6 pls.

Invertebrata vol. 59 Arachnida: Araneae: Agelenidae and Amaurobiidae. Zhu Mingsheng, Wang Xinping and Zhang Zhisheng. 2017. 727 pp., 384 figs., 5 pls.

ECONOMIC FAUNA OF CHINA

Mammals. Shou Zhenhuang et al., 1962. 554 pp., 153 figs., 72 pls.

Aves. Cheng Tsohsin et al., 1963. 694 pp., 10 figs., 64 pls.

Marine fishes. Chen Qingtai et al., 1962. 174 pp., 25 figs., 32 pls.

Freshwater fishes. Wu Xianwen *et al.*, 1963. 159 pp., 122 figs., 30 pls.

Parasitic Crustacea of Freshwater Fishes. Kuang Puren and Qian Jinhui, 1991. 203 pp., 110 figs.

Annelida. Echinodermata. Prorochordata. Wu Baoling *et al.*, 1963. 141 pp., 65 figs., 16 pls.

Marine mollusca. Zhang Xi and Qi Zhougyan, 1962. 246 pp., 148 figs.

Freshwater molluscs. Liu Yueyin *et al.*, 1979.134 pp., 110 figs.

Terrestrial molluscs. Chen Deniu and Gao Jiaxiang, 1987. 186 pp., 224 figs.

Parasitic worms. Wu Shuqing, Yin Wenzhen and Shen Shouxun, 1960. 368 pp., 158 figs.

Economic birds of China (Second edition). Cheng Tsohsin, 1993. 619 pp., 64 pls.

ECONOMIC INSECT FAUNA OF CHINA

Fasc. 1 Coleoptera: Cerambycidae. Chen Sicien *et al.*, 1959. 120 pp., 21 figs., 40 pls.

Fasc. 2 Hemiptera: Pentatomidae. Yang Weiyi, 1962. 138 pp., 11 figs., 10 pls.

Fasc. 3 Lepidoptera: Noctuidae I. Chu Hongfu and Chen Yixin, 1963. 172 pp., 22 figs., 10 pls.

Fasc. 4 Coleoptera: Tenebrionidae. Zhao Yangchang, 1963. 63 pp., 27 figs., 7 pls.

Fasc. 5 Coleoptera: Coccinellidae. Liu Chongle, 1963. 101 pp., 27 figs., 11pls.

Fasc. 6 Lepidoptera: Noctuidae II. Chu Hongfu *et al.*, 1964. 183 pp., 11 pls.

Fasc. 7 Lepidoptera: Noctuidae III. Chu Hongfu, Fang Chenglai and Wang Lingyao, 1963. 120 pp., 28 figs., 31 pls.

Fasc. 8 Isoptera: Termitidae. Cai Bonghua and Chen Ningsheng, 1964. 141 pp., 79 figs., 8 pls.

Fasc. 9 Hymenoptera: Apoidea. Wu Yanru, 1965. 83 pp., 40 figs., 7 pls.

Fasc. 10 Homoptera: Cicadellidae. Ge Zhongling, 1966. 170 pp., 150 figs.

Fasc. 11 Lepidoptera: Tortricidae I. Liu Youqiao and Bai Jiuwei, 1977. 93 pp., 23 figs., 24 pls.

Fasc. 12 Lepidoptera: Lymantriidae I. Chao Chungling, 1978. 121 pp., 45 figs., 18 pls.

Fasc. 13 Diptera: Ceratopogonidae. Li Tiesheng, 1978. 124 pp., 104 figs.

Fasc. 14 Coleoptera: Coccinellidae II. Pang Xiongfei and Mao Jinlong, 1979. 170 pp., 164 figs., 16 pls.

Fasc. 15 Acarina: Lxodoidea. Teng Kuofan, 1978. 174 pp., 707 figs.

Fasc. 16 Lepidoptera: Notodontidae. Cai Rongquan, 1979. 166 pp., 126 figs., 19 pls.

Fasc. 17 Acarina: Camasina. Pan Zungwen and Teng Kuofan, 1980. 155 pp., 168 figs.

Fasc. 18 Coleoptera: Chrysomeloidea I. Tang Juanjie *et al.*, 1980. 213 pp., 194 figs., 18 pls.

Fasc. 19 Coleoptera: Cerambycidae II. Pu Fuji, 1980. 146 pp., 42 figs., 12 pls.

Fasc. 20 Coleoptera: Curculionidae I. Chao Yungchang and Chen Yuanqing, 1980. 184 pp., 73 figs., 14 pls.

Fasc. 21 Lepidoptera: Pyralidae. Wang Pingyuan, 1980. 229 pp., 40 figs., 32 pls.

Fasc. 22 Lepidoptera: Sphingidae. Zhu Hongfu and Wang Lingyao, 1980. 84 pp., 17 figs., 34 pls.

Fasc. 23 Acariformes: Tetranychoidea. Wang Huifu, 1981. 150 pp., 121 figs., 4 pls.

Fasc. 24 Homoptera: Pseudococcidae. Wang Tzeching, 1982. 119 pp., 75 figs.

Fasc. 25 Homoptera: Aphidinea I. Zhang Guangxue and Zhong Tiesen, 1983. 387 pp., 207 figs., 32 pls.

Fasc. 26 Diptera: Tabanidae. Wang Zunming, 1983. 128 pp., 243 figs., 8 pls.

Fasc. 27 Homoptera: Delphacidae. Kuoh Changlin *et al.*, 1983. 166 pp., 132 figs., 13 pls.

Fasc. 28 Coleoptera: Larvae of Scarabaeoidae. Zhang Zhili, 1984. 107 pp., 17. figs., 21 pls.

Fasc. 29 Coleoptera: Scolytidae. Yin Huifen, Huang Fusheng and Li Zhaoling, 1984. 205 pp., 132 figs., 19 pls.

Fasc. 30 Hymenoptera: Vespoidea. Li Tiesheng, 1985. 159pp., 21 figs., 12pls.

Fasc. 31 Hemiptera I. Zhang Shimei, 1985. 242 pp., 196 figs., 59 pls.

Fasc. 32 Lepidoptera: Noctuidae IV. Chen Yixin, 1985. 167 pp., 61 figs., 15 pls.

Fasc. 33 Lepidoptera: Arctiidae. Fang Chenglai, 1985. 100 pp., 69 figs., 10 pls.

Fasc. 34 Hymenoptera: Chalcidoidea I. Liao Dingxi *et al.*, 1987. 241 pp., 113 figs., 24 pls.

Fasc. 35 Coleoptera: Cerambycidae III. Chiang Shunan. Pu Fuji and Hua Lizhong, 1985. 189 pp., 2 figs., 13 pls.

Fasc. 36 Homoptera: Fulgoroidea. Chou Io *et al.*, 1985. 152 pp., 125 figs., 2 pls.

Fasc. 37 Diptera: Anthomyiidae. Fan Zide *et al.*, 1988. 396 pp., 1215 figs., 10 pls.

Fasc. 38 Diptera: Ceratopogonidae II. Lee Tiesheng, 1988. 127 pp., 107 figs.

Fasc. 39 Acari: Ixodidae. Teng Kuofan and Jiang Zaijie, 1991. 359 pp., 354 figs.

Fasc. 40 Acari: Dermanyssoideae, Teng Kuofan *et al.*, 1993. 391 pp., 318 figs.

Fasc. 41 Hymenoptera: Pteromalidae I. Huang Dawei, 1993. 196 pp., 252 figs.

Fasc. 42 Lepidoptera: Lymantriidae II. Chao Chungling, 1994. 165 pp., 103 figs., 10 pls.

Fasc. 43 Homoptera: Coccidea. Wang Tzeching, 1994. 302 pp., 107 figs.

Fasc. 44 Acari: Eriophyoidea I. Kuang Haiyuan, 1995. 198 pp., 163 figs., 7 pls.

Fasc. 45 Diptera: Tabanidae II. Wang Zunming, 1994. 196 pp., 182 figs., 8 pls.

Fasc. 46 Coleoptera: Cetoniidae, Trichiidae, Valgidae. Ma Wenzhen, 1995. 210 pp., 171 figs., 5 pls.

Fasc. 47 Hymenoptera: Formicidae I. Tang Jub, 1995. 134 pp., 135 figs.

Fasc. 48 Ephemeroptera. You Dashou *et al.*, 1995. 152 pp., 154 figs.

Fasc. 49 Trichoptera I: Hydroptilidae, Stenopsychidae, Hydropsychidae, Leptoceridae. Tian Lixin *et al.*, 1996. 195 pp., 271 figs., 2 pls.

Fasc. 50 Hemiptera II: Zhang Shimei *et al.*, 1995. 169 pp., 46 figs., 24 pls.

Fasc. 51 Hymenoptera: Ichneumonidae. He Junhua, Chen Xuexin and Ma Yun, 1996. 697 pp., 434 figs.

Fasc. 52 Hymenoptera: Sphecidae. Wu Yanru and Zhou Qin, 1996. 197 pp., 167 figs., 14 pls.

Fasc. 53 Acari: Phytoseiidae. Wu Weinan *et al.*, 1997. 223 pp., 169 figs., 3 pls.

Fasc. 54 Coleoptera: Chrysomeloidea II. Yu Peiyu *et al.*, 1996. 324 pp., 203 figs., 12 pls.

Fasc. 55 Thysanoptera. Han Yunfa, 1997. 513 pp., 220 figs., 4 pls.

(Q-4690.31)

ISBN 978-7-03-068272-7

9 787030 682727 >

定价：890.00 元（全 2 卷）